高等学校教材

工程图与表现图投影基础 上册

（第二版）

西安建筑科技大学　史智平　主编

高　燕　主审

中国建筑工业出版社

图书在版编目（CIP）数据

工程图与表现图投影基础．上册/史智平主编．—2版．—北京：中国建筑工业出版社，2019.7（2024.7重印）
高等学校教材
ISBN 978-7-112-23617-6

Ⅰ．①工…　Ⅱ．①史…　Ⅲ．①建筑制图－透视投影－高等学校－教材　Ⅳ．①TU204

中国版本图书馆 CIP 数据核字(2019)第 071834 号

本教材主要研究图学基本理论与作图方法，研究工程图与表现图的绘制与表达，培养建筑学、城乡规划学、风景园林学以及环境艺术学等专业学生的绘图技能。编写内容共分为三大部分：画法几何、阴影透视及建筑制图。考虑到读者对象的特点，本教材编写分为上、下两册。
　　上册：上篇——画法几何（投影原理）
　　　　　下篇——建筑制图（投影制图）
　　下册：阴影透视（表现图）
　　该教材的最大特点：
　　1. 图文并茂，方便阅读
　　本教材编写的重要知识点和例题与其文字注释尽量位于同一页或左右两页中，改善了图与释文翻页阅读的苦恼，方便阅读。
　　2. 分步作图有利于复习与自学
　　本教材图形清晰、准确，重点与难点例题均采用分步作图完成解题过程，看图即明，减少了文字阅读的环节，取得了事半功倍的学习效果。
　　3. 选题广泛，方法灵活
　　考虑到建筑专业的通用性，本教材例题选型广泛，特别是透视作图、透视阴影的作图。针对不同题型，灵活运用不同的解题方法，大大增加了学习本课程的趣味性。
　　4. 教材对建筑设计的过程、建筑方案图的产生与表达以及建筑施工图的画法都作了详细的介绍，可供后续课程教学使用与参考。
　　与本课程配套的《工程图与表现图投影基础习题集》上、下册是教材内容的延伸与扩展，希望读者在学习中同时选用。该教材涵盖面宽，通用性强，高等院校、职业技术、成人教育以及电视大学等均可选用或参考。

责任编辑：刘　丹　王玉容
责任校对：赵　颖

高等学校教材
工程图与表现图投影基础　上册　（第二版）
西安建筑科技大学　　史智平　主编
　　　　　　　　　　高　燕　主审

*

中国建筑工业出版社出版、发行（北京海淀三里河路9号）
各地新华书店、建筑书店经销
北京红光制版公司制版
建工社（河北）印刷有限公司印刷

*

开本：850×1168毫米　横1/16　印张：28¼　字数：638千字
2019年8月第二版　　2024年7月第八次印刷
定价：**88.00**元（含习题集）
ISBN 978-7-112-23617-6
(33905)

前　言

图学课程是工科院校学生的必修课。工程图被称为工程界的语言、工程师的语言。

本教材此次修订是在2006年第一版的基础上由建筑学教学团队共同完成修编。"方便阅读、有利于自学"是我们一线教学团队此次修编本教材的宗旨。

图学应该以图为主，突出图的表达。本教材第二版改成横版编辑，我们是想以连环画的形式将本教材推荐给读者，使大部分初学者能在看图的基础上，读懂本学科应掌握的知识点，减少对枯燥无味的文字阅读的依赖，摘掉本学科"头疼几何"的帽子。为此，我们在本教材第二版的修编中再次强化了"图文并茂、分步作图"的编排方式，以帮助初学者在课后达到方便阅读、尽快复习完成作业的目的。希望我们的新版教材能够给初学者一种全新的感受和良好的开端。

图学理论课程看似简单，其实不然。当今图学教育，随着计算机技术的应用有了日新月异的变化，图学理论课堂以三维动画的空间模型代替了传统的模型与挂图，使学生从平面到空间、从空间到平面的空间思维过程得以强化，大大改善了"图学难教，也难学"的局面。然而，图学理论基础比较抽象，基本形体虽简单，但工程形体却是千变万化的，加之初学者空间思维能力的限制，图学教学仍然存在着以下几种困扰大部分学生的问题：课堂一听就懂，课下一做题就不会；上课做笔记难，顾了听，就顾不上记，课后复习难。为解决初学者这些问题，我们从细化图文编辑入手，把例题的已知、步骤、答案等采取分步骤作图的方式，将简明注释与图并排，步骤多的图与其释文尽量同页排版，图与文字不能同页时，尽量排在不需翻页的左右两页中，从而极大改善了图与释文不同页的阅读烦恼。图文并茂、阅读感好，可读性强、方便自学，这是本教材的最大特点。

依照本学科教学大纲，以训练从平面到空间、从空间到平面的空间想象力为核心，以培养创造性表达能力为目标，新版教材内容由浅入深、由简入繁，文字叙述简练严谨、通俗易懂。教材插图与例题大多数为建筑小品和建筑形体，对解题方法和步骤均作了详尽的分析和阐述。习题中透视大作业选题均为建筑实例，使学生对本课程的实际应用能有深刻的认识。

本教材在内容的编排上具有良好的系统性，更注重上、下册内容的有机联系，有助于课程难点的突破。如下册中复合落影的形成与可见性判别，应引导学生从上册交叉直线的重影点入手去解决；下册曲面体阴影中盖盘阴线在圆柱、圆锥面的落影，实质上是求曲面体截交线和相贯线的问题。学以致用，知识越学越巩固。

引导设计学思维，突出表现图技能的培养与训练。在透视的基本画法中，通过大量建筑形体的例题，启发学生掌握更多求透视的简捷作图和技巧。在透视阴影中，通过大量的例题介绍了更多的求透视阴影的方法，与美术、建筑初步课程共同培养关于形体的正确表达、表现技法以及艺术构思的综合能力，使表现图获得生动、准确、真实的建筑形象，奠定良好的绘图基础。在房屋建筑图这部分内容中按建筑设计的程序，重点阐述了从方案图的产生到施工图的完成等全部过程，并对方案图的表达和施工图的画法做了介绍，使学生对方案图和施工图的区别有了明确的认识，为今后做方案设计和施工图设计打下坚实基础。

本教材针对建筑学类各专业的学科特点，考虑到本学科理论的完整性，在本次修编中，在以下几个方面均作了重点修改：

在上册的"曲面形成、投影表达及应用"中，我们加强了不规则曲面形成的内容，为曲面建筑形体的设计与曲面屋顶的设计做好知识准备；

在"平平相贯"这部分中，坡面的交线画法是一个难点和重点，我们从屋面周界的划分入手，分步作图，通过正确的周界划分和错误的周界划分对比，结合坡面专业知识的介绍，使同学快速掌握坡面交线的难点问题。

在下册中加强了透视基本理论的全面阐述，完善了各种位置直线从空间到平面的作图过程；

加强和完善了阴影基本知识的内容；

详细论述了如何画好透视图和怎样才算是一张好的透视图的问题；

考虑到今后的实际应用，对透视的实用画法也做了一定的补充；

在透视画法中，重点分析了量点法的概念和量点法的作图原理，强调了视线法与量点法的区别，有利于突破量点法这个教学难点。

本教材于 2006 年出版以来，一直在我校建筑学院，华清学院的建筑学、城乡规划学、风景园林学以及环境艺术学等相关专业使用，至今经历了 12 届教学检验，取得了良好的教学效果。我们建筑学教学团队，为了更好地将本学科的教材传承下去，集思广益，大家共同参与了本教材第二版的修订工作。

我们还要衷心感谢本学科的老前辈郑士奇老师、李树涛老师，以及理学院的贾天科老师、成彬老师在本学科教材建设中曾经作出的贡献。

本书编写中参阅的相关书籍和文献列于下册书末，在此对相关作者表示诚挚的谢意。

限于编者水平，本教材可能尚有不妥和错误之处，真诚恳望广大读者批评指正。

本书编者

上册

主编：史智平；主审：高燕

上篇第 1、2、5、6 章史智平编写；第 3、4 章贾天科编写；第 7、11 章苏静编写；第 8、9 章王青编写；第 10 章王青、贾天科编写；第 12 章冯羽编写。

下篇第 1 章苏静编写；第 2 章王青、冯羽编写；第 3 章苏静、李莉编写。

下册

主编：高燕；主审：郑士奇

第 1、2 章由冯羽编写；第 3、4、5、7、8、9、10、12、13 由高燕编写；第 6 章由贾天科、高燕编写；第 11 章由贾天科编写。

编　者
2019 年 2 月

目　录

下篇 投影制图

投 影 原 理

第 1 章 绪　　论

1.1　课　程　简　介

1.1.1　学习本课程的目的和意义

图作为表达和交流思想的基本手段由来已久。工程图广泛应用于工程界，因此被称为工程界的技术语言，或者称工程师的语言。工程领域的各项工作，如建筑设计与施工、机械设计与制造的各个环节均离不开工程图。

绘画是对感官视觉或艺术创作的描绘，而建筑工程图却不同于绘画，它是以科学的投影原理和方法，逐渐发展形成的标准图示法。它要求准确，按一定比例用绘图工具绘制完成。它可以充分表达设计内容和技术要求，是建筑设计与施工中不可缺少的重要文件资料，是表达设计意图、进行技术交流、保证施工生产的一种特殊语言工具。

本课程将与建筑初步、建筑美术课程共同培养关于形体的正确表达、表现技法和艺术构思的综合能力，为建筑设计中绘制建筑表现图、建筑施工图打下坚实的理论基础。

1.1.2　本课程的任务

1. 学习正投影法的基本理论及其应用，掌握正投影图的绘制与阅读。
2. 通过对空间几何问题进行分析及图解作图方法的学习，提高空间思维能力，为创造性思维能力的培养奠定基础。
3. 学习斜投影、中心投影的基本理论及其应用，掌握轴测投影、透视投影及求阴影的画法，为绘制建筑表现图奠定投影基础。
4. 熟悉掌握制图的基本知识与基本技能，及有关标准与规定，为今后绘制建筑工程图奠定基础。
5. 了解计算机绘图的基本原理及基本方法，初步掌握绘制简单形体的计算机图形。

1.1.3　本课程的特点及学习方法

本课程是用投影的方法研究三维形体表达的作图方法，即以二维的平面图形表达三维的空间形体和把三维的空间形体表达在二维的平面图纸上。其基本理论并不很难，但我们所处的环境空间的各种形体的差异却是千变万化的，加之从平面到空间、从空间到平面的学习过程是比较抽象的思维过程，所以初学者极易将本课程的基本理论"束之高阁"，即作题时与基本理论脱节，常常出现课听懂了做题困难的现象。因此在学习过程中，既要重视投影理论的学习，更要重视实践环节的训练。为了提高学习效率，尽快掌握所学内容，特指出以下几点学习方法以供参考：

1. 学习投影的基本原理时，要注意其系统性和连续性。从一开始就要重视对每个基本概念、基本投影规律和基本作图方法的理解掌握。因为任何一门理论都是由浅入深、循序渐进的。只有消化理解了前面的知识，才能更容易掌握后面的知识。

2. 在学习时，应注重空间分析，要弄清楚把空间关系转化为平面图形的投影规律及在平面上作图的方法和步骤。

3. 要认真细致地按时完成每一道课后习题和作业，应避免看书时感觉什么都会，做题时又很难下手，做完又不知对错的现象。

1.2　投影的基本知识

1.2.1　投影的概念

投影是人们为了在二维的画面上描述空间中的三维物体，从日常生活中总结的一种方法。图 1-1(a)所示三棱锥在太阳光的照射下，在地面上产生影子，可这个影子并没有详尽地反映三棱锥的整体形状，由此可见，影子并不能直接服务于生产。但影子现象却启发了人类的智慧，人们把影子现象加以科学地抽象，将其理想化，即假想光源发出的光线通过形体上所有顶点，使其在落影面上得到的影点连线，能够充分反映形体构成的所有顶点、棱线和棱面，如图 1-1(b)所示。

人们通常把能够完整表现其形体构成的影点连线——闭合的平面图形，称为形体的投影。光源称投影中心，用 S 表示，光线称投射线，投影所在的平面称投影面。图 1-2 所示为空间点形成投影的过程，即通过空间点的投射线与投影面的交点，为该点在投影面上的投影。作出空间形体投影的方法，称为投影法。投影中心、空间形体、投影面是形成投影应具备的三个条件。

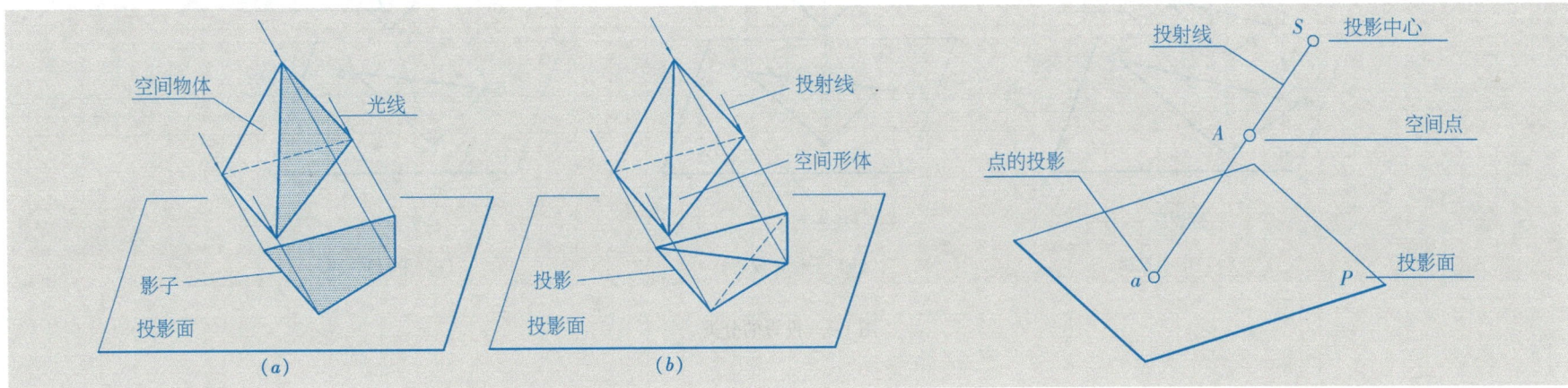

图 1-1　物体的影子和形体投影

图 1-2　投影的概念

1.2.2 投影的分类

投影可根据投影中心到投影面的距离的不同分为两大类，即中心投影和平行投影。

1. 中心投影

当投影中心距离投影面为有限远时，所有投射线都汇交于一点 S（相当于点光源发出的光线），通过 S 的投射线，将平面三角形 ABC 投射到投影面 H 上得投影△abc，△abc 称平面 ABC 的中心投影，如图 1-3(a)所示。作出中心投影的方法为中心投影法。

2. 平行投影

当投影中心对投影面的距离为无限远时，所有投射线均互相平行，空间形体在平行投射线下形成投影为平行投影，作出平行投影的方法称平行投影法。

平行投影又根据其投射线与投影面倾角的不同，分为平行正投影和平行斜投影，简称正投影和斜投影。投射线与投影面垂直，得到的投影称为正投影，如图 1-3(b)所示；投射线与投影面倾斜，得到的投影称为斜投影，如图 1-3(c)所示。

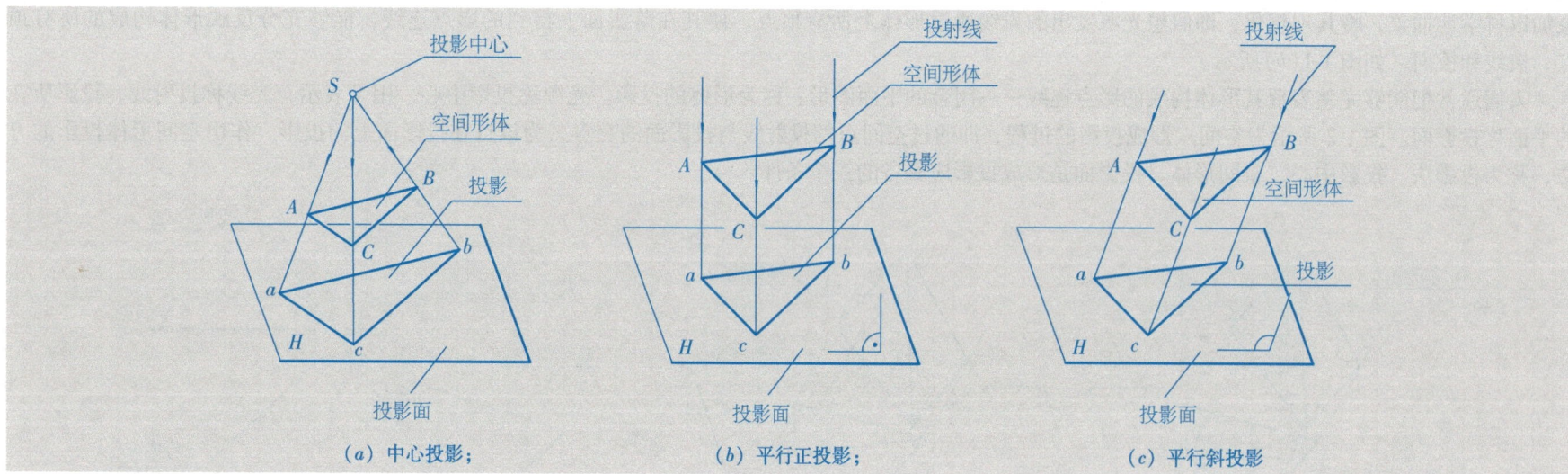

（a）中心投影；　　（b）平行正投影；　　（c）平行斜投影

图 1-3　投影的分类

1.2.3　工程中常用的图示法

表达工程物体时，由于所表达的目的和表达对象的特性不同，需要采用不同的图示方法。工程中常用的图示法有四种。

1. 透视图

中心投影法形成透视投影图的基本原理，如图 1-4(a)所示。透视投影图简称透视图，如图 1-4(b)所示。透视图与人眼观察建筑物的视觉效果近乎相同，因此透视图具有身临其境的真实感。在建筑工程中的设计阶段，建筑师常以透视图与用户实现设计思想的交流。但透视图的绘制相对复杂，且也不易度量真实尺寸，所以不能成为生产中的主要图样，仅仅用于方案设计、报建审批及招投标之用。

2. 轴测图

平行投影法形成轴测投影图的基本原理如图 1-5(a)所示，轴测投影图简称轴测图，俗称立体图。轴测图具有很好的立体感，但不具有透视的真实感，且作图也比较麻烦，度量性不够理想。所以在生产中多以辅助图样出现，轴测图常用于建筑构造的节点详图、管网系统图及规划鸟瞰图。

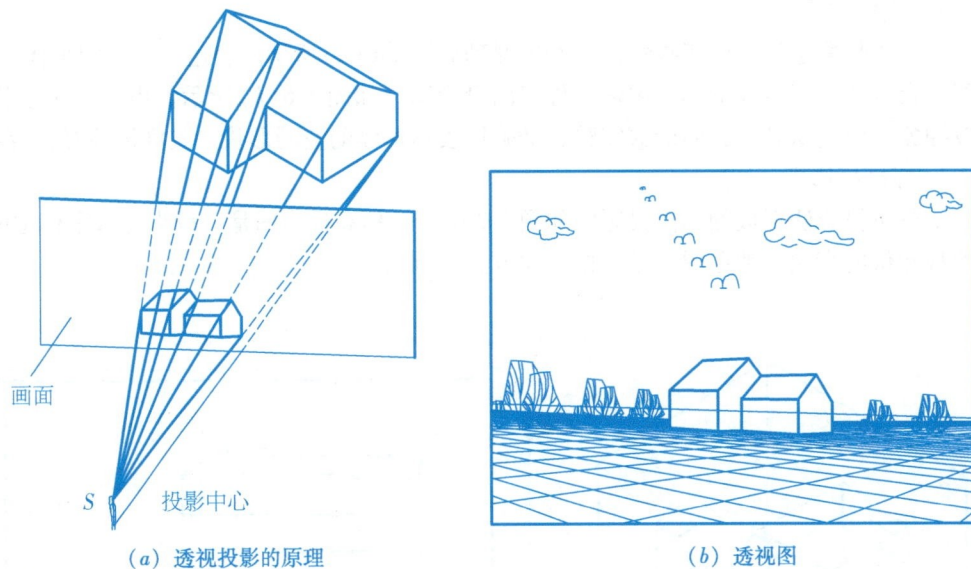

（a）透视投影的原理　　　　（b）透视图

图 1-4　透视投影法

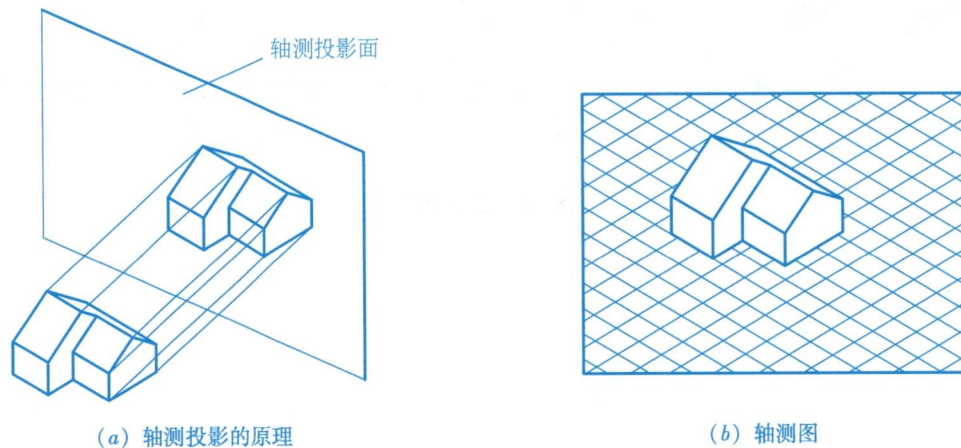

（a）轴测投影的原理　　　　（b）轴测图

图 1-5　轴测投影图

3. 正投影图

平行正投影法形成的正投影图的基本原理如图1-6(*a*)所示。表达一个空间形体，必须通过两个以上的正投影图的相互配合，通常采用三个正投影图联合表达一个空间形体，习惯上称三面投影图，如图1-6(*b*)所示。由于一个正投影图反映空间形体的两个尺度，所以正投影图不具有立体感，比较抽象，但它从各个方向能够完整、准确地表达形体的空间形状，且度量性好，容易绘制，因此成为工程界广为应用的图示方法。

4. 标高投影图

平行正投影法形成的标高投影图如图1-7所示。标高投影图是一种带有数字标记的单面投影图，它是用等高线表示地面的形状和高度，常用来表达地势起伏的变化。地形图就是根据上述方法绘制的。

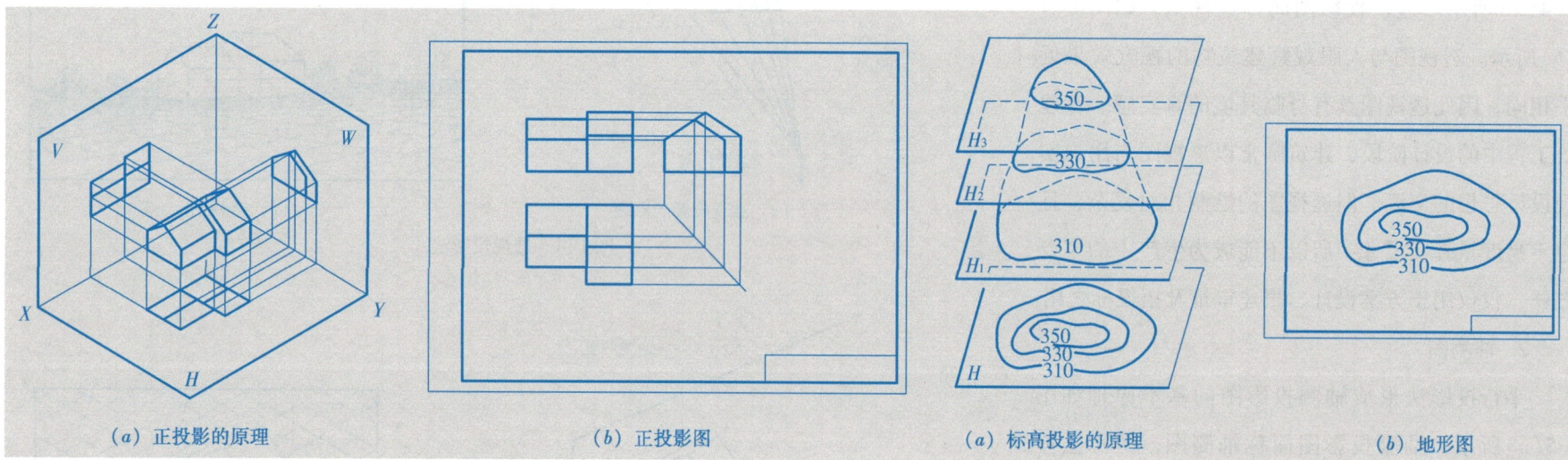

（*a*）正投影的原理　　　　　　（*b*）正投影图

图1-6　正投影图

（*a*）标高投影的原理　　　　　　（*b*）地形图

图1-7　标高投影图

1.2.4 平行投影的基本性质

平行投影是工程图中广泛应用的投影原理，了解平行投影的基本性质，对于初学者绘制简单的三面投影图非常必要，平行投影主要有如下基本性质(图1-8)：

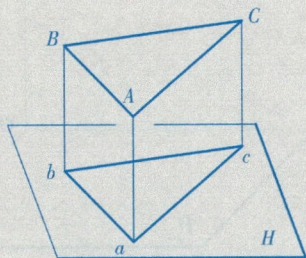

(a) 投影真实性

直线或平面平行投影面时，其投影反映直线的实长或平面的实形，我们把投影的这种特性称投影的真实性，也称实形性。

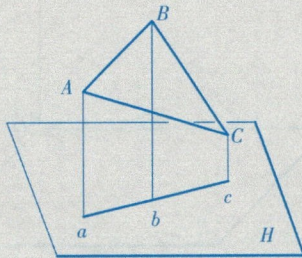

(b) 投影积聚性

当直线或平面与投影面垂直时，直线的投影积聚为一点，平面的投影积聚为直线，我们把投影的这种特性称积聚性。

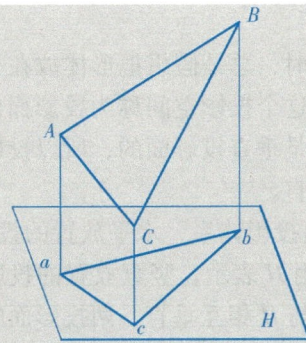

(c) 投影类似性

当直线或平面倾斜投影面时，直线的投影不反映实长，平面的投影不反映实形，但投影仍与原平面的边数相等，即与原平面类似，我们把投影的这种特性称类似性。

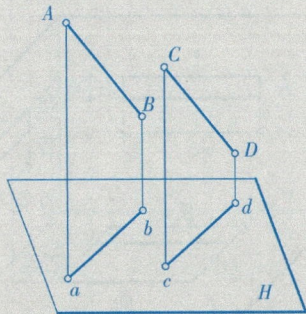

(d) 平行性

空间互相平行的两直线，在同一投影面上的投影保持平行，通常把投影的这种特性称平行性。

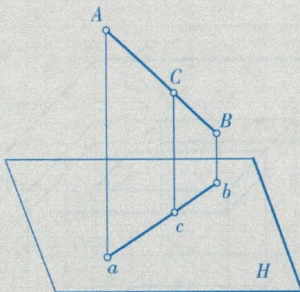

(e) 从属性、定比性

若点在直线上，则点的投影必在直线的投影上；若直线在平面内，则直线的投影必在平面的投影上，通常把投影的这种特性称从属性。

点分线段成定比，点的投影分线段的投影也成相同的定比，通常把投影的这种特性称定比性。

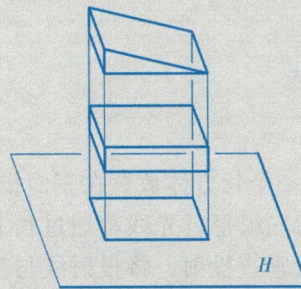

(f) 单面投影的不确定性

四棱柱和三棱柱在投影面上的投影均为四边形。若根据单一投影想像形体的空间形状则不是唯一的。我们把投影的这种特性称单面投影的不确定性。正是由于这个原因，用正投影图表达形体必须采用多面正投影图。

图1-8　平行投影的特性

1.3　三视图的形成及其特性

1.3.1　投影体系的建立

用正投影图表现形体时，总是假想把形体放在一个由多个投影面组成的空间里，这个投影空间称为投影面体系。由于产生正投影图的投射线是垂直投影面的，所以投影面体系的各投影面之间必相互垂直。

图 1-9(a)所示为两面投影体系，水平放置的投影面(相当地面)称水平投影面，用 H 表示；竖直放置的投影面称正面投影面，用 V 表示；V 与 H 相互垂直。两投影面的交线称投影轴，用 OX 表示。

图 1-9(b)所示为三面投影体系，即在两面投影体系的基础上，再增加一个与 V、H 均垂直的投影面，这个投影面称侧面投影面，用 W 表示，它与 V、H 投影面的交线分别为 OZ 轴和 OY 轴。

1.3.2　三面投影的形成

1. 投影的形成

在图 1-10(a)中，将一个长方体放置在三面投影体系中，假想垂直于三个投影面的三组平行光线都通过长方体的各个顶点，分别向三个投影面垂直投射，将投射线与各投影面的交点分别连线，便可得到形体的三面投影图，分别称为正面投影、水平投影和侧面投影。

2. 投影面的展开

三面投影图的确定，即完成空间形体形状的表达，换言之，则以二维的平面图形代替三维的空间形体，但三面投影仍然处于空间互相垂直的投影面上，需要展开在二维的平面图

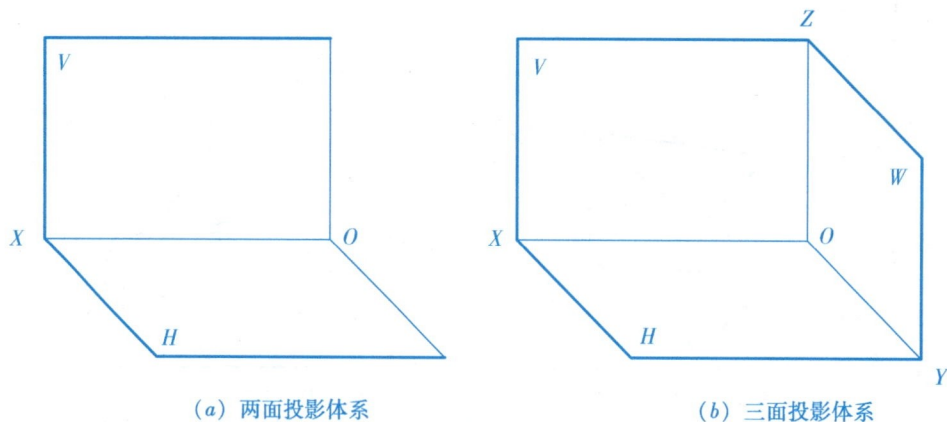

（a）两面投影体系　　　　（b）三面投影体系

图 1-9　投影面体系

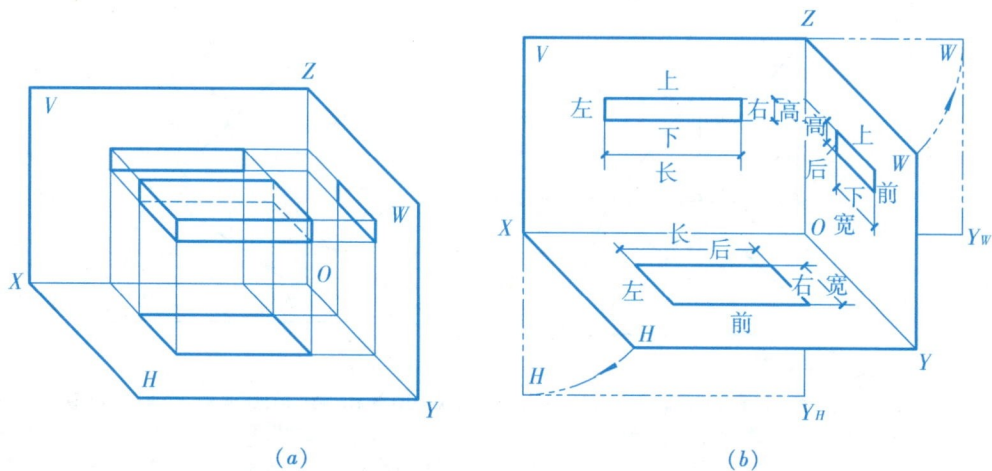

（a）　　　　　　　　（b）

图 1-10　三面投影的形成

纸上。展开方法如图 1-10(b) 所示，即令 V 面不动，在 OY 轴处将 H 面与 W 面分开，展开后，Y 轴变成两个，在 H 面上的 Y 轴以 Y_H 表示，在 W 面上的 Y 轴以 Y_W 表示。H 面绕 OX 轴向下旋转 90°，W 面绕 OZ 轴向右转 90°，均与 V 面共面，此时的三面投影图便展开到同一平面上，如图 1-11(a) 所示（投影面边界不必表示）。

3. 三面投影图之间的关系

三面投影图是空间形体在位置不变的情况下，从三个不同方向投影的结果。它们共同表达的是一个形体，因此它们之间存在着紧密的关系。

（1）位置关系

如图 1-11(a)，正面投影反映形体的上下、左右关系，水平投影反映形体的前后、左右关系，侧面投影反映形体的上下、前后关系。

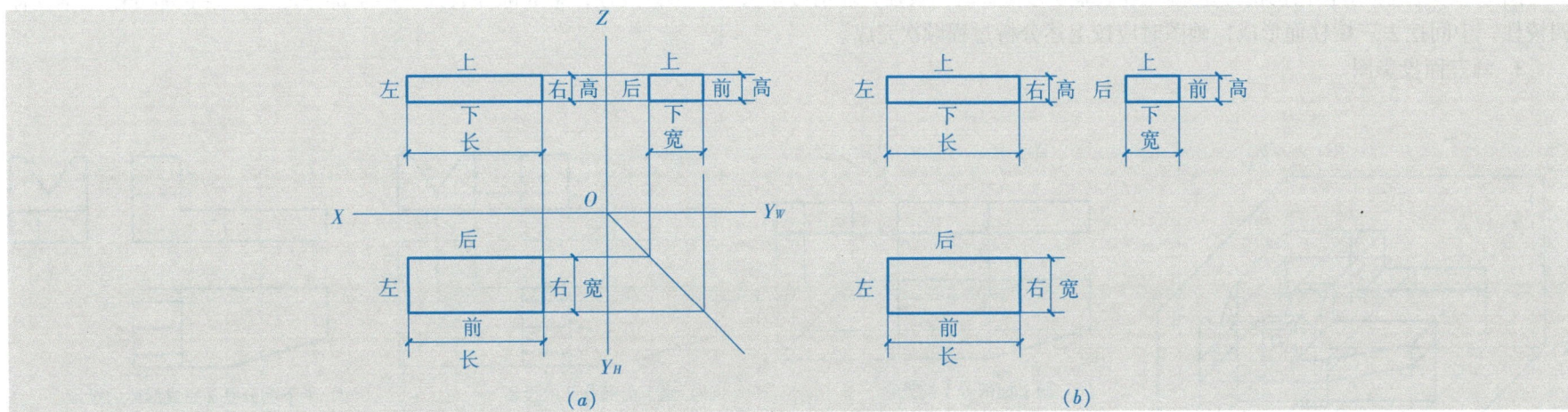

图 1-11　三面投影的展开及画法

（2）尺度关系

如图 1-11(a)，正面投影反映长和高两个方向的尺度，水平投影反映长和宽两个方向的尺度，侧面投影反映宽和高两个方向的尺度。

（3）三等关系

从图 1-11(a) 可见，正面投影的长与水平投影的长，由于表达的是同一个形体的长度，所以长是相同的；同理，水平投影的宽与侧面投影的宽也是相同的，正面投影的高与侧面投影的高也是相同的。总之，三面投影之间的度量关系，概括为**"长对正、高平齐、宽相等"**，简称为三等关系或九字规律。应当指出，三等关系不仅适用于形体的总体轮廓，也适用于形体的局部轮廓，它是画图和读图的重要依据。由于三面投影图三等关系的确定，今后在表达三面投影图时，可以不再画投影轴，如图 1-11(b) 所示。三视图之间的尺寸在保证三等关系的前提下，根据图幅大小可任意调整。

1.3.3　绘制空间形体的三面投影图

例1-1　以图 1-12(*a*)所示形体为例，说明绘制形体三面投影图的方法与步骤。

1. 选择正面投影的投影方向

空间形体在投影体系中安放位置不同，所得到的投影就不相同。将最能反映形体形状特征的主要面平行于 *V* 面，其他表面也尽量平行 *H*、*W* 投影面，以便使各投影充分体现平行投影的真实性和极好的度量性。如图 1-12(*a*)。

2. 分析形体构成

图 1-12(*b*)所示形体由两部分组成，第Ⅰ部分为扁长的四棱柱，左前方切去一个小三棱柱；第Ⅱ部分放置于第Ⅰ部分之上，第Ⅱ部分由基本立体四棱柱，中间挖去三棱柱而形成，画图时应按上述分析过程顺次完成。

3. 画三面投影图

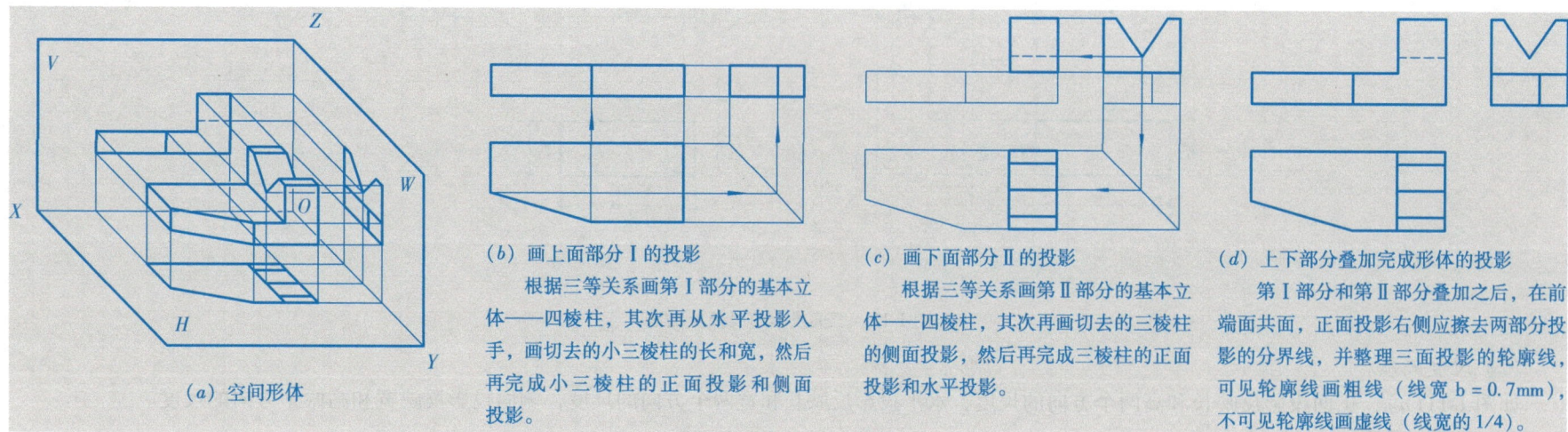

(*a*) 空间形体

(*b*) 画上面部分Ⅰ的投影
　　根据三等关系画第Ⅰ部分的基本立体——四棱柱，其次再从水平投影入手，画切去的小三棱柱的长和宽，然后再完成小三棱柱的正面投影和侧面投影。

(*c*) 画下面部分Ⅱ的投影
　　根据三等关系画第Ⅱ部分的基本立体——四棱柱，其次再画切去的三棱柱的侧面投影，然后再完成三棱柱的正面投影和水平投影。

(*d*) 上下部分叠加完成形体的投影
　　第Ⅰ部分和第Ⅱ部分叠加之后，在前端面共面，正面投影右侧应擦去两部分投影的分界线，并整理三面投影的轮廓线，可见轮廓线画粗线（线宽 b = 0.7mm），不可见轮廓线画虚线（线宽的1/4）。

图 1-12　空间形体三面投影图绘制分析

例 1-2　完成图 1-13(a)所示形体的三面投影图。

该形体由两部分构成，第一部分的投影如图 1-13(b)所示，第二部分的投影如图 1-13(c)所示。由于两部分形体长度尺寸相同，左、右两端共面，故侧面投影不存在两部分投影的分界线，如图 1-13(d)所示。此例的正面投影方向还可以选择图 1-14(a)的表示方案。而图 1-14(b)的表达方致使其他投影图产生了较多的虚线，故正面投影方向选择得不合理。

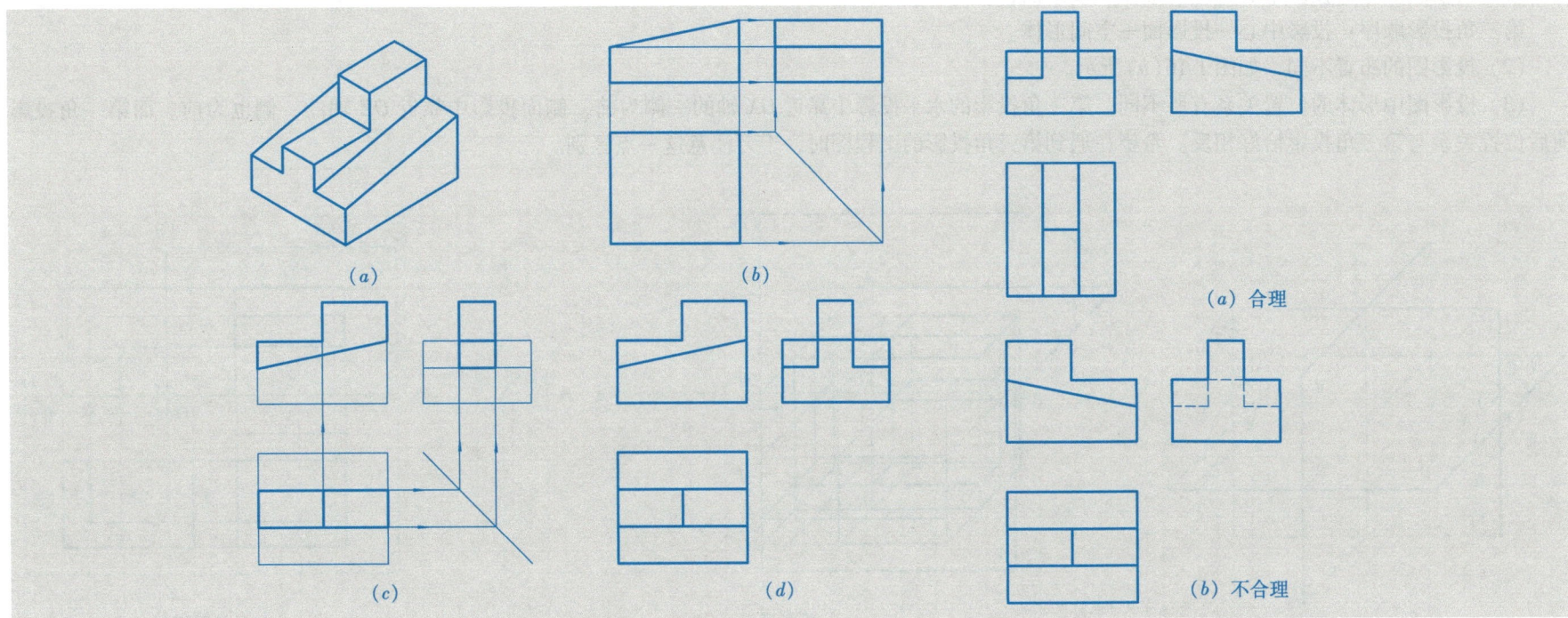

图 1-13　绘制空间形体三面投影图	图 1-14　形体三面投影图投影方向选择

1.3.4　第三角投影

随着国际交流和援外工程的开展，在未来工作中，会遇到第三角投影的工程图纸，为此对第三角投影作以下简介。

互相垂直的三个投影面扩展之后，将空间划分为如图 1-15 所示的八个直角空间，称八个角。W 面以左的四个空间分别为：V 面之前，H 面之上的空间为第 I 分角；V 面之后，H 面之上的空间为第 II 分角；V 面之后，H 面之下的空间为第 III 分角；V 面之前，H 面之下的空间为第 IV 分角。W 面以右的四个分角分别为 V、VI、VII、VIII 分角。我国及俄罗斯等东欧国家的制图国家标准规定三面投影图为第 I 分角投影，而欧、美、日等国的制图国家标准规定三面投影图为第 **Ⅲ** 分角投影，简称第三角投影。

　　第三角投影投影面展开时，V 面不动，H 面以 OX 为准向上翻转 90°，W 面向前翻转 90°，其形成过程见图 1-16(a)。第一角投影与第三角投影的形成过程均是采用的平行正投影法，因此它们均具有平行投影的特性，画图时都共同遵守三等关系的投影规律。而两者的区别有如下三点：

　　（1）投影中心、空间形体、投影面三者的位置关系不同。

　　第一角投影顺序：投影中心—空间形体—投影面；

　　第三角投影顺序：投影中心—投影面—空间形体。

　　（2）投影图的布置不同，如图 1-16(b)所示。

　　（3）投影图中形体的位置关系有所不同。第三角投影的水平投影中靠近 OX 轴的一侧为前，侧面投影中靠近 OZ 轴的一侧也为前。而第一角投影前后位置关系与第三角投影恰好相反。希望在遇到第三角投影的工程图时，千万注意这一点区别。

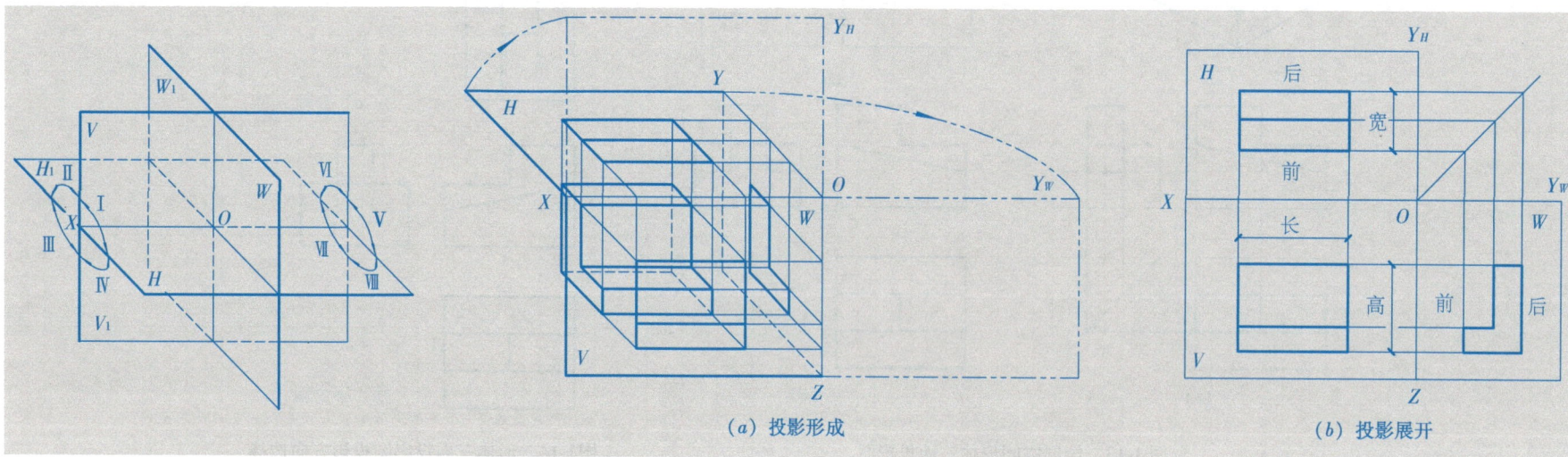

图 1-15　八个分角

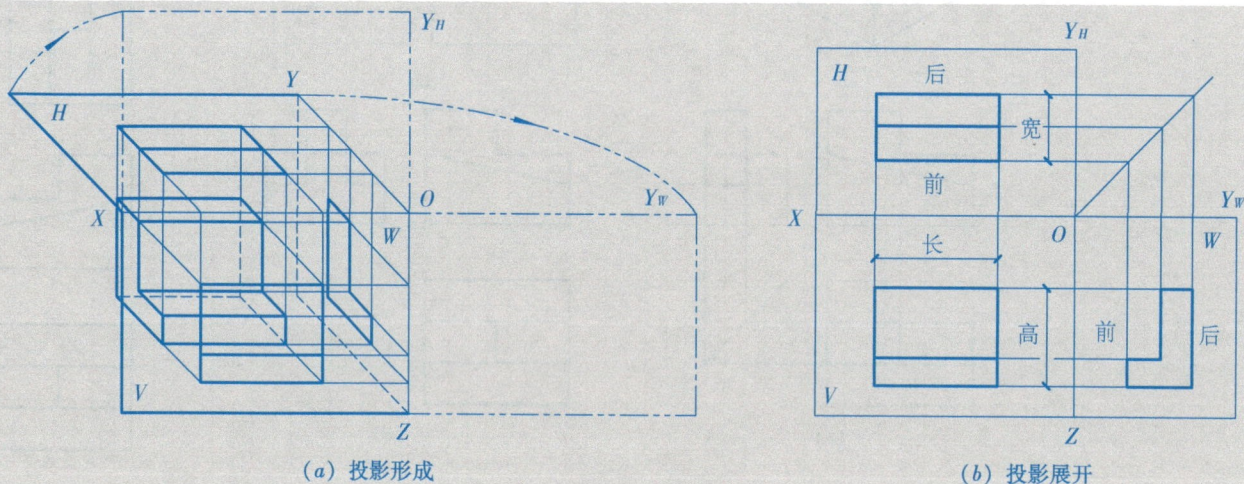

（a）投影形成　　（b）投影展开

图 1-16　第三分角投影

第2章 点 的 投 影

2.1 点的两面及三面投影

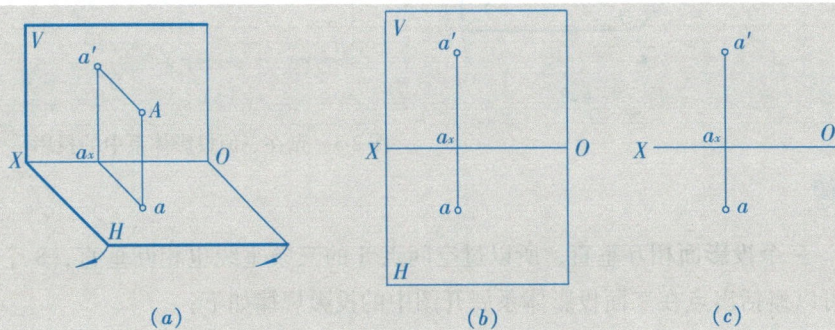

2.1.1 点在两面投影面体系中的投影

如图 2-1 所示，在单面投影体系中，若空间 A、B 两点位于同一条投射线上，则其投影重合为一点，因此不能根据点的单面投影来确定其空间位置。要解决这个问题必须采用多面投影。

通过空间点 A 的投射线与投影面的交点 a，即为点在这个投影面的投影。如图 2-2(a) 所示，空间点 A 位于 V/H 两面投影体系中。过点 A 分别向 V 和 H 面作垂线，得垂足 a' 和 a，则 a' 称为 A 点的正面投影，a 称为 A 点的水平投影。

投影面展开：在实际作图时，为把空间元素在一个平面上表示出来，而把空间两个投影面展开成一个平面，使 V 面保持不动，使 H 面绕 OX 轴向下旋转 90° 与 V 面重合，即得 A 点的正投影图，如图 2-2(b) 所示。在实际画图时，不必画出投影面的边框，如图 2-2(c) 所示。

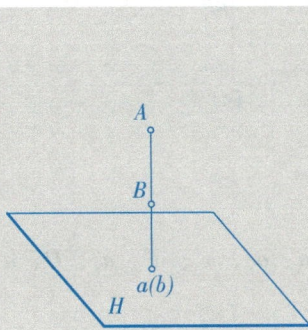

图 2-1 点的单面投影　　　　　　　　　　图 2-2 点在两面投影体系中的投影

2.1.2　点在三面投影体系中的投影

设有一空间点 A，过 A 点分别向 H、V 和 W 面作垂线，得垂足 a、a' 和 a''，则 a 称为 A 点的水平投影，a' 称为 A 点的正面投影，a'' 称为 A 点的侧面投影，如图 2-3（a）所示。

如图 2-3（b）所示，对三面投影体系进行展开，V 面仍保持不动，将 H、W 面分别绕 OX 轴向下和绕 OZ 轴向后旋转 90°，使与 V 面重合，即点的三个投影在同一平面内，即得到点的三面投影图。三面投影体系的投影面展开后，同一条 Y 轴旋转后出现了两个位置。其中 Y 轴随 H 面旋转后，以 Y_H 表示；随 W 面旋转后，以 Y_W 表示。通常在投影图上只画出其投影轴，不画投影面的边界，如图 2-3（c）所示。一般规定空间点用大写字母表示，如 A、B、C 等；水平投影用相应的小写字母表示，如 a、b、c 等；正面投影用相应的小写字母加一撇表示，如 a'、b'、c'；侧面投影用相应的小写字母加两撇表示，如 a''、b''、c''。

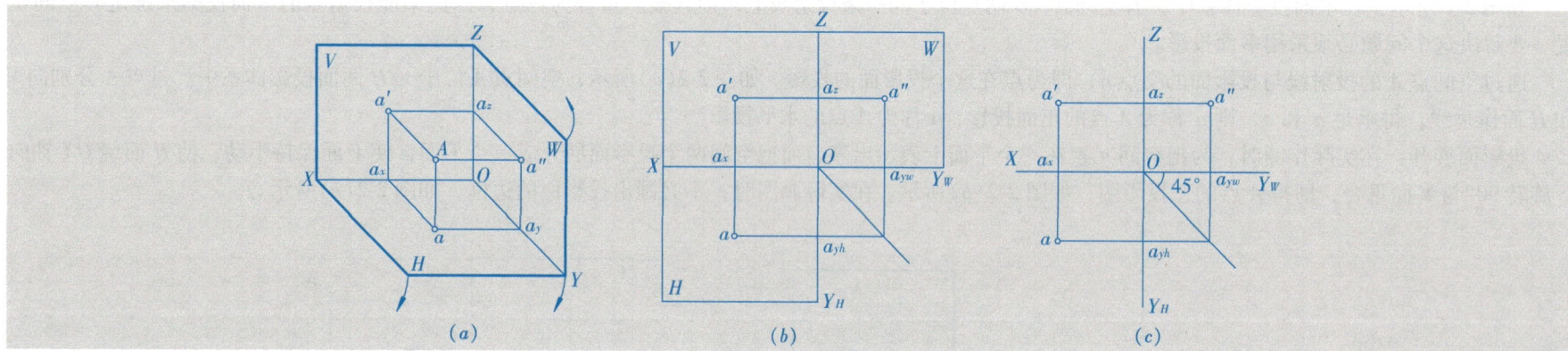

图 2-3　点在三面投影体系中的投影

2.1.3　点的投影规律

由图 2-3（a）所示，三个投影面相互垂直，所以过空间点 A 的三条垂线也相互垂直，8 个顶点 A、a、a_y、a'、a''、a_x、O、a_z 构成了一个长方体，根据长方体的性质，可以概括出点在三面投影体系展开图中的投影规律如下：

（1）点的正面投影和水平投影的连线垂直于 OX 轴，即 $a'a \perp OX$；

（2）点的正面投影和侧面投影的连线垂直于 OZ 轴，即 $a'a'' \perp OZ$；

（3）点的水平投影到 OX 轴的距离等于点的侧面投影到 OZ 轴的距离，即 $aa_x = a''a_z$。

这些规律说明，只要知道点的任意两个投影，就可以求出其第三面投影。

例 2-1　已知点 A 的两投影(图 2-4(a))，求其第三投影。

分析　可根据点的投影规律来完成作图(图 2-4(b))。

作图

- 根据**"长对正"**，过点的正面投影 a' 作 OX 轴的垂线，是 $a'a_x$(图 2-4(b))；
- 根据**"宽相等"**，过点的正面投影 a' 作 OZ 轴的垂线，是 $a''a_{yw}$(图 2-4(b))；
- 两线的交点即为点的水平投影 a(图 2-4(b))。

2.1.4　点的投影与直角坐标的关系

如果把三个投影面当作坐标面，三个投影轴当作坐标轴，三个轴的交点 O 即为坐标原点，三面投影面体系就会变为空间直角坐标系。

这时，点到三个投影面的距离就反映了它的三个坐标（如图 2-5）：

- 点 A 到 W 面的距离(Aa'')等于其 x 坐标，其投影具有如下关系：$Aa'' = a'a_z = aa_y = x$；
- 点 A 到 V 面的距离(Aa')等于其 y 坐标，其投影具有如下关系：$Aa' = aa_x = a''a_z = y$；
- 点 A 到 H 面的距离(Aa)等于其 z 坐标，其投影具有如下关系：$Aa = a'a_x = a''a_y = z$。

点的一个投影可反映其两个坐标，点的任何两个投影可反映其三个坐标，即确定该点的空间位置。

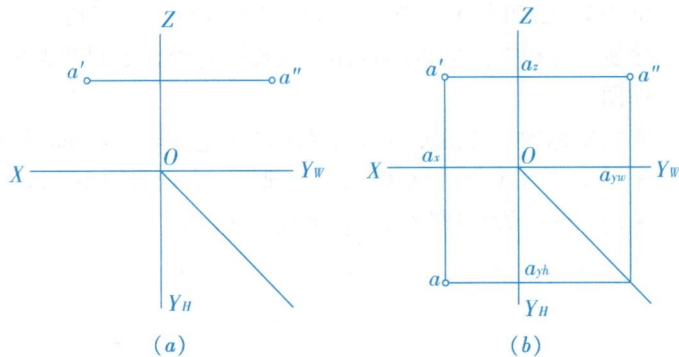

图 2-4　已知点的两面投影求第三投影

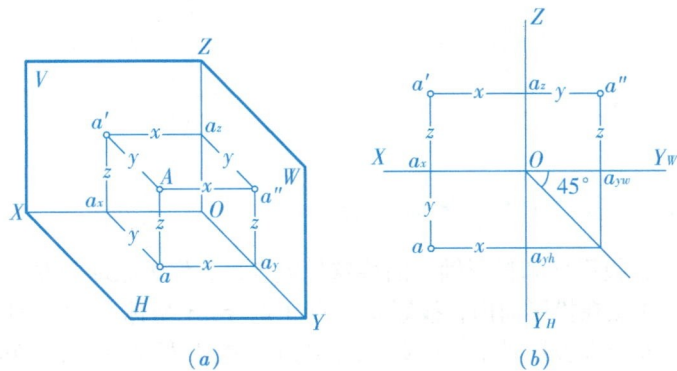

图 2-5　点的投影与直角坐标的关系

例 2-2 已知点 A 的坐标为（5，10，15），求作其三面投影。

分析 可根据点的投影规律以及投影与坐标之间的关系来完成作图。

作图

- 画坐标轴，并由原点 O 在 OX 轴的左方取 $x = 5mm$ 得点 a_x，如图 2-6（a）；
- 过 a_x 作 OX 轴的垂线，自 a_x 起沿 y 方向量取 10mm 得 a、沿 z 方向量取 15mm 得 a'，如图 2-6（b）所示；
- 按点的投影规律做出 a''，如图 2-6（c）。

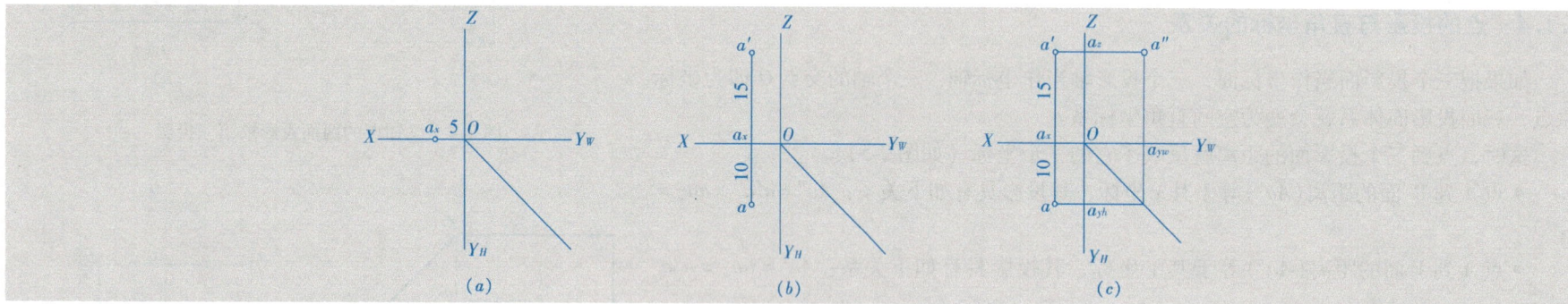

图 2-6 求点的三面投影

2.1.5 投影面和投影轴上的点

在投影面和投影轴上的特殊位置点，其作图原理和方法与一般位置点相同，但是其某个投影位置会重合或者落在投影轴上。如图 2-7 所示：

A 点在投影面内，投影 a' 与点 A 重合，y 坐标为 O，投影 a 和 a'' 落在投影轴上；

B 点在投影轴上，x 和 z 坐标为 O，投影 b' 在 O 点，b 和 b'' 与点 B 重合。

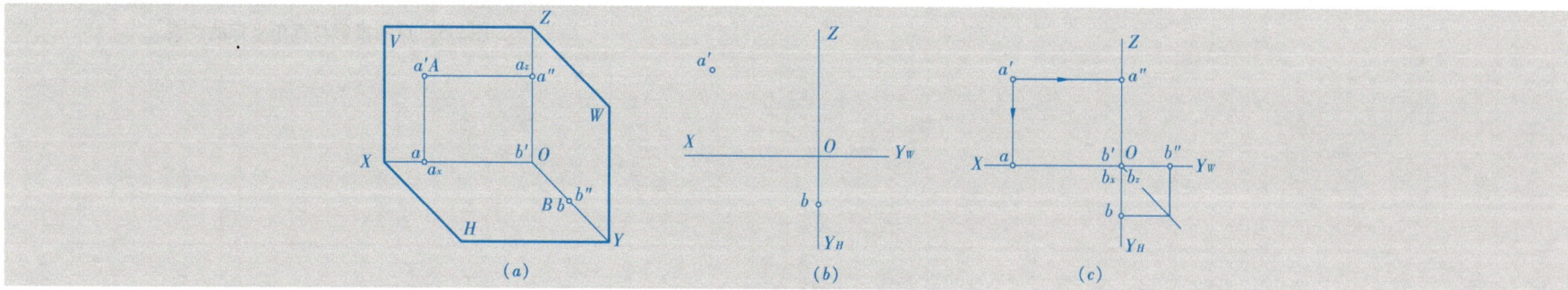

图 2-7 投影面和投影轴上的点

2.2　重影点及其投影的可见性

2.2.1　重影点

1. 重影点概念

如图 2-8(a) 所示，A、B 两点位于 H 面的同一条投射线上，这时 a、b 重合，则此 A、B 称为对 H 面的重影点。同理还有对 V 面和对 W 面的重影点。

2. 重影点投影特性

当空间两点为对某一投影面的重影点时，它们的两对坐标值相等，另外一对坐标值不相等。重合投影的可见性由这一对不相等的坐标值来确定。

为区分重影点的可见性，规定观察方向与投影面的投射方向一致，即对 V 面由前向后，对 H 面由上向下，对 W 面由左向右。

3. 重影点分类

重影点可分为：对 H 面的重影点、对 V 面的重影点和对 W 面的重影点。

如图 2-8(a)、(b) 所示为对 H 面的重影点的投影图，图 2-8(c)、(d) 所示为对 V 面的重影点的投影图，图 2-8(e)、(f) 所示为对 W 面重影点的投影图。

2.2.2　投影的可见性

区分重影点的可见性有两种方法：第一种方法是根据观察方向去判断，有三类情况（前遮后、上遮下、左遮右）；第二种方法是根据重影点中不相等的一对坐标值来判断，坐标值大的点可见，小的不可见，规定不可见点的投影加圆括号表示。

如图 2-8(a)、(b) 所示，点 A 在点 B 的正上方，属于"上遮下"的情况。其中 A、B 两点的 Z 坐标不相等，A 点的 Z 坐标值大于 B 点的 Z 坐标值，坐标值小的点不可见，因此把 b 用圆括号括起来，以表示其不可见。

同理，如图 2-8(c)、(d) 所示，点 A 在点 B 的正前方，属于"前遮后"的情况。其中 A、B 两点的 Y 坐标不相等，A 点的 Y 坐标值大于 B 点的 Y 坐标值，坐标值小的点不可见，因此把 b' 用圆括号括起来，以表示其不可见。

同理，如图 2-8(e)、(f) 所示，点 A 在点 B 的正左方，属于"左遮右"的情况。其中 A、B 两点的 X 坐标不相等，A 点的 X 坐标值大于 B 点的 X 坐标值，坐标值小的点不可见，因此把 b'' 用圆括号括起来，以表示其不可见。

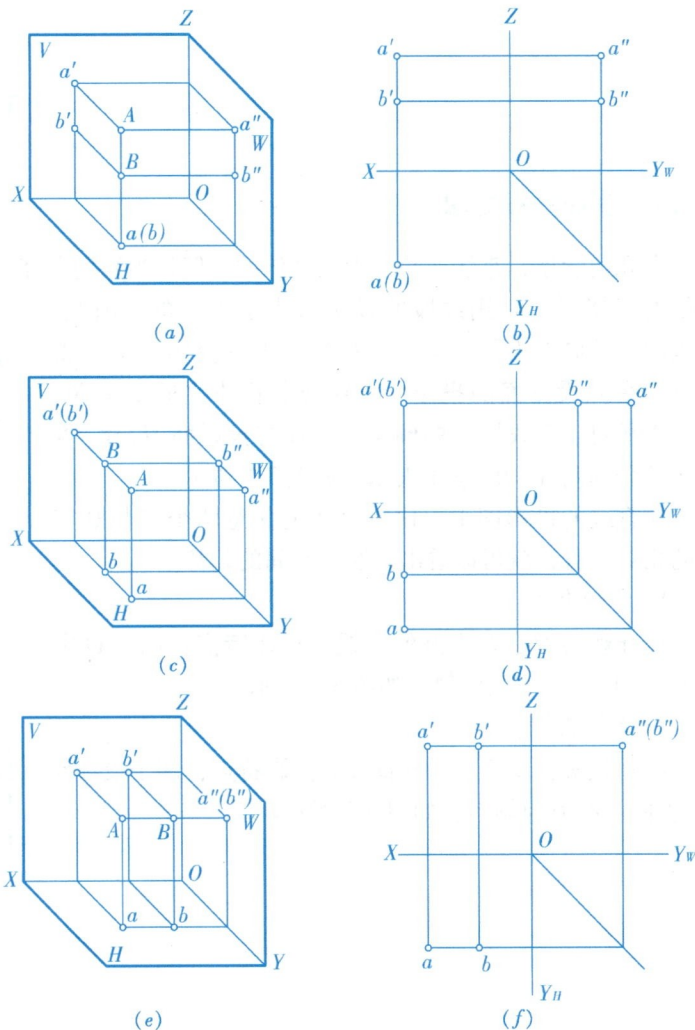

图 2-8　重影点的投影

第3章 直线的投影

3.1 直线的投影

3.1.1 直线的投影图

在几何学里，直线两端是无限延伸的。但是当我们研究直线的投影时，是用线段的投影来表示直线的。因此，连接两点的同面投影（同一个投影面上的投影）即可得到直线在此投影面的投影。直线与其投影之间的夹角，即为直线对于该投影面的倾角，直线与投影面 H、V、W 的倾角分别用 α、β、γ 来表示，如图 3-1 所示。

在直线的投影图上，比较直线上任意两个点与观察者的相对位置，就可以看出直线在空间的趋势。

1. 上行直线：

离开观察者逐渐上升的直线。投影特点：两个投影对 OX 轴向同一方向倾斜。如图 3-2 所示。

2. 下行直线：

离开观察者逐渐下降的直线。投影特点：两个投影对 OX 轴向不同方向倾斜。如图 3-3 所示。

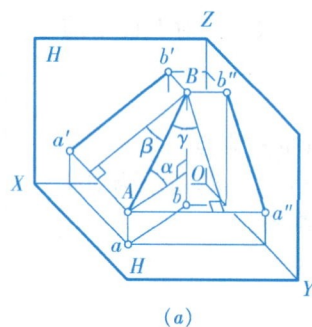

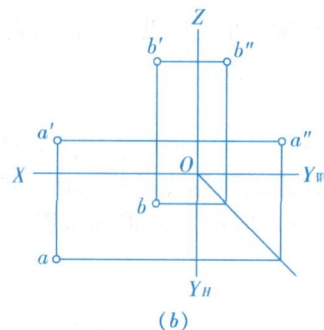

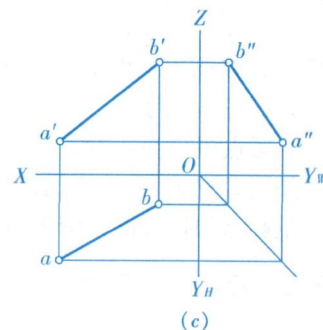

图 3-1 直线的投影

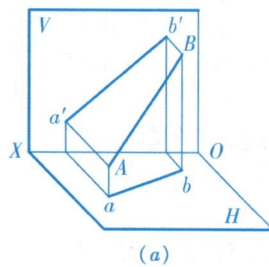

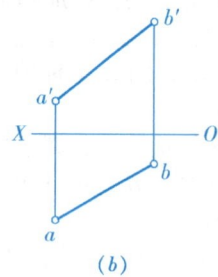

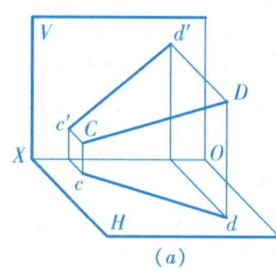

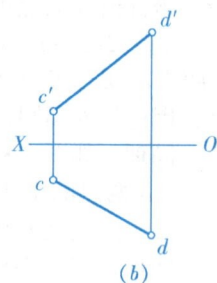

图 3-2 上行直线

图 3-3 下行直线

3.1.2 各类直线的投影特性

根据直线与投影面的相对位置可以把直线分为三类：垂直于某一投影面的直线，称为**投影面垂直线**；仅平行于某一投影面的直线，称为**投影面平行线**；对三个投影面均倾斜的直线，称为**投影面倾斜线**。前两类直线称为特殊位置直线，后一类直线称为一般位置直线。现将它们的投影特性分述如下（表 3-1、表 3-2）：

1. 投影面垂直线

投影面垂直线　　　　　　　　　　　　　　　　　　　　　　　　表 3-1

名称	定义	轴测图	投影图	投影特性
铅垂线	垂直于 *H* 面的直线			直线在所垂直的投影面上的投影积聚成一点，在另两个投影面上的投影均垂直于相应的投影轴，且反映直线的实长
正垂线	垂直于 *V* 面的直线			
侧垂线	垂直于 *W* 面的直线			

2. 投影面平行线

投影面平行线

表 3-2

名称	定义	轴测图	投影图	投影特性
水平线	仅平行于 H 面的直线	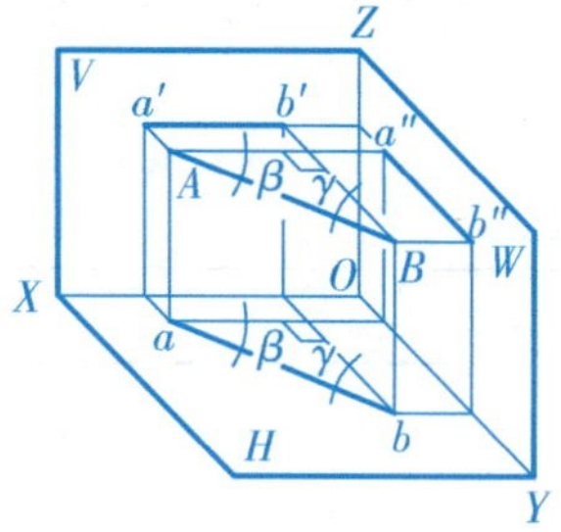	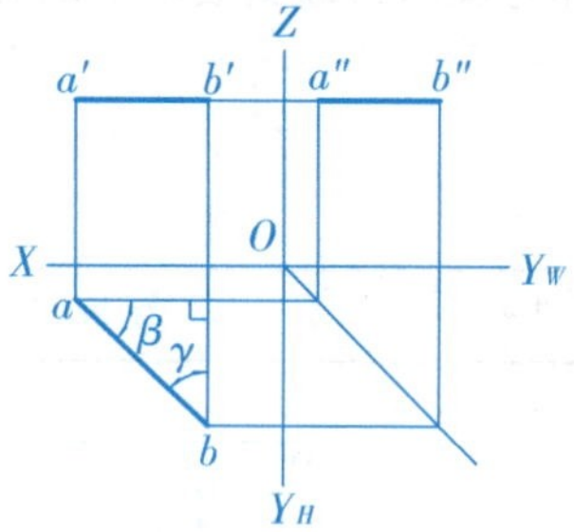	直线在它所平行的投影面上反映实长和倾角，在另两个投影面的投影均平行于相应的轴
正平线	仅平行于 V 面的直线	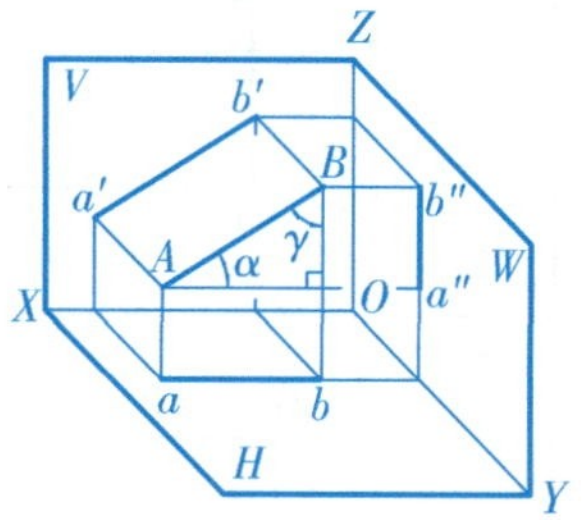	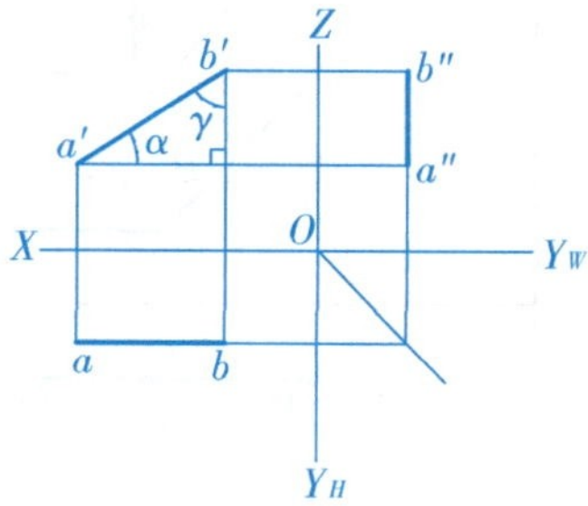	
侧平线	仅平行于 W 面的直线	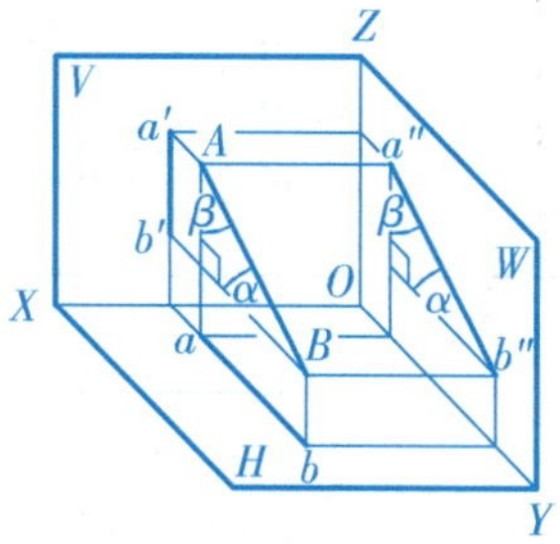	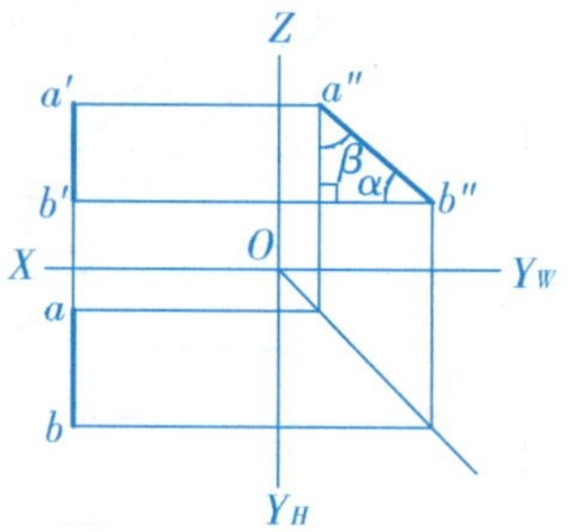	

3. 投影面倾斜线

如图 3-1 所示的直线即为一般位置直线，它的投影特性是：三个投影都与投影轴倾斜且都小于实长，三个投影与投影轴的夹角都不反映直线对投影面的倾角。

3.2　倾斜线的实长及其对投影面的倾角

由上节得知，倾斜线的投影在投影图中不反映实长及其对投影面的倾角。但在工程上，往往要求在投影图上用作图方法解决这类度量问题。

3.2.1　作图原理

图 3-4 展示了通过构造直角三角形的方法来求倾斜线的实长及其倾角 α，我们把这种方法称为**直角三角形法**（**图 3-4**）。

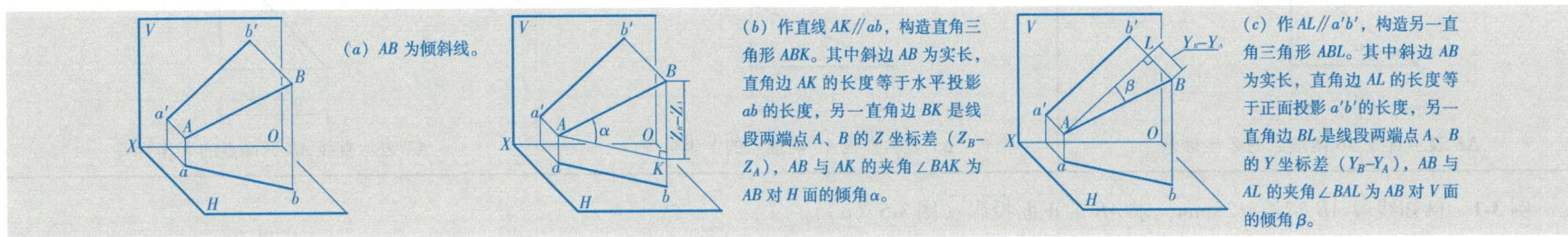

（a）AB 为倾斜线。

（b）作直线 $AK /\!/ ab$，构造直角三角形 ABK。其中斜边 AB 为实长，直角边 AK 的长度等于水平投影 ab 的长度，另一直角边 BK 是线段两端点 A、B 的 Z 坐标差（$Z_B - Z_A$），AB 与 AK 的夹角 $\angle BAK$ 为 AB 对 H 面的倾角 α。

（c）作 $AL /\!/ a'b'$，构造另一直角三角形 ABL。其中斜边 AB 为实长，直角边 AL 的长度等于正面投影 $a'b'$ 的长度，另一直角边 BL 是线段两端点 A、B 的 Y 坐标差（$Y_B - Y_A$），AB 与 AL 的夹角 $\angle BAL$ 为 AB 对 V 面的倾角 β。

图 3-4　直角三角形法求实长及倾角

3.2.2　作图方法

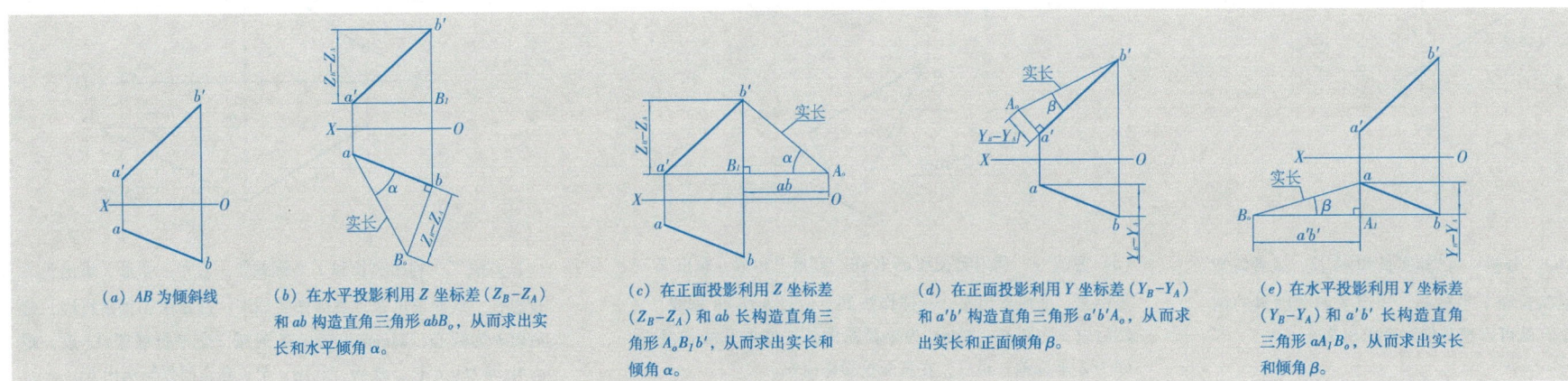

（a）AB 为倾斜线

（b）在水平投影利用 Z 坐标差（$Z_B - Z_A$）和 ab 构造直角三角形 abB_0，从而求出实长和水平倾角 α。

（c）在正面投影利用 Z 坐标差（$Z_B - Z_A$）和 ab 长构造直角三角形 A_0B_1b'，从而求出实长和倾角 α。

（d）在正面投影利用 Y 坐标差（$Y_B - Y_A$）和 $a'b'$ 构造直角三角形 $a'b'A_0$，从而求出实长和正面倾角 β。

（e）在水平投影利用 Y 坐标差（$Y_B - Y_A$）和 $a'b'$ 长构造直角三角形 aA_1B_0，从而求出实长和倾角 β。

图 3-5　直角三角形法求实长及倾角的作图方法

直线对 W 面的倾角 γ，也可用类似的作图方法求出（图 3-5），请读者自行分析。

值得注意的是，在直角三角形法中，三角形包含着四个因素：投影长、坐标差、实长及倾角，它们之间的关系如表 3-3 所示。只要知道两个因素，就可以把其它两个求出来。因此直角三角形法不仅仅是求直线的实长及倾角，根据已知条件，有可能求投影长或坐标差。

直角三角形法四个因素之间的关系　　　　　　　　表 3-3

1. H 面投影长和 ΔZ 为直角边	2. V 面投影长和 ΔY 为直角边	3. W 面投影长和 ΔX 为直角边
ΔZ 表示直线 AB 两端点的 Z 坐标差	ΔY 表示直线 AB 两端点的 Y 坐标差	ΔX 表示直线 AB 两端点的 X 坐标差

例 3-1　已知线段 AB 实长 $=25mm$，求 AB 的正面投影（图 3-6（a））。

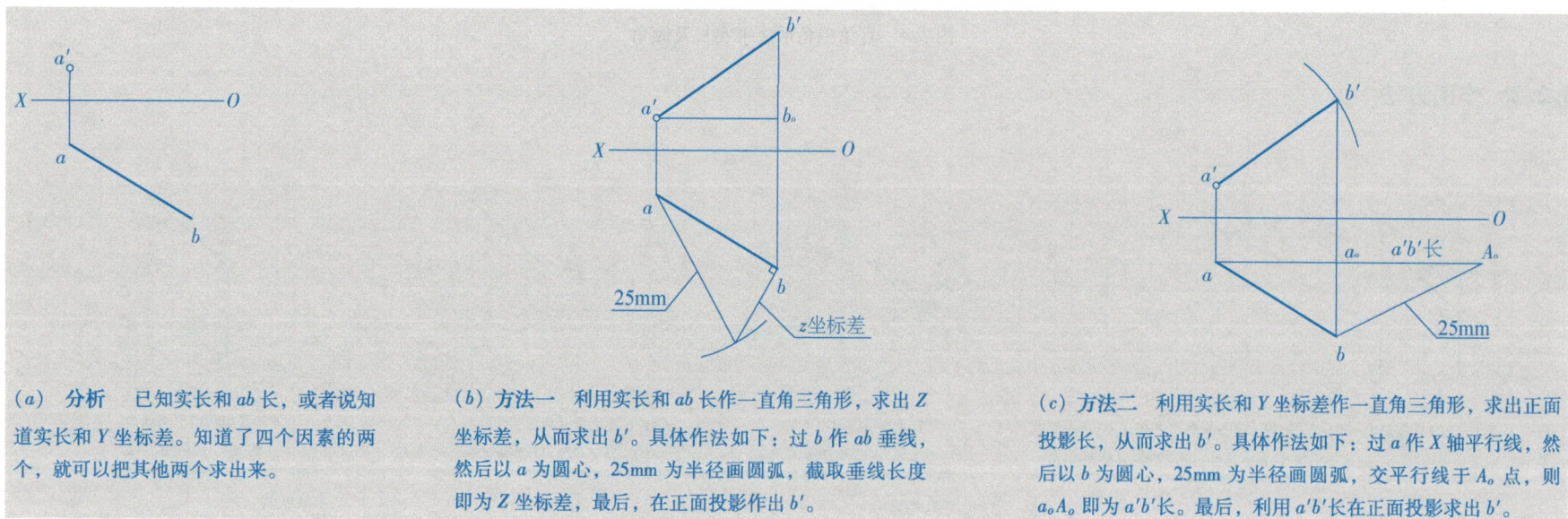

（a）**分析**　已知实长和 ab 长，或者说知道实长和 Y 坐标差。知道了四个因素的两个，就可以把其他两个求出来。

（b）**方法一**　利用实长和 ab 长作一直角三角形，求出 Z 坐标差，从而求出 b'。具体作法如下：过 b 作 ab 垂线，然后以 a 为圆心，$25mm$ 为半径画圆弧，截取垂线长度即为 Z 坐标差，最后，在正面投影作出 b'。

（c）**方法二**　利用实长和 Y 坐标差作一直角三角形，求出正面投影长，从而求出 b'。具体作法如下：过 a 作 X 轴平行线，然后以 b 为圆心，$25mm$ 为半径画圆弧，交平行线于 A_o 点，则 a_oA_o 即为 $a'b'$ 长。最后，利用 $a'b'$ 长在正面投影求出 b'。

图 3-6　已知线段 AB 实长 $=25mm$，求 AB 的正面投影

例 3-2 已知 AB 直线端点 A 的两面投影以及 AB 直线的投影方向，若 AB = 25mm，求 AB 直线的两面投影（如图 3-7 所示）。

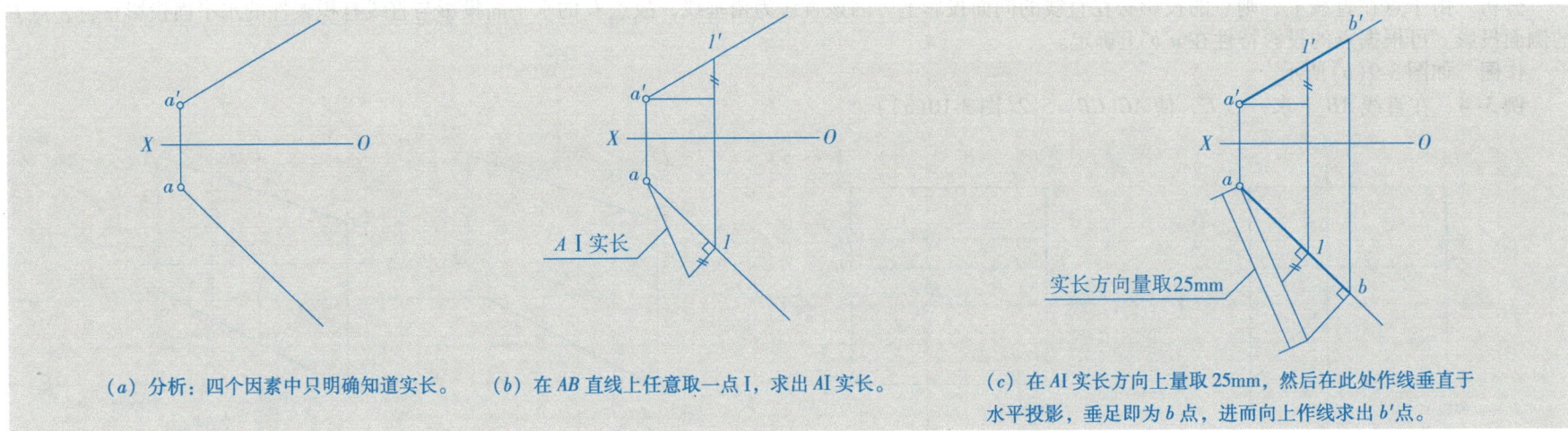

(a) 分析：四个因素中只明确知道实长。　　(b) 在 AB 直线上任意取一点 I，求出 AI 实长。　　(c) 在 AI 实长方向上量取 25mm，然后在此处作线垂直于水平投影，垂足即为 b 点，进而向上作线求出 b′ 点。

图 3-7　已知 AB 直线投影方向以及线段实长，求 AB 直线的两面投影

3.3　直 线 上 的 点

3.3.1　直线上点的投影

点在直线上，则点的投影必然符合从属性和定比性，这两条性质在第一章绪论中第二节讲过。

从属性：如图 3-8 所示，点 C 属于直线 AB，则 C 的投影就属于直线 AB 的投影。

定比性：如图 3-8 所示，点 C 分割线段 AB 之比等于点 C 分割线段 AB 的投影之比，即：$\dfrac{AC}{CB} = \dfrac{ac}{cb} = \dfrac{a'c'}{c'b'} = \dfrac{a''c''}{c''b''}$。

利用定比性，可以在直线上求点和分割线段成定比，还可以判断一点是否在直线上。

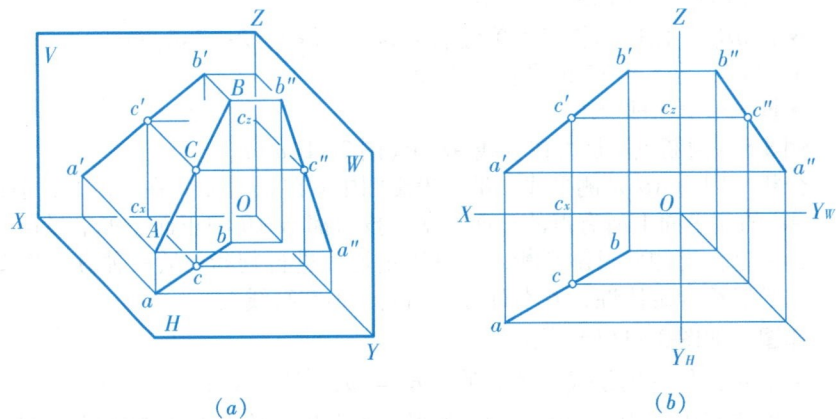

(a)

(b)

图 3-8　直线上点的投影

例 3-3　已知点 C 在直线 AB 上，以及点 C 的正面投影 c'，求点 C 的水平投影及侧面投影（图 3-9(a)）。

分析　由于点在直线上，则点的投影必在直线的同面投影上。因该直线为铅垂线，故点 C 的水平面投影与直线有积聚性的水平面投影重合，点 C 的侧面投影 c'' 可根据点的投影特性在 $a''b''$ 上确定。

作图　如图 3-9(b)所示。

例 3-4　在直线 AB 上求一点 C，使 $AC:CB=5:2$（图 3-10(a)）。

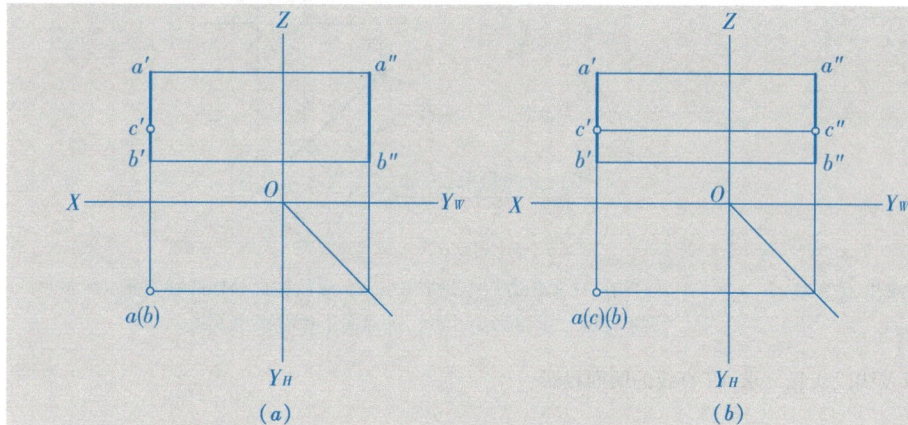

图 3-9　根据从属性求点的投影

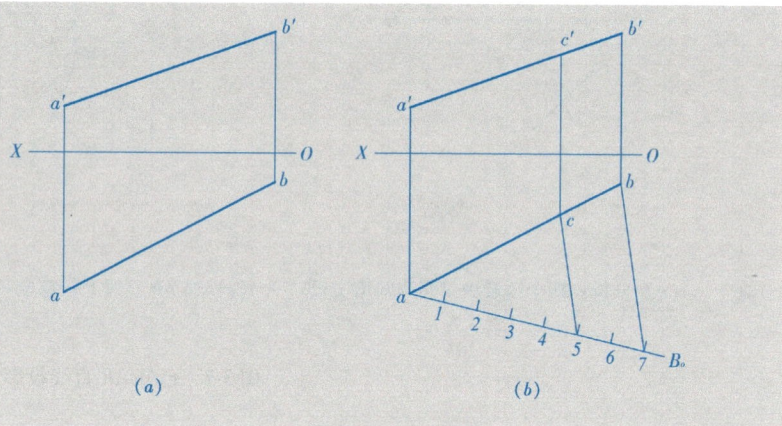

图 3-10　根据定比性分割线段

分析　根据定比性作图。

作图　如图 3-10(b)所示。

- 自 a（或 a'）任作辅助线 aB_0；
- 在 aB_0 上以适当长度为单位取 7 等分，得 1、$2\cdots7$ 诸点；
- 连 $b7$，自 5 作 $b7$ 的平行线交 ab 于 c；
- 据 c 求出 c' 即所求。

例 3-5　判断点 c 是否在直线 AB 上（图 3-11(a)）。

分析　因为 AB 是侧平线，虽然投影图中 c 在 ab 上，c' 在 $a'b'$ 上，但仍不能确定 D 在 AB 上。因为过 AB 的侧平面上所有点的正面、水平投影都与 AB 的正面、水平投影重合。解决这种问题有两种方法：一是作出侧面投影判断；二是用定比性进行判断。后一种方法作图简便，比较常用。点在直线上，必然符合定比性，若不符合，则其必不在直线上。

作图　如图 3-11(b)所示。

- 过 a' 任作一辅助线 $a'B_1$，使 $a'B_1=ab$，$a'C_1=ac$；
- 连接 $b'B_1$、$c'C_1$，由于 $c'C_1$ 不平行于 $b'B_1$，故点 C 不在直线 AB 上。

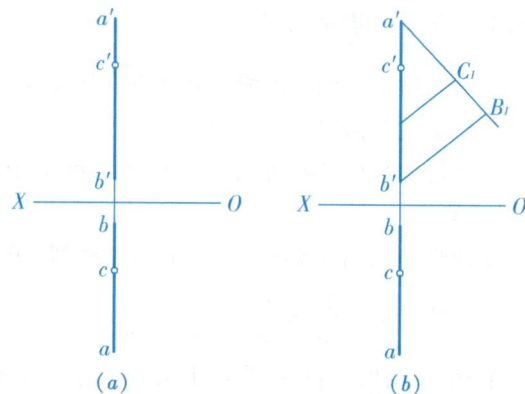

图 3-11　用定比性判断点是否在直线上

3.3.2　直线的迹点

直线与投影面的交点称为该直线的迹点。直线与 H 面的交点称为水平迹点；直线与 V 面的交点称为正面迹点；直线与 W 面的交点称为侧面迹点。图 3-12(a) 所示为直线 AB 的水平迹点 M 和正面迹点 N 的空间位置。

1. 迹点的投影特性

迹点是直线和投影面的共有点，因此它的投影应同时具有直线上的点和投影面上的点的投影特性，即：

（1）迹点的投影必在该直线的同面投影上；

（2）迹点的投影必有一个与其本身重合，另两个投影在相应的投影轴上。

应用这个投影特性，就可在投影图上确定直线各个迹点的投影。

2. 迹点的作图方法

如图 3-12(b)，由于点 M 是 H 面上的点，所以 m' 必定在 OX 轴上，又由于 M 是直线 AB 上的点，所以 m' 在 $a'b'$ 上，m 在 ab 上。因此直线 AB 水平迹点 M 的求作方法为：

（1）延长 $a'b'$ 与 OX 轴相交，交点 m' 即为水平迹点 M 的正面投影；

（2）自 m' 引 OX 轴的垂线与 ab 的延长线相交于 m，m 即为水平迹点 M 的水平投影。同理，直线 AB 正面迹点 N 的求作方法为：

（1）延长 ab 与 OX 轴相交，交点 n 即为正面迹点 N 的水平投影；

（2）自 n 引 OX 轴的垂线与 $a'b'$ 的延长线相交于 n'，n' 即为正面迹点 N 的正面投影。

（a）

（b）

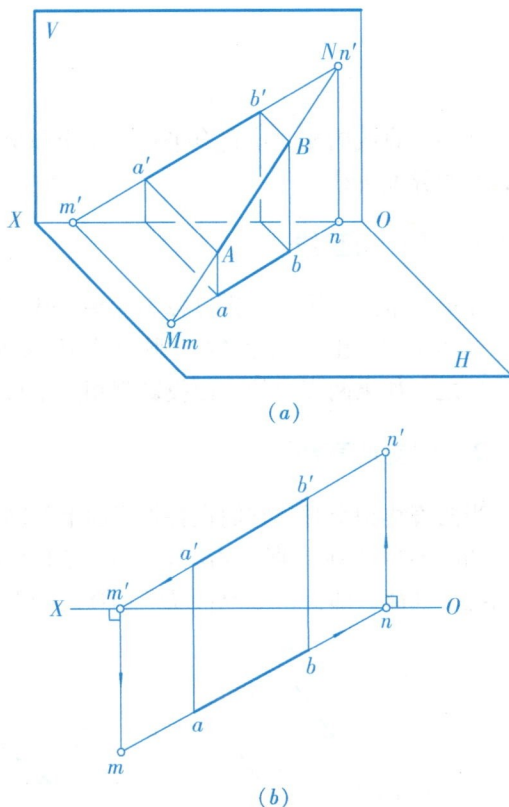

图 3-12　直线的迹点及其作图方法

3.4　两直线的相对位置

空间两直线的相对位置有平行、相交和交叉三种情况。前两种情况两直线位于同一平面内，称为同面直线；后一种情况两直线不位于同一平面内，称为异面直线。

3.4.1　平行两直线

在第一章绪论第二节讲过投影的平行性：空间平行的两直线，其投影仍相互平行。

如图 3-13，由于 $AB /\!/ CD$，则 $ab /\!/ cd$，$a'b' /\!/ c'd'$，$a''b'' /\!/ c''d''$。

反之，如果两直线的三面投影都相互平行，则两直线在空间必定相互平行。

3.4.2　相交两直线

当两直线相交时，它们在各投影面上的同面投影也必然相交，且交点的投影符合点的投影规律。

如图 3-14 所示，直线 AB 与 CD 相交于点 K，则在投影图上：ab 与 cd 相交于 k，$a'b'$ 与 $c'd'$ 相交于 k'，$a''b''$ 与 $c''d''$ 相交于 k''；并且 K 的各投影符合点的统一规律，即：$kk' \perp OX$，$kk'' \perp OY$，$k'k'' \perp OZ$。

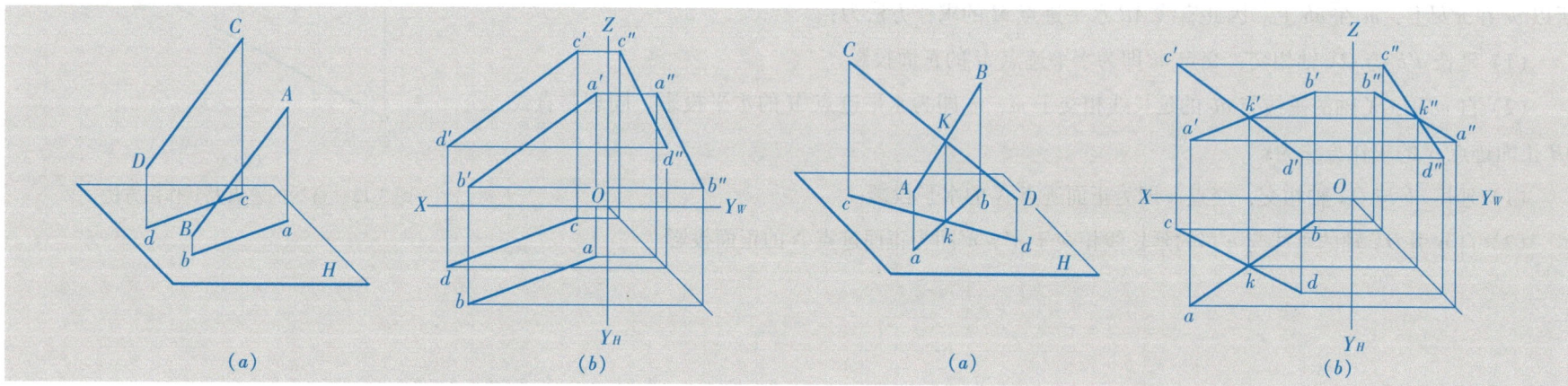

图 3-13　平行两直线的投影

图 3-14　相交两直线的投影

反之，两直线在投影图上的各组同面投影都相交，且各组投影的交点符合空间一点的投影规律，则两直线在空间必定相交。

3.4.3　交叉两直线

空间既不平行也不相交的两直线称为交叉直线。交叉两直线的投影可能相交，但它们的交点一定不符合点的投影规律。

如图 3-15，直线 AB、CD 是交叉直线，其中 ab 和 cd 的交点，实际上是直线 CD 上的点 I 与直线 AB 上的点 II 在 H 面的重影点 1(2)由于 I 在 II 之上，所以 1 可见，2 不可见；同理，a'b' 和 c'd' 的交点，实际上是直线 AB 上的点 III 与直线 CD 上的点 IV 在 V 面的重影点 3(4')由于 III 在 IV 之前，所以 3' 可见，4' 不可见。

如图 3-16 所示，交叉两直线的投影可能会有一组或二组是相互平行的，但决不会三组同面投影都相互平行。因此当两直线是一般位置直线时，只要有两面投影相互平行就可以断定该两直线在空间平行(图 3-13)。但若两直线同时平行于某一投影面时，则应看两直线在所平行的投影面上的投影是否平行，若平行，则两直线在空间平行，否则就不平行。显然，图 3-16(b)所示的两条侧平线也是交叉两直线。

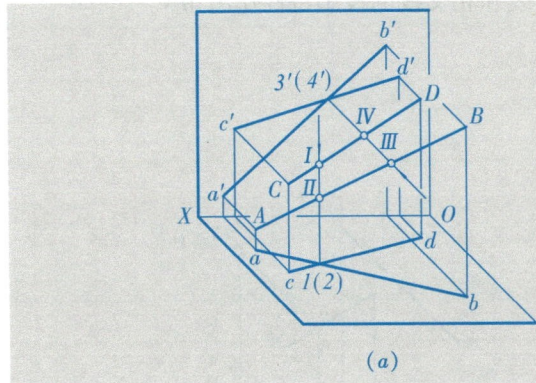

图 3-15　交叉两直线的投影(一)　　　　　　　　　　　图 3-16　交叉两直线的投影(二)

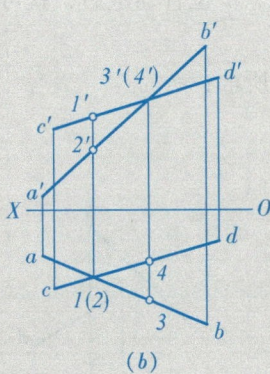

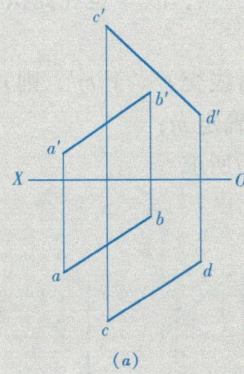

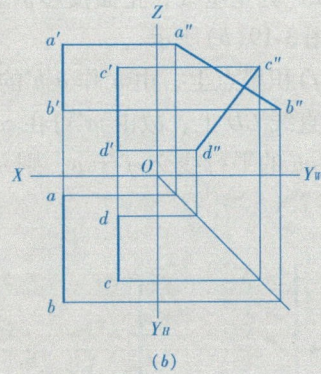

例 3-6　判断两直线的相对位置(图 3-17)。

分析　如果直线 AB 与直线 EF 相交，则交点同时必然属于两直线，可以看出两直线投影的交点是属于直线 EF，但是是否属于侧平线 AB 可以用定比性进行判断，如果符合定比性，则两直线相交，否则两直线异面。

作图　如图 3-17(b)所示，假设 AB 与 EF 交于 K，k、k' 是其两面投影。

- 过 a' 作任意方向的辅助线，并使 a'K₁ = ak，K₁B₁ = kb。
- 连接 b'B₁，并过 K₁ 作 b'B₁ 的平行线，可以看出 k' 恰好在此平行线上，说明 K 点也在直线 AB 上，所以直线 AB 与直线 EF 为相交两直线。

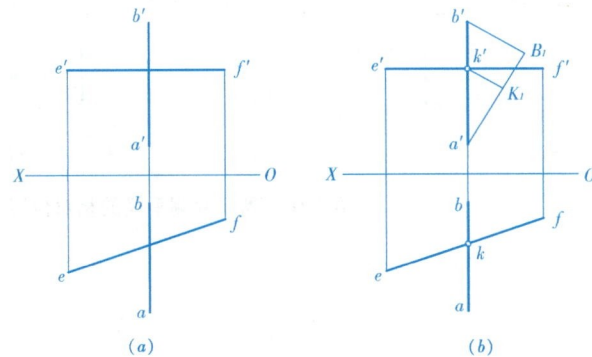

图 3-17　判断两直线的相对位置

例 3-7   不利用侧面投影判断两侧平线的相对位置(图 3-18)。

分析   本题中两侧平线的关系只可能有两种：平行或异面。如果两侧平线平行，则可根据平行两直线决定一平面的性质来判断，如果不符合这一性质，即为异面。

如图 3-18，连接 AD 与 BC，如果直线 AB、CD 平行，则 AD 与 BC 就在平行直线 AB、CD 决定的平面内，即为 AD 与 BC 共面，那它们在空间内就是相交关系，交点必然符合点的投影规律。所以我们可以判断 AD、BC 两面投影的交点是否符合点的投影规律，如符合则两侧平线 AB、CD 平行，否则就异面。

作图   连接 ad 与 bc 交于 k，连接 $a'd'$ 与 $b'c'$ 交于 k'，因为 $kk' \perp OX$ 轴，K 点符合点的投影规律，因此两侧平线 AB、CD 平行。

例 3-8   已知直线 AB、CD、EF，求作直线 MN，使 $MN /\!/ AB$，且与 CD、EF 分别交于 M、N 如图 3-19 所示。

分析   因 EF 为正垂线，正面投影积聚成一点，故 n' 也在此积聚点上。n' 位置确定后，就可根据平行线和相交线的投影特性作出 MN。

作图   如图 3-19(b) 所示

- n' 在 $e'(f')$ 积聚点上，由 n' 作 $a'b'$ 的平行线交 $c'd'$ 于 m'，则 $m'n'$ 为所求；

- 因 M 在直线 CD 上，故由 m' 可在 cd 上确定 m；

- 过 m 作 ab 的平行线交 ef 于 n，则 mn 为所求。

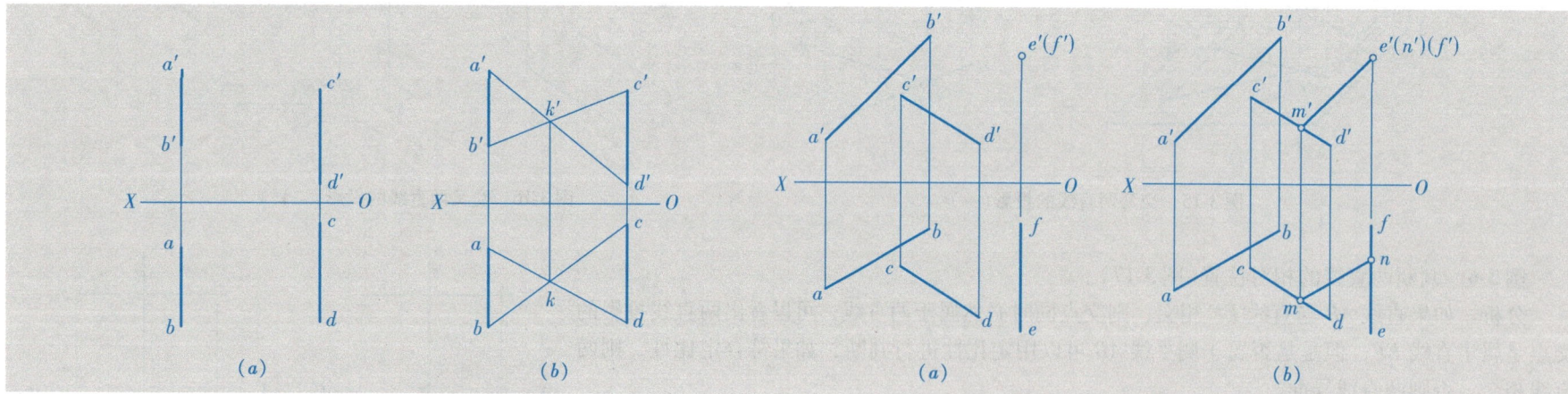

图 3-18   判断两侧平线的相对位置

图 3-19   作直线 MN 与 AB 平行且与 CD、EF 相交

3.5　一边平行于投影面的直角投影

空间两直线垂直(相交垂直或交叉垂直)，在一般情况下它们的投影不一定垂直，但当两直线同时为某投影面平行线时，它们在该投影面上的投影反映直角。其实，只要其中一条直线是投影面平行线，那么它们在该投影面上的投影就反映直角，这就是**直角投影定理**。

此定理的逆定理也成立：在投影图中，如果两直线(相交或交叉)在某一投影面上的投影相互垂直，且其中一条直线平行于该投影面时，则这两直线在空间相互垂直。

直角投影定理是在投影图上解决有关垂直问题以及距离问题常用的作图依据。

如图 3-20(a)所示，$\angle ABC$ 是直角，$AB /\!/ H$ 面，BC 倾斜于 H 面。因 $AB /\!/ H$，$Bb \perp H$，所以 $AB \perp Bb$。同时又因 $AB \perp BC$，则 $AB \perp$ 平面 $BbcC$。又因 $ab /\!/ AB$，所以 $ab \perp$ 平面 $BbcC$，因此 $ab \perp bc$，即 $\angle abc = \angle ABC = 90°$。显然，这个证明对交叉直线也是适用的。

图 3-20(b)是这个一边平行于水平面的直角投影图，图 3-20(c)是交叉垂直的情况。

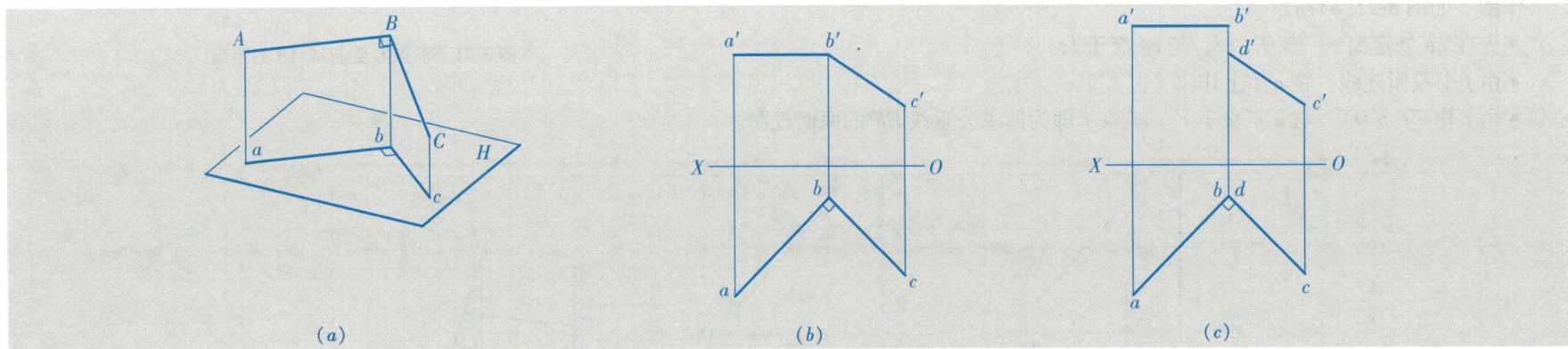

图 3-20　一边平行于某一投影面的直角的投影

例 3-9　求点 C 到直线 AB 的距离（图 3-21）。

分析　过点向直线作垂线，此垂线的长度即为该点到直线的距离。由于 AB 为正平线，因此 AB 的垂线与 AB 在 V 面反映直角，再用直角三角形法求出垂线的实长，即为所求。

作图　如图 3-21(b) 所示。

- 过作 c' 作 $c'd' \perp a'b'$，d' 为交点，再求出 d，连接 cd；
- 用直角三角形法求出 CD 的实长。

例 3-10　求 AB、CD 两直线的公垂线 EF（图 3-22）。

分析　如图 3-22(c) 所示，本例中 AB 是铅垂线，CD 是一般位置线，所以它们的公垂线 EF 是一条水平线。设垂足分别为 E、F，且与 AB、CD 分别交于 E、F，因此垂足 E 的水平投影 e 一定积聚在 ab 上，$ef \perp cd$。于是可先作出 ef，再由 ef 作出 $e'f'$。

作图　如图 3-22(b) 所示。

- 先在 ab 处定出 e，作 $ef \perp cd$，与 cd 交于 f；
- 由 f 引投影连线，在 $c'd'$ 上作出 f'；
- 由 f' 作 $e'f' /\!/ OX$，与 $a'b'$ 交于 e'。ef、$e'f'$ 即为所求公垂线 EF 的两面投影。

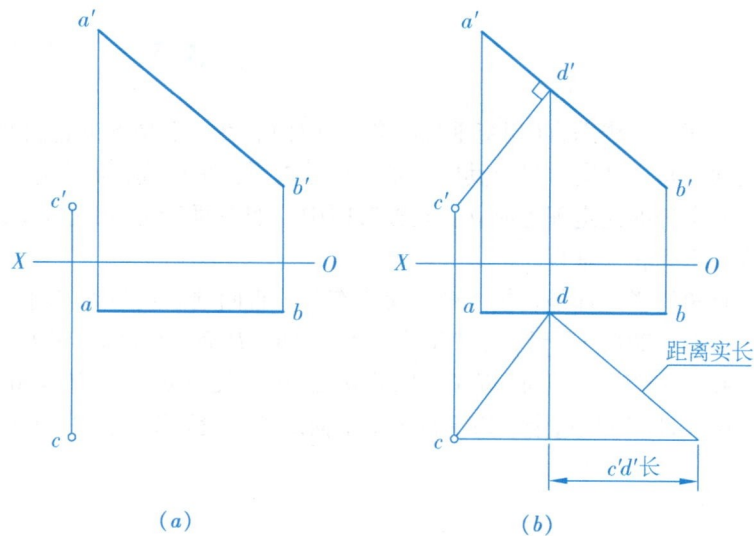

(a)　　　　　　(b)

图 3-21　求点 C 到直线 AB 的距离

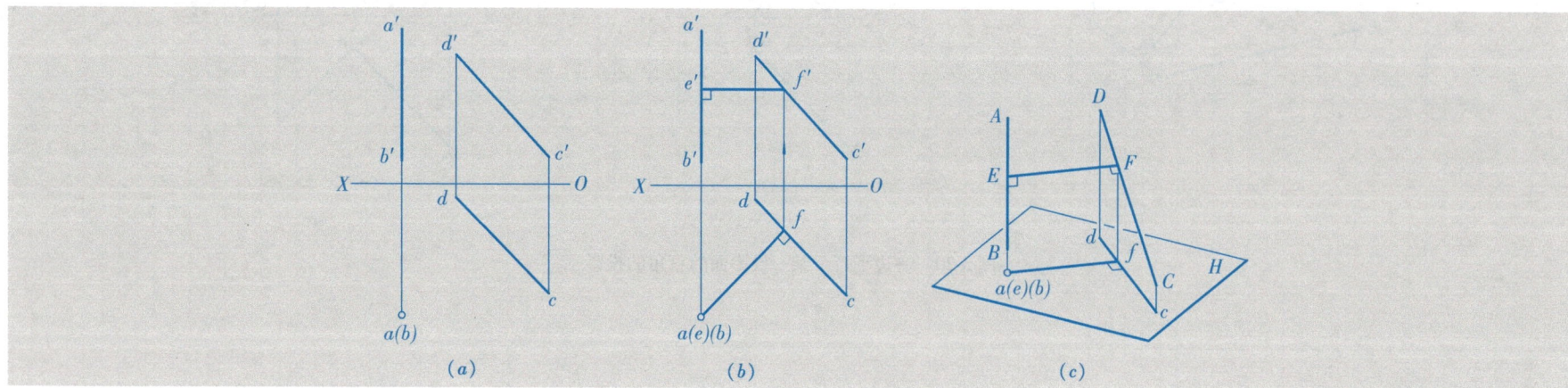

(a)　　　　　　(b)　　　　　　(c)

图 3-22　求 AB、CD 的公垂线 EF

第4章 平面的投影

4.1 平面的表示法

4.1.1 用几何元素表示平面

由初等几何学可知，下列几何元素组均可决定平面的空间位置，下面五种情况是可以相互转化的，其中以平面图形表示平面最为常见（图4-1）。

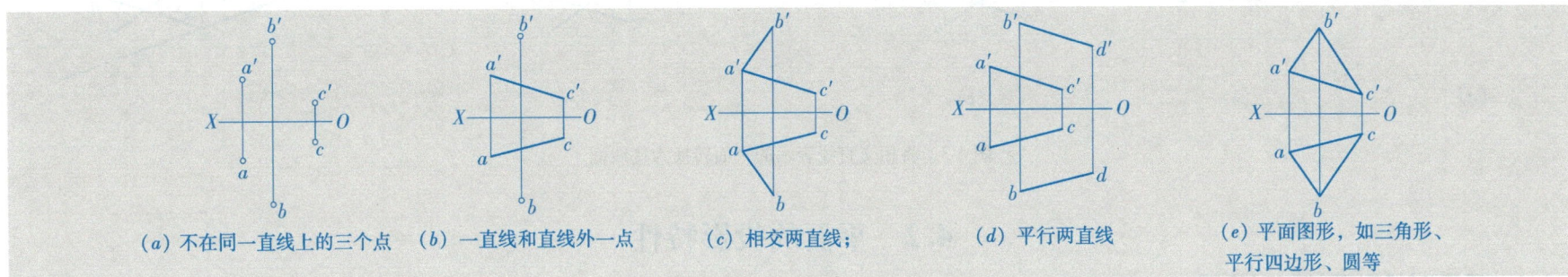

(a) 不在同一直线上的三个点   (b) 一直线和直线外一点   (c) 相交两直线；   (d) 平行两直线   (e) 平面图形，如三角形、平行四边形、圆等

图4-1　用几何元素表示平面

4.1.2 用迹线表示平面

平面与投影面的交线，称为平面的迹线，也可以用迹线表示平面。用迹线表示的平面称为迹线平面。平面与 H、V、W 面的交线分别称为水平迹线、正面迹线和侧面迹线。

迹线的符号用平面名称的大写字母附加投影面名称的下标表示，如图4-2中的 P_H、P_V、P_W。P_H、P_V、P_W 两两相交于 O_X、O_Y、O_Z 轴上的一点称为迹线集合点，分别以 P_X、P_Y、P_Z 表示。

迹线既是平面上的直线，又是投影面上的直线，所以它的一

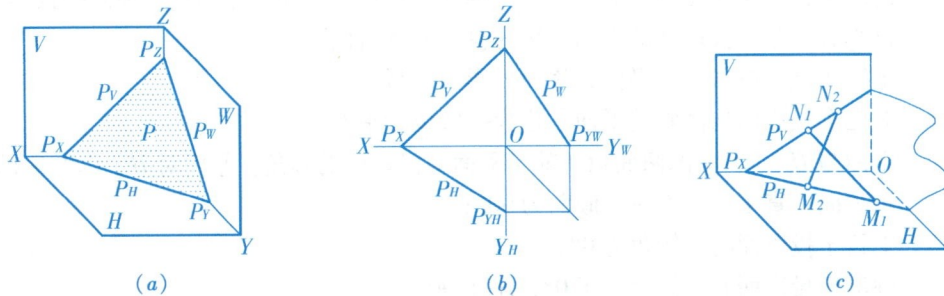

(a)   (b)   (c)

图4-2　用迹线表示平面

个投影必定与其本身重合，用粗实线表示，并标注上述符号，它的另外两个投影分别与相应的投影轴重合，不需作任何表示和标注，如图4-2(b)所示。迹线也是平面上所有直线迹点的集合，如图4-2(c)所示。

例 4-1　将相交直线 AB、CD 表示的平面转换为迹线面(图 4-3)。

分析　先求出直线 AB、CD 的正面迹点的正面投影，分别为 n_1'、n_2'，连接 $n_1'n_2'$ 即为平面的正面迹线 P_V，P_V 与 O_X 相交于 P_X，再求出直线 CD 的水平迹点的水平投影 m，连接 P_X 与 m 即为平面的水平迹线 P_H。

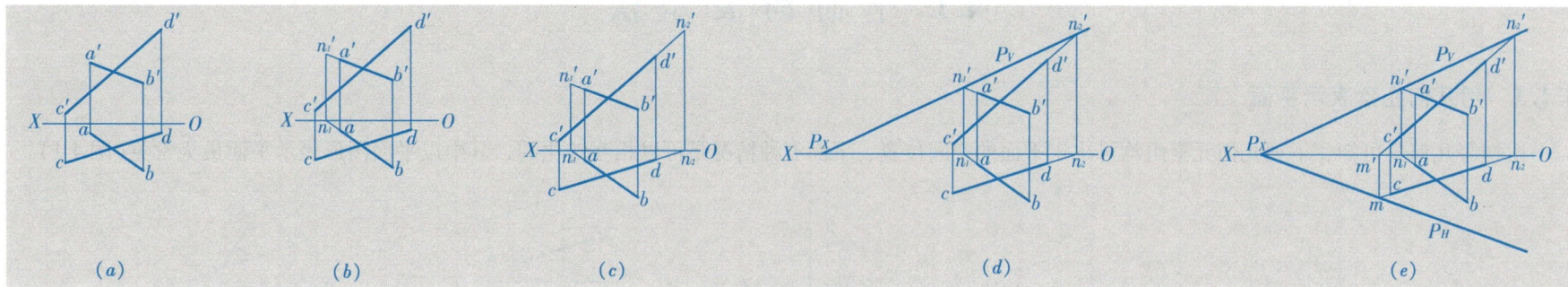

图 4-3　将相交直线表示的平面转换为迹线面

4.2　平面的投影特性

4.2.1　平面对投影面的相对位置

平面的投影特性是由其对投影面的相对位置不同所决定的。平面在三投影面体系中的位置可分为投影面垂直面、投影面平行面和投影面倾斜面三类。前两类称为特殊位置平面，后一类称为一般位置平面，它们具有不同的投影特性。

仅垂直于某一投影面的平面，称为投影面垂直面。

平行于某一投影面的平面，称为投影面平行面。

对三个投影面均倾斜的平面，称为一般位置平面。

平面与 H、V、W 的两面角，就是平面对投影面的倾角。平面对 H、V 和 W 的倾角分别用 α、β、γ 表示。

当平面垂直于投影面时，倾角为 $90°$；

平行于投影面时，倾角为 $0°$；

倾斜于投影面时，倾角大于 $0°$，小于 $90°$。

4.2.2　特殊位置平面

1. 投影面垂直面

投影面垂直面可分为铅垂面、正垂面、侧垂面三种，它们分别垂直于 H、V、W 面。

表 4-1 为三种投影面垂直面的投影特性。

投影面垂直面

表 4-1

名称	轴测图		投影图		投影特性
	平面图形表示平面	迹线面	平面图形表示平面	迹线面	
铅垂面（垂直于 H 面，与 V、W 面倾斜）	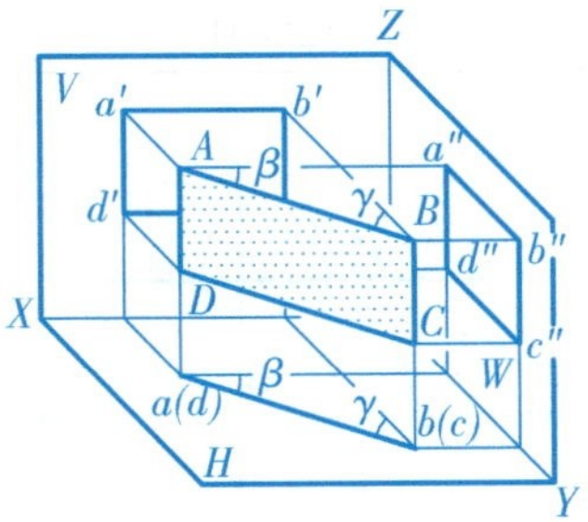	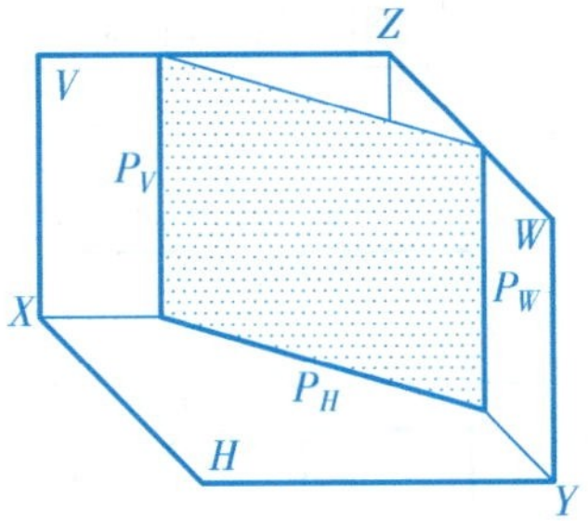	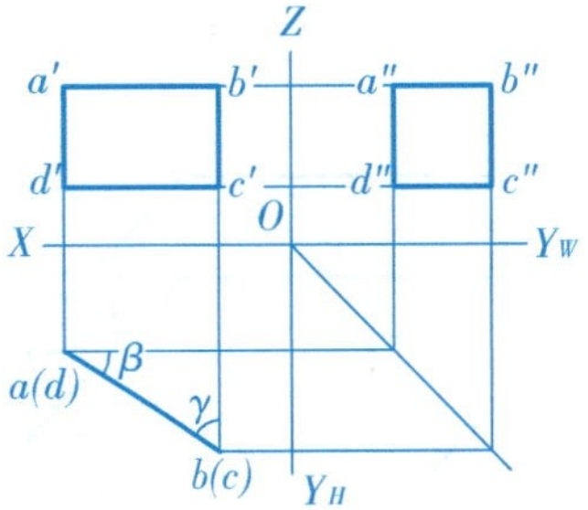	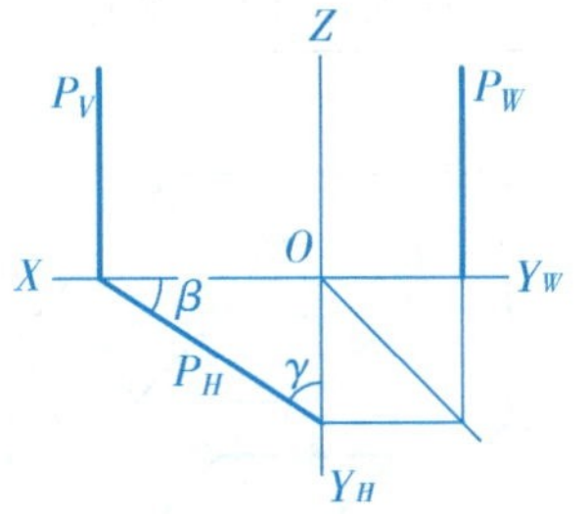	平面在所垂直的投影面上的投影积聚成一直线，它与相应投影轴的夹角反映平面对另两个投影面的倾角，在另两个投影面上的投影均为平面的类似形
正垂面（垂直于 V 面，与 H、W 面倾斜）	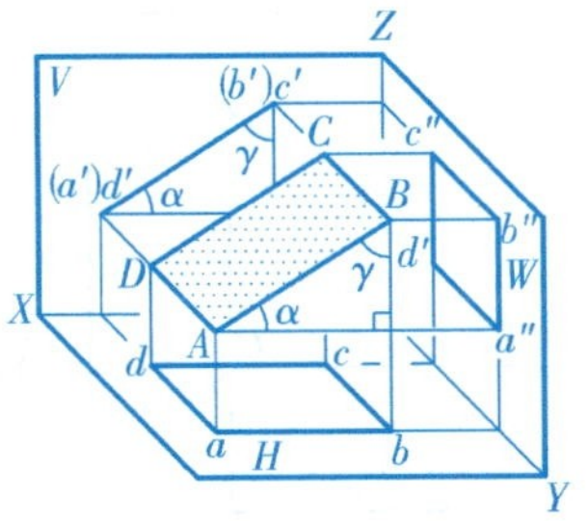	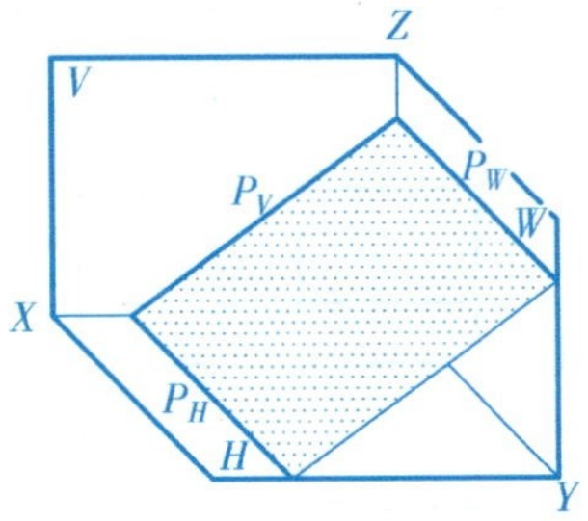	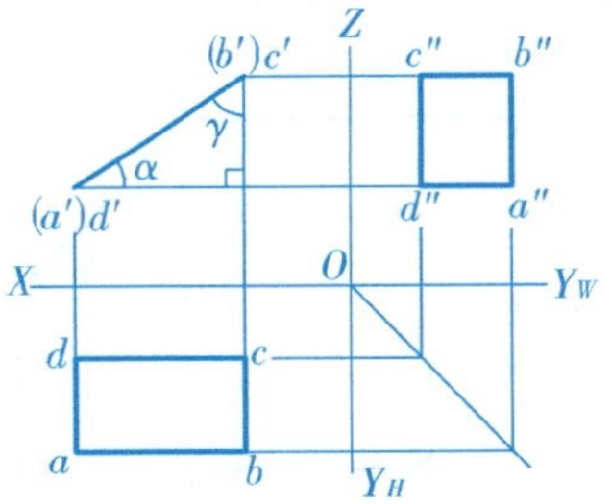	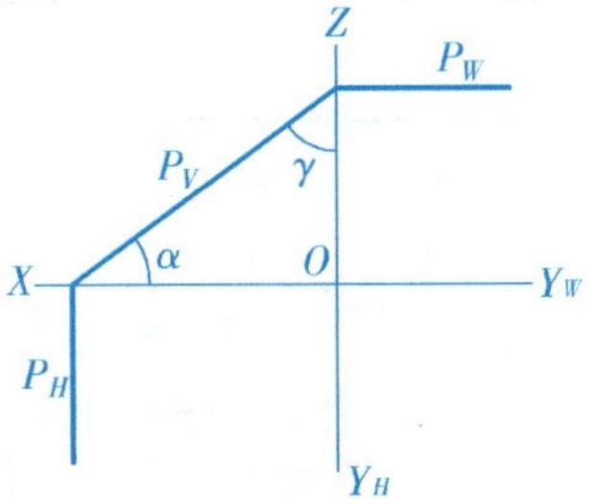	
侧垂面（垂直于 W 面，与 V、H 面倾斜）	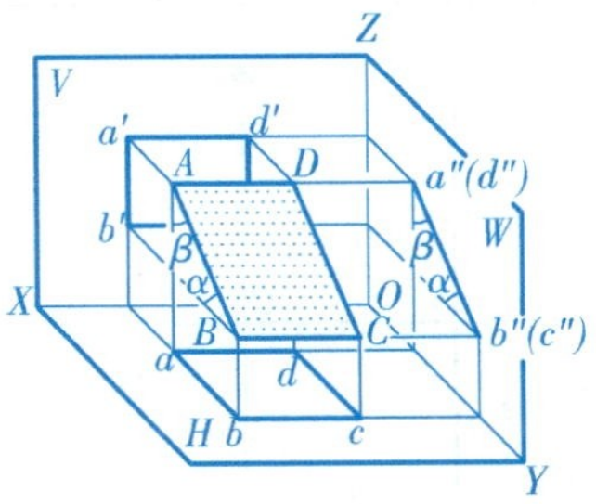	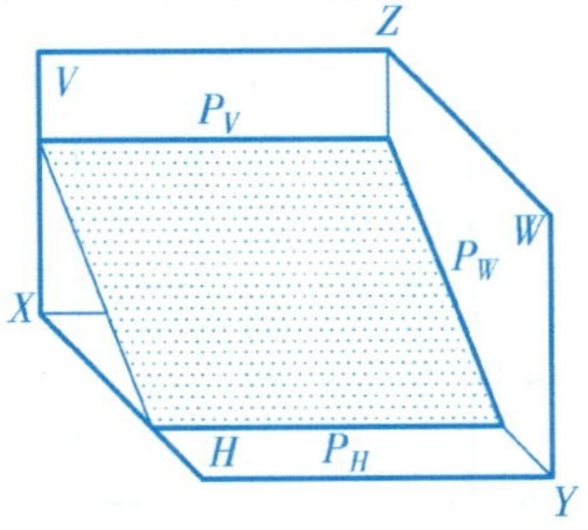	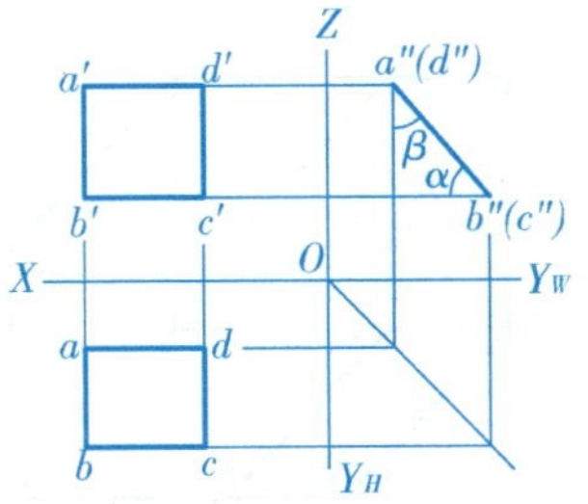	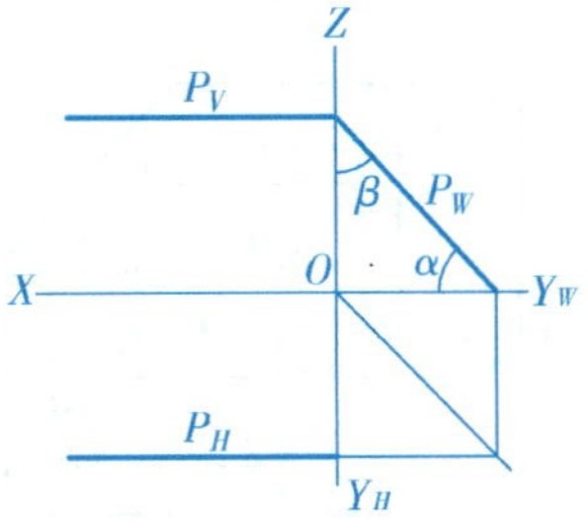	

2. 投影面平行面

表 4-2 为三种投影面平行面的投影特性。

投影面平行面

表 4-2

名称	轴测图		投影图		投影特性
	平面图形表示平面	迹线面	平面图形表示平面	迹线面	
水平面（平行于 H 面）	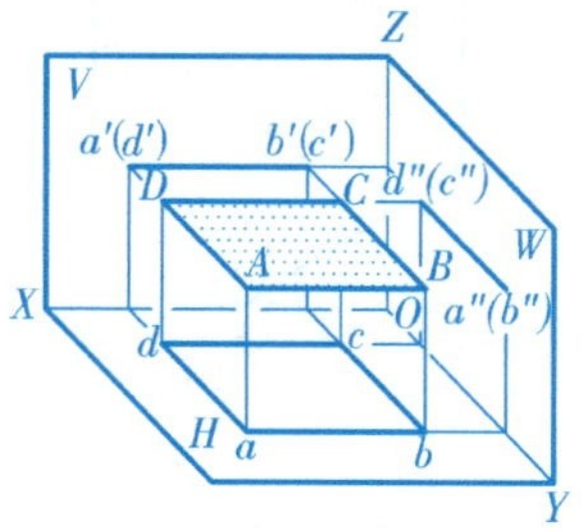	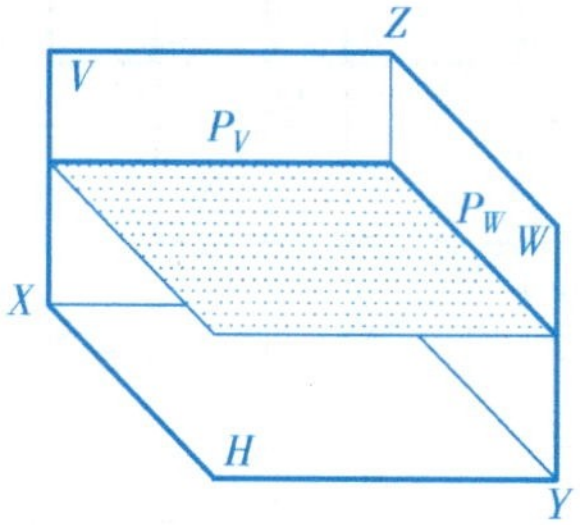	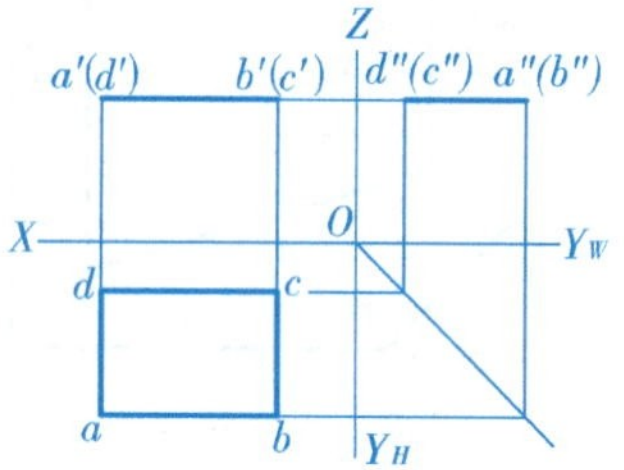	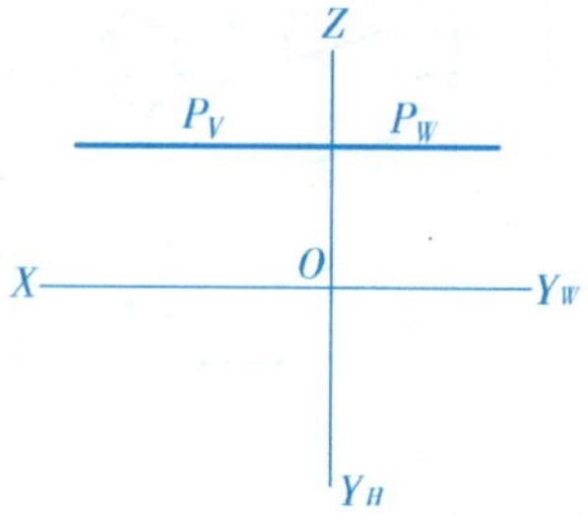	平面在所平行的投影面上的投影反映平面实形；在另两个投影面上的投影均积聚成一直线，且分别平行于相应的投影轴
正平面（平行于 V 面）	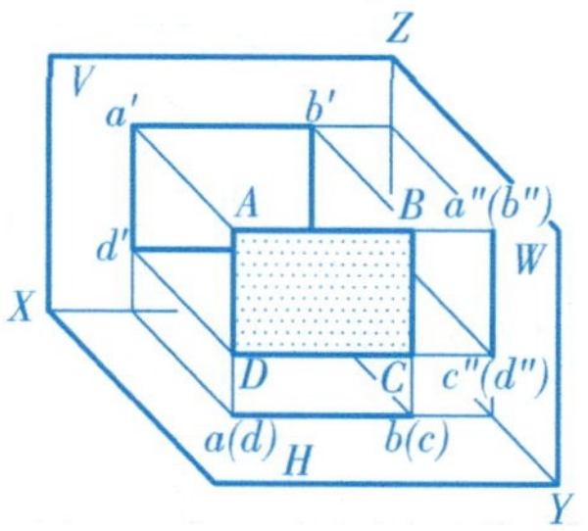	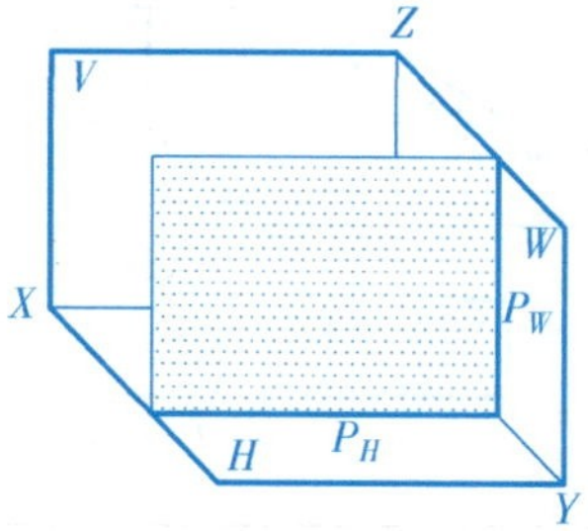	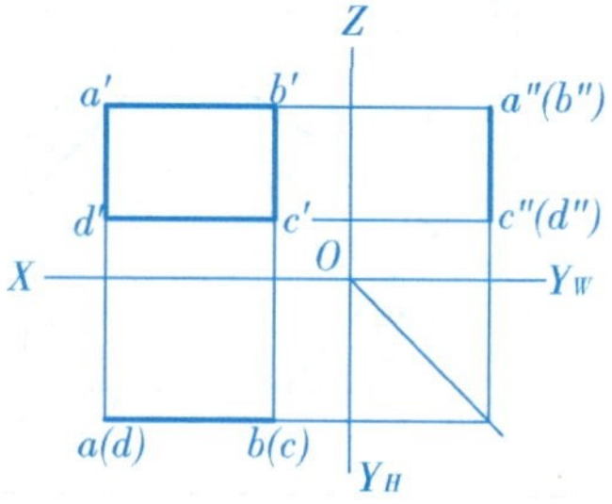	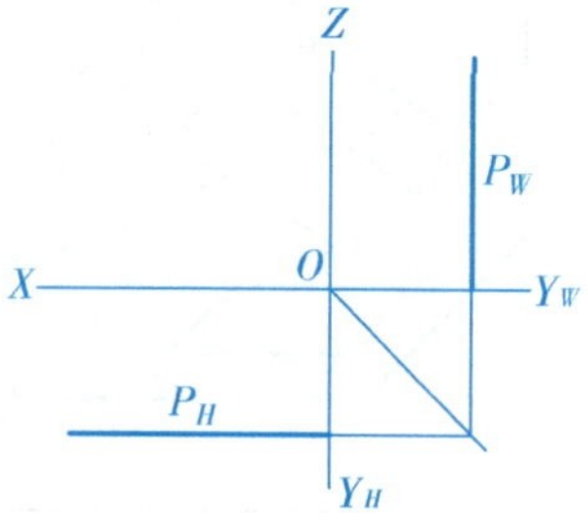	
侧平面（平行于 W 面）	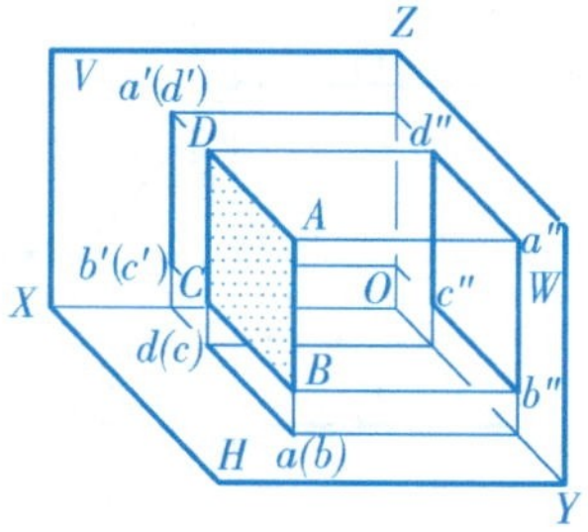	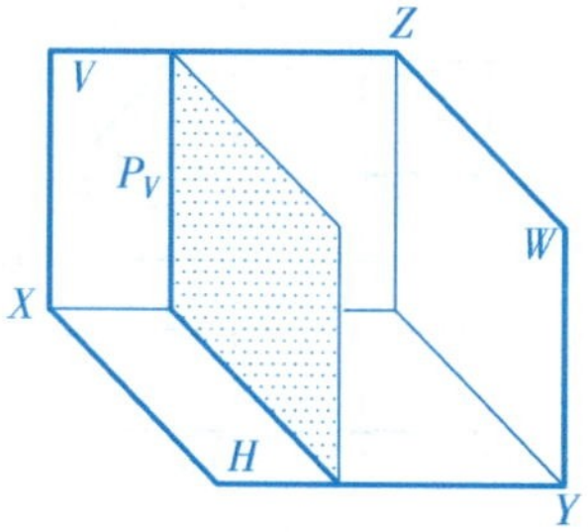	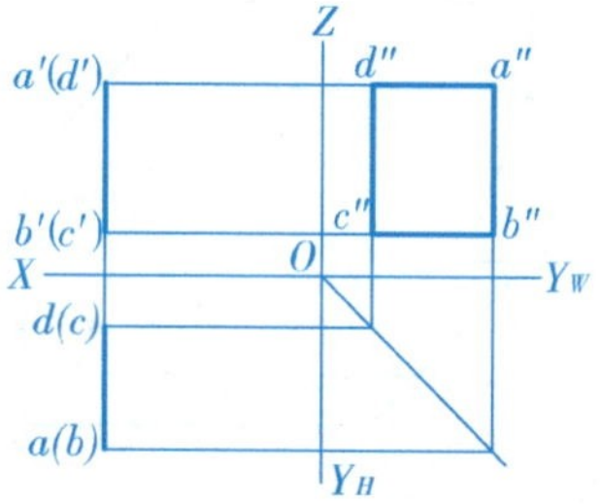	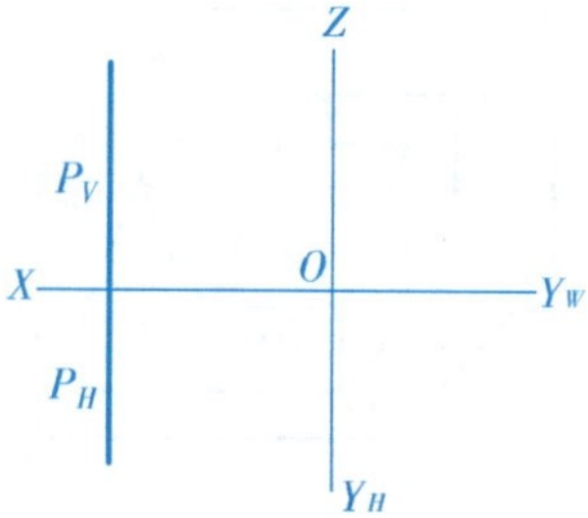	

图 4-4 为用迹线表示的水平面 R，其正面迹线 $R_V /\!/ OX$ 轴，且积聚成一直线，水平迹线 P_H 不存在。

图 4-5 为用迹线表示的铅垂面 P，其水平迹线 P_H 与 OX 轴的夹角反映平面的倾角 β，P_H 积聚成一直线，正面迹线 P_V 必定垂直于 OX 轴（图 4-6（b））。有时为了作图简便起见，P_V 可省略不画，仅画出具有积聚性的迹线 P_H（图 4-5（c））。

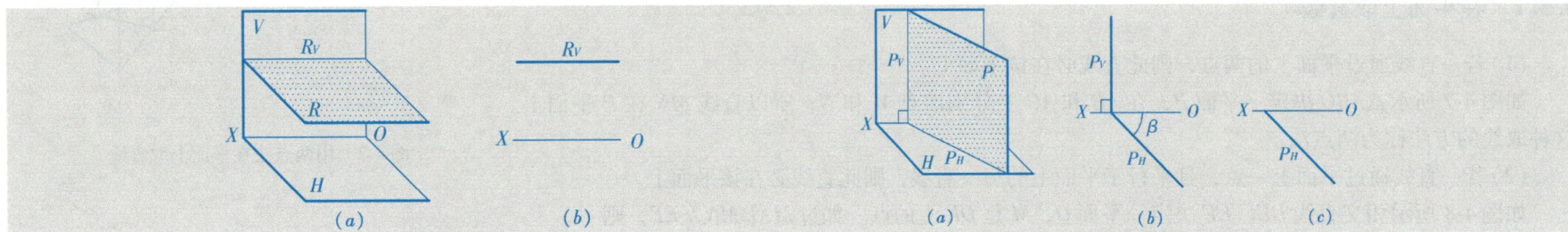

图 4-4　水平面的迹线表示法

图 4-5　铅垂面的迹线表示法

4.2.3　一般位置平面

如图 4-6 所示，一般位置平面 $\triangle ABC$ 与三个投影面均倾斜，因此它的三个投影均为三角形，但不反映 $\triangle ABC$ 的实形，也不反映平面对各投影的倾角 α、β、γ。

一般位置平面的投影特性为：三个投影都是封闭线框，形状与平面类似，但不反映实形。

从表 4-1 至图 4-6，我们归纳出两个学习重点，请读者特别注意：

（1）要熟悉平面的投影规律，即：

1）平面在所垂直的投影面上的投影积聚成一直线——积聚性；

2）平面在所平行的投影面上的投影反映真实形状——实形性；

3）平面在所倾斜的投影面上的投影为类似图形——类似性。

积聚性和类似性是两个很重要的性质，前者能帮助我们想象出平面的空间位置；后者能帮助我们预见平面的投影形状，避免在作图时发生差错。

（2）平面图形的三个投影中，至少有一个投影是封闭线框。反过来看，投影图上的一个封闭线框，在一般情况下表示空间一个面的投影。

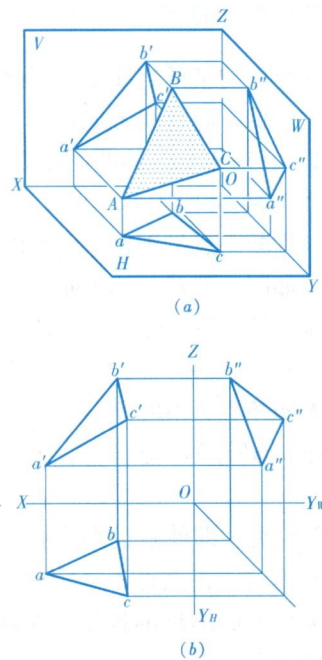

图 4-6　一般位置平面的投影特性

4.3　平面上的直线和点

4.3.1　在平面上取直线

（1）若一直线通过平面上的两点，则此直线必在该平面上。

如图4-7所示△ABC决定一平面P，在AB和AC上分别取点M和N，所以直线MN在P平面上。这种取线的方法称为两点法。

（2）若一直线通过平面上一点，且平行于平面上的另一直线，则此直线必在该平面上。

如图4-8所示相交直线DE、EF决定一平面Q，M是DE上的点。如过M作MN∥EF，则MN一定在平面Q上。这种取线的方法称为一点一方向法。

图4-7　用两点法在平面上取直线

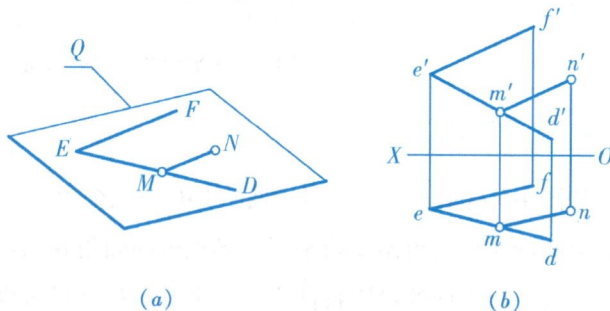

4.3.2　在平面上取点

若点在平面的某条直线上，则此点一定在该平面上。即要在平面上取点，必先在平面上取一直线，然后在此直线上取点。

例4-2　已知△ABC的两面投影，（1）判断点K是否在△ABC上；（2）点M在△ABC上，作出其水平投影m（图4-9（a））。

分析　判断一点是否在平面上以及在平面上取点，都必须先在平面上取直线。

作图　如图4-9（b）、（c）所示

● 连接b'k'、并延长b'k'与a'c'交于1'，由b'1求出b1，则B1是△ABC的一条直线。从作图得知k不在b1上，所以K点不在△ABC上。

● 连接a'm'与b'c'交于2'，由2'求出2，连接a2再延长求出m。

由本例可见，即使点的两个投影都在平面图形的投影轮廓线范围内，该点也不一定在平面上。即使一点的两个投影都在平面图形的投影轮廓线范围外，该点也不一定不在平面上。

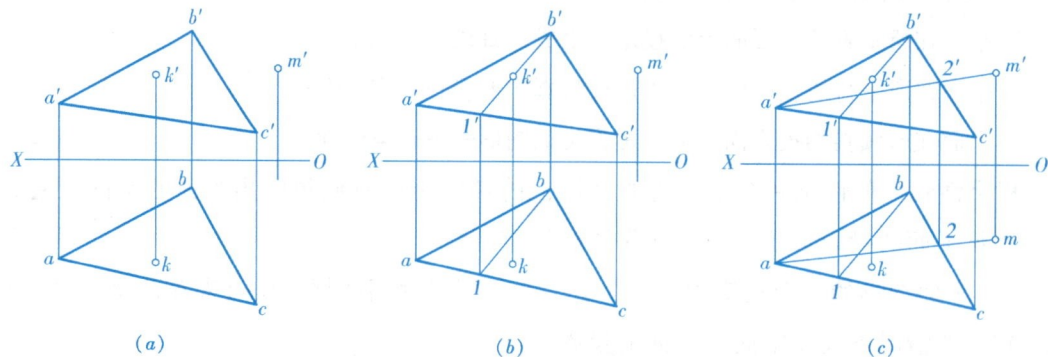

图4-8　用一点一方向法在平面上取直线

图4-9　平面上的点

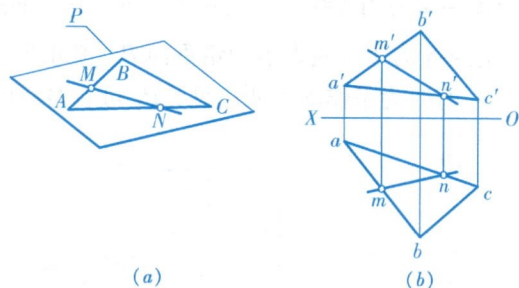

例 4-3　在 △ABC 上取一点 K，使点 K 在 H 面之上 15mm，V 面之前 10mm（图 4-10）。

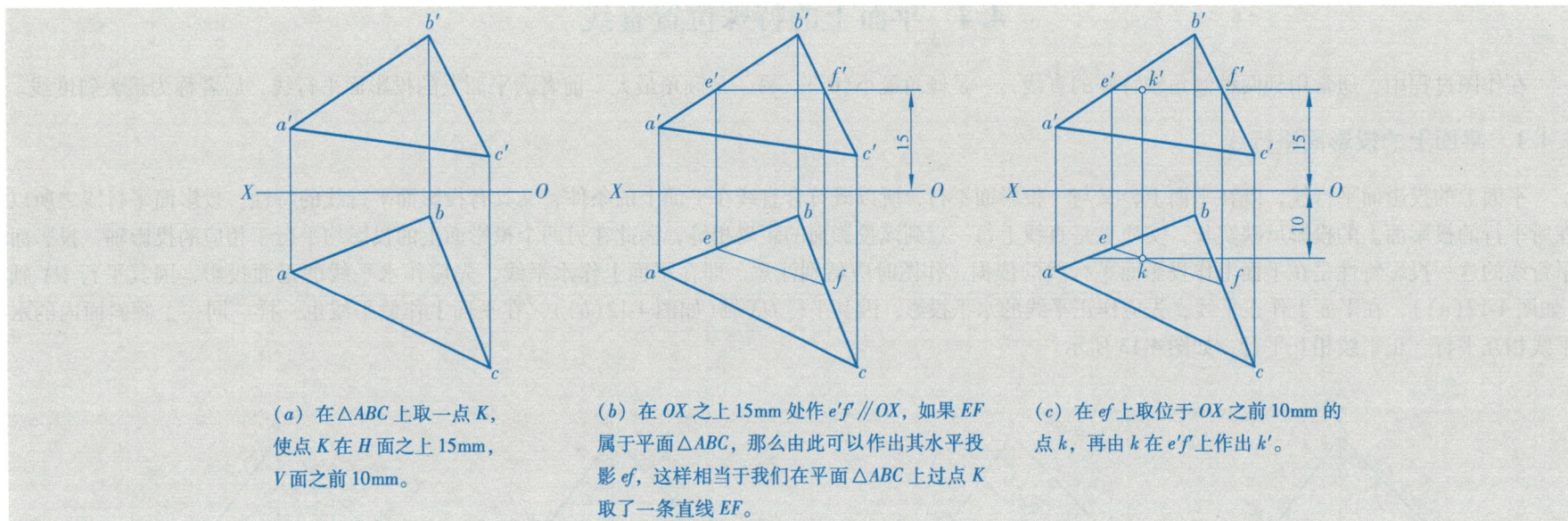

(a) 在 △ABC 上取一点 K，
使点 K 在 H 面之上 15mm，
V 面之前 10mm。

(b) 在 OX 之上 15mm 处作 e'f'∥OX，如果 EF 属于平面 △ABC，那么由此可以作出其水平投影 ef，这样相当于我们在平面 △ABC 上过点 K 取了一条直线 EF。

(c) 在 ef 上取位于 OX 之前 10mm 的点 k，再由 k 在 e'f' 上作出 k'。

图 4-10　在 △ABC 上取一点 K

4.3.3　特殊位置平面上的点和直线

特殊位置平面在它所垂直的投影面上的投影积聚成直线，所以特殊位置平面上的点、直线和平面图形在该投影面上的投影，也都位于这个平面的积聚投影上。在图 4-11 中，因为 k、l 均在铅垂面 △ABC 的积聚投影 abc 上，所以点 K、M 在铅垂面 △ABC 上；因为 m、n 在 abc 上，所以直线 MN 也在 △ABC 上。图 4-11 也可以看作是包含点或直线作特殊位置平面。这时，平面有积聚性的投影必定位于点或直线的同面投影上。

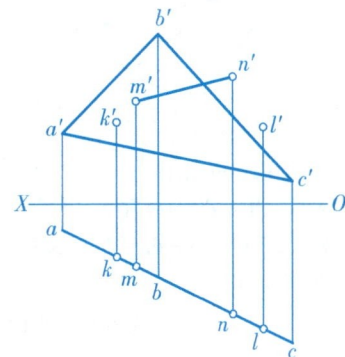

图 4-11　特殊位置平面上的点和直线

4.4 平面上的特殊位置直线

在作图过程中，通常用到两种倾角较特殊的直线，一是倾角最小(0°)，另一是倾角最大。前者为平面上的投影面平行线，后者称为最大斜度线。

4.4.1 平面上的投影面平行线

平面上的投影面平行线，既在平面上，又与一投影面平行，所以既符合直线在平面上的条件，又具有投影面平行线的特性。投影面平行线之所以在所平行的投影面上的投影反映实长，实质上是直线上每一点到该投影面的距离相等，因此在另两个投影面上的投影均平行于相应的投影轴，投影面平行线的这一投影特性是在平面上作投影面平行线的依据，作图时应特别注意。即在平面上作水平线，先应作水平线的正面投影，因其平行 OX 轴（如图 4-12(a)），在平面上作正平线，先应作正平线的水平投影，因其平行 OX 轴（如图 4-12(b)），在平面上作侧平线也一样。同一个倾斜面内的水平线相互平行，正平线相互平行，如图 4-13 所示。

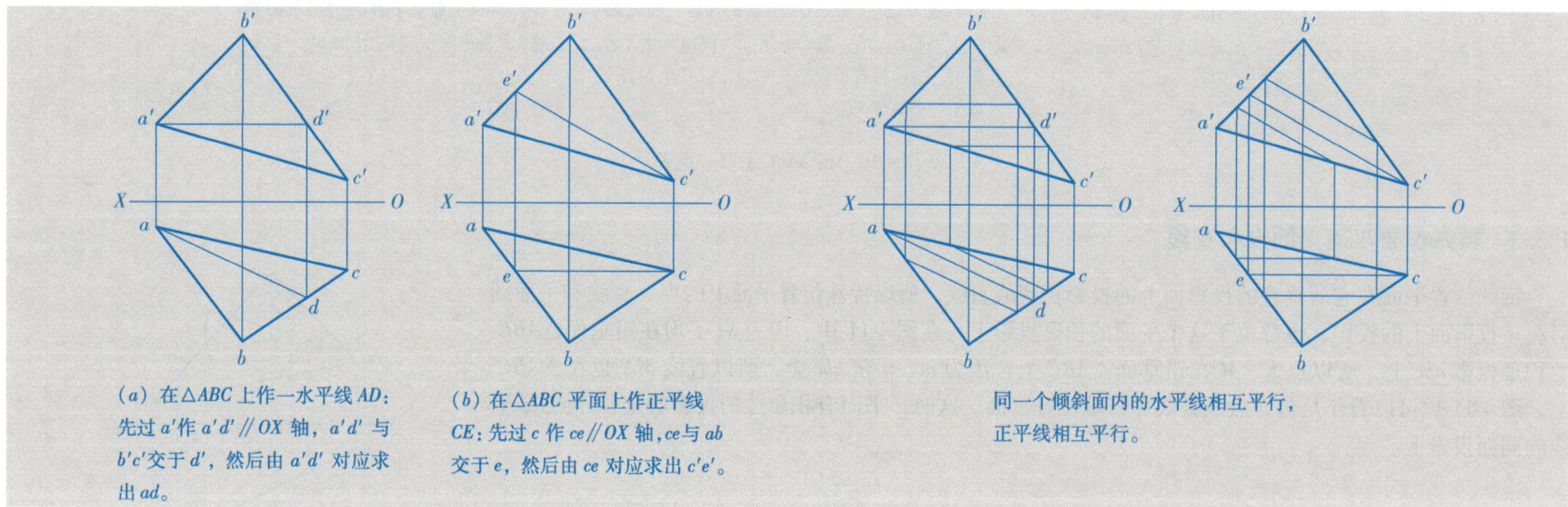

(a) 在△ABC 上作一水平线 AD：
先过 a' 作 $a'd'$ // OX 轴，$a'd'$ 与
$b'c'$ 交于 d'，然后由 $a'd'$ 对应求
出 ad。

(b) 在△ABC 平面上作正平线
CE：先过 c 作 ce//OX 轴，ce 与 ab
交于 e，然后由 ce 对应求出 $c'e'$。

同一个倾斜面内的水平线相互平行，
正平线相互平行。

图 4-12 平面上的投影面平行线

图 4-13 倾斜面上的投影面平行线

4.4.2 平面上对投影面的最大斜度线

平面上对 H 面成最大角度的直线称为 H 面的最大斜度线，对 V 面成最大角度的直线称为 V 面的最大斜度线，对 W 面成最大角度的直线称为 W 面的最大斜度线，它们分别垂直于平面上的水平线，正平线和侧平线。

现以平面对 H 面的最大斜度线为例，来分析最大斜度线的投影特性（图 4-14(a)）。

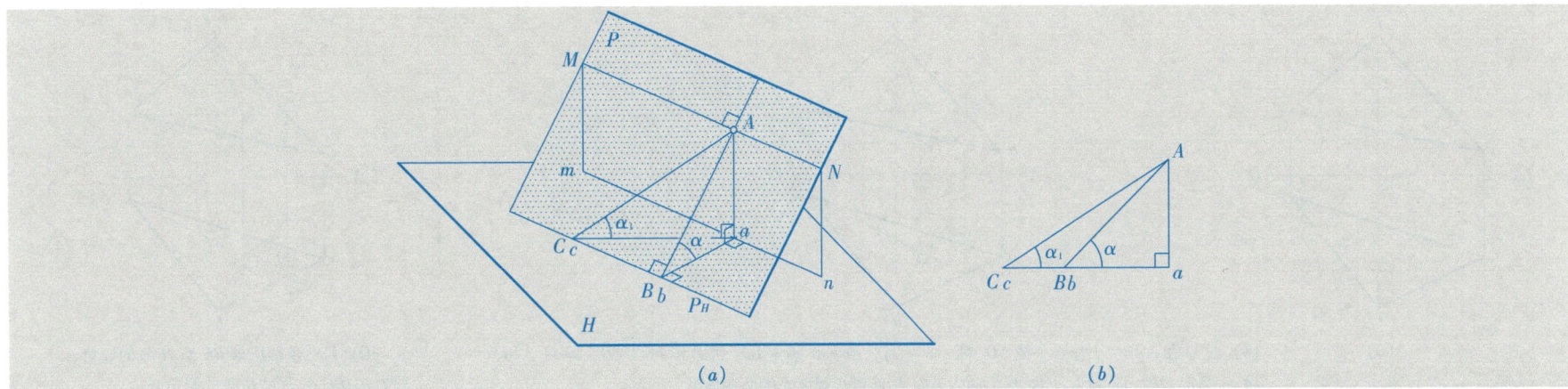

图 4-14 平面对 H 面的最大斜度线

图 4-14(a)所示，P_H 是 P 平面的水平迹线，过 P 平面上一点 A 在该平面上作一条水平线 MN，显然，$MN /\!/ P_H$。再过 A 在 P 平面上作直线 AB 和 AC，使 $AB \perp MN$（即 $\perp P_H$）AC 与 MN 不垂直，AB 和 AC 分别与 P_H 交于 B 和 C。点 A 的投影连线，Aa 与 AB、AC 形成两个直角三角形 ABa 和 ACa，AB 和 AC 分别为直角三角形的斜边，α 为 AB 对 H 面的倾角，α_1 为 AC 对 H 面的倾角。若将两直角三角形重叠在一起（图 4-14(b)）可以看出，由于 $AC > AB$，所以 $\alpha > \alpha_1$，在直角边 Aa 等高的情况下，斜边最短者倾角为最大。由图 4-14(a)可知，过 P 平面上一点 A 可以在该平面上作一系列直线（如 AB、AC、$AD\cdots$），只有当该直线与 P_H 垂直时长度最短（倾角最大），即 AB 是 P 平面上过点 A 对 H 面的最大斜度线，直线 AB 的 α 角即为 P 平面的 α 角。根据垂直相交两直线的投影特性，MN 为水平线时，$ab \perp mn$。

其实，如果在图 4-14(a)中的斜面 P 上方放置一钢珠，那么钢珠从斜面 P 滚落的轨迹即为斜面 P 对水平面的最大斜度线。

根据以上分析可知，平面对某投影面的最大斜度线必定垂直于平面上对该投影面的平行线，最大斜度线在该投影面上的投影必定垂直于平面上该投影平行线的同面投影。

通常用最大斜度线来测定平面对投影面的倾角。只要在平面上分别作出对 H、V、W 面的最大斜度线，一般可应用直角三角法求出该平面对 H、V、W 面的倾角 α、β、γ。

例 4-4 求作△ABC 对 H、V 面的倾角 α、β(图 4-15(a))。

分析 先求出△ABC 对 H、V 面的最大斜度线，再利用直角三角形法求出其 α、β 角，即为△ABC 的 α、β 角。

作图

(1) 求平面对 H 面的倾角 α，如图 4-15(b)、(c)；

(2) 求平面对 V 面的倾角 β，如图 4-15(d)、(e)。

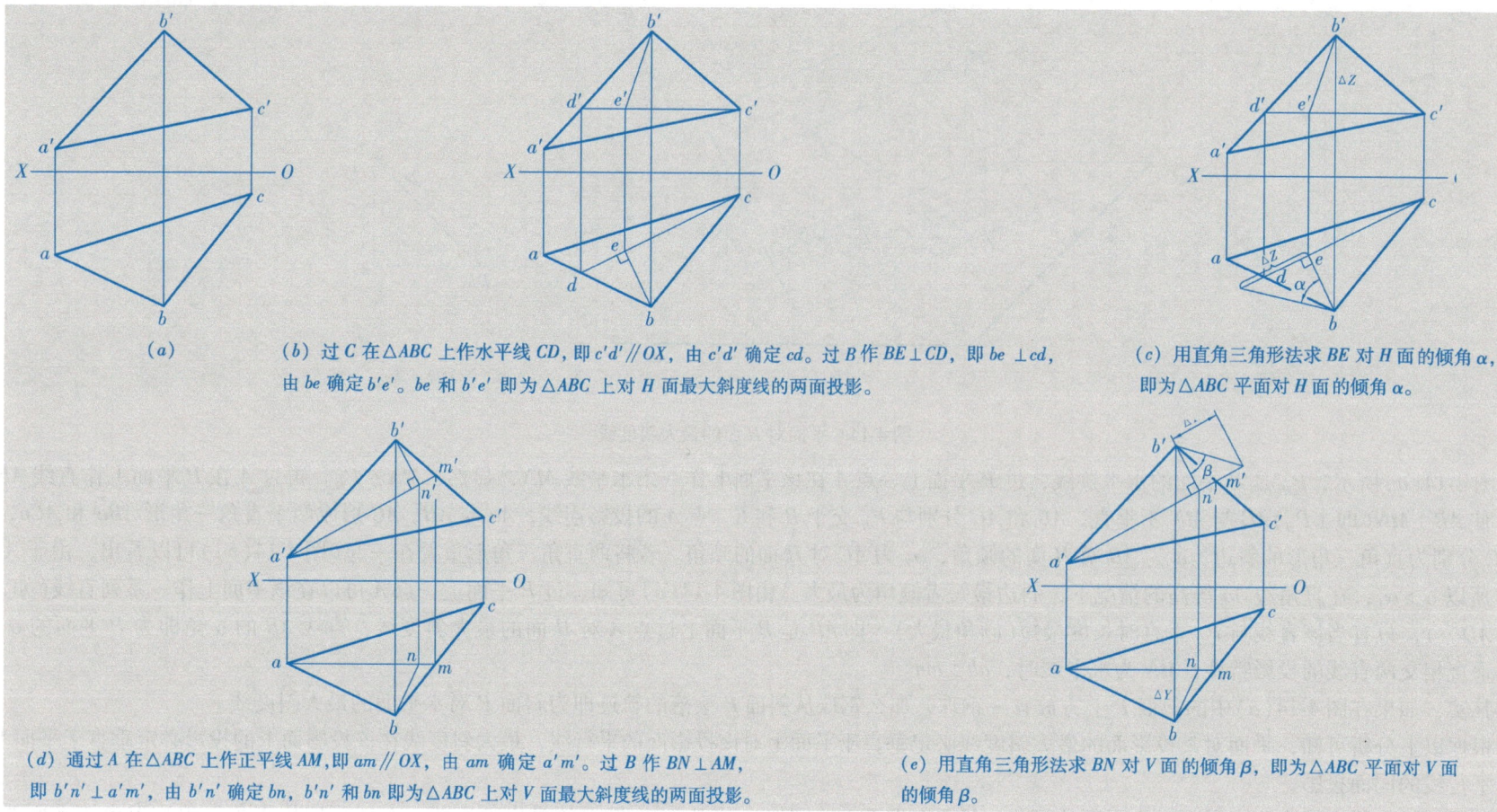

(a)

(b) 过 C 在△ABC 上作水平线 CD，即 $c'd'$∥OX，由 $c'd'$ 确定 cd。过 B 作 $BE⊥CD$，即 $be⊥cd$，由 be 确定 $b'e'$。be 和 $b'e'$ 即为△ABC 上对 H 面最大斜度线的两面投影。

(c) 用直角三角形法求 BE 对 H 面的倾角 α，即为△ABC 平面对 H 面的倾角 α。

(d) 通过 A 在△ABC 上作正平线 AM，即 am∥OX，由 am 确定 $a'm'$。过 B 作 $BN⊥AM$，即 $b'n'⊥a'm'$，由 $b'n'$ 确定 bn，$b'n'$ 和 bn 即为△ABC 上对 V 面最大斜度线的两面投影。

(e) 用直角三角形法求 BN 对 V 面的倾角 β，即为△ABC 平面对 V 面的倾角 β。

图 4-15 利用最大斜度线求平面的 α、β 角

第5章 几何元素间的相对位置

5.1 平行关系

5.1.1 直线与平面平行

1. 根据立体几何可知：若一直线平行于平面上的某一直线，则该直线与该平面必然相互平行。

在图 5-1 中，因为直线 AB 平行于平面 P 上的直线 CD，所以 AB 平行于 P 平面。据此，我们便可以在投影图上判别直线与平面是否平行，并解决有关直线与平面平行的作图问题。

例 5-1 过点 K 作一直线 EF 与 $\triangle ABC$ 平行（图 5-2）。

分析与作图 过点 K 可以作无数条直线与 $\triangle ABC$ 平行。可先在 $\triangle ABC$ 内任意作一条辅助线 AD，再过点 K 作直线 EF 与 AD 平行（$ef /\!/ ad$，$e'f' /\!/ a'd'$）（图 5-2），则 EF 必平行于 $\triangle ABC$。也可以不作辅助线，而过点 K 直接作与 $\triangle ABC$ 的任一已知边相平行的直线（例如作 MN 平行于 BC 边）。

2. 若一直线与某一投影面垂直面平行，则该直线必有一个投影与平面具有积聚性的那个投影平行。

在图 5-3 中，直线 AB 的水平投影 ab 平行于铅垂面 P 的水平迹线 P_H，所以它们在空间相互平行。直线与平面平行的这种形式，在图解法中经常用到，应熟练地掌握它的特性及画法。

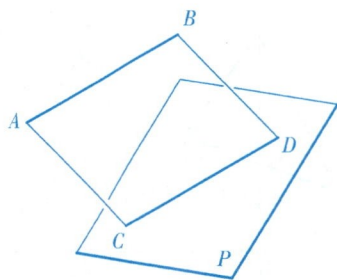

图 5-1 直线与平面平行

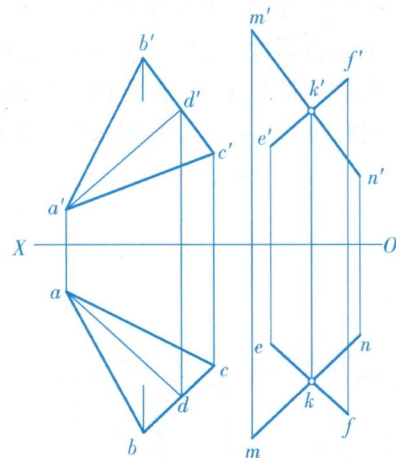

图 5-2 过点 K 作直线 FE 与 $\triangle ABC$ 平行

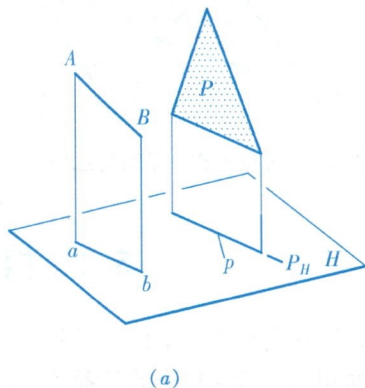

(a)

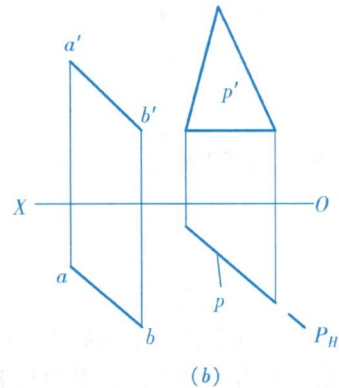

(b)

图 5-3 直线与投影面垂直面平行

5.1.2　两平面平行

1. 根据立体几何可知：若一平面上的相交两直线对应地平行于另一平面上的相交两直线，则这两平面相互平行。

如图 5-4 所示，相交两直线 AB、BC 组成 P 平面；相交两直线 A_1B_1、B_1C_1 组成 Q 平面，如果 $AB /\!/ A_1B_1$，且 $BC /\!/ B_1C_1$，则平面 P 与平面 Q 平行。根据这个原理，可以在投影图上解决两平面平行的作图问题。

例 5-2　过点 K 作一平面与 $\triangle ABC$ 平行（图 5-5）。

分析与作图　过点 K 引直线 KM 和 KN 分别与 $\triangle ABC$ 的 AB 边和 BC 边相互平行，则 KM 和 KN 相交两直线所决定的平面即为所求。

2. 若两投影面垂直面相互平行，则它们的积聚投影必然相互平行。

如果两平面垂直某一投影面，只要看在所垂直的投影面上的投影是否平行。如平行，则两平面平行；反之，则不平行。如图 5-6(a) 所示为两铅垂面，它们的水平投影分别积聚成直线迹线 P_H 和 Q_H。因其两迹线 P_H、Q_H 相互平行，所以两平面必相互平行。图 5-6(b) 是它们的投影图。

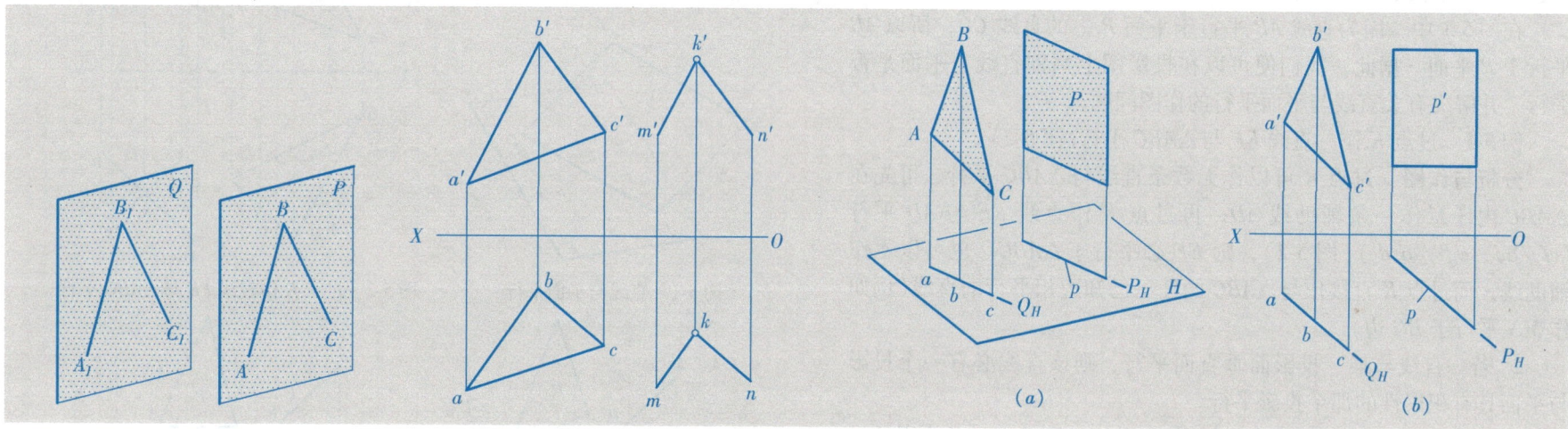

图 5-4　两平面平行　　　　图 5-5　过点 K 作一平面与 $\triangle ABC$ 平行　　　　图 5-6　两投影面垂直面相互平行

5.2　相　交　关　系

直线与平面或平面与平面如不平行，则一定相交。下面分两种情况讨论直线与平面的交点和两平面的交线的作图问题。

特殊情况下直线与平面、平面与平面相交：参与相交的二者之一处于特殊位置（垂直或平行位置）；

一般情况下直线与平面、平面与平面相交：参与相交的二者均为一般位置。

5.2.1　特殊情况下直线与平面、平面与平面相交

特殊位置直线或平面总有一个投影有积聚性，可利用其积聚性求出交点。

1. 特殊位置直线与一般位置平面相交

如图 5-7，铅垂线直线 EF 与 △ABC 相交，由于 AB 的水平投影积聚，所以交点的水平投影 k 必然与积聚点 $e(f)$ 重合，再利用面上取点的方法即可求出交点的正面投影 k'。

交点把直线分成两部分，在投影图上直线被平面遮住的一部分为不可见。图 5-7(c) 所示为可见性的判别。显然，只有线段 $e'f'$ 与 △$a'b'c'$ 相重叠部分才有可见性的问题，交点 k' 是可见与不可见部分的分界点。我们选取 $e'f'$ 与 $a'b'$ 的重影 $1'(2')$ 两点来判别。假设点 Ⅰ 在 EF 上，点 Ⅱ 在 AB 上，找出它们的水平投影 1 和 2，可以看出 Ⅰ 点位于 Ⅱ 点之前，即在点 $1'(2')$ 处直线 EF 位于平面上的 AB 之前，所以 $e'f'$ 在交点 k' 的上边一段 $k'l'$ 可见，而另一段则不可见（图 5-7(d)）。

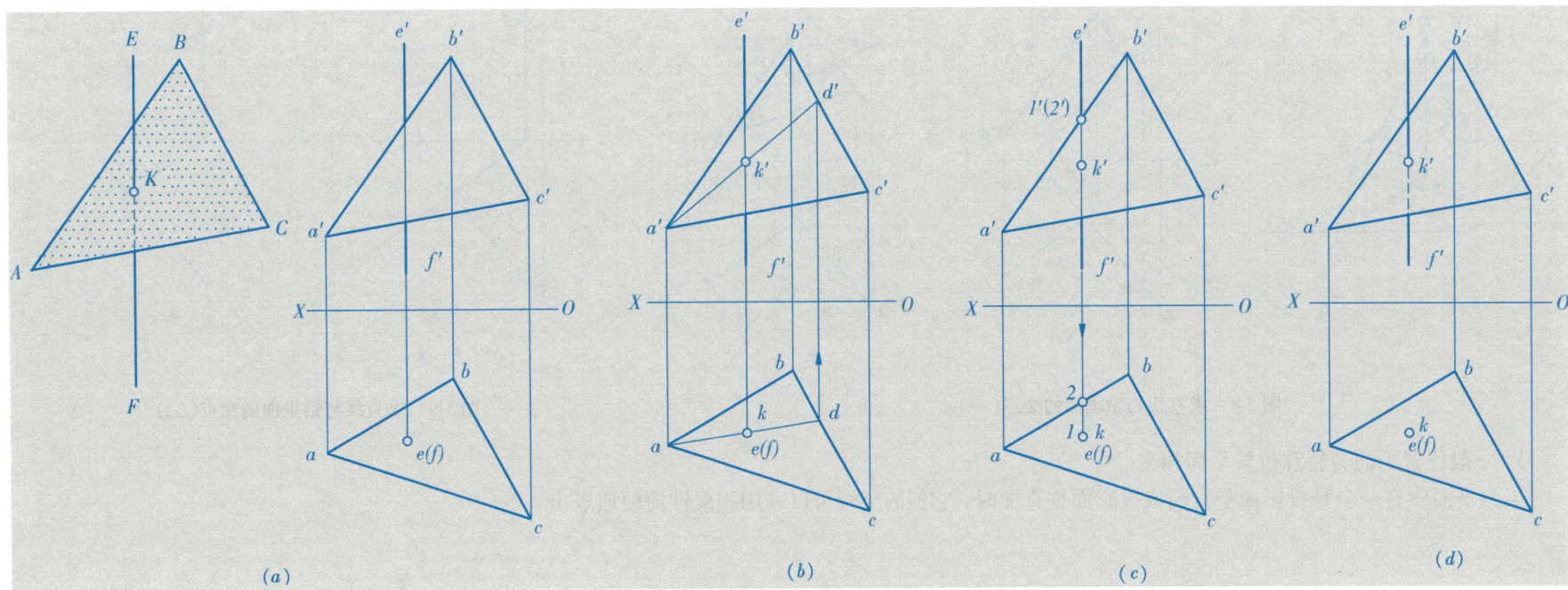

图 5-7　求铅垂线与一般位置平面的交点

2. 一般位置直线与特殊位置平面相交

如图 5-8 中，平面 P 为一铅垂面，它的水平投影积聚成直线。所以交点的水平投影 k 必然是 p 与 ab 的交点。为了求出交点的正面投影 k′，可以利用直线上取点的方法，过点 k 向 OX 轴作垂线（图 5-8(b)），该垂线与 a′b′ 的交点即为 k′（图 5-8(b)）。

判别直线 AB 正面投影的可见性，可采用重影点来判别，也可根据直线与平面的空间位置来判别。直线与平面的水平投影显示，KB 在 P 平面之前，所以在交点 k′ 的右边一段可见，另一段不可见（图 5-8(b)）。

如图 5-9，求作 AB 直线与铅垂面 P 的交点，其中铅垂面 P 用迹线表示，其求解原理和图 5-8 相同，判断可见性的方法也一样。我们以后会碰到很多用迹线表示的平面，要熟悉这种类型的作图。

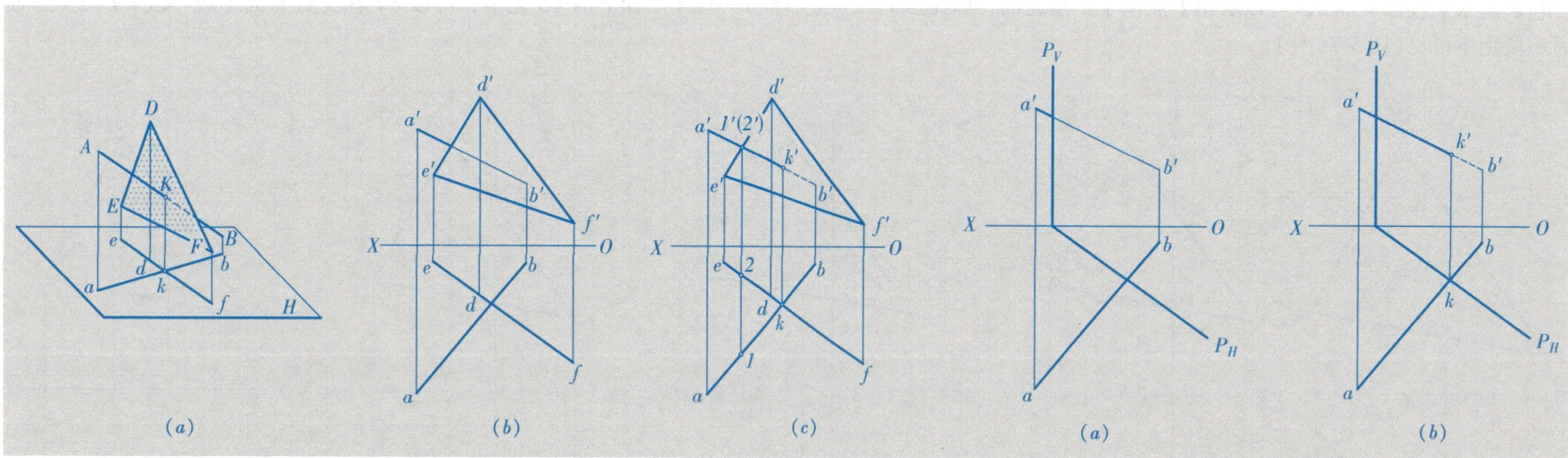

图 5-8　求直线与铅垂面的交点（一）

图 5-9　求直线与铅垂面的交点（二）

3. 一般位置平面与特殊位置平面相交

当两平面中有一个是投影面平行面或投影面垂直面时，它们的交线可以利用积聚性简便地求出。

例5-3　求铅垂面 P 与 $\triangle ABC$ 的交线(图5-10)。

分析与作图　在 $\triangle ABC$ 上取两条直线 AB 与 AC，分别求出 AB、AC 与铅垂面 P 的交点，两个交点的连线即为两个平面的交线，每条直线与铅垂面 P 求交点的作图可参照图5-9。可见性的判别与图5-9相同。

例5-4　求铅垂面 $\triangle DEF$ 与 $\triangle ABC$ 的交线(图5-11)。

分析与作图　在 $\triangle ABC$ 上取两条直线 AB 与 BC，分别求出 AB、BC 与 $\triangle DEF$ 的交点，两个交点的连线即为两个平面的交线，每条直线与铅垂面求交点的作图可参照图5-11。可见性的判别与图5-11相同。

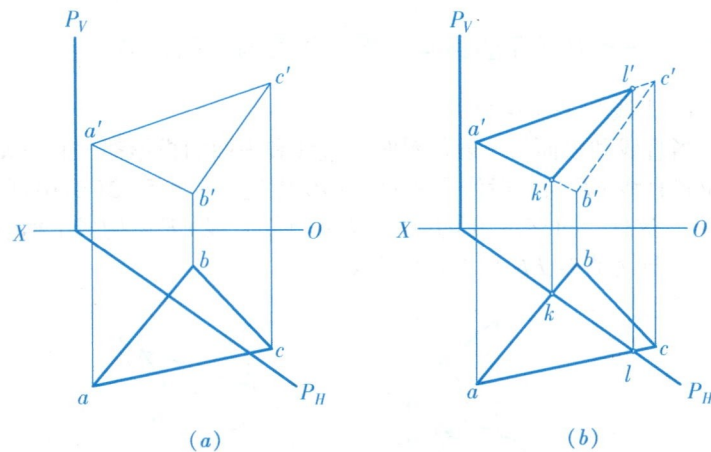

图5-10　求铅垂面与一般位置平面的交线(一)

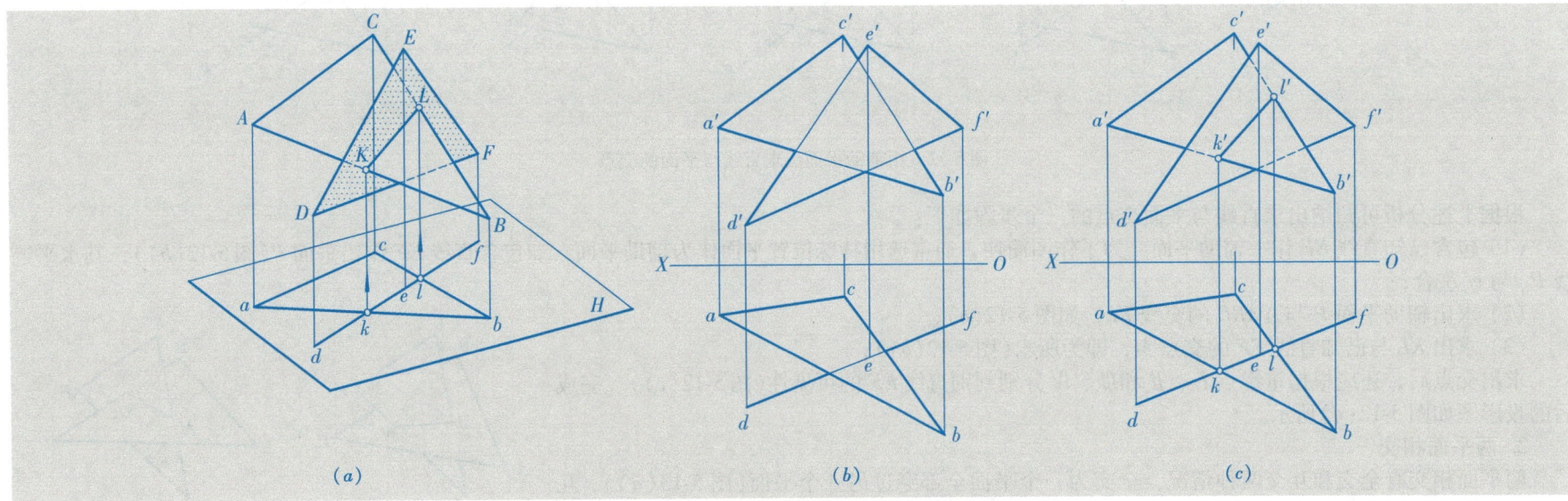

图5-11　求铅垂面与一般位置平面的交线(二)

5.2.2　一般情况下直线与平面、平面与平面相交

1. 直线和平面相交

当直线和平面为一般位置时，直线和平面的投影都没有积聚性，所以不能直接确定交点的某个投影，需要通过作辅助平面解决。图 5-12 表示一般位置直线 EF 与一般位置平面△ABC 相交。从图 5-12(a)中可以看出，交点 M 是平面△ABC 上的点，它一定在△ABC 平面内的某一直线上，例如在 KL 上。这样，过交点 M 的直线 KL 和已知直线 EF 就构成了辅助平面 P。显然，直线 KL 就是辅助平面 P 和△ABC 的交线。交线 KL 与已知直线 EF 的交点 M 即为直线 EF 与△ABC 的交点。

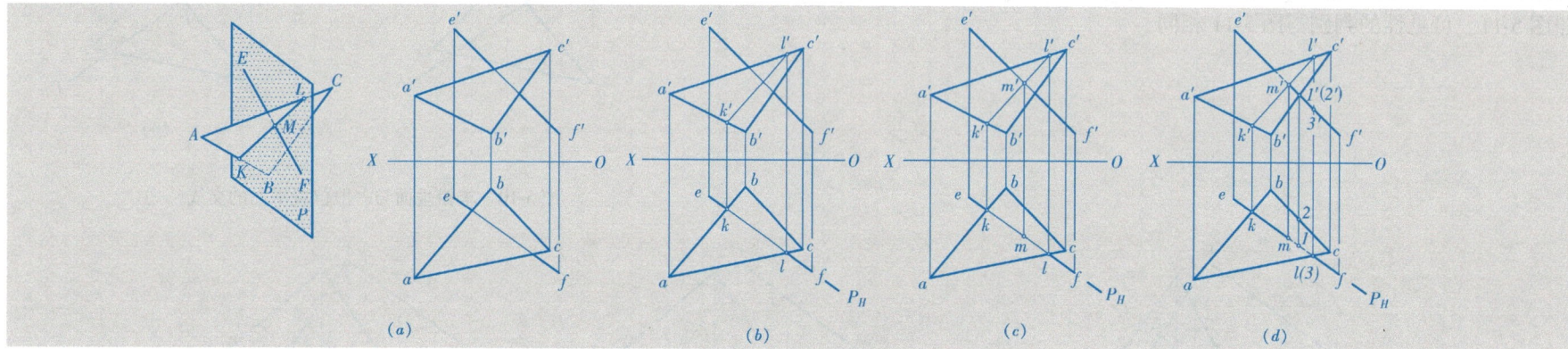

图 5-12　用辅助平面法求直线与平面的交点

根据上述分析可归纳出求直线与平面交点的三个步骤如下：

（1）包含已知直线 EF 作一辅助平面。为了作图简便，通常选用特殊位置平面作为辅助平面，如包含直线 EF 作铅垂面 P（图 5-12(b)），其水平迹线 P_H 与 ef 重合；

（2）求出辅助平面 P 与△ABC 的交线 KL，如图 5-12(b)；

（3）求出 KL 与已知直线 EF 的交点 M，即为所求（图 5-12(b)）；

求出交点后，还应根据重影点Ⅰ、Ⅱ和Ⅲ、Ⅳ分别判别直线 EF 的可见性（图 5-12(c)）。完成后的投影图如图 5-12(d)所示。

2. 两平面相交

两平面相交有全交和互交两种情况，全交为一个平面全部穿过另一个平面（图 5-13(a)），互交为两个平面的棱边相互穿过（图 5-13(b)）。这两种情况的实质是相同的，求交线的方法也相同。当两平面都处于一般位置时，两平面的投影都没有积聚性，所以不能直接确定交线的投影，须利用辅助平面法或采用三面共点原理求两平面的交线。

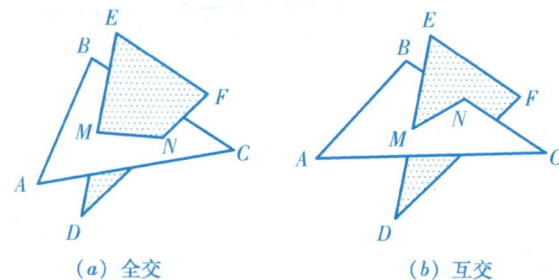

(a) 全交　　　　　(b) 互交

图 5-13　两平面相交的两种情况

（1）利用辅助平面法求交线

例 5-5　求 $\triangle ABC$ 与 $\triangle DEF$ 的交线（图 5-14（a））。

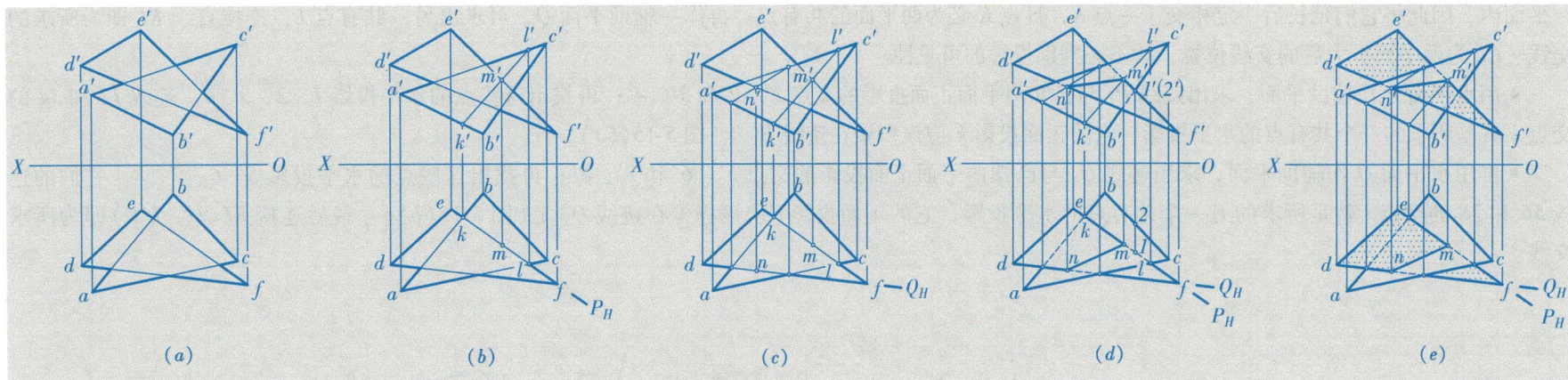

图 5-14　用辅助平面法求两一般位置平面的交线

分析与作图　如图 5-14（a）所示，$\triangle ABC$ 与 $\triangle DEF$ 都处于一般位置，不能直接确定交线的投影，需要利用"直线与一般位置平面求交点"的方法求两平面的交线。由于某一平面上的直线对另一平面的交点必为两平面的共有点，即交线上的一点。所以只要求出两个交点并连线即为所求交线。从图 5-14（a）选定两边（如 EF 和 DF），并求它们与 $\triangle ABC$ 的两交点，连线即为两平面交线。

- 包含直线 EF 作辅助铅垂面 P 与 $\triangle ABC$ 交于直线 KL。KL 与 EF 相交于点 M，点 M 即为交线的一个端点（图 5-14（b））；

- 包含直线 DF 作辅助铅垂面 Q，同样可求出 DF 与 $\triangle ABC$ 的交点 N，点 N 即为交线的另一端点（图 5-14（c））；

- 连接 MN 即为所求交线；

- 两平面重影部分可见性的判别，如图 5-14（d）所示。图中通过 Ⅰ、Ⅱ 重影点判别水平投影中的可见性，通过 K 重影点判别正面投影中的可见性；

- 图 5-14（e）非常清楚的显示了 $\triangle DEF$ 从左上方向右下方与 $\triangle ABC$ 全交的情况。

（2）利用三面共点原理求两平面的交线

例5-6　求作三角形平面与平行四边形平面的交线(图5-15)。

分析与作图　在图5-15中，两平面在有限范围内不相交。为求其交线，可作辅助平面 P 与两平面分别相交于 Ⅰ Ⅱ 和 Ⅲ Ⅳ，由于这两条交线在同一平面内，因此将它们延长后一定相交于一点 K，且点 K 必为两平面的共有点。再作一辅助平面 Q，可求出另一共有点 L，连接直线 KL 即为所求的交线。KL 为两平面扩大后的交线位置，故不必判别投影的可见性。

- 用水平面 P 作辅助平面，求出迹线 P_V 与已知两平面正面投影的交点 $1'$、$2'$ 和 $3'$、$4'$；再找出这些点的水平投影 1、2、3、4。连线 12 和 34 的交点 k 就是所求的一个共有点的水平投影，它的正面投影 k' 应该积聚在迹线 P_V 上(图5-15(b))；

- 再用水平面 Q 作辅助平面，求出迹线 Q_V 与已知两平面正面投影的交点 $5'$、$6'$ 和 $7'$、$8'$；再找出这些点的水平投影 5、6、7、8。它们的连线 56 和 78 的交点 l 就是所求的另一个共有点的水平投影，它的正面投影 l' 应该积聚在迹线 Q_V 上(图5-15(b))。最后连接 KL(kl，$k'l'$)即为所求交线。

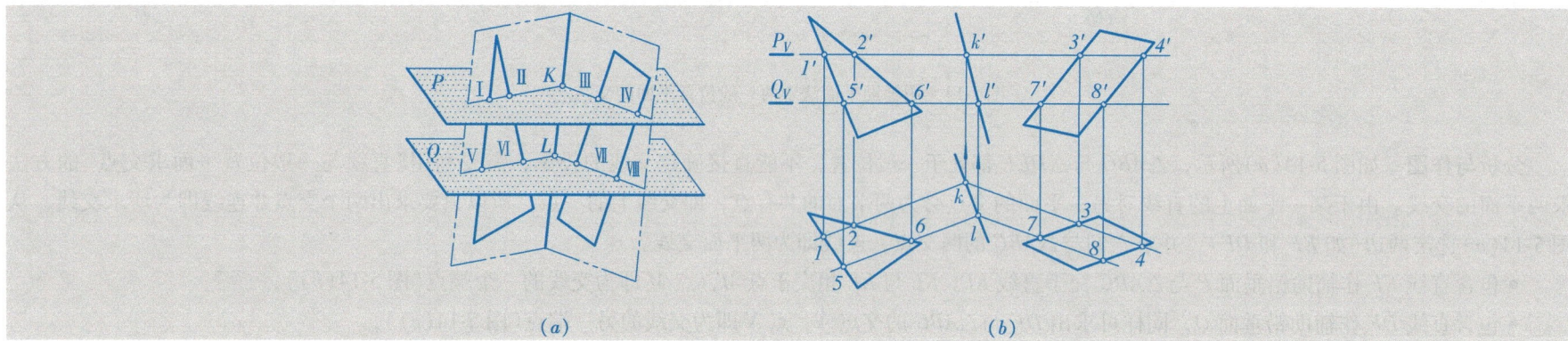

(a)　　　　　　　　　　(b)

图5-15　用三面共点原理求两平面的交线

5.3　垂　直　关　系

5.3.1　直线与平面垂直

直线与平面垂直是直线与平面相交的一种特殊情况。由立体几何可知，若一直线和一平面内的两条相交直线垂直，则此直线必与该平面垂直。因此，直线与平面垂直的问题可以转化为直线与直线垂直的问题。为了方便作图，可以把这两条相交直线选为投影面平行线，如图 5-16 所示的直线 KL 垂直于 P 平面上的两条相交直线 AB 与 AC（AB 为水平线，AC 为正平线），则直线 KL 垂直于 P 平面。根据直角投影定理，直线 KL 垂直于水平线 AB，直线 KL 的水平投影就垂直于水平线 AB 的水平投影，同理，直线 KL 的正面投影就垂直于正平线 AC 的正面投影。

根据上述分析可得出如下结论：若一直线垂直于一平面，则该直线的水平投影一定垂直于该平面上水平线的水平投影；直线的正面投影一定垂直于该平面上正平线的正面投影。

反之，若直线的水平投影与平面上任一条水平线的水平投影垂直，直线的正面投影与平面上任一条正平线的正面投影垂直，则该直线与平面一定垂直。

应用上述结论，可以在投影图上解决有关直线与平面垂直的作图问题。

例 5-7　过点 K 作 △ABC 的垂线，并求垂足（图 5-17）。

分析　使过 K 点的直线分别垂直于 △ABC 上的水平线和正平线，那么该直线就是 △ABC 的垂线，然后求出该直线与 △ABC 的交点即为垂足。

图 5-16　直线与平面垂直

(a)

(b)　在 △ABC 上作正平线 AE 与水平线 CD

(c)　过 K 点作直线的正面投影垂直于 AE 的正面投影 a'e'，作直线的水平投影垂直于 CD 的水平投影 cd

(d)　求该直线与 △ABC 的交点 L，点 L 即为垂足。

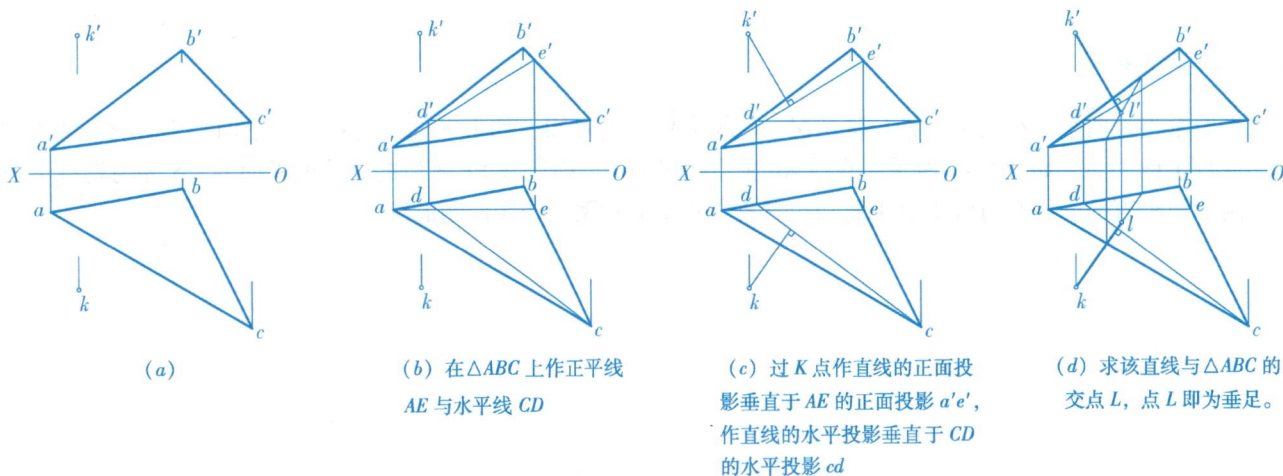

图 5-17　作平面的垂线

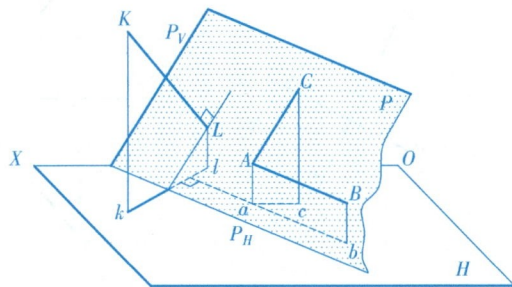

例 5-8　求点 A 到直线 BC 的距离(图 5-18(a))。

分析　如图 5-18(a)所示,从点 A 作 BC 的垂线 AD,并求出垂线 AD 的实长即为点 A 到直线 BC 的距离。为了求出垂足 D,可过点 A 作一平面 P 垂直已知直线 BC,再求出 BC 与 P 的交点即为垂足 D。

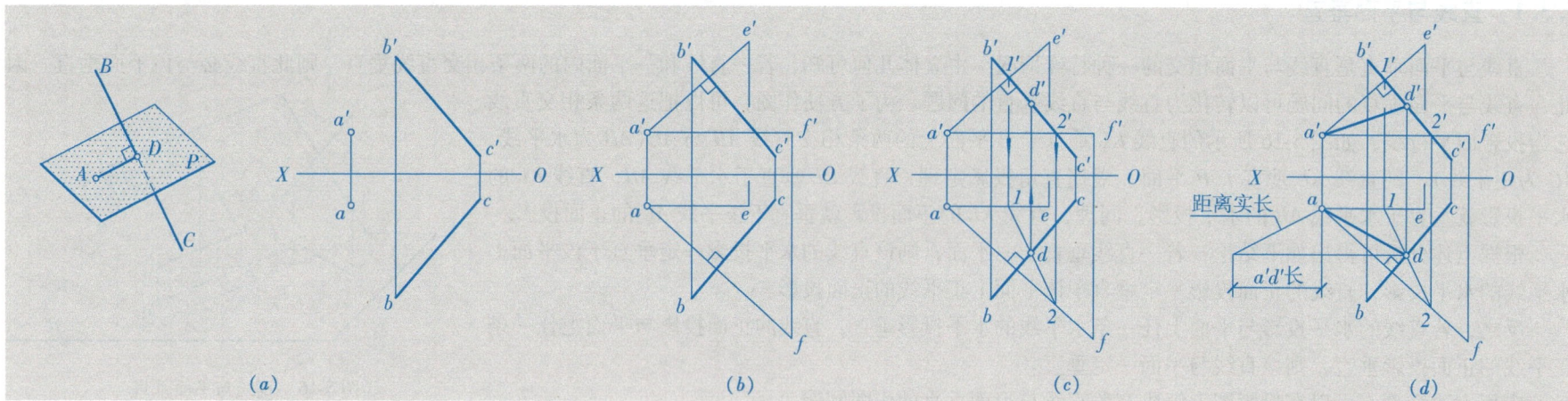

图 5-18　点到直线的距离

5.3.2　两平面垂直

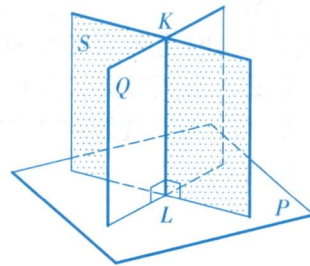

　　两平面垂直是两平面相交的一种特殊情况。根据立体几何可知,如果一直线垂直于一平面,则包含此直线的所有平面都垂直于该平面。如图 5-19 所示,直线 KL 垂直于平面 P,则包含 KL 所作的一系列平面 Q、S 等均垂直于平面 P。显然,两平面垂直的问题是直线垂直平面和包含直线作平面这两个作图问题的综合。

图 5-19　平面与平面垂直

例 5-9　过点 K 作平面分别与 $\triangle ABC$ 和 $\triangle DEF$ 垂直（图 5-20）。

分析　根据两平面垂直的几何条件，如果过点 K 作一条直线垂直于 $\triangle ABC$，再另作一条直线垂直于 $\triangle DEF$，则这两条相交直线所决定的平面即为所求。从图 5-20（b）可以看出，$\triangle ABC$ 为正垂面，与正垂面垂直的这条直线必然为正平线；$\triangle DEF$ 的 DE 边为水平线，而 DF 边为正平线，由此可确定另一条垂线的方向。

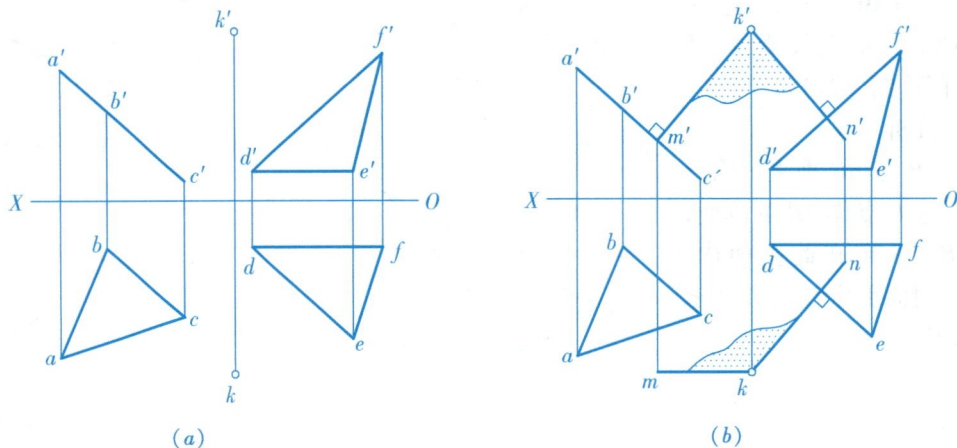

图 5-20　过点 K 作平面分别与 $\triangle ABC$ 和 $\triangle DEF$ 垂直

5.4　综合应用举例

实际问题一般都较为复杂，如果一道题涉及点、线、面的多个概念，解题中又要用到直线与平面、平面与平面之间的平行、相交、垂直关系的多种基本作图方法，则此类题就是综合题。图 5-18 所示求点到直线的距离就是一道综合题。综合题涉及几何元素之间的距离、角度、轨迹、实际形状及尺寸等问题。综合题都是由已知条件和所求问题两部分组成。解题时首先要搞懂题意，应分清哪些是已知条件，它是解题的依据和出发点；哪些是所求问题，它是思考的方向。解题时只有先从空间分析上把复杂的综合问题分解为简单的、各种相互位置问题的组合，进而明确解题步骤，才能顺利地在投影图上作出结果来。下面分析两个典型例子，希望从中领悟这种分析方法，进一步达到举一反三的目的，解决今后遇到的各种问题。

例 5-10　完 成 直 角
△ABC 的正面投影，∠B
为直角(图 5-21)。

分析

AB 与 BC 垂直，因此
可以过 B 点作 AB 的垂面，
则 BC 一定在此垂面内。
可以用面上定线的方法求
出 BC。

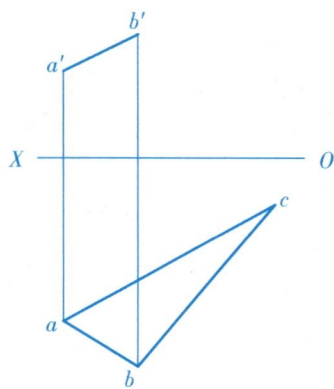

（a）

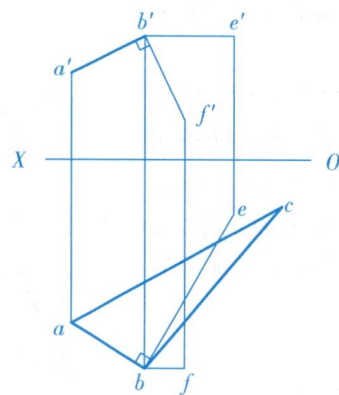

（b）过点 B 作平面
BEF 垂直于直线 AB

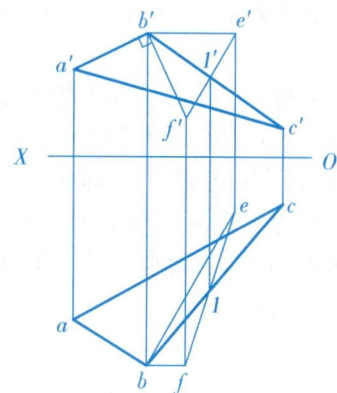

（c）面上定线求出 BC 的
正面投影 $b'c'$，进而得到
△ABC 的正面投影

图 5-21　完成直角 △ABC 的正面投影

例 5-11　作直线与 MN 平行，且与交叉直线 AB 与 CD 都相交(图 5-22)。

分析

可以包含 AB 直线作 MN 的平行面，然后求出此平面与 CD 的交点，过交点作线平行 MN 即为所求直线。

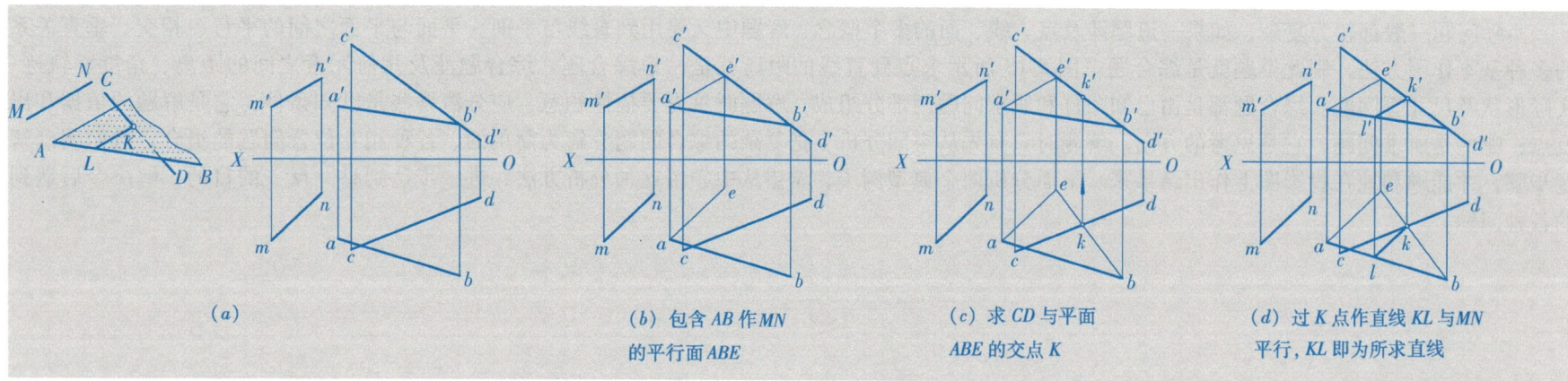

（a）

（b）包含 AB 作 MN
的平行面 ABE

（c）求 CD 与平面
ABE 的交点 K

（d）过 K 点作直线 KL 与 MN
平行，KL 即为所求直线

图 5-22　作直线与 MN 平行，且与交叉直线 AB 与 CD 都相交

例 5-12　过点 K 作直线 KL 与 $\triangle ABC$ 平行, 并与直线 MN 相交于 L(图 5-23(a))。

分析　过点 K 作与 $\triangle ABC$ 平行的直线有无数条, 这无数条直线形成一平行于 $\triangle ABC$ 的平面 P。所求直线 KL 应该既交在直线 MN 上又在 P 平面上。点 L 即直线 MN 与平面 P 的交点。

作图

- 过 K 点作一平面 $P(KE \times KF)$ 平行于 $\triangle ABC$(图 5-23(b));
- 求出 MN 与所作平面的交点 L(图 5-23(b));
- 连 KL 即为所求。

例 5-13　直线 MN 与 $\triangle ABC$ 相距 15mm, 求 MN 的正面投影(图 5-24(a))。

分析　MN 必在距 $\triangle ABC$15mm 的平行面上, 所以只要作出这个平行面, 然后面上定线就可以求出 MN 的正面投影。可以先作出 $\triangle ABC$ 的垂线, 然后在此垂线上量取距 $\triangle ABC$15mm 的点, 再过此点作平面平行于 $\triangle ABC$ 即可。

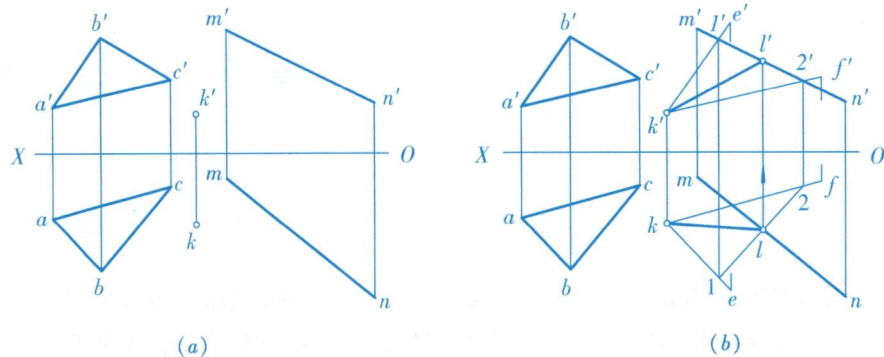

图 5-23　过点 K 作直线 KL 平行于 $\triangle ABC$ 且与直线 MN 相交于 L

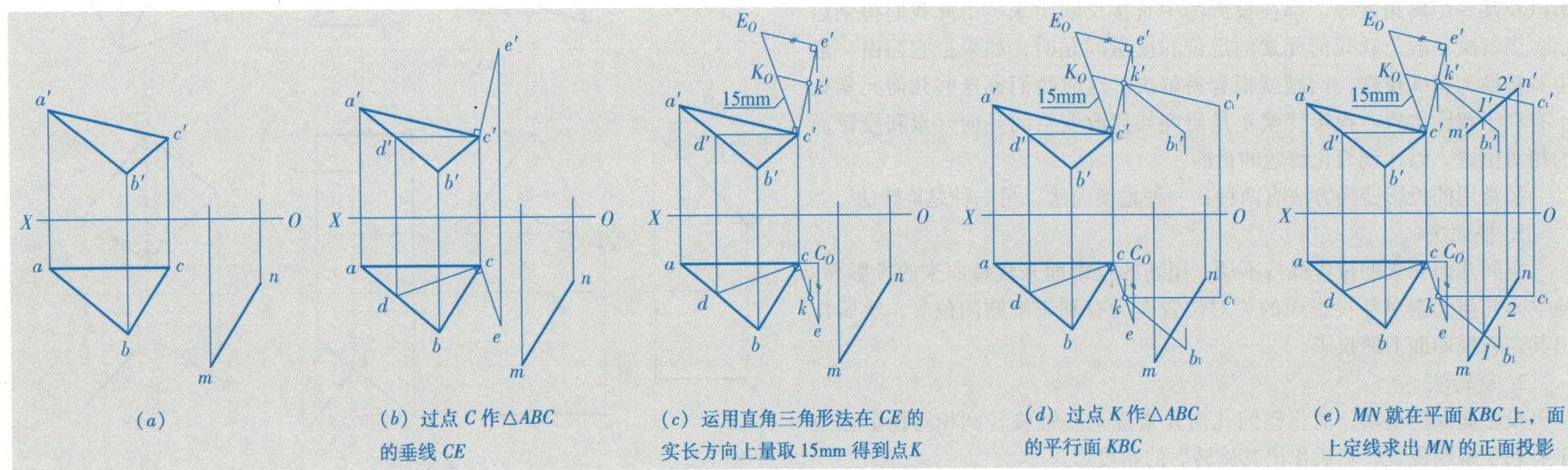

图 5-24　直线 MN 与 $\triangle ABC$ 相距 15mm, 求 MN 的正面投影

(a)

(b) 过点 C 作 $\triangle ABC$ 的垂线 CE

(c) 运用直角三角形法在 CE 的实长方向上量取 15mm 得到点 K

(d) 过点 K 作 $\triangle ABC$ 的平行面 KBC

(e) MN 就在平面 KBC 上, 面上定线求出 MN 的正面投影

第6章 投影变换

6.1 投影变换的目的与方法

在解决定位或度量等问题时,如果空间几何元素对投影面处于某种特殊位置(平行或垂直)时,其投影具有积聚性,也可能反映实长、实形或倾角,问题就容易得到解决。以前各章已经讨论了在投影图上解决有关几何元素定位或度量问题的基本原理和方法。本章将讨论用投影变换的方法,使某些问题的图示更为明了,图解更为简捷。

从图6-1(a)中可以看出,当直线或平面对投影面处于一般位置时,它们的投影不能直接反映线段的实长或平面的实形。但从图6-1(b)可以看出,当它们和投影面处于特殊位置时,线段的实长、倾角、平面的实形以及某些距离角度等,都在投影图中直接反映出来。由此我们得到启示:当解决一般位置几何元素的定位和度量问题时,如果把它们由一般位置转换为特殊位置,问题就很容易解决。这时我们称这些几何元素处于有利于解题位置。投影变换正是研究如何改变空间几何元素和投影面的相对位置,以达到简化解题的目的。

最常用的投影变换方法有两种:一种是换面法,另一种是旋转法。

1. 换面法

空间几何元素的位置保持不动,用新的投影面来代替原来的投影面,使空间几何元素对新投影面的相对位置变为有利于解题的位置,然后作出其在新投影面上的投影。

2. 旋转法

投影面保持不动,而将空间几何元素绕某一轴旋转到相对投影面处于有利于解题位置,然后作出其旋转后的新投影。

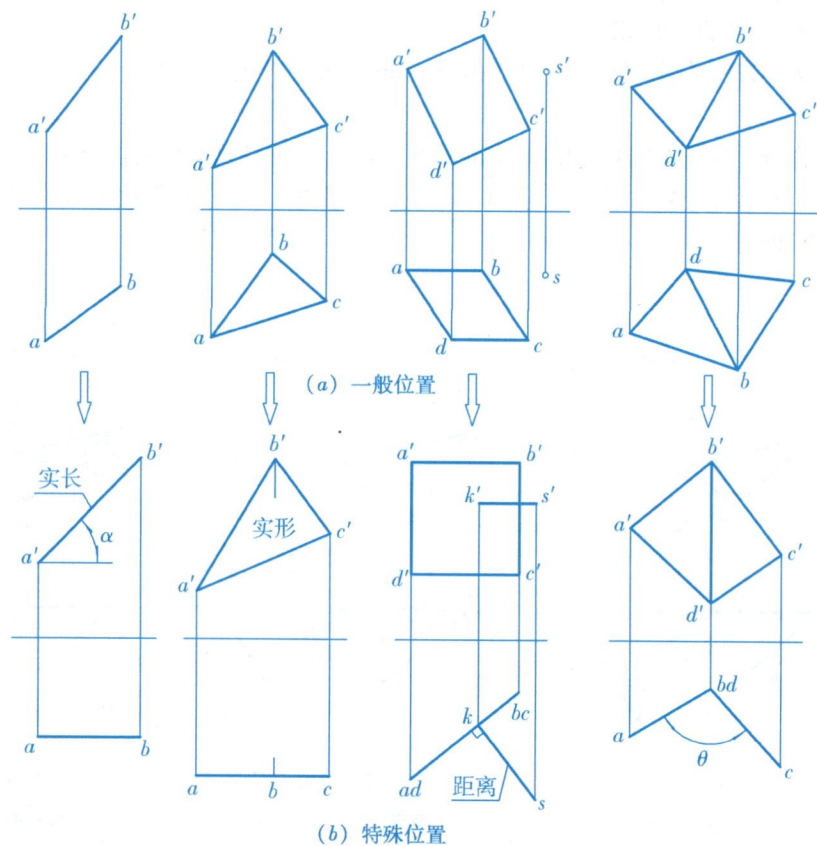

图6-1 几何元素与投影面的相对位置

6.2　换　面　法

6.2.1　换面法的基本规律

如图 6-2(a)，有一铅垂平面△ABC，它的两个投影均未反映出△ABC 的实形，如果我们设立一个新投影面 V_1，使之垂直于 H 面并平行于△ABC，则 V_1 和 H 构成了一个新的投影面体系。在新的投影面体系中，△ABC 处于正平面位置，将△ABC 向 V_1 面进行投影，得到的新投影△$a_1'b_1'c_1'$反映△ABC 的实形。投影面展开后的投影图如图 6-2(b)所示，这样就通过投影面的变换而获得实形。

由此可知，新投影面的选择应符合以下两个条件：

（1）新投影面必须处于有利于解题的位置。如图 6-2 中 V_1∥△ABC。

（2）新投影面必须垂直于原投影体系中一个投影面，这样才能构成一个新的相互垂直的投影面体系，以便我们可以应用正投影规律作图。如图 6-2中 $V_1 \perp H$。

点是最基本的几何元素，也是作图的基础，因此必须首先研究点的变换规律。

1. 点的一次变换

在图 6-3 中，已知点 A (a,a') 若给定了新的正立投影面 V_1 的位置，要作出点 A 在 V_1 面上的新投影 a_1'，可由点 A 向 V_1 面引垂线，得垂足 a'（图 6-3(a)）。a_1'即点 A 在 V_1 面上的新投影。投影面展开时，将 V_1 面绕新投影轴 O_1X_1 向后旋转使之与 H 面重合，得到的投影图如图 6-3(b)所示。实际作图时，不画投影面边框，如图6-3(c)那样。

从图 6-3 可以看出，由于新投影面 V_1 和旧投影面 V 均垂直于 H 面，因此点的新投影与旧投影之间存在着如下关系：

（1）根据点的投影规律，在新投影面体系中，被保留的旧投影 a 和新投影 a_1' 的连线垂直于新投影轴 O_1X_1，即 $aa_1 \perp O_1X_1$。

（2）新投影 a_1'到新投影轴 O_1X_1的距离，等于被替代的旧投影 a'到 OX 轴的距离。即点 A 的 Z 坐标在变换 V 面时是不变的，$a_1'a_{x1} = aa_x = Aa = Z_A$。

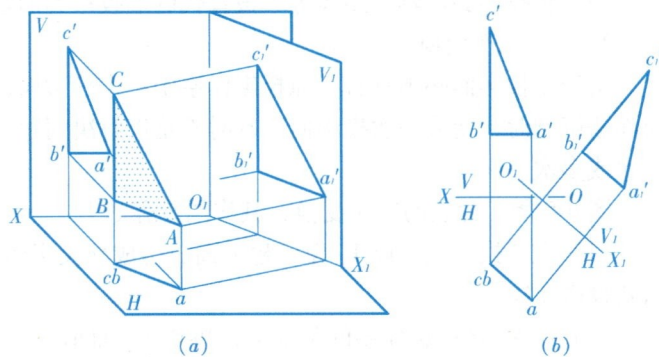

图 6-2　设立新投影面 V_1

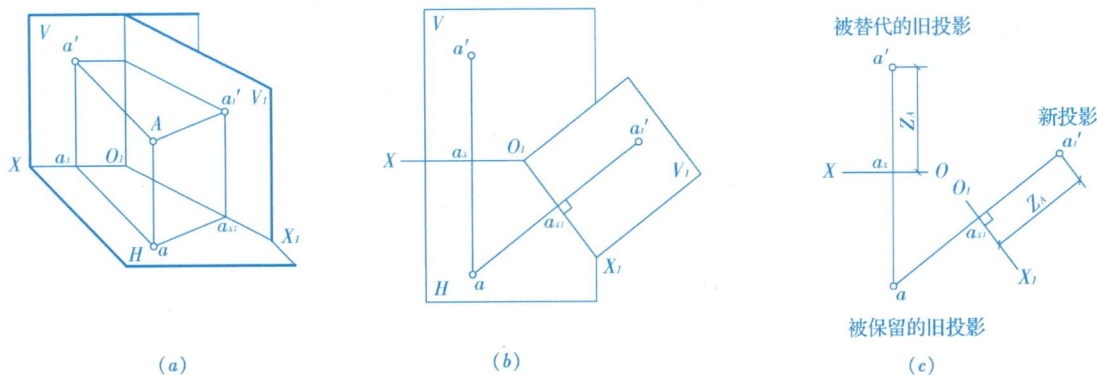

图 6-3　点的一次变换（变换 V 面）

图 6-4 表示用一个垂直于 V 面的新投影面 H_1 代替 H 面时，点 B 的新投影 b_1 的求法。作图方法与图 6-3 类似。因 H_1 与 H 面都垂直 V 面，故 $b_1b_{x1} = Bb' = bb_x$，且 $b'b_1 \perp O_1X_1$ 轴。

综上所述，点的换面法的基本规律可归纳如下：

（1）新投影与被保留的旧投影的连线垂直于新轴。

（2）新投影到新轴的距离等于被替代的旧投影到旧轴的距离。

2. 点的二次变换

由于新投影面必须垂直于原投影体系中一个投影面，因此在运用换面法解题时，变换一次投影面，有时不足以解决问题，而必须变换二次或多次。

图 6-5 所示为点的二次变换，其作图步骤如下：

（1）先变换一次，以 V_1 面代替 V 面，构成新投影体系 V_1/H，作出新投影 a_1'。

（2）在 V_1/H 投影体系的基础上，再作 H_2 面垂直于 V_1 面，形成 V_1/H_2 体系，代替 V_1/H 体系（以 H_2 代替 H 面），这时 V_1 为不变投影面，H 为旧投影面，X_1 为旧轴。因 H_2 与 H 都垂直于 V_1 面，故 $a_1'a_2 \perp O_2X_2$，$a_2a_{x2} = Aa_1' = aa_{x1}$，即可作出新投影 a_2。

必须指出：在进行二次或多次变换时，新的变换要在第一次变换的基础上进行，即交替地变换投影面。第一次变换以 V_1 面代替 V 面，第二次就应换 H 面。

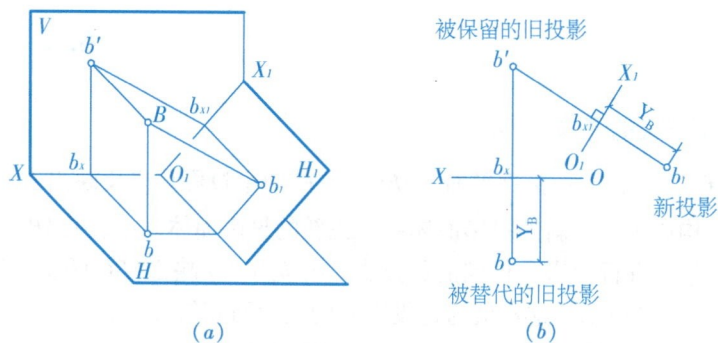

图 6-4　求点在 V/H_1 体系中的投影

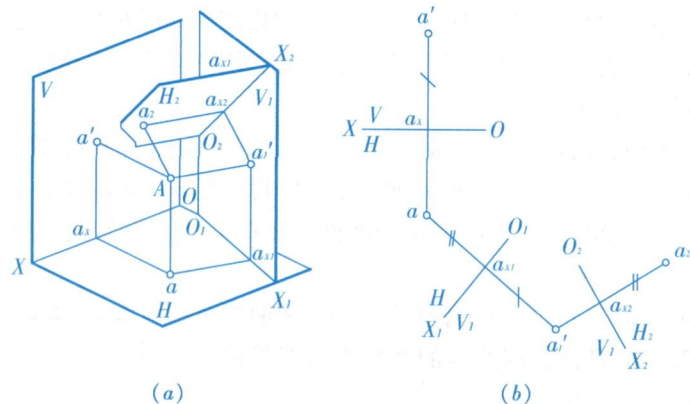

图 6-5　点的二次变换

6.2.2 基本作图问题

直线的基本作图

1. 一般位置线变换为投影面平行线

如图 6-6 所示，AB 为一般位置直线，如要变换为正平线，则必须变换 V 面使新投影面 V_1 面平行 AB，这样 AB 在 V_1 面上的投影 $a_1'b_1'$ 将反映 AB 的实长，$a_1'b_1'$ 与 O_1X_1 轴的夹角反映直线对 H 面的倾角 α。作图步骤如下：

（1）作新投影轴 $O_1X_1 /\!/ ab$；

（2）根据前述点的新投影的作图规律分别作出 a_1'、b_1'；

（3）连接 a_1'、b_1' 得新投影 $a_1'b_1'$，它反映 AB 的实长，$a_1'b_1'$ 与 O_1X_1 轴的夹角反映 AB 对 H 面的倾角 α。

图 6-6(c) 以新投影面 H_1 平行 AB，作出了 AB 对 V 面的倾角 β。

2. 投影面平行线变换为投影面垂直线

如图 6-7(a) 所示，由于 AB 为正平线，因此所作垂直于 AB 的新投影面 H_1 必垂直于原体系中的 V 面，这样 AB 在 V/H_1 体系中就变换为新投影面垂直线。其投影图作法见图 6-7(b)。根据投影面垂直线的投影特性，反映实长的投影必定为不变投影，即作新投影面 H_1 垂直 AB，作图时使 O_1X_1 轴 $\perp a'b'$，则 AB 在 H_1 面上的投影积聚为一点 a_1b_1。

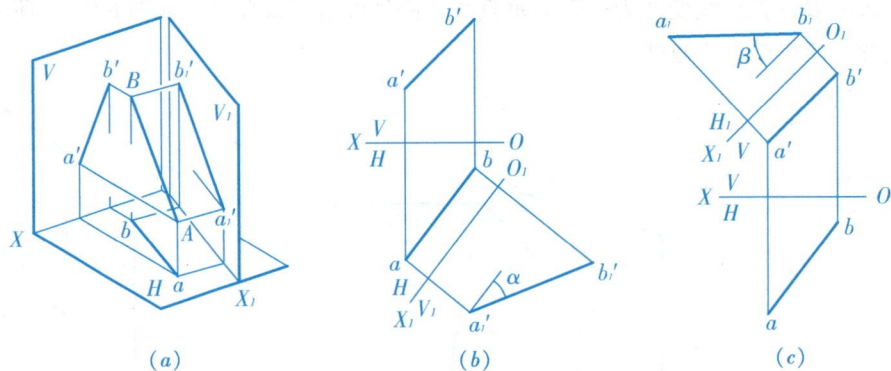

图 6-6 一般位置直线变换为投影面平行线

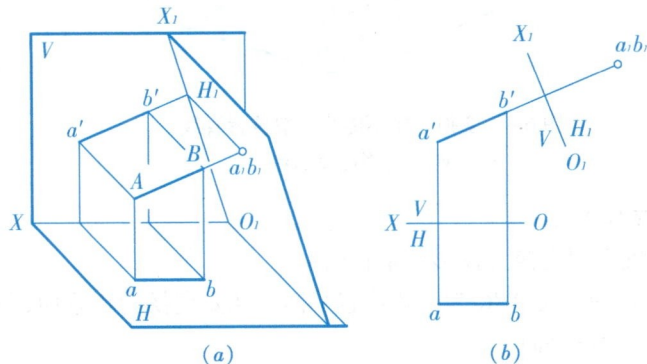

图 6-7 投影面平行线变换为投影面垂直线

3. 一般位置线变换为投影面垂直线

欲将一般位置直线变换为投影面垂直线，只变换一次投影面是不行的。如图6-8所示，若选新投影面P直接垂直于一般位置直线AB，则P必是一般位置平面，所以它和原体系中的任一投影面都不会垂直，因此不能构成新的投影面体系。

将一般位置直线变换为投影面垂直线，必须经过二次变换。如图6-9(a)所示，第一次将一般位置直线变换成投影面平行线，第二次将投影面平行线变换成投影面垂直线。

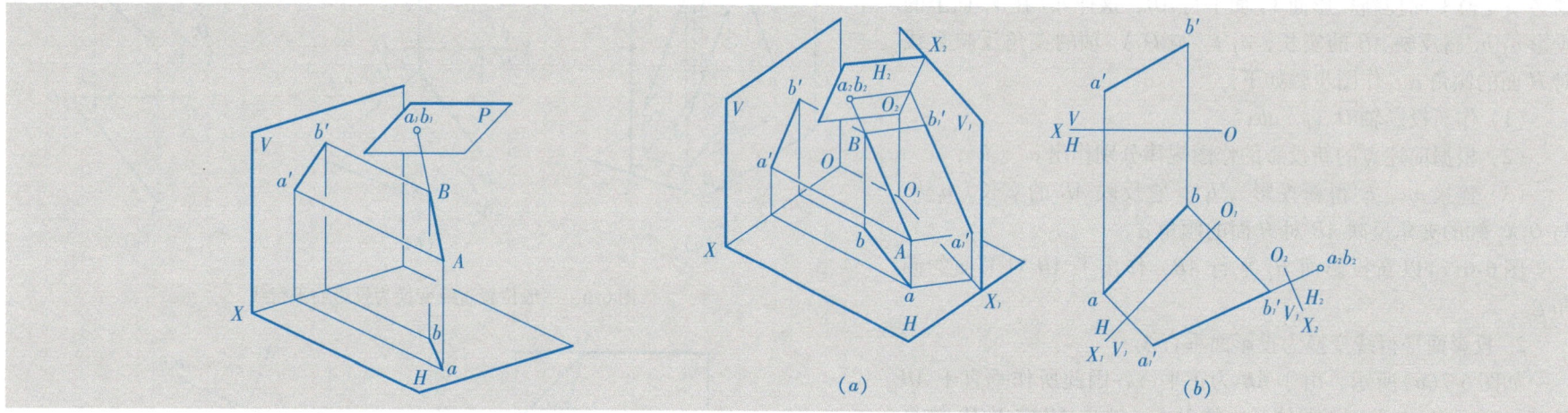

图6-8　变换一次不能将一般位置直线
变换为投影面垂直线

图6-9　变换二次将一般位置直线
变换为投影面垂直线

平面的基本作图

1. 一般位置平面变换为投影面垂直面

如图6-10(a)所示△ABC为一般位置平面，如要变换为正垂面，则△ABC内必须包含正垂线。可以将△ABC内的一条水平线变换为正垂线，则△ABC自然就变为正垂面。

如图6-10(b)在△ABC上找一水平线AD，然后作V_1面与直线AD垂直，在新投影体系V_1/H中直线AD变换为正垂线，△ABC也就变换为正垂面。这时候△ABC的新投影与新轴的夹角也反映了△ABC平面对H面的倾角α。

若要求△ABC对V面的倾角β，可在此平面上取一正平线，作H_1面垂直该正平线，这样△ABC在V/H_1体系中变换为铅垂面，△ABC在H_1面上的积聚投影与O_1X_1轴的夹角反映△ABC的倾角β。如图6-10(c)所示。

2. 投影面垂直面变换为投影面平行面

如图6-11所示，△ABC是正垂面，可以通过一次投影变换，使其变为水平面。具体做法如下：

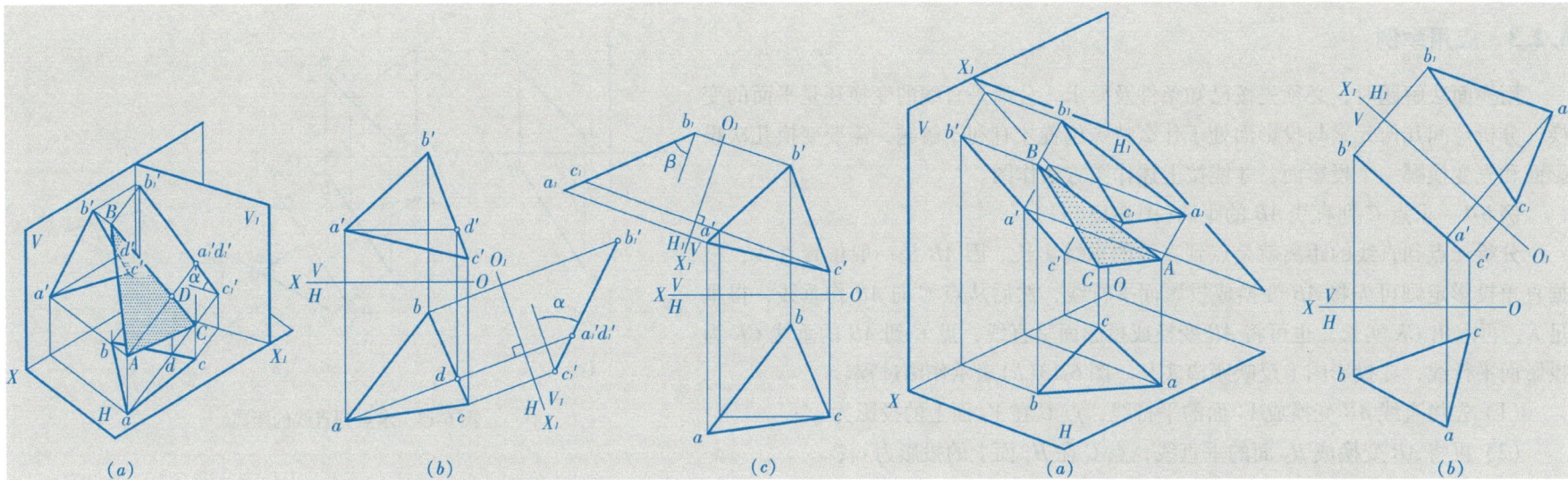

图 6-10 一般位置平面变换为投影面垂直面

图 6-11 投影面垂直面变换为投影面平行面

（1）作新轴使其平行于△ABC 的积聚投影，这样新投影面一定平行于△ABC；

（2）作出△ABC 在 H_2 面上的新投影△$a_2b_2c_2$。

3. 一般位置平面变换为投影面平行面

要将一般位置平面变换为投影面平行面，与前述将一般位置直线变换为投影面垂直线一样，也需要进行二次变换。

如图 6-12（a）所示，第一次将一般位置平面变换为投影面垂直面，第二次再将投影面垂直面变换为投影面平行面。

如图 6-12（b）表示将△ABC 变换为投影面平行面的作图过程。先将△ABC 变换为垂直 V_1 面，再变换使之平行 H_2 面。具体作图如下：

（1）在△ABC 上取水平线 AD，作新投影面 $V_1 \perp AD$，即作 $O_1X_1 \perp ad$，然后作出△ABC 在 V_1 面上的新投影△$a_1'b_1'c_1'$，它积聚成一直线；

（2）作新投影面 H_2 平行△ABC，即作 $O_2X_2 /\!/ \triangle a_1'b_1'c_1'$，然后作出△$ABC$ 在 H_2 面上的新投影△$a_2b_2c_2$。△$a_2b_2c_2$ 反映△ABC 的实形。

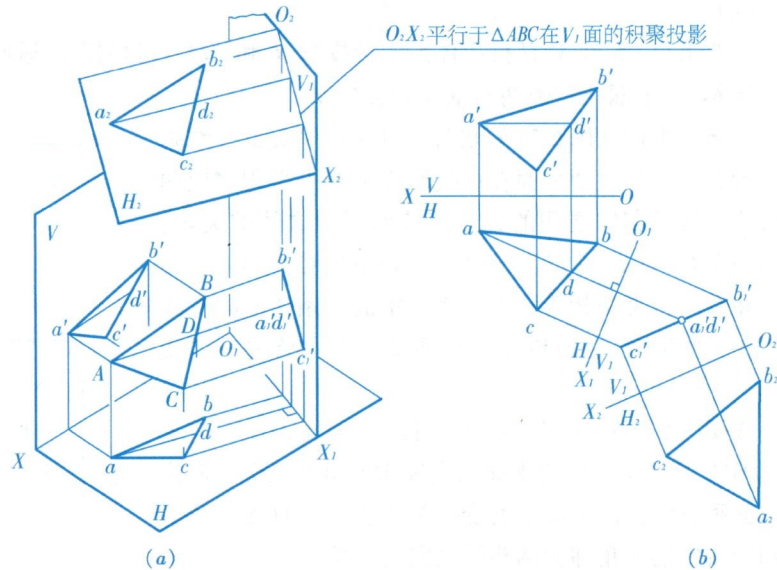

图 6-12 一般位置平面变换为投影面平行面

6.2.3　应用举例

用换面法解题时，必须先按已知条件及要求，分清是直线的变换还是平面的变换，分析空间几何元素与投影面处于什么特殊位置才有利于解题，需要变换几次投影面和先变换哪一个投影面，才能按上述作图方法作图。

例 6-1　求点 C 到直线 AB 的距离（图 6-13(a)）。

分析　点到直线的距离就是点到直线的垂线实长。因 AB 是一般位置直线，根据直角投影定则可先将 AB 变换成投影面平行线，然后从点 C 向 AB 作垂线，得垂足 K，再求出 CK 实长。也可将 AB 变换成投影面垂直线，点 C 到 AB 的垂线 CK 为投影面平行线，在投影图上反映距离实长。图 6-13(b) 表示作图过程。

（1）先将直线 AB 变换成 V_1 面的平行线，点 C 在 V_1 面上的投影为 $c_1{}'$；

（2）再将 AB 变换成 H_2 面的垂直线，点 C 在 H_2 面上的投影为 c_2；

（3）过 $c_1{}'$ 作 $c_1{}'k_1{}' \perp a_1{}'b_1{}'$，即 $c_1{}'k_1{}' /\!/ O_2X_2$ 轴，k_2 与 a_2b_2 积聚成一点，连接 c_2、k_2，c_2k_2 即反映点 C 到 AB 直线的距离。（CK 在 V_1/H_2 体系中为水平线）

如要求出 CK 在 V/H 投影体系中的投影 ck 和 $c'k'$，可根据 $k_1{}'$ 返回作出。

例 6-2　求漏斗相邻两斗壁间的夹角 θ。

分析　由前文图 6-1(b) 可知，如果两平面的交线垂直于投影面，那么两平面在该投影面上的投影积聚成两条直线，这时它们之间的夹角反映两平面之间的夹角。由本题图 6-14(a) 可知，图中所示漏斗是对称形体，相邻两斗壁间的夹角相等，可以将其中的一条斗壁间交线（一般位置直线）变换成投影面垂直线（须经过二次变换）。

作图　如图 6-14(b) 所示，可以求平面 $ABMN$ 与平面 $CDMN$ 的夹角，将两平面的交线 MN 通过二次变换为投影面垂直线，两平面也就变换为投影面垂直面，两平面积聚投影的夹角即为两斗壁之间的夹角 θ。

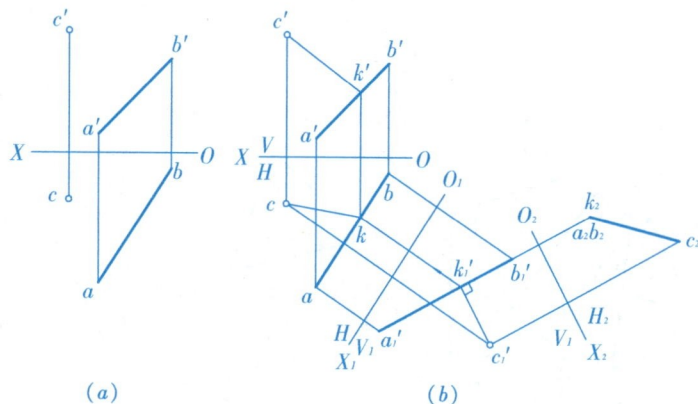

图 6-13　求点到直线的距离

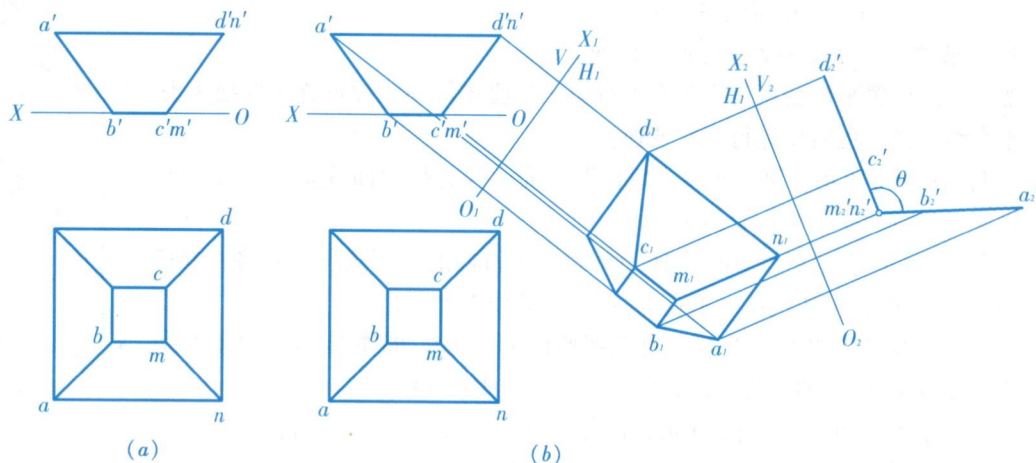

图 6-14　漏斗相邻两斗壁间的夹角

6.3　旋　转　法

旋转法是指投影面体系不变，将空间几何元素绕某轴线旋转到有利解题的位置。绕垂直于投影面的轴线的旋转称为垂轴旋转，绕平行于投影面的轴线的旋转则称为平轴旋转。这里只讨论垂轴旋转。

6.3.1　绕垂轴旋转的基本规律

点的旋转是旋转法的基础，因此首先研究点的旋转规律。

如图 6-15 所示，点 A 绕任一轴 OO 旋转时，点 A 的运动轨迹是一个垂直于旋转轴的圆周。这个圆称为旋转圆，其所在平面 P 叫旋转平面，所绕的轴 OO 称为旋转轴，旋转圆的中心 S 称为旋转中心，旋转圆的平径 R 叫作旋转半径。

必须指出，旋转圆所在的平面一定垂直于旋转轴。如图 6-16 所示，点 A 绕垂直 H 面的铅垂轴 OO 旋转，点 A 的旋转轨迹是以 S 为中心的圆。该圆所在平面 P 垂直于 OO 轴，由于轴线垂直于 H 面，因此 P 平面是水平面，这时点 A 轨迹的正面投影为平行于 OX 轴的直线，点 A 轨迹的水平投影反映实形，即以 S 为圆心，SA 为半径的一个圆。如果将点 A 转动某一角度 θ 使之到达新位置 A_1 时，则它的水平投影也同样转过 θ 角到达 a_1，其正面投影则沿平行于 OX 轴方向移动，由 a' 移动到 a_1' 位置。

图 6-17 为点 A 绕垂直 V 面的正垂轴 OO 旋转时的投影情况。它的运动轨迹的正面投影为一个圆，水平投影为一平行于 OX 轴的直线。

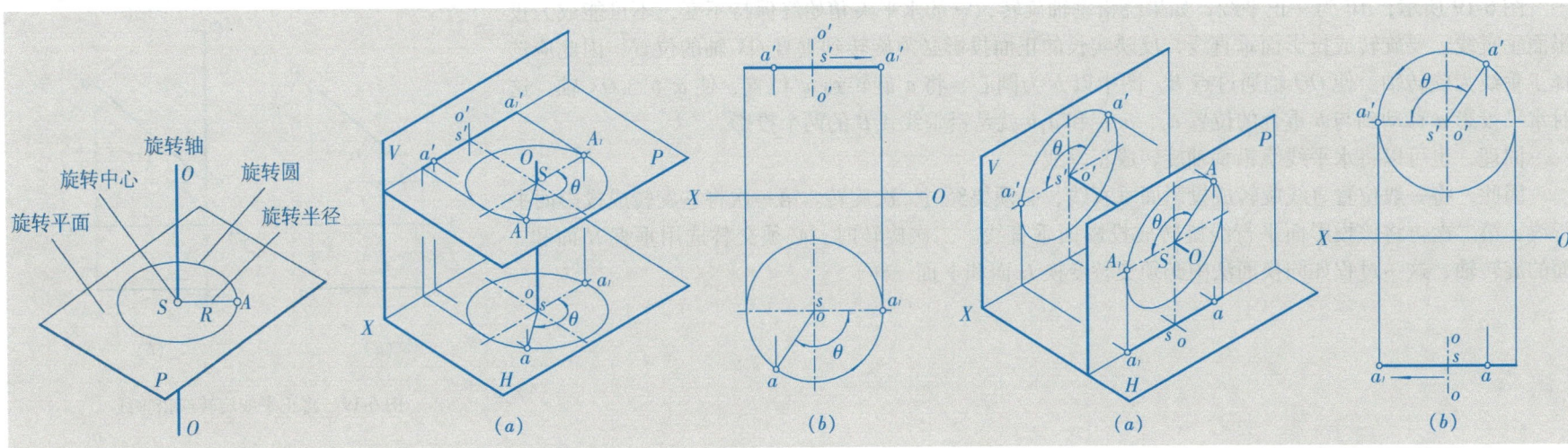

图 6-15　点绕轴线旋转　　　　　图 6-16　点绕铅垂线旋转　　　　　图 6-17　点绕正垂线旋转

综上所述，点绕垂轴旋转的基本规律为：点的运动轨迹在轴所垂直的投影面上的投影为一个圆，在轴所平行的投影面上的投影为一平行于投影轴的直线。

6.3.2　基本作图问题

用旋转法解决定位或度量问题，如换面法一样，也经常遇到以下四种作图问题。

1. 将一般位置直线旋转成投影面平行线

将一般位置直线旋转成投影面平行线，可以求出线段实长和对投影面的倾角。如图 6-18 所示，AB 为一般位置直线，要旋转成正平线，则其水平投影必须旋转到平行 OX 轴的位置，因此应选择铅垂线作为旋转轴。可以使旋转轴通过端点 A，而旋转另一个端点 B 即可以完成作图。AB 线段的旋转轨迹是圆锥面，线段在旋转过程中对 H 面的倾角始终保持不变。具体作图过程如下：

（1）过 $A(a, a')$ 作 OO 轴垂直 H 面；

（2）以 o 为圆心，旋转 ob 至与 OX 轴平行位置 ob_1（顺时针或逆时针均可）；

（3）b' 沿 OX 轴作直线运动至 b_1'，$a'b_1'$ 即反映直线 AB 的实长，$a'b_1'$ 与 OX 轴的夹角则反映 AB 对 H 面的倾角 α。

2. 将投影面平行线或一般位置直线旋转成投影面垂直线

图 6-19 所示，AB 为一正平线，如果绕铅垂轴旋转，它的水平夹角始终保持不变，不可能成为投影面垂直线。要旋转成投影面垂直线，反映实长的正面投影必须旋转到垂直 OX 轴的位置，因此应选择正垂线为旋转轴。使 OO 轴通过点 B，图中以 b' 为圆心，将 a' 旋转到 a_1' 位置，使 $a_1'b' \perp OX$ 轴。这时水平投影 a 移动到与 b 重合的位置 a_1，$a_1'b'$ 和 a_1b 就是铅垂线 A_1B 的两个投影。

同理，也可以将水平线绕铅垂轴旋转成正垂线。

因此，将一般位置直线旋转成投影面垂直线，必须要经过二次旋转。第一次将它旋转成投影面平行线，第二次再将该投影面平行线旋转成投影面垂直线。二次旋转时，必须交替选用垂直 H 面和 V 面的旋转轴，这一过程如同换面法中必须交替变换 H 面和 V 面一样。

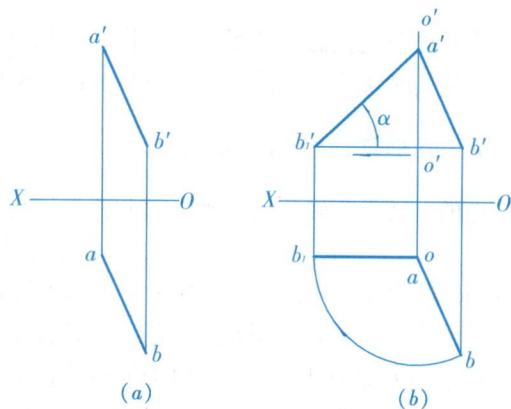

图 6-18　将一般位置直线旋转成正平线

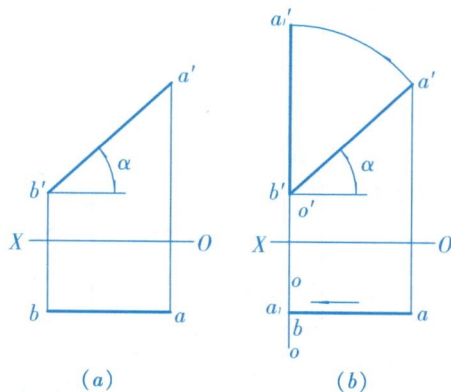

图 6-19　将正平线旋转成铅垂线

3. 将一般位置平面旋转成投影面垂直面

将一般位置平面旋转成投影面垂直面，可以求出平面对投影面的倾角。如图 6-20 所示，$\triangle ABC$ 为一般位置平面，要旋转成铅垂面并求出 β 角，则必须在平面上找一直线将它旋转成铅垂线。由前述可知，正平线径一次旋转可旋转成铅垂线，因此先在平面上取一正平线 AD，将它旋转成铅垂线 AD_1。这时，点 D 绕过点 A 的正垂轴，按顺时针方向旋转了 θ 角，因此点 B 和点 C 也必须绕**同一旋转轴，按同一方向，旋转同一角度，**这就是旋转时的"三同"规律，按此规律旋转才能保持各几何元素之间的相对位置不变。在正面投影中，b' 和 c' 分别旋转到 b_1' 和 c_1'（根据 b'、c' 与 d' 的相对位置，以 d_1' 为基点在以 $a'b'$ 为半径的圆周上截取 $b_1'd_1' = b'd'$；以 $a'c'$ 为半径的圆周上截取 $c_1'd_1' = c'd'$，其相应的水平投影为 b_1 和 c_1。连接 a'、b_1'、c_1'，得到 $\triangle a'b_1'c_1'$ 旋转 θ 角之后的正面投影 $\triangle a'b_1'c_1'$。值得注意的是：$a'b_1'c_1' \cong \triangle a'b'c'$。这就是说：在垂轴旋转中，在轴所垂直的那个投影面上的投影，旋转时形状大小不变，而只改变了位置，这就是旋转时的不变性。由于平面在轴所垂直的投影面上的投影形状和大小不变，因此平面与该投影面的倾角不变。在水平投影中 c_1ab_1 必定积聚为一直线，$\triangle AB_1C_1$ 即为铅垂面，c_1ab_1 与 OX 轴的夹角即反映平面对 V 面的倾角 β。

同理，也可以将一般位置平面绕铅垂线旋转成为正垂面。

旋转时，可根据平面（或直线）的一个投影在旋转前后的不变性，首先作出其不变投影，然后再根据点绕垂轴旋转的规律作出另一投影。

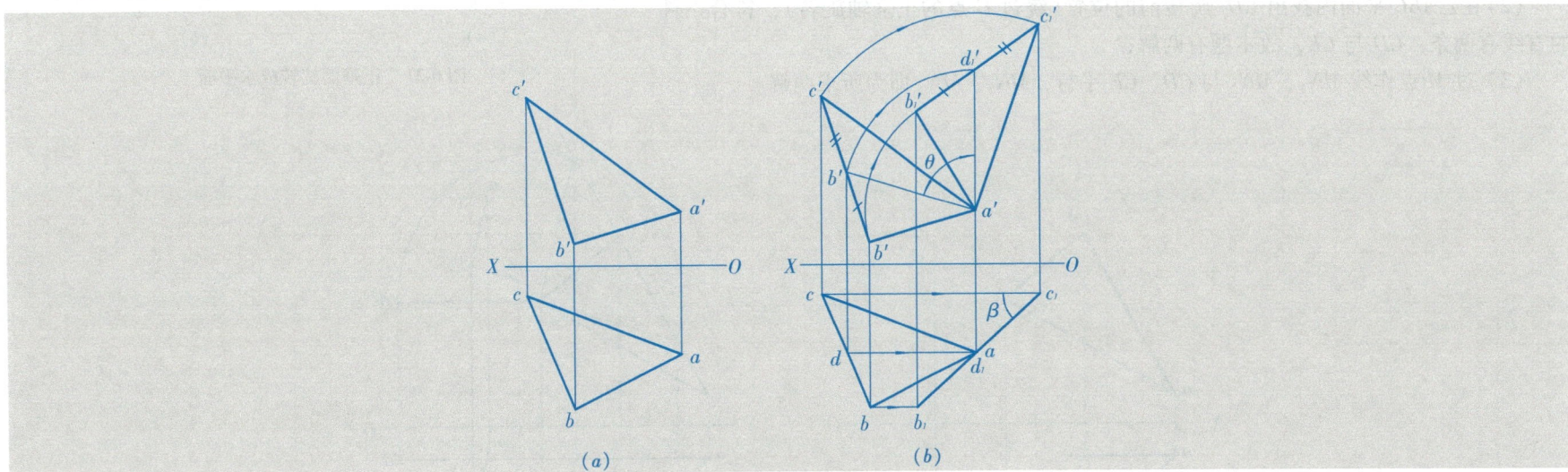

图 6-20　一般位置平面旋转成铅垂面

4. 将投影面垂直面或一般位置平面旋转成投影面平行面

如图 6-21 所示，$\triangle ABC$ 为一正垂面要旋转成水平面。作图时可过点 A 绕正垂轴旋转 $\triangle ABC$，使具有积聚性的投影平行 OX 轴，此时该平面即为水平面，其水平投影 $\triangle ab_1c_1$ 反映 $\triangle ABC$ 的实形。

要将一般位置平面旋转成投影面平行面，必须经过二次旋转。先将它旋转成投影面垂直面，然后再将该投影面垂直面旋转成投影面平行面。

6.3.3　应用举例

例6-3　过 M 点作直线 MN 与 $\triangle ABC$ 平行，且与 V 面成 45°（图 6-21）。

分析　可以在 $\triangle ABC$ 平面内找一条与 V 面成 45° 的直线，然后再过 M 点作线与该直线平行，即可求解。

在 $\triangle ABC$ 平面内找一条与 V 面成 45° 的直线，我们可以用旋转法解决。该直线旋转成水平线以后可以反映出 45° 角，我们再找出该直线旋转前的位置（要在 $\triangle ABC$ 平面内），即可求得这条直线（图 6-22）。

（1）作出旋转后的直线。过 $\triangle ABC$ 平面内的任一点（图中是过 C 点）作一条水平线，它与 OX 轴夹角是 45°，如图 6-22（b）CD_1 即为所求；

（2）在 $\triangle ABC$ 平面内找出 CD_1 旋转前的位置（绕过 C 点的正垂轴旋转），符合条件的直线有两条：CD 与 CE，故本题有两解；

（3）过 M 点作线 MN_1、MN_2 与 CD、CE 平行，MN_1、MN_2 即为所求两解。

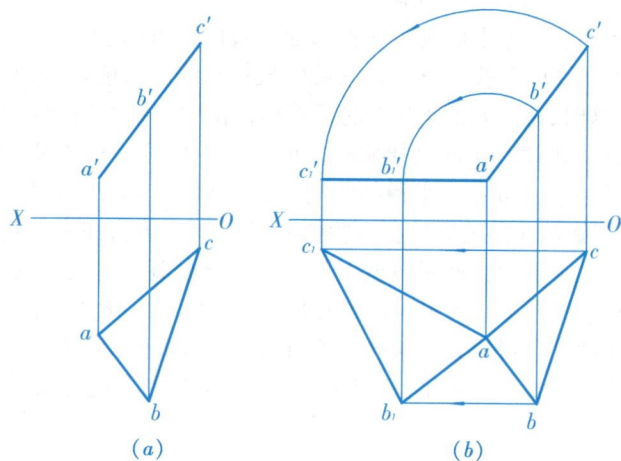

图 6-21　正垂面旋转成水平面

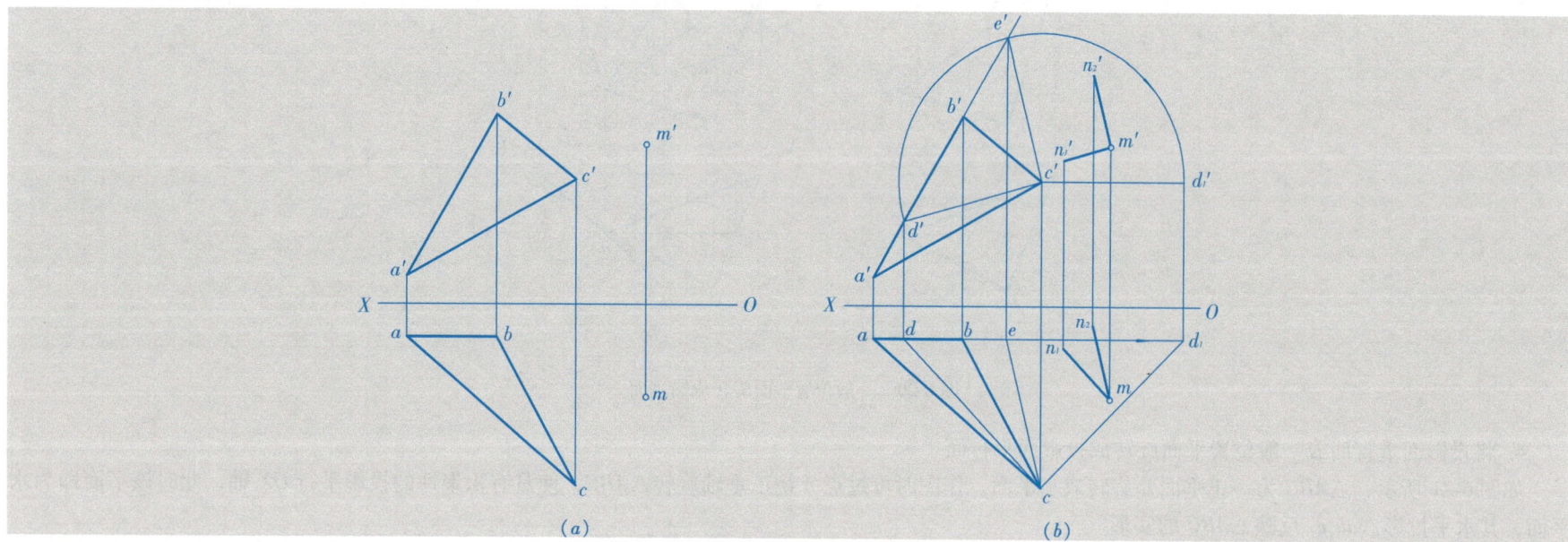

图 6-22　求作直线 MN

第7章 曲线、曲面

7.1 曲 线

7.1.1 曲线的分类及投影

曲线可以看作是一个点的运动轨迹。按点的运动有无规律，曲线分为规则和不规则曲线。规则曲线又分为平面曲线和空间曲线。

平面曲线——曲线上所有的点在同一平面内（圆、椭圆、抛物线、双曲线等）。

空间曲线——曲线上任意连续四点不在同一平面内（螺旋线等）。

由于曲线是点的集合，只要画出曲线上一系列点的投影，并将各点投影依次光滑地连接起来，即得到曲线的投影。一般应将曲线上的特殊点，如端点、最高、最低、最左、最右、最前、最后点以及控制曲线性质的点首先画出，然后再补些一般点，最后光滑连接各点投影，即完成曲线的投影。

如图 7-1 所示，要绘制曲线 K 的投影，可在其上取 A、B、C、D 和 E 点，作出它们的 H 面投影 a、b、c、d 和 e，并光滑地依次连接，即可得到曲线 K 的水平投影 k。图中 A、E 为曲线端点，B 为最左点，C 为最前点。

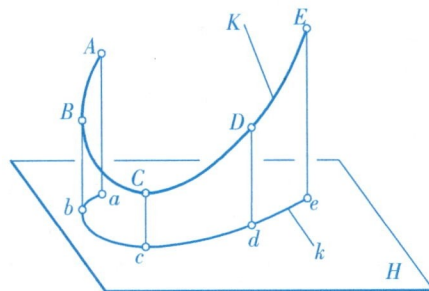

图 7-1　曲线的投影

7.1.2 平面曲线

1. 平面曲线的投影特征

如图 7-2 所示，平面曲线的投影一般有三种情况：

平面曲线投影以后的曲线类型通常不变，即二次曲线的投影仍为二次曲线，例如圆（椭圆）的投影为椭圆。

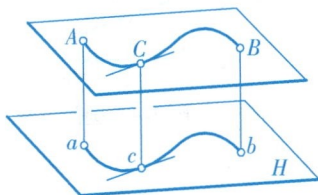

(a) 平面曲线 AB 平行于投影面时，其投影 ab 反映曲线的实形。

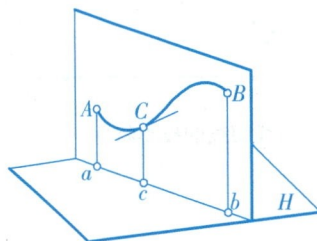

(b) 当平面曲线垂直于投影面时，其投影 ab 积聚为一条直线。

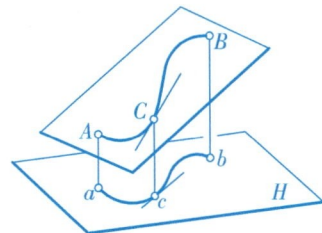

(c) 平面曲线倾斜于投影面时，其投影 ab 产生了变形，但投影的形状与曲线类似。

图 7-2　平面曲线的投影

如图 7-3 所示，无论是平面曲线或空间曲线，若直线和曲线相切，则此直线的投影仍与该曲线的同面投影相切。

2. 圆的投影

圆是工程上常见的平面曲线，圆的投影有三种情况：

当圆平行于投影面时，圆的这个投影反映实形，如图 7-4 中 V_1 投影所示；

当圆垂直于投影面时，它的投影积聚为直线，其投影的长度等于圆的直径，如图 7-4 中 H 投影所示；

当圆倾斜于投影面时，它的投影为一椭圆，如图 7-4 中 V 面的投影所示。

椭圆的长轴方向是过圆心的铅垂线。长轴长度等于圆的直径 d，即 $c'e' = CE = d$。

椭圆的短轴方向是过圆心的水平线，短轴长度 $a'b' = AB\cos\beta$。椭圆的长短轴互相垂直，由于长轴平行 V 面，依直角定则，椭圆长短轴的正面投影互相垂直。

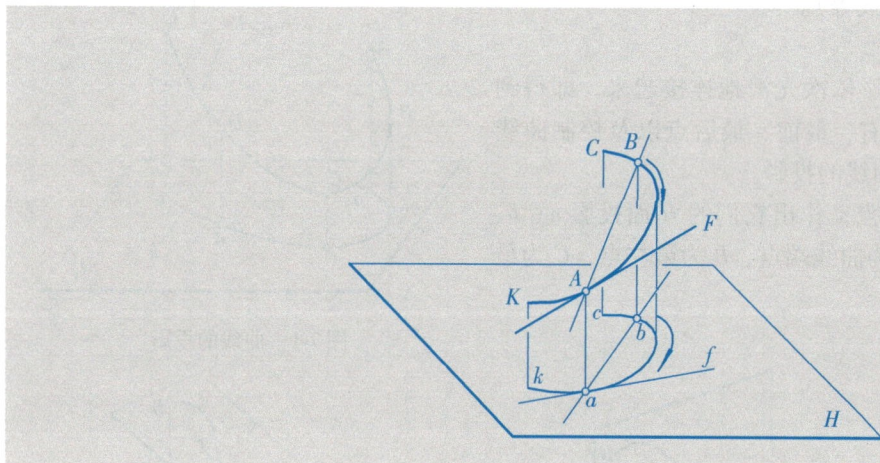

图 7-3　曲线切线的投影特性　　　　　　　　图 7-4　圆的投影

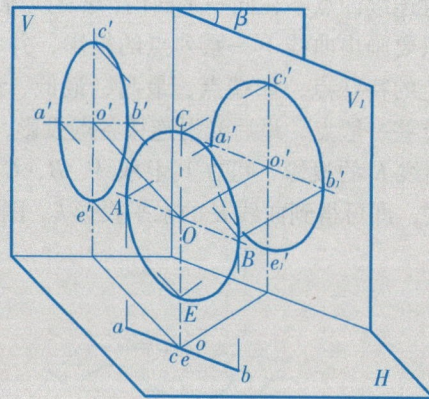

例 7-1　如图 7-5(a)所示，已知圆心 O 的投影及直径 d 的长度，求作位于铅垂面 P 上的一圆周的投影。

分析

首先确定椭圆长短轴的大小及方向，用换面法完成椭圆。

作图

如图 7-5(b)，确定椭圆长短轴的确定椭圆长短轴的方向及大小：

由于圆所在的 P 面为铅垂面，所以圆的水平投影为一段与 P_H 重合的直线，其长度为圆的直径，即 $ab=d$，圆的正面投影为一椭圆，其长轴 $c'e'=d$，短轴为过圆心的水平线的 V 面投影 $a'b'$（依 ab 确定），$c'e' \perp a'b'$；

如图 7-5(c)，求椭圆曲线的一般点：

作新轴 $O_1X_1 \parallel P_H(ab)$，在新投影体系 V_1/H 中，圆的投影反映实形。

为使椭圆曲线比较光滑，可找出椭圆曲线足够的一般点的投影，然后依次连接，即完成椭圆的投影。

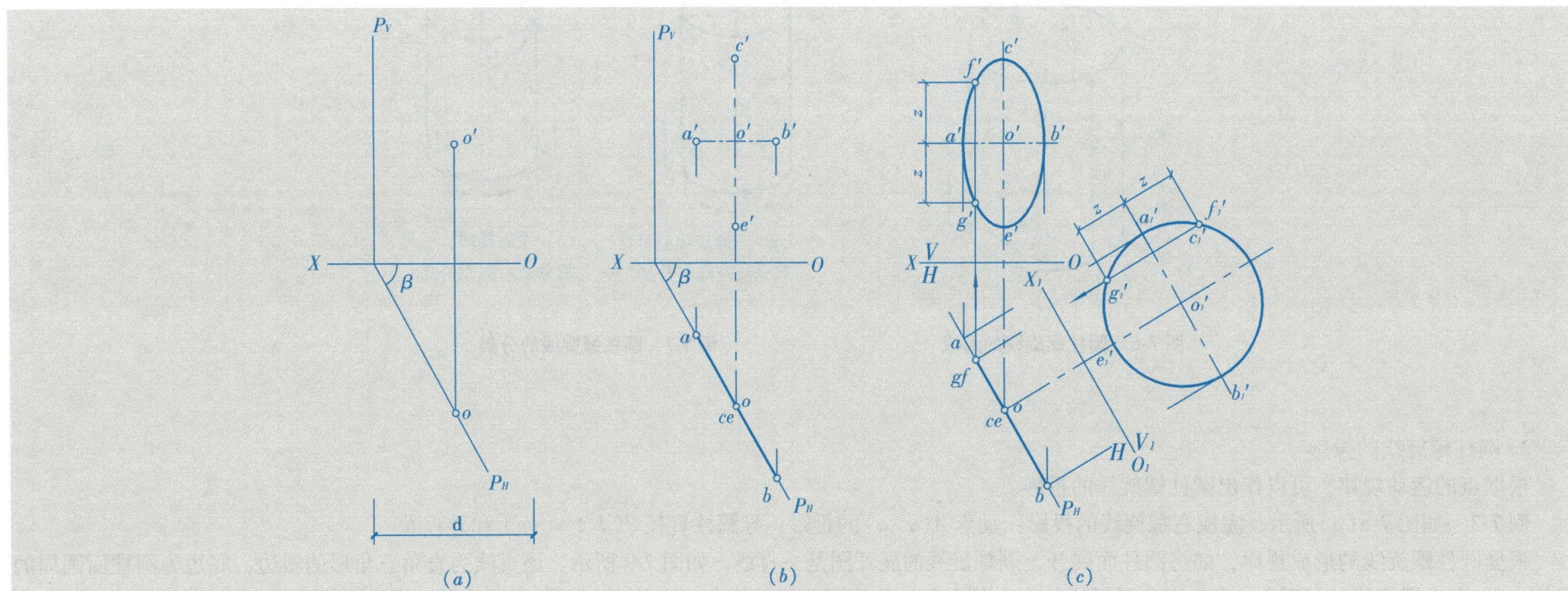

图 7-5　作圆的投影

7.1.3 空间曲线

圆柱螺旋线属空间曲线，在建筑工程中应用甚为广泛。

1. 圆柱螺旋线的形成

圆柱螺旋线是画在圆柱表面上的曲线，当圆柱表面上一动点 A 绕圆的轴线作等速回转运动，同时沿圆柱的轴线方向作等速直线运动，则动点的运动轨迹称为圆柱螺旋线，如图 7-6 所示。

圆柱螺旋线所在的圆柱面称为导圆柱面，动点 A 旋转一周沿轴向移动的距离称为导程，用 h 表示。由于动点旋转方向不同，圆柱螺旋线分为右螺旋线和左螺旋线，如图 7-7 所示。圆柱螺旋线的形状取决于导圆柱的直径 d、导程 h 和旋向，这三者常称为圆柱螺旋线的基本要素。

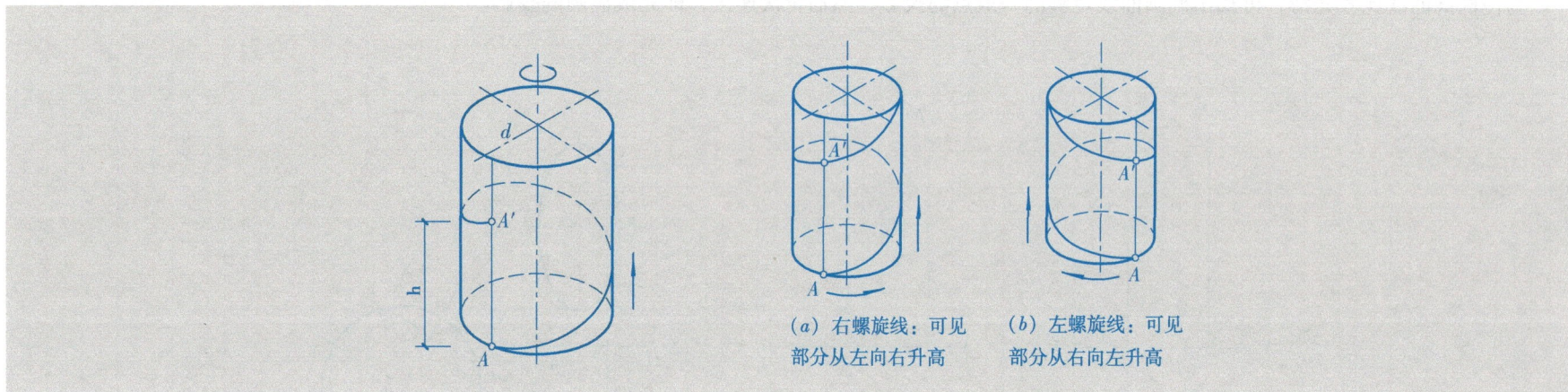

| 图 7-6　圆柱螺旋线的形成 | 图 7-7　圆柱螺旋线的分类 |

2. 圆柱螺旋线的投影

根据点的运动规律，可以作出圆柱螺旋线的投影。

例 7-2　如图 7-8(a) 所示，完成右螺旋线的投影：动点 $A(a', a)$ 的投影；导圆柱直径 $d(d/2 = oa)$ 和导程 h。

根据圆柱螺旋线的形成规律，如将圆柱面展开，则螺旋线的展开图是一直线，如图 7-9 所示。该直线为直角三角形的斜边，底边为圆柱面圆周的周长 πd，高为螺旋线的导程 h，直角三角形斜边与底边的夹角 α 称为螺旋线的升角，它的余角 β 称为螺旋角，同一条螺旋线 α、β 角是常数。

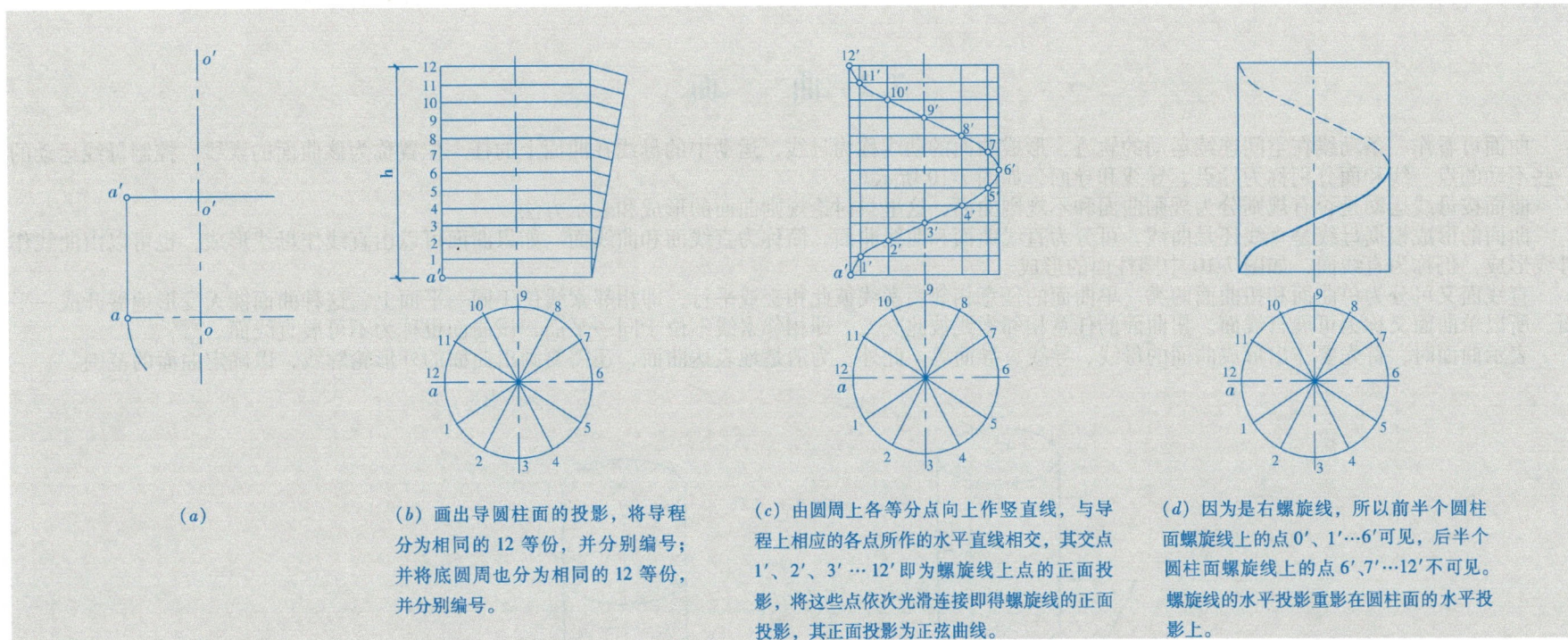

(a)

(b) 画出导圆柱面的投影，将导程分为相同的 12 等份，并分别编号；并将底圆周也分为相同的 12 等份，并分别编号。

(c) 由圆周上各等分点向上作竖直线，与导程上相应的各点所作的水平直线相交，其交点 1′、2′、3′…12′ 即为螺旋线上点的正面投影，将这些点依次光滑连接即得螺旋线的正面投影，其正面投影为正弦曲线。

(d) 因为是右螺旋线，所以前半个圆柱面螺旋线上的点 0′、1′…6′ 可见，后半个圆柱面螺旋线上的点 6′、7′…12′ 不可见。螺旋线的水平投影重影在圆柱面的水平投影上。

图 7-8　圆柱螺旋线的画法

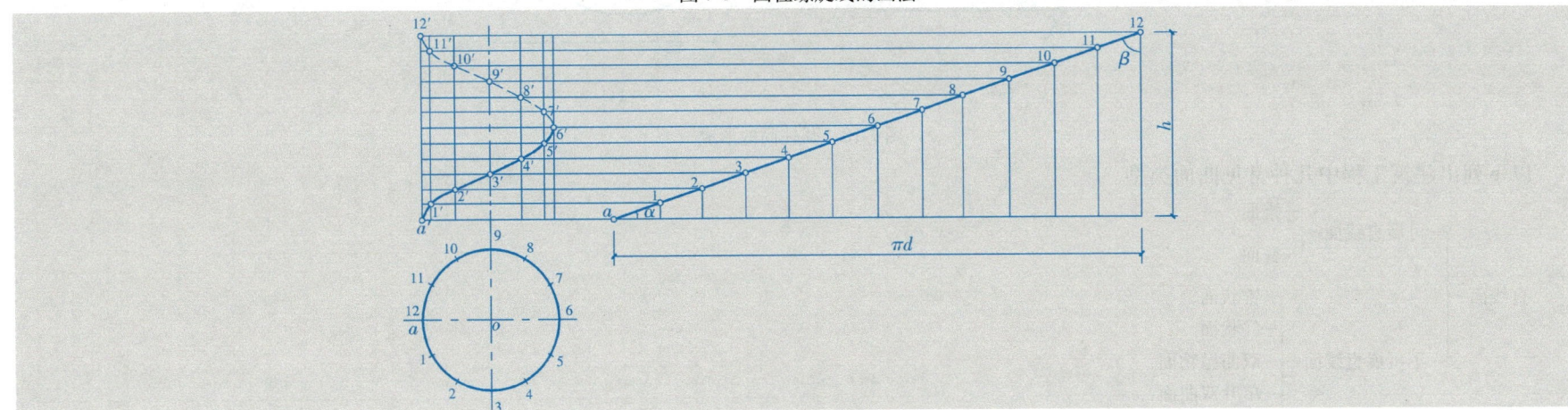

图 7-9　圆柱螺旋线的展开

7.2　曲　　面

　　曲面可看作一条动线在空间连续运动的轨迹，形成曲面的动线称为母线，运动中的母线在曲面上的任一位置称为该曲面的素线。控制母线运动的一些不动的点、线和面分别称为导点、导线和导面，如图 7-10 所示。

　　曲面按母线运动是否有规则分为规则曲面和不规则曲面，这里只讨论规则曲面的形成和表示方法。

　　曲面的形成根据母线是直线还是曲线，可分为直线曲面和曲线曲面，简称为直线面和曲线面。如果曲面可以由直线作母线形成，也可以由曲线作母线形成，仍称为直线面，如图 7-10 中圆柱面的形成。

　　直线面又可分为单曲面和扭曲面两类。单曲面的任意相邻两素线彼此相交或平行，即相邻素线位于同一平面上，这种曲面能无变形地展开成一平面，所以单曲面又称为可展直线面。扭曲面的任意相邻素线彼此交叉，即相邻素线不位于同一平面，该曲面也称为不可展直线面。

　　表示曲面时，首先要作出形成曲面的母线、导线、导面等。此外，为清楚地表达曲面，还需要画出曲面的外形轮廓线，以确定曲面的范围。

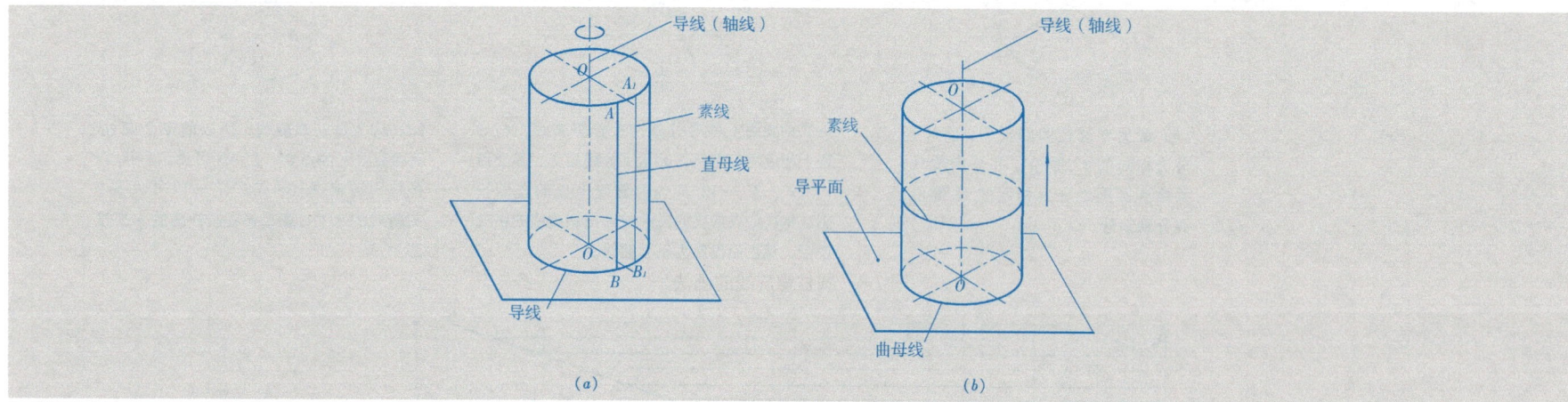

图 7-10　圆柱面的形成

以下列出建筑工程中几种常见曲面类型。

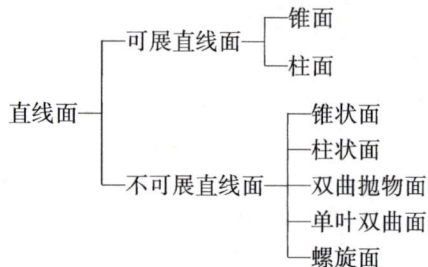

7.2.1 直线面

1. 柱面

（1）柱面的形成

一条直母线沿曲导线移动，且始终平行于直导线而形成的曲面称为柱面。曲导线可以是闭合的，也可以是不闭合的。如图 7-11 所示，AA_1 为母线，ABC 为曲导线，L 为直导线，因为柱面相邻两素线是平行的，所以柱面是可展直线面。

（2）柱面的投影

表示柱面投影一般要画出导线及柱面各投影的外形轮廓线，外形轮廓线也称转向素线。如图 7-12（a）所示，已知直母线 AA_1 和直导线 L（正平线）及曲导线（水平圆）的投影，要求画出柱面的两面投影。表示这一柱面时，可过底圆圆心的正面投影 o' 作与导线 l' 平行的直线，即为柱面的轴线。在轴线上确定顶圆的位置，选取顶圆与底圆（曲导线）平行，并完成顶圆的两面投影。由于柱面轴线与直导线平行，所以在投影图中不再表示母线和直导线，但是要画出柱面各投影的外形轮廓线（或转向素线）。如图 7-12（b）所示，在正面投影中画出顶圆和底圆最左点、最右点的投影连线，它是柱面前后转向素线的投影，该转向素线把柱面分为前半柱面和后半柱面，在正面投影中前半柱面可见，后半柱面不可见。在水平投影中画出两圆的公切线，它们是柱面上下转向素线的投影。在水平投影中，上半柱面可见，下半柱面不可见。因此，转向素线是曲面可见与不可见的分界线。

（3）柱面上定点

在柱面上定点可用素线作辅助线，这种方法称为**素线法**。如图 7-12（b）所示，已知柱面上点 K 的正面投影。求作点 K 的水平投影。过 k' 在柱面上作素线的正面投影 $1'2'$，再确定素线的水平投影 12，在 12 上定点 k。点 K 在上半柱面，因此 k 可见。对于此图中的斜圆柱还可以过点 K 作一水平圆（将此辅助圆称为纬圆），在水平圆上确定其投影，这个方法称为**纬圆法**。

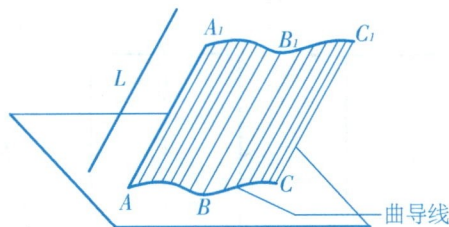

图 7-11 柱面的形成

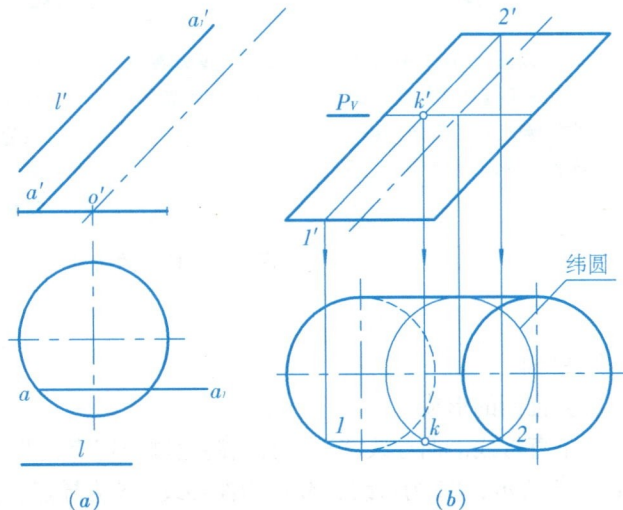

图 7-12 柱面的投影以及柱面上定点

（4）柱面的命名

柱面的命名通常以垂直于柱面轴线的截平面与柱面相交的交线形状而定，如图 7-13 所示。图 7-14 是柱面应用的实例。

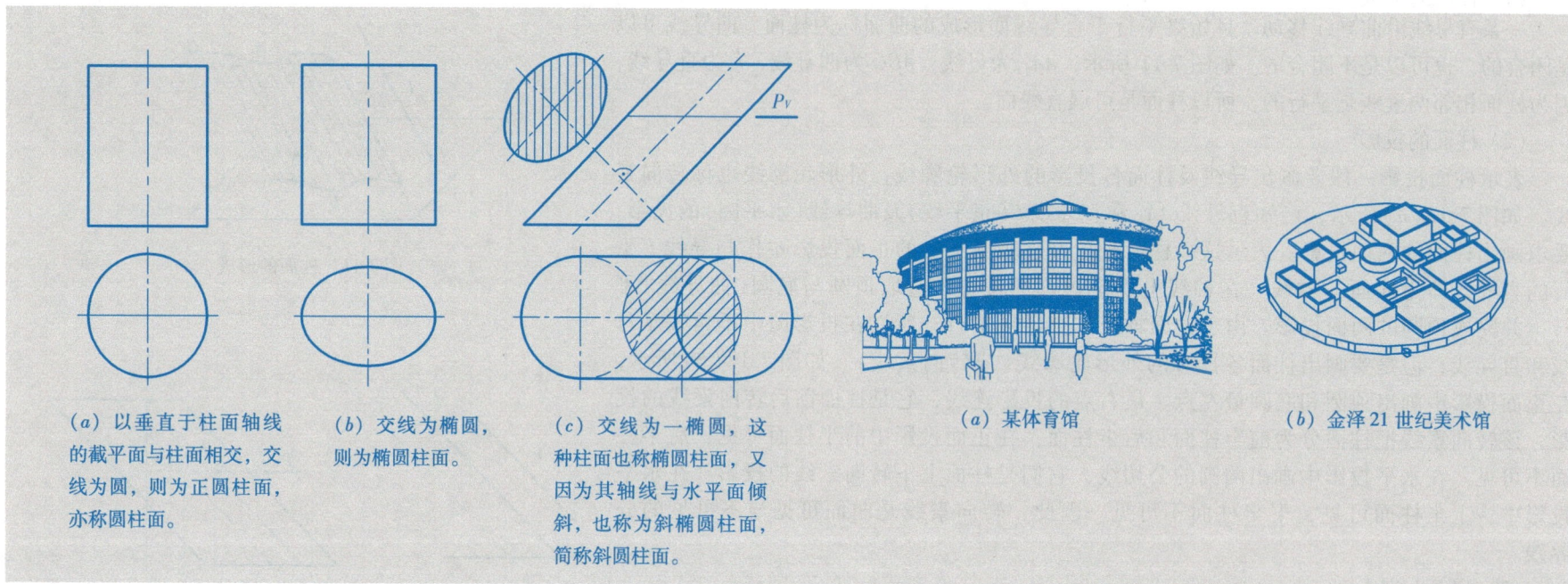

（a）以垂直于柱面轴线的截平面与柱面相交，交线为圆，则为正圆柱面，亦称圆柱面。

（b）交线为椭圆，则为椭圆柱面。

（c）交线为一椭圆，这种柱面也称椭圆柱面，又因为其轴线与水平面倾斜，也称为斜椭圆柱面，简称斜圆柱面。

图 7-13　柱面的命名

（a）某体育馆

（b）金泽 21 世纪美术馆

图 7-14　柱面的应用

2. 锥面

（1）锥面的形成

一条直母线沿曲导线移动，且始终通过一定点而形成的曲面称为锥面，该定点为导点，即为锥面的顶点。如图 7-15 所示，SA 为母线，ABC 为曲导线，S 为导点。锥面上相邻两素线相交，因此锥面为可展直线面。

（2）锥面的投影

表示锥面投影一般要画出锥顶、导线及锥面各投影的外形轮廓线。

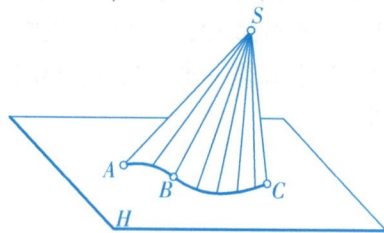

图 7-15　柱面的形成

如图 7-16(a)所示，给定了锥面的导线圆(水平圆)及导点 S 的投影。表示这一锥面时，首先连线 $s'o'$，$s'o'$ 为锥面的轴线，然后画出其外形轮廓线(或转向素线)。如图 7-16(b)所示，在正面投影中画出最左、最右素线，是锥面正面投影的转向素线，它们将锥面分为前半锥面、后半锥面。在正面投影中前半锥面可见，后半锥面不可见。在水平投影中过 s 画与底圆相切的切线，其切线即为上半锥面与下半锥面的转向素线。在水平投影中，上半锥面可见，下半锥面不可见。

(3) 锥面上定点

在锥面上定点也采取**素线法**。如图 7-16(b)所示，已知锥面上点 E 的正面投影，求其水平投影。由于 e' 在上半个锥面上，故水平投影 e 可见。也可以采用**纬圆法**，过点 E 作一水平圆(即为纬圆)，在水平圆上确定其投影。

(4) 锥面的命名

锥面命名与柱面相同，以正截面(即垂直于轴线)与锥面的交线区分各种不同的锥面(图 7-17)。

图 7-18 所示壳体建筑的屋面，是锥面应用的实例。

图 7-16 锥面的投影以及锥面上定点

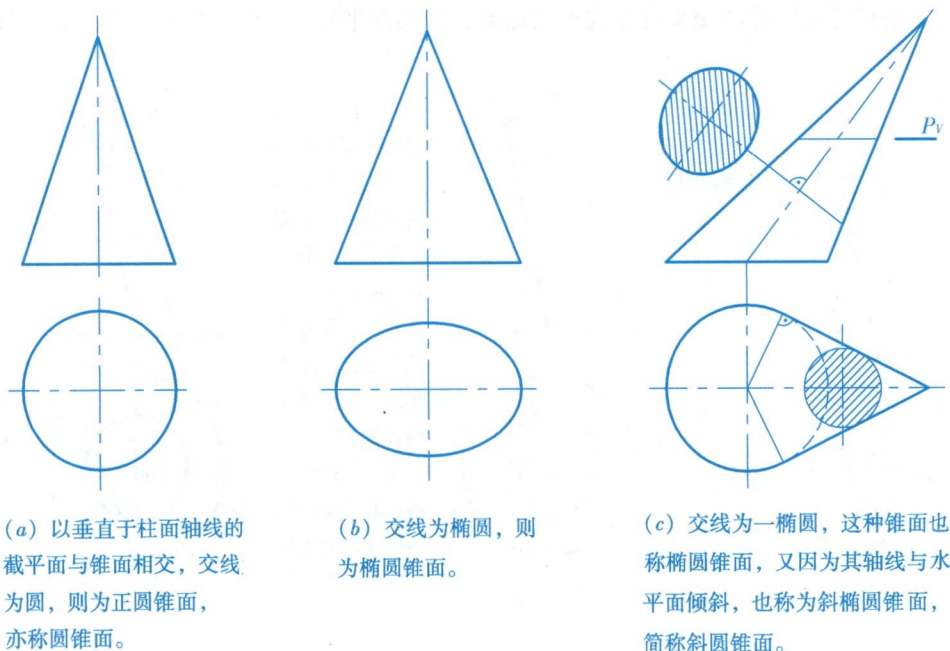

图 7-18 锥面的应用

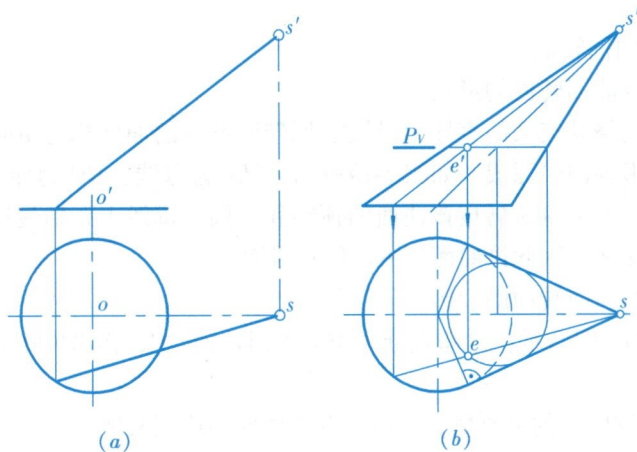

(a) 以垂直于柱面轴线的截平面与锥面相交，交线为圆，则为正圆锥面，亦称圆锥面。

(b) 交线为椭圆，则为椭圆锥面。

(c) 交线为一椭圆，这种锥面也称椭圆锥面，又因为其轴线与水平面倾斜，也称为斜椭圆锥面，简称斜圆锥面。

图 7-17 锥面的命名

3. 单叶双曲回转面

(1) 单叶双曲回转面的形成

一条直母线绕其交叉的直导线(轴线)回转而形成的曲面称为单叶双曲回转面。该曲面也可以认为是以双曲线为母线绕其虚轴回转而成。如图 7-19 所示, *MN* 为母线, *OO* 为导线, 母线上任一点旋转的轨迹为圆(称为纬圆), 点 *M* 和点 *N* 分别旋转成该曲面的顶圆和底圆, 母线上距轴最近的点形成该曲面的喉圆。单叶双曲回转面上相邻两素线交叉, 因此该曲面是不可展直线面。

(2) 单叶双曲回转面的投影

如图 7-20(*a*)图所示, 已知直母线 *MN* 和回转轴 *OO*, 作出单叶双曲回转面的投影。具体作图如图 7-20(*b*)、(*c*)、(*d*)所示。

图 7-21 为发电厂的冷凝塔, 为单叶双曲回转面应用实例。

4. 双曲抛物面

(1) 双曲抛物面的形成

一条直母线沿着两交叉直导线连续运动, 且始终平行于一个导平面, 其运动轨迹称为双曲抛物面。

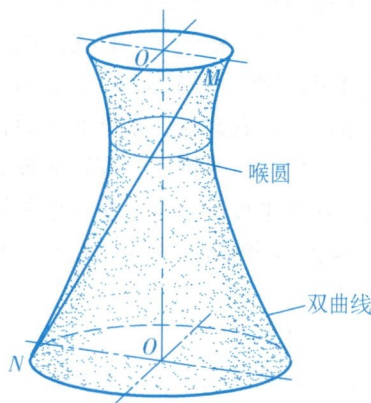

图 7-19 单叶双曲回转面的形成

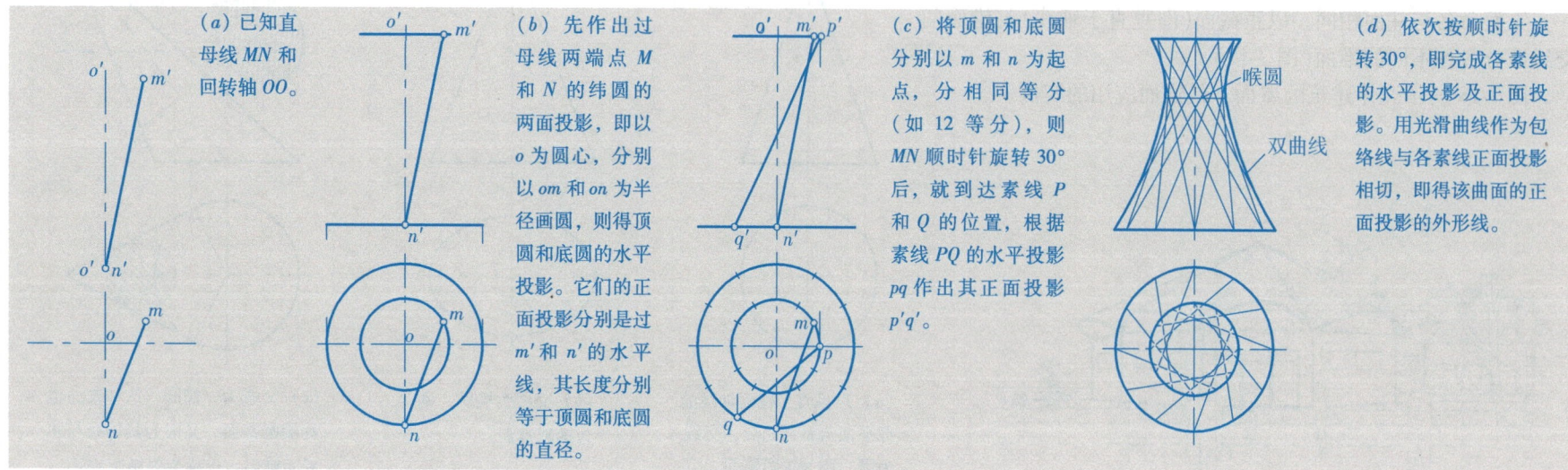

(*a*) 已知直母线 *MN* 和回转轴 *OO*。

(*b*) 先作出过母线两端点 *M* 和 *N* 的纬圆的两面投影, 即以 *o* 为圆心, 分别以 *om* 和 *on* 为半径画圆, 则得顶圆和底圆的水平投影。它们的正面投影分别是过 *m'* 和 *n'* 的水平线, 其长度分别等于顶圆和底圆的直径。

(*c*) 将顶圆和底圆分别以 *m* 和 *n* 为起点, 分相同等分(如 12 等分), 则 *MN* 顺时针旋转 30° 后, 就到达素线 *P* 和 *Q* 的位置, 根据素线 *PQ* 的水平投影 *pq* 作出其正面投影 *p'q'*。

(*d*) 依次按顺时针旋转 30°, 即完成各素线的水平投影及正面投影。用光滑曲线作为包络线与各素线正面投影相切, 即得该曲面的正面投影的外形线。

图 7-20 单叶双曲回转面的画法

如图 7-22 所示，两交叉直线 *AB* 和 *CD* 为导线，*P* 为导平面，*BD* 为母线，当直母线 *BD* 运动时，始终保持与交叉两直线相交，且与导平面 *P* 平行，这样连续运动所形成的曲面即为双曲抛物面。

如图 7-23 所示，用水平面截该曲面截交线为双曲线，用正平面或侧平面截得交线为抛物线，因此曲面得名双曲抛物面。

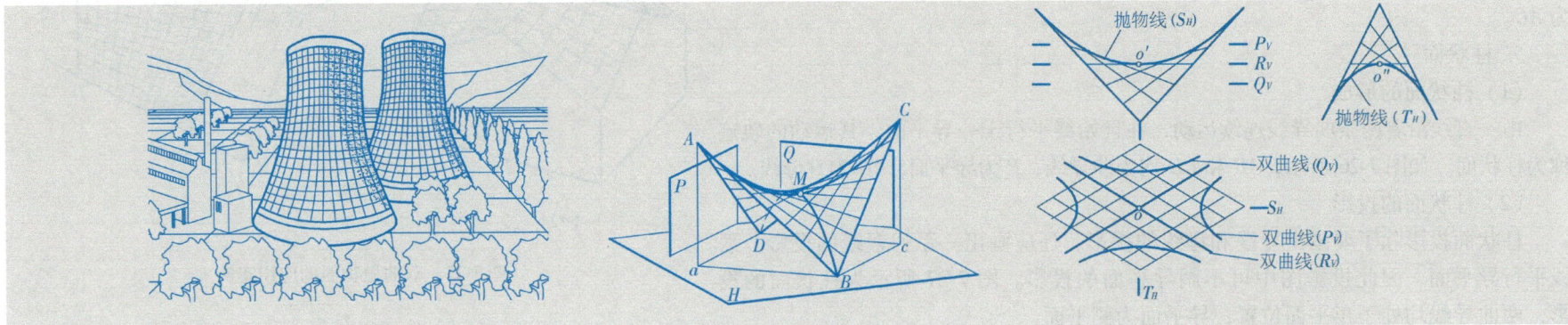

图 7-21 单叶双曲回转面应用实例	图 7-22 双曲抛物面的形成	图 7-23 双曲抛物面的截交线

（2）双曲抛物面的投影

如图 7-24（*a*）图，已知交叉直线 *AB*、*CD* 及导平面 *P* 的投影，只要画出一系列素线的投影，并作出包络线，即可完成双曲抛物面的投影。

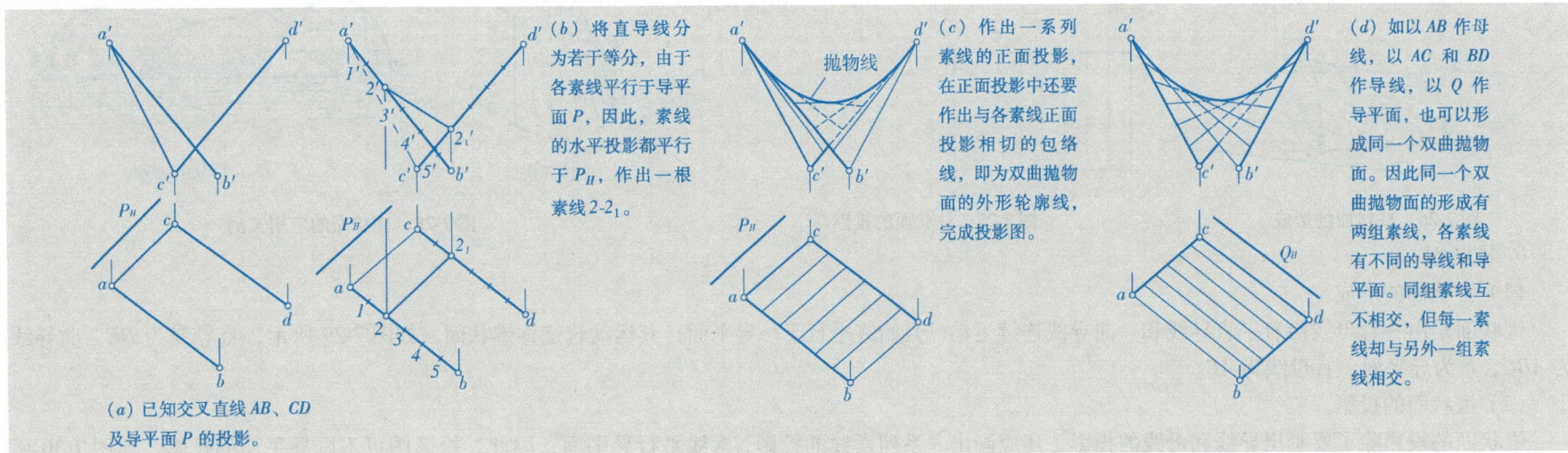

（*b*）将直导线分为若干等分，由于各素线平行于导平面 *P*，因此，素线的水平投影都平行于 *P~H~*，作出一根素线 2-2₁。

（*c*）作出一系列素线的正面投影，在正面投影中还要作出与各素线正面投影相切的包络线，即为双曲抛物面的外形轮廓线，完成投影图。

（*d*）如以 *AB* 作母线，以 *AC* 和 *BD* 作导线，以 *Q* 作导平面，也可以形成同一个双曲抛物面。因此同一个双曲抛物面的形成有两组素线，各素线有不同的导线和导平面。同组素线互不相交，但每一素线却与另外一组素线相交。

（*a*）已知交叉直线 *AB*、*CD* 及导平面 *P* 的投影。

图 7-24 双曲抛物面的画法

图 7-25(a)所示，为双曲抛物面形成的屋面，站台、工业厂房、礼堂等常采用这样的屋面。图 7-25(b)所示，当倾斜岸坡与铅垂堤岸连接时，需用双曲抛物面过渡，才能将两面连接起来，此图导平面为水平面，直导线为 AB 和 CD，母线为 AC。

5. 柱状面

（1）柱状面的形成

由一直线沿着两条曲导线连续运动，并且始终平行于一导平面，其运动的轨迹称为柱状面。如图 7-26 所示，AB 和 CD 均为曲导线，P 为导平面，AC 为直母线。

（2）柱状面的投影

柱状面投影除了要画出导线和母线的投影，还应画出一系列素线的投影，素线平行导平面，因此投影图中可不画导平面的投影。图 7-27 所示为柱状面的投影，两曲导线均处于正平面位置，导平面为侧平面。

图 7-28(a)所示为一柱状面桥墩，图 7-28(b)所示为柱状面屋面。

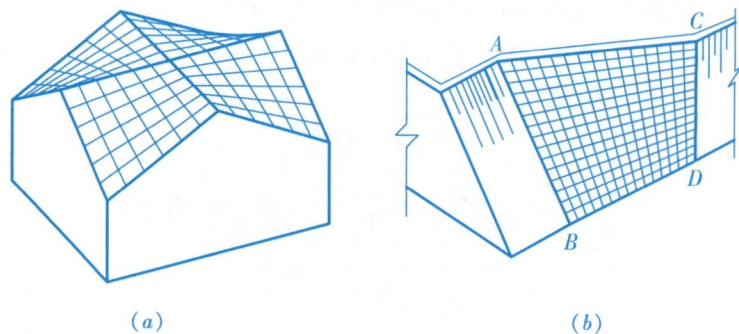

(a)　　　　　　　　(b)

图 7-25　双曲抛物面的应用实例

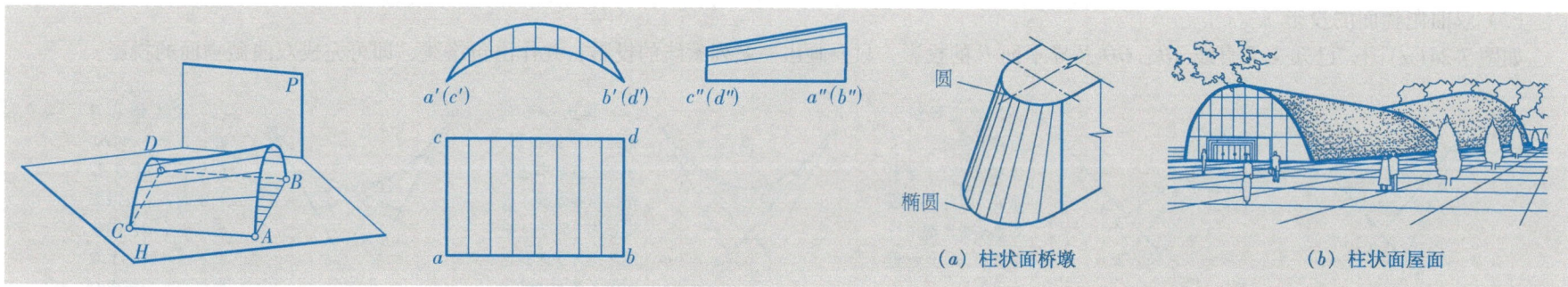

图 7-26　柱状面的形成　　　　图 7-27　柱状面的投影　　　　图 7-28　柱状面的应用实例

6. 锥状面

（1）锥状面的形成

锥状面是由一直母线沿着一直导线和一曲导线连续运动，且始终平行于一导平面，其运动轨迹称锥状面。如图 7-29 所示，直导线为 DE，曲导线为 ABC，P 为导平面，直母线为 AE。

（2）锥状面的投影

锥状面的投影除了要画出导线和母线的投影，还应画出一系列素线的投影，素线平行导平面，因此，投影图可不画导平面的投影。如图 7-30 所示，直导线为 DE，曲导线为 ABC，导平面为侧平面。

如图 7-31（a）所示的工业厂房屋面、图 7-31（b）所示的建筑入口屋顶采用的就是锥状面。

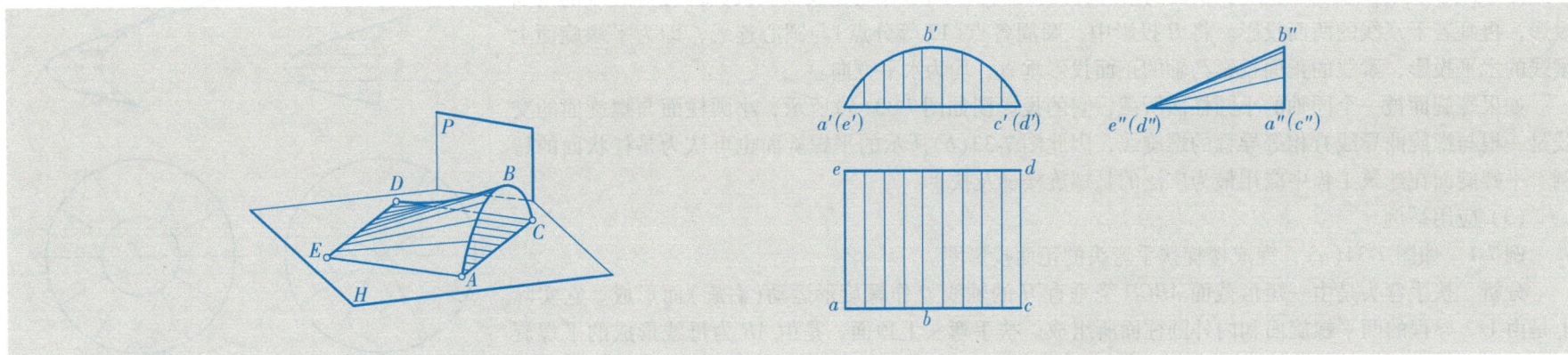

图 7-29 锥状面的形成

图 7-30 锥状面的投影

7. 螺旋面

（1）螺旋面的形成

一条直母线沿着圆柱螺旋线和圆柱轴线移动，并始终和圆柱轴线相交成定角，这样形成的曲面称为螺旋面。若母线与轴线垂直，形成的螺旋面为平螺旋面，当轴线垂直 H 面时，母线即为水平线，导平面是水平面，形成如图 7-32 所示的平螺旋面。

平螺旋面是一种锥状面。若母线与轴线不垂直，形成的螺旋面为斜螺旋面。这里只讨论平螺旋面。

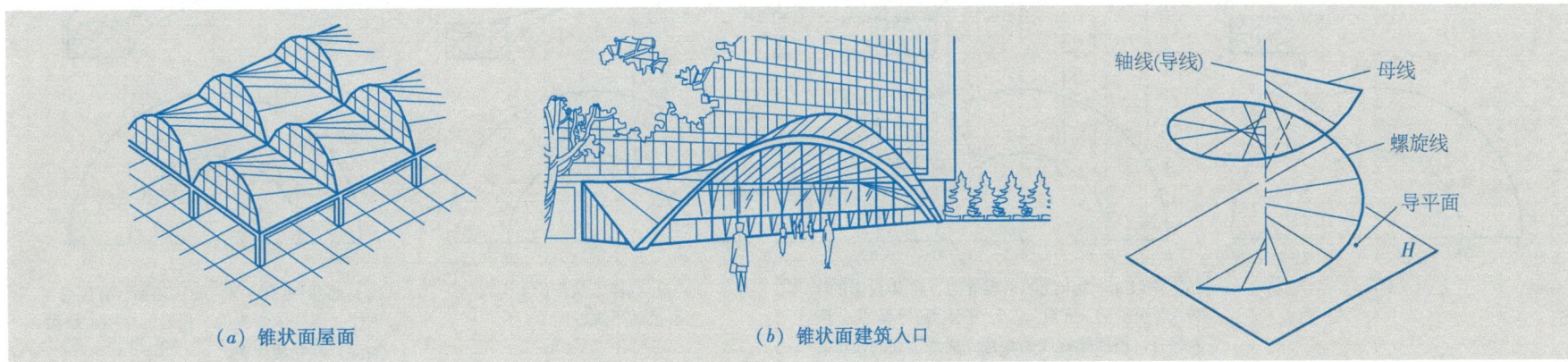

（a）锥状面屋面　　　　　　（b）锥状面建筑入口

图 7-31 锥状面的应用实例

图 7-32 平螺旋面的形成

（2）平螺旋面的投影

图7-33(a)所示为轴线垂直于 H 面的平螺旋面投影图。画图时应先画轴线及其圆柱螺旋线的两面投影，再画若干素线的两面投影。将 H 投影中，圆周各点（12 等分点）与圆心连线，即为平螺旋面上素线的水平投影，素线的正面投影与轴的正面投影垂直，均为水平方向。

如果螺旋面被一个同轴的小圆柱面所截，它的投影图如图7-33(b)所示，小圆柱面与螺旋面的交线是一根与螺旋曲线导程有相等导程的螺旋线，因此图7-33(b)所示的平螺旋面也可认为是柱状面的特例。平螺旋面在建筑工程中应用最为广泛的是螺旋楼梯及扶手。

（3）应用举例

例7-1　如图7-34(a)，完成楼梯扶手弯头的正面投影图。

分析　扶手弯头是由一矩形截面 ABCD 绕垂直 H 的轴线 O 作螺旋形运动（右旋）而形成。它实际上是由 1/2 导程的两平螺旋面和内外圆柱面所组成。扶手弯头上顶面，是由 AB 为母线形成的平螺旋面，下底面是由 CD 为母线形成的平螺旋面，素线 AD 形成内圆柱面，素线 BC 形成外圆柱面，只要过点 A、B、C、D 四个点画出四条螺旋线，即得弯头的 V 面投影。

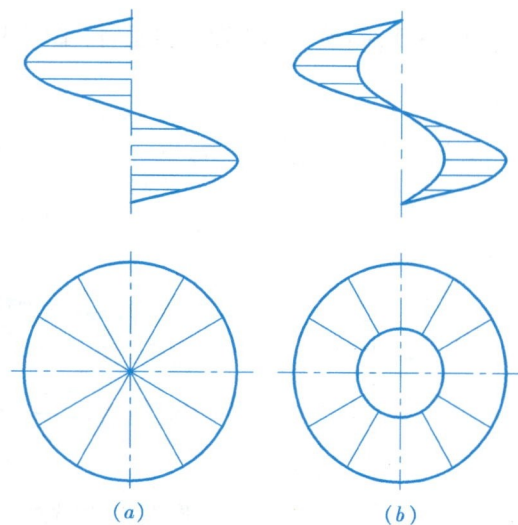

(a)　　　　　(b)

图7-33　平螺旋面的投影

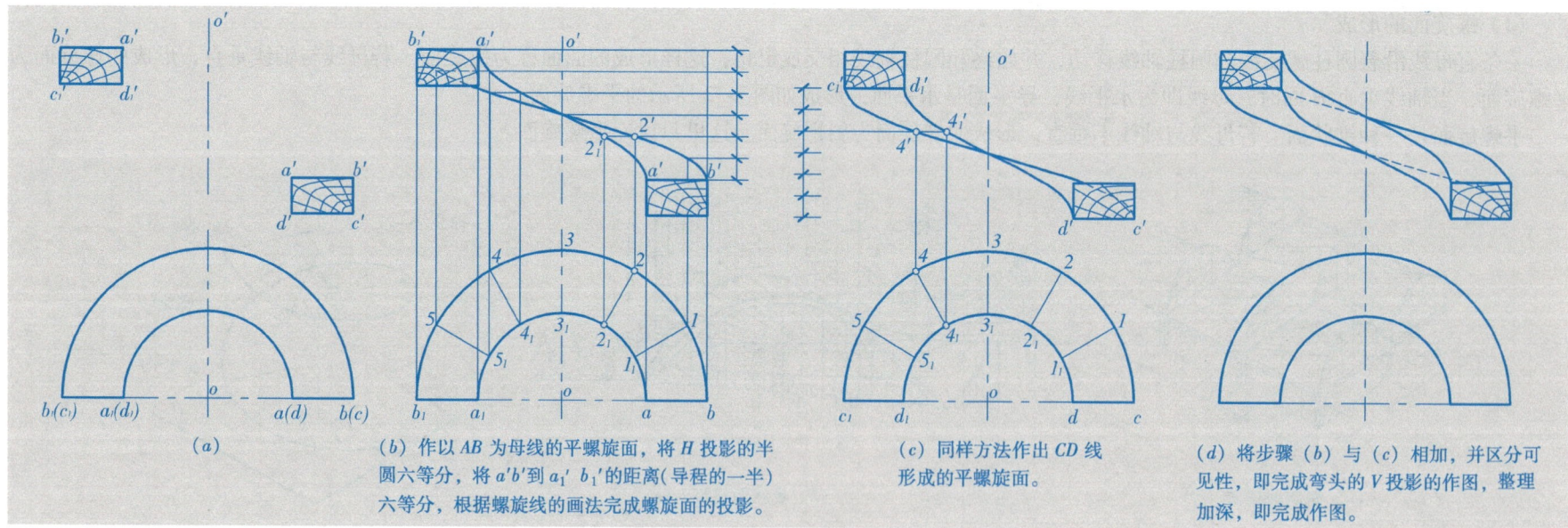

(a)

(b) 作以 AB 为母线的平螺旋面，将 H 投影的半圆六等分，将 a'b'到 a_1' b_1' 的距离（导程的一半）六等分，根据螺旋线的画法完成螺旋面的投影。

(c) 同样方法作出 CD 线形成的平螺旋面。

(d) 将步骤（b）与（c）相加，并区分可见性，即完成弯头的 V 投影的作图，整理加深，即完成作图。

图7-34　螺旋楼梯扶手

例 7-2　如图 7-35（a），已知螺旋楼梯的基本尺寸，完成螺旋楼梯的投影图。

分析　螺旋楼梯的承重一般有两种：一是由中间实心圆柱承重。二是由一定厚度的楼梯板承重。楼板下表面是平螺旋面，螺旋楼梯的表达需画出四条螺旋线的投影，为简化作图，假设沿螺旋线走一圈有 12 级，一圈的高度就是该螺旋面的导程，螺旋楼梯内侧是小圆柱面，外侧是大圆柱面。

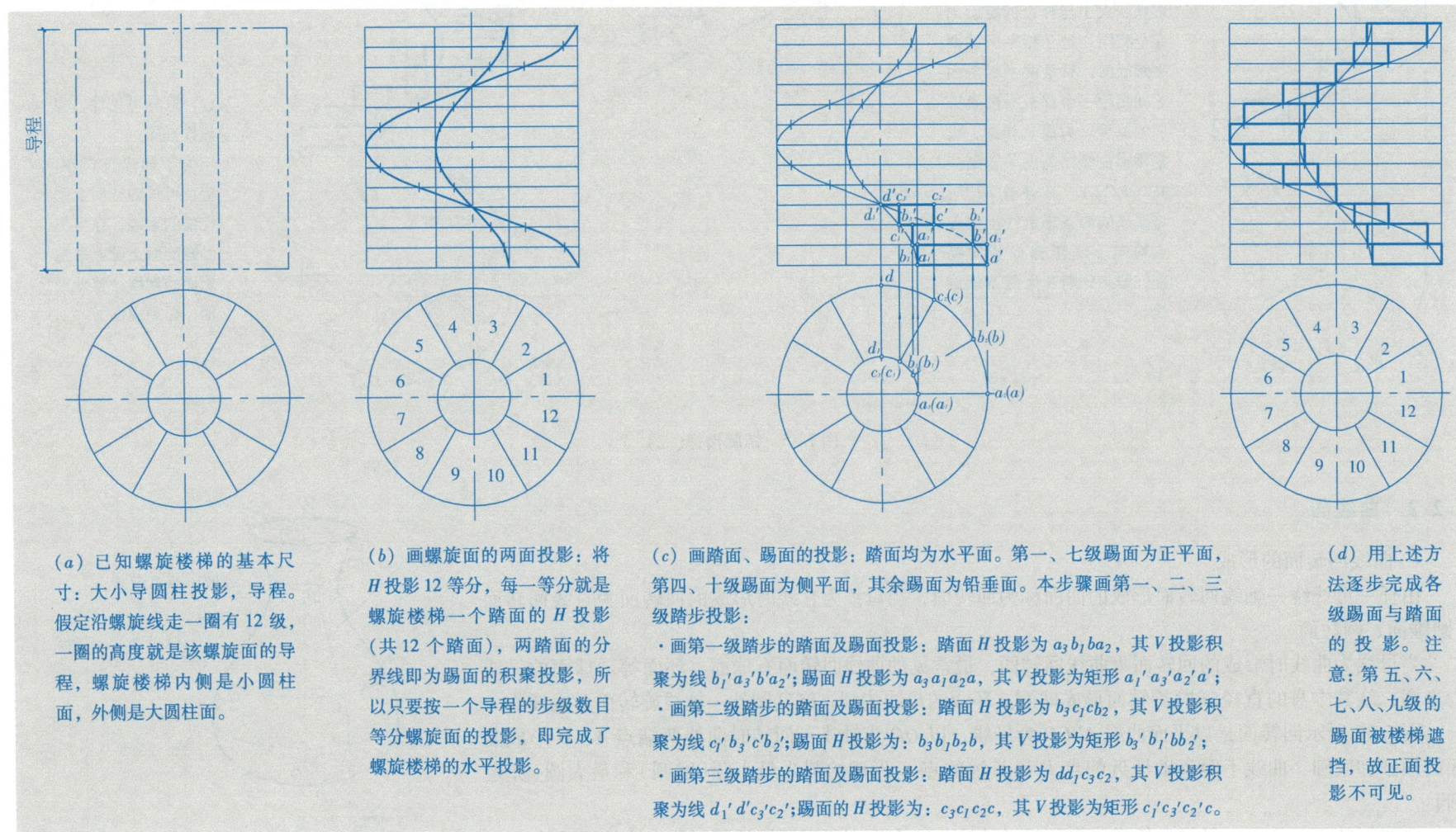

（a）已知螺旋楼梯的基本尺寸：大小导圆柱投影，导程。假定沿螺旋线走一圈有 12 级，一圈的高度就是该螺旋面的导程，螺旋楼梯内侧是小圆柱面，外侧是大圆柱面。

（b）画螺旋面的两面投影：将 H 投影 12 等分，每一等分就是螺旋楼梯一个踏面的 H 投影（共 12 个踏面），两踏面的分界线即为踢面的积聚投影，所以只要按一个导程的步级数目等分螺旋面的投影，即完成了螺旋楼梯的水平投影。

（c）画踏面、踢面的投影：踏面均为水平面。第一、七级踢面为正平面，第四、十级踢面为侧平面，其余踢面为铅垂面。本步骤画第一、二、三级踏步投影：

·画第一级踏步的踏面及踢面投影：踏面 H 投影为 $a_3b_1ba_2$，其 V 投影积聚为线 $b_1'a_3'b'a_2'$；踢面 H 投影为 $a_3a_1a_2a$，其 V 投影为矩形 $a_1'a_3'a_2'a'$；

·画第二级踏步的踏面及踢面投影：踏面 H 投影为 $b_3c_1cb_2$，其 V 投影积聚为线 $c_1'b_3'c'b_2'$；踢面 H 投影为：$b_3b_1b_2b$，其 V 投影为矩形 $b_3'b_1'bb_2'$；

·画第三级踏步的踏面及踢面投影：踏面 H 投影为 $dd_1c_3c_2$，其 V 投影积聚为线 $d_1'd'c_3'c_2'$；踢面的 H 投影为：$c_3c_1c_2c$，其 V 投影为矩形 $c_1'c_3'c_2'c$。

（d）用上述方法逐步完成各级踢面与踏面的投影。注意：第五、六、七、八、九级的踢面被楼梯遮挡，故正面投影不可见。

图 7-35　螺旋楼梯（一）

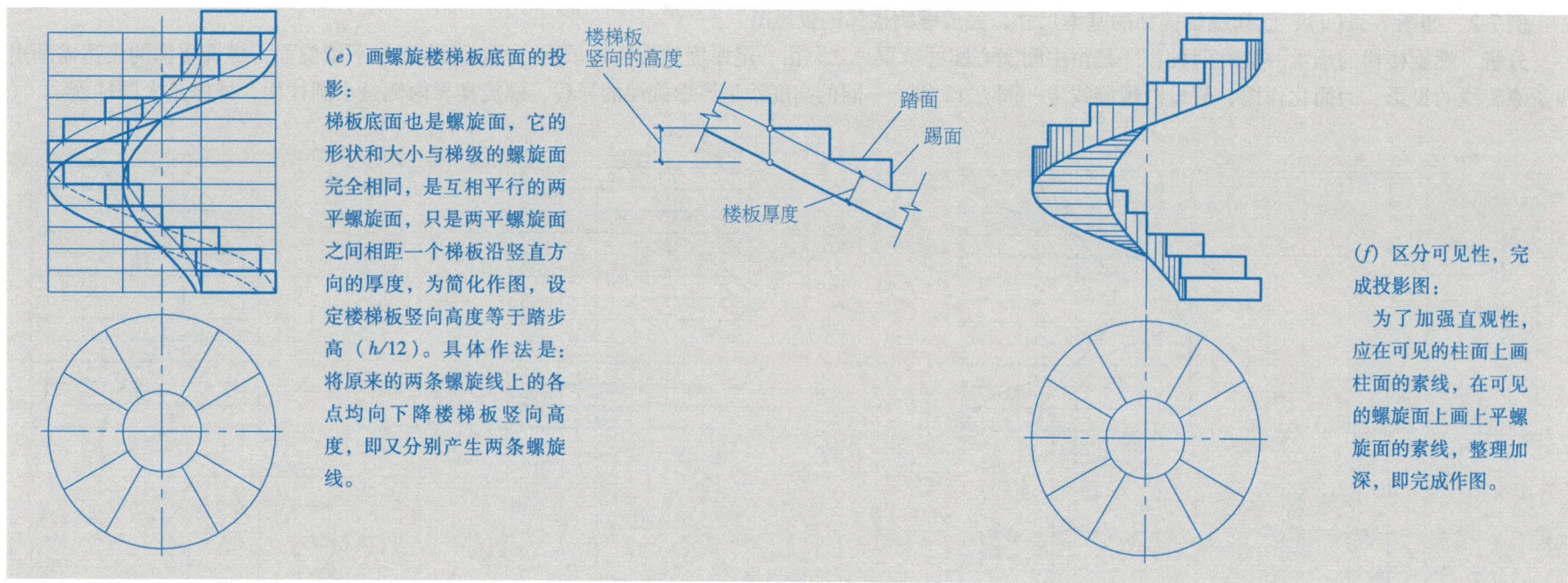

(e) 画螺旋楼梯板底面的投影：

梯板底面也是螺旋面，它的形状和大小与梯级的螺旋面完全相同，是互相平行的两平螺旋面，只是两平螺旋面之间相距一个梯板沿竖直方向的厚度，为简化作图，设定楼梯板竖向高度等于踏步高（h/12）。具体作法是：将原来的两条螺旋线上的各点均向下降楼梯板竖向高度，即又分别产生两条螺旋线。

(f) 区分可见性，完成投影图：

为了加强直观性，应在可见的柱面上画柱面的素线，在可见的螺旋面上画上平螺旋面的素线，整理加深，即完成作图。

图 7-35　螺旋楼梯(二)

7.2.2　曲线面

1. 曲线回转面的形成

由任一母线绕一轴线回转而形成的曲面称为回转面，当母线为直线时形成的回转面为直线回转面（圆锥面、圆柱面）。

当母线为曲线时形成的回转面为曲线回转面，最常见的曲线回转面有球面、环面等。球面的母线为半圆，绕其本身的直径（轴）旋转而形成球面。环面的母线为圆，绕其圆外一轴线旋转而形成环面。

图 7-36 所示回转面是以平面曲线 ABCD 为母线，以 OO 为轴线，回转时曲线两端点 A、D 形成曲面的顶圆和底圆，曲线上距离轴最近的点 B 和最远的点 C 形成的圆为最小圆（喉圆）和最大圆（赤道圆）。

曲线回转面的特点：母线上任意一点的运动轨迹是一个垂直于回转轴的圆，称之为纬圆或纬线。

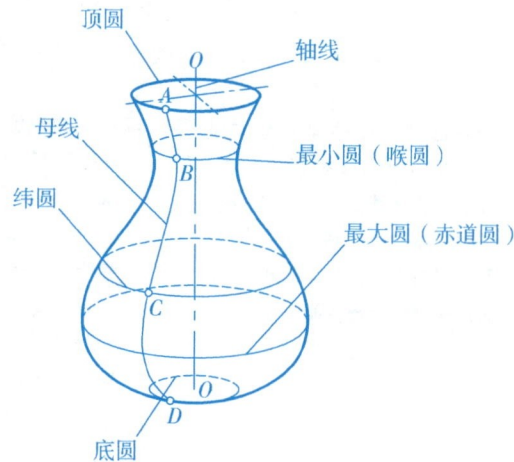

图 7-36　曲线回转面的形成

2. 曲线回转面的表示方法及表面取点线

在投影图中表示曲线回转面，通常要画出轴线的投影，母线端点形成其纬圆的投影以及轮廓线的投影。

图 7-37 所示为曲线回转面的投影图。在正面投影中 $o'o'$ 为轴线的投影，母线端点 A 和 D 形成的水平纬圆的正面投影为垂直于轴 $o'o'$ 的水平线，两条对称的曲线为处于最左和最右轮廓线的投影。在水平投影中，应画出母线端点 A 和 D 形成的同轴水平圆的投影，还应画赤道圆（外轮廓线）和喉圆（内轮廓线）的投影。

在曲线回转面上取点，只能取纬圆作辅助线，用纬圆作辅助线在曲面上定点的方法称为纬圆法。

图 7-37 所示，在曲线回转面上，已知 K 的正面投影 k'，求其水平投影 k。根据 k' 点的位置，可知点 K 位于曲面右上部分，又因 k' 为不可见点，所以 K 在后半个曲面上。由于回转体轴线是铅垂线，所以曲线回转面上的纬圆为水平纬圆。水平纬圆的正面投影为一条垂直于 $O'O'$ 的水平线，故过 k' 作一水平线交外轮廓线于 l'，并作水平投影 l，以 ol 为半径作圆，由 k' 在纬圆上确定 k。由于 K 点所在纬圆半径大于顶圆半径，且点 K 在曲面上方所以 K 的水平投影 k 可见。

纬圆法定点线的方法也适用于直线回转面以及斜圆锥面、斜圆柱面。纬圆法定点线的作图将在曲面体一章中详述。

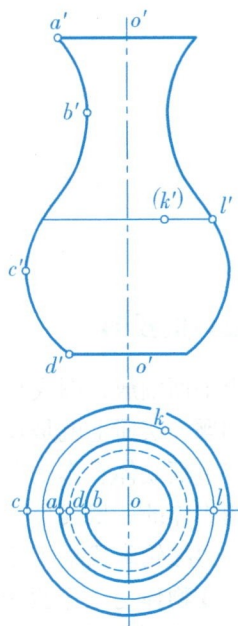

图 7-37　曲线回转面的
投影及表面定点

第8章 立 体 的 投 影

8.1 平面立体投影及表面取点线

8.1.1 平面立体的投影

平面立体由平面围成，围成平面立体的平面称为棱面，棱面与棱面的交线称为棱线，棱线与棱线的交点称为顶点。画平面立体投影的问题即是画棱线和顶点的问题，实质上就是画直线与点的投影的问题。

投影时，将平面立体看作是不透明的，所以在投影图中可能会出现棱面与棱面相互遮挡。投影图中可见的棱线用粗实线表示，不可见的棱线用虚线表示，投影图中体的一根棱线不可见，包含这根棱所围成的平面图形一定不可见。

所有投影的边缘轮廓线是可见的，用粗实线画出。

投影时，改变物体与三个投影面之间的距离，并不会改变三个投影之间的投影关系。即立体投影的形状以及投影之间的关系与轴无关，所以实用图样不画投影轴。

下面分别以锥和柱为例说明平面立体的投影表达。

锥 图 8-1(a)所示，将一个正三棱锥置于三面投影体系中，所有侧棱相交于一点——锥顶。棱锥的底面 ABC 是水平面，其水平投影反映实形，在正面及侧面投影积聚成一直线。

图 8-1(b)所示投影画法，先画出反映底面 ABC 实形的水平投影 abc 及有积聚性的正面、侧面投影，再确定顶点 S 的三面投影，最后分别连接顶点 S 与底面各顶点的同名投影从而画出各侧棱线的投影。

棱面 SAB 与 SBC 是倾斜面，它们的三个投影均为类似形。棱面 SAC 包含了侧垂线 AC，所以其为侧垂面。侧面投影积聚为一条线，另外两个投影为类似形。

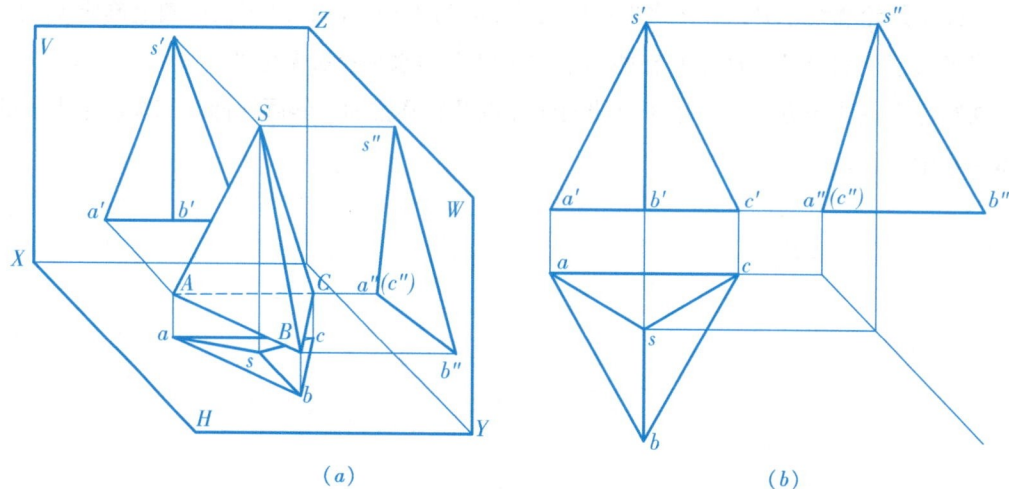

(a)   (b)

图 8-1 棱锥的投影

柱　图 8-2 所示为斜三棱柱。

图 8-2(a)水平投影中，三棱柱 AA_1 棱和 B_1C_1 边出现了交叉直线问题，需要辨别可见性。面 ABC 为水平面，水平面上的投影反映实形且可见；所以从 B 点出发的棱线 AA_1 也可见；对于水平投影面内 B_1C_1 的可见性，可以利用重影点的方法进行判定，判定结果如图 8-2(b)所示，即不可见。

8.1.2　平面立体表面取点线

平面立体由若干平面构成，在其表面上取点、取线的方法与在平面上取点、取线的方法相同。

由于组成平面体的面在投影图中重叠，重要的是要分清楚，要取的点属于立体的哪个面，作辅助线尽量与点所在那个面的棱线平行。

在体表面上取点，要分清点所在面的可见性问题，从而确定点的可见性。

若平面立体的表面处于特殊位置，则在该表面上取点可利用积聚性原理作图。

例 8-1　如图 8-3(a)所示，已知正六棱柱体表面上 A，B 两点的正面投影，求其另两面投影并判别可见性。

分析

由图 8-3(a)可知，点 A 位于左前棱面上，该棱面在俯视图上积聚成一条直线，点 A 的水平投影 a 也应位于该直线上，求出 a 后，根据"三等"关系求得 a''；因 b' 不可见，所以点 B 位于后棱面上，该棱面在俯视图上积聚成一条直线，点 B 的水平投影 b 也应位于该直线上，求出 b 后，根据"三等"关系求得 b''。

判别可见性的原则为：若点所在的面的投影可见（或有积聚性），则点的投影亦可见。

作图

● 由 a' 向 H 面作投影连线与左前棱面的水平投影相交求得 a，由 a、a' 按"三等"关系求得 a''，如图 8-3(b)所示；

● 由 b' 向 H 面作投影连线与后棱面的水平投影相交求得 b，由 b、b' 按"三等"关系求得 b''，如图 8-3(b)所示；

● 判别可见性：由于点 A 位于左前棱面上，故 a'、a'' 均可见。同理，根据点 B 的位置可求出 b'、b''，并可确定它们都是可见的。

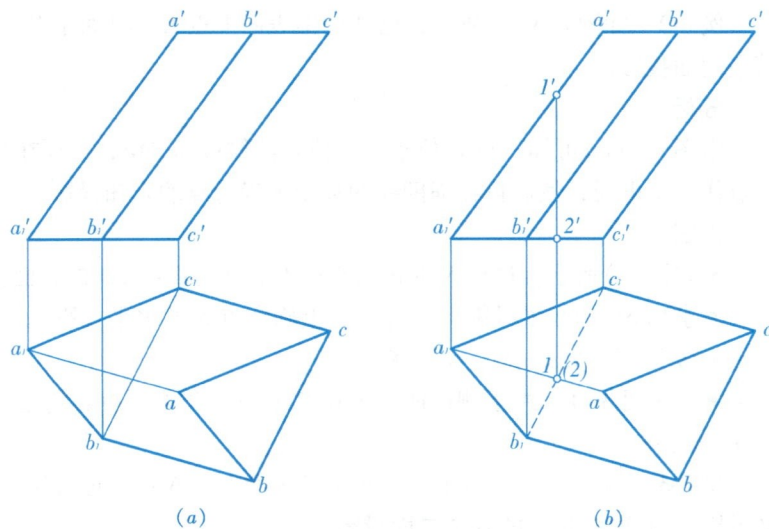

图 8-2　斜三棱柱的投影

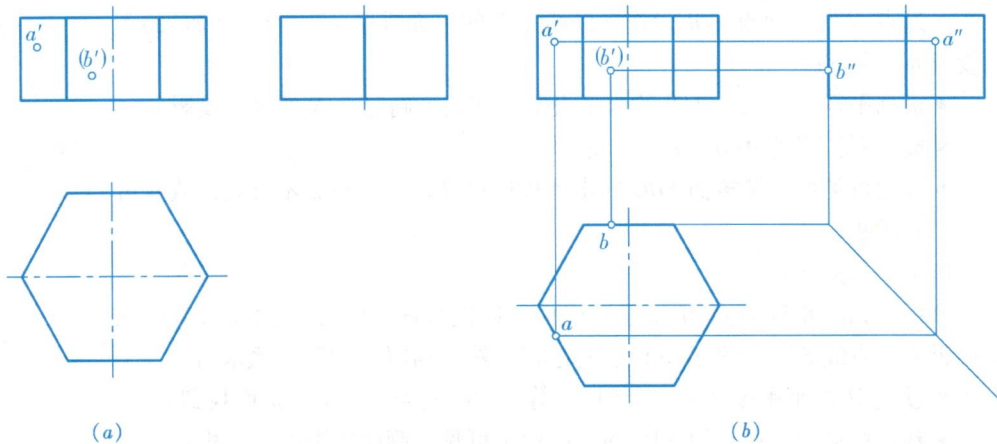

图 8-3　六棱柱体表面上取点

例 8-2　如图 8-4(a)所示，已知棱锥表面上点 K 的正面投影，求 K 点的其余两面投影。

分析

由图 8-4(a)可知，点 K 位于一般位置的侧棱面 SAB，需要在平面内过已知点作一辅助线，然后再在辅助线的投影上确定点的未知投影。

作图

- 如图(b)所示，过点 K 的正面投影 k'，作辅助线 SD 的正面投影 $s'd'$；
- 求出 SD 的水平投影 sd，并在其上确定点 K 的水平投影 k；
- 按"三等"关系由 k、k'，求得 k''；
- 判别可见性：由于侧棱面 SAB 的水平投影和侧面投影均是可见的，故 k、k'' 均可见。

例 8-3　如图 8-5(a)所示，已知棱锥表面上点 N 的正面投影，点 M 的水平投影，求 N 和 M 点的其余二面投影。

作图 1，求 N 点，如图 8-5(b)。

分析　由图(a)可知，点 N 位于处于一般位置的侧棱面 SBC，需要在平面内过已知点作一辅助线——即过平面内一点作平面内已知直线的平行线，然后再在辅助线的投影上确定点的未知投影。

- 过点 N 的正面投影 n'，作辅助线 Ⅰ Ⅱ 的正面投影 $1'2'$ 与棱线 BC 的正面投影 $b'c'$ 平行；
- 根据平行性，求出 Ⅰ Ⅱ 的水平投影并在其上确定点 N 的水平投影 n；
- 按"三等"关系由 n、n'，求得 n''；
- 判别可见性：侧棱面 SBC 的水平投影可见，侧面投影不可见，故 n 可见，n'' 不可见。

作图 2，求 M 点。

分析　如图 8-5(b)点 M 位于后棱面，即侧垂面 SAC 上，此面对应的侧面投影为一直线 SA，可先在 SA 上确定 m''，然后利用"三等"关系求得 m'。

- 过点 M 的水平投影 m，利用"三等"关系直接找到 m''，进而找到 m'。
- 判别可见性：后棱面 SAC 的正面投影可见，侧面投影可见，故 m'、m'' 可见。

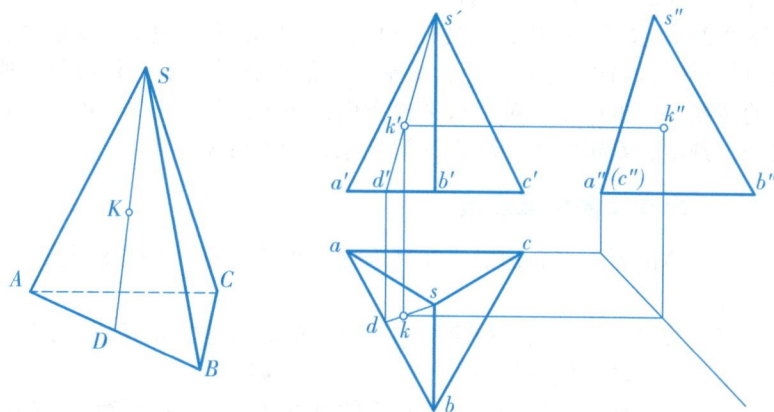

图 8-4　棱锥表面上取点(一)

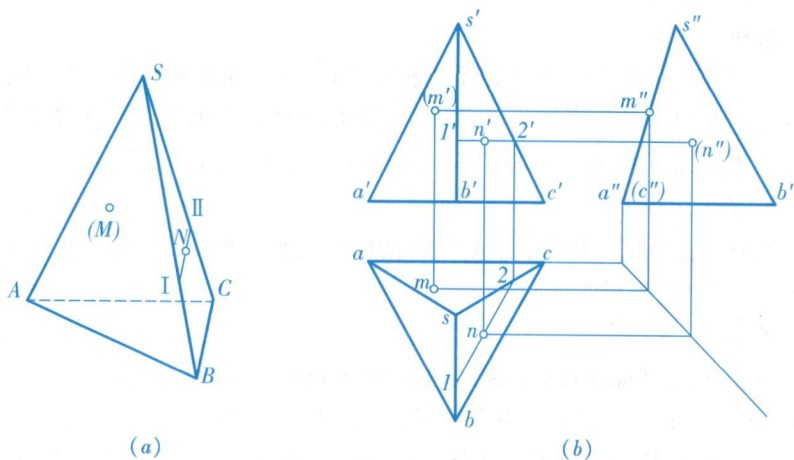

图 8-5　棱锥表面上取点(二)

例 8-4　如图 8-6(*a*)所示，请先判断斜棱锥投影中直线 *AS* 和直线 *BC* 的可见性问题，然后根据已知点 Ⅰ 的正面投影，完成点 Ⅰ 的水平投影。

作图

● 如图 8-6(*a*)，*AS* 和 *BC* 出现了交叉直线问题，需要辨别可见性。利用重影点方法进行判定，其结果见图 8-6(*b*)。

● 如图 8-6(*c*)点 Ⅰ 位于一般位置面 *ABC* 上，需先在此平面内过点 Ⅰ 的正面投影 *1′*，作一辅助线 *C* Ⅰ 的正面投影 *c′1′*。

● 求 *C* Ⅰ 的水平投影 *c1*，并在其上确定点 Ⅰ 的水平投影；

● 判别可见性：由于面 *ABC* 的水平投影和正面投影均不可见的，故 *1*、*1′* 均不可见，表达上需要加括号。

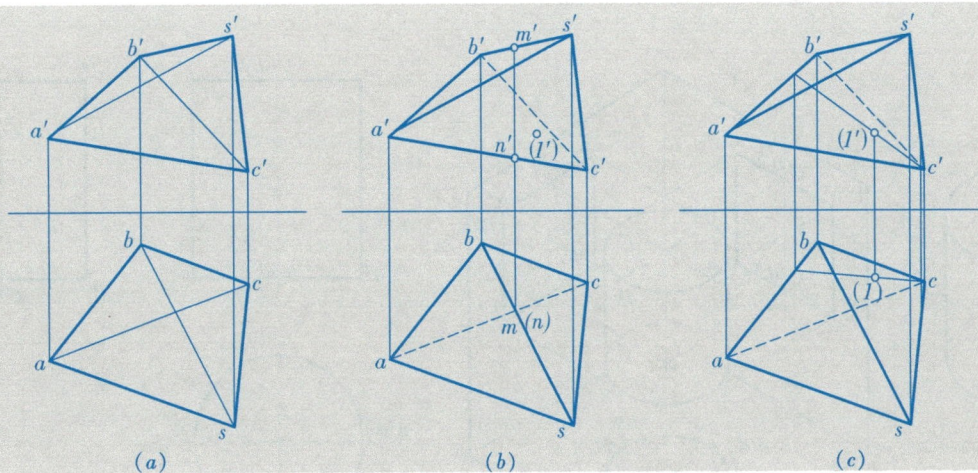

图 8-6　斜棱锥表面上取点

8.2 回转体的投影及表面取点线

8.2.1 圆柱体

1. 圆柱体的形成

如图 8-7(a)所示，圆柱面可看成由一条直线 AA_1 绕与它平行的轴旋转而成。运动的直线 AA_1 称为母线。圆柱面上与轴线平行的直线称为圆柱面的素线。

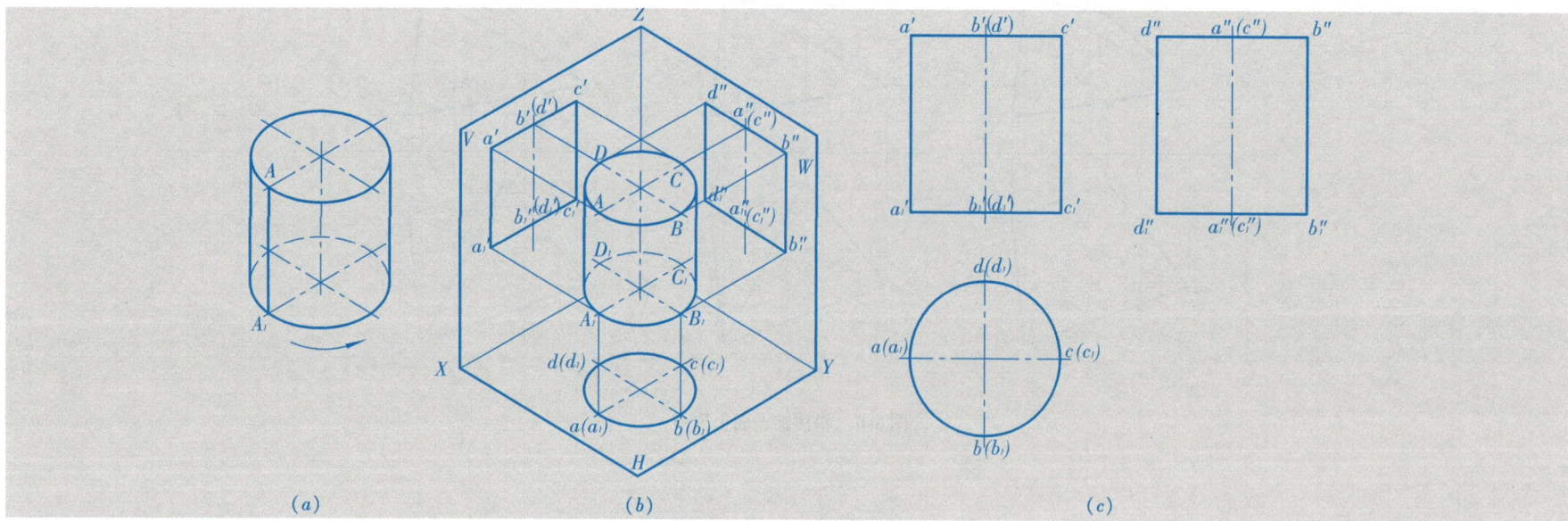

图 8-7 圆柱体的形成及其投影

2. 圆柱体的投影

如图 8-7(b)、(c)所示，直立圆柱的上顶、下底是水平面，其 V 和 W 面投影有积聚性，水平投影反映实形。圆柱体的轴线垂直于 H 面，其水平投影为圆，具有积聚性。圆柱的 V，W 投影为同样大小的矩形。

作图

- 如图(图 8-7(c)),先画圆柱中心线的三面投影,再画反映实形(圆)的水平投影;
- 根据圆柱体的高和"三等"关系,画出圆柱的另两个视图;
- 圆柱面可见性判断:AA_1 和 CC_1 是圆柱面前半部分与后半部分的分界线,因此在主视图上以 AA_1 和 CC_1 为界,前半个圆柱面可见,后半个圆柱面不可见。BB_1、DD_1 是圆柱面左半部分与右半部分的分界线,因此在左视图上以 BB_1 和 DD_1 为界,左半个圆柱面可见,右半个圆柱面不可见。

3. 圆柱体表面上取点

在曲面立体表面取点和取线,是利用曲面的积聚性或在曲面上作辅助线(素线或纬圆)作图。

例 8-5　如图 8-8(a)所示,已知圆柱体表面上点 M、N 的正面投影,求点 M、N 的其余二面投影。

- 图 8-8(b)利用圆柱面水平投影的积聚性,由 m' 求出 m,再利用"三等"关系求得 m'';
- 同上,由 n',求水平投影 n,再利用"三等"关系求得 n'';
- 判别可见性:由点 M 的正面投影的位置及可见性可知其位于后半个圆柱面的左侧。由点 N 的正面投影的位置及可见性可知其位于前半个圆柱面的右侧。由点 M、N 的位置可判断,n'' 不可见,其余均可见。

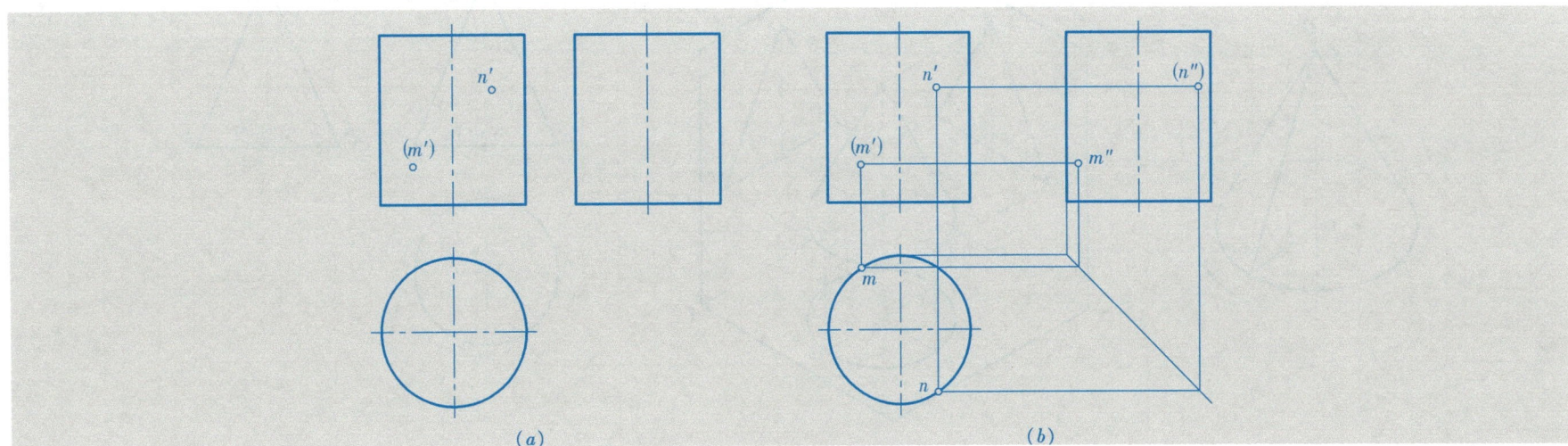

图 8-8　圆柱体表面上取点

8.2.2　圆锥体

1. 圆锥体的形成

如图 8-9(*a*)所示，圆锥面由直线 *SA* 绕与它相交的轴线旋转形成。运动的直线 *SA* 叫做母线，过锥顶 *S* 的任一直线称为圆锥面的素线。

2. 圆锥体的投影

如图 8-9(*b*)、(*c*)所示，当圆锥体的轴线垂直于 *H* 面时，它的 *V* 和 *W* 投影为同样大小的等腰三角形，底面为水平圆。

最左、最右两条轮廓线 *SA* 和 *SC* 的 *W* 面投影与轴线重合；最前、最后两条转向轮廓线 *SB* 和 *SD* 的 *V* 面投影与轴线重合。

作图过程如图 8-9(*c*)。

- 先画立体中心线的三面投影，再画俯视图的圆；
- 按立体高确定顶点 *S* 的投影并按"三等"关系画出另两个视图。

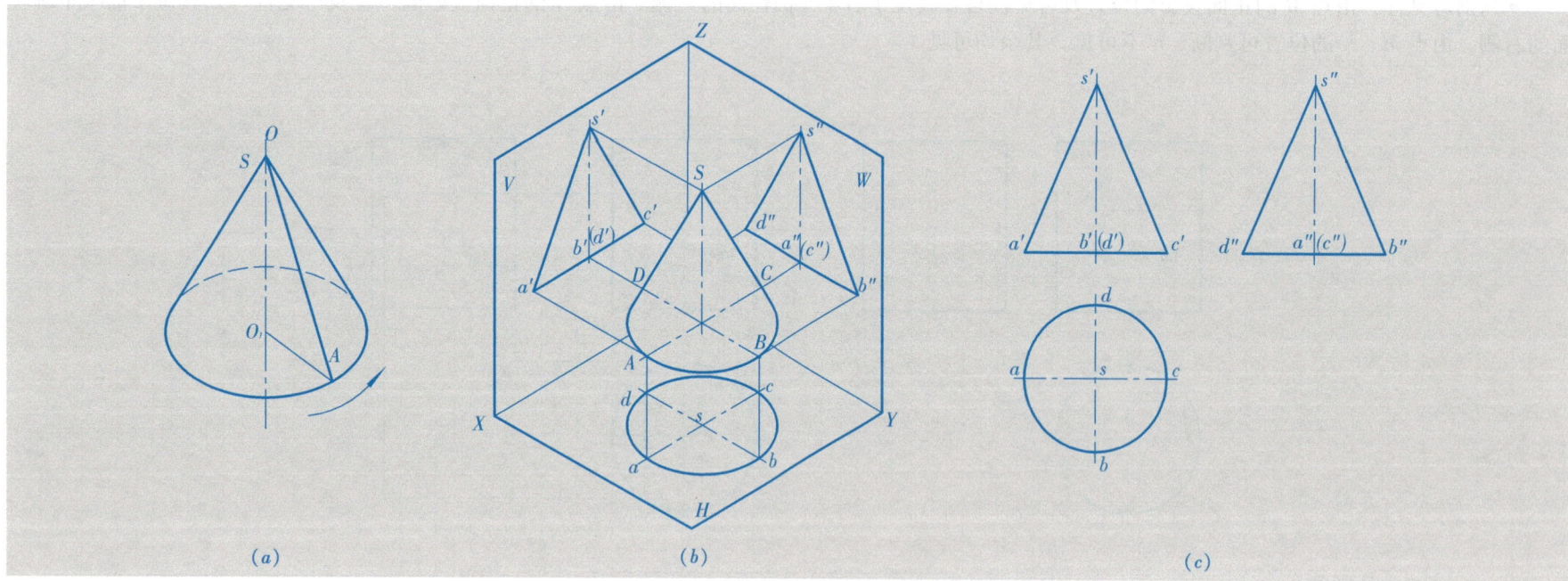

图 8-9　圆锥体的形成及三视图

3. 圆锥体表面上取点

在圆锥面上取点，可利用素线法或纬圆法两种辅助线方法，如图 8-10(c)、(d) 所示。

例 8-6　如图 8-10，已知圆锥面上点 K 的正面投影，求点 K 的其余二面投影。

(1) 解法一：利用素线法求解；

(2) 解法二：利用纬圆法求解。

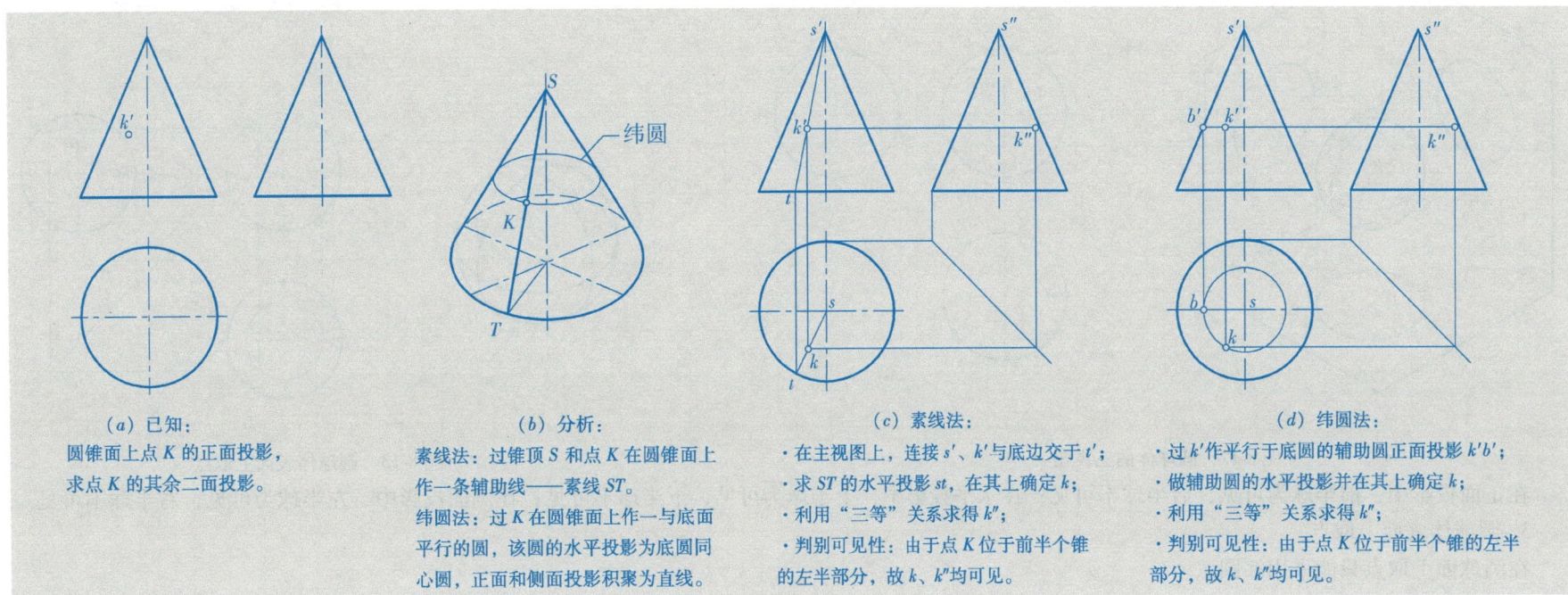

(a) 已知：
圆锥面上点 K 的正面投影，
求点 K 的其余二面投影。

(b) 分析：
素线法：过锥顶 S 和点 K 在圆锥面上
作一条辅助线——素线 ST。
纬圆法：过 K 在圆锥面上作一与底面
平行的圆，该圆的水平投影为底圆同
心圆，正面和侧面投影积聚为直线。

(c) 素线法：
·在主视图上，连接 s'、k' 与底边交于 t'；
·求 ST 的水平投影 st，在其上确定 k；
·利用 "三等" 关系求得 k''；
·判别可见性：由于点 K 位于前半个锥
的左半部分，故 k、k'' 均可见。

(d) 纬圆法：
·过 k' 作平行于底圆的辅助圆正面投影 $k'b'$；
·做辅助圆的水平投影并在其上确定 k；
·利用 "三等" 关系求得 k''；
·判别可见性：由于点 K 位于前半个锥的左半
部分，故 k、k'' 均可见。

图 8-10　圆锥体表面上取点

8.2.3　圆球体

1. 圆球体的形成

如图 8-11 所示，圆球面是由一圆母线以它的直径为回转轴旋转形成的，如图 8-11 所示。圆球的三面投影分别为三个和圆球直径相等的圆。圆球在平行于 H、V、W 三个方向的最大圆，分别将圆球面分为了上半个球和下半个球、前半个球和后半个球、左半个球和右半个球。

图 8-11　圆球体的形成

2. 圆球体的投影

如图 8-12(a)、(b)所示，水平最大圆 A 在 H 面投影为圆，在 V、W 面投影分别积聚为一直线，并与水平对称中心线重合(但不画出)；平行 V 面最大圆 B 在 V 面投影为圆，在 H，W 面投影分别积聚为一直线，都分别平行于 X 轴和 Z 轴；W 面最大圆 C 也是类似情况。

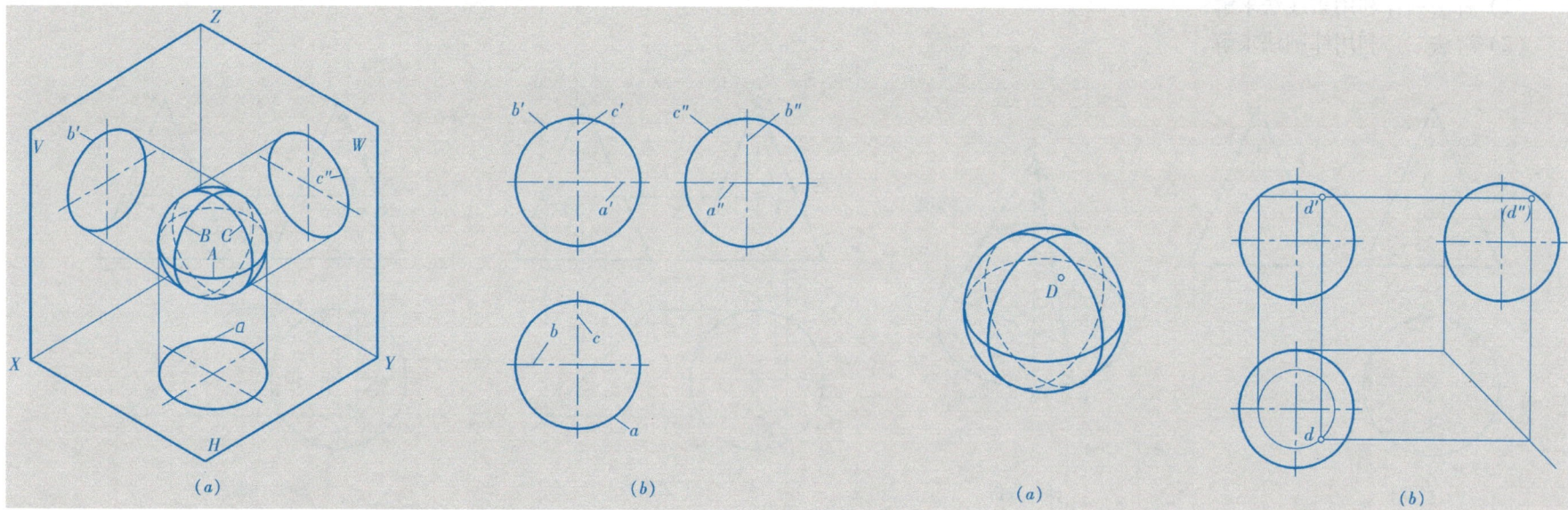

图 8-12　圆球体的三视图

图 8-13　圆球体表面上取点

在正面投影中，前半球为可见，后半球不可见；在水平投影中，上半球为可见，下半球不可见；在侧面投影中，左半球为可见，右半球不可见。

3. 圆球体表面上取点

在圆球面上取点只能采用纬圆法。

例 8-7　如图 8-13，已知球面上点 D 的正面投影 d'，求点 D 的其余二投影。

分析　过点 D 在球面上作一水平圆，该圆的水平投影为圆，正面投影和侧面投影积聚成直线，求出圆的三个投影后，即可用线上找点的方法求得 d，d''。

作图

- 如图 8-13b，在正面投影上，过 d' 作一辅助的水平截平面，其与球面的截交线为水平圆，水平投影反映实形；
- 在水平投影面上，画出反映实形的截交线圆，过 d' 向 X 轴作投影连线，与圆相交于点 d；
- 根据"二求三"，可得 d''；
- 判别可见性：由已知投影 d' 的位置及可见性可判断出点 D 位于上半球的前方及右方，故 d 可见，d'' 不可见。

8.2.4　圆环体

1. 圆环体的形成

圆环体由圆环面围成。圆环面是以一圆为母线，使其绕一条与它共面，但距它边界有一定距离的轴线旋转而成。

2. 圆环体的投影

如图 8-14(a)所示为一个轴线垂直于水平面的圆环的三面投影立体图。在正面投影上左、右两圆是圆环面上平行于 V 面的 A、B 两圆的投影，是区分前半个环和后半个环的外形轮廓线，外环面的转向轮廓线半圆为实线，内环面的转向轮廓线半圆为虚线。上、下两条水平线是外环与内环的分界线，也是圆母线上最高点和最低点纬圆线的投影。

侧面投影上左、右两圆是圆环面上平行于 W 面的 C、D 两圆的投影，是区分左半个环和右半个环的外形轮廓线，外环面的转向轮廓线半圆为实线，内环面的转向轮廓线半圆为虚线。

在水平投影上画出最大和最小圆，这是区分上半个环和下半个环的外形轮廓线。水平投影面上需用点划线画出中心圆的投影，表示母线圆心的轨迹。

3. 圆环体表面上取点

如图 8-14(b)所示，已知圆环面上点 M 的正面投影 m′，可采用过点 m′ 作平行于水平面的纬圆方法求出 m，然后根据点的投影规律求出 m″。

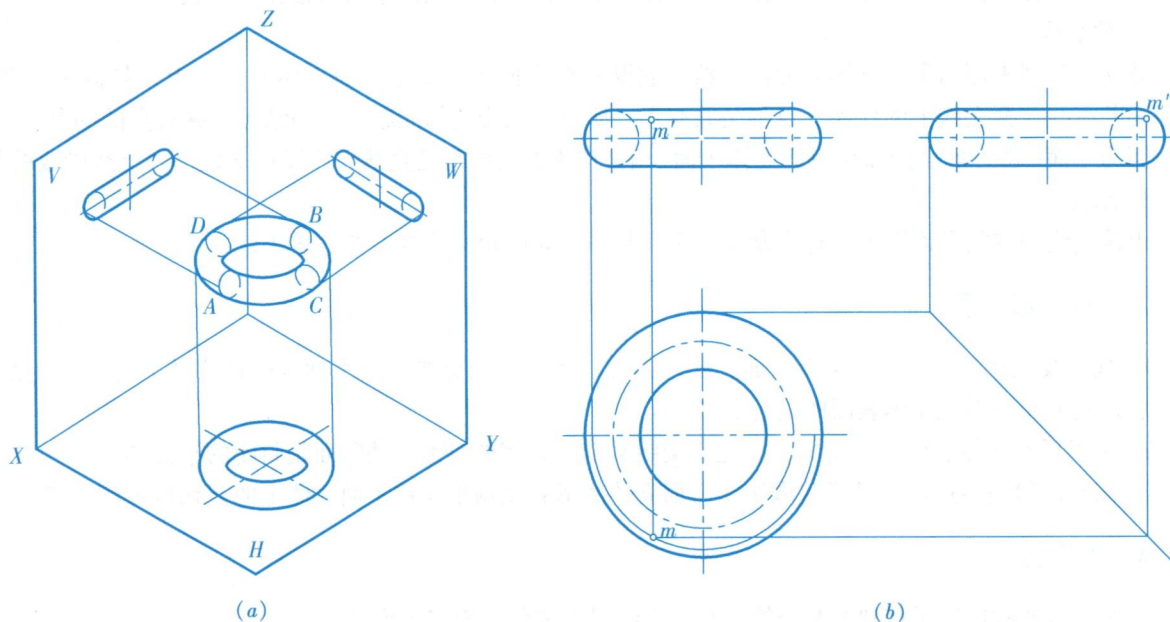

(a)　(b)

图 8-14　圆环的形成及其三视图

第 9 章　平面、直线与立体相交

9.1　平面与平面立体相交

平面与平面立体相交，即用平面截去平面立体的一部分，或叫截切。

9.1.1　基本概念

1. 截平面

平面与平面立体相交，可以认为是平面立体被平面截切，因此该平面通常被称为截平面。

2. 截交线

截交线是截平面与平面立体表面的交线，它既在截平面上，又在平面立体的表面上，是截平面和平面立体表面的共有线，截交线上的任何一点都是共有点。所以求截交线的问题，可归结为求共有点的问题。

因为平面(截平面)与平面(平面立体表面)相交产生的交线都是直线，所以截交线是由直线围成的封闭图形。

3. 断面

由截交线围成的平面图形，称为断面。平面与平面立体相交的概念参考图 9-1。

9.1.2　截交线性质

1. 截交线既在截平面上，又在平面立体表面上，因此，截交线是截平面与平面立体表面的共有线。截交线上的点是截平面与平面立体表面的共有点。

图 9-1　截切概念示意图

2. 由于平面立体表面是封闭的，因此截交线必定是封闭的线条，截断面是封闭的平面图形。

3. 该平面封闭多边形，其形状取决于平面立体的形状及截平面在平面立体上的截切位置所决定，如图 9-1 所示。

9.1.3　作图方法

平面立体被截切后所得到的截交线，是由直线段组成的平面多边形。

此多边形的各边是参与相交的立体表面与截平面的交线。而多边形的各顶点是参与相交的平面立体各棱线与截平面的交点。

截交线既在立体表面上，又在截平面上，所以它是平面立体表面和截平面的共有线。截交线上的各顶点都是截平面与平面立体各棱线的共有点。

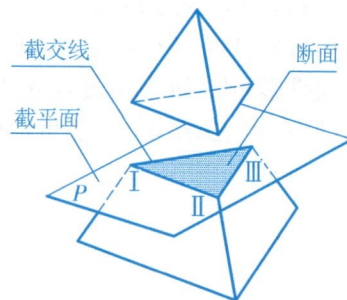

因此，求截交线实际上是求截平面与平面立体各棱线的交点，或求截平面与平面立体各表面的交线。

1. 求截交线的两种方法

棱线法：求各棱线与截平面的交点；

棱面法：求各棱面与截平面的交线。

2. 求截交线的步骤

（1）空间及投影分析

截平面与平面立体的相对位置——确定截交线的形状。即截交线多边形的边数等于截平面截到的棱面数。

截平面与投影面的相对位置——确定截交线的投影特性。

（2）求截交线

利用截平面与棱面相交或截平面与棱线相交，求截平面与平面立体的截交线。

（3）判定可见性

要判定个投影中截交线的可见性。可根据若某一投影中棱面可见，则此投影中棱面上的截交线可见。

（4）补全各视图

进行截交线连线，并根据投影的基本要求，补全各个视图。

9.1.4　作图举例

例 9-1　如图 9-2（a）所示，铅垂的六棱柱被一正垂的平面截切，完成其另两面投影。

分析

可利用积聚性来求解。

例 9-2　如图 9-3（a）所示，两特殊截平面相交截切三棱锥，完成其另两面投影。

分析

三棱锥的缺口是由一个水平截切面和一个正垂截切面切割而成，由于水平面和正垂面的正面投影有积聚性，故截交线的正面投影已知。

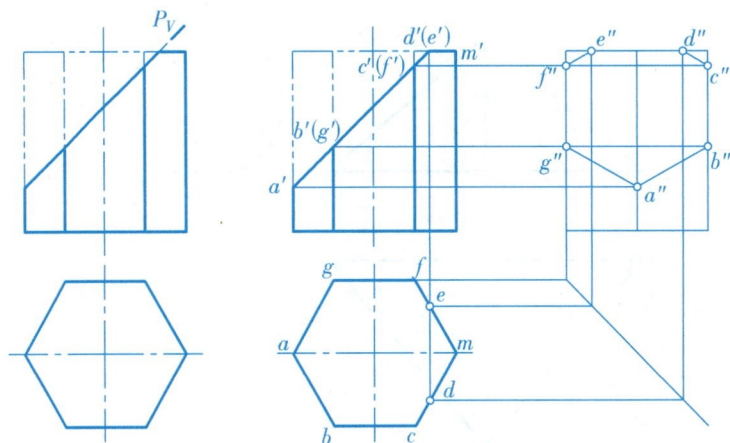

（a）首先应该画出完整六棱柱的侧面投影图。在正面投影面上对截平面与六棱柱各棱线交点的正面投影进行编号。

（b）因截平面为正垂面，六棱柱的六条棱线与截平面的交点的正面投影 a′、b′、c′、d′、e′、f′可直接求出；六棱柱的水平投影有积聚性，各棱线与截平面的交点的水平投影 a、b、c、d、e、f 可直接求出；根据"三等"关系，求出相应点的侧面投影 a″、b″、c″、d″、e″、f″。

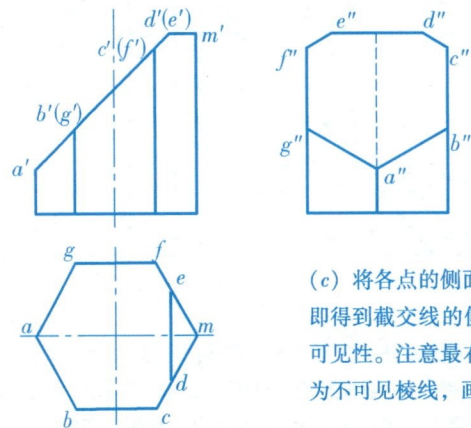

（c）将各点的侧面投影依次连接起来，即得到截交线的侧面投影，并判断其可见性。注意最右棱线在侧面投影上为不可见棱线，画成虚线。

图 9-2　平面与六棱柱相交

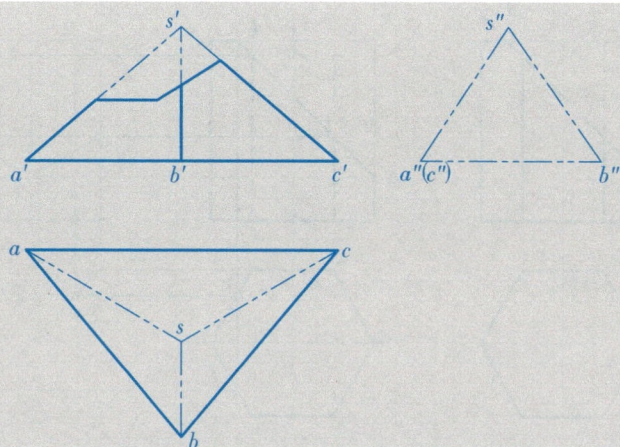

（a）水平截切面截得的截交线正面投影已知，做标记点为 1′、2′、3′。

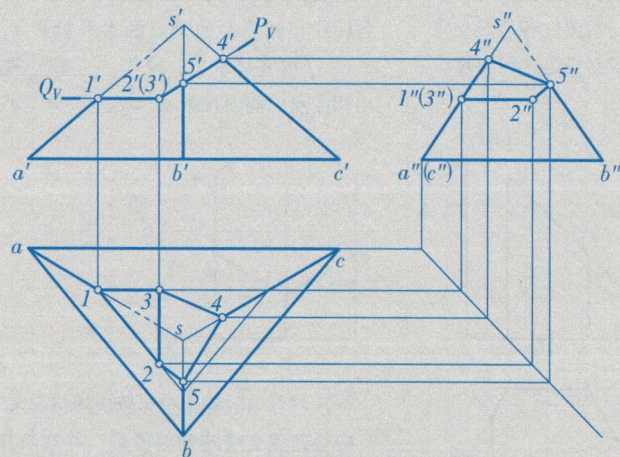

（b）水平截切面上：由 1″向 sa 引投影线作出 1。由 1 作辅助线分别平行于 ab 和 ac，进而在辅助线上求得水平投影 2、3。再根据"二求三"原理，求得 1″、2″、3″。至此得出水平截切面截得的平面 123 的水平、侧面投影。

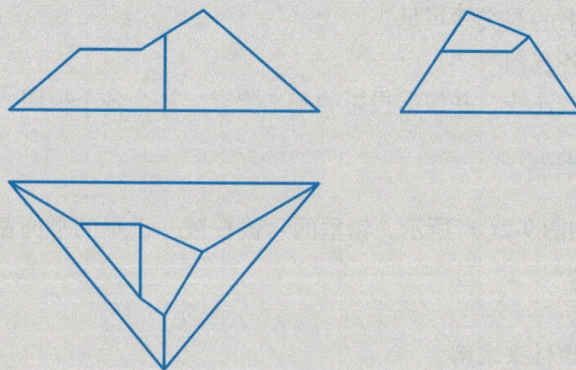

（c）正垂截切面上：截交线正面投影已知，做标记点为 4′、5′、3′、2′（点 2、3 已求出）。由 4′向 s″c″引投影线求得 4″，"二求三"再求出 4 的水平投影。同理由 5 求得 5″，进而求出 5。至此得出正垂面截切出的平面 2345 的水平、侧面投影。其中 23 线为两截切面交线。

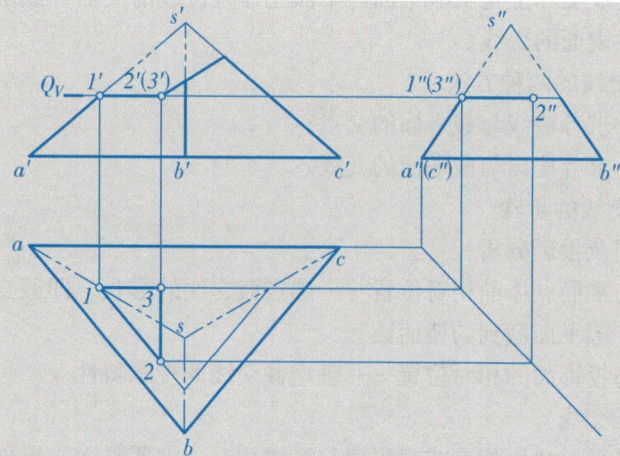

（d）按相应的顺序连接截交线，并判定截交线的可见性。最后补全投影，对需加粗的各投影面上的棱线进行加粗（注意：图 d 为了方便视图，所以将作图线擦去。同学们实际作图时，作图线应全部保留。）

图 9-3　多个平面与三棱锥相交

因水平截平面平行于底面，所以它与各侧棱面的交线必平行于各侧棱面内的底面棱线。

因为多个平面截切立体，所以在求截交线时须画出各个截平面之间的交线。由于本题的两个截平面都垂直于正面，所以它们的交线 23 一定为正垂线。

求得截平面与棱面的交线以及截平面间的交线投影，并判定截交线和截平面交线投影的可见性后，也就画出了两个截平面与三棱锥相交所求的两面投影。

例 9-3　如图 9-4(*a*) 所示，两特殊截平面相交截切四棱锥，完成其另两面投影。

分析

四棱锥所构成的缺口是由一个水平截切面和一个正垂截切面切割四棱锥而形成的，由于水平面和正垂面的正面投影有积聚性，故截交线的正面投影已知。

因为水平截平面平行于底面，所以它与各侧棱面的交线必平行于各侧棱面内的底面棱线，与前棱面的交线ⅢⅣ、ⅣⅤ必对应平行于底边 *AB*、*BC*，与后棱面的交线ⅤⅥ、ⅥⅦ必对应平行于底边 *AD*、*DC*。如图所示，正垂面分别与四个侧棱面相交于直线段Ⅰ Ⅱ、Ⅱ Ⅲ、Ⅰ Ⅷ、Ⅷ Ⅶ。

由于多于一个平面截切立体，所以在求截交线时须画出各个截平面之间的交线。由于本题的两个截平面都垂直于正面，所以它们的交线Ⅲ Ⅶ一定为正垂线。

求得截平面与棱面的交线以及截平面间的交线投影，并判定截交线和截平面交线投影的可见性后，也就画出了两个截平面与四棱锥相交所求的两面投影。

注意：37 线段的水平投影被遮挡，不可见，画成虚线；3″7″重合在水平截面积聚成直线的侧面投影上。

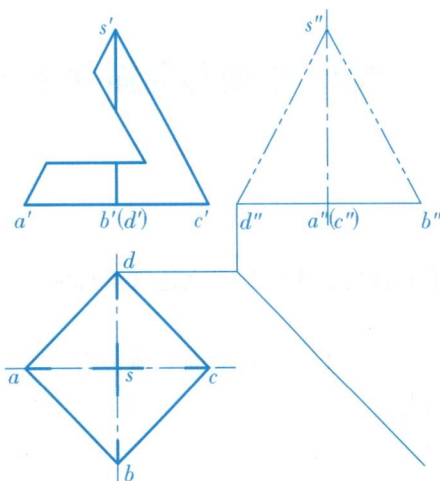

(*a*) 水平截切面截得的截交线正面投影已知，做标记点为 3′、4′、5′、6′、7′。正垂截切面截得的截交线正面投影已知，做标记点为 1′、2′、3′、7′、8′。

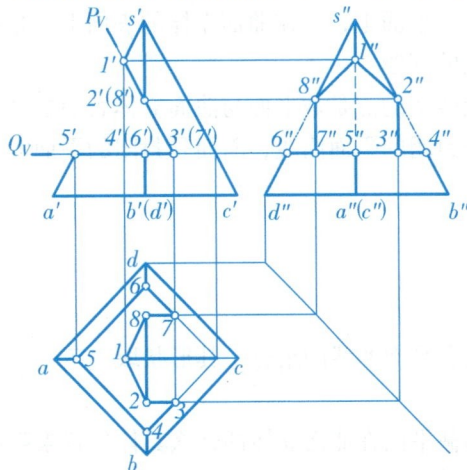

(*b*) 水平截切面上：由 5′ 在 *sa* 上作出 5。由 5 作 56∥*ad*、45∥*ab*，再分别由 4 作 43∥*bc* 和由 6 作 67∥*dc*；根据"二求三"，直接做出 3″4″、4″5″、5″6″、6″7″。

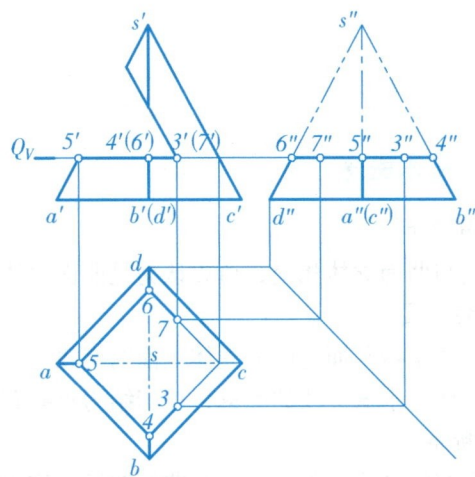

(*c*) 正垂截切面上：由 1′ 分别在 *sa*、*s″a″* 上作出 1、1″；由 2′、8′ 直接做出 2″、8″，再由"二求三"，直接做出 2、8；连接 3、7 两点，37 线为两截切面交线。

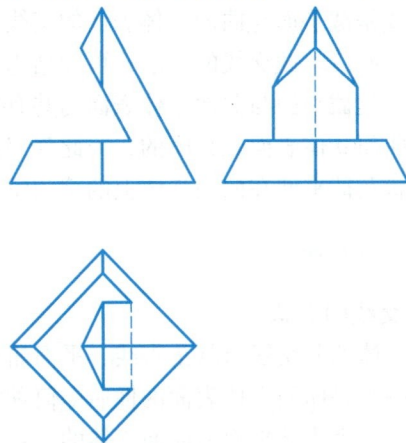

(*d*) 按相应的顺序连接截交线，并判定截交线的可见性。最后补全投影，对需加粗的各投影面上的棱线进行加粗。

图 9-4　多个平面与四棱锥相交

9.2　平面与曲面立体相交

9.2.1　基本概念

1. 截平面

平面与曲面立体相交，可以认为是曲面立体被平面截切，因此该平面通常被称为截平面。

2. 截交线

截交线是截平面与曲面立体表面的交线，它既在截平面上，又在曲面立体表面上，是截平面和曲面立体表面的共有线，截交线上的任何一点都是共有点。所以求截交线的问题，可归结为求共有点问题。

3. 断面

由截交线围成的封闭的平面曲线图形，称为断面。

9.2.2　截交线的性质

截交线是截平面与曲面立体表面的交线，它既在截平面上，又在曲面立体的表面上，是截平面和曲面立体表面的共有线，截交线上的任何一点都是共有点。所以求截交线的问题，可归结为求共有点的问题。

截交线是截平面与曲面立体表面的共有线。截交线上的点是截平面与曲面立体表面的共有点。

由于曲面立体表面是封闭的，因此截交线必定是封闭的平面曲线，断面是封闭的平面曲线图形。该平面图形为封闭平面曲线，其形状取决于曲面立体的形状及截平面在曲面立体上的截切位置所决定。

9.2.3　作图方法

1. 截交线的形状

曲面立体的截交线形状是直线、平面曲线、直线和平面曲线的组合。其形状取决于：

（1）一个是曲面立体表面的性质即何种曲面体；

（2）另一个为截平面与曲面立体的相对位置，即截平面在曲面立体的什么具体位置来截切。

所以在做投影图时应根据回转体的几何形状和性质，以及截平面与回转体轴线的相对位置，判断截交线及其投影的几何形状，以便确定具体的作图方法和步骤。

2. 求截交线的方法

求做截交线的方法中，确定截交线上具体的某一点的位置时一般有以下两种：

（1）表面取点法：这种情况主要根据截平面的特殊情况和其投影的积聚性来解决。

（2）辅助平面法：主要针对截交线的形状为平面曲线的情况。利用三面共点的原理，详细做法见后面具体的例题。

3. 求截交线的步骤

在求平面与曲面立体进行相交时，需对截交线上的一些能确定截交线的形状和范围的特殊点，包括回转体转向轮廓线上的点、截交线在对称轴上的顶点以及最高、最低、最左、最右、最前、最后点等，通常先作出特殊点，然后根据需要再作出一些一般点，最后连成截交线的投影，并表明可见性。所以求回转体截交线的一般作图步骤如下：

● 空间及投影分析：分析被截立体的性质、截平面的性质及截平面与回转体轴线的相对位置，根据给出截平面和回转体的特点分析截交线的形状，确定解题的方法；

● 体表面取点

① 取特殊点——特殊点则包括回转体转向轮廓线上的点、截交线在对称轴上的顶点以及最高、最低、最左、最右、最前、最后点等，通常先根据特殊点位置的特殊性作出特殊点；

② 取一般点——根据需要取截交线上一定数量的一般点的各面投影，其中一般点则利用辅助平面法依据特殊点的疏密程度作出几个；

● 连线：依次连接上面所求的特殊点和一般点，并判定截交线在各投影中的可见性，可见截交线画成粗实线，不可见画成虚线；

● 补全轮廓：完整回转体被截后的转向轮廓线在相应投影面中的投影。

9.2.4　平面与圆柱相交

根据截平面与圆柱体相对位置的不同，平面截切圆柱所得截交线可能是矩形、圆或椭圆三种情况，见表 9-1 所示。

平面与圆柱的截交线　　　　　　　　　　　　　　　　　　表 9-1

截平面位置	截平面平行于轴线	截平面垂直于轴线	截平面倾斜于轴线
截交线性质	矩形	圆	椭圆
立体图			
投影图			

例 9-4　如图 9-5 所示为圆柱面被倾斜于轴线的正垂平面所截切，求其侧面投影。

分析

如图 9-5 所示为一轴线垂直于水平投影面的圆柱面被倾斜于轴线的正垂的平面截切，其截交线为椭圆。该椭圆的正面投影重影为一条直线，与截平面的正面投影重合；水平投影与圆柱面的积聚性投影相重合，为一圆。

由于平面截切曲面立体时，一般情况下为平面曲线，所以在求其侧面投影时，通过确定特殊点和一般点，再将所有点按顺序相连。

此时可应用体表面取点的方法进行求解侧面投影。因为从上面分析，截交线的两面投影都已知。而此题的侧面投影，其投影为椭圆（注意：当截平面与圆柱轴线夹角为 45°时，其侧面投影为圆），但不反映实形。作图时，可按在圆柱面上取点的方法，先找出椭圆长、短轴的端点（Ⅰ、Ⅷ、Ⅲ、Ⅵ），然后再作一些中间点（如点Ⅱ、Ⅴ），并把它们光滑地连接起来即可。

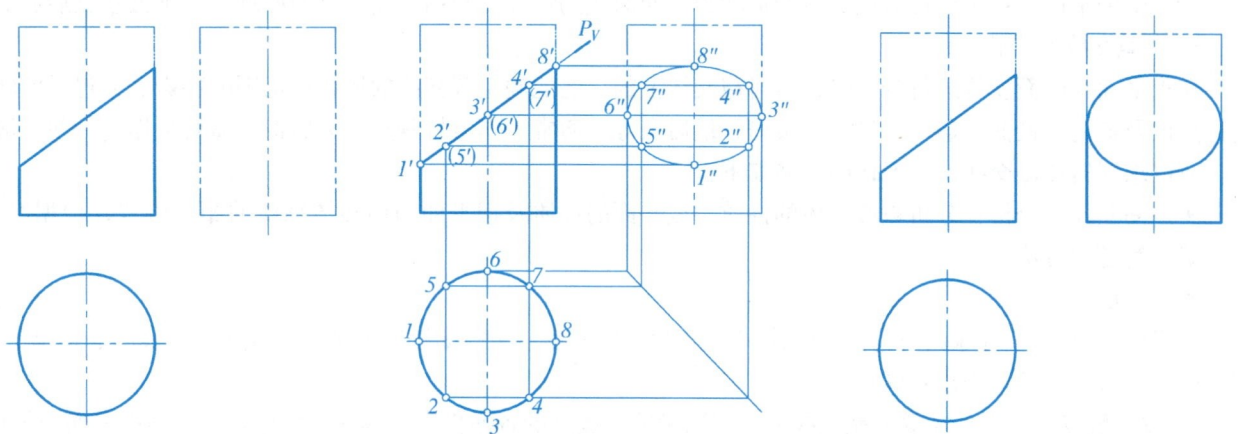

（a）思路：先在正面投影有积聚性之处，确定特殊点和一般点位置。作图分别找出各点对应的侧面投影。

（b）求特殊点：由正面投影 1′、3′、6′、8′直接确定对应点 1″、3″、6″、8″。其中，8、1 是截交线上的最高、最低点。3、6 是截交线上的最前、最后点；
• 求一般点：在相邻两特殊点中间，各求一个一般点。先在正面投影中取点 2′、5′、4′、7′，然后求出水平投影 2、4、5、7，最后确定 2″、4″、5″、7″；
• 连线：侧面投影上，按顺序依次光滑连接点 1″2″3″4″8″7″6″5″1″，得截交线的侧面投影。

（c）椭圆在侧面投影上的投影可见，所以连线可见，画成粗实线。同时对存在的转向轮廓线进行加深。

图 9-5　平面与圆柱相交

作图　作图过程见图 9-5。

例 9-5　如图 9-6（a）所示为圆柱面被三个截平面截切，完成其水平投影和侧面投影。

分析

从所给正面投影可知，圆柱是被一个水平面 P、一个正垂面 Q 和一个侧平面 R 所切割。

其中，水平面 P 与圆柱轴线平行，截交线是两条平行直线并与圆柱顶面交线组成一矩形；其侧面投影积聚为一条直线，水平投影为平行于轴线的两条直线。

正垂面 Q 与圆柱轴线倾斜，截交线是一段椭圆弧；其侧面投影和水平投影都为椭圆，采用体表面取点法完成。

侧平面 R 与圆柱轴线垂直，截交线是一段圆弧；其侧面投影与圆柱积聚性的投影重合，水平投影积聚为一段直线。

由于有多个平面截切，还须画出截平面与截平面之间的交线。

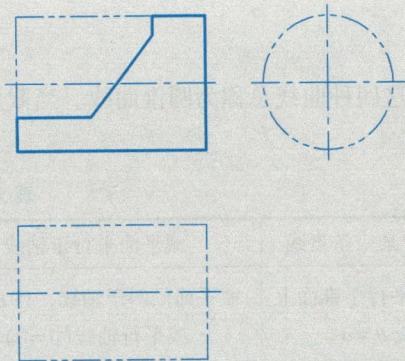

（a）思路：先在截交线有积聚性之处，确定特殊点和一般点位置。作图分别找出各点对应的另两面投影。

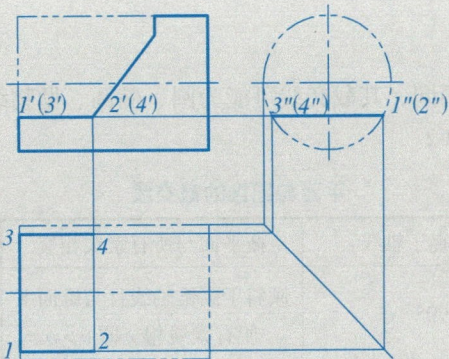

（b）水平面 P 截交线：其截交线正面投影积聚在 1234 处，侧面投影积聚为一条直线 $1''3''$；水平投影为平行于轴线的两条直线 12、34。

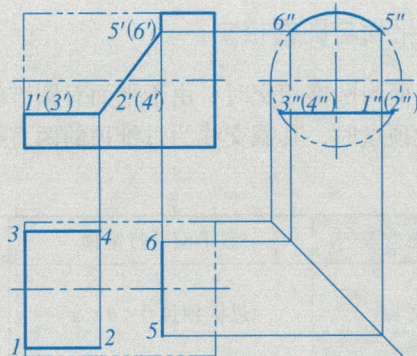

（c）侧平面 R 截交线：由正面投影 $5'$、$6'$ 直接求出侧面投影圆弧 $5''6''$。在水平投影面上，圆弧截交线积聚为一条直线，利用"二求三"求出水平投影即直线 56。

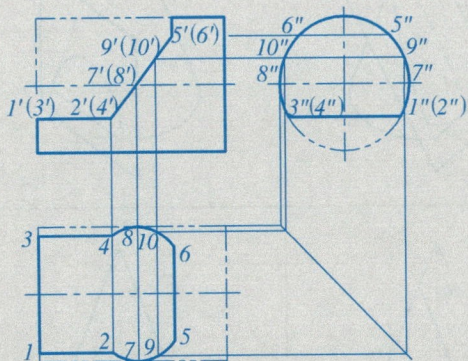

（d）正垂面 Q 截交线：2、4、5、6 点为椭圆弧的四个端点，其位置已确定。取圆柱最前、最后素线上的特殊点 $7'$、$8'$，利用其特殊性直接求出 $7''$、$8''$ 和 7、8。在正面投影 $5'$、$7'$ 位置之间加找一组一般点 $9'$、$10'$，利用高平齐确定 $9''$、$10''$，根据"二求三"求出 9、10。对特殊点和一般点进行连线。

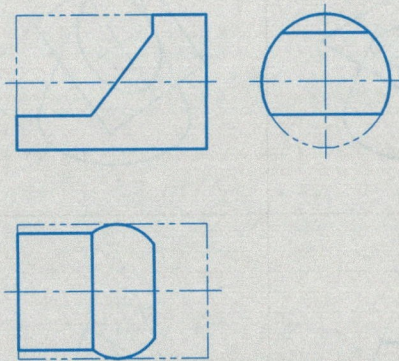

（e）截平面间交线：画出截平面之间的交线。如截平面 P 和截平面 Q、截平面 Q 和截平面 R 间的交线 24 和 56。

　·判定可见性：由于水平和侧面投影面上的截交线都可见，所以都加深为粗实线，包括截平面间的交线。

（f）补全轮廓：最后补全圆柱被截切后侧面投影、水平投影的外形轮廓线。

　注意：双点划线，又叫假想线，表示实际不存在。

图 9-6　多个平面截切圆柱

9.2.5　平面与圆锥相交

当平面与圆锥相交时，由于平面对圆锥的相对位置不同，其截交线可能为圆、椭圆、抛物线或双曲线，这四种曲线总称为圆锥曲线。当截切平面通过圆锥顶点时，其截交线为过锥顶的两直线，参看表9-2。

平面与圆锥的截交线　　　　　　　　　　　　　　　　　　　表9-2

截平面位置	截平面通过锥顶	截平面垂直于轴线	截平面与所有素线相交	截平面平行于某一条素线	截平面平行于轴线
角度关系	过锥顶且 $0 < \theta < \alpha$	$\theta = 90°$	倾斜于圆锥轴线且与锥面上所有素线相交即 $\theta > \alpha$	倾斜于轴线且平行于锥面上一条素线 $\theta = \alpha$	截平面倾斜于轴线，且 $\theta < \alpha$，或平行轴线（$\theta = 0$）
截交线	相交于锥顶的两条直线	圆	椭圆	抛物线	双曲线
立体图					
投影图					

圆和椭圆的投影特性前面已经讲过，仍为椭圆(特殊情况为圆)。而抛物线的投影一般仍为抛物线，双曲线的投影一般仍为双曲线。其具体的做法同样用求取离散点的方法，包括特殊点和一般点。

例 9-6　圆锥被正垂面截切，求截切后的水平和侧面投影。

分析　由图 9-7(a)可知，截平面为正垂面，且截平面与圆锥的轴线倾斜，并与圆锥的所有素线相交，所以截交线为一椭圆。其正面重合在截平面的积聚性投影上面，为一条直线。其水平投影和侧面投影仍为椭圆，但不反映实形。

由于圆锥前后对称，所以正垂面截得的截交线也是前后对称，断面椭圆的长轴是截平面与圆锥的前后对称面的交线(正平线)，端点在最左、最右素线上；而短轴则是通过长轴中点的正垂线。

作图

● 如图 9-7(a)：首先补出未被截切的完整圆锥的侧面投影；

● 如图 9-7(b)：

(1) 求特殊点

找 1、8 点：在截交线有积聚性的正面投影处，点出特殊点 1′、8′位置(1、8 两点是椭圆长轴的两个端点；位于圆锥正面投影的外形轮廓线上；同时也是截交线上的最低和最高点)。分别过 1′、8′点向水平投影和侧面投影作投影线，求出 1、8 和 1″、8″。

找 4、5 点：在截交线有积聚性的正面投影处，点出特殊点 4′、5′位置(4、5 两点是椭圆短轴的两个端点；也是截交线上的最前和最后点；位于 1′、8′的中点处，并为重影点)。过 4′、5′作一个水平辅助圆，画出此圆的其余两面投影，便可求出 4、5 和 4″、5″。

找 6、7 点：在截交线有积聚性的正面投影处，点出特殊点 6′、7′位置(6、7 两点在圆锥的最前和最后素线上；正面投影中在截平面与轴线的交点之处；侧面投影中是圆锥轮廓线与截交线椭圆的切点)。过 6′、7′点向侧面投影作投影线，可得 6″、7″，进而可求得 6、7。

(2) 求一般点

在正面投影 1′、8′范围内任取一组一般点 2′、3′，分别用素线法做出它们的水平投影 2、3 和侧面投影 2″、3″。

● 如图 9-7(c)，连线——按顺序依次光滑地连接各点成为椭圆，即完成截交线的水平投影和侧面投影。

● 完整轮廓：6、7 两点以下圆锥的最前、最后素线存在，所以，侧面投影 6″、7″以下投影轮廓线画成粗实线。并对其余轮廓进行完整。

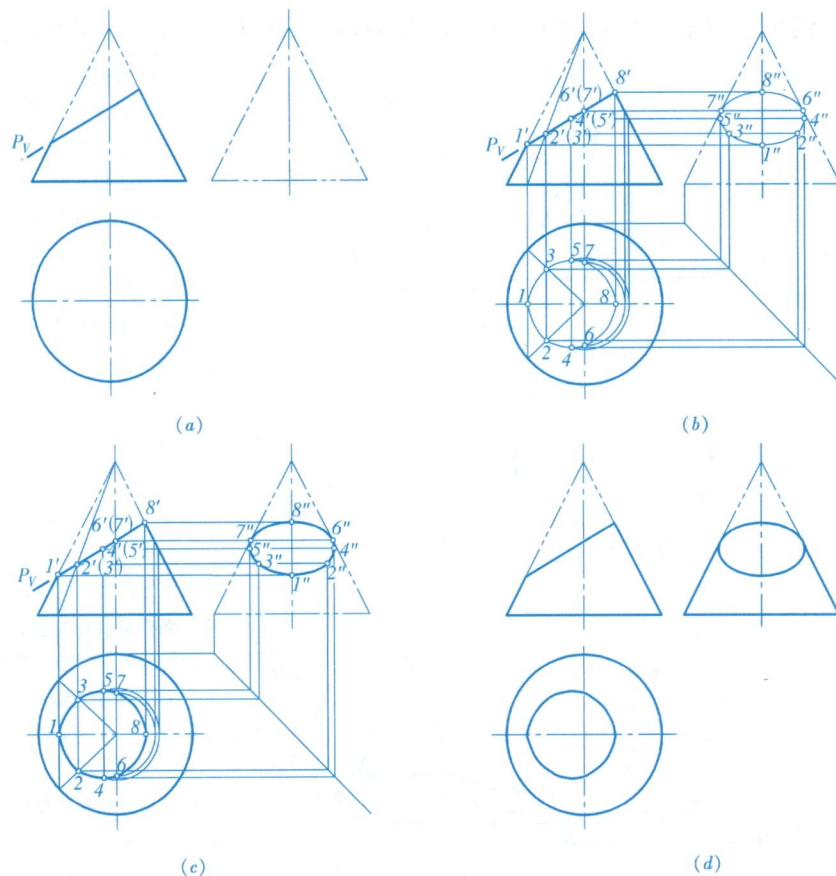

图 9-7　圆锥被平面斜向截切

例 9-7 如图 9-8(a)所示,已知圆锥被两个正垂面截切,完成其三面投影。

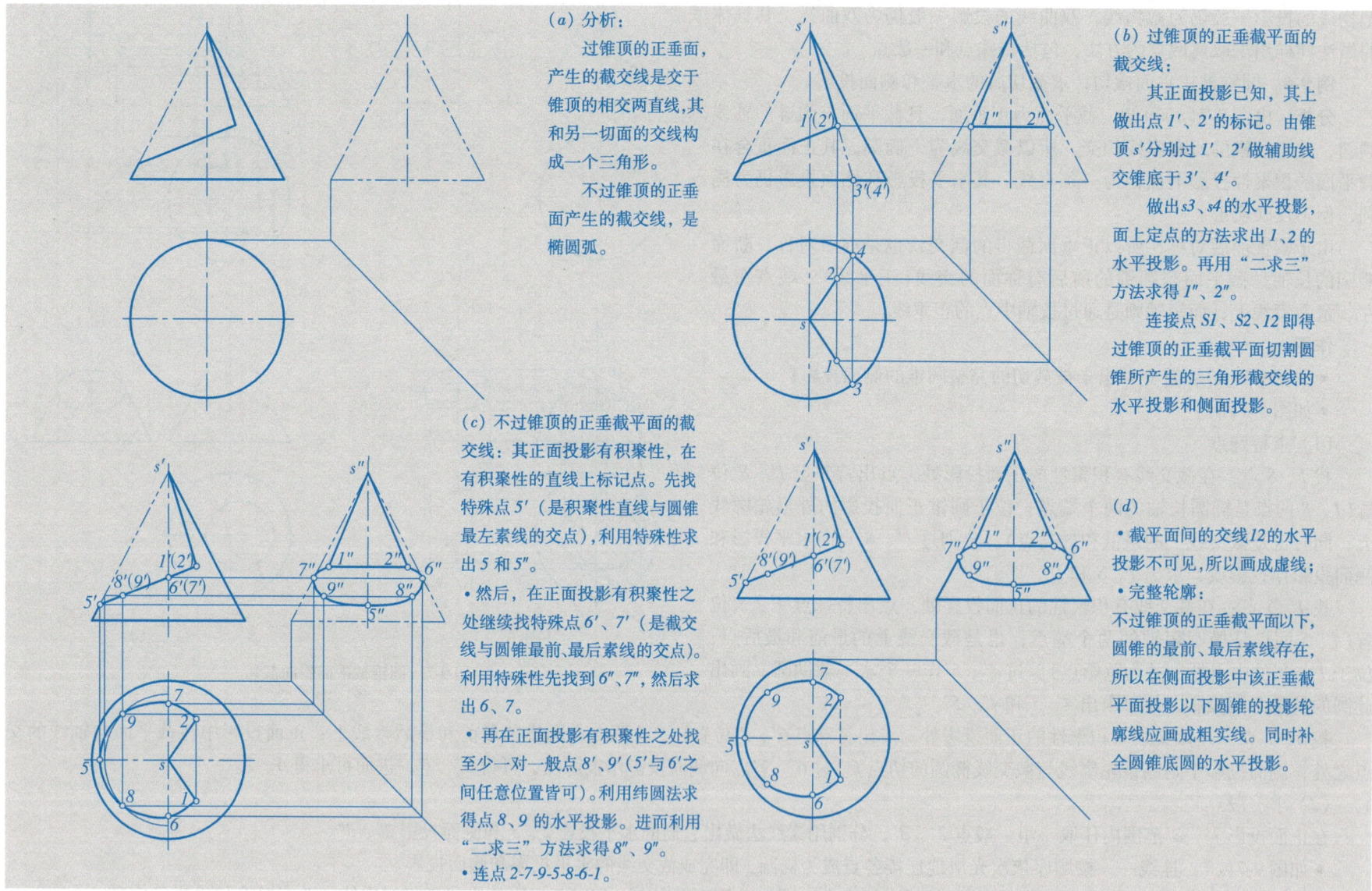

(a) 分析:

过锥顶的正垂面,产生的截交线是交于锥顶的相交两直线,其和另一切面的交线构成一个三角形。

不过锥顶的正垂面产生的截交线,是椭圆弧。

(b) 过锥顶的正垂截平面的截交线:

其正面投影已知,其上做出点 1'、2' 的标记。由锥顶 s' 分别过 1'、2' 做辅助线交锥底于 3'、4'。

做出 s3、s4 的水平投影,面上定点的方法求出 1、2 的水平投影。再用"二求三"方法求得 1''、2''。

连接点 S1、S2、12 即得过锥顶的正垂截平面切割圆锥所产生的三角形截交线的水平投影和侧面投影。

(c) 不过锥顶的正垂截平面的截交线:其正面投影有积聚性,在有积聚性的直线上标记点。先找特殊点 5'(是积聚性直线与圆锥最左素线的交点),利用特殊性求出 5 和 5''。

• 然后,在正面投影有积聚性之处继续找特殊点 6'、7'(是截交线与圆锥最前、最后素线的交点)。利用特殊性先找到 6''、7'',然后求出 6、7。

• 再在正面投影有积聚性之处找至少一对一般点 8'、9'(5' 与 6' 之间任意位置皆可)。利用纬圆法求得点 8、9 的水平投影。进而利用"二求三"方法求得 8''、9''。

• 连点 2-7-9-5-8-6-1。

(d)

• 截平面间的交线 12 的水平投影不可见,所以画成虚线;

• 完整轮廓:

不过锥顶的正垂截平面以下,圆锥的最前、最后素线存在,所以在侧面投影中该正垂截平面投影以下圆锥的投影轮廓线应画成粗实线。同时补全圆锥底圆的水平投影。

图 9-8 两平面与圆锥相交

9.2.6　圆球体的截交线

平面与圆球相交，不论平面与圆球的相对位置如何，其截交线都是圆。但由于截切平面对投影面的相对位置不同，所得截交线(圆)的投影不同。但其投影则根据截平面对投影面的相对位置不同，可能是直线段、椭圆或圆。

例 9-8　半圆球被两个平面切割，其正面投影如图 9-9(a)所示，求其另外两面水平和侧面投影。

分析

从已知的投影图中可知，水平面截平面切半球产生的截交线是一段水平圆弧，并反映实形；侧面截平面切半球产生的截交线是一段侧平圆弧，其侧面投影反映实形；两截平面的交线为正垂线 Ⅰ Ⅲ，在正面投影上积聚为一点。

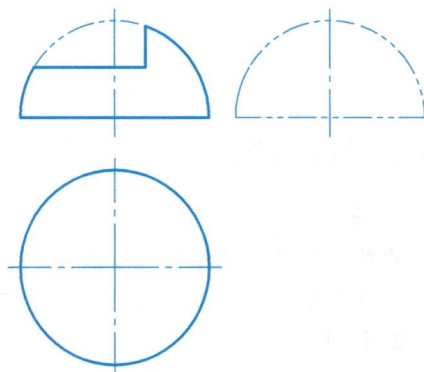

(a) 首先，补出未被截切的完整半球的侧面投影。

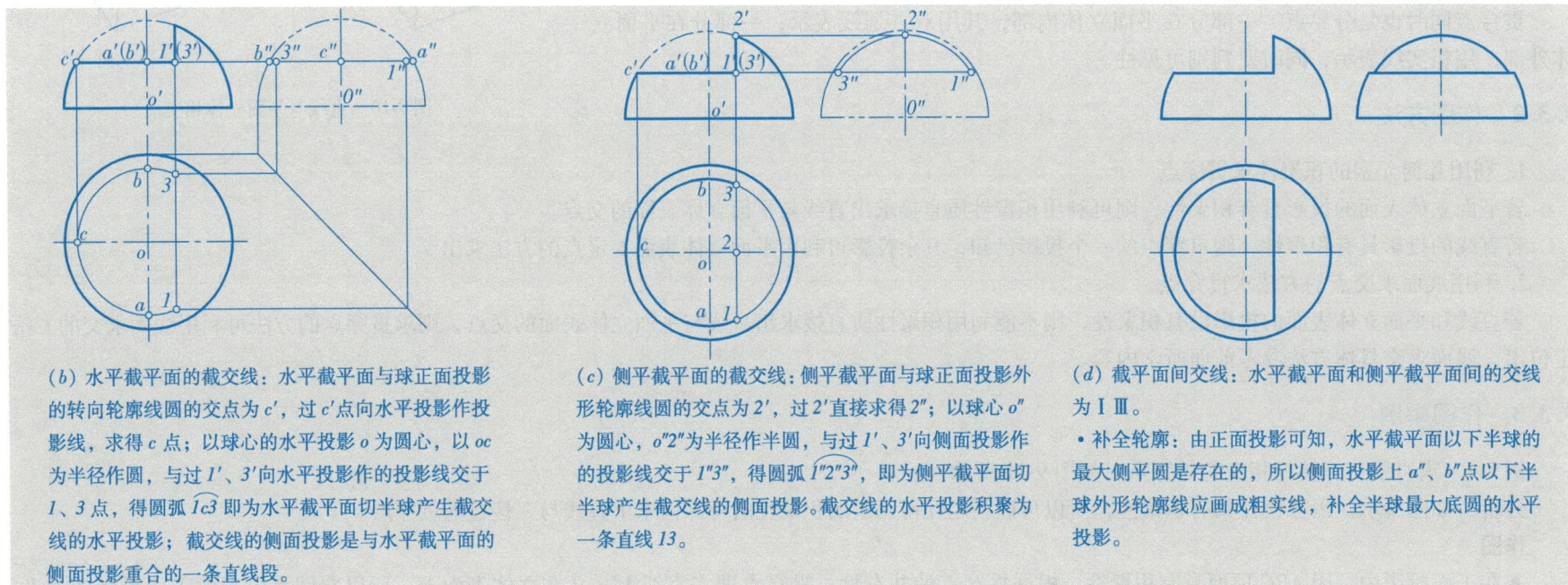

(b) 水平截平面的截交线：水平截平面与球正面投影的转向轮廓线圆的交点为 c′，过 c′点向水平投影作投影线，求得 c 点；以球心的水平投影 o 为圆心，以 oc 为半径作圆，与过 1′、3′向水平投影作的投影线交于 1、3 点，得圆弧 ⌒1c3 即为水平截平面切半球产生截交线的水平投影；截交线的侧面投影是与水平截平面的侧面投影重合的一条直线段。

(c) 侧平截平面的截交线：侧平截平面与球正面投影外形轮廓线圆的交点为 2′，过 2′直接求得 2″；以球心 o″为圆心，o″2″为半径作半圆，与过 1′、3′向侧面投影作的投影线交于 1″3″，得圆弧 ⌒1″2″3″，即为侧平截平面切半球产生截交线的侧面投影。截交线的水平投影积聚为一条直线 13。

(d) 截平面间交线：水平截平面和侧平截平面间的交线为 Ⅰ Ⅲ。

• **补全轮廓**：由正面投影可知，水平截平面以下半球的最大侧平圆是存在的，所以侧面投影上 a″、b″点以下半球外形轮廓线应画成粗实线，补全半球最大底圆的水平投影。

图 9-9　圆球被平面截切

9.3　直线与平面立体相交

9.3.1　概念与性质

1. 概念

直线与平面立体相交可以认为是平面立体被直线所贯穿(图9-10)。

直线与平面立体表面的交点称为贯穿点。

2. 性质

贯穿点的成对性：一般情况下，贯穿点一般成对出现，其中一个为穿入点时，另一个即为一穿出点。

贯穿点具有共有点：即在直线上，又在平面立体表面上。

贯穿点同时也是分界点。一部分在平面立体内部，其用双点划线表示；一部分在平面立体外部，用粗实线表示，同时要判别可见性。

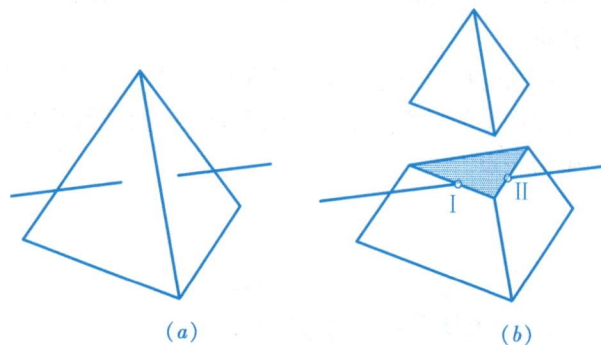

图9-10　直线与平面立体相交

9.3.2　作图方法

1. 利用几何元素的积聚性求贯穿点

若平面立体表面的投影具有积聚性，则可利用积聚性质直接求出直线与平面立体表面的交点。

若直线的投影具有积聚性，则贯穿点的一个投影已知，其余投影可利用平面立体表面上定点的方法求出。

2. 利用线面求交点的方法求贯穿点

若直线和平面立体表面的投影没有积聚性，则不能利用积聚性质直接求出直线与平面立体表面的交点，则求贯穿点的方法可利用线面求交的方法定位出。线面求交具体方法参考前面所学内容。

9.3.3　作图举例

例9-9　求直线与三棱柱相交的贯穿点，如图9-11所示。

分析　如图所示，因三棱柱具有积聚性，所以可以利用几何元素的积聚性的特殊性来求直线与三棱柱的贯穿点。

作图

● 在正面投影中，因 ABC 顶面具有积聚性，根据贯穿点的共有性，贯穿点即在直线上，又在立体表面上，所以空间贯穿点的正面投影即为 l'，再根据从属性，可确定 l' 的对应水平投影 l，如图9-11(b)所示；

● 在水平投影中，因 BC 棱面具有积聚性，根据贯穿点的共有性，贯穿点即在直线上，又在立体表面上，所以空间贯穿点的水平投影即为 k，再根据从属性可确定 k 的对应正面投影 k'；

● 由于立体对直线的遮挡，所以需对贯穿点的可见性进行判定。此需根据贯穿点所在的立体棱面的可见性进行判定，如图 9-11(b) 所示；

● 完整视图：将直线的投影按投影特点补充完整，即将直线的投影分别划至贯穿点的位置，如图 9-11(b) 所示。

● 完整结果如图 9-11(b) 所示。

例 9-10　求直线与三棱锥相交的贯穿点，如图 9-12 所示。

分析　因三棱锥没有积聚性，所以必须利用直线和一般位置面求交点的方法求贯穿点。

作图

● 包含直线 EF 做一辅助平面——正垂面。

● 求出辅助平面与参与相交的各棱面的交线，如在正面投影中求得辅助平面分别与三个棱面的交线为 $1'2'$、$2'3'$、$3'1'$，在水平投影中求得辅助平面分别与三个棱面的交线为 12、23、31，如图 9-12(b) 所示。

● 由于包含直线做辅助平面，所以贯穿点即在辅助平面与各棱面相交所得的交线上，又在直线的投影上。所以在水平投影中，直接由 12 和 ef 相交得到一贯穿点的水平投影 k，由 23 和 ef 相交得到另一贯穿点的水平投影 l。根据投影规律和点在直线上的从属性，可求得贯穿点对的正面投影 k'、l'。

● 补全投影：将直线的投影分别画至贯穿点的位置。

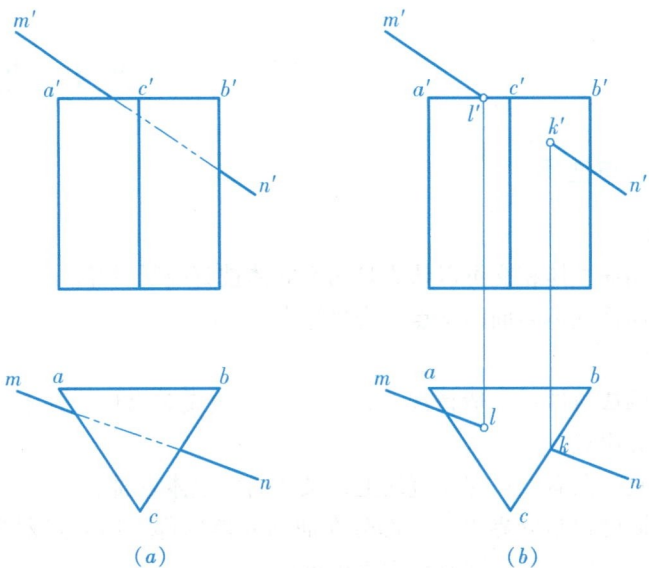

图 9-11　直线与三棱柱相交

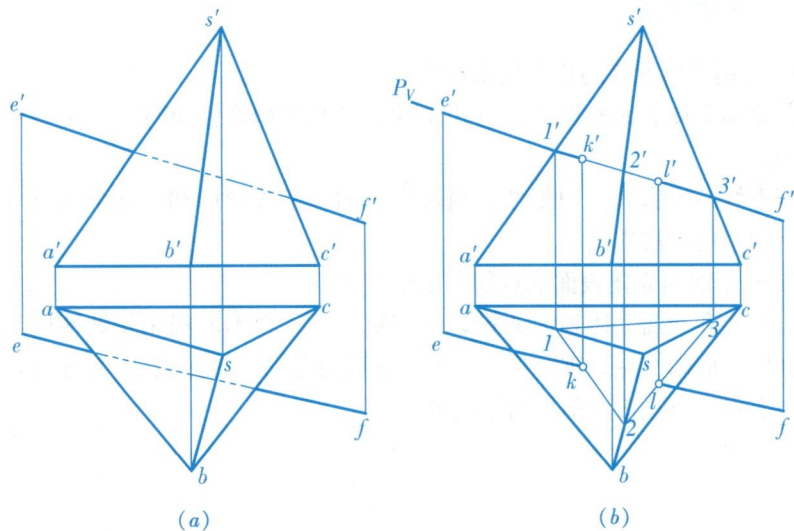

图 9-12　直线与三棱锥相交

9.4 直线与曲面立体相交

9.4.1 概念与性质

1. 概念

直线与曲面立体相交可以认为是曲面立体被直线所贯穿。

直线与曲面立体表面的交点称为贯穿点。

2. 性质

贯穿点的成对性：一般情况下，贯穿点一般成对出现，其中一个为穿入点时，另一个即为一穿出点。

贯穿点具有共有点：即在直线上，又在曲面立体表面上。

贯穿点同时也是分界点。一部分在曲面立体内部，用双点划线表示；一部分在立体外部，用粗实线表示，同时要判别可见性。

9.4.2 作图方法

1. 利用几何元素的积聚性求贯穿点

若曲面立体表面的投影具有积聚性，可利用积聚性质直接求出直线与曲面立体表面的交点。

若直线的投影具有积聚性，则贯穿点的一个投影已知，其余投影可利用曲面立体表面上定点的方法求出。

2. 利用曲面立体表面取点的方法求贯穿点

若直线和曲面立体表面的投影没有积聚性，则不能利用积聚性质直接求出直线与曲面立体表面的交点，则求贯穿点的方法用曲面立体表面取点的方法定位出。曲面立体表面取点的方法参考前面所学内容。

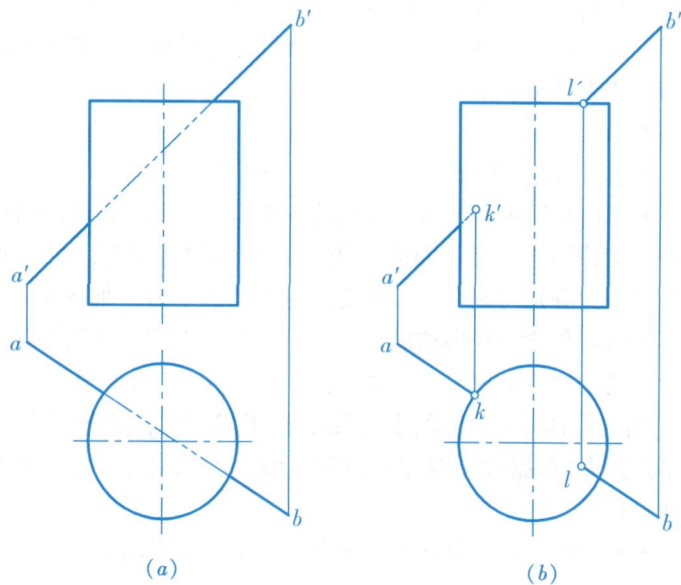

图 9-13 直线与圆柱相交

9.4.3　作图举例

例 9-11　求直线与圆柱相交的贯穿点，如图 9-13 所示。

分析

因圆柱具有积聚性，所以可以利用几何元素的积聚性的特殊性来求直线与圆柱的贯穿点。

作图

● 由两面投影可知，直线在圆柱的顶面和圆柱面处与圆柱相交，则在水平投影中，因圆柱面具有积聚性，根据贯穿点的共有性，贯穿点即在直线上，又在圆柱表面上，所以空间贯穿点的水平投影即为 k 可直接求出，再根据从属性，可确定 k 的对应正面投影 k'，如图 9-13(b) 所示；

● 在正面投影中，因圆柱顶面具有积聚性，根据贯穿点的共有性，贯穿点即在直线上，又在立体表面上，所以空间贯穿点的正面投影 l' 可直接求出再根据从属性，根据投影规律和从属性，可确定 l' 的对应水平投影 l，如图 9-13(b) 所示；

● 由于曲面立体对直线的遮挡，所以需对贯穿点的可见性进行判定。此需根据贯穿点所在的立体棱面的可见性进行判定，如图 9-13(b) 所示；

● 完整视图：将直线的投影按投影特点补充完整，即将直线的投影分别画至贯穿点的位置。

完整结果如图 9-13(b) 所示。

例 9-12　求特殊直线与圆锥相交的贯穿点，如图 9-14 所示。

分析

如图 9-14(a) 所示，因直线具有积聚性，所以可以利用几何元素的积聚性的特殊性来求直线与圆锥的贯穿点。

作图

● 由两面投影可知，铅垂直线在圆锥的圆锥面和底面处贯穿。在水平投影中，直线的投影积聚为一点。则直线与圆锥底面的贯穿点可直接求出，另一贯穿点则利用圆锥表面取点的方法求出，如图 9-14(b) 所示；

● 确定直线与圆锥表面的贯穿点。可利用在圆锥表面取点的方法——素线法或纬圆法求出。图 9-14(b) 所示为纬圆法；

● 完整视图：将直线的投影补充完整，即将直线的投影分别画至贯穿点的位置。

完整结果如图 9-14(b) 所示。

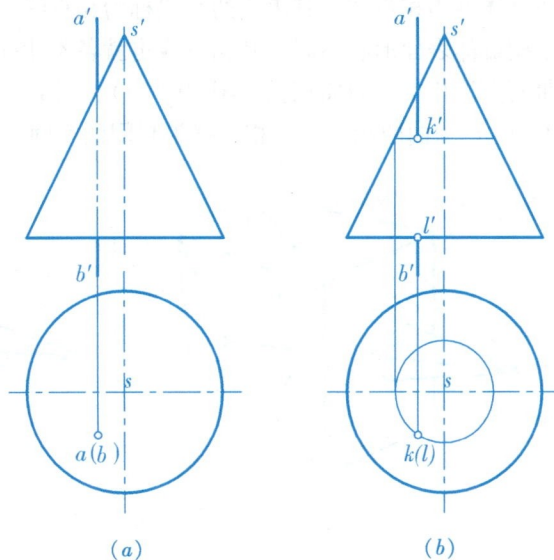

(a)　　　　　　　(b)

图 9-14　特殊直线与圆锥相交

第 10 章　立　体　相　贯

在工程中单一几何形体的应用是很少见的，大多数的工程物体都是两个或两个以上的基本立体相交组成的。立体相交也称之为立体相贯，参与相交的立体称为相贯体，其表面的交线称为相贯线。相贯线是两相贯体表面的共有线，也是两立体表面的分界线。

相贯体表面形状不同，其相贯线也就各不相同，按其几何性质可分为三类，两平面立体相贯称平平相贯；平面立体与曲面立体相贯称平曲相贯；两曲面立体相贯称曲曲相贯。图 10-1(a)、图 10-1(b) 均为平平相贯，其相贯线为封闭的空间折线；图 10-1(c) 为平曲相贯，其相贯线为空间封闭线；图 10-1(d) 为曲曲相贯，其相贯线为封闭的空间曲线。

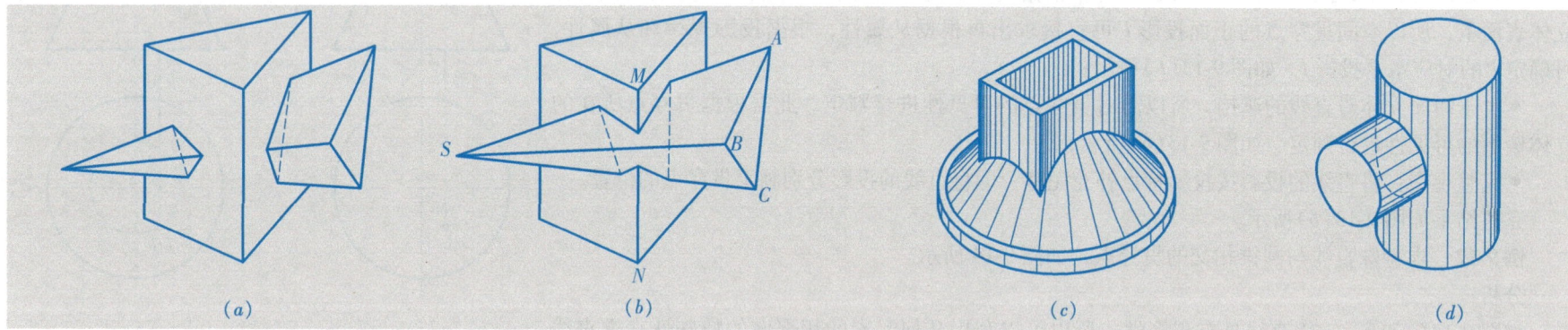

图 10-1　两立体相交

相贯体表面形状不同，其相贯线的组成有很大的差异，但所有相贯线都有下列两个基本性质：

（1）相贯线是两相交立体表面的共有线。其投影必在两立体投影轮廓重叠范围以内。

（2）由于立体有一定的范围，所以相贯线一般都是封闭的。

两相贯体相对位置不同，相贯线也各不相同。当一个立体的棱线（或素线）全部贯穿另一个立体时，产生两组封闭的相贯线称全贯，如图 10-1(a) 所示。当两个立体都有部分棱线（或素线）参与相贯时，产生一组封闭的相贯性，称为互贯，如图 10-1(b) 所示。

总之，相贯线的形状取决于相贯体的几何性质，也取决于相贯体的大小及相对位置。也就是说体表面形状不同，相对位置不同，产生的相贯线也不同，所以相贯线的作图方法也就不同，下面分别阐述三种类型的相贯线的作图方法。

10.1 平 面 立 体 相 贯

10.1.1 相贯线的特性及作图方法

平面立体是由平面围成，两平面立体相贯实质是棱面与棱面相交，其交线是直线，所以平平相贯的相贯线，是由若干段直线围成的封闭的空间折线（或平面多边形），其中的每段折线，是参与相交的两平面立体的棱面与棱面的交线，折线的端点是平面立体的棱线与另一平面立体表面的交点（贯穿点），所以求平平相贯的相贯线有两种方法：

（1）分别作出两平面立体参与相交的棱线的贯穿点，并按空间关系依次连接各贯穿点。

（2）直接作出两平面立体参与相交的棱面的交线。

上述两种方法常常联合使用，当参与相交的立体表面有积聚性时，则可以利用其积聚投影求作相贯线。求相贯线的一般步骤：

分析

（1）形体分析：读懂参与相交的基本立体的形状及特点。

（2）相贯情况：判断参与相贯的棱线与棱面，有多少个应求的贯穿点；属于全贯还是互贯，有几组相贯线，尽量去想象相贯线的形状。

作图

（1）求参与相交的棱线的贯穿点，或直接求参与相交的两棱面的交线。

方法：辅助平面法，或利用积聚投影直接求贯穿点。

（2）连点：将求得的贯穿点连成相贯线

连点原则：只有位于同一立体的同一棱面内，同时也位于另一立体的同一棱面内的两个点，才能相连。

（3）判断可见性：只有同时位于两立体的可见棱面上的相贯线才为可见，否则相贯线均不可见。

（4）完成投影图：即整理参与相交的棱线，将其画至贯穿点位置，并判断可见性。

10.1.2 平面立体相贯举例

例 10-1 已知直立三棱柱 ABC 与倾斜三棱柱 DEF 相交，完成该相贯体的投影（图 10-2）。

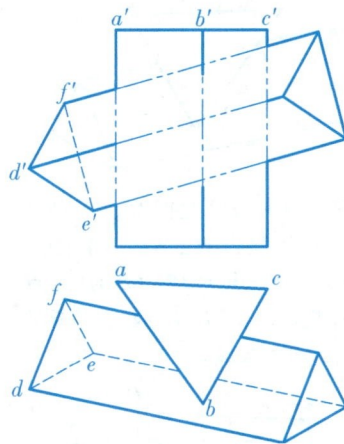

图 10-2 两棱柱体相交（一）

*（a）*分析：直立三棱柱 ABC 各棱面垂直 H 面，其水平投影有积聚性，相贯线的水平投影均重影在三棱柱 ABC 的水平投影上。

从水平投影中相贯线的积聚投影可见，直立三棱柱的棱线 A 和 C 在三棱柱 DEF 的外形轮廓线之外，故不参与相交，只有棱线 B 参与相交；斜三棱柱 DEF 中，棱线 D 在三棱柱 ABC 外形轮廓线之外，故不参与相交；只有棱线 E 和 F 参与相交。总之，两相贯体共有三条棱参与相交，应求出六个贯穿点。

通过上述分析得知，三棱柱 ABC 和 DEF，均有棱线参与相交，形成两立体相互贯穿，其相贯线为一组封闭的空间折线。

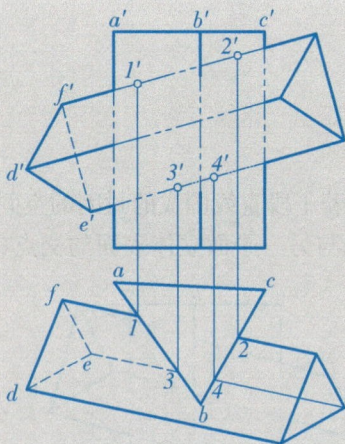

（b）求棱线 F、E 与棱面 AB、BC 的贯穿点：从水平积聚投影入手，可直接找到棱线 F、E 与棱面 AB、CD 的贯穿点的水平投影 1、2、3、4。线上定点求得贯穿点的正面投影 1′、2′、3′、4′。

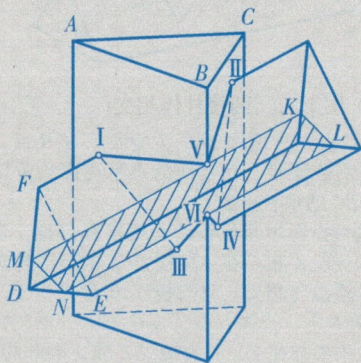

（c）此图为步骤（d）的立体分析图，求棱线 B 与棱面 DE、DF 的贯穿点。

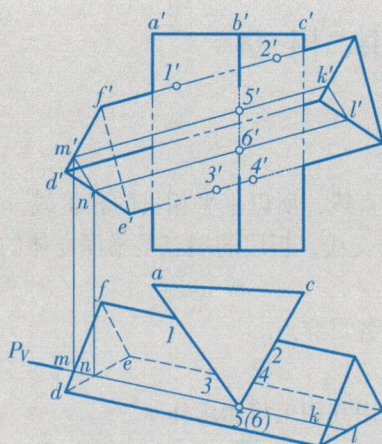

（d）求棱线 B 与棱面 DE、DF 的贯穿点：可包含棱线 B 作铅垂面 P（P 平行棱柱 DEF 的棱线），即过 B 棱的积聚投影 b 作直线平行棱线 d，得铅垂面 P 的水平迹线 PH，PH 与棱面 df 相交于 m，与棱面 de 相交于 n，求得 m′ 和 n′，分别过 m′ 和 n′ 作直线平行棱线 d′，得 P 平面与三棱柱 DEF 的矩形截交线 m′k′l′n′，截交线 m′k′l′n′ 与棱线 b′ 相交于 5′、6′，即为棱线 B 与棱面 DE、DF 的贯穿点的正面投影。其水平投影 5、6 与棱线 b 重合。图 10-2（c）为此步骤的立体分析图。

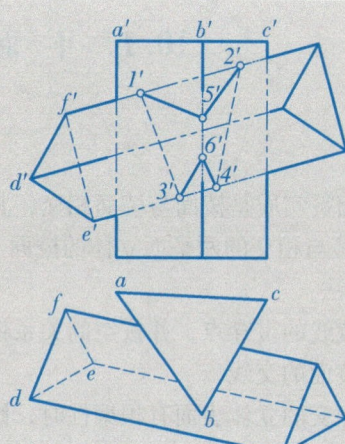

（e）连点：依连点原则，将各贯穿点用直线顺次连接成封闭折线，如点 I 和 V 同时位于棱面 AB 内，又同时位于棱面 DF 内，故可连线，而点 III 和 V，虽然同时位于棱面 AB 内，但 V 是在 DF 内而 III 是在 E 棱上，故 III 和 V 不能相连，其他各点用同样方法确定，按 I-V-II-IV-VI-III-I 的顺序连成封闭折线。

判别可见性：相贯线的可见性取决于所在棱面的可见性，连线 I III 和 II IV 即在棱面 AB 上，也在棱面 EF 上，棱面 AB 的正面投影 a′b′ 可见，而棱面 EF 的正面投影 e′f′ 不可见，因此 1′3′ 和 2′4′ 不可见，应画成虚线。IV、II V、III VI、IV、VI 均处于两立体的可见棱面上，因此 1′5′、2′5′、3′6′、4′6′ 均为可见，应画成实线。

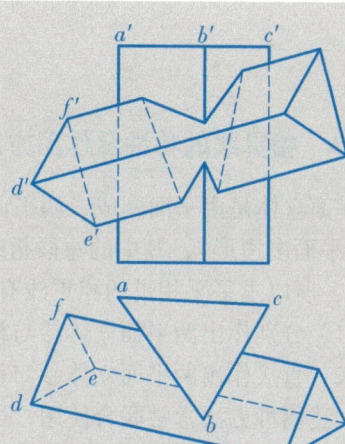

（f）完成投影图：求得相贯线后，还须整理棱线，将参与相贯的棱线画至贯穿点的位置，如棱线 f′ 应从两端向中间延伸至 1′ 和 2′ 位置；棱线 e′ 应从两端向中间延伸至 3′ 和 4′ 位置；棱线 b′ 应从两端向中间延伸至 5′ 和 6′ 位置。

补全不参与相交的棱线 a′、c′、d′ 的投影，因棱线 D 在前，故 d′ 为实线，棱线 A、C 中间一部分被三棱柱 DEF 遮挡，故 a′ 和 c′ 中间一部分画成虚线。

图 10-2 两棱柱体相交（二）

例 10-2　已知三棱锥与四棱柱相交，求相贯线（图 10-3(a)）。

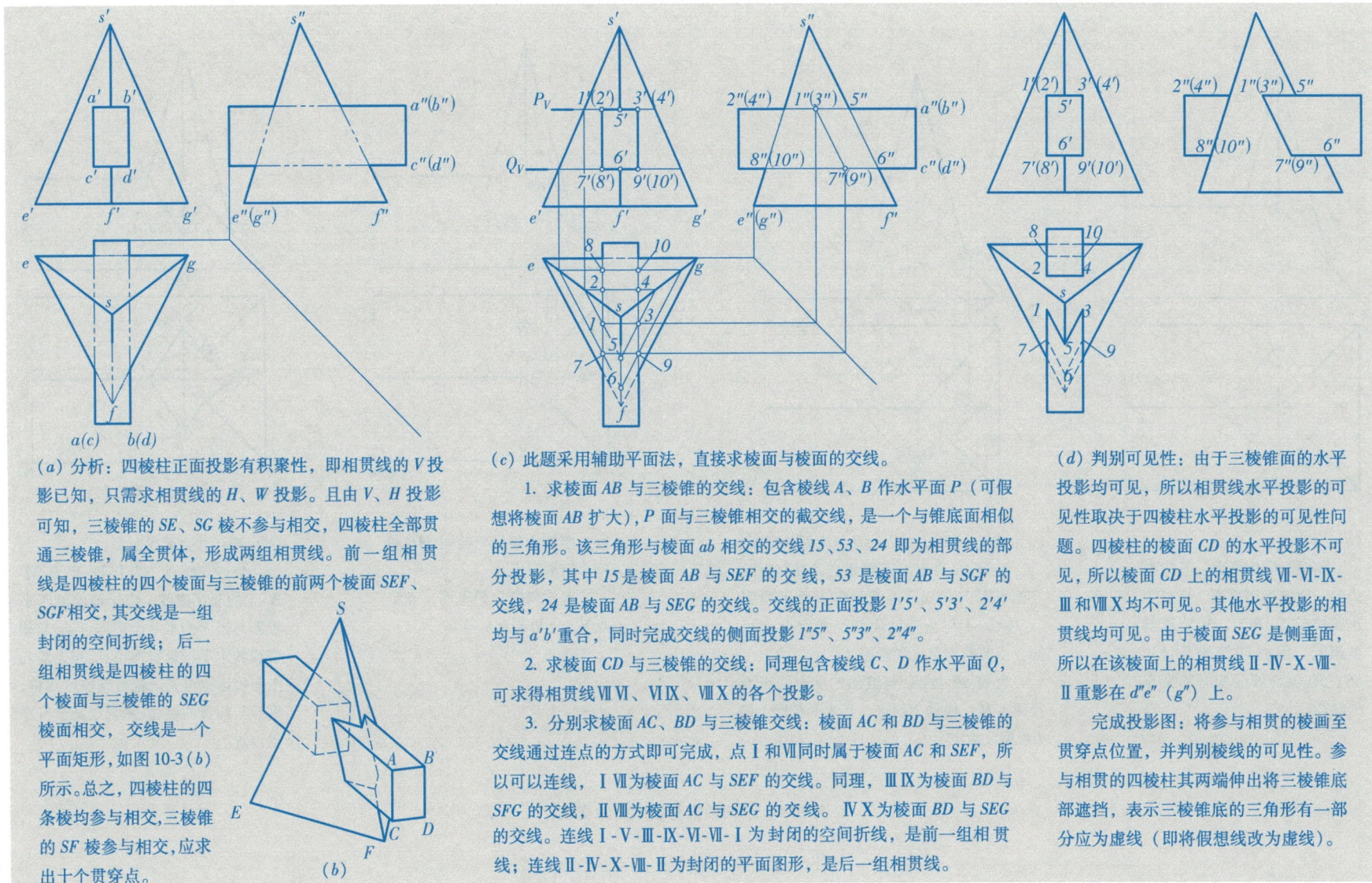

（a）分析：四棱柱正面投影有积聚性，即相贯线的 V 投影已知，只需求相贯线的 H、W 投影。且由 V、H 投影可知，三棱锥的 SE、SG 棱不参与相交，四棱柱全部贯通三棱锥，属全贯体，形成两组相贯线。前一组相贯线是四棱柱的四个棱面与三棱锥的前两个棱面 SEF、SGF 相交，其交线是一组封闭的空间折线；后一组相贯线是四棱柱的四个棱面与三棱锥的 SEG 棱面相交，交线是一个平面矩形，如图 10-3(b) 所示。总之，四棱柱的四条棱均参与相交，三棱锥的 SF 棱参与相交，应求出十个贯穿点。

（b）

（c）此题采用辅助平面法，直接求棱面与棱面的交线。

1. 求棱面 AB 与三棱锥的交线：包含棱线 A、B 作水平面 P（可假想将棱面 AB 扩大），P 面与三棱锥相交的截交线，是一个与锥底面相似的三角形。该三角形与棱面 ab 相交的交线 15、53、24 即为相贯线的部分投影，其中 15 是棱面 AB 与 SEF 的交线，53 是棱面 AB 与 SGF 的交线，24 是棱面 AB 与 SEG 的交线。交线的正面投影 1'5'、5'3'、2'4' 均与 a'b' 重合，同时完成交线的侧面投影 1"5"、5"3"、2"4"。

2. 求棱面 CD 与三棱锥的交线：同理包含棱线 C、D 作水平面 Q，可求得相贯线Ⅶ Ⅵ、Ⅵ Ⅸ、Ⅷ Ⅹ 的各个投影。

3. 分别求棱面 AC、BD 与三棱锥交线：棱面 AC 和 BD 与三棱锥的交线通过连点的方式即可完成，点Ⅰ和Ⅶ同时属于棱面 AC 和 SEF，所以可以连线，Ⅰ Ⅶ 为棱面 AC 与 SEF 的交线。同理，Ⅲ Ⅸ 为棱面 BD 与 SFG 的交线，Ⅱ Ⅷ 为棱面 AC 与 SEG 的交线。Ⅳ Ⅹ 为棱面 BD 与 SEG 的交线。连线Ⅰ-Ⅴ-Ⅲ-Ⅸ-Ⅵ-Ⅶ-Ⅰ 为封闭的空间折线，是前一组相贯线；连线Ⅱ-Ⅳ-Ⅹ-Ⅷ-Ⅱ 为封闭的平面图形，是后一组相贯线。

（d）判别可见性：由于三棱锥面的水平投影均可见，所以相贯线水平投影的可见性取决于四棱柱水平投影的可见性问题。四棱柱的棱面 CD 的水平投影不可见，所以棱面 CD 上的相贯线Ⅶ-Ⅵ-Ⅸ-Ⅲ和Ⅷ Ⅹ均不可见。其他水平投影的相贯线均可见。由于棱面 SEG 是侧垂面，所以在该棱面上的相贯线Ⅱ-Ⅳ-Ⅹ-Ⅷ-Ⅱ重影在 d"e"（g"）上。

完成投影图：将参与相贯的棱画至贯穿点位置，并判别棱线的可见性。参与相贯的四棱柱其两端伸出将三棱锥底部遮挡，表示三棱锥底的三角形有一部分应为虚线（即将假想线改为虚线）。

图 10-3　三棱锥与四棱柱相交

例 10-3　如图 10-4(a)所示为建筑上常见的屋面附设物(如：塔楼、烟囱、天窗等)，求其与屋面本身的相贯线。

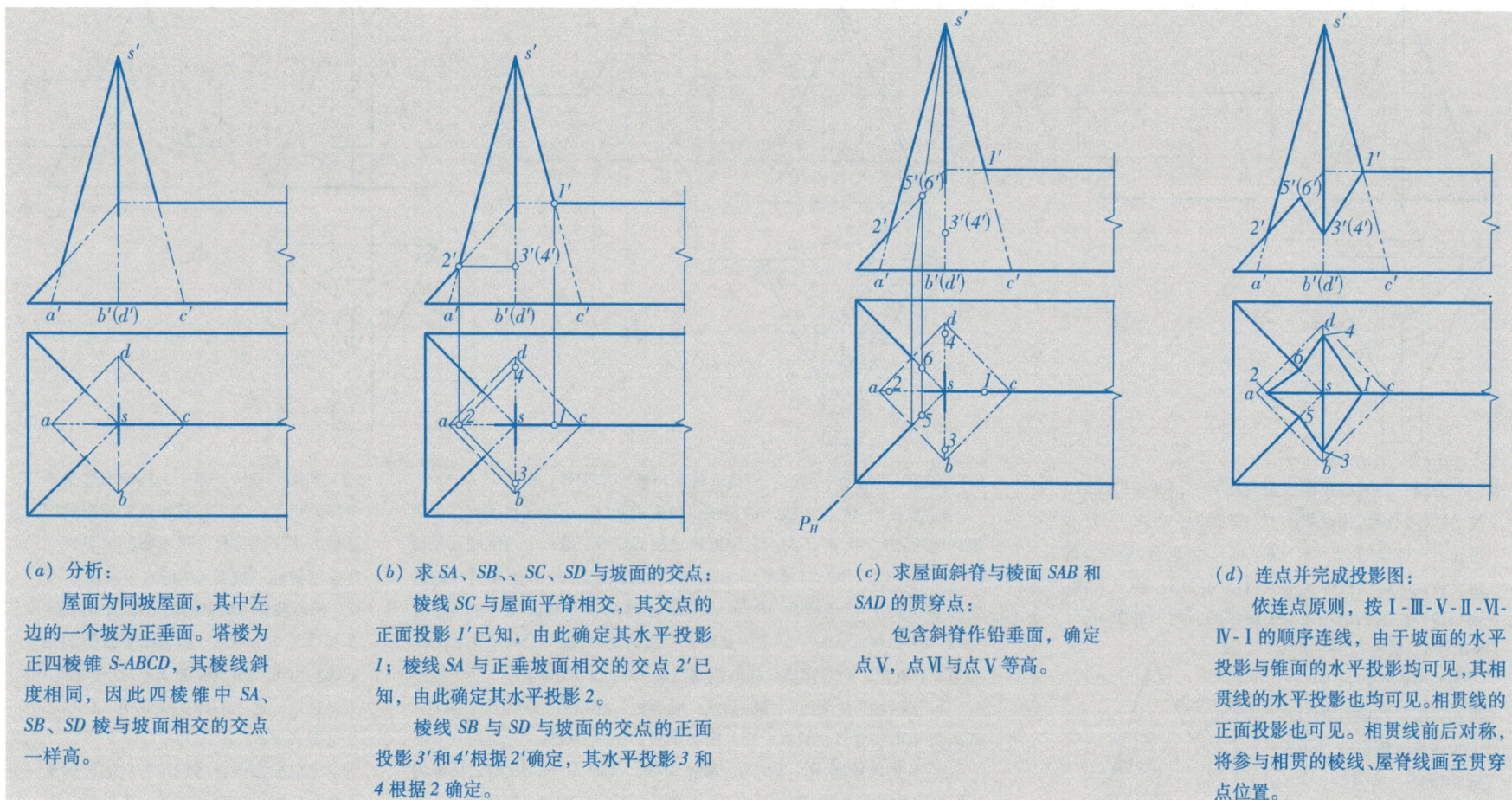

(a) 分析：

屋面为同坡屋面，其中左边的一个坡为正垂面。塔楼为正四棱锥 S-ABCD，其棱线斜度相同，因此四棱锥中 SA、SB、SD 棱与坡面相交的交点一样高。

(b) 求 SA、SB、、SC、SD 与坡面的交点：

棱线 SC 与屋面平脊相交，其交点的正面投影 1′ 已知，由此确定其水平投影 1；棱线 SA 与正垂坡面相交的交点 2′ 已知，由此确定其水平投影 2。

棱线 SB 与 SD 与坡面的交点的正面投影 3′ 和 4′ 根据 2′ 确定，其水平投影 3 和 4 根据 2 确定。

(c) 求屋面斜脊与棱面 SAB 和 SAD 的贯穿点：

包含斜脊作铅垂面，确定点V，点Ⅵ与点V等高。

(d) 连点并完成投影图：

依连点原则，按Ⅰ-Ⅲ-V-Ⅱ-Ⅵ-Ⅳ-Ⅰ的顺序连线，由于坡面的水平投影与锥面的水平投影均可见，其相贯线的水平投影也均可见。相贯线的正面投影也可见。相贯线前后对称，将参与相贯的棱线、屋脊线画至贯穿点位置。

图 10-4　求四棱锥与坡屋面的交线

10.2 屋面交线

10.2.1 同坡屋面

屋面有多种形式,如两坡屋面、四坡屋面、歇山屋面等,最常见的是屋檐等高的同坡屋面,即屋檐高度相等,各屋面与 H 面倾角相等的屋面。同坡屋面上各种交线的名称如图 10-5 所示:两个相邻屋檐相交成阳角(凸墙角),坡面交线为斜脊;两相邻屋檐相交成阴角(凹墙角),屋面交线为斜沟(天沟);平行两个屋檐的屋面交线为平脊(屋脊)。

同坡屋面各坡面的交线,实质是平面与平面相交的问题,当同坡屋面屋檐高度相等时,可遵循下述三点规则,在给定的屋面周界(水平投影)上求脊棱,进行屋面坡面的划分。

(1)斜脊(包括天沟)的 H 投影是两个相邻屋檐交线的角平分线。

(2)平脊的 H 投影必为两相对屋檐等距离的平行线。

(3)屋面上,若两条脊棱已相交一点,则过该点必然还有第三条脊线,即两个斜脊相交于一点,必有第三条平脊通过该点,或一个斜脊与平脊相交,必有第三个斜脊通过该点。该交点就是三个相邻屋面的公共点,如图 10-5 中的 A、B、C、D 均为公共点。

例 10-4 如图 10-6(a)给出一同坡屋面的周界,试用上述规则作出屋顶的各个脊棱的投影,并完成屋面的 V、W 投影,屋面坡角 $\alpha = 30°$。

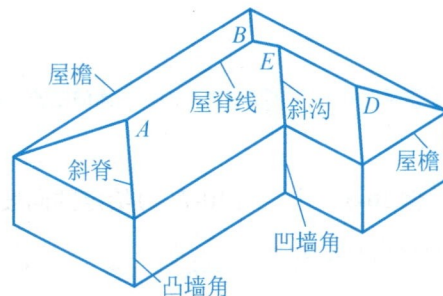

图 10-5 同坡屋面

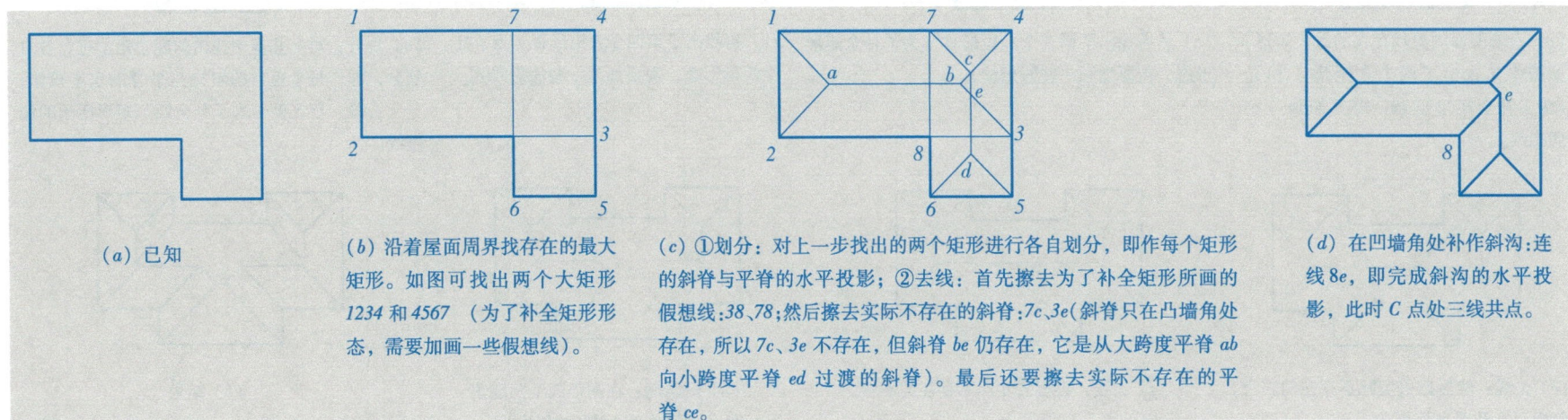

(a)已知

(b)沿着屋面周界找存在的最大矩形。如图可找出两个大矩形 1234 和 4567(为了补全矩形形态,需要加画一些假想线)。

(c)①划分:对上一步找出的两个矩形进行各自划分,即作每个矩形的斜脊与平脊的水平投影;②去线:首先擦去为了补全矩形所画的假想线:38、78;然后擦去实际不存在的斜脊:7c、3e(斜脊只在凸墙角处存在,所以 7c、3e 不存在,但斜脊 be 仍存在,它是从大跨度平脊 ab 向小跨度平脊 ed 过渡的斜脊)。最后还要擦去实际不存在的平脊 ce。

(d)在凹墙角处补作斜沟:连线 8e,即完成斜沟的水平投影,此时 C 点处三线共点。

图 10-6 同坡屋面的投影作图(一)

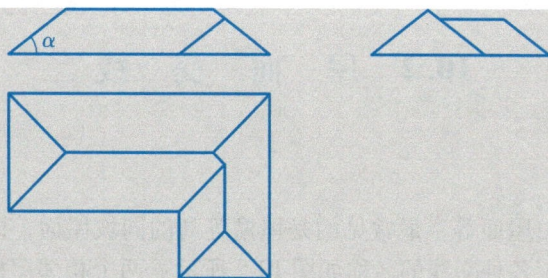

(e) 作屋面的 V、W 投影:因为同坡屋面的屋檐等高,周界上斜脊的起点均在水平线上,依 α = 30° 作斜脊的投影;再作斜脊线上公共点的投影,方可确定平脊的正面投影和侧面投影。

图 10-6　同坡屋面的投影作图(二)

例 10-5　按照图 10-7(a)给定的同坡屋面周界,完成屋面划分的水平投影。

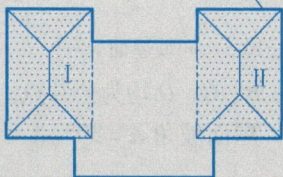

(a) 沿着屋面周界找存在的最大矩形。如图中先找出了两个大矩形Ⅰ和Ⅱ(为了补全矩形形态,需要加画一些假想线)。

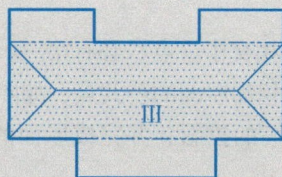

(b) 然后找出了第三个大矩形Ⅲ(为了补全矩形形态,需要加画一些假想线)。

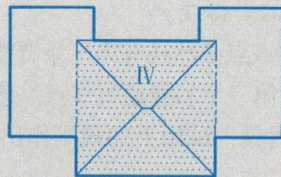

(c) 再找出了第四个大矩形Ⅳ(为了补全矩形形态,需要加画一些假想线)。

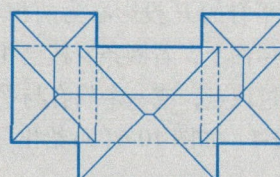

(d) 划分:对上几步中找出的四个矩形进行各自划分,即作每个矩形的斜脊与平脊的水平投影。

去线:首先擦去为了补全四个矩形所画的假想线。

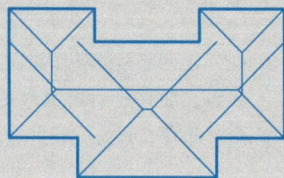

(e) 去线:然后擦去实际不存在的斜脊,斜脊只在凸墙角处存在。

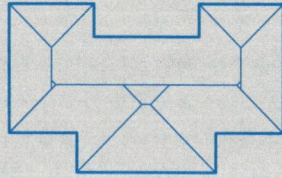

(f) 去线:再擦去实际不存在的平脊。

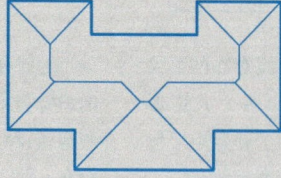

(g) 画斜沟:在图中四个凹墙角处分别补作 45° 方向的斜沟。

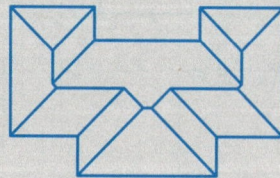

(h) 结果

图 10-7　给定周界的划分

例 10- 6　按照图 10-8(*a*)给定的同坡屋面周界，完成屋面划分。

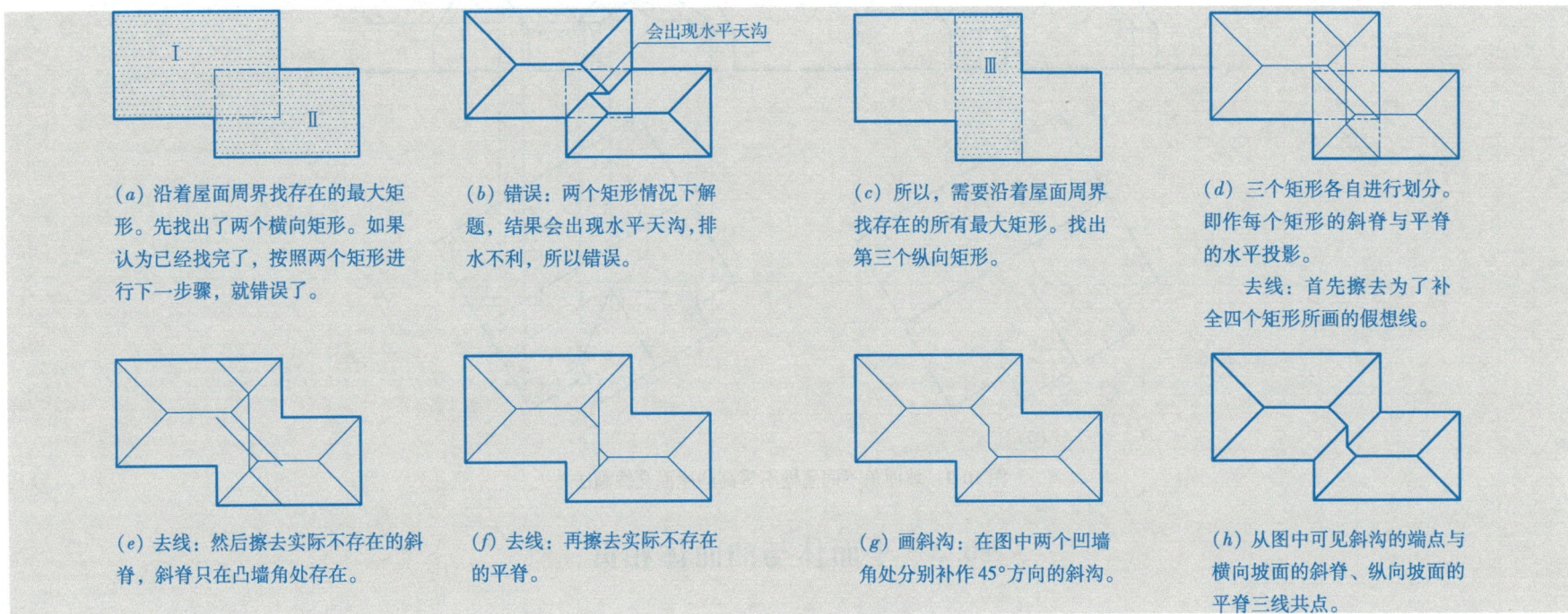

(*a*) 沿着屋面周界找存在的最大矩形。先找出了两个横向矩形。如果认为已经找完了，按照两个矩形进行下一步骤，就错误了。

(*b*) 错误：两个矩形情况下解题，结果会出现水平天沟，排水不利，所以错误。

会出现水平天沟

(*c*) 所以，需要沿着屋面周界找存在的所有最大矩形。找出第三个纵向矩形。

(*d*) 三个矩形各自进行划分。即作每个矩形的斜脊与平脊的水平投影。

去线：首先擦去为了补全四个矩形所画的假想线。

(*e*) 去线：然后擦去实际不存在的斜脊，斜脊只在凸墙角处存在。

(*f*) 去线：再擦去实际不存在的平脊。

(*g*) 画斜沟：在图中两个凹墙角处分别补作 45°方向的斜沟。

(*h*) 从图中可见斜沟的端点与横向坡面的斜脊、纵向坡面的平脊三线共点。

图 10-8　给定周界的划分

10.2.2　非同坡屋面

在建筑设计中常有屋檐不等高，坡面不相同的组合建筑，称为非同坡屋面。作这类建筑的屋面交线，可运用直线与平面相交求交点的方法，作屋檐或屋脊与坡面的交点，然后连线，即完成非同坡屋面的交线。

例 10-7　完成图 10-9 所示非同坡屋面的交线。

作主体与附体坡面的交线是从求附体屋檐、屋脊与主体坡面的交点入手，即过附体屋檐的正面投影作水平面 P_1，求得附体屋檐与主体坡面的交点 I 和 II，同理，通过水平面 P_2，求得附体屋脊与主体坡面的交点 III，连线 I III 和 II III，即完成主体坡面与附体坡面的交线。连线 II IV 和 I V 为附体墙面与主体坡面的交线。

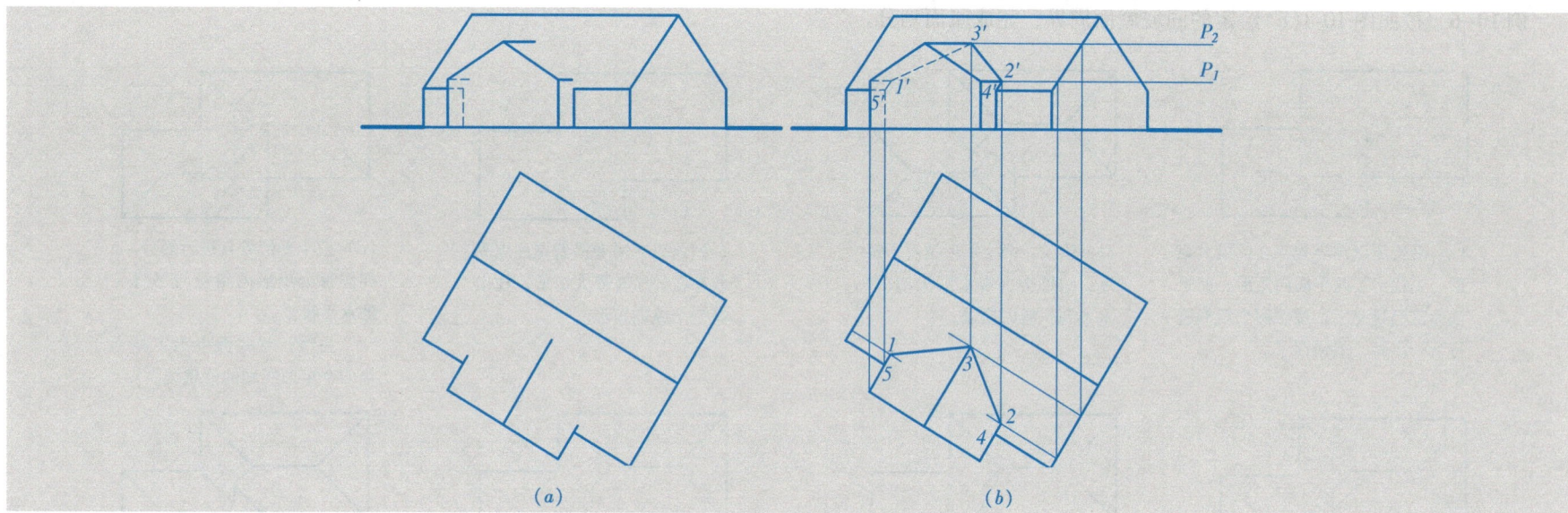

图 10-9 坡面角不同屋檐不等高的屋面交线画法

10.3 平面体与曲面体相贯

10.3.1 相贯线的特性及作图方法

平面体与曲面体相交，相贯线是由若干段平面曲线组成的空间封闭线。

如图 10-10 所示，其中的每段平面曲线是平面立体的棱面与曲面立体的截交线，相邻两段平面曲线的交点称结合点，结合点实质是平面立体的棱线与曲面立体的贯穿点。因此求平曲相贯的相贯线的实质，是求曲面立体的截交线和贯穿点的问题。

求平曲相贯的相贯线的一般步骤：

（1）形体分析及相贯情况的分析；

（2）求相贯线上的结合点；

（3）逐条求截交线；

（4）连线，连点时应注意，相贯线在结合点处有突然的转折，结合点之间是光滑的平面曲线。对复杂的平面相贯问题，应将参与相交的棱面，分别逐条求截交线，以避免大范围的连点；

（5）完成投影图。

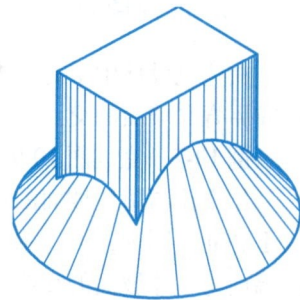

图 10-10 平曲相贯

10.3.2　平曲相贯举例

例 10-8　已知四棱柱与圆锥相交，完成该相贯体的投影(见图 10-11*a*)。

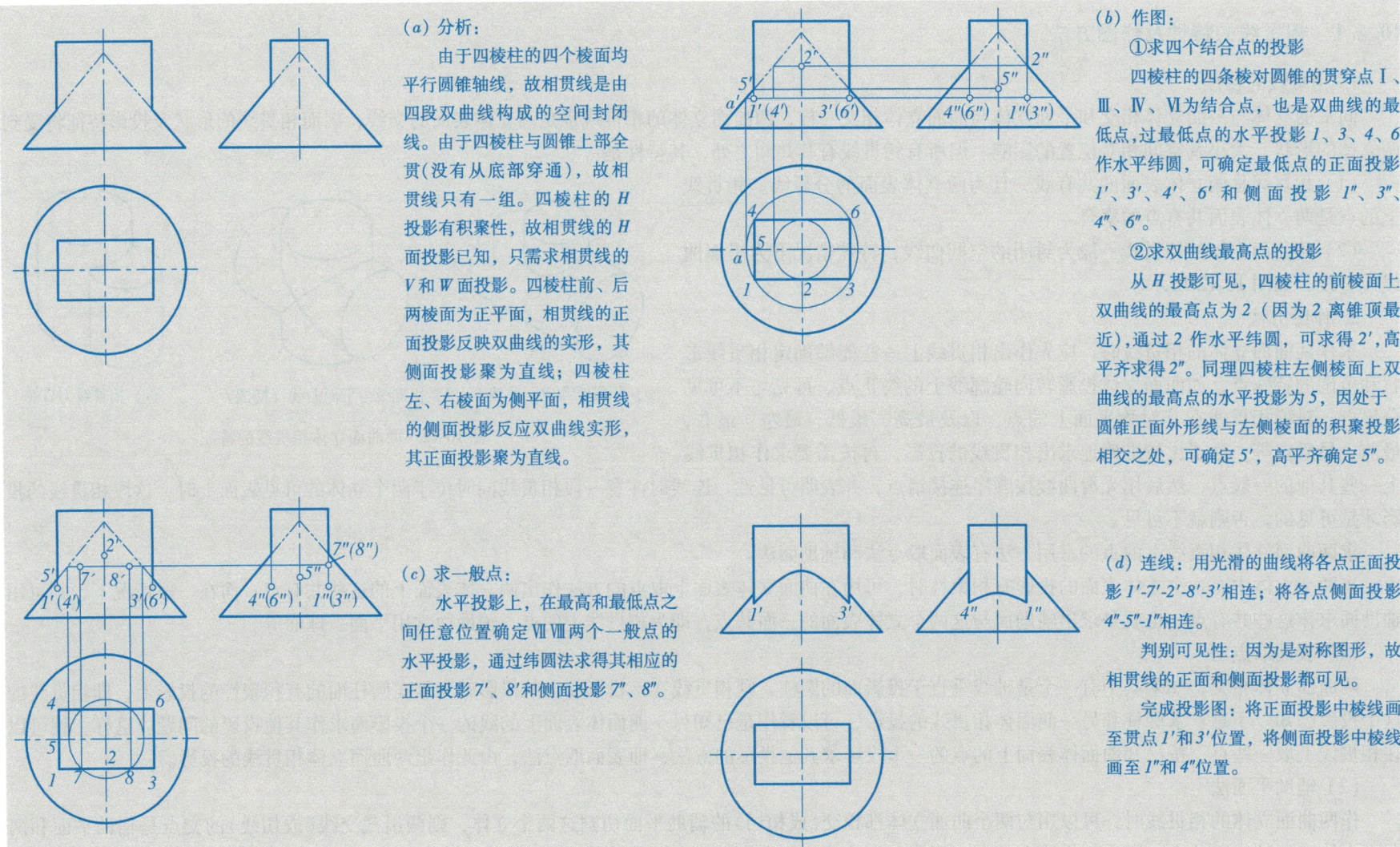

（*a*）分析：

由于四棱柱的四个棱面均平行圆锥轴线，故相贯线是由四段双曲线构成的空间封闭线。由于四棱柱与圆锥上部全贯(没有从底部穿通)，故相贯线只有一组。四棱柱的 H 投影有积聚性，故相贯线的 H 面投影已知，只需求相贯线的 V 和 W 面投影。四棱柱前、后两棱面为正平面，相贯线的正面投影反映双曲线的实形，其侧面投影聚为直线；四棱柱左、右棱面为侧平面，相贯线的侧面投影反应双曲线实形，其正面投影聚为直线。

（*b*）作图：

①求四个结合点的投影

四棱柱的四条棱对圆锥的贯穿点 Ⅰ、Ⅲ、Ⅳ、Ⅵ 为结合点，也是双曲线的最低点，过最低点的水平投影 1、3、4、6 作水平纬圆，可确定最低点的正面投影 1′、3′、4′、6′ 和侧面投影 1″、3″、4″、6″。

②求双曲线最高点的投影

从 H 投影可见，四棱柱的前棱面上双曲线的最高点为 2 (因为 2 离锥顶最近)，通过 2 作水平纬圆，可求得 2′，高平齐求得 2″。同理四棱柱左侧棱面上双曲线的最高点的水平投影为 5，因处于圆锥正面外形线与左侧棱面的积聚投影相交之处，可确定 5′，高平齐确定 5″。

（*c*）求一般点：

水平投影上，在最高和最低点之间任意位置确定 Ⅶ Ⅷ 两个一般点的水平投影，通过纬圆法求得其相应的正面投影 7′、8′ 和侧面投影 7″、8″。

（*d*）连线：用光滑的曲线将各点正面投影 1′-7′-2′-8′-3′ 相连；将各点侧面投影 4″-5″-1″ 相连。

判别可见性：因为是对称图形，故相贯线的正面和侧面投影都可见。

完成投影图：将正面投影中棱线画至贯点 1′ 和 3′ 位置，将侧面投影中棱线画至 1″ 和 4″ 位置。

图 10-11　四棱柱与圆锥相贯

10.4　两曲面立体相贯

10.4.1　相贯线的特性及作图方法

1. 相贯线的特性

同平面立体与平面立体相交和平面立体与曲面立体相交一样，两曲面立体的相贯线也是两立体表面的交线，因而相贯线的形状及投影特征将受到两立体的形状、大小及空间相对位置的影响。但所有相贯线有其共同之处，其特性是：

（1）相贯线是两立体表面的共有线，且为两立体表面的分界线。相贯线上的点是两立体表面共有点的集合。

（2）两曲面立体的相贯线一般为封闭的空间曲线，特殊情况下为平面曲线或直线，如图 10-12 所示。

2. 作图方法

求作两曲面立体的相贯线时，应先作出相贯线上一些能够确定相贯线形状和范围的特殊点，如曲面立体投影转向轮廓线上的终止点、可见与不可见分界点、对称相贯线在其对称平面上的点，以及最高、最低，最左、最右，最前、最后点等，为了比较准确地求出相贯线的投影，再按需要求作相贯线

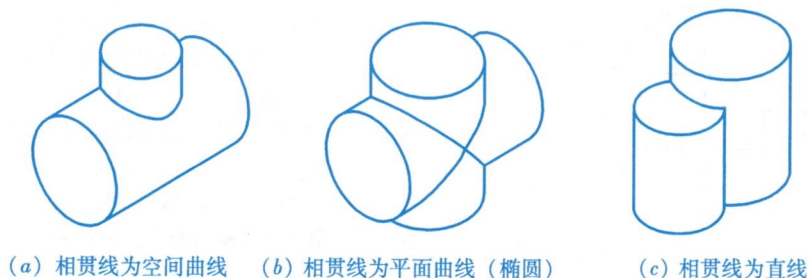

(a) 相贯线为空间曲线　　(b) 相贯线为平面曲线（椭圆）　　(c) 相贯线为直线

图 10-12　两曲面立体相贯线的特征

上一些其他的一般点，然后用光滑曲线按顺序连接诸点，并表明可见性。连线时注意一段相贯线同时位于两个立体的可见表面上时，这段相贯线的投影才是可见的，否则就不可见。

求两曲面立体相贯线上的点的常用方法有表面取点法和辅助面法。

当两个立体中有一个立体表面的投影有积聚性时，可用在曲面立体表面上取点的方法作出两立体表面上的这些共有点；而在一般情况下，则可用辅助面求作这些共有点，也就是求出辅助面与这两个立体表面的三面共点，即为相贯线上的点。辅助面常用平面、球面等。

（1）表面取点法

两曲面立体相交，如果其中有一个是轴线垂直于投影面的圆柱，则相贯线在该投影面上的投影就积聚在圆柱面的有积聚性的投影上，即相贯线的这个投影已知。于是，求圆柱和另一曲面体相贯线的投影，可以看作是已知另一曲面体表面上的线的一个投影而求作其他投影的问题。这样，就可以在相贯线上取一些点，按已知曲面体表面上的点的一个投影求其他投影的方法，即表面取点法，由此作出两曲面立体相贯线的投影。

（2）辅助平面法

作两曲面立体的相贯线时，可以用与两个曲面立体都相交（或相切）的辅助平面切割这两个立体，则两组截交线（或切线）的交点是辅助平面和两曲面立体表面的三面共点，即为相贯线上的点。用这种方法求作相贯线，称为辅助平面法。

用表面取点法求作相贯线的作图，也都可以用辅助平面法求解。

如图 10-13(a)所示，两圆柱轴线垂直相交，若作平行于两圆柱轴线的辅助平面 P，分别与这两个圆柱面交得一对素线，小圆柱面两条素线与半个大圆柱面上边一条素线的交点Ⅰ、Ⅱ就是相贯线上的点；用几个这样的平面作出相贯线上的若干点，就能连成相贯线。如果辅助平面平行于一个圆柱的轴线且垂直于另一个圆柱的轴线，这时辅助平面分别与这两个圆柱面交得一对素线和一个圆，它们的交点就是相贯线上的点。

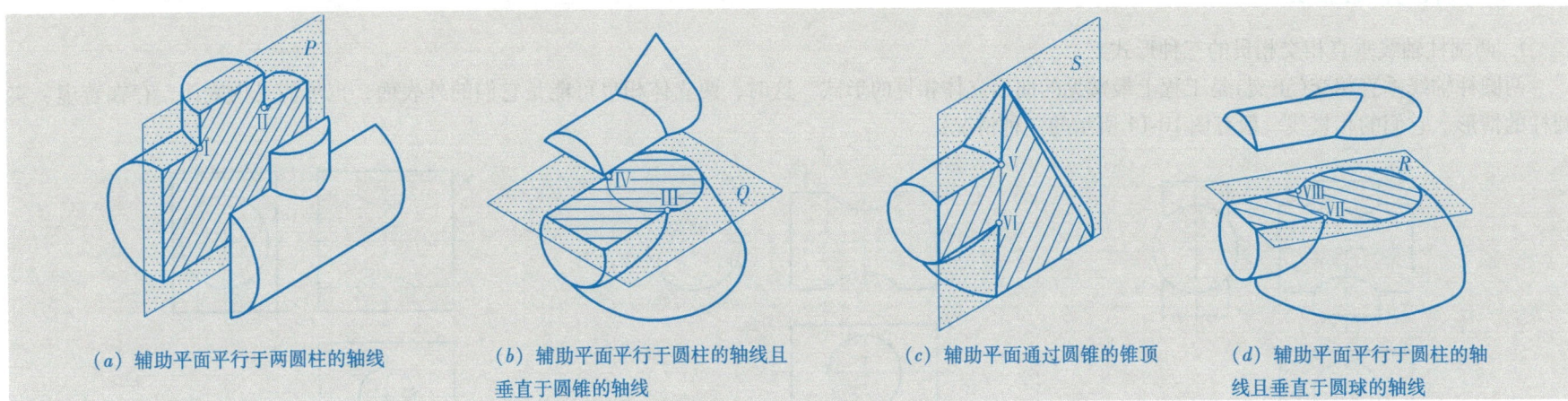

| (a) 辅助平面平行于两圆柱的轴线 | (b) 辅助平面平行于圆柱的轴线且
垂直于圆锥的轴线 | (c) 辅助平面通过圆锥的锥顶 | (d) 辅助平面平行于圆柱的轴
线且垂直于圆球的轴线 |

图 10-13　辅助平面的选择

应该指出：为了能方便地作出相贯线上的点，最好选用特殊位置平面作为辅助平面，并使辅助平面与两曲面立体的截交线的投影为最简单，如截交线为直线或平行于投影面的圆。

如图 10-13(b)、(c)所示，圆柱和圆锥轴线垂直相交，为了使辅助平面能与圆柱面，圆锥面相交于素线或平行于投影面的圆，对圆柱而言，辅助平面应平行或垂直于柱轴；对圆锥而言，辅助平面应垂直于锥轴或通过锥顶。综合上述情况，只能选择如图 10-13(b)、(c)所示的两种辅助平面。如图 10-13(b)所示，当辅助平面 Q 平行于柱轴且垂直于锥轴时，Q 与圆柱面相交于两条平行素线，Q 与圆锥面相交于一个水平纬圆，它们的交点Ⅲ、Ⅳ就是相贯线上的点；也可以过锥顶作与圆柱面和圆锥面相交的辅助平面 S(图 10-13(c))，S 与圆柱面相交于两条平行素线，S 与圆锥面也相交于两条相交素线，圆柱面两条素线与圆锥面左边一条素线的交点Ⅴ、Ⅵ就是相贯线上的点(图 10-13(c))。

图 10-13(d)所示，当辅助平面 R 平行于柱轴且垂直于锥轴时，R 与圆柱面相交于两条平行素线，R 与圆球面相交于一个水平纬圆，它们的交点Ⅶ、Ⅷ就是相贯线上的点。

由图 10-13 可以看出，利用辅助平面求两立体表面共有点的作图步骤如下：

(1) 根据形体分析选择合适的辅助平面；

(2) 分别求出辅助平面与两立体截交线的投影；

（3）两截交线的交点，即为相贯线上的点。

圆柱与圆柱、圆柱与圆锥、圆柱与球体相交是工程上常见的两曲面立体的相贯形式，下面用表面取点法和辅助平面法阐述这些常见曲面立体相贯线的画法。

10.4.2　圆柱与圆柱相贯

1. 两圆柱轴线垂直相交相贯的三种形式

两圆柱轴线垂直相交（正交）是工程上最常见的曲面立体相贯的形式。这时，两立体相贯可能是它们的外表面，也可能是内表面，存在着虚、实圆柱的情形。它们的相贯线一般有图 10-14 所示的三种情况：

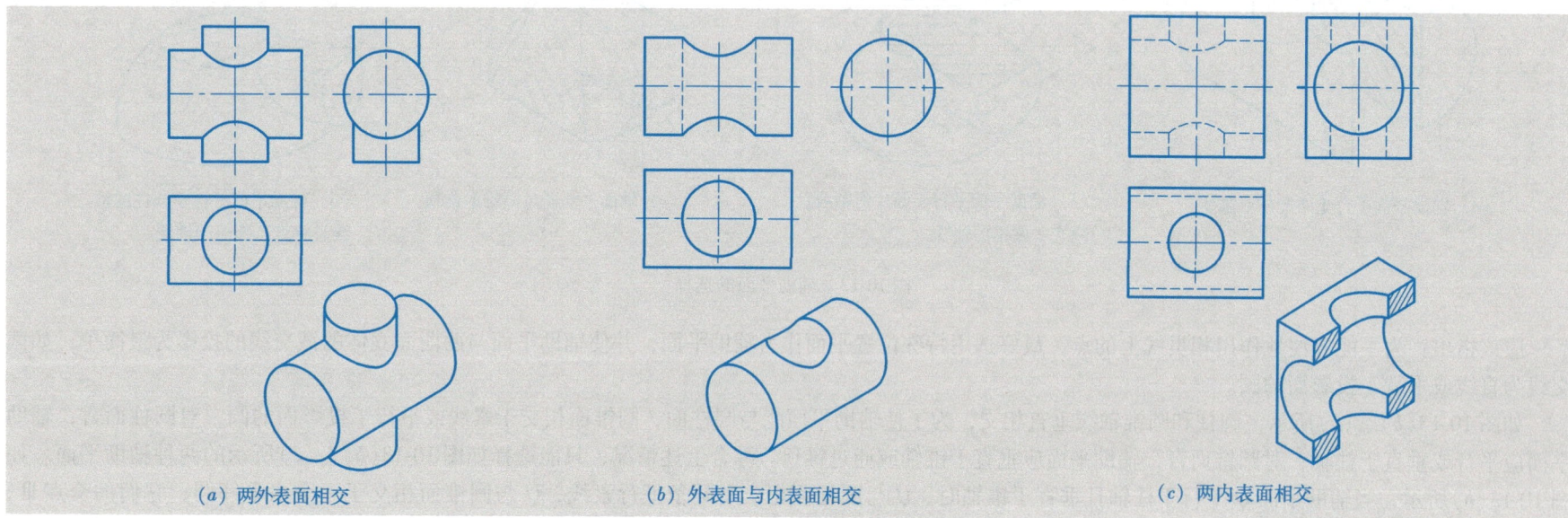

(a) 两外表面相交　　　　　(b) 外表面与内表面相交　　　　　(c) 两内表面相交

图 10-14　两圆柱正交相贯的三种情况

（1）图 10-14(a)表示小的实心圆柱全部贯穿大的实心圆柱，相贯线是上下对称的两条封闭的空间曲线；

（2）图 10-14(b)表示圆柱孔全部贯穿实心圆柱，相贯线也是上下对称的两条封闭的空间曲线，即圆柱孔壁的上、下孔口曲线；

（3）图 10-14(c)所示的相贯线是长方体内部两个圆柱孔的孔壁的交线，同样是上下对称的两条封闭的空间曲线。

实际上，在这三个投影图中所示的相贯线，它们虽有内、外表面的不同，但由于两圆柱面的直径大小和轴线相对位置不变，圆柱的虚实变化并不影响相贯线的形状，具有同样的形状，而且求这些相贯线投影的作图方法也是相同的（图 10-14），只是可见性不同。

例 10-9 已知两圆柱正交，完成该相贯体的投影(图 10-15(a))。

分析 从图 10-15(a)已知条件可知：铅垂圆柱与水平半圆柱的轴线垂直相交，相贯体有共同的前后和左右对称面，铅垂小圆柱全贯于水平大圆柱。因此，相贯线是一条封闭的前后左右对称的空间曲线。小圆柱面的水平投影积聚为圆，相贯线的水平投影与其重合；同理，大圆柱面的侧面投影积聚为圆，相贯线的侧面投影也就重合在小圆柱穿进处的一段圆弧上，且左半和右半相贯线的侧面投影互相重合。已知相贯线的水平投影和侧面投影，即可采用表面取点法或辅助平面法求出其正面投影。由于两圆柱轴线相交且其公共对称面平行 V 面，因此相贯线的正面投影为双曲线。

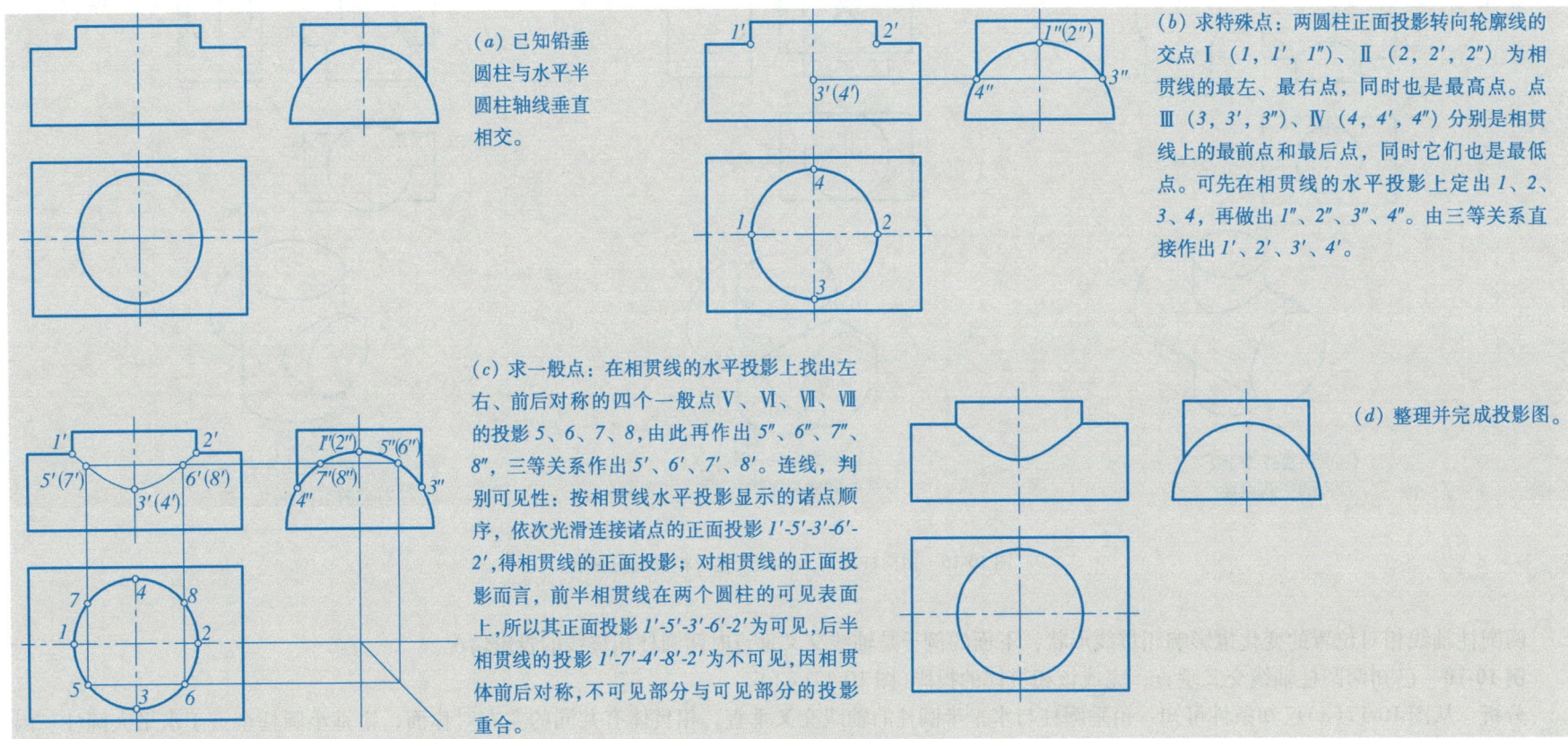

(a) 已知铅垂圆柱与水平半圆柱轴线垂直相交。

(b) 求特殊点：两圆柱正面投影转向轮廓线的交点 Ⅰ (1, 1′, 1″)、Ⅱ (2, 2′, 2″) 为相贯线的最左、最右点，同时也是最高点。点 Ⅲ (3, 3′, 3″)、Ⅳ (4, 4′, 4″) 分别是相贯线上的最前点和最后点，同时它们也是最低点。可先在相贯线的水平投影上定出 1、2、3、4，再做出 1″、2″、3″、4″。由三等关系直接作出 1′、2′、3′、4′。

(c) 求一般点：在相贯线的水平投影上找出左右、前后对称的四个一般点 Ⅴ、Ⅵ、Ⅶ、Ⅷ 的投影 5、6、7、8，由此再作出 5″、6″、7″、8″，三等关系作出 5′、6′、7′、8′。连线，判别可见性：按相贯线水平投影显示的诸点顺序，依次光滑连接诸点的正面投影 1′-5′-3′-6′-2′,得相贯线的正面投影；对相贯线的正面投影而言，前半相贯线在两个圆柱的可见表面上，所以其正面投影 1′-5′-3′-6′-2′ 为可见，后半相贯线的投影 1′-7′-4′-8′-2′ 为不可见，因相贯体前后对称，不可见部分与可见部分的投影重合。

(d) 整理并完成投影图。

图 10-15 两圆柱轴线垂直相交

2. 两圆柱相对大小的变化对相贯线的影响

当两圆柱垂直相交时，若相对位置不变，改变两圆柱的相对直径大小，则相贯线也会随之改变。图 10-16 中水平圆柱的直径不变，而直立圆柱的直径则自左至右逐个变大，相贯线形状和位置的变化如图 10-16 所示。

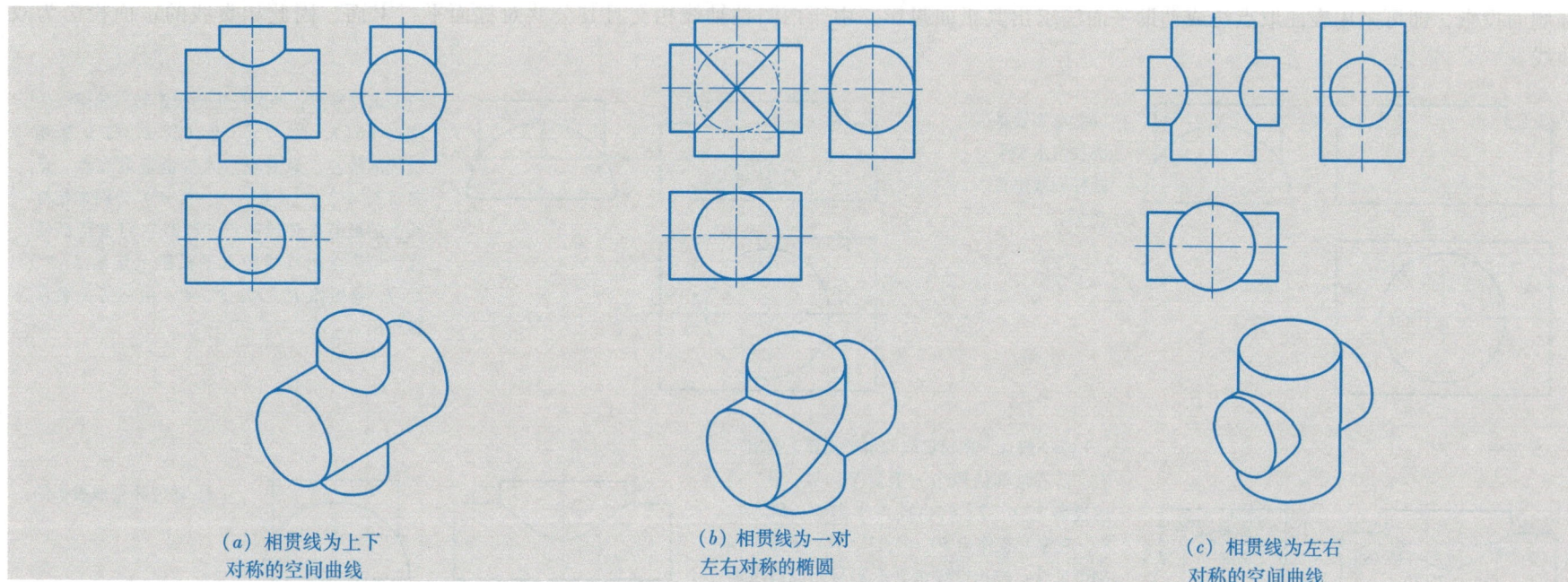

(a) 相贯线为上下
对称的空间曲线

(b) 相贯线为一对
左右对称的椭圆

(c) 相贯线为左右
对称的空间曲线

图 10-16 两圆柱相对大小的变化对相贯线的影响

两圆柱轴线相对位置的变化也影响相贯线形状，下面的例子是轴线交叉垂直时两圆柱相贯线的投影情况。

例 10-10 已知两圆柱轴线交叉垂直，完成该相贯体的投影（图 10-17(a)）。

分析 从图 10-17(a)已知条件可知：铅垂圆柱与水平半圆柱的轴线交叉垂直，相贯体有共同的左右对称面，铅垂小圆柱全贯于水平大圆柱。因此，相贯线是一条封闭的左右对称的空间曲线。小圆柱面的水平投影积聚为圆，相贯线的水平投影与其重合。同理，大圆柱面的侧面投影积聚为半圆，相贯线的侧面投影也就重合在小圆柱穿进处的一段圆弧上，且左半和右半相贯线的侧面投影互相重合。已知相贯线的水平投影和侧面投影，即可采用表面取点法或辅助平面法求出其正面投影。

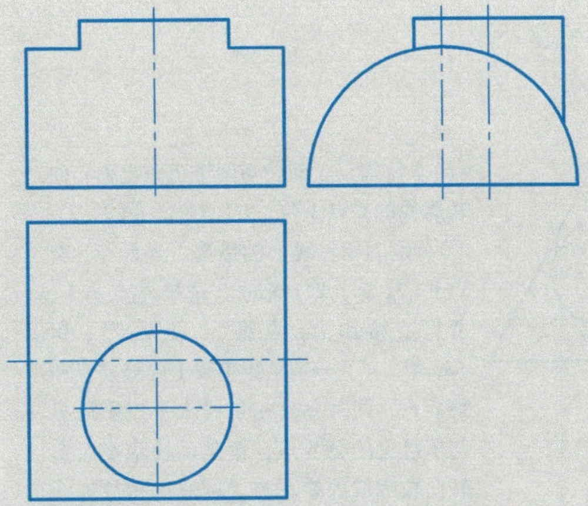

(a) 已知铅垂圆柱与水平半圆柱的轴线交叉垂直。

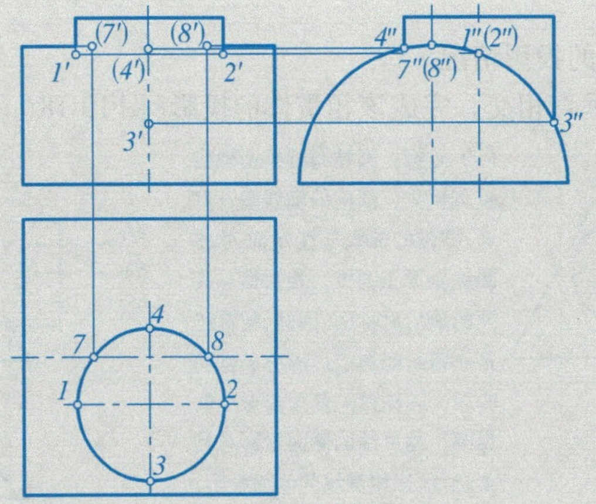

(b) 求特殊点：小圆柱正面投影转向轮廓线上的点 I (1, 1', 1″)、II (2, 2', 2″) 为相贯线的最左、最右点。点 III (3, 3', 3″)、IV (4, 4', 4″) 分别是相贯线上的最前点和最后点，IV (4, 4', 4″) 同时也是最低点。大半圆柱正面投影转向轮廓线上的点 VII (7, 7', 7″)、VIII (8, 8', 8″) 为相贯线上的最高点。

可先在相贯线的水平投影上定出 1、2、3、4、7、8，再在相贯线的侧面投影上相应地作出 1″、2″、3″、4″、7″、8″。由三等关系直接作出 1'、2'、3'、4'、7'、8'。

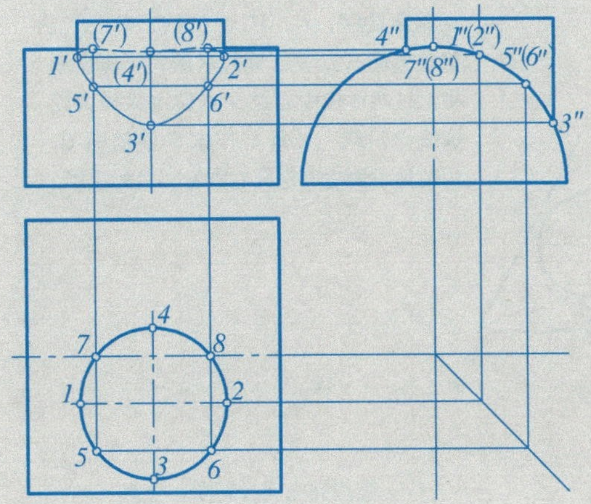

(c) 求一般点：在相贯线的水平投影上（或侧面投影上）定出与 VII、VIII 左右、前后对称的两个点 V、VI 的投影 5、6，再求得侧面投影 5″、6″，三等关系作出 5'、6'。

连线，判别可见性：按相贯线水平投影所显示诸点的顺序，依次光滑连接诸点的正面投影 1'-5'-3'-6'-2'-8'-4'-7'-1'，即得相贯线的正面投影；对相贯线的正面投影而言，前半相贯线在小圆柱的可见表面上，1'、2' 为相贯线正面投影可见与不可见的分界点，所以其正面投影 1'-5'-3'-6'-2' 为可见，后半相贯线的投影 1'-7'-4'-8'-2' 为不可见，不可见部分应画成虚线。

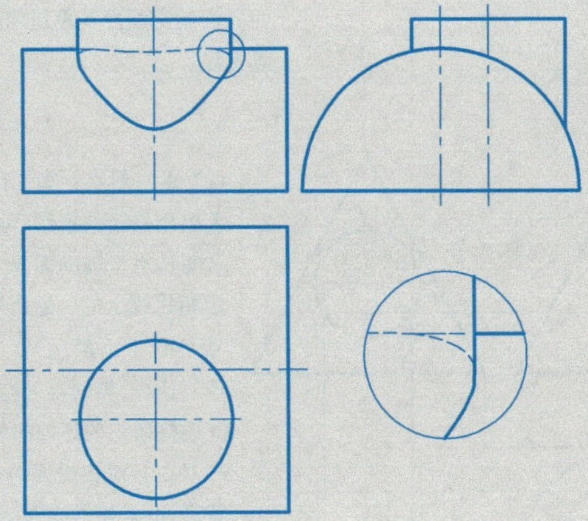

(d) 整理并完成投影图。注意画出两圆柱参与相贯的转向轮廓线的投影，并区分可见性。

图 10-17　两圆柱轴线交叉垂直

10.4.3 圆柱与圆锥相贯

下面举例介绍圆柱与圆锥相贯线的投影情况。

例 10-11 已知圆柱与圆锥轴线垂直相交，完成该相贯体的投影（图 10-18（a））。

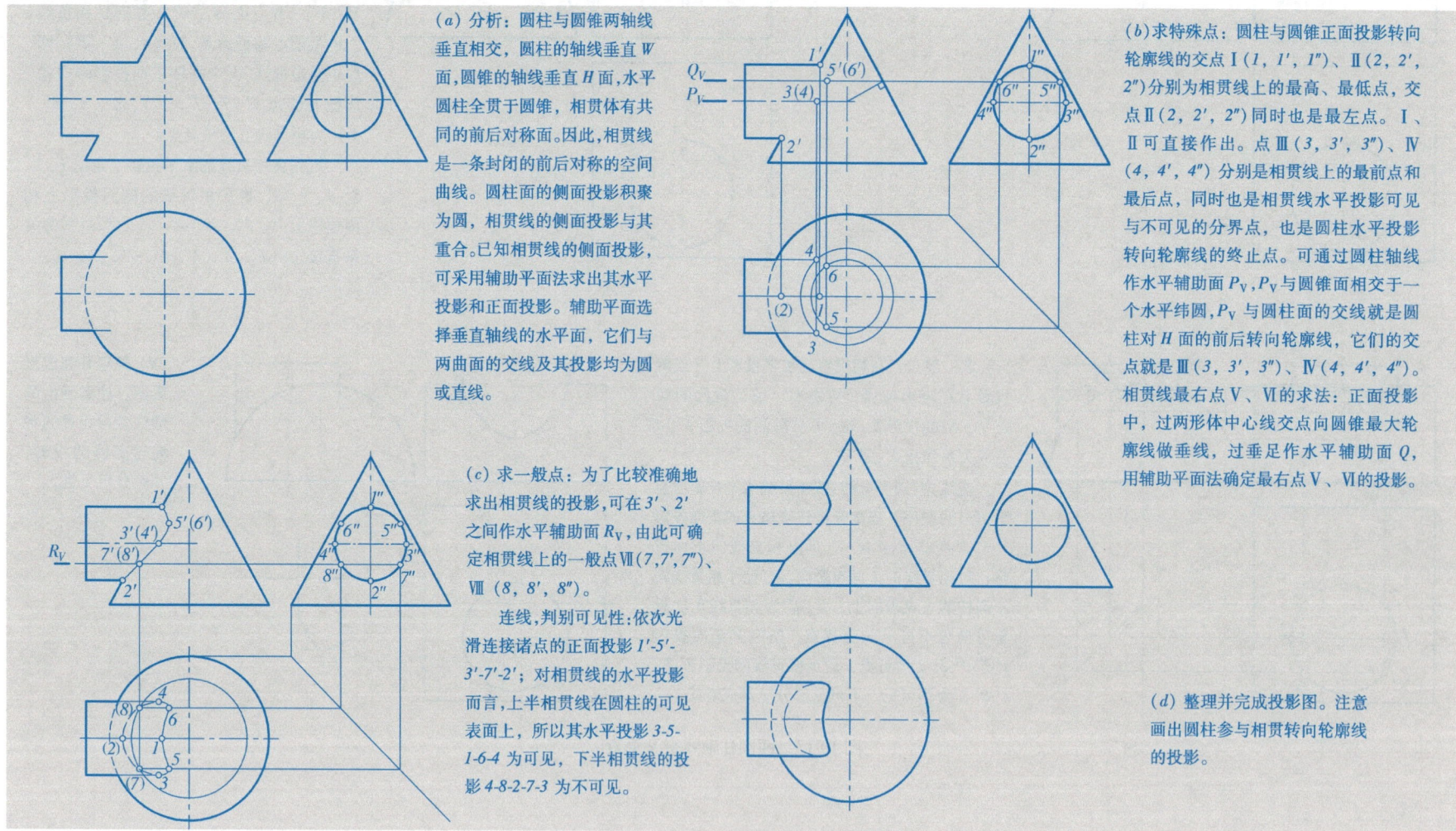

(a) 分析：圆柱与圆锥两轴线垂直相交，圆柱的轴线垂直 W 面，圆锥的轴线垂直 H 面，水平圆柱全贯于圆锥，相贯体有共同的前后对称面。因此，相贯线是一条封闭的前后对称的空间曲线。圆柱面的侧面投影积聚为圆，相贯线的侧面投影与其重合。已知相贯线的侧面投影，可采用辅助平面法求出其水平投影和正面投影。辅助平面选择垂直轴线的水平面，它们与两曲面的交线及其投影均为圆或直线。

(b) 求特殊点：圆柱与圆锥正面投影转向轮廓线的交点 Ⅰ（1, 1′, 1″）、Ⅱ（2, 2′, 2″）分别为相贯线上的最高、最低点，交点 Ⅱ（2, 2′, 2″）同时也是最左点。Ⅰ、Ⅱ 可直接作出。点 Ⅲ（3, 3′, 3″）、Ⅳ（4, 4′, 4″）分别是相贯线上的最前点和最后点，同时也是相贯线水平投影可见与不可见的分界点，也是圆柱水平投影转向轮廓线的终止点。可通过圆柱轴线作水平辅助面 P_V，P_V 与圆锥面相交于一个水平纬圆，P_V 与圆柱面的交线就是圆柱对 H 面的前后转向轮廓线，它们的交点就是 Ⅲ（3, 3′, 3″）、Ⅳ（4, 4′, 4″）。相贯线最右点 Ⅴ、Ⅵ 的求法：正面投影中，过两形体中心线交点向圆锥最大轮廓线做垂线，过垂足作水平辅助面 Q，用辅助平面法确定最右点 Ⅴ、Ⅵ 的投影。

(c) 求一般点：为了比较准确地求出相贯线的投影，可在 3′、2′ 之间作水平辅助面 R_V，由此可确定相贯线上的一般点 Ⅶ（7, 7′, 7″）、Ⅷ（8, 8′, 8″）。

连点，判别可见性：依次光滑连接诸点的正面投影 1′-5′-3′-7′-2′；对相贯线的水平投影而言，上半相贯线在圆柱的可见表面上，所以其水平投影 3-5-1-6-4 为可见，下半相贯线的投影 4-8-2-7-3 为不可见。

(d) 整理并完成投影图。注意画出圆柱参与相贯转向轮廓线的投影。

图 10-18 圆柱与圆锥轴线垂直相交

例 10-12　已知圆柱与圆台轴线平行，完成该相贯体的投影（图 10-19（a））。

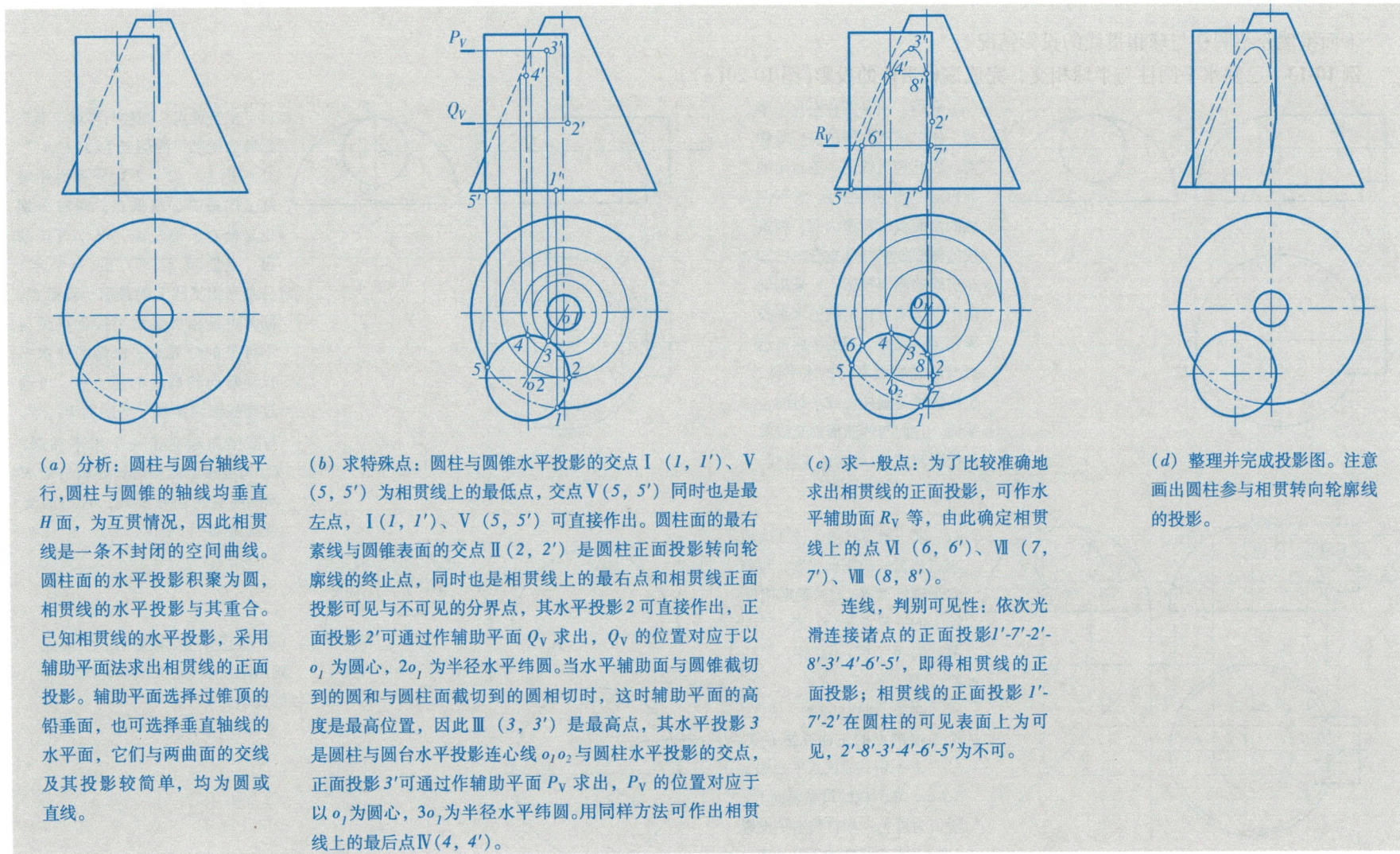

（a）**分析**：圆柱与圆台轴线平行，圆柱与圆锥的轴线均垂直 H 面，为互贯情况，因此相贯线是一条不封闭的空间曲线。圆柱面的水平投影积聚为圆，相贯线的水平投影与其重合。已知相贯线的水平投影，采用辅助平面法求出相贯线的正面投影。辅助平面选择过锥顶的铅垂面，也可选择垂直轴线的水平面，它们与两曲面的交线及其投影较简单，均为圆或直线。

（b）**求特殊点**：圆柱与圆锥水平投影的交点 Ⅰ（1，1′）、Ⅴ（5，5′）为相贯线上的最低点，交点 Ⅴ（5，5′）同时也是最左点，Ⅰ（1，1′）、Ⅴ（5，5′）可直接作出。圆柱面的最右素线与圆锥表面的交点 Ⅱ（2，2′）是圆柱正面投影转向轮廓线的终止点，同时也是相贯线上的最右点和相贯线正面投影可见与不可见的分界点，其水平投影 2 可直接作出，正面投影 2′ 可通过作辅助平面 Q_V 求出，Q_V 的位置对应于以 o_1 为圆心，$2o_1$ 为半径水平纬圆。当水平辅助面与圆锥截切到的圆和与圆柱面截切到的圆相切时，这时辅助平面的高度是最高位置，因此 Ⅲ（3，3′）是最高点，其水平投影 3 是圆柱与圆台水平投影连心线 o_1o_2 与圆柱水平投影的交点，正面投影 3′ 可通过作辅助平面 P_V 求出，P_V 的位置对应于以 o_1 为圆心，$3o_1$ 为半径水平纬圆。用同样方法可作出相贯线上的最后点 Ⅳ（4，4′）。

（c）**求一般点**：为了比较准确地求出相贯线的正面投影，可作水平辅助面 R_V 等，由此确定相贯线上的点 Ⅵ（6，6′）、Ⅶ（7，7′）、Ⅷ（8，8′）。

连线，判别可见性：依次光滑连接诸点的正面投影1′-7′-2′-8′-3′-4′-6′-5′，即得相贯线的正面投影；相贯线的正面投影 1′-7′-2′ 在圆柱的可见表面上为可见，2′-8′-3′-4′-6′-5′ 为不可见。

（d）**整理并完成投影图**。注意画出圆柱参与相贯转向轮廓线的投影。

图 10-19　圆柱与圆台轴线平行

10.4.4　圆柱与球相贯

下面举例介绍圆柱与球相贯线的投影情况。

例10-13　已知水平圆柱与半球相交，完成该相贯体的投影（图10-20（*a*））。

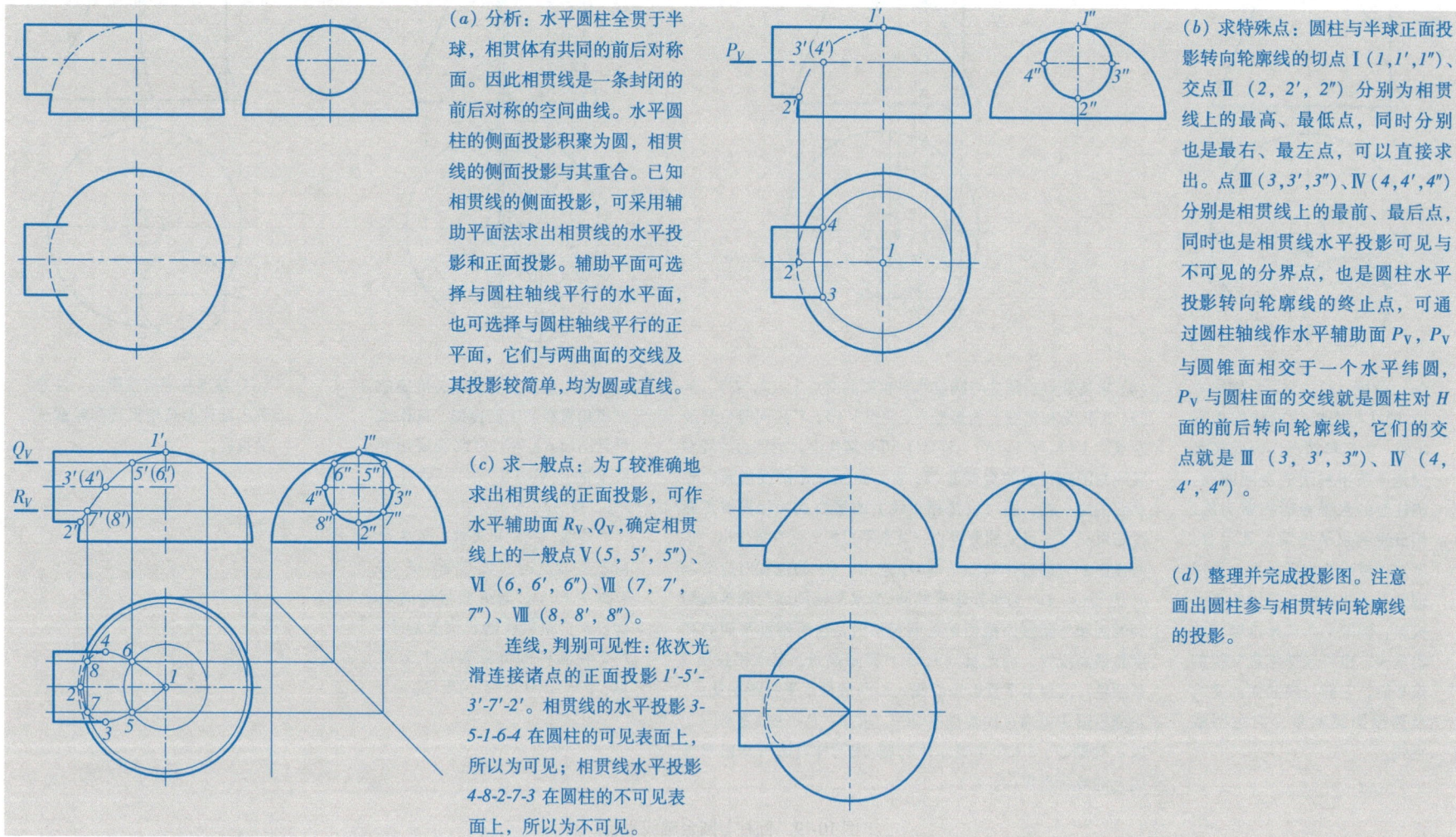

（*a*）分析：水平圆柱全贯于半球，相贯体有共同的前后对称面。因此相贯线是一条封闭的前后对称的空间曲线。水平圆柱的侧面投影积聚为圆，相贯线的侧面投影与其重合。已知相贯线的侧面投影，可采用辅助平面法求出相贯线的水平投影和正面投影。辅助平面可选择与圆柱轴线平行的水平面，也可选择与圆柱轴线平行的正平面，它们与两曲面的交线及其投影较简单，均为圆或直线。

（*b*）求特殊点：圆柱与半球正面投影转向轮廓线的切点Ⅰ（*1*,*1'*,*1"*）、交点Ⅱ（*2*,*2'*,*2"*）分别为相贯线上的最高、最低点，同时分别也是最右、最左点，可以直接求出。点Ⅲ（*3*,*3'*,*3"*）、Ⅳ（*4*,*4'*,*4"*）分别是相贯线上的最前、最后点，同时也是相贯线水平投影可见与不可见的分界点，也是圆柱水平投影转向轮廓线的终止点，可通过圆柱轴线作水平辅助面P_V，P_V与圆锥面相交于一个水平纬圆，P_V与圆柱面的交线就是圆柱对*H*面的前后转向轮廓线，它们的交点就是Ⅲ（*3*,*3'*,*3"*）、Ⅳ（*4*,*4'*,*4"*）。

（*c*）求一般点：为了较准确地求出相贯线的正面投影，可作水平辅助面R_V、Q_V，确定相贯线上的一般点Ⅴ（*5*,*5'*,*5"*）、Ⅵ（*6*,*6'*,*6"*）、Ⅶ（*7*,*7'*,*7"*）、Ⅷ（*8*,*8'*,*8"*）。

连线，判别可见性：依次光滑连接诸点的正面投影*1'-5'-3'-7'-2'*。相贯线的水平投影*3-5-1-6-4*在圆柱的可见表面上，所以为可见；相贯线水平投影*4-8-2-7-3*在圆柱的不可见表面上，所以为不可见。

（*d*）整理并完成投影图。注意画出圆柱参与相贯转向轮廓线的投影。

图10-20　圆柱与半球相贯

10.4.5 相贯线的特殊情况

在一般情况下，两回转体的相贯
线是空间曲线，但是，在某些特殊情
况下，也可能是平面曲线或直线，下
面简单地介绍相贯线为平面曲线的两
种比较常见的特殊情况。

1. 切于同一个球面的圆柱、圆锥
的相贯线是椭圆

轴线相交且平行于同一投影面的
圆柱与圆柱、圆柱与圆锥、圆锥与圆
锥相交，若它们能公切一个球，则它
们的相贯线是垂直于这个投影面的
椭圆。

图 10-21 中的圆柱与圆柱、圆柱
与圆锥轴线都分别相交，并且都平行
于正面，还公切于同一球面，因此，
它们的相贯线都是垂直于正面的两个
椭圆，只要连接它们的正面投影的转
向轮廓线的交点，得两条相交直线，
即相贯线(两个椭圆)的正面投影。

图 10-21(e)、(f)为应用实例。

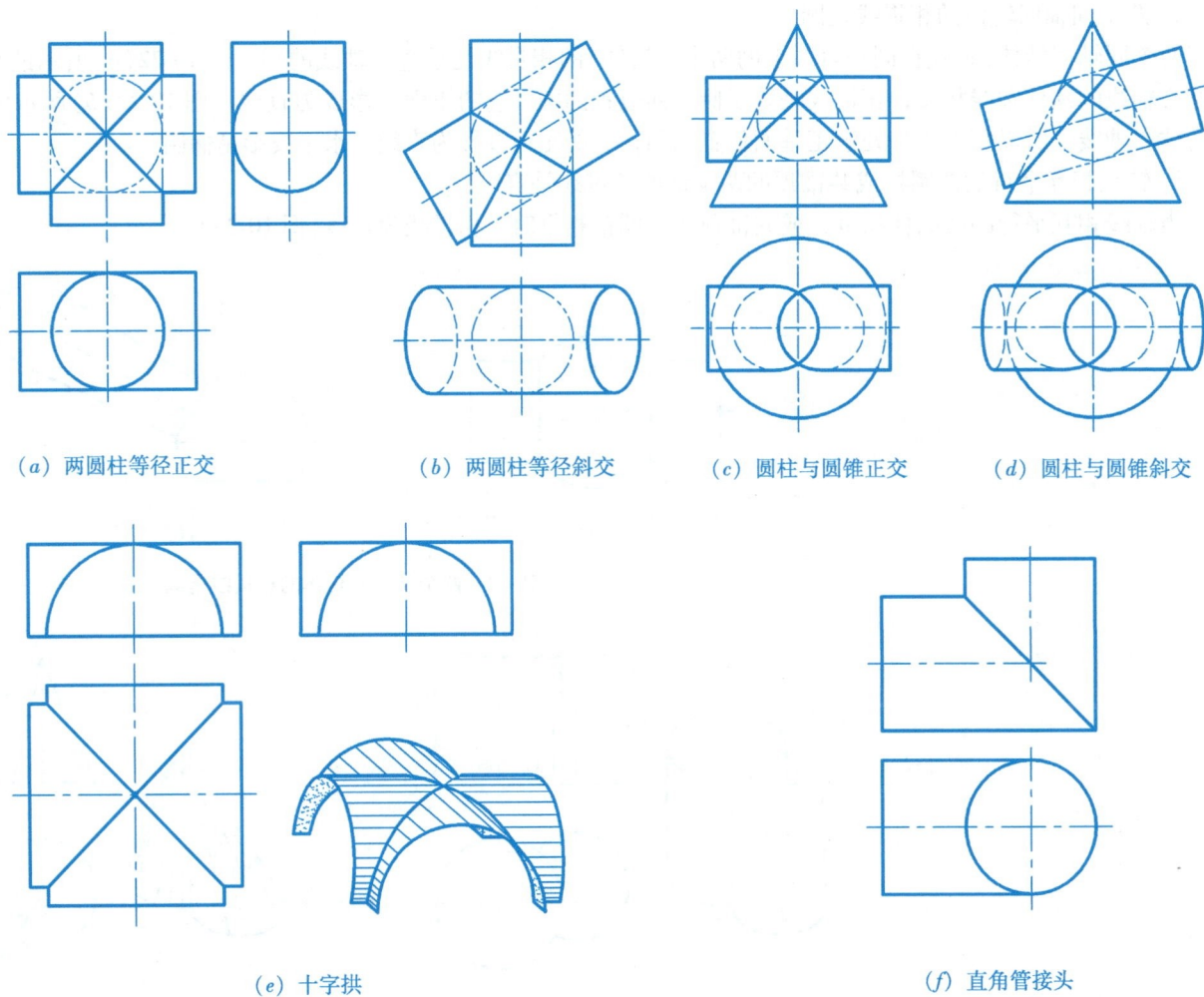

(a) 两圆柱等径正交   (b) 两圆柱等径斜交   (c) 圆柱与圆锥正交   (d) 圆柱与圆锥斜交

(e) 十字拱

(f) 直角管接头

图 10-21 切于同一个球面的圆柱、圆锥的相贯线是椭圆

2. 两个同轴回转体的相贯线是圆

两个同轴回转体(轴线在同一直线上的两个回转体)的相贯线是垂直于轴线的圆。图 10-22(a)所示的组合回转体，它的主体是一个球，左右与通过球心轴线的圆柱轴线相交，相贯线是处于侧垂面位置的圆，它的正面投影成为直线。图 10-22(b)所示的手柄也是一个组合回转体，轴线通过主体球的球心轴线，所以相贯线是处于正垂面位置的圆，它的正面投影为直线，水平投影是椭圆。

3. 轴线相互平行的两圆柱或共锥顶的两圆锥的相贯线是直线

当轴线相互平行的两圆柱相贯，或共锥顶的两圆锥相贯时，相贯线为直线(图 10-23)。

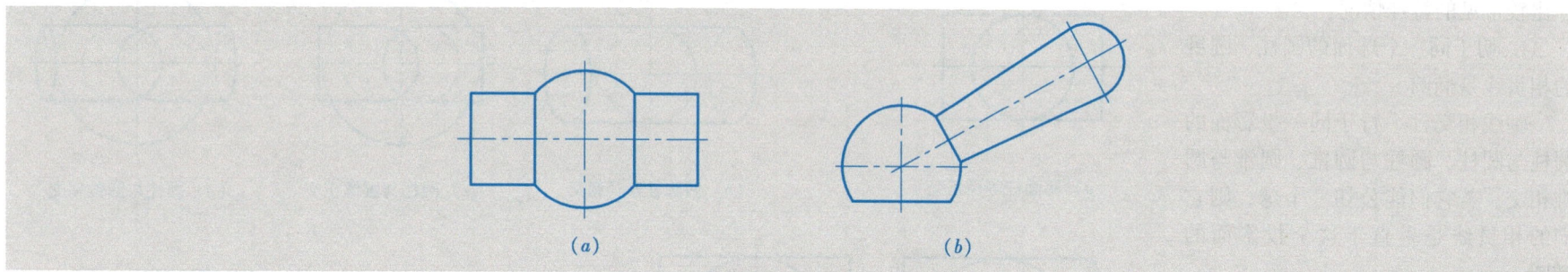

图 10-22　两个同轴回转体的相贯线是圆

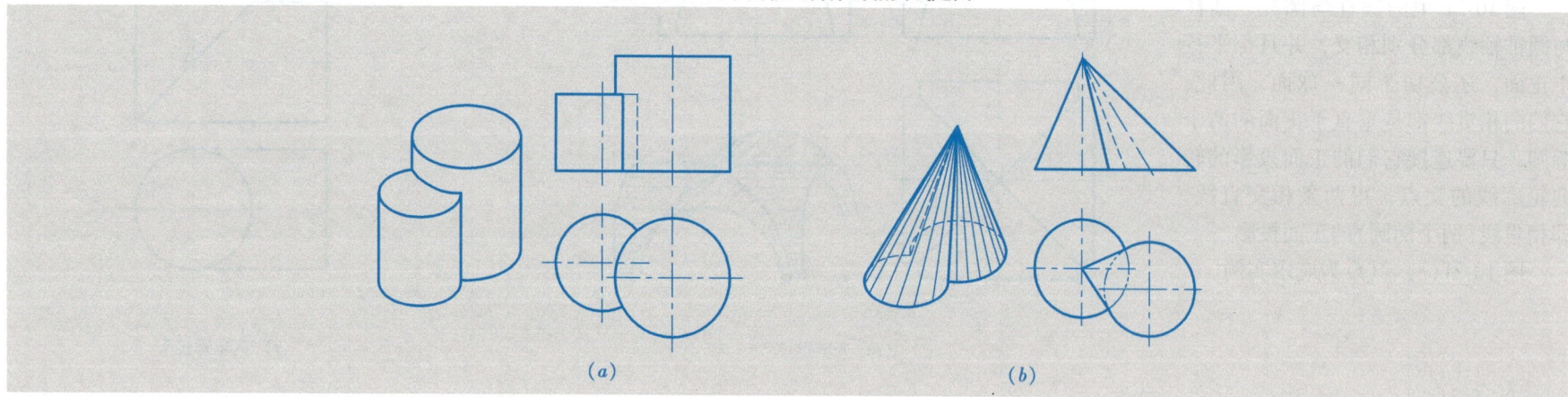

图 10-23　轴线相互平行的两圆柱或共锥顶的两圆锥的相贯线是直线

第 11 章 轴 测 投 影

轴测图因其立体直观性，在读图方面优于多面正投影图，它能在一个投影面上同时反映出形体长、宽、高三个方向尺度，较易看出各部分的形状。但因其存在变形与局部不可见，使轴测投影图在应用上有一定的局限性。轴测图可用于产品的初步方案设计、工作原理表达、外观表达、空间管线布置以及辅助工程图样等。

11.1 轴测投影的基本知识

11.1.1 轴测投影的形成

根据平行投影的原理，把形体连同确定其空间位置的三根坐标轴 OX、OY、OZ 一起，沿不平行于这三根坐标轴和由这三根坐标轴所确定的坐标面的方向 S，投影到新投影面 P，所得的投影称为轴测投影图，简称轴测图。如图 11-1 所示。

● 轴测图通常有以下两种基本形成方法：

（1）将形体放斜，投影方向 S 与轴测投影面 P 垂直，使形体上的三个坐标面和 P 面都斜交，这样得到的投影图为正轴测投影图。

（2）将形体放正，投影方向 S 与轴测投影面 P 倾斜，为了便于作图，通常取 P 面平行于 XOZ 坐标面或 XOY 坐标面，这样得到的投影图称为斜轴测投影图。

● 轴间角及轴向伸缩系数

如图 11-2 所示，空间直角坐标轴 OX，OY、OZ 在轴测投影面上的投影 O_1X_1、O_1Y_1、O_1Y_1 称为轴测投影轴，简称轴测轴；轴测轴之间的夹角（$\angle X_1O_1Y_1$、$\angle X_1O_1Z_1$、$\angle Y_1O_1Z_1$）称为轴间角。

在 O_1X_1、O_1Y_1、O_1Y_1 轴测轴上某段长度与其实长之比

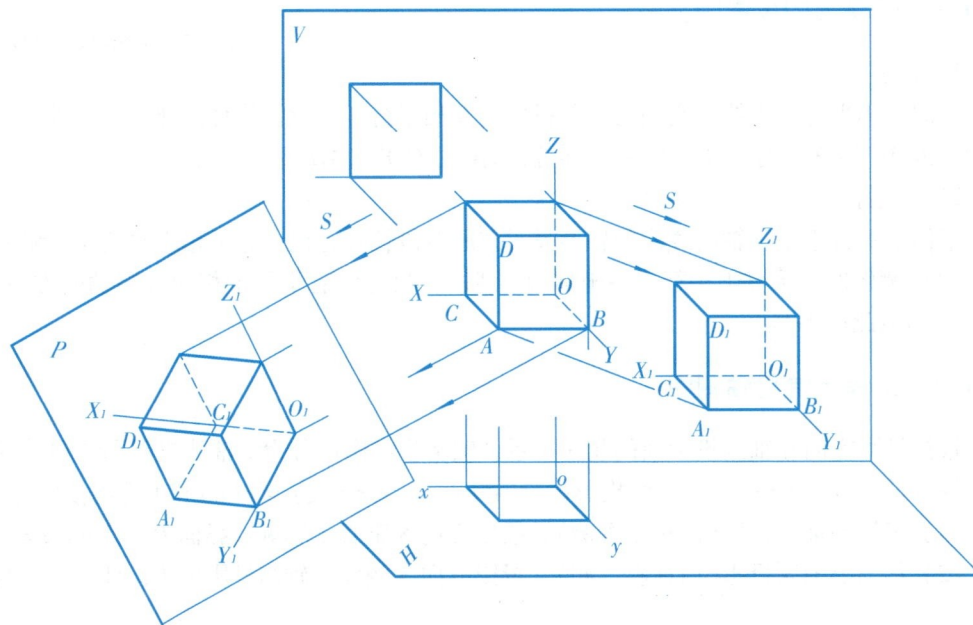

图 11-1　轴测投影的形成

$p(X轴)$，$q(Y轴)$，$r(Z轴)$称为轴向伸缩系数，又称变形系数。

$$轴向伸缩系数 = \frac{轴测轴单位长}{坐标轴单位长}$$

如图 11-3 所示设 u 为空间坐标轴上的单位长度；u 投影到轴测投影面上，在 O_1X_1、O_1Y_1、O_1Z_1 相应的投影长度为 i、j、k，则：

X 轴向伸缩系数：$p = \dfrac{i}{u}$；

Y 轴向伸缩系数：$q = \dfrac{j}{u}$；

Z 轴向伸缩系数：$r = \dfrac{k}{u}$。

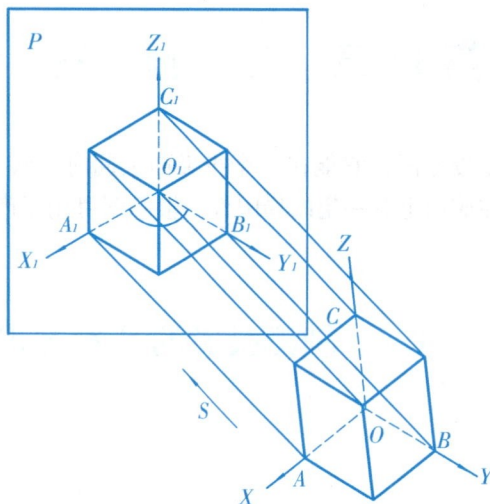

图 11-2   轴测投影的轴间角   图 11-3   轴测投影的轴向伸缩系数

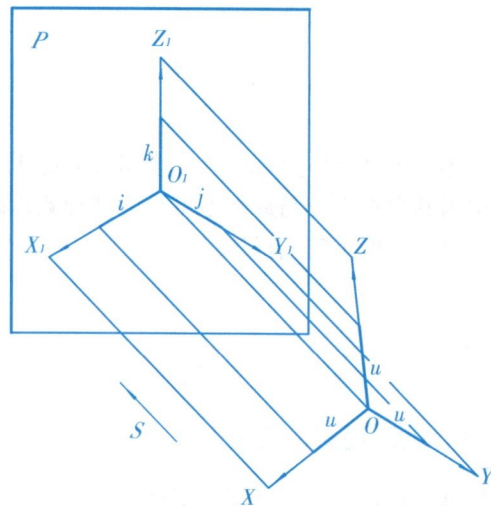

11. 1. 2   轴测图的投影特性

1. 平行性

空间互相平行的直线，它们的轴测投影仍互相平行。因此，形体上平行于三个坐标轴的线段，在轴测图上，仍平行于相应的轴测轴。如图 11-1 所示，因 $AB /\!/ OX$，则 $A_1B_1 /\!/ O_1X_1$，同理，$A_1C_1 /\!/ O_1Y_1$，$A_1D_1 /\!/ O_1Z_1$。

2. 定比性

形体上平行于坐标轴的线段的轴测投影与原线段长度之比，等于相应的轴向伸缩系数。如图 11-1 所示，$A_1B_1 = p \cdot AB$，$A_1C_1 = q \cdot AC$，$A_1D_1 = r \cdot AD$。画轴测图时，形体上平行于各坐标轴的线段，只能沿着平行于相应轴测轴的方向画出，并按各坐标轴所确定的轴向伸缩系数测量其相应尺寸，"轴测"即由此而得名。

11. 1. 3   工程上常用轴测图

根据投影方向和轴测投影面的相对关系，轴测投影图可分为正轴测投影和斜轴测投影两大类。这两类轴测投影，根据轴向伸缩系数的不同，又可分为等测投影（$p = q = r$）、二等测投影（$p = q \neq r$ 或 $p \neq q \neq r$ 或 $p = r \neq q$）和不等测投影（$p \neq q \neq r$）三种。其中工程上常用下列两种轴测投影：

（1）正等测轴测投影（简称正等测），投影方向 S 垂直于轴测投影面 P，且 $p = q = r$。

（2）斜二等轴测投影（简称斜二测），投影方向 S 倾斜于轴测投影面 P，且 $p = r = 2q$。

11.1.4 轴测图的画法

1. 坐标法

根据形体表面上各顶点的空间坐标，画出它们的轴测投影，然后依次连接成形体表面的轮廓线。

2. 叠加法

叠加法是将叠加式的组合体，预判分解成几个基本形体，再依次按其相对位置逐个画出各个基本形体。

3. 切割法

切割法适合于画由基本形体切割得到的形体。它是以坐标法为基础，先画出基本形体的轴测投影，然后把应该去掉的部分切去。

4. 端面法

凡是某一端面比较复杂的棱柱体，最好先画出反映该形体特征的那个端面的轴测图，然后根据另一方向的尺寸画出整个形体。

画轴测图的基本方法是坐标法。但实际作图时，应根据形体的形状特点不同而运用不同的作图方法。此外，如果不作特别说明，举例中各轴测图均采用简化的轴向伸缩系数。

11.2 正 等 轴 测 投 影

11.2.1 正等测投影的轴间角和轴向伸缩系数

当空间直角坐标轴 OX、OY、OZ 与轴测投影面倾斜的角度相等时，用正投影法得到的单面投影图称为正等轴测投影，简称正等测。

如图 11-4(a)所示，正等测的轴间角 $\angle X_1O_1Y_1 = \angle X_1O_1Z_1 = \angle Y_1O_1Z_1 = 120°$。正等测的轴向伸缩系数 $p = q = r \approx 0.82$，为作图方便，通常把轴向

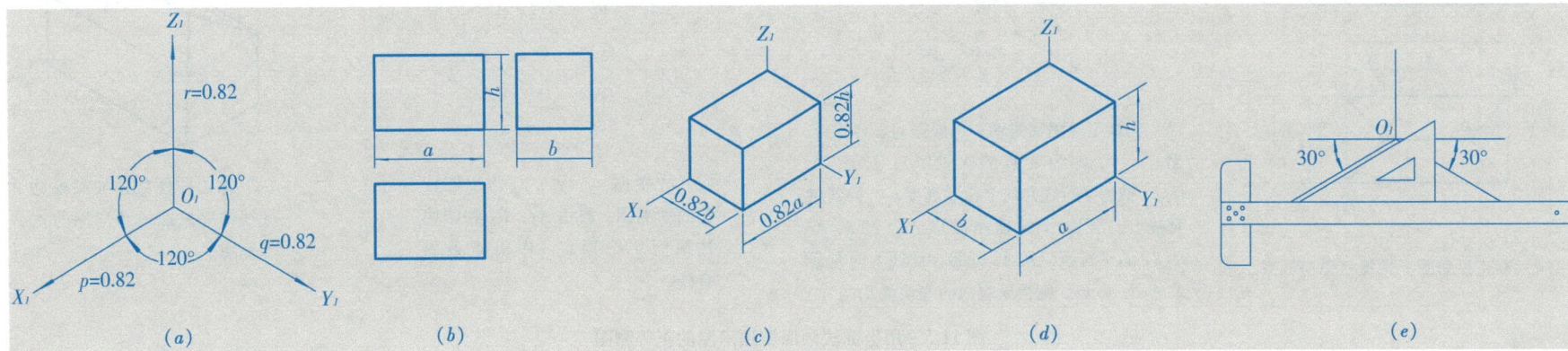

图 11-4 正等测投影的轴间角和轴向伸缩系数

伸缩系数 p、q、r 都取 1，称为简化伸缩系数。采用简化伸缩系数绘制，仅是图形按一定比例放大，图上沿三个轴向的尺寸都放大了 $1/0.82 \approx 1.22$ 倍，如图 11-4(b)、(c)、(d) 所示。

画正等测时，轴测轴 O_1Z_1 通常画成竖直位置，轴测轴 O_1X_1 和 O_1Y_1 与水平线构成 30°，可利用 30°三角板和丁字尺方便地作出，如图 11-4(e) 所示。

11.2.2　画法举例

步骤：画轴测图时，首先应对所给形体(或正投影图)进行分析。首先确定形体在坐标系中的方位，即取合适的观看角度，然后画出轴测轴，并按轴测轴方向及轴向伸缩系数确定形体各顶点及主要轮廓线的位置，最后完成形体的轴测图。

特性：作图时应特别注意，平行于坐标轴的线段，在轴测图中应与对应的轴测轴平行，才能按轴向的简化伸缩系数从形体或正投影图上直接量取。而与坐标轴不平行的线段，其长度的改变程度与轴向伸缩系数没有对应关系。

要点：为使作图清晰，应先确定形体在轴测图中的可见要素(如顶面、前端面、左端面上的点和线段等)，以减少不必要的作图线。如无必要，轴测图中不可见的顶点、线段不必画出。

例 11-1　作出四坡顶房屋的正等测图(图 11-5)。

分析　(坐标法)四坡顶房屋可分为具有倾斜表面的屋顶和四棱柱(墙体)上下两部分。

作图

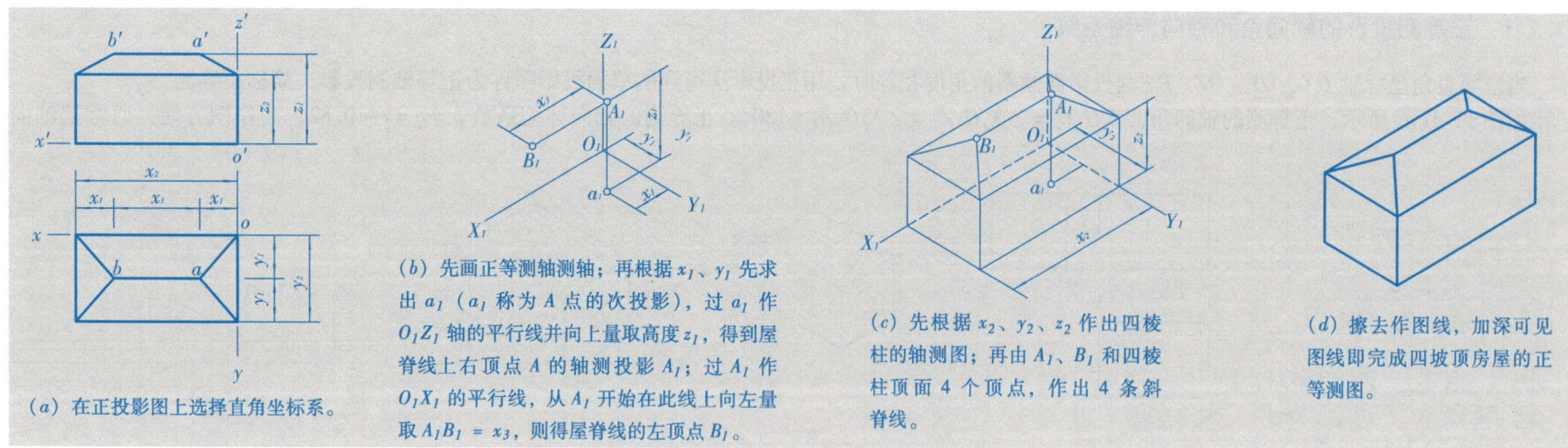

(a) 在正投影图上选择直角坐标系。

(b) 先画正等测轴测轴；再根据 x_1、y_1 先求出 a_1 (a_1 称为 A 点的次投影)，过 a_1 作 O_1Z_1 轴的平行线并向上量取高度 z_1，得到屋脊线上右顶点 A 的轴测投影 A_1；过 A_1 作 O_1X_1 的平行线，从 A_1 开始在此线上向左量取 $A_1B_1 = x_3$，则得屋脊线的左顶点 B_1。

(c) 先根据 x_2、y_2、z_2 作出四棱柱的轴测图；再由 A_1、B_1 和四棱柱顶面 4 个顶点，作出 4 条斜脊线。

(d) 擦去作图线，加深可见图线即完成四坡顶房屋的正等测图。

图 11-5　用坐标法画四坡顶房屋的正等测图

例 11-2　作出柱基础的正等测图(图 11-6)。

分析　(叠加法)柱基础由 3 个四棱柱体上下叠加而成,画轴测图时,可以由下而上(或由上而下),也可以取两个基本形体的结合面作为坐标面,逐个画出每一个四棱柱体。

作图

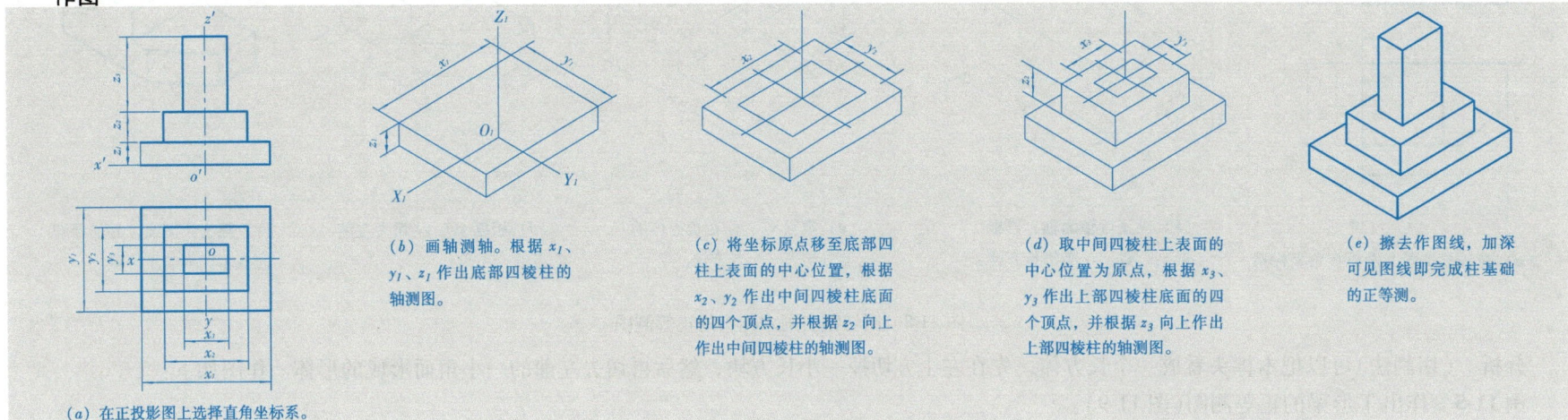

(a) 在正投影图上选择直角坐标系。

(b) 画轴测轴。根据 x_1、y_1、z_1 作出底部四棱柱的轴测图。

(c) 将坐标原点移至底部四棱柱上表面的中心位置,根据 x_2、y_2 作出中间四棱柱底面的四个顶点,并根据 z_2 向上作出中间四棱柱的轴测图。

(d) 取中间四棱柱上表面的中心位置为原点,根据 x_3、y_3 作出上部四棱柱底面的四个顶点,并根据 z_3 向上作出上部四棱柱的轴测图。

(e) 擦去作图线,加深可见图线即完成柱基础的正等测。

图 11-6　用叠加法画柱基础的正等测图

例 11-3　作出柱头的正等测图(仰视)(图 11-7)。

分析　类似柱头等支撑构件或者下部关系复杂的形体适宜采用仰视轴测表达。绘制时由上而下,逐个画出组合体每部分。作图如下:

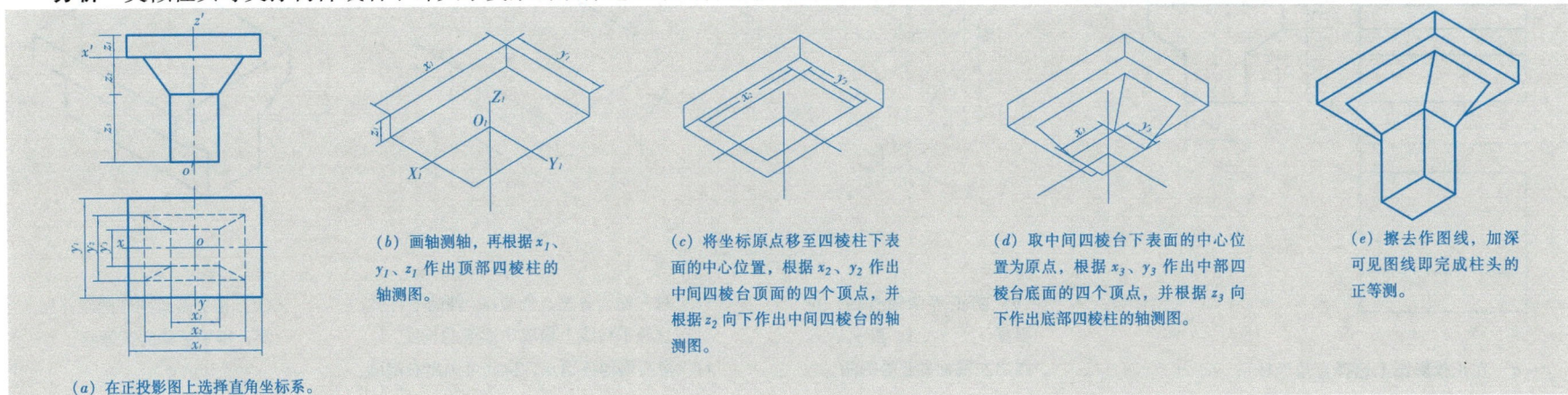

(a) 在正投影图上选择直角坐标系。

(b) 画轴测轴,再根据 x_1、y_1、z_1 作出顶部四棱柱的轴测图。

(c) 将坐标原点移至四棱柱下表面的中心位置,根据 x_2、y_2 作出中间四棱台顶面的四个顶点,并根据 z_2 向下作出中间四棱台的轴测图。

(d) 取中间四棱台下表面的中心位置为原点,根据 x_3、y_3 作出中部四棱台底面的四个顶点,并根据 z_3 向下作出底部四棱柱的轴测图。

(e) 擦去作图线,加深可见图线即完成柱头的正等测。

图 11-7　作柱头的(仰视)正等测图

例 11-4　作出木榫头的正等测图(图 11-8)。

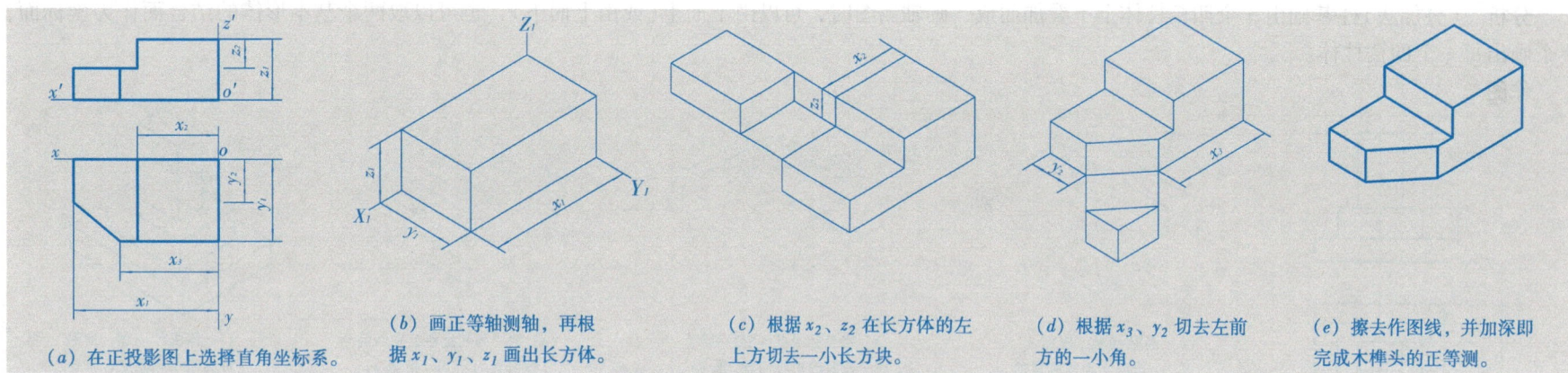

(a) 在正投影图上选择直角坐标系。

(b) 画正等轴测轴,再根据 x_1、y_1、z_1 画出长方体。

(c) 根据 x_2、z_2 在长方体的左上方切去一小长方块。

(d) 根据 x_3、y_2 切去左前方的一小角。

(e) 擦去作图线,并加深即完成木榫头的正等测。

图 11-8　用切割法画木榫头的正等测图

分析　(切割法)可以把木榫头看成一个长方体,先在左上方切掉一小长方块,然后再切去左前的一小角而形成的形体。作图如下:

例 11-5　作出 T 形梁的正等测图(图 11-9)。

分析　(端面法)T 形梁为棱柱体,侧面投影明显地反映出 T 形梁的形状,所以先画这个端面的轴测图。作图如下:

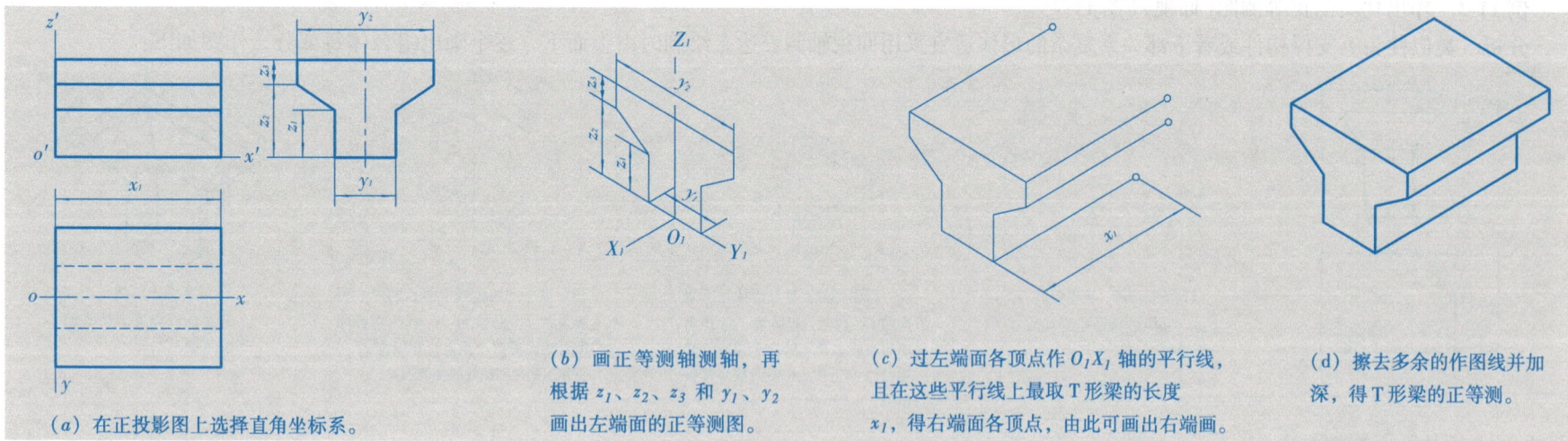

(a) 在正投影图上选择直角坐标系。

(b) 画正等测轴测轴,再根据 z_1、z_2、z_3 和 y_1、y_2 画出左端面的正等测图。

(c) 过左端面各顶点作 O_1X_1 轴的平行线,且在这些平行线上最取 T 形梁的长度 x_1,得右端面各顶点,由此可画出右端画。

(d) 擦去多余的作图线并加深,得 T 形梁的正等测。

图 11-9　用端面法画 T 形梁的正等测图

11.3　圆的正等测投影

11.3.1　圆的正等测的投影特征

在正投影中，当圆所在的平面平行于投影面时，其投影仍是圆。在正轴测投影中，三个坐标面都倾斜于轴测投影面，其投影为椭圆。

平行于坐标面的圆的正等测是三个大小相同的椭圆（图 11-10）。在正等测中，由于三个坐标面与轴测投影面的倾角相等，因此三个坐标面上直径相等的圆，其轴测投影为三个大小相同的椭圆。椭圆的长轴方向垂直于不属于此坐标面的第三根轴的轴测投影，长度等于圆的直径 d；短轴方向平行于不属于此坐标面的第三根轴的轴测投影，长度等于 0.58d。当按简化伸缩系数作图时，椭圆的长短轴均放大了 1.22 倍，即长轴长度等于 1.22d，短轴长度等于 0.7d。

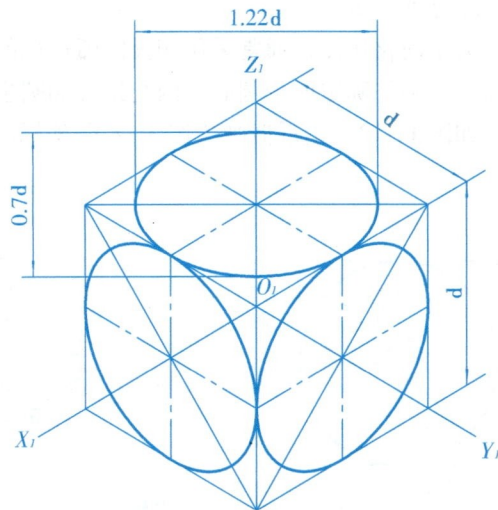

图 11-10　平行于坐标面的圆的正等轴测投影

11.3.2　圆的正等测投影的画法

圆的正轴测投影除了根据长、短轴的方向和长度进行绘制外，还可按下述方法进行作图。

1. 平行弦法

一般情况下，圆的正轴测投影为椭圆，对于一般位置平面上或平行于坐标面上的圆，都可以用坐标法作出圆周上一系列点的轴测投影，为作图方便，这些点就选在平行于坐标轴的若干条平行弦上，然后用光滑曲线连成椭圆，因此这种画法称为平行弦法。平行弦法适用于任何类型的轴测投影。

如图 11-11，用平行弦法作水平圆正等测图的步骤如下：

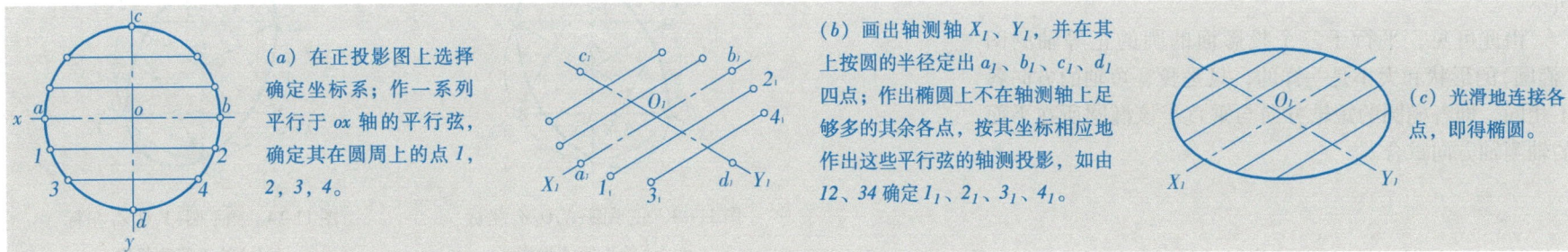

(a) 在正投影图上选择确定坐标系；作一系列平行于 ox 轴的平行弦，确定其在圆周上的点 1，2，3，4。

(b) 画出轴测轴 X_1、Y_1，并在其上按圆的半径定出 a_1、b_1、c_1、d_1 四点；作出椭圆上不在轴测轴上足够多的其余各点，按其坐标相应地作出这些平行弦的轴测投影，如由 12、34 确定 1_1、2_1、3_1、4_1。

(c) 光滑地连接各点，即得椭圆。

图 11-11　平行弦法作水平圆正等测图

2. 近似画法

为了简化作图，通常采用四段圆弧连成的扁圆近似作为所求椭圆。所谓"近似"，是因为这种椭圆长短轴的长度与理论长度较为接近。要画四段圆弧，必须先确定四个圆心，因此这种椭圆也称为四心椭圆。

如图 11-12，用近似画法作 $X_1O_1Y_1$ 坐标面上正等测椭圆的步骤如下：

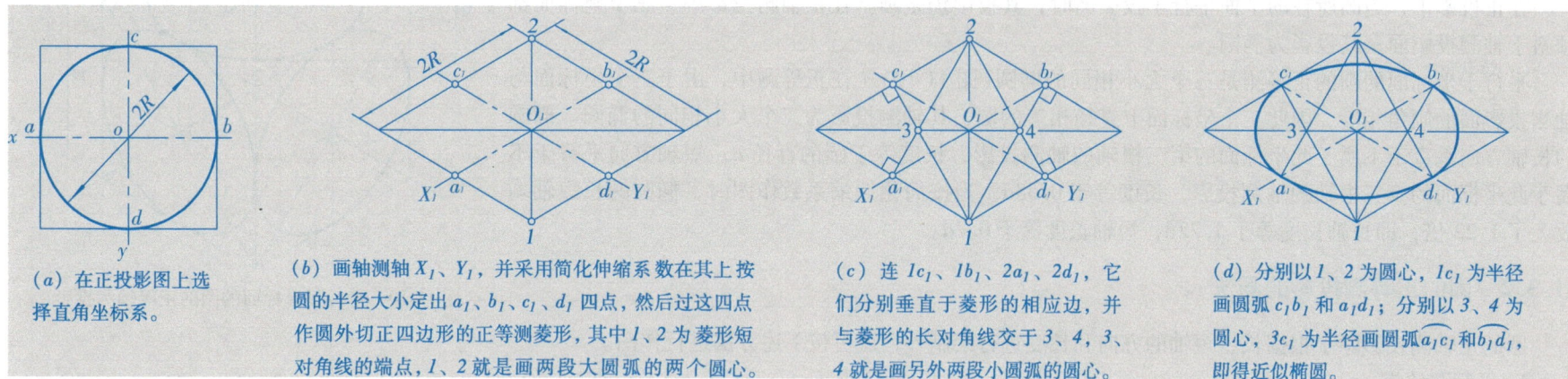

（a）在正投影图上选择直角坐标系。

（b）画轴测轴 X_1、Y_1，并采用简化伸缩系数在其上按圆的半径大小定出 a_1、b_1、c_1、d_1 四点，然后过这四点作圆外切正四边形的正等测菱形，其中 1、2 为菱形短对角线的端点，1、2 就是画两段大圆弧的两个圆心。

（c）连 $1c_1$、$1b_1$、$2a_1$、$2d_1$，它们分别垂直于菱形的相应边，并与菱形的长对角线交于 3、4，3、4 就是画另外两段小圆弧的圆心。

（d）分别以 1、2 为圆心，$1c_1$ 为半径画圆弧 c_1b_1 和 a_1d_1；分别以 3、4 为圆心，$3c_1$ 为半径画圆弧 $\overset{\frown}{a_1c_1}$ 和 $\overset{\frown}{b_1d_1}$，即得近似椭圆。

图 11-12　近似画法作水平圆（$X_1O_1Y_1$ 坐标面上）的正等测投影

$X_1O_1Z_1$ 和 $Y_1O_1Z_1$ 坐标面上的椭圆，也按这些步骤作图，只是长短轴的位置不同，如图 11-13 和图 11-14 所示。

由此可见，平行于三个投影面的圆的正等轴测图（椭圆）的形状和大小是一样的，只是长、短轴的方向各不相同，即各椭圆的短轴方向与垂直于该椭圆所在平面的轴测轴方向重合。

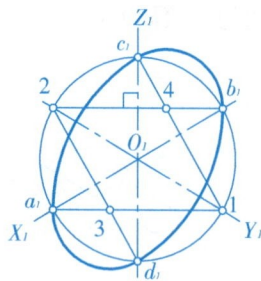

图 11-13　正平圆（$X_1O_1Z_1$ 坐标面上）的正等测投影

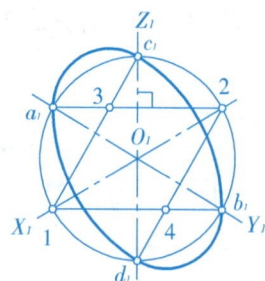

图 11-14　侧平圆（$Y_1O_1Z_1$ 坐标面上）的正等测投影

3. 圆角的正等轴测图的画法

从椭圆的近似画法中可以看出，菱形的钝角与椭圆的大圆弧相对应，菱形的锐角与椭圆的小圆弧相对应，菱形相邻两边中垂线的交点就是圆心，由此可以直接画出平板上圆角的正等轴测图。

如图 11-15 所示，作平板的正等轴测图步骤如下：

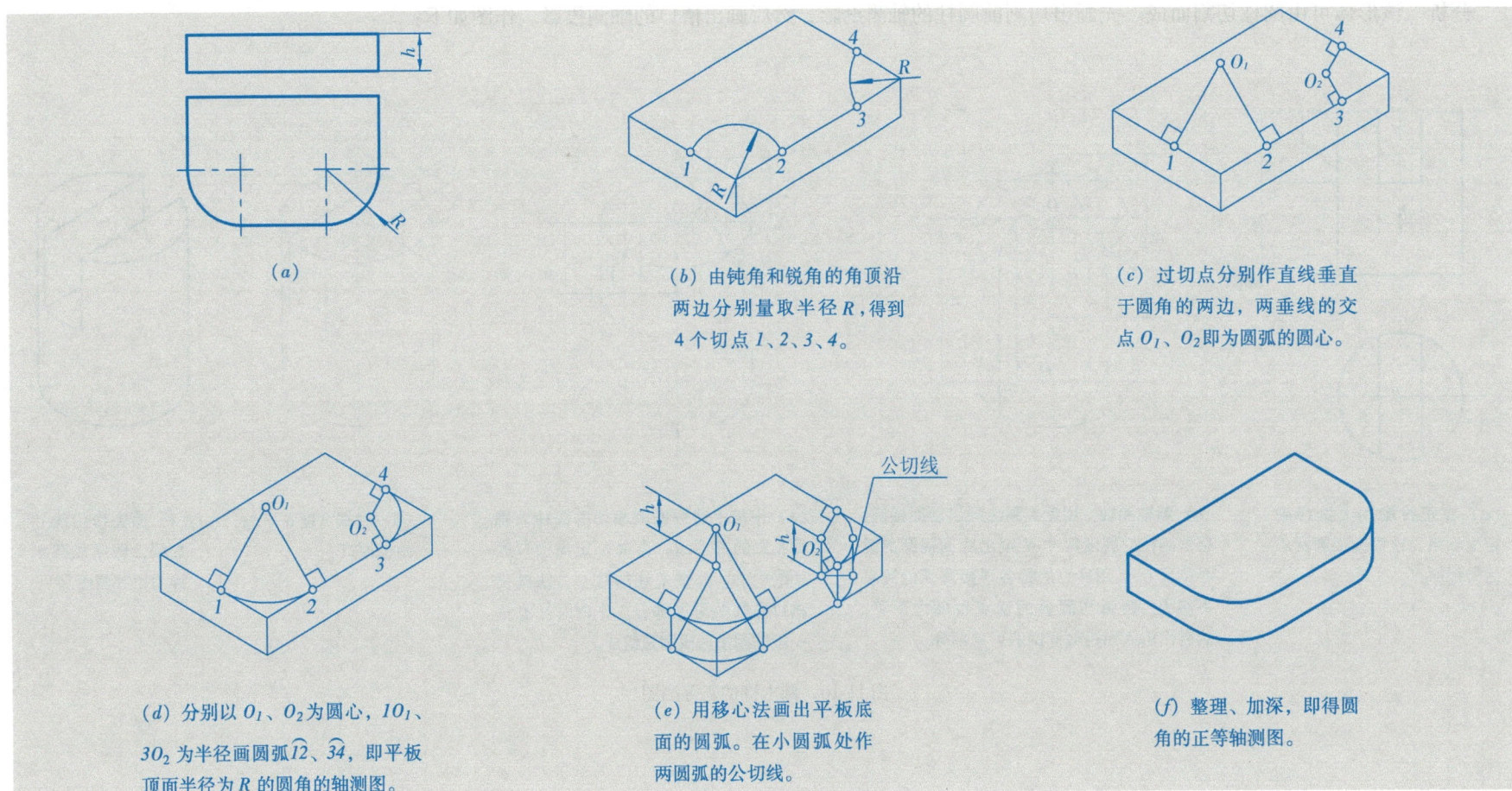

(a)

(b) 由钝角和锐角的角顶沿两边分别量取半径 R，得到 4 个切点 1、2、3、4。

(c) 过切点分别作直线垂直于圆角的两边，两垂线的交点 O_1、O_2 即为圆弧的圆心。

(d) 分别以 O_1、O_2 为圆心，$1O_1$、$3O_2$ 为半径画圆弧 $\overarc{12}$、$\overarc{34}$，即平板顶面半径为 R 的圆角的轴测图。

(e) 用移心法画出平板底面的圆弧。在小圆弧处作两圆弧的公切线。

(f) 整理、加深，即得圆角的正等轴测图。

图 11-15　作平板的正等测投影

11.3.3　画法举例

以下举例中各轴测图均采用简化伸缩系数。

例11-6　作出圆木榫的正等测图(图11-16)。

分析　该形体可由圆柱切割而成。先画出切割前圆柱的轴测投影,然后画出槽口的轴测投影。作图如下:

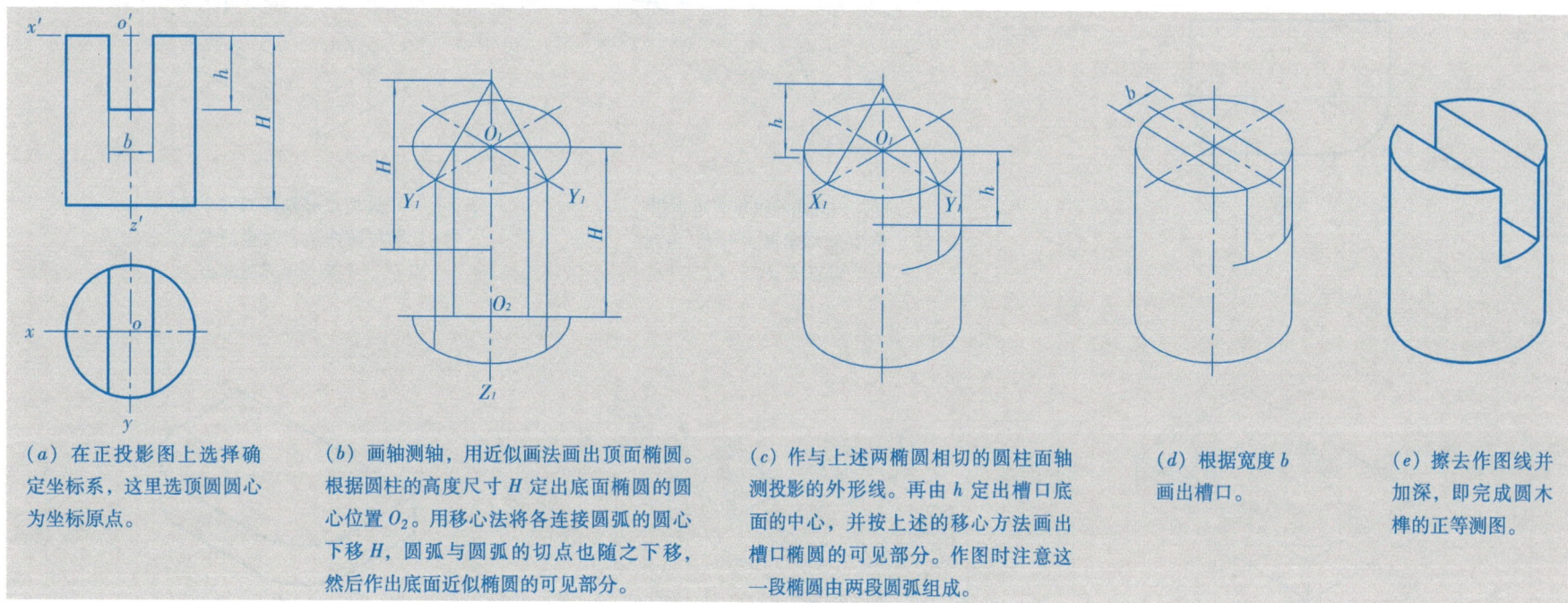

(a) 在正投影图上选择确定坐标系,这里选顶圆圆心为坐标原点。

(b) 画轴测轴,用近似画法画出顶面椭圆。根据圆柱的高度尺寸 H 定出底面椭圆的圆心位置 O_2。用移心法将各连接圆弧的圆心下移 H,圆弧与圆弧的切点也随之下移,然后作出底面近似椭圆的可见部分。

(c) 作与上述两椭圆相切的圆柱面轴测投影的外形线。再由 h 定出槽口底面的中心,并按上述的移心方法画出槽口椭圆的可见部分。作图时注意这一段椭圆由两段圆弧组成。

(d) 根据宽度 b 画出槽口。

(e) 擦去作图线并加深,即完成圆木榫的正等测图。

图 11-16　圆木榫的正等测图

例 11-7　作出组合体的正等轴测图(图 11-17)。

分析　该立体由带圆角及安装孔的底板,上圆下方有通孔的支承板及左右对称的两三棱柱肋板组成,为左右对称的叠加式组合体。其底板上表面为各部分的结合面,故选定底板的上表面后方中点为坐标原点,向下画出底板,向上画出支撑板与肋板。作图如下:

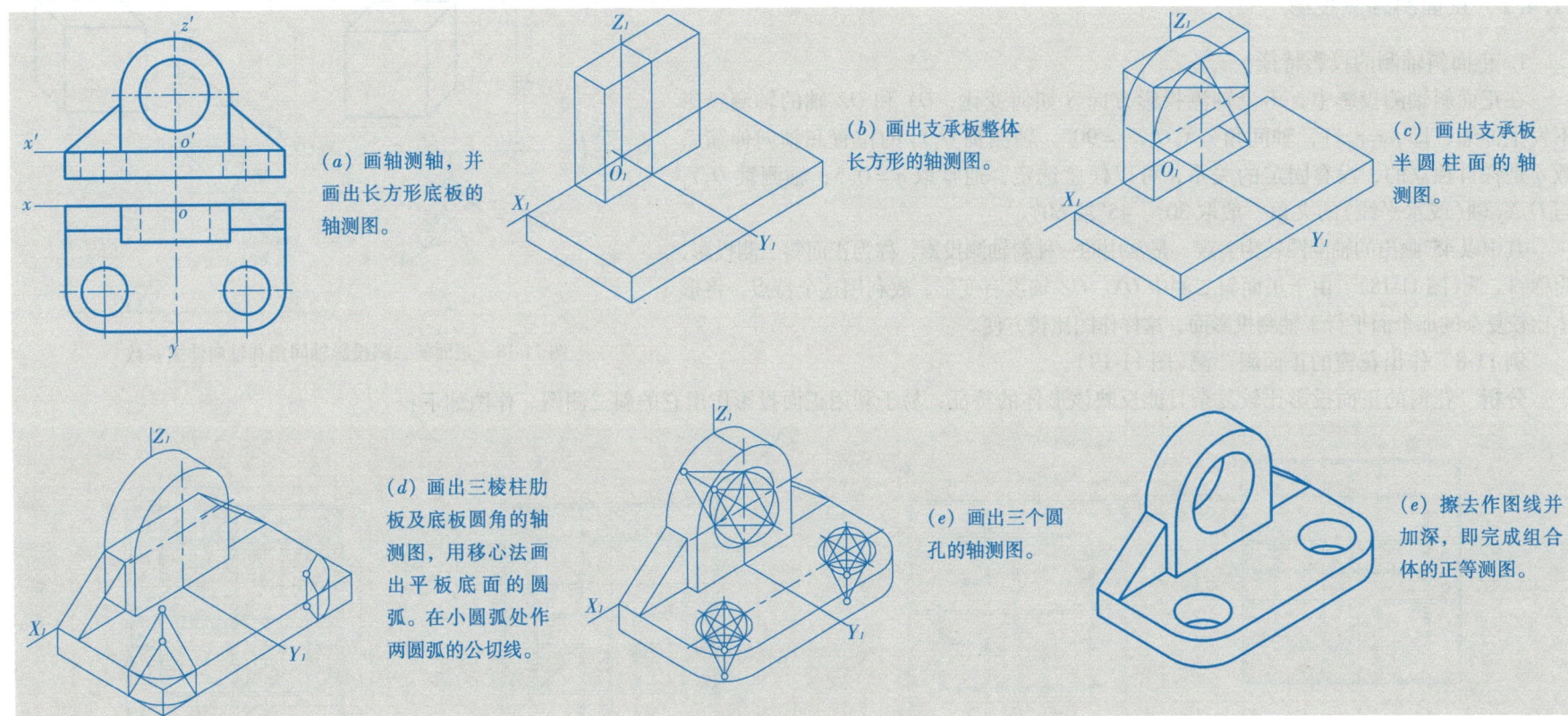

(a) 画轴测轴,并画出长方形底板的轴测图。

(b) 画出支承板整体长方形的轴测图。

(c) 画出支承板半圆柱面的轴测图。

(d) 画出三棱柱肋板及底板圆角的轴测图,用移心法画出平板底面的圆弧。在小圆弧处作两圆弧的公切线。

(e) 画出三个圆孔的轴测图。

(e) 擦去作图线并加深,即完成组合体的正等测图。

图 11-17　组合体的正等轴测图

11.4 斜轴测投影

11.4.1 正面斜轴测投影

1. 正面斜轴测的投影特征

在正面斜轴测投影中，不论轴测投影方向 S 如何变化，OX 和 OZ 轴的轴测投影不发生伸缩，即 $p = r = 1$，轴间角 $\angle X_1 O_1 Z_1 = 90°$。轴测轴 $O_1 Y_1$ 的位置和轴向伸缩系数 q 是各自独立的，没有固定的关系，可以任意选定，通常取 $q = 0.5$，轴测轴 $O_1 Y_1$ 与 $O_1 X_1$ 轴（或水平线）的夹角一般取 $30°$、$45°$ 或 $60°$。

其中以 $45°$ 画出的轴测图较为美观，是常用的一种斜轴测投影，称为正面斜二测投影，简称斜二测（图 11-18）。由于正面斜二测中 OX、OZ 轴没有变形，故利用这个特点，将形体比较复杂的那个面平行于轴测投影面，这样作图比较方便。

例 11-8 作出花窗的正面斜二测（图 11-19）。

分析 花窗的正面投影比较复杂且能反映该形体的特征，易于利用正面投影作出它的斜二测图。作图如下：

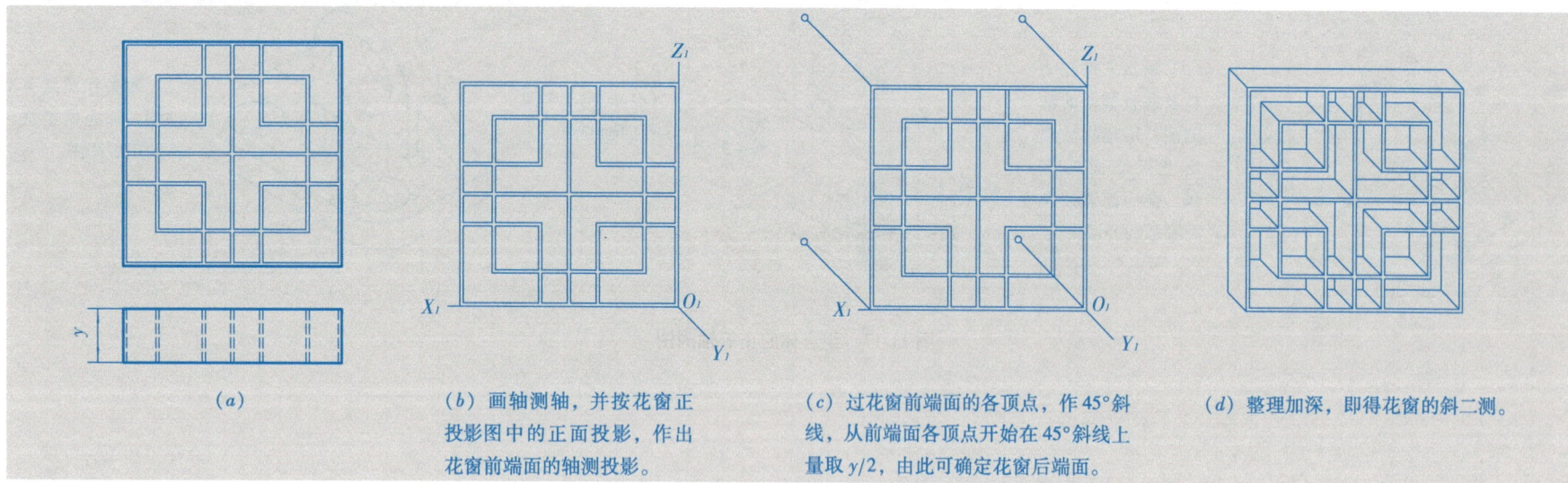

图 11-18 正面斜二测投影轴间角和轴向伸缩系数

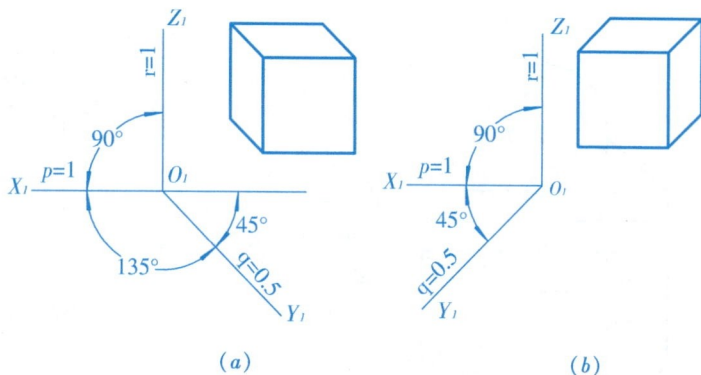

(a)

(b) 画轴测轴，并按花窗正投影图中的正面投影，作出花窗前端面的轴测投影。

(c) 过花窗前端面的各顶点，作 $45°$ 斜线，从前端面各顶点开始在 $45°$ 斜线上量取 $y/2$，由此可确定花窗后端面。

(d) 整理加深，即得花窗的斜二测。

图 11-19 花窗的正面斜二测

2. 平行于坐标面的圆的斜二测

如图 11-20 所示，正方体表面上三个内切圆的斜二测图：即平行于 XOZ 坐标面的圆的斜二测，仍是大小与实形相同的圆；当 $\angle X_1O_1Y_1 = \angle Y_1O_1Z_1 = 135°$ 时，平行于 XOY 和 YOZ 坐标面的圆的斜二测是两个大小相同的椭圆。

作平行于 XOY 和 YOZ 坐标面的圆的斜二测时，一般采用平行弦法或采用八点法。

例 11-9 作出截头圆柱的斜二测（图 11-21）。

分析 可先画出未截之前的圆柱，然后再画斜截面。为便于作图，可选圆柱的前后端面平行于 XOZ 坐标面，其轴测投影仍为圆。作图如下：

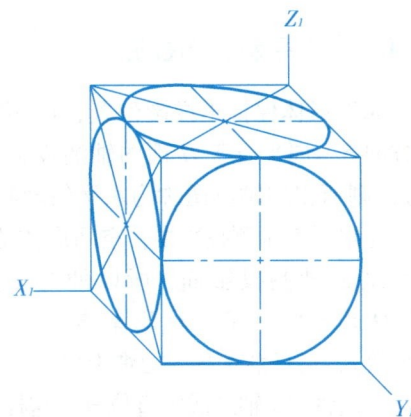

图 11-20 平行于坐标面的圆的斜二测

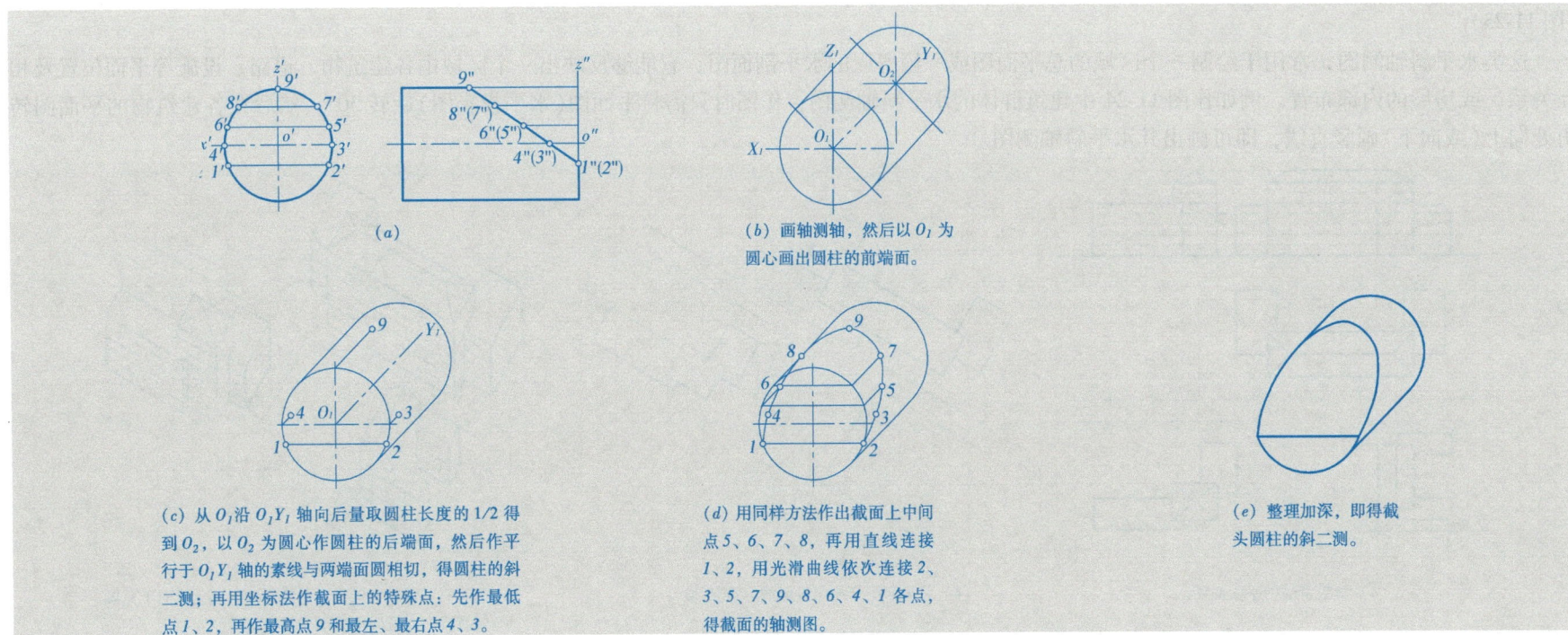

(a)

(b) 画轴测轴，然后以 O_1 为圆心画出圆柱的前端面。

(c) 从 O_1 沿 O_1Y_1 轴向后量取圆柱长度的 1/2 得到 O_2，以 O_2 为圆心作圆柱的后端面，然后作平行于 O_1Y_1 轴的素线与两端面圆相切，得圆柱的斜二测；再用坐标法作截面上的特殊点：先作最低点 1、2，再作最高点 9 和最左、最右点 4、3。

(d) 用同样方法作出截面上中间点 5、6、7、8，再用直线连接 1、2，用光滑曲线依次连接 2、3、5、7、9、8、6、4、1 各点，得截面的轴测图。

(e) 整理加深，即得截头圆柱的斜二测。

图 11-21 作出截头圆柱的正面斜二测

11.4.2　水平斜轴测投影

如果形体保持正投影位置，而用倾斜于 H 面的轴测投影方向 S，向平行于 H 面的轴测投影面 P 进行投影（图 11-22），则所得斜轴测图称为水平斜轴测图。

在水平斜轴测投影中，空间形体的坐标轴 OX、OY 平行于水平的轴测投影面，所以伸缩系数 $p=q=1$，轴间角 $\angle X_1O_1Y_1=90°$。至于 O_1Z_1 轴与 O_1X_1 轴之间轴间角以及伸缩系数 r，可任意选择，习惯上取 $\angle X_1O_1Z_1=120°$，$r=1$。画图时习惯将 OZ 轴画成竖直位置，这样 O_1X_1、O_1Y_1 轴须相应偏转角度，通常使 O_1X_1 和 O_1Y_1 轴分别对水平线成 30° 和 60°（图 11-23）。

图 11-22　水平斜轴测图的形成

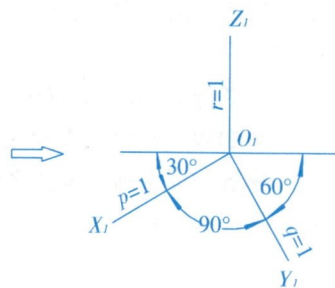

图 11-23　水平斜轴测图的轴测轴

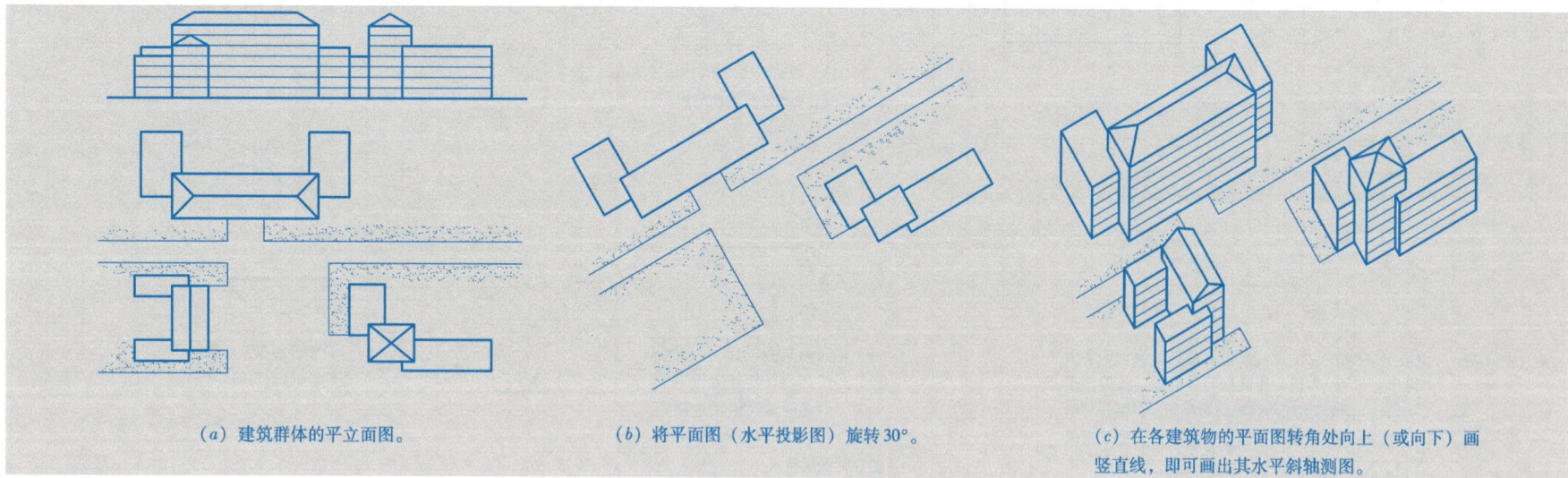

这类水平斜轴测图，常用于绘制一个区域的总平面图或一幢房屋的水平剖面图，它能够反映出一个区域中各建筑物、道路、设施等平面位置及相互关系，或房屋的内部布置。例如作图 11-24 中建筑群体的水平斜轴测图，作图时只需将平面图（水平投影图）旋转 30°，然后在各建筑物的平面图转角处向上（或向下）画竖直线，即可画出其水平斜轴测图。

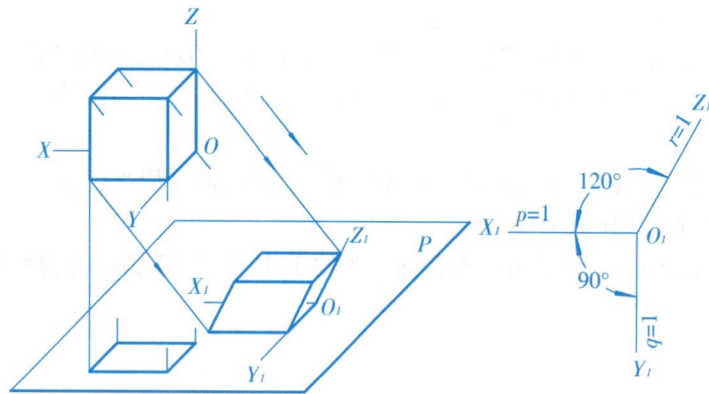

(a) 建筑群体的平立面图。

(b) 将平面图（水平投影图）旋转 30°。

(c) 在各建筑物的平面图转角处向上（或向下）画竖直线，即可画出其水平斜轴测图。

图 11-24　作建筑群体的水平斜轴测图

11.5 轴 测 图 的 选 择

绘制形体轴测图的主要目的是使绘制的图形能反映形体的主要形状，富于立体感，而轴测图类型的选择直接影响到轴测图的效果。

1. 不同特征的形体选取不同的轴测图

选择轴测图的类型要根据形体的具体形状来决定。首先应考虑要把形体的形状表达清楚，其次再考虑所得图形是否自然和谐及作图的简便性。正等测可直接利用三角板作图，对形体上两个或三个主要面有圆形的，可用同一种近似画法作椭圆，方法简便，作图时应优先考虑用正等测。对于形体只在一个主要面上具有曲线或复杂图线时，宜采用斜轴测。因为斜轴测有一个面的轴测投影不发生变形。

2. 图形尽可能全面表现出形体的形状

轴测图应充分显示该形体的主要部分和主要特征，尽可能将不可见部分表达清楚，其选择可参考表 11-1 以选取合适的轴测图。

轴测图应采取充分表达形体的观看方向，以获得较满意的图形，如图 11-25 所示。

3. 图形尽可能富有立体感

轴测图的特点，就是图形的直观性强，要避免形体转角处的图线上下贯通成一直线和形体上有的表面投影积聚成一直线。

例如，图 11-26(b)所示杯口基础的正等测中间转角处的交线形成了一条上下贯通的直线，图形左右对称，立体感差，不如图 11-26(c)斜二测直观，立体感较强。

例如，图 11-27(b)所示形体的正等测，显然是由于上方正四棱柱的两个表面正好与正等测的投影方向平行，它们的正等测投影积聚成一直线，缺乏立体感，而该形体如图 11-27(c)斜二测就没有这个缺点。

轴测类型 表 11-1

最上一行与最左一列为正面斜轴测；
对角线斜向一排为水平斜轴测；
中间部分是正轴测图

(a) (b)

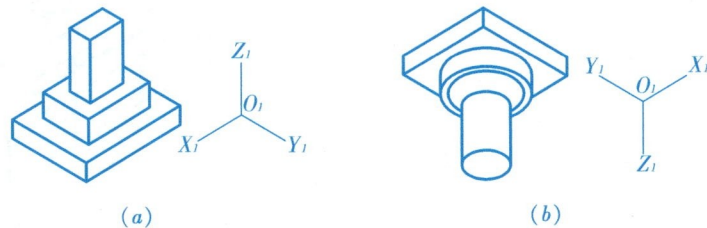

图 11-25 轴测图的选择（一）

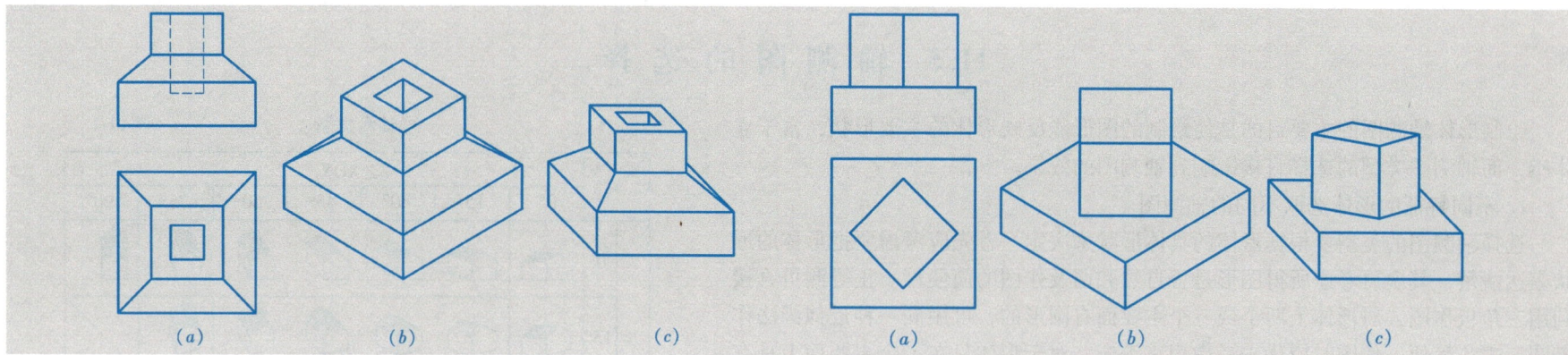

图 11-26　轴测图的选择(二)　　　　　　　　　图 11-27　轴测图的选择(三)

11.6　轴测图的应用类型

　　绘制建筑轴测图的主要目的是使建筑方案表达更为清晰，轴测图可根据设计概念、特点提供多种表达的可能。

　　1. 俯视与仰视(图 11-28)

　　选择利于表达建筑信息的视角，如鸟瞰视角(俯视)、虫视角(仰视)。

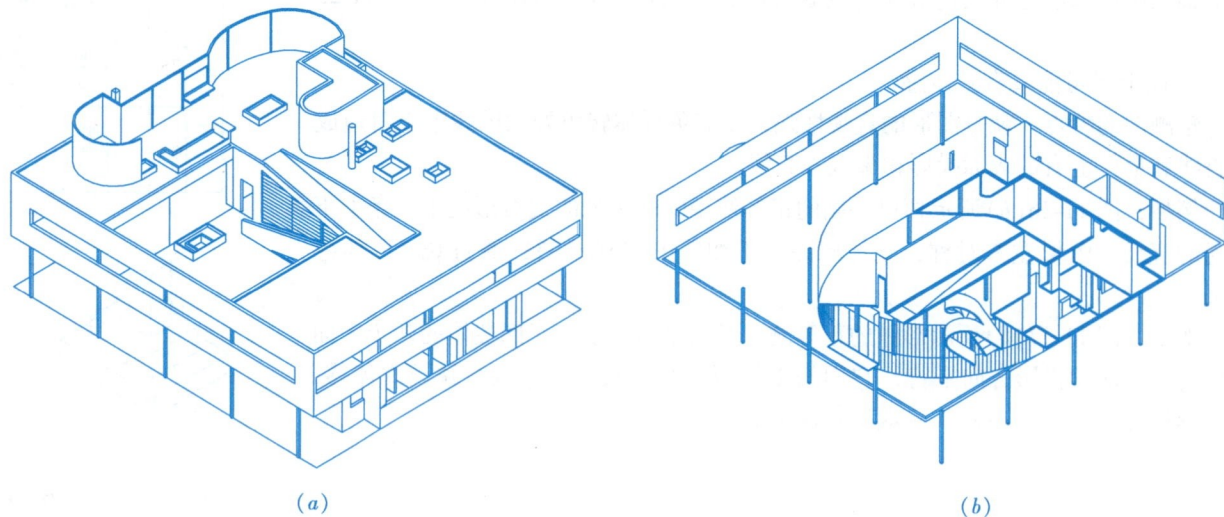

(a)　　　　　　　　　　　　　　　　　(b)

图 11-28　俯视与仰视

2. 剖视轴测(图 11-29)

通过剖切移去部分墙体、屋面，表达建筑内部不同楼层之间的联系。

3. 透明轴测(图 11-30)

建筑物的某些外部构件呈现出透明状态，使得建筑内部空间可以表达。

4. 分层轴测(图 11-31)

同时画出建筑各层轴测，并表示其空间垂直位置关系，亦可结合垂直交通关系的表达。

5. 分解轴测(图 11-32)

适合于表达建筑各构件之间的组成关系。

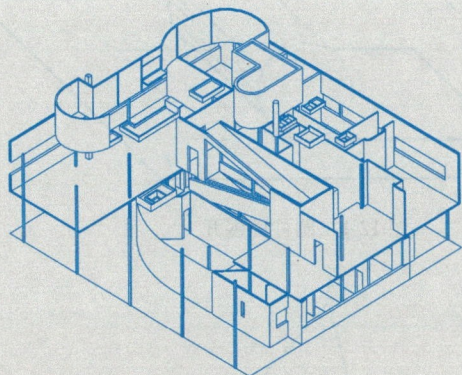

图 11-29　剖视轴测

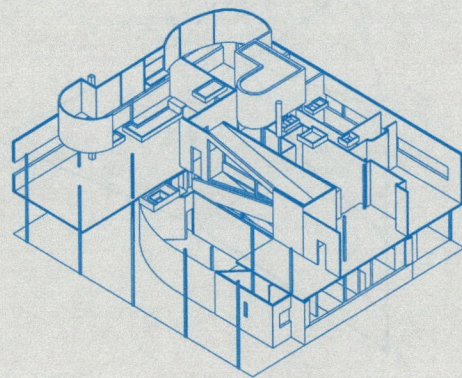

图 11-30　透明轴测

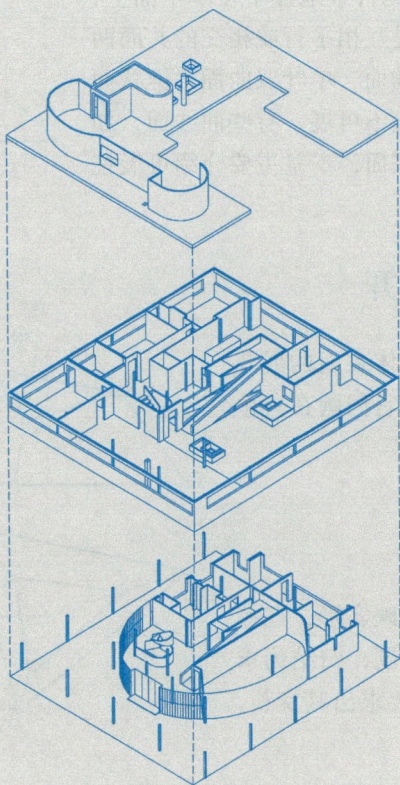

图 11-31　分层轴测

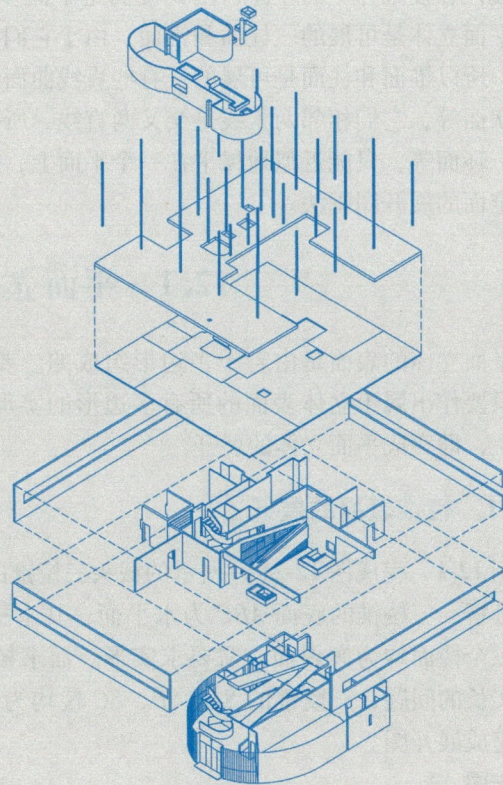

图 11-32　分解轴测

第 12 章　立体表面的展开

将立体的表面，沿适当位置裁开，并依次无皱地摊平到一个平面上的过程，称为立体表面的展开，展开后的图形称为展开图。图 12-1 中，我们把圆柱面沿一条素线裁开，并把它摊平到平面上，就可得到该圆柱面的展开图。

画立体表面展开图，实质是用图解法求立体表面实形的问题，最终归结为求直线实长。直角三角形法和旋转法是常用的求直线实长的两种方法。

棱柱和棱锥为平面立体，因其棱面是平面多边形，可以无折皱地摊平在一平面上，所以平面立体是可展的。柱面和锥面，由于它们的相邻素线是互相平行或相交的共面两直线，所以锥面和柱面是可展的。有些直线曲面，如双曲抛物面、单叶双曲面、锥状面和柱状面等，它们相邻两素线是交叉两直线，所以这类直线面不可展。有些曲线面，如球面、环面等，只能近似地摊平在一个平面上，则称为不可展面，本章主要介绍可展柱面和锥面的展开图画法。

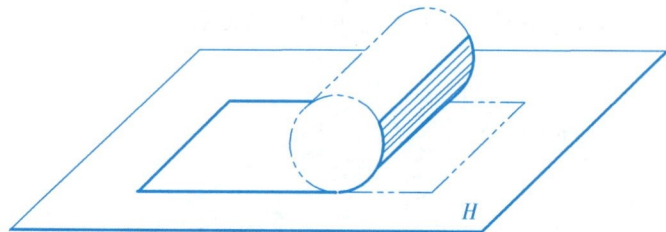

图 12-1　圆柱面展开

12.1　平面立体表面展开

平面立体的表面是由若干多边形组成的。要画出平面立体表面的展开图，只要作出属于立体表面的所有多边形的实形，并依次把它们画在一个平面上，即完成平面立体的展开。

12.1.1　棱锥表面的展开

例 12-1　完成图 12-2(a)所示的截头三棱锥的展开图。

分析　三棱锥的底面 ABC 为水平面，其水平投影 abc 反映实形，三棱锥的三个棱面均为倾斜面，需要求实形。而求棱面实形的问题，归结为求棱线实长的问题，三棱锥的 SA、SB、SC 棱均为倾斜线，只要求出其实长，即可完成展开图。

作图

(1)用旋转法求 SA、SB、SC 的实长 $s'a_1'$、$s'b_1'$、$s'c_1'$，并确定被截棱

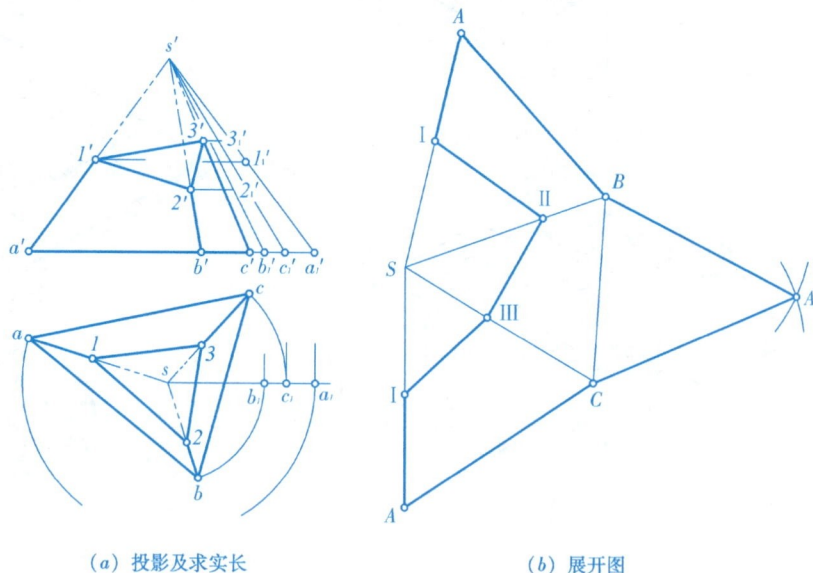

(a) 投影及求实长　　　(b) 展开图

图 12-2　三棱锥表面的展开

线的实长；分别过 $1'$、$2'$、$3'$ 引水平线交 $s'a_1'$、$s'b_1'$、$s'c_1'$ 于 $1_1'$、$2_1'$、$3_1'$，则 $s'1_1'$、$s'2_1'$、$s'3_1'$ 为截掉的棱线的实长，如图 12-2(a) 所示。

（2）画展开图时，首先画锥底面实形，再画被截前的棱锥各棱面的实形，最后完成截切后棱面的实形。根据已知取 $\triangle ABC = \triangle abc$，完成锥底的展开，再分别以 B 和 C 为圆心，以 $s'c_1'$ 和 $s'b_1'$ 为半径作弧交于 S 点，连 SB 和 SC 即完成棱面 $\triangle SBC$ 的实形。同理分别作出另外两棱面的实形 $\triangle SAB$ 和 $\triangle SAC$。最后在各棱线上分别截出 Ⅰ、Ⅱ、Ⅲ点，使 $S\,Ⅰ = s'1_1'$、$S\,Ⅱ = s'2_1'$、$S\,Ⅲ = s'3_1'$，并把各点连成折线，即完成所求的展开图，如图 12-2(b) 所示。

12.1.2　棱柱面的展开

棱柱除了底面是多边形外，各棱面一般由平行四边形或矩形组成。而任何四边形都可以看成由两个三角形所组成，因此，只要求出这些三角形各边的实长后，即可作出棱柱的表面展开图。所以棱面的展开必须引对角线作辅助线，求得这些对角线的实长。将平面立体各表面分解为三角形，从而作出表面展开图的方法称三角形法，它是作展开图的基本方法。

例 12-2　完成图 12-3(a) 所示斜三棱柱的展开图。

分析　从图 12-3(a) 可见，斜三棱柱的上顶面和下底面均平行 H 面，所以其 H 投影反应实形，即 $ABC = abc$，$DEF = def$。斜三棱柱的每条棱线又平行于正面，所以各棱线的正面投影反映实长。还要求出棱面 $ABED$ 对角线 BD 的实长，棱面 $ADFC$ 对角线 CD 的实长，棱面 $BCFE$ 对角线 CE 的实长。

作图　① 用旋转法求出对角线 BD 的实长 $b'd_1'$，对角线 CD 的实长 $c'd_1'$，对角线 CE 的实长 $c'e_1'$；② 按已知的底边实长、棱线的实长和求出的对角线的实长，依次画出各棱面的实形、上顶面、下底面的实形，如图 12-3(b) 所示。

棱柱的展开还有另外一种方法，由于棱柱的棱面均为四边形，只要求出这些四边形的实形，可直接展开四边形，其作图常用滚翻法。首先将棱柱的某棱面置于一平面上，再按顺序绕各棱线向同一侧滚翻，每滚翻一次，就在该平面上得出一个棱面的实形，将棱柱滚翻一周，连续得出各个棱面的实形，即完成棱柱表面的展开图。图 12-4 为滚翻法的示意图。

从图中可见，棱柱翻转一周后，其法截面 Ⅰ、Ⅱ、Ⅲ、Ⅳ展开成一直线，并垂直棱线。因此，用滚翻法作展开图时必须先确定棱柱的

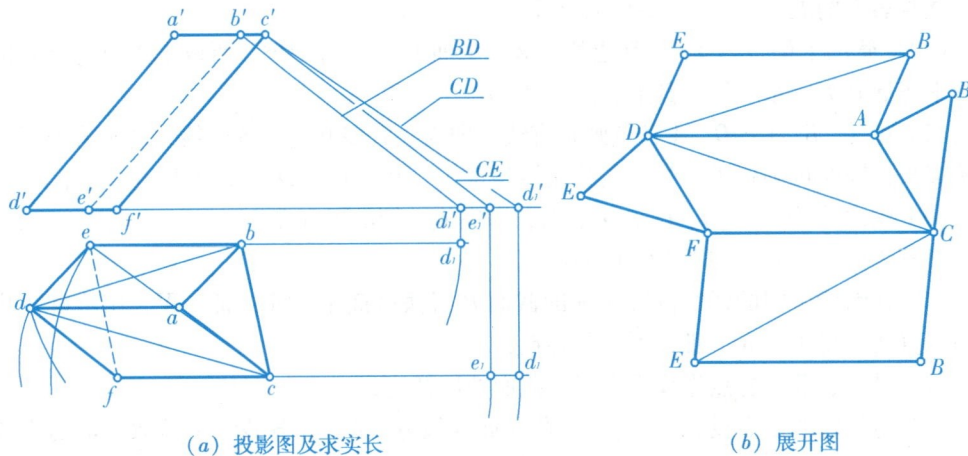

(a) 投影图及求实长　　　　(b) 展开图

图 12-3　斜三棱柱表面展开图

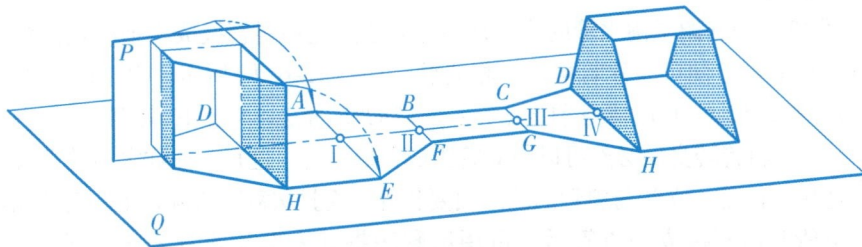

图 12-4　滚翻法示意图

法截面。

例 12-3　作出图 12-5(a)所示的两节雨水管的展开图。

分析　从投影图可知，立管和斜管都是四棱柱，其法截面(与柱棱垂直的面)的形状、大小相等，立管的棱线为铅垂线，其正面投影反应实长，在 V 面用滚翻法展开。

作图　方法一：

立管表面的展开，如图 12-5(b)所示。

(1)立管的上端口为矩形(其边长 $m \times n$)并垂直于立管的棱，所以上端口为立管的法截面，与其正面投影平齐展开为一水平线，其上各点为 A、B、C、D、A；

(2)过 A、B、C、D、A 各点画垂直线，即为立管展开后的各棱线，高平齐通过其正面投影量得立管各棱实长，同时也确定了立管与斜管交线各点 A_1、B_1、C_1、D_1、A_1 的展开位置；

(3)顺次连接 A_1、B_1、C_1、D_1、A_1，即完成立管的展开图。

斜管表面的展开，如图 12-5(c)所示。

(1)在斜管中间的任意位置作辅助截面 P 得法截面 I、II、III、IV，用滚翻法将法截面就此方向展开为一直线，得 I、II、III、IV、V 各点；

(2)过 I、II…各点作线垂直于法截面的展开线；

(3)与斜管的正面投影平齐(沿法截面展开线方向)，在各棱线上截取相应的实长。从而确定与立管交线各点 A_1、B_1、C_1、D_1、A_1 和下端口各点 E、F、G、H、E 的展开位置；

(4)依次连接 A_1、B_1、C_1、D_1、A_1 各点和 E、F、G、H、E 各点，完成斜管的展开图。

上述方法需分别作出两管的展开图，图形布置零乱，下料时板材耗费较大，考虑到经济合理地使用板材，通常按下述方法展开两水管。

方法二：

图 12-6 中介绍了雨水管的第二种展开方法。先将斜管扳成铅垂位置，然后使它绕管轴转 180°，便可与立管接成一根直管，如图 12-6(b)所示。由于两管正截面相等，从图 12-6(a)可知转身前 $\angle \alpha + \angle \gamma = 180°$，而 $\angle \alpha = \angle \beta$；转身后 $\angle \beta + \angle \gamma = 180°$，所以斜管转身后必然可以与立管连成一根直管，这种方法称之为转身法。转身法的适用条件是：立管与斜管的法断面要相等，而且法截面必须是中心对称图形。

立管与斜管接成一直管后，可用滚翻法将其表面及两管表面交线一次展开，如图 12-6(c)所示。此种方法作图简单，排料合理。

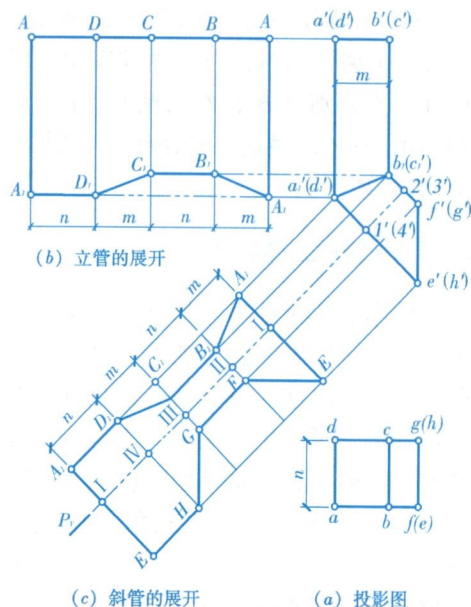

(b) 立管的展开

(c) 斜管的展开　　(a) 投影图

图 12-5　雨水管的展开(方法一)

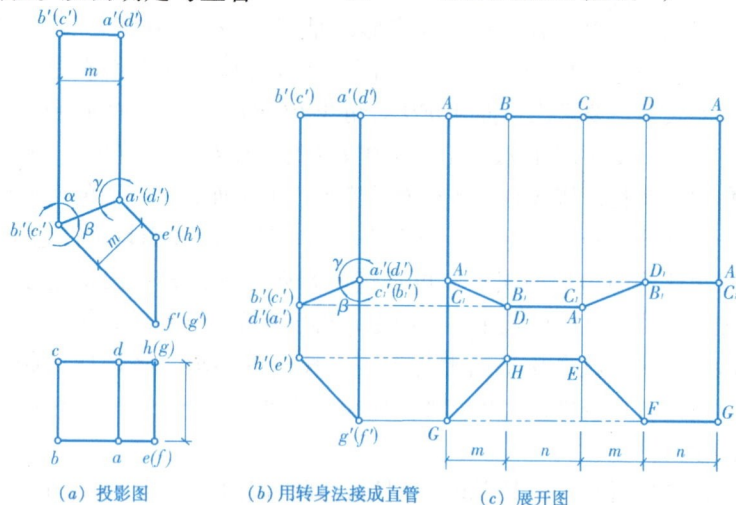

(a) 投影图　(b)用转身法接成直管　(c) 展开图

图 12-6　雨水管的展开(方法二)

12.2 曲面立体表面展开

12.2.1 圆柱表面的展开

例 12-4 作出 12-7(a)所示的截头正圆柱的展开图。

分析 正圆柱表面的展开图是矩形。矩形其中的一边长为圆柱高 H，另一边长为圆周长 $2\pi R$（R 为圆柱半径）。当圆柱被正垂面 P 斜截，应在其展开图中定出截交线各点的位置。圆柱的素线均为铅垂线，共正面投影反映实长，即展开图直接在 V 面作图，步骤如下：

作图 （1）在 H 面投影上，分柱底圆周为若干等分（例如 12 等分），并过等分点作素线的 V 投影，与 Pv 分别相交于 a'、b'、c'…各点，a'、b'、c'…为截交线上的点；

（2）将柱底圆周展开为一直线，其长度为 $2\pi R$，在其上截取各等分点 O、I、II、III…；

（3）过各等分点，作垂直线（柱面素线）。截取各相应素线的实长，为此过 a'、b'、c'…各点引水平线与展开图上相应素线相交，得 A、B、C…各点；

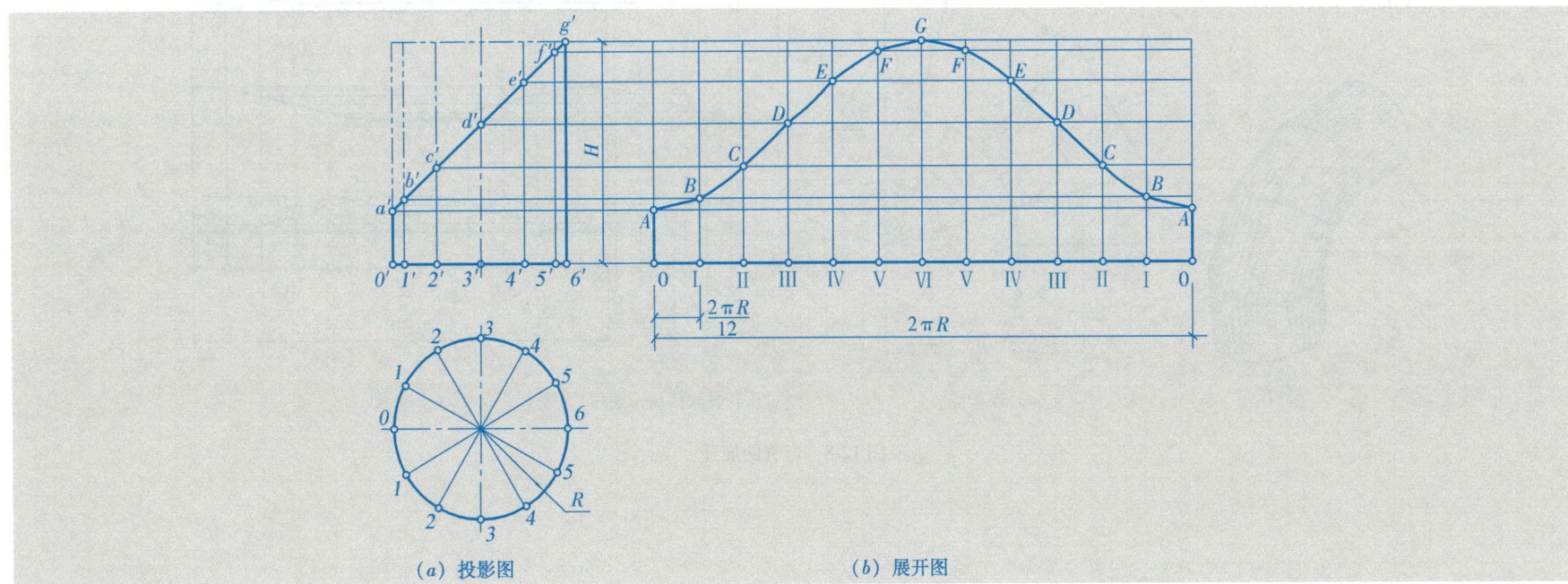

(a) 投影图　　　　　　　　　　　(b) 展开图

图 12-7 截头正圆柱的展开

（4）用光滑曲线连接各点后，所得图形即为所求展开图，如图 12-7（b）所示。

12.2.2 等径圆柱弯管表面的展开

例 12-5 作出图 12-8（a）所示"虾米弯"展开图。

等径圆柱弯管又称"虾米弯"。常用于通风管道和热力管道中。它是由几节等径圆柱管连接而成。图 12-8（a）所示"虾米弯"由四节等径圆柱管组成，用来连接与之等径的两正交管道。该"虾米弯"各节圆柱管斜口与该圆柱法截面的倾角相同，可以用前述的转身法，将 Ⅱ、Ⅳ 两节圆柱管旋转 180°，与 Ⅰ、Ⅲ 两节圆柱管接成一正圆柱管，如图 12-8（b）所示。按截头正圆柱面展开的方法，将该直立正圆柱管展开，并作出连接各节的交线，即得该"虾米弯"的展开图，如图 12-8（c）所示。实际应用中，虾米弯的展开可按六节圆柱考虑，只需展开第 Ⅰ 节，做成模板，依次翻转五次模板即可完成虾米弯的展开图。这种展开方法作图简单，排料合理，下料方便经济实用。

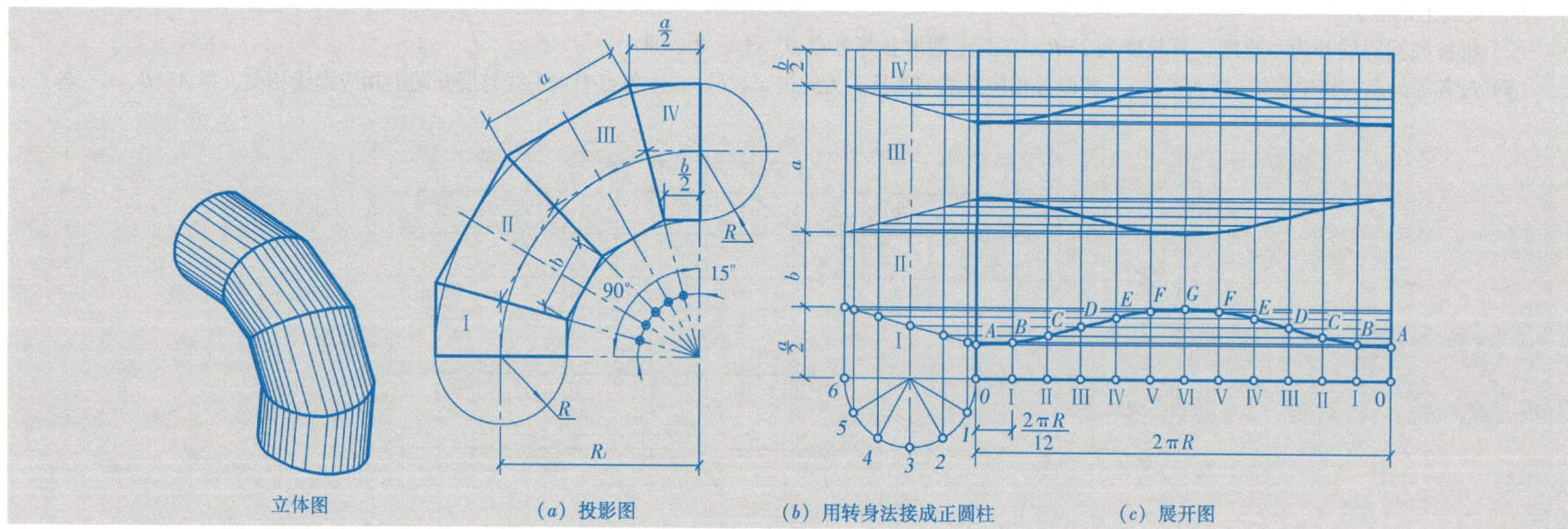

图 12-8 弯管的展开

12.2.3　正圆锥面的展开

例 12-6　作出图 12-9(a) 截头正圆锥的展开图。

分析　正圆锥表面的展开图是以圆锥素线的实长为半径，锥顶 S 为圆心，锥底圆周长为弧长的一个扇形。图 12-9(a) 所示正圆锥被正垂面 P 斜截，应在其展开图中定出截交线的位置。圆锥的正面外形线 $s'1'$ 是圆锥素线的实长。应过截交线上若干点引水平线至 $s'1'$，即可确定被截各素线的实长，如求 SD 实长，应过 d' 作水平线交 $s'1'$ 于 d_1'，$s'd_1'$ 即为实长 SD。

作图

(1) 为画出扇形，首先以点 S(任取) 为圆心，以素线实长 $s'1'$ 为半径画弧；

(2) 将锥底圆周分若干等分(如 12 等分)然后以弦代弧，在扇形弧长上截取 12 等分，可得正圆锥面的展开图；

(3) 再分别量取各素线被截去部分的实长，以确定截交线的各点，如量取 $SD = s'd_1'$ 得点 D 的展开位置，同样方法求出 A、B、C⋯各点展开位置。最后连接 A、B、C⋯各点，即完成截头正圆锥的展开图，如图 12-9(b) 所示。

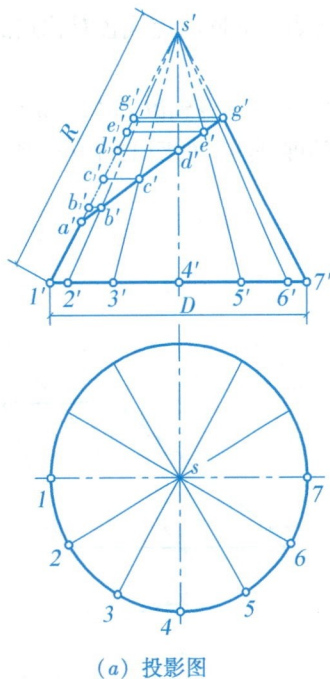

(a) 投影图

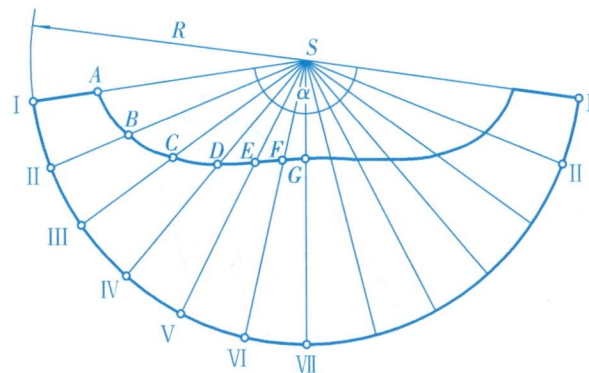

(b) 展开图

图 12-9　截头圆锥表面的展开

12.2.4　斜圆锥面的展开

例 12-7　作出图 12-10(a) 所示截头斜圆锥的展开图。

分析　图 12-10(a) 是一个斜圆台变形接头，用来连接管轴不在同一直线上，且管径不等的上下圆管。作斜圆台表面的展开图，实际上是从展开的大斜圆锥面截去一个展开的小斜圆锥面。斜圆锥表面可以看成由若干个相邻而不相等的三角形围成，依次画出三角形的实形，便可得出该锥面的展开图，但在展开前必须求出三角形各边的实长。

作图

(1) 将锥底圆分若干等分(如 12 等分)过各等分点的素线，将斜圆锥面分为 12 个三角形。斜圆锥面前后对称，图12-10(b) 中锥底面圆的 H 投影只画一半；

(2) 用旋转法求出大小斜圆锥各素线的实长，图 12-10(b) 所示。$s'3_1'$ 是大圆锥面素线 SⅢ 的实长，$s'C_1'$ 是小斜圆锥面相应素线 SC 的实长，$s'1'$ 和 $s'7'$ 为其素线的已知实长；

（3）展开大圆锥表面，以 s' 作为锥面展开圆的锥顶，可先作素线 $S\text{I}$，取 $S\text{I}=s'1_1'$，然后取 $S\text{II}=s'2_1'$ 和底圆弦长 12 来确定 II 点，作出一个三角形 $s'\text{I}\text{II}$。同理作大斜圆锥面展开图的 III、IV、V…各点，并同时完成各对称点的展开。最后用光滑曲线顺次连接所求各点，即完成锥管下口的展开线；

（4）求小斜圆锥面底圆各点在展开图中的位置，以 s' 为圆心，分别以 $s'a_1'$，$s'b_1'$…为半径作圆弧，在展开图上对应素线 $S\text{I}$、$S\text{II}$…相交于 A、B…各点，用光滑曲线顺次连接所求各点，即完成锥管上口的展开线。如图 12-10(b) 所示为斜圆锥管的展开图。

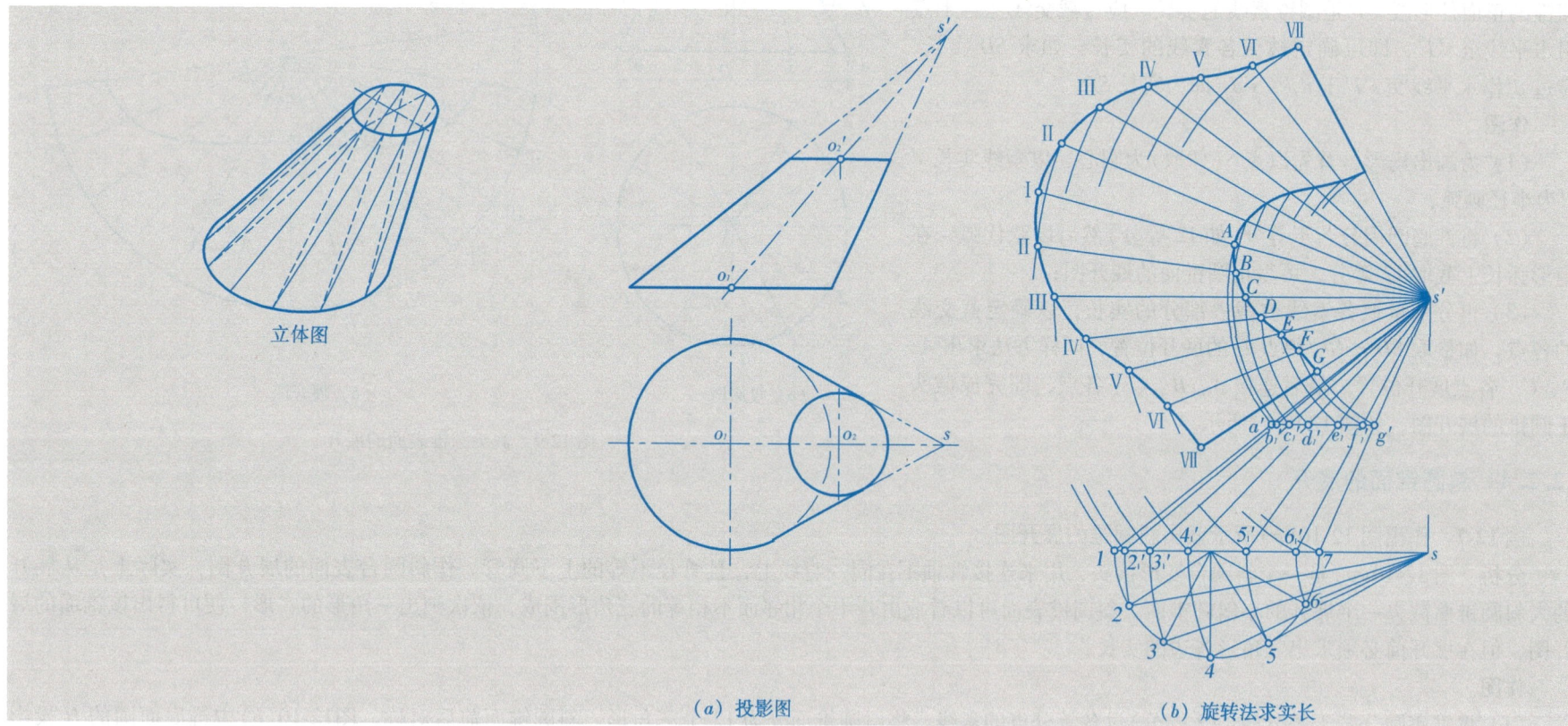

（a）投影图

（b）旋转法求实长

图 12-10　截头斜圆锥的展开

12.3　变形接头的展开

变形接头是一种常用的接头，它有天圆地方和天方地圆两种形式。图 12-11(a)所示为天圆地方形式的变形接头，它上接圆柱管或圆锥管，下连矩形管。它的表面是由四个等腰三角形平面和四个相等的倒斜圆锥面所组成。每个锥面的底边是变形接头上口圆周的 1/4，顶点在下口矩形的顶点上。该变形接头的展开便是将上述四个等腰三角形平面和四个相等的四分之一倒斜圆锥面的展开，依次相连，其作图步骤如下：

(1)将图 12-11(a)水平投影中的 1/4 圆三等分。作出斜圆锥的素线，并用直角三角形法求各素线的实长，如图 12-11(b)所示；

(2)用直角三角形法求等腰三角形高 OE 的实长，如图 12-11(b)所示。OE 为接口线；

(3)根据所得各边的实长，先作出△AOB 的实形，然后依次在△AOB 两侧作出斜锥面和等腰三角形的展开图，即得到完整的变形接头的展开图，如图 12-11(c)所示。

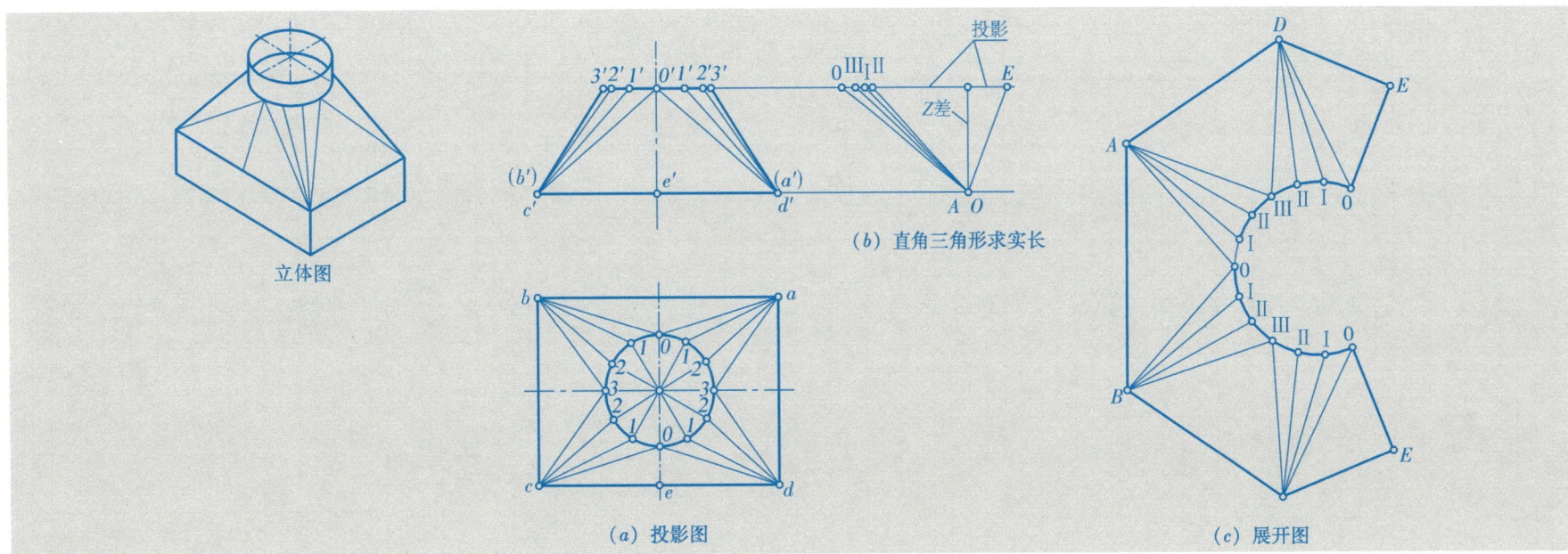

立体图

(b) 直角三角形求实长

(a) 投影图

(c) 展开图

图 12-11　天圆地方变形接头的展开

下 篇

投 影 制 图

第1章 制图的基本知识

1.1 制图国家标准简介

1.1.1 标准概述

我国现有的标准可分为国家、行业、地方、企业标准四个层次。对需要在全国范围内统一的技术要求制订国家标准；对没有国家标准而又需要在全国某个行业范围统一的技术要求制订行业标准；由于类似的原因产生了地方标准；对没有国家标准和行业标准的企业产品制订企业标准。

"国家标准"简称"国标"（GB）。国家标准和行业标准又分为强制性标准（GB）和推荐性标准（GB/T）。强制性国家标准的代号形式为 GB ××××（标准的顺序编号）—××××（标准颁布的年号）。如《建筑制图标准》代号"GB 50104—2010""GB"表示强制性国家标准，"50104"是该标准的编号，"2010"表示该标准于 2010 年发布。

强制性标准是必须执行的，而推荐性标准是国家鼓励企业自愿采用的。但由于标准化工作的需要，这些标准实际上都被认真执行着。标准是随着科学技术的发展和经济建设的需要而发展变化的。我国的国家标准在实施后，标准主管部门每 5 年对标准复审一次，以确定是否继续执行、修改或废止。在工作中应采用经过审定的最新标准。

下面介绍绘制图样时常用的国家标准。

1.1.2 图纸幅面及格式（GB/T 14689—2008）

1. 图纸幅面

绘制各种工程技术图样时，应优先选用表 1-1 所规定的基本幅面，使用时优先选用基本幅面 A0、A1、A2、A3、A4，必要时，也允许选用国家标准所规定的加长幅面。这些幅面的尺寸由基本幅面的短边成整数倍增加后得出。

图纸基本幅面代号和尺寸（mm） 表 1-1

尺寸代号＼幅面代号	A0	A1	A2	A3	A4
$b \times l$	841×1189	594×841	420×594	297×420	210×297
c	10			5	
a	25				

2. 图框格式

在每张图样上，均须用粗实线绘制图框。其格式分为横式幅面和立式幅面。横式幅面如图 1-1 所示，立式幅面如图 1-2 所示。但同一物件的图样只能采用同一种格式，图样必须画在图框之内。

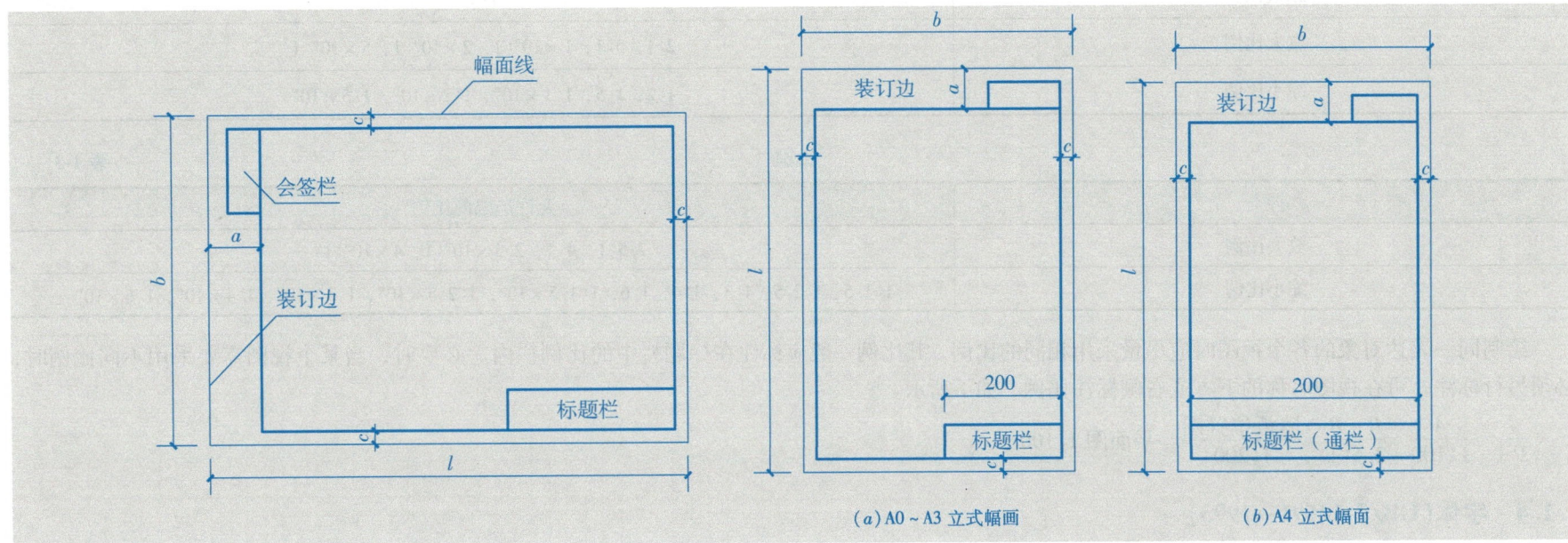

图 1-1　A0 ~ A3 横式幅画

图 1-2　立式幅面

1.1.3　比例(GB/T 14690—1993)

绘制图样时所采用的比例，是图样中图形要素的线性尺寸与实际表达对象相应要素的线性尺寸之比。简单地说，图样上所画图形与其实物相应要素的线性尺寸之比称作比例。比值为 1 的比例，即 1:1，称为原值比例；比值大于 1 的比例，如 2:1 等，称为放大比例；比值小于 1 的比例，如 1:2 等，称为缩小比例。

绘制图样时，应尽可能按需表达对象的实际大小画出，以方便看图，如果物体太大或太小，则可用表 1-2 中所推荐选取的适当比例，必要时也允许选取表 1-3 推荐的比例。

在建筑施工工程图样中，绘制各种视图所采用的比例，见房屋建筑图章节。

比例	表 1-2
种类	推荐选取的比例
原值比例	1:1
放大比例	2:1，5:1，1×10^n:1，2×10^n:1，5×10^n:1
缩小比例	1:2，1:5，1:1×10^n，1:2×10^n，1:5×10^n

比例	表 1-3
种类	允许选取的比例
放大比例	2.5:1，4:1，2.5×10^n:1，4×10^n:1
缩小比例	1:1.5，1:2.5，1:3，1:4，1:6，1:1.5×10^n，1:2.5×10^n，1:3×10^n，1:4×10^n，1:6×10^n

绘制同一表达对象的各个视图时应尽量采用相同的比例，其比例一般应标注在标题栏中的比例栏内。必要时，当某个视图需要采用不同比例时，必须另行标注，可在视图名称的下方或右侧标注比例，如下所示。

$$\frac{I}{2:1} \quad \frac{A}{1:100} \quad \frac{B-B}{2.5:1} \quad \frac{墙板位置图}{1:200} \quad 平面图 1:100$$

1.1.4　字体（GB/T 14691—1993）

（1）图样中书写字体必须做到：字体工整、笔画清楚、间隔均匀、排列整齐。

（2）字体的大小以号数表示，字体的号数就是字体的高度（单位为 mm），字体高度（用 h 表示）的公称尺寸系列为：1.8mm、2.5mm、3.5mm、5mm、7mm、10mm、14mm、20mm。如需要书写更大的字，其字体高度应按 $\sqrt{2}$ 的比率递增。用作指数、分数、注脚和尺寸偏差数值，一般采用小一号字体。

（3）汉字应写成长仿宋体字，并应采用国家正式推行的《汉字简化方案》中规定的简化字。长仿宋体字的书写要领是：横平竖直、注意起落、结构均匀、填满方格。汉字的高度 h 不应小于 3.5mm，其字宽一般为 $h/\sqrt{2}$。

（4）字母和数字分为 A 型和 B 型。笔画宽（d）与字高（h）要求一定的比例关系：A 型字体的笔画宽度 $d = h/14$，B 型字体的笔画宽度 $d = h/10$。

（5）字母和数字可写成斜体或直体。斜体字字头向右倾斜，与水平基准线成75°。绘图时，一般用 B 型斜体字。在同一图样上只允许选用一种形式的字体。

如图 1-3 所示的是图样中常见字体（长仿宋体汉字、数字）书写示例。

10号字

字体端正　笔画清楚
排列整齐　间隔均匀

7号字

横平竖直　结构均匀　注意起落　填满方格

5号字

技术制图　建筑工程　施工引水通风　平面图　立面图

3.5号字

技术制图　建筑工程　施工引水通风　平面图　立面图

数字

0123456789

I II III IV V VI VII VIII IX

A型斜体字母示例

ABCDEFGHIJKLMNOP

QRSTUVWXYZ

abcdefghijklmn

opqrstuvwxyz

图1-3　字体示例1

A型斜体希腊字母示例

图 1-3　字体示例 2

1.1.5　图线(GB/T 50001—2017)

图线的宽度 b，宜从 1.4mm、1.0mm、0.7mm、0.5mm、0.35mm、0.25mm、0.18mm、0.13mm 线宽系列中选取。图线宽度不应小于 0.1mm。每个图样，应先选定基本线宽 b，再选用表 1-4 中相应的线宽组。b 优先选择 0.7mm。

线宽组(mm)　　　　　　　　　　　　　　　　　　　　　　　　　　　　表 1-4

线宽比	线宽组			
b	1.4	1.0	0.7	0.5
$0.7b$	1.0	0.7	0.5	0.35
$0.5b$	0.7	0.5	0.35	0.25
$0.25b$	0.35	0.25	0.18	0.13

注：1. 需要缩微的图纸，不宜采用 0.18 及更细的线宽。

　　2. 同一张图纸内，各不同线宽中的细线，可统一采用较细的线宽组的细线。

工程建设制图应选用表 1-5 所示的图线。

图线

表 1-5

名称		线型	线宽	一般用途
实线	粗		b	主要可见轮廓线
	中粗		$0.7b$	可见轮廓线
	中		$0.5b$	可见轮廓线、尺寸线、变更云线
	细		$0.25b$	图例填充线、家具线
虚线	粗		b	见各有关专业制图标准
	中粗		$0.7b$	不可见轮廓线
	中		$0.5b$	不可见轮廓线、图例线
	细		$0.25b$	图例填充线、家具线
单点长画线	粗		b	见各有关专业制图标准
	中		$0.5b$	见各有关专业制图标准
	细		$0.25b$	中心线、对称线、轴线等
双点长画线	粗		b	见各有关专业制图标准
	中		$0.5b$	见各有关专业制图标准
	细		$0.25b$	假想轮廓线、成型前原始轮廓线
折断线	细		$0.25b$	断开界线
波浪线	细		$0.25b$	断开界线

注：地平线线宽可用 $1.4b$。

1.1.6　尺寸注法（GB/T 4458.4—2003）

图样中的视图图形只能表达物体的形状，而物件的真实大小则由标注的尺寸确定。国标中对尺寸标注的基本方法作了一系列规定，必须严格遵守，以保证尺寸标注的正确性。

图样上的尺寸，包括尺寸界线、尺寸线、尺寸起止符号和尺寸数字（如图1-4）。

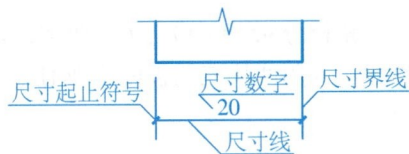

图 1-4　尺寸四要素

尺寸界线应用细实线绘制，一般应与被注长度垂直，其一端应离开图样轮廓线不应小于2mm，另一端宜超出尺寸线2~3mm。图样轮廓线可用作尺寸界线(如图1-5)。

尺寸线应用细实线绘制，应与被注长度平行。图样本身的任何图线均不得用作尺寸线。

尺寸起止符号一般用中粗斜短线绘制，其倾斜方向应与尺寸界线成顺时针45°角，长度宜为2~3mm。半径、直径、角度与弧长的尺寸起止符号，宜用箭头表示。

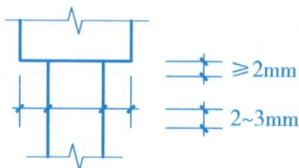

图1-5 尺寸界线

1.2 绘图工具及使用方法

1.2.1 绘图铅笔

绘图用铅笔的铅芯按其软硬程度，分别用B和H表示，HB为中等硬度。绘图时根据不同使用要求及纸张类型，选择硬度不同的铅笔。一般用标号为B或HB的铅笔画粗实线用；用标号为HB或H的铅笔画箭头和写字；用标号为H或2H的铅笔画各种细线和画底稿。其中用于画粗实线的铅笔磨成矩形，其余的磨成圆锥形，铅笔的磨削及使用如图1-6所示。

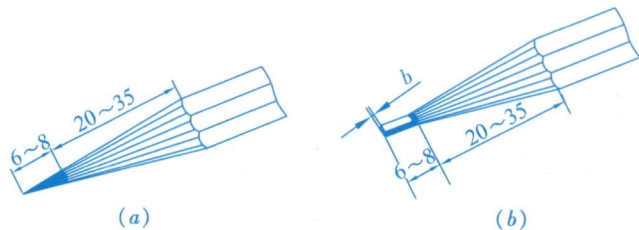

图1-6 铅芯形状图

1.2.2 图板、丁字尺

绘图时用图板作为垫板，图板是铺贴图纸用的，板面要求平滑光洁、平坦；图纸用胶带固定在图板上。当图纸较小时，应将图纸铺贴在图板靠近左上方的位置。图板左侧多用于丁字尺导边，须平直光滑。图板两侧未必垂直，因此丁字尺只用于画水平线，垂直线结合三角板画出，如图1-7。

1.2.3 三角板

三角板分45°和30°、60°两类，可配合丁字尺画垂直线及15°倍角的斜线；或用两块三角板配合画任意角度的平行线或垂直线，如图1-7所示。

图1-7 丁字尺、三角板用法

1.2.4　比例尺

比例尺上常用比例为 1∶100、1∶200、1∶250、1∶300、1∶400、1∶500，注意比例尺仅用于量取长度，不能用于绘制线条，如图 1-8 所示。

1.2.5　圆规与分规

圆规用来画圆和圆弧。画图时应尽量使钢针和铅芯都垂直于纸面，针尖应稍长于笔尖，使用时沿顺时针方向，用法如图 1-9 所示。

分规主要用来量取线段长度或等分已知线段。分规的两个针尖应调整平齐。从比例尺上量取长度时，针尖不要正对尺面，应使针尖与尺面保持倾斜。用法如图 1-10 所示。

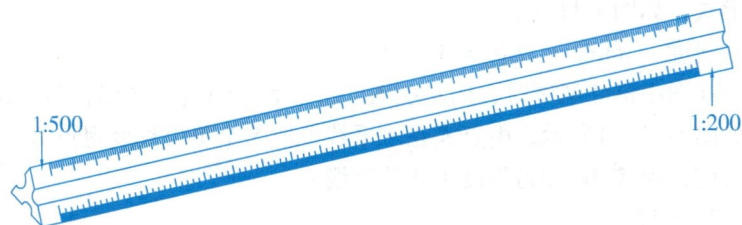

图 1-8　比例尺

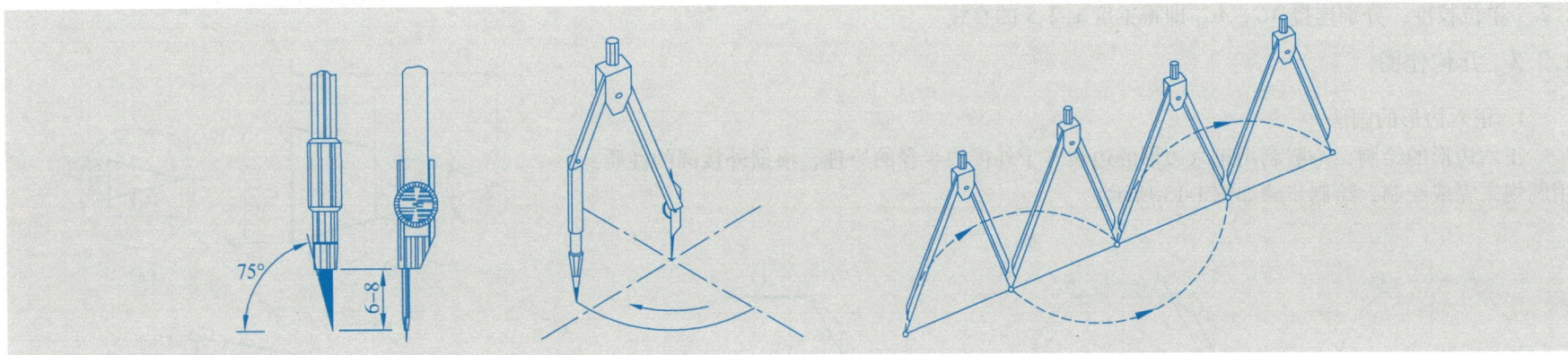

图 1-9　圆规的用法

图 1-10　分规的用法

1.3　几　何　作　图

1.3.1　斜度与锥度

1. 斜度

斜度是指一直线(或平面)相对另一直线(或平面)的倾斜程度。工程上用直角三角形对边与邻边的比值来表示，并固定把比例前项化为 1 而写成 1∶n

的形式，如图 1-11(a)。

$$斜度 = \tan\alpha = H : L = 1 : (L/H)$$

在图中标注斜度时，用斜度图形符号表示斜度。图形符号画法见图 1-11(b)。1:5 斜度的作法如图 1-11(c)所示，由点 A 在水平线上取 5 个单位长度得点 B，作 $BC \perp AB$，并取 BC 为 1 个单位长度，连接 AC 即得斜度 1:5 的直线。

2. 锥度

锥度是指正圆锥的底圆直径 D 与其高度 L 之比。通常，锥度在图样中以 1:n 的形式标注。如图 1-12(a)所示。

$$锥度 = D : L = (D - d) : l = 2\tan\alpha$$

在图中标注锥度时，用锥度图形符号表示斜度。图形符号画法见图 1-12(b)。1:2.5 斜度的作法如图 1-12(c)所示，由点 A 在水平线上取 5 个单位长度得点 B，作 $AB \perp BC$，并取 $BC : CC_1 =$ 1:2 个单位长度，分别连接 AC、AC_1 即得锥度 1:2.5 的直线。

1.3.2 几何作图

1. 正六边形的画法

正六边形的绘制，一般利用正六边形的边长等于外接圆半径的原理，根据外接圆的性质，用圆规来完成绘制，绘制步骤如图 1-13 所示。

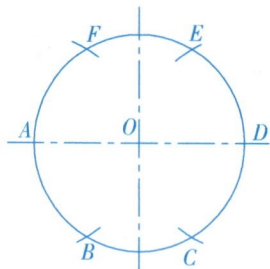

(a) 画一半径等于正六边形边长的圆。

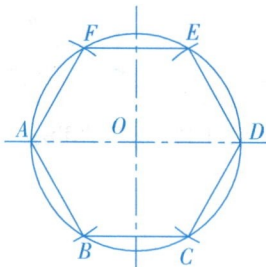

(b) 分别以 A、D 为圆心、OA 为半径画弧，与外接圆交于 B、C、E、F。

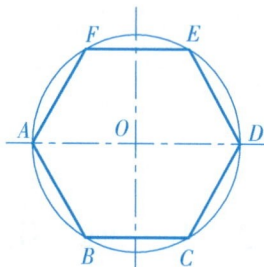

(c) 按顺序连接各点，得到正六边形，对正六边形进行加深，完成作图。

图 1-13 正六边形画法

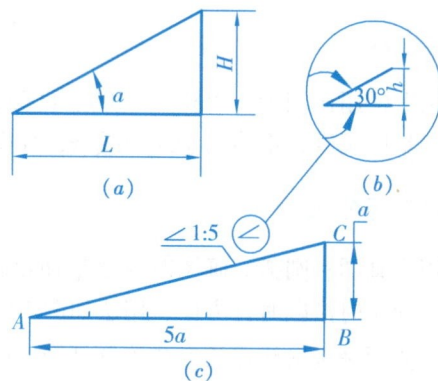

图 1-11 斜度（注：标注时符号斜度方向与图样的斜度方向一致。）

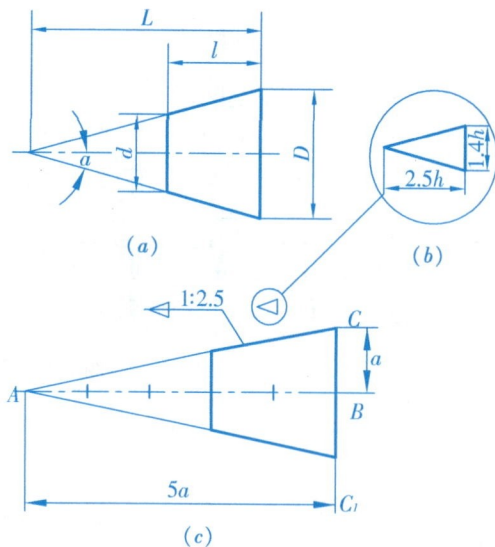

图 1-12 锥度（注：标注时符号锥度方向与图样的锥度方向一致。）

2. 正五边形画法

已知外接圆直径，绘制步骤如图 1-14 所示。

3. 椭圆的近似画法

常用的椭圆近似画法为四圆弧法，即用四段圆弧连接起来的图形近似代替椭圆。如果已知椭圆的长、短轴 *AB*、*CD*，绘制步骤如图 1-15 所示。

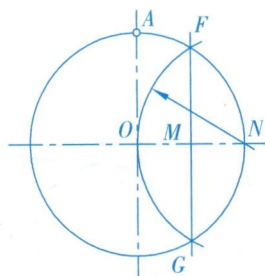

(a) 画一定长度半径的圆，求得 *ON* 半径的中点 *M*。

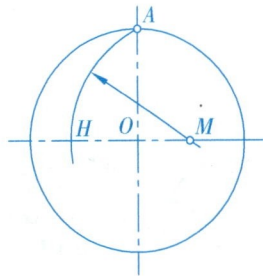

(b) 以 *M* 点为圆心，*MA* 为半径画圆弧交 *NO* 的延长线于点 *H*。

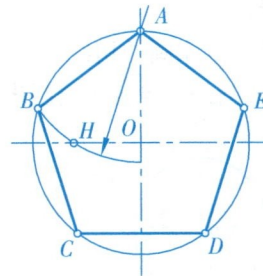

(c) 以 *A* 为圆心，以 *AH* 为半径画弧，交圆与点 *B*，*AB* 即为正五边形的边长；以 *AB* 为边长在圆周上截得等分圆周的五个顶点，即为正五边形的顶点；对正五边形进行加深，完成作图。

图 1-14　正五边形画法

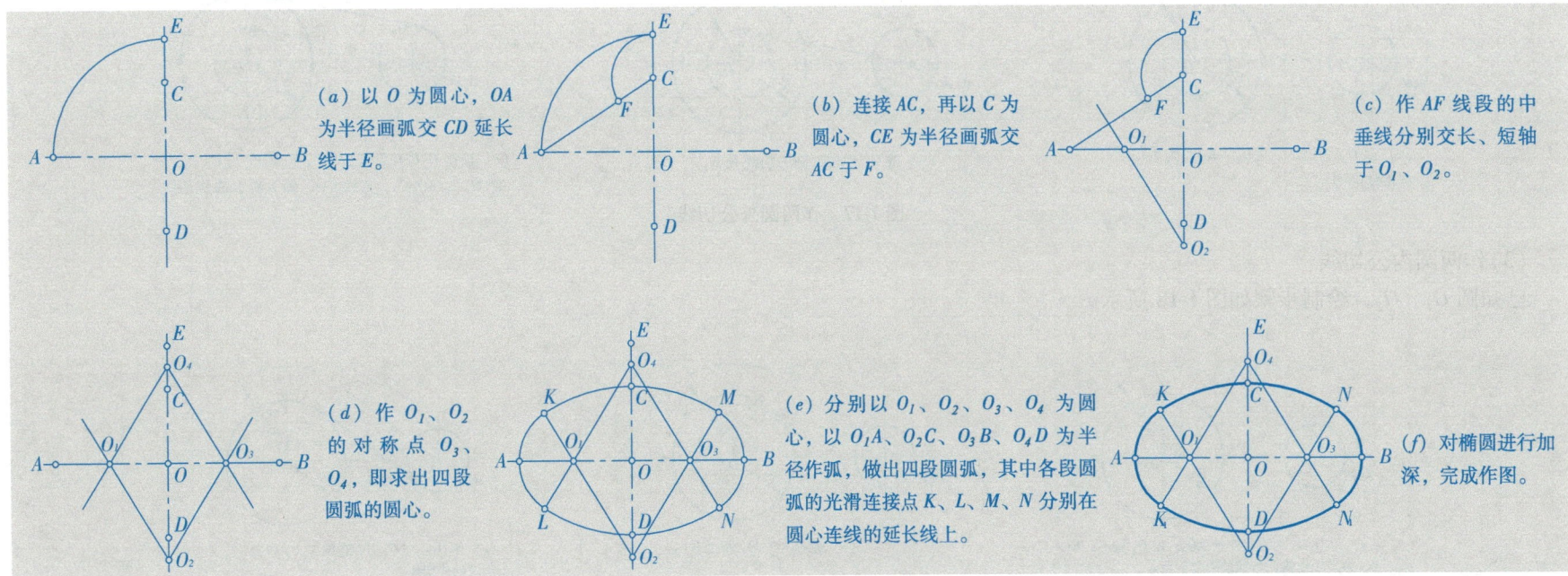

(a) 以 *O* 为圆心，*OA* 为半径画弧交 *CD* 延长线于 *E*。

(b) 连接 *AC*，再以 *C* 为圆心，*CE* 为半径画弧交 *AC* 于 *F*。

(c) 作 *AF* 线段的中垂线分别交长、短轴于 *O₁*、*O₂*。

(d) 作 *O₁*、*O₂* 的对称点 *O₃*、*O₄*，即求出四段圆弧的圆心。

(e) 分别以 *O₁*、*O₂*、*O₃*、*O₄* 为圆心，以 *O₁A*、*O₂C*、*O₃B*、*O₄D* 为半径作弧，做出四段圆弧，其中各段圆弧的光滑连接点 *K*、*L*、*M*、*N* 分别在圆心连线的延长线上。

(f) 对椭圆进行加深，完成作图。

图 1-15　椭圆的近似画法

4. 圆的切线

(1) 过圆外一点作圆的切线

已知圆 O 和圆外一点 K，绘制步骤如图 1-16 所示。

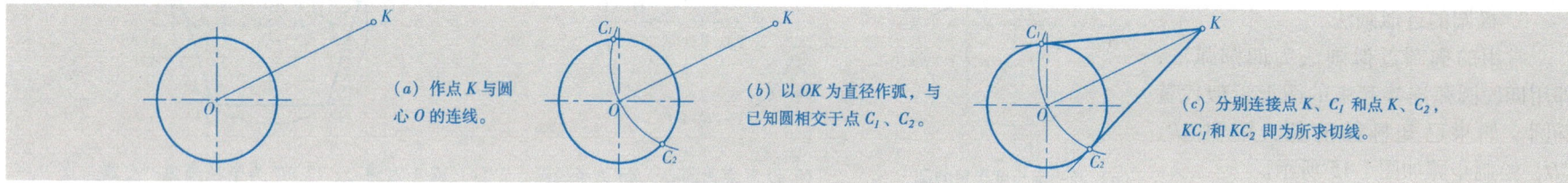

(a) 作点 K 与圆心 O 的连线。

(b) 以 OK 为直径作弧，与已知圆相交于点 C_1、C_2。

(c) 分别连接点 K、C_1 和点 K、C_2，KC_1 和 KC_2 即为所求切线。

图 1-16　过圆外一点作圆的切线

(2) 作两圆外公切线

已知圆 O_1、O_2，绘制步骤如图 1-17 所示。

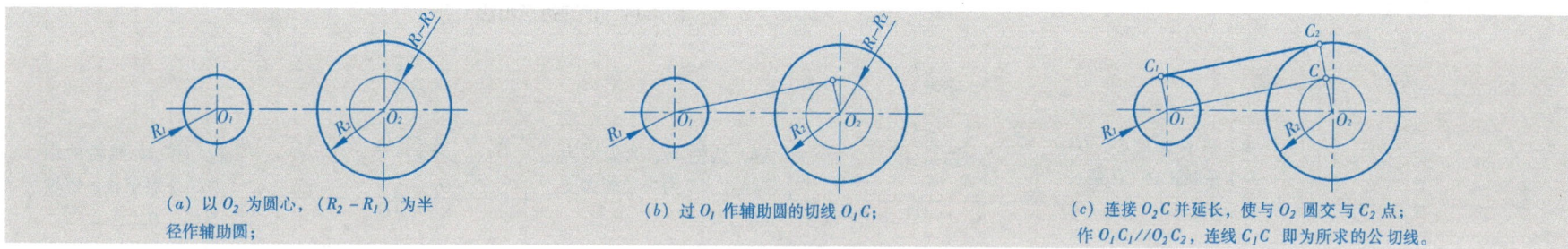

(a) 以 O_2 为圆心，(R_2-R_1) 为半径作辅助圆；

(b) 过 O_1 作辅助圆的切线 O_1C；

(c) 连接 O_2C 并延长，使与 O_2 圆交与 C_2 点；作 $O_1C_1 // O_2C_2$，连线 C_1C 即为所求的公切线。

图 1-17　作两圆外公切线

(3) 作两圆内公切线

已知圆 O_1、O_2，绘制步骤如图 1-18 所示。

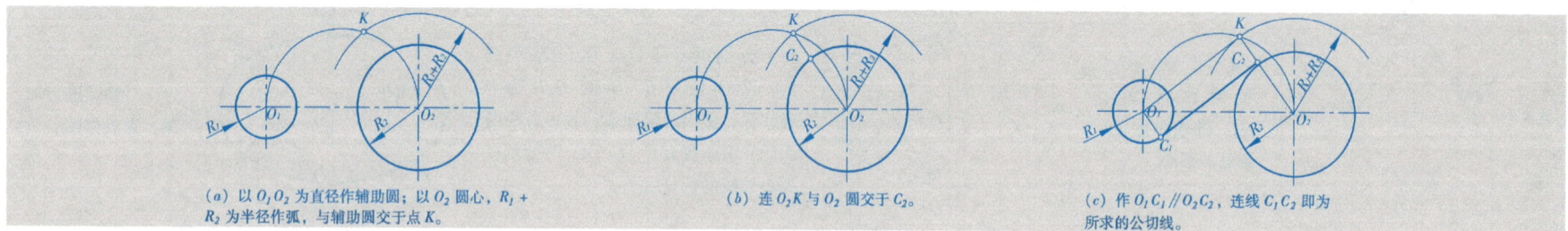

(a) 以 O_1O_2 为直径作辅助圆；以 O_2 圆心，R_1+R_2 为半径作弧，与辅助圆交于点 K。

(b) 连 O_2K 与 O_2 圆交于 C_2。

(c) 作 $O_1C_1 // O_2C_2$，连线 C_1C_2 即为所求的公切线。

图 1-18　作两圆内公切线

5. 圆弧连接

（1）圆弧连接的三种情况

a. 用已知半径的圆弧连接两条已知的直线；

b. 用已知半径的圆弧连接一已知圆弧和一已知直线；

c. 用已知半径的圆弧连接两个已知圆弧。

（2）连接圆弧的圆心轨迹和切点位置的确定

a. 当一个圆与一条已知直线相切（如图 1-19 所示）：

圆心轨迹：圆心的轨迹是与已知直线所平行的直线，且相距为 R。

切点确定：切点是过连接圆弧圆心向已知直线作垂线所得到的垂足。

b. 当一个圆与一个已知圆相内切时（如图 1-20 所示）：

圆心轨迹：连接圆弧的圆心轨迹为已知弧的同心圆、半径 R_2 为连接圆弧半径 R 与已知圆弧半径 R_1 之差；

切点确定：切点为连接圆弧圆心和已知圆弧圆心连线与已知圆弧的交点。

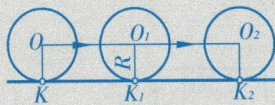

c. 当一个圆与一个已知圆相外切时（如图 1-21 所示）：

圆心轨迹：连接圆弧的圆心轨迹为已知弧的同心圆、其半径 R_2 为连接圆弧半径 R 与已知圆弧半径 R_1 之和。

切点确定：切点为连接圆弧圆心和已知圆弧圆心连线与已知圆弧的交点。

图 1-19　圆与直线相切　　　　图 1-20　圆与圆内切　　　　图 1-21　圆与圆外切

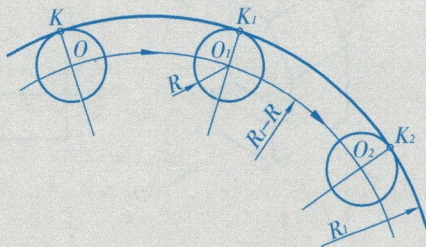

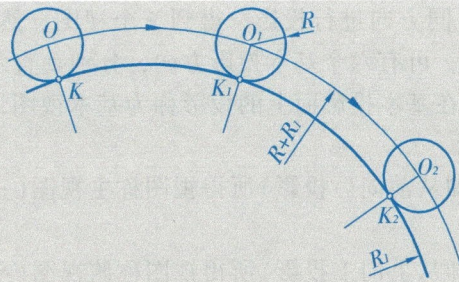

第2章 投影制图

2.1 各种视图的名称、配置及选择

2.1.1 各种视图的名称及配置

在工程制图中，国家标准规定了一系列的视图表达方法。所谓视图，即设想观察者在形体正前方，且距离投影面无限远处（投影中心为人的眼睛，投射线为人的视线），这时通过形体上各顶点的视线互相平行且垂直投影面，视线与投影面相交所得图形称之为视图。视图的产生过程如同投影图的形成过程，因此有关投影图的作图方法和投影规律均适用于视图的绘制。用视图表达工程物体，形体表达有侧重，图形表现更清晰。

根据国家标准规定，视图分为基本视图、向视图、局部视图、斜视图以及镜像视图。

1. 基本视图

在画法几何中表达一个形体，常假想将其放在三面投影体系中，从三个不同方向进行投影，得到三个视图。然而，表达一个复杂形体，可有六个基本投影方向，分别垂直六个基本投影面。物体在基本投影面上的投影称为基本视图，如图 2-1 所示，其中：

沿 A 向观察（即从前向后投影）所得视图称主视图（正立面图）；

沿 B 向观察（即从上向下投影）所得视图称俯视图（平面图）；

沿 C 向观察（即从左向右投影）所得视图称左视图（左侧立面图）；

沿 D 向观察（即从右向左投影）所得视图称右视图（右侧立面图）；

沿 E 向观察（即从下向上投影）所得视图称后视图（底面图）；

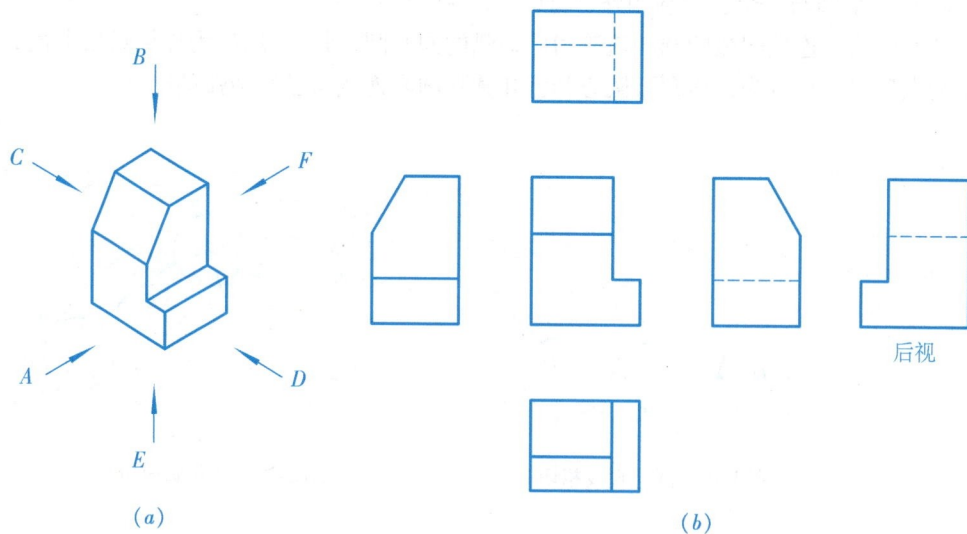

图 2-1 基本视图

沿 *F* 向观察(即从后向前投影)所得视图称后视图(背立面图)。

基本视图的配置应以主视图为准，按投影关系向周围展开，俯视图在主视图的下方，左视图在主视图的右方，右视图在主视图的左方，仰视图在主视图的上方，后视图在左视图的右方。后视图需要标注"后视"二字，如图 2-1(*b*)所示。

2. 向视图

向视图是可以自由配置的视图，向视图的实质仍然是上述的基本视图，只是排列方式比较灵活。根据专业需要，国家标准规定了以下两种表达方式。

向视图的标注也随向视图的表达方式不同有所区别。

第一种表达方式的标注如图 2-2(*a*)所示，在向视图的上方标注"*A*"字样，"*A*"为大写拉丁字母，可根据向视图的多少，依次使用 *A*、*B*、*C*、*D*…且在相应的向视图附近用箭头指明所标注的向视图的投射方向，并在箭头尾部标注同样字母与所标注的向视图对应。

第二种表达方式的标注如图 2-2(*b*)所示，直接在向视图的下方标注图名，各视图的位置应根据需要和可能按相应规则布置。向视图的第二种表达方法是建筑工程图常用的一种表达方法。

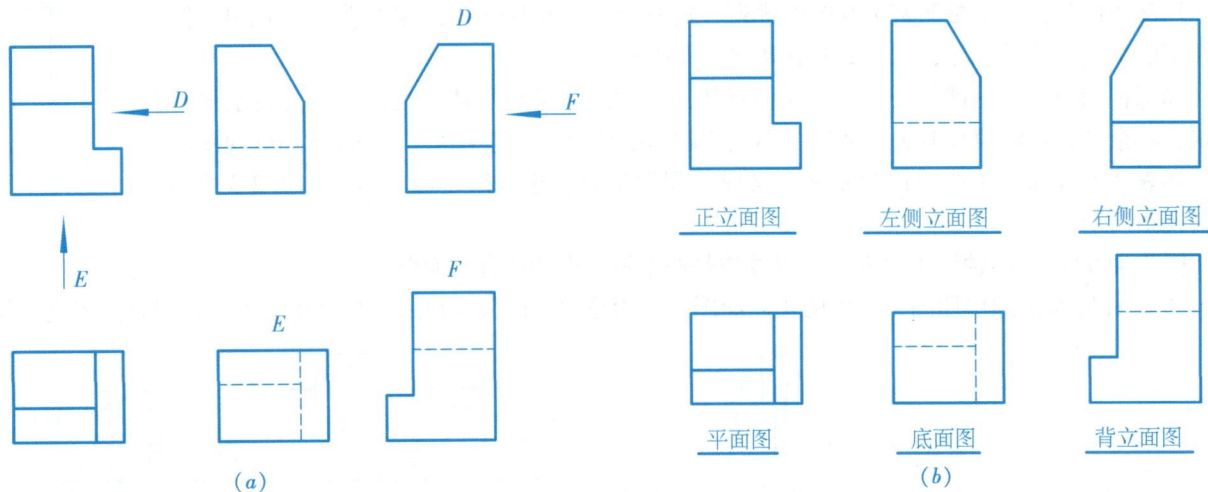

图 2-2　向视图

3. 斜视图

形体在倾斜于基本投影面的辅助面上的视图，称为斜视图。

如图 2-3 所示，形体的左部分表面倾斜于基本投影面，为了得到其实形的视图，可应用画法几何中的换面法，设置一个平行该倾斜部分的辅助投影面，在辅助投影面上的投影反映了该部分表面的实形。如图 2-3 视图"*A*"即为斜视图。斜视图通常按向视图的配置形式配置和标注。为画图方便，允许将斜视图旋转配置，但必须在斜视图图名前加旋转符号，旋转符号由一个半径与字高相等的半圆及箭头所构成，表示该视图名称的大写拉丁字母应靠近旋转符号的箭头一端，也允许将旋转角度标注在字母之后，如图 2-3 所示。

4. 局部视图

将形体的某一部分向基本投影面投射所得视图，称为局部视图。

当形体的局部形状没有表达清楚，而又没有必要画出完整的基本视图时，可采用局部视图。图 2-3 所示形体，其左边倾斜部分，用斜视图已经表达清楚，所以只画出该形体右边部分的俯视图，如图 2-3 中 B 向视图也是局部视图，它是右视图的局部。由此可见，用局部视图表达形体，其图样简洁、清晰，重点突出，可以减少一定的工作量。

局部视图的配置应参照基本视图的排列方式配置，如图 2-3 中的俯视图所示。也可参照向视图的配置形式及标注，如图 2-3 中 B 向视图所示。

局部视图与斜视图都是表达一个完整形体的其中某一部分形体的视图，只需表示局部形状，其余部分用波浪线断去，波浪线不应该超越断裂表面的轮廓线，如图 2-3 局部视图所示。当表达的局部形体外形轮廓完整且又成封闭图形时，也可以轮廓为界，如图 2-3 中 A 向斜视图所示。

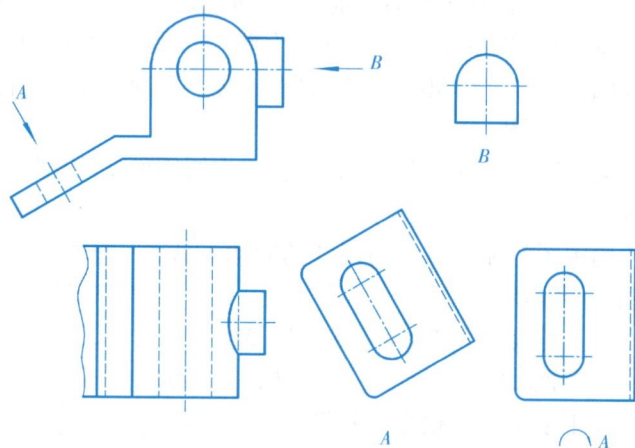

图 2-3　斜视图与局部视图

图 2-4(a) 所示的钟塔正立面，可以看作是两个斜视图的组合立面图。

图 2-4(b) 所示的房屋图，其中的正立面图可认为是向视图与斜视图的组合立面图。右侧立面图也是斜视图。

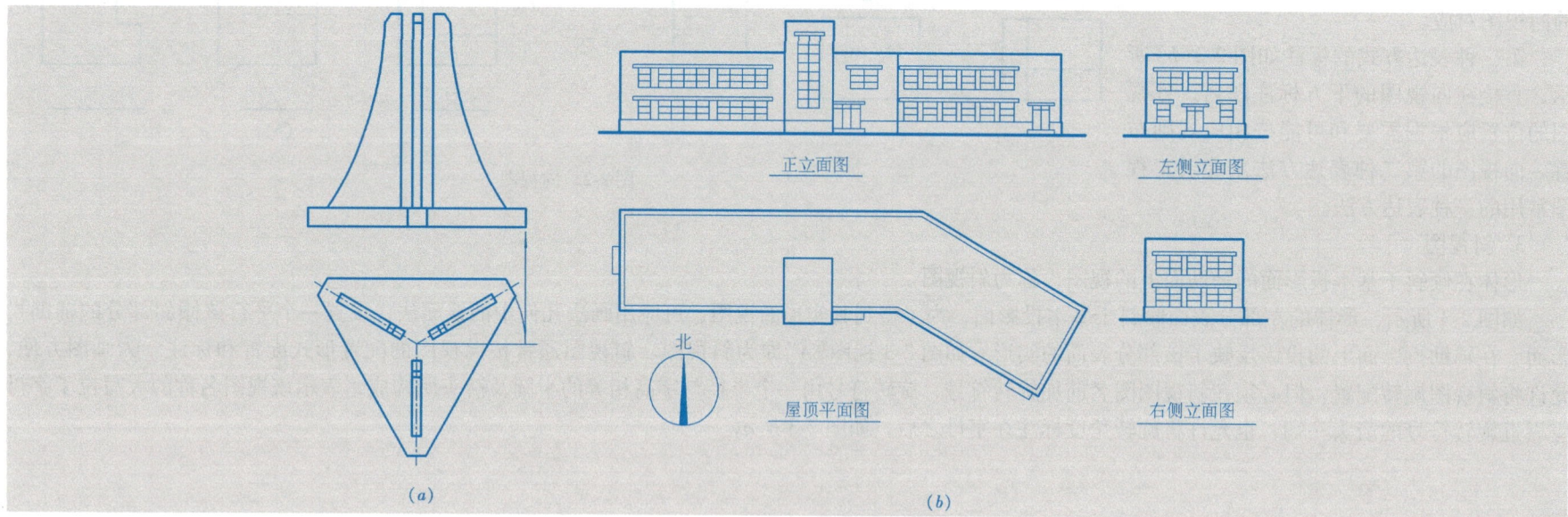

正立面图　　左侧立面图

北

屋顶平面图　　右侧立面图

(a)　　(b)

图 2-4　各种视图的应用实例

5. 镜像视图

在建筑施工图中,有些工程构造如板、梁、柱,因为板在上面,梁、柱在下面,在平面图中梁、柱均为虚线,给读图带来不便,假想把投影面当成镜面,在镜面中就能得到梁、板、柱的垂直映像,这样的投影即为镜像投影。用镜像投影法形成的工程图,应在图名后注写"镜像"二字,如图 2-5 所示,则是 H 面作镜面的镜像投影。

2.1.2 视图选择的原则

一个形体需要选用哪些视图来表达,称为视图选择。由于画图和读图时一般从主视图入手,因此主视图在一组视图中处于重要地位,所以在作图时应首先考虑主视图的选择是否恰当,再兼顾其他因素。

1. 主视图的选择原则

主视图选择的原则主要有以下几点:

(1) 使形体于正常放置位置或工作位置;

(2) 使形体的主要表达平行基本投影面,把最能反映形体特征的面作为主视图;

(3) 尽量减少其他视图的虚线;

(4) 适当考虑图面布置的紧凑,匀称且节约图纸。

2. 视图数量的选择原则

在主视图确定之后,还需要根据形体特点选择其他视图。确定一组视图数量的基本原则是:在完整清晰地表达形体各组成部分的形状和相互位置关系的前提下,所用视图数量越少越好。

由于形体的形状是各种各样的,上述各项要求很难兼顾,这时应考虑主次,权衡利弊,根据具体情况取舍,以获得较好的表达方案。

2.2 组合体视图的画法

2.2.1 组合体及其组合形式

棱柱、棱锥、圆柱、圆锥和球,均为基本几何形体,工程物体一般由基本几何形体通过叠加、切割和相交等方式组合而成,因此称之为组合体。

1. 叠加

图 2-6 所示的 L 形棱柱,可以认为是由两个四棱柱叠加而形成,由于两个四棱柱的长度一致,叠加后其端面靠齐成为一个平面(即共面),因此在进行形体表达时,共面的线(叠砌的界线)不画,如图 2-6 左视图所示。

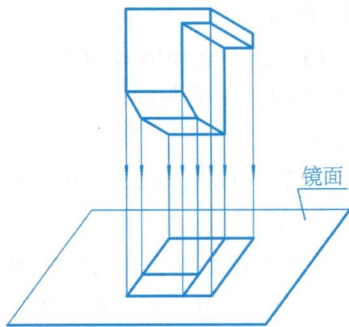

图 2-5 镜像投影法

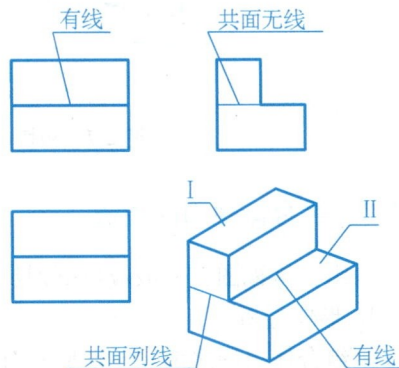

图 2-6 叠加

2. 相切

当两个基本立体的表面相切时(平面与曲面或曲面与曲面),因为在相切处两基本立体的表面光滑过渡,不存在分界线,所以相切处不画切线。如图 2-7(a)是平面与曲面相切,图 2-7(b)是曲面与曲面相切。

3. 相交

当两个基本立体的表面相交时,在相交处产生交线,交线是两基本立体表面的分界线,在形体表达时必须正确画出交线的投影,如图 2-8 所示。

4. 切割

图 2-9 所示形体,可看作由四棱柱被切割为两部分而形成,在形体表达时,应先画切割前的整体形状,然后再考虑切掉的两部分的投影。

应当指出,有些组合体的形成既可按叠加方式分析,也可按切割的方式分析,如图 2-6 所示的 L 形棱柱,也可认为是切割四棱柱而形成。因此分析组合体的组合形式时,应从便于理解和作图的角度进行考虑。

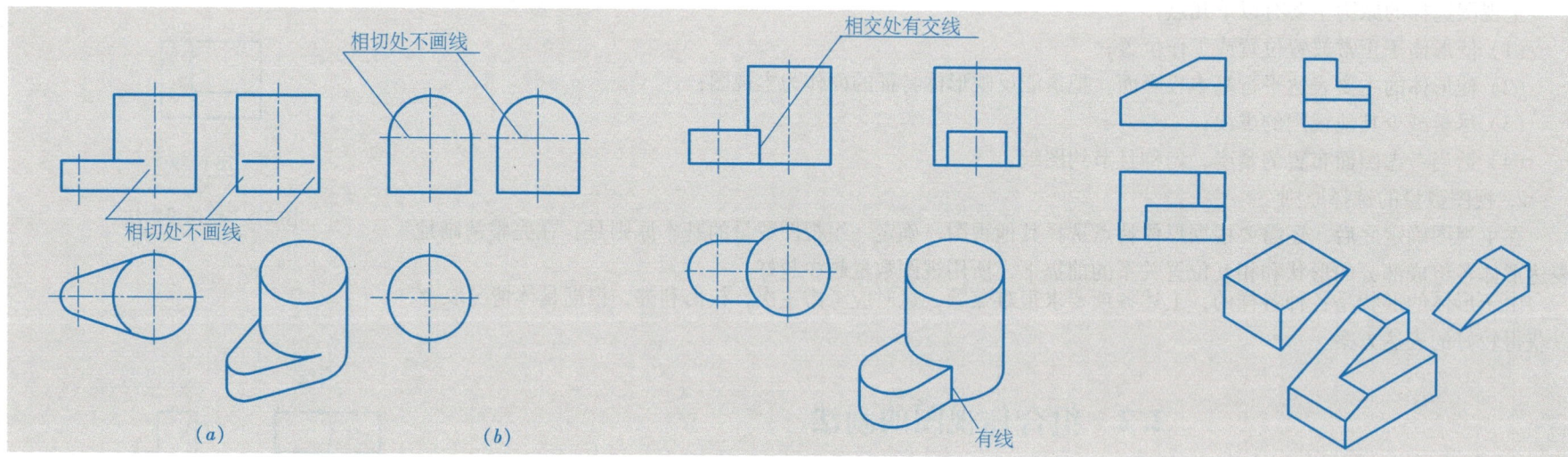

图 2-7 相切　　　　　　　　　图 2-8 相交　　　　　　　　　图 2-9 切割

2.2.2 组合体视图的画法

画组合体视图,一般应按下列步骤进行:1. 形体分析;2. 选择视图;3. 绘制视图。

1. 形体分析

画组合体视图之前,一般应先对所绘组合体形状进行分析,分析它是由哪些基本几何体组成,各基本几何体之间相互位置关系怎样,这一分析过程称为形体分析,如图 2-10(a)所示门斗,用形体分析的方法,应将其分解为六个基本几何体组成,如图 2-10(b)所示。

首先门斗的组成应先由三大部分叠加而形成，而其中的每一部分又分别挖切一个基本几何体。第 I 部分，由平放的四棱柱挖切一个小四棱柱，组成带有踏步的底板；第 II 部分由直立的四棱柱又挖切一个小四棱柱，构成门斗的主体；第 III 部分，由横放的三棱柱又挖切半个圆柱构成门斗的顶。

根据以上的分析结果，按各基本形体的相对位置关系，逐一画出各基本形体的各视图，最终完成门斗的视图。

运用形体分析的方法，将一个复杂的组合体分解为若干个基本几何体，从而使其复杂问题变得简单，容易理解与绘制。

2. 选择视图

根据视图选择的原则，讨论门斗的表达方案。如图 2-11 所示，是门斗在正常状态下的位置，即工作位置。令其主体平行 V 面放置，按图 2-11 所示的 A、B、C、D 四个方向投射，即可得四种表达方案。其中方案 B 向和 C 向，各视图的虚线太多，故不可取；方案 A 向产生的主视图最能反映门斗的形状特征及各基本形体的相对位置关系，且图面布置紧凑，节约图纸，其他视图的虚线较少；方案 D 向产生的主视图不能充分反映门斗的形状特征，且布图也不够紧凑。综合以上分析，选择方案 A 向表达门斗更合理。

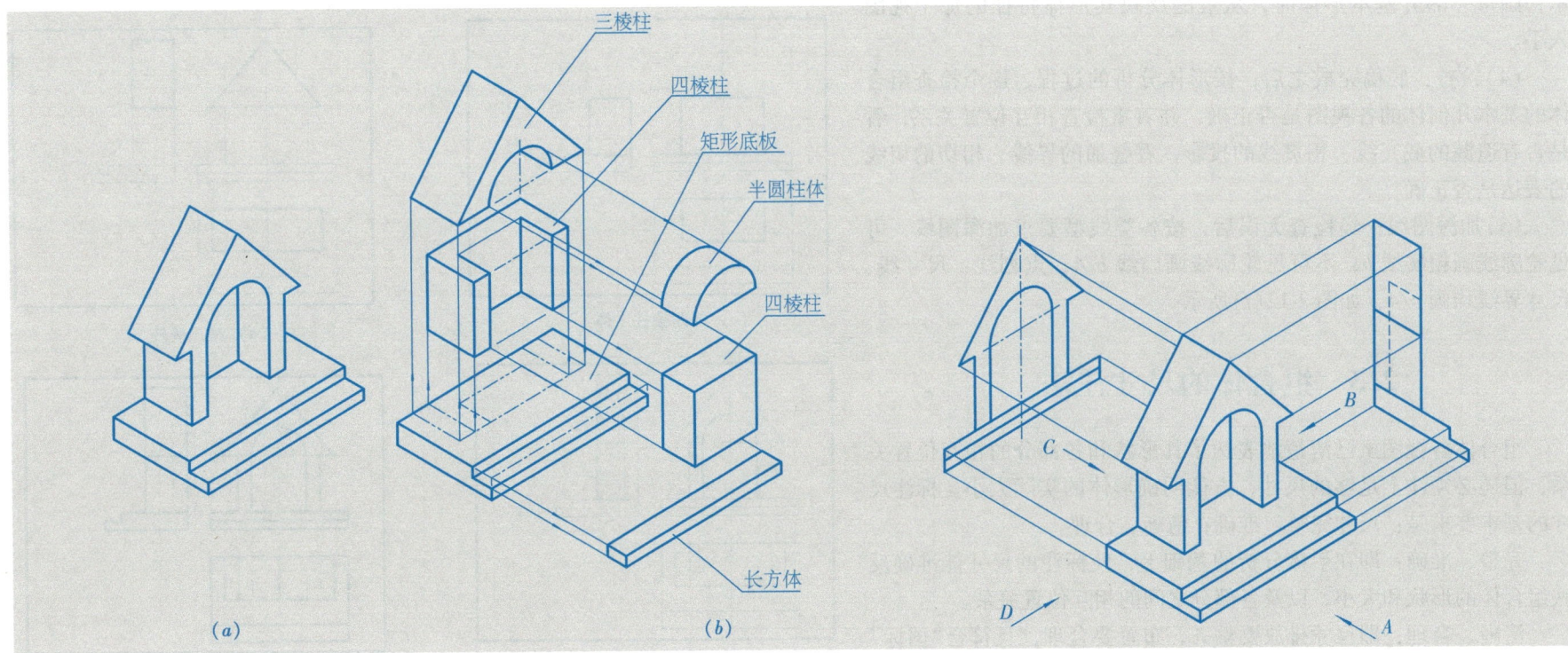

三棱柱
四棱柱
矩形底板
半圆柱体
四棱柱
长方体

(a)   (b)

图 2-10 形体分析

图 2-11 视图选择

3. 绘制视图

（1）确定比例、图幅：在表达方案确定之后，根据形体大小和注写尺寸所占的位置，选择适宜的图幅和比例。

（2）视图布置：先画出图框线和标题栏，明确图纸上可以画图的范围，然后大致安排三个视图的位置，使每个视图在注完尺寸后，与图框的距离大致相等。

（3）画各视图的底稿：首先画出各视图的对称线、基准线、回转体轴线，如图 2-12（a）所示。按形体分析的结果，顺次画出踏步、主体及顶的三视图，如图 2-12（b）、2-12（c）、2-12（d）、2-12（e）所示，画每一部分基本形体时，从最能反映其形体特征的那个视图入手。

（4）检查：底稿完成之后，按形体分析的过程，逐个检查组合体的基本几何体的各视图是否正确，并着重检查相互位置关系，看是否有遗漏的截交线、相贯线的投影，看叠加的界线、相切的切线的表达是否正确。

（5）加深图线：经检查无误后，按各类线型要求加深图线，可见轮廓线画粗实线 b；不可见轮廓线画虚线 $b/4$；点划线、尺寸线、尺寸界线均画 $b/4$，如图 2-12（f）所示。

2.3 组合体的尺寸注法

组合体各视图虽已清楚地表达了其形状和各部分的相互位置关系，但还必须注上足够的尺寸，方能明确形体的实际大小。标注尺寸的基本要求是：尺寸完整、准确；清晰、合理。

完整、准确：即在形体分析的基础上，使标注的尺寸能准确反映组合体的形状和大小，以及各部分之间的相互位置关系。

清晰、合理：即尺寸排放要整齐，布置要合理，且符合"国标"关于尺寸标注的有关规定。

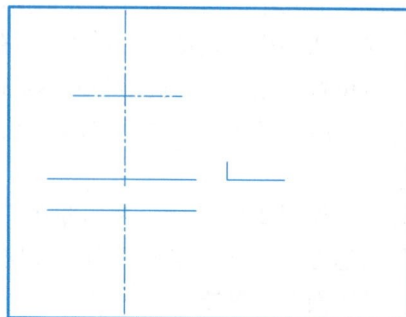

（a）画各视图的对称线、基准线、轴线

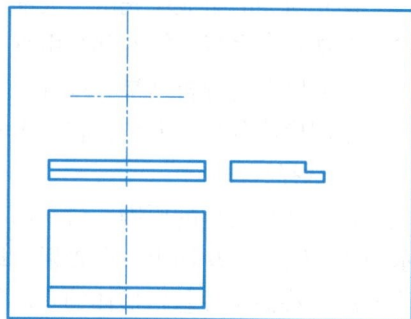

（b）画四棱柱底板

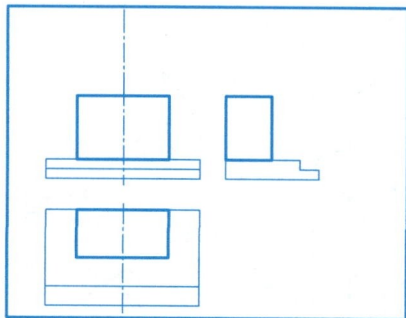

（c）画四棱柱主体

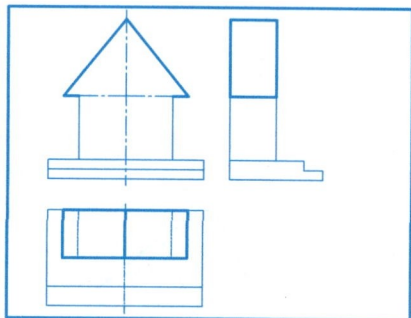

（d）画三棱柱

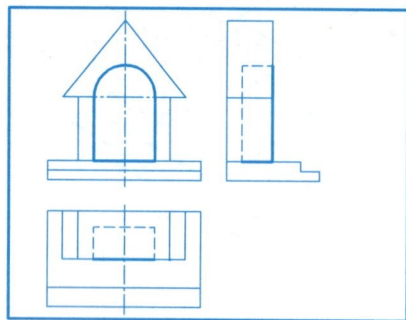

（e）画半圆柱与四棱柱

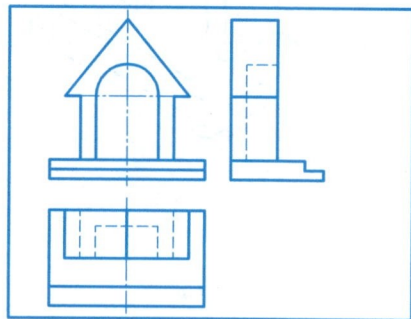

（f）检查、加深

图 2-12 画三视图步骤

2.3.1　尺寸分类

1. 定形尺寸

定形尺寸是确定构成组合体的基本形体大小的尺寸。

常见的基本形体及带切口基本形体的尺寸注法，如图 2-13、图 2-14 所示，可为今后标注定形尺寸时予以参考。

2. 定位尺寸

定位尺寸是确定各基本形体在组合体中相对位置的尺寸。

标注定位尺寸要有尺寸基准，即尺寸标注的起点。组合体长、宽、高三个方向均应各有一个尺寸基准。尺寸基准一般选定在组合体的某一个主要表面或底面，对称形体选择对称线作为尺寸基准，回转体可选择回转轴作为尺寸基准。

图 2-15 所示的钢板上注有两个圆柱孔，其定形尺寸是 $\phi20$，高度 10。左边圆孔的定位尺寸是以钢板左端面为长度方向定位的尺寸基准，其定位尺寸为 50；以后端面为宽度方向的尺寸基准，其定位尺寸为 40。右边圆孔长度方向的定位尺寸为 75。其尺寸基准为左边圆孔的轴线，该轴线可视为长度方向的辅助基准。

3. 总尺寸

总尺寸是确定组合体外形的总长、总宽、总高尺寸。

如图 2-15 所示钢板的定形尺寸：$250 \times 100 \times 10$，同时也是钢板的总尺寸。

以上所述三种尺寸，国际规定均以 mm 为单位。

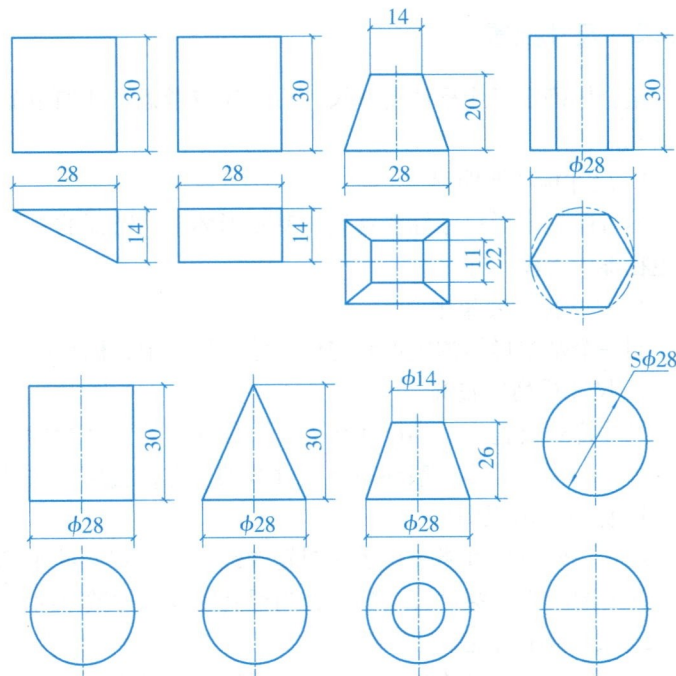

图 2-13　基本立体的尺寸注法

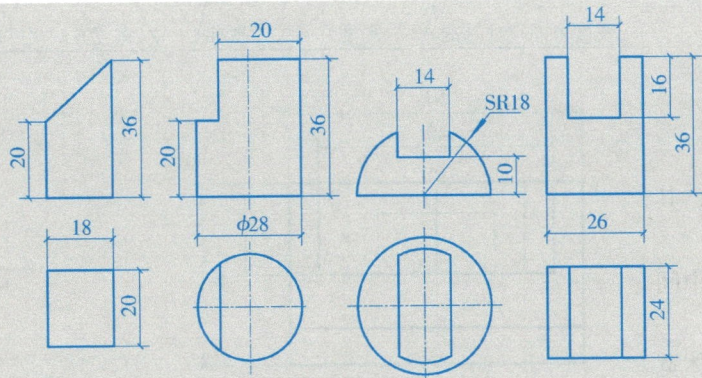

图 2-14　被截切的基本立体的尺寸注法

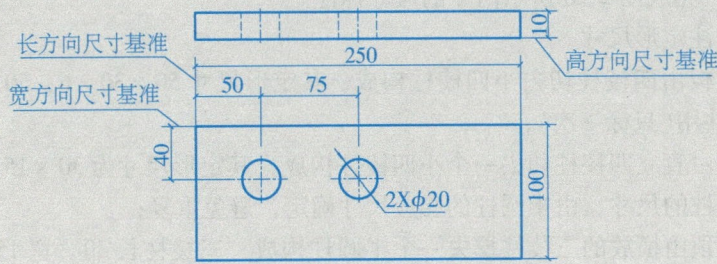

图 2-15　定位尺寸

2.3.2 尺寸配置

组合体确定了应标注哪些尺寸后，还应考虑尺寸如何配置，才能达到明显、清晰、合理等要求，因此，除了遵守"国标"有关规定外，还应注意以下几点：

1. 尺寸标注要明显

尽可能把定形尺寸标注在反映基本形体形状特征的视图旁，并靠近被标注的轮廓线。与两个视图有关的尺寸，应注在两视图之间的一个视图旁，避免在虚线上注尺寸。

2. 尺寸标注要集中

同一个基本形体的定形和定位尺寸尽量集中，标注在一个或两个视图上。

3. 尺寸排列要整齐

尺寸排列要整齐，小尺寸在内，大尺寸在外，平行的尺寸线之间的间隔应相等（7～10mm）尺寸数字一般注写在尺寸线的上方，且居尺寸界线中间位置。

4. 保持清晰视图

尺寸一般应尽可能布置在视图轮廓线之外，仅某些细部尺寸允许标注在视图之内。任何图线不得穿过尺寸数字，当遇到图线穿过数字时，必须将图线断开。

5. 尺寸不得重复

在标注组合体尺寸时，无论是定形尺寸还是定位尺寸，只能标注一次，均不允许重复。但在土建专业图中，因施工要求，可重复标注。

组合体的尺寸标注，应在形体分析的基础上，首先确定每个基本几何体的定形尺寸，其次确定各基本几何体的定位尺寸和总尺寸。

标注举例

例 2-1 完成图 2-16 所示门斗的尺寸标注。

（1）标注定形尺寸

● 踏步板由四棱柱切去小四棱柱构成，其定形尺寸 50 × 30 × 6；50 × 6 × 3，其中长度 50 共用（只标一次）；

● 主体由直立四棱柱切去一个小四棱柱构成，其定形尺寸为 30 × 15 × 20，中间挖切小四棱柱的尺寸，由半圆柱的相应尺寸确定，避免重复；

● 门斗顶由横放的三棱柱挖去一个半圆柱构成。三棱柱长 40，宽 15（与主体宽度尺寸共用）高 24，为避免高度方向尺寸封闭，故在此不注四棱柱高度尺寸。半圆

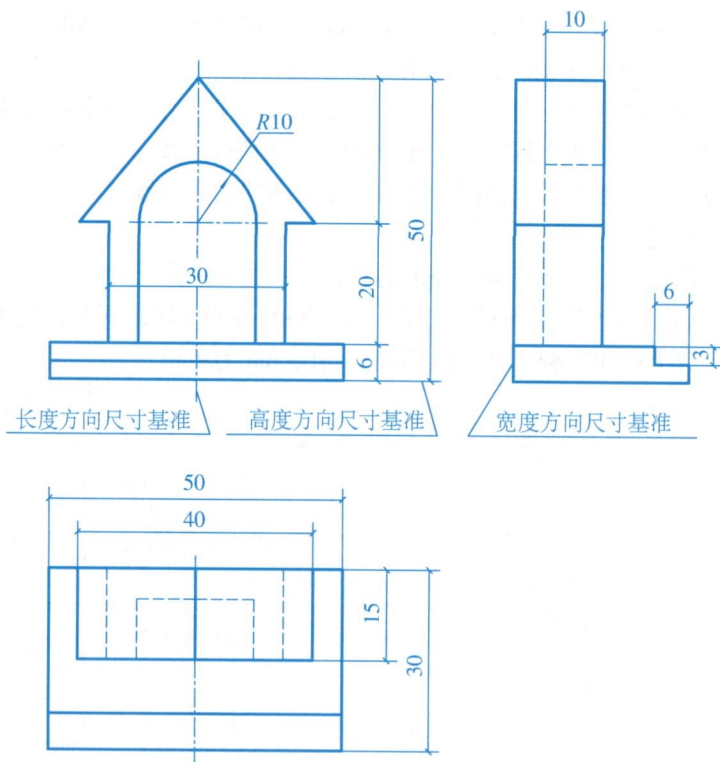

图 2-16 尺寸标注举例

柱定形尺寸为半径 $R10$、宽 10。

（2）标注定位尺寸

因门斗左右对称，所以长度方向尺寸基准为对称线，其定位尺寸为零。主体与踏步板的后端靠齐，所以宽度方向以后端面为尺寸基准。俯视图中的 15 既是定形尺寸，也是宽度方向定位尺寸。高度方向以踏步板的顶面为尺寸基准，半圆柱体高度方向定位尺寸为 20。

（3）标注总尺寸

门斗长 50，总宽 30，总高 50。

以上标注如图 2-16 所示。

2.4　读　图

读图和画图是学习本课程的两个重要环节，画图是把空间形体用正投影的方法表达在图纸上。读图则是根据一组视图想象出空间形体的形状，即一个是由空间到平面；另一个则是由平面到空间的相反过程。读图的理论基础为画法几何中学习的三等关系，各种线面的投影规律以及基本立体的投影特征。读图的基本方法是我们下面将要介绍的形体分析法和线面分析法。

一般情况下，表达一个形体至少需要画两个或两个以上的视图，因此读图时，需要将已给的各视图联系起来阅读。图 2-17 表示了五种不同形状的形体，它们的主视图相同，如不对照俯视图阅读，就不能肯定其空间形状及相对位置。读图的步骤：一般是先概略后细致，先形体分析后线面分析，先外部后内部，先整体后局部，再由局部回到整体，最后加以综合，以获得该形体的完整形象。

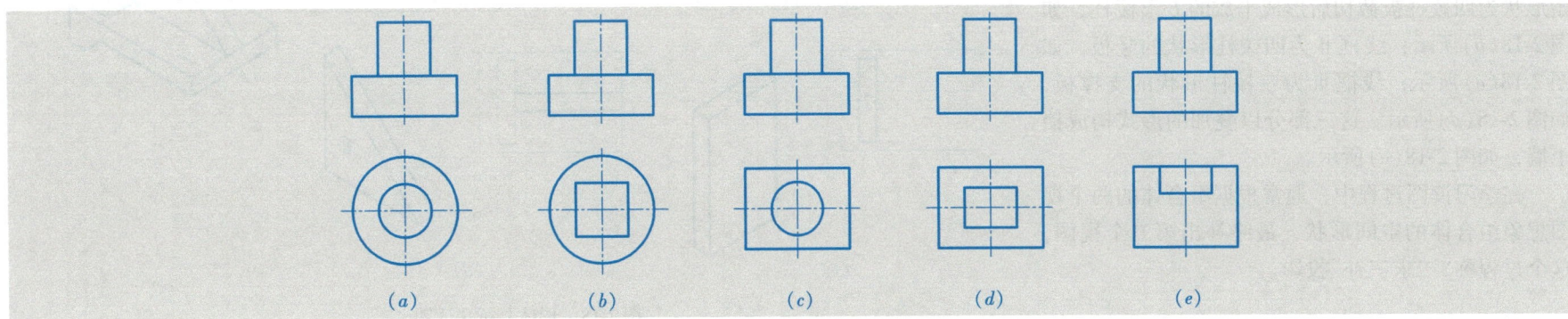

图 2-17　各视图联系起来阅读

2.4.1 运用形体分析法读图

对于比较复杂的组合体，可运用形体分析读图。形体分析是以基本形体的投影特征为基础，根据视图上反映的投影特征，运用三等关系，对照其他视图，联想基本形体的投影特点，分析该组合体是由哪些基本形体组成，然后再按各基本的相互位置关系，想象整个组合体的形状。

例 2-2 根据图 2-18 所示三视图想象空间立体形状。

任何一个形体的投影轮廓均是封闭的平面图形，为便于讨论统称闭合线框，所以一个闭合线框可以是基本形体的一个投影。读图时首先粗读所给视图，从反映形体特征的主视图入手，分解闭合线框。图 2-18(a) 所示的挡土墙，主视图可分三个闭合线框Ⅰ、Ⅱ、Ⅲ。线框Ⅰ为挡土墙的底板，其原始形状为四棱柱被截切后形成平放的 L 形棱柱，如图 2-18(b) 所示；线框Ⅱ为四棱柱形状的竖板，如图 2-18(c) 所示；线框Ⅲ为三棱柱形状的支撑板，如图 2-18(d) 所示。这三部分以叠加的形式构成挡土墙，如图 2-18(e) 所示。

在学习读图过程中，通常根据组合体的两个视图想象组合体的空间形状，最终补出第三个视图，这个过程称"二求三补"投影。

(a)　　　　　　　　　　(b)

(c)　　　　　　　　　　(d)

图 2-18　形体分析法读图

例 2-3　根据图 2-19(a)所示主、左视图，想象组合体的空间形状，并完成俯视图。

粗略阅读主、左视图，可将形体分三个闭合线框 Ⅰ、Ⅱ、Ⅲ，如图 2-19(a)左视图所示。依三等关系，可以看出，Ⅰ 是长方形底板，如图 2-19(b)所示；Ⅱ 是竖放的立板，其原始形状可以认为是四棱柱，在左上方用 1/4 圆柱面切去一角，并且又挖去一个圆柱孔，如图 2-19(c)所示；Ⅲ 是 L 形棱柱，被正垂面截切形成如图 2-19(d)所示的形体。

这三部分的相对位置如图 2-18(a)所示，L 形棱柱与竖板叠加在底板之上，其顶面平齐，补俯视图时不应画两部分的分界线。L 形棱柱与底板在前端面共面，故主视图中没有叠砌的界线。这样边分析边想像，最后综合想像出该组合体的空间形状，如图 2-19(e)所示。

补画俯视图应根据前面形体分析的结果，按其相对位置关系，依次画出底板、立板和 L 形棱柱的俯视图，并擦去共面的界线，最后加深图线，如图 2-19(f)所示。

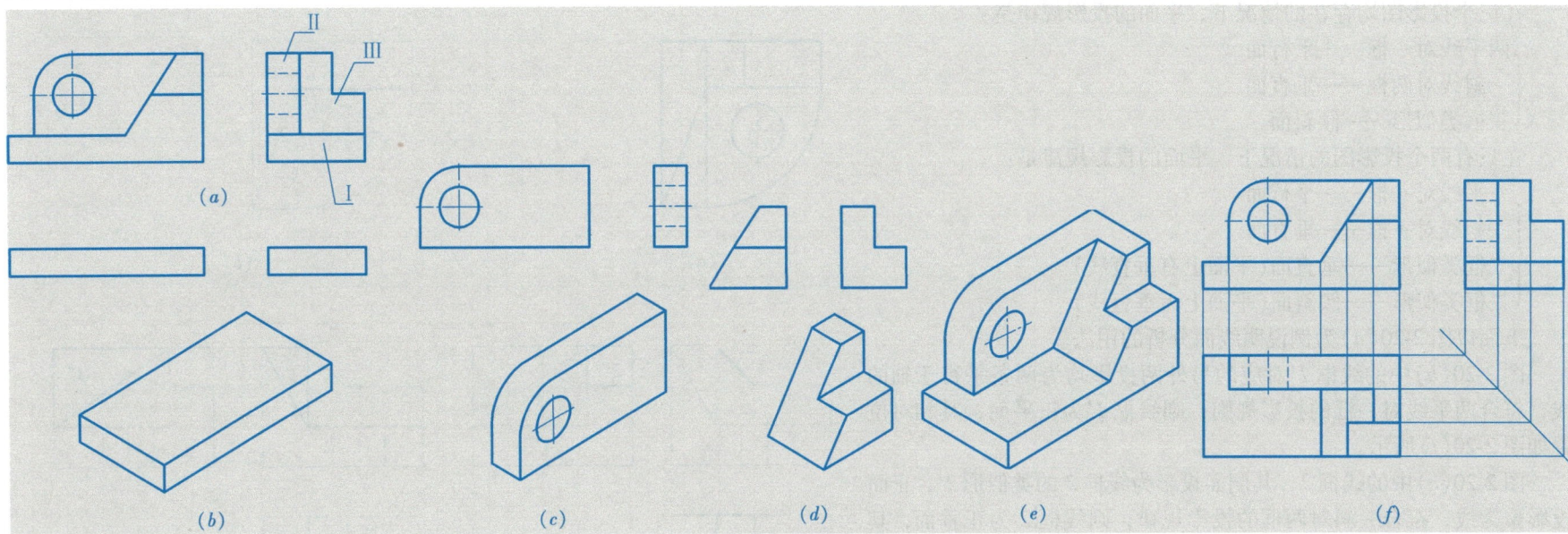

图 2-19　形体分析法读图

2.4.2　运用线面分析法读图

线面分析是以线面的投影特征为基础，阅读时应对视图中的每条线和每个线框进行分析，根据它们的投影特点，明确它们的空间形状和位置，综合起来就能想像出组合体的空间形状。

视图中的闭合线框都是形体上某一个面的投影。它可能代表平面，也可能代表曲面。它究竟代表什么形状的面，处于什么位置，还要根据投影规律，对照其他视图才能决定。

1. 视图中的闭合线框

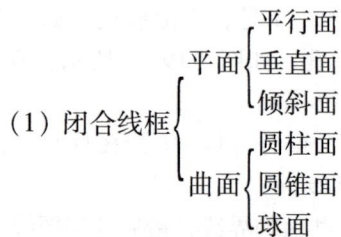

（1）闭合线框

$$
\text{闭合线框}
\begin{cases}
\text{平面}
\begin{cases}
\text{平行面}\\
\text{垂直面}\\
\text{倾斜面}
\end{cases}\\[2mm]
\text{曲面}
\begin{cases}
\text{圆柱面}\\
\text{圆锥面}\\
\text{球面}
\end{cases}
\end{cases}
$$

重温平面的投影规律：

在三个投影图均存在的情况下，平面的投影规律是：

$$
\begin{cases}
\text{两平线对一框——平行面}\\
\text{一斜线对两框——垂直面}\\
\text{三框类似形——倾斜面}
\end{cases}
$$

在只有两个投影图的情况下，平面的投影规律是：

$$
\begin{cases}
\text{一平线对一框——平行面}\\
\text{一斜线对一框——垂直面}\\
\text{二框类似形——垂直面（平面上有垂直线）}\\
\text{二框类似形——倾斜面（平面上无垂直线）}
\end{cases}
$$

下面以图 2-20（a）为例说明线面分析的用法。

图 2-20（b）中的线框 1′ 对应的另外两投影均为两条平行于轴的线，符合两平线对一框的投影规则，则线框 1′ 为正平面，其相对位置如图 2-20（f）所示。

图 2-20（c）中的线框 2，其侧面投影为线框 2 的类似形 2′，正面投影聚为线，符合一斜对两框的投影规律，则线框 2 为正垂面，其相对位置如图 2-20（f）所示。

图 2-20（d）中的线框 3′，其侧面投影为线框 3″ 和水平投影 3 均为线框 3′ 的类似形，符合三框类似形的投影规律，则线框 3′ 为倾斜面，其相对位置如图 2-20（f）所示。

图 2-20（e）中主视图中的矩形虚线框，左视图也是矩形虚线框，俯视图中对应投影是圆，符合圆柱面的投影特征，则虚线矩形线框代表挖去的圆柱孔，如图 2-20（f）所示。

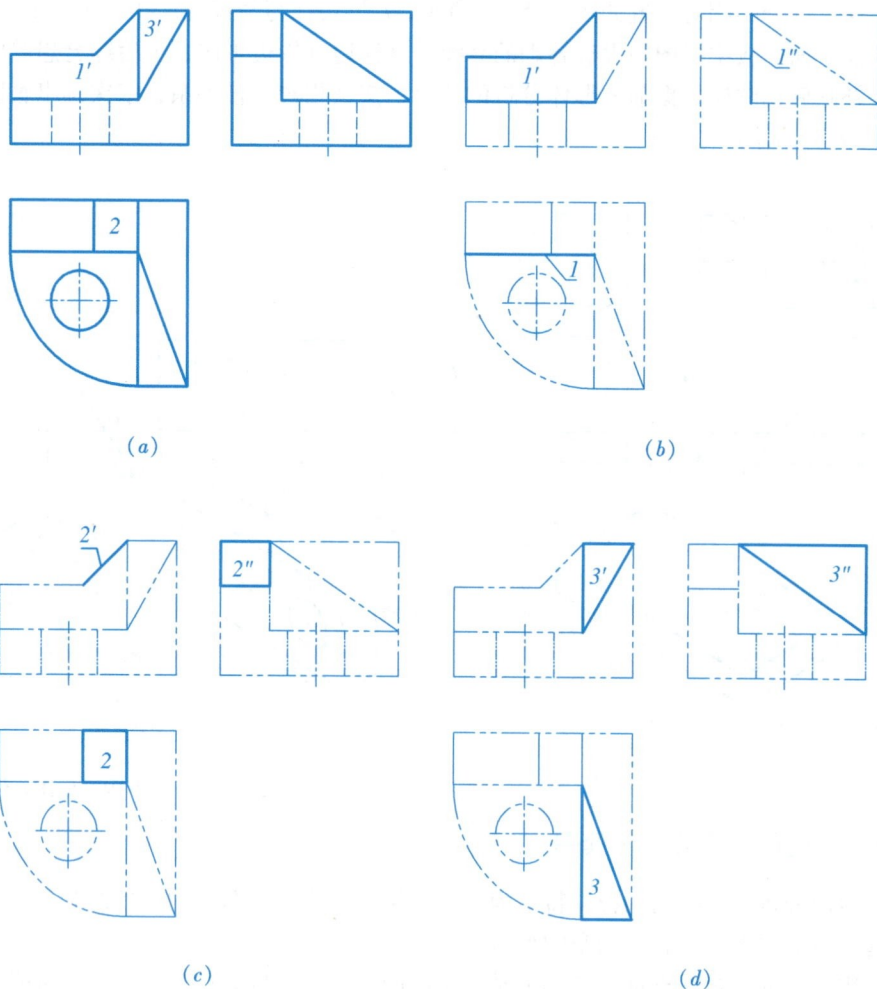

（a）　　　　　　　　　　（b）

（c）　　　　　　　　　　（d）

图 2-20　线框的意义

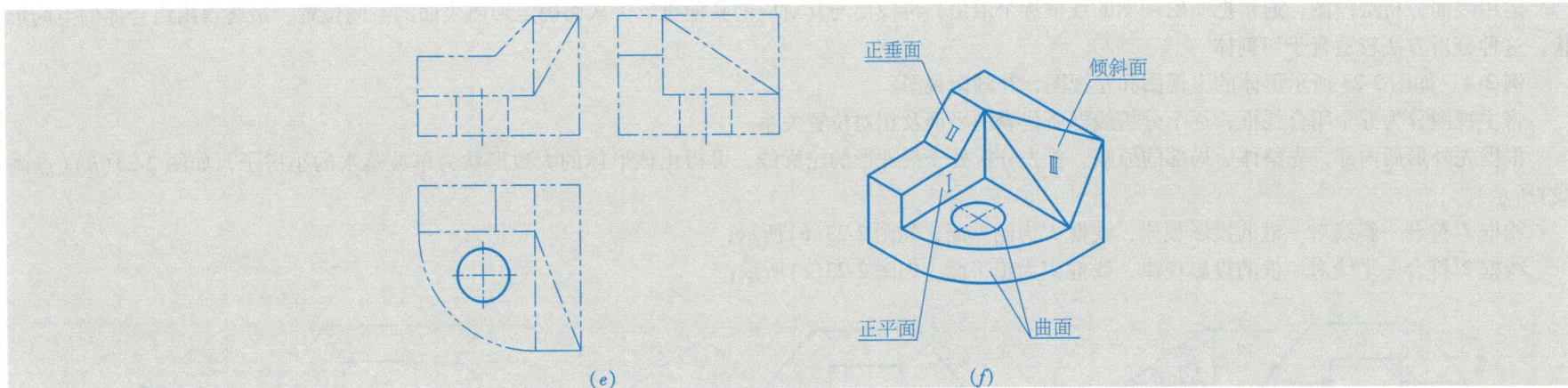

正垂面　倾斜面

Ⅱ

Ⅰ　Ⅲ

正平面　曲面

(e)　　　(f)

图 2-20　线框的意义

（2）相邻线框 $\begin{cases} 两平行平面 \\ 两相交平面 \end{cases}$

视图中的相邻两线框，不可能位于形体的同一平面上，如若相邻两线框处于形体同一平面，那么两线框之间就不存在分界线。如图 2-21（a）所示，主视图中相邻两线框代表的是一前一后两个平行面的投影，而 2-21（b）所示主视图中相邻两线框代表的是两相交平面的投影。相邻线框的相对位置关系，必须通过其他投影图来判别，所以读图时必须几个视图对照看。

2. 视图中的线

视图中的线 $\begin{cases} 面的积聚投影 \begin{cases} 直线—平面 \\ 曲线—曲面 \end{cases} \\ 面与面的交线 \\ 外形轮廓线 \end{cases}$

视图中的某一条线，可能是面的积聚投影（直线代表平面的积聚投影，曲线代表曲面的积聚投影），也可能是两平面交线的投影，还可能是曲面体轮廓的投影，如图 2-22 所示。

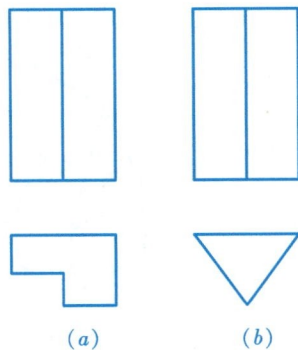

(a)　　　(b)

图 2-21　相邻线框的意义

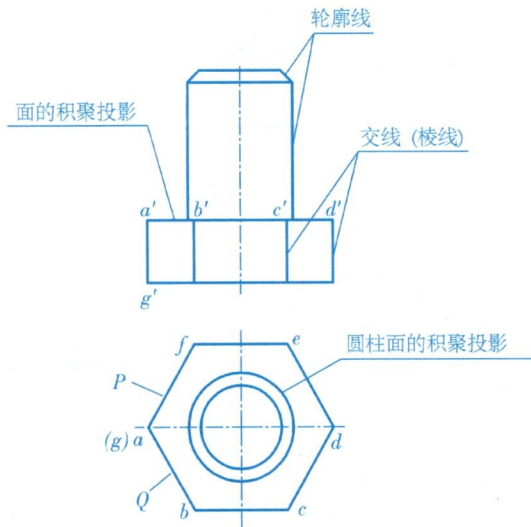

轮廓线

面的积聚投影

交线（棱线）

a'　b'　c'　d'

g'

f　e

圆柱面的积聚投影

P

$(g)a$　d

Q

b　c

图 2-22　线的意义

运用线面分析法读图，通常把所给视图的线框逐个取出，再找出与其对应的其他投影，从而确定形体表面的空间位置，最终得出组合体的空间形状，这种分析方法较适合于切割体。

例 2-4　如图 2-23 所示形体的主视图和左视图，补画俯视图。

将主视图分为五个闭合线框，逐个分析线框所代表的平面及相对位置关系。

根据先外形后内部，先整体后局部的原则，首先分析处于最外形的轮廓线，可得出该形体的大致形状为单坡落水的小房子，如图 2-23（h）（点画线）所示。

线框 1′符合一斜线对一框的投影规律，线框 1′为侧垂面，如图 2-23（b）所示；

线框 2′符合一平线对一框的投影规律，线框 2′为正平面，如图 2-23（c）所示；

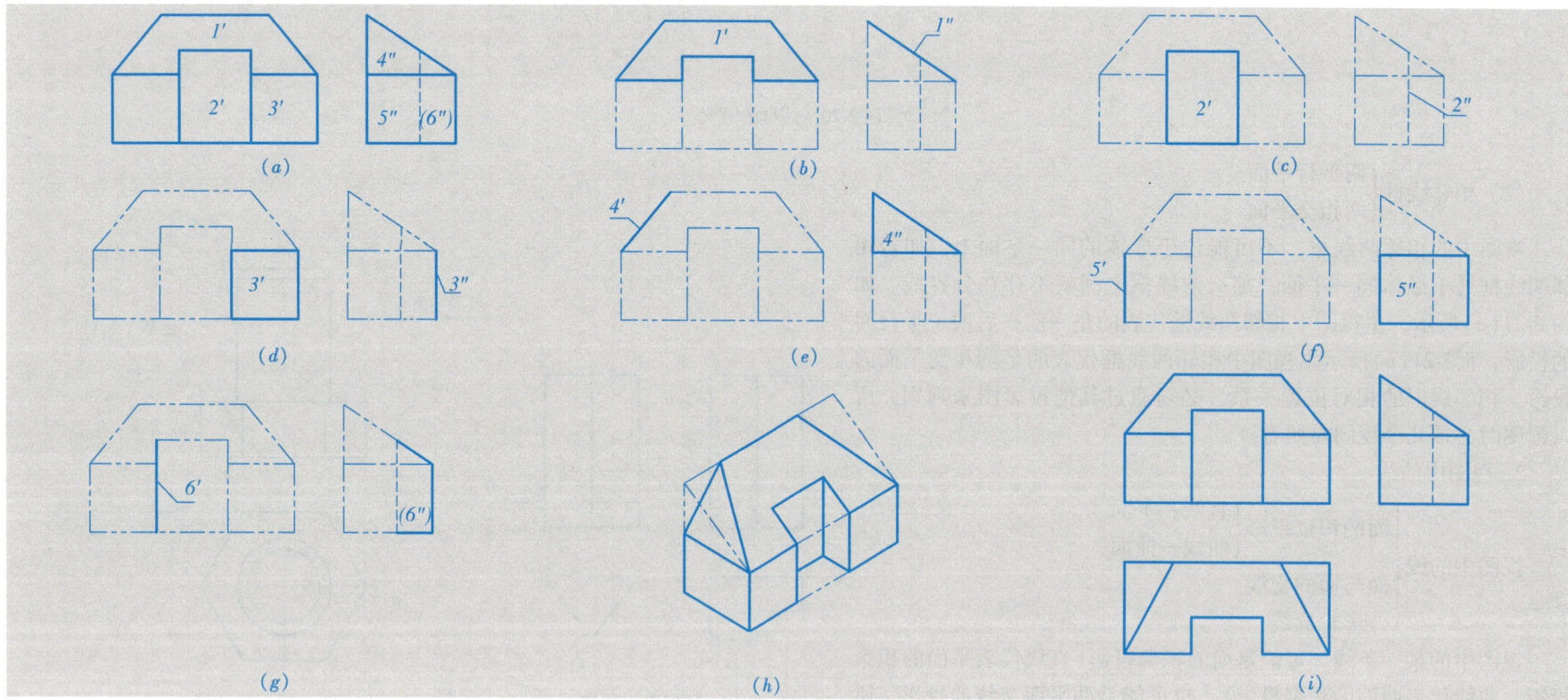

图 2-23　线面分析法读图

线框 3' 也是正平面，如图 2-23(d) 所示。

再将左视图分三个闭合线框：

线框 4″ 对应一斜线 4'，并包含了一条正垂线，所以线框 4″ 为正垂面，如图 2-23(e) 所示；

线框 5″ 对应一平线 5'，所以线框 5″ 为侧平面，如图 2-23(f) 所示；

线框 6″ 对应一平线 6'，所以线框 6″ 为侧平面，如图 2-23(g) 所示。

上述分析的若干平面围合起来，即构成三坡落水的小房子，如图 2-23(h) 所示。

补俯视图时，应运用线面的投影规律来作图。线框 Ⅰ（侧垂面）在俯视图中的投影，一定要与主视图中的类似线框 1' 相对应。线框 Ⅳ（三角形线框为正垂面）在俯视图中的投影一定要与左视图中的三角形线框 4″ 相对应。线框 Ⅱ、Ⅲ 均为正平面，线框 Ⅴ、Ⅵ 均为侧平面，它们在俯视图中的投影有积聚性，均以直线相对应，如图 2-23(i) 所示。

例 2-5　如图 2-24(a) 所示形体的主、俯视图，补绘左视图。

粗读主、俯视图，从范围比较大的、单独存在的线框入手，分该形体为两大部分 A 和 B，如图 2-24(b) 所示。其中 B 部分的基本形体为四棱柱，被铅垂面 P 和正垂面 R 截切后形成。A 部分为直立的四边形棱柱，被水平面和正垂面 R 截切后形成。A 和 B 叠加后形成如图 2-24(b) 所示的形体。

补左视图应注意：B 中铅垂面 P 的左视图线框 P″ 应与主视图

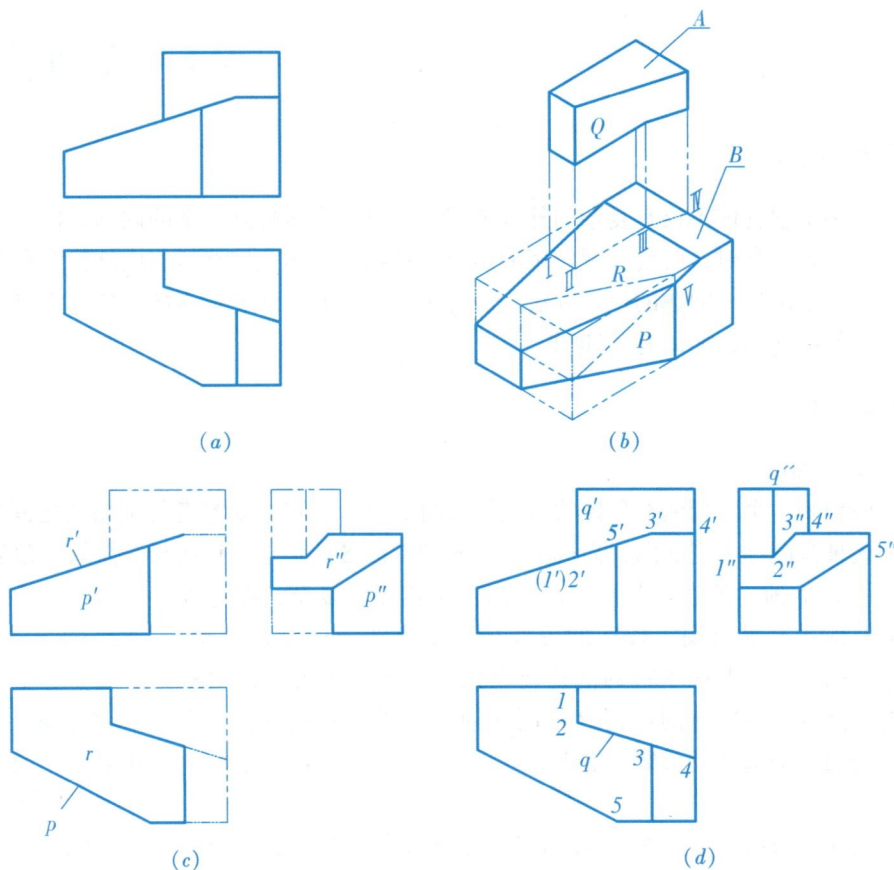

(a)　　(b)

(c)　　(d)

图 2-24　"二求三"补左视图

对应线框 P' 成类似形；正垂面 R 的左视图线框 r″ 应与俯视图对应线框 r 成类似形，如图 2-24(c) 所示。A 中铅垂面 Q 的左视图线框 q″ 应与主视图对应线框 q' 成类似形，如图 2-24(d) 所示。

特别指出的是形体 A 和 B 叠加产生的交线：Ⅰ Ⅱ 为正垂线，Ⅱ Ⅲ 为一般线，Ⅲ Ⅳ 为水平线。应按线的投影规律完成作图，如图 2-24(d) 所示。最后再应用线、面投影规律检验补绘的视图是否正确。

2.5 剖面与断面

2.5.1 概述

许多工程物体不仅有复杂的外部形状，而且也常常伴随复杂的内部结构，按前述的表达方法，其内部轮廓在视图中需要用虚线表示，当形体的内部结构比较复杂时，就会出现较多的虚线，从而导致虚实线交错，内外轮廓重叠，致使视图很不清晰，给尺寸标注及读图都带来不便。长期的产生实践证明，解决这个问题的最好办法是假想将形体剖开，让它的内部结构显露出来，使形体看不见的部分，变成看得见的部分，这种表达方法是下面将要介绍的剖面与断面的有关知识。

2.5.2 剖面

1. 剖面的概念

假想用一个剖切面在形体的适当位置将其剖开，移去观察者与剖切面之间的那部分形体，画出剩留部分的投影，并且在剖面区域内画上材料符号，这种视图称为剖面图，简称剖面。所谓剖面区域是指剖切面与形体的接触部分（剖切到的实体轮廓）。

图 2-25 所示的设备基础，由于内部结构比较复杂，在主视图、左视图上都出现了较多的虚线，为使内部结构表达清楚，假想采用一个与 V 面平行的剖切面 P 沿着基础宽度方向的对称面将其剖开，然后将剖切面 P 连同它前面的半个基础移去，再将剩余的半个基础投影到 V 面上，就得到了图 2-26(a) 所示的剖面图。

同样也采用一个侧平面 R，沿左侧凹槽剖切基础，移去剖切平面 R 及左边的部分基础，然后把右边一部分基础向 W 面投影，就得到了如图 2-26(b) 所示的基础另一方向的剖面图。用这两个剖面图代替原来的主、左视图，与俯视图一起，可比较清楚地表达出设备基础的内外结构，如图 2-27 所示。

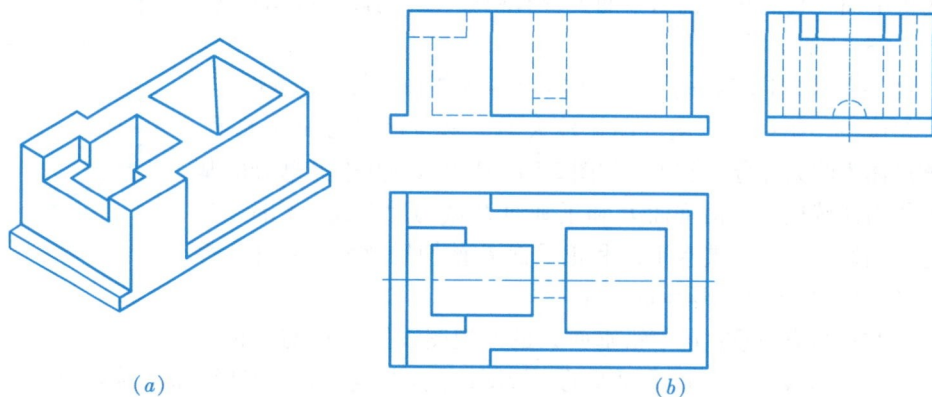

(a)

(b)

图 2-25 设备基础

2. 剖面的画法

按剖面的定义，形体剖切后，应画出剩留部分的投影。剩留部分的投影应分两部分，一部分是剖面区域的投影，另一部分是剖面区域后可见部分的投影，而剖面区域后不可见部分的投影，若不影响读图，不必画出，故剖面图原则上尽量不画虚线。

同一个形体，选择不同的剖切平面及剖切位置，得到的剖面图也不同。

(a) 平行 V 方向剖面图的产生　　　　　　　(b) 平行 W 方向剖面图的产生

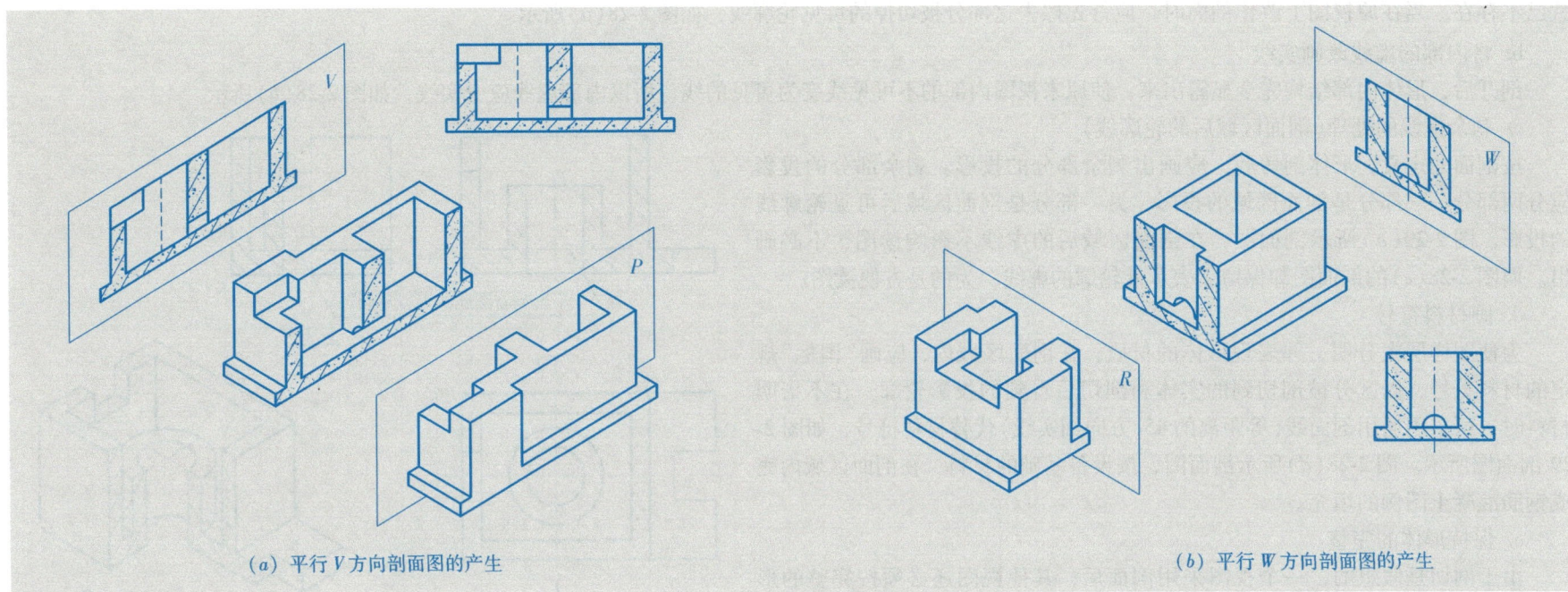

图 2-26　剖面图的形成

（1）剖切面的选择

根据需要剖切面可以选择平面，也可选择曲面，一般尽量选择平行面作剖切面，以便使剖切后的投影反映实形，特殊情况下，也可选择垂直面作剖切面。

（2）剖切面位置选择

剖切面最好通过形体的对称面或者形体上孔、洞、槽的中心线。对于土建专业图，剖切面尽量通过房屋结构（例如出入口、楼梯间等）变化比较大的位置。

（3）画法（在给定的三视图基础上改作剖面）

以图 2-25 主视图为例。

a. 擦去被切掉的可见轮廓线

形体被剖切后，剖切平面与观察者之间的前半个形体被移走，即原来视图上的外表面轮廓线

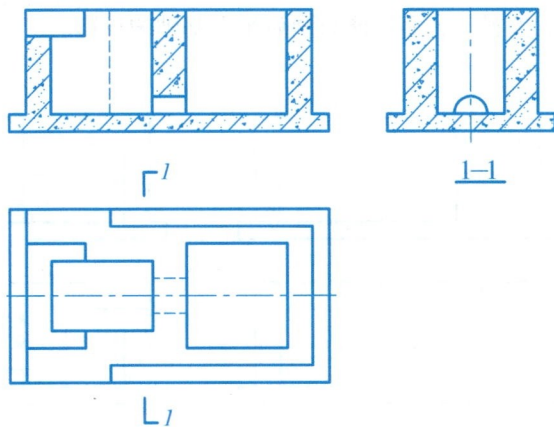

图 2-27　全剖面图

就已不存在。当在原视图上改作剖面时，应首先擦去这部分被切掉的可见轮廓线，如图 2-28(a)所示。

b. 将内部的虚线改画实线

剖开后，形体内部结构完全显露出来，使原来视图内部的不可见线变为可见的线，所以内部虚线应变实线，如图 2-28(b)所示。

c. 剩余虚线的处理(剖面区域后的轮廓线)

按剖面的定义，形体剖切后，应画出剩余部分的投影。剩余部分的投影应分两部分，一部分是剖面区域的投影，另一部分是剖面区域后可见轮廓线的投影。图 2-29(a)所示剖面图，在剖面区域后的虚线不影响读图，不必画出。而图 2-28(c)的剖面图却保留了表示外轮廓的虚线，为的是方便读图。

d. 画材料符号

为使图样层次分明，并表现形体的材质，在剖面区域内，应画"国标"规定的材料符号，以区分被剖切到的实体和剖切后看到的投影轮廓。在不指明材料时，可采用通用剖面线(等距离的 45°方向细实线)代替材料符号，如图 2-29 剖面图所示。图 2-28(d)所示剖面图，按设备基础的材料，在剖面区域内完成钢筋混凝土图例的填充。

e. 保持形体的完整

由于剖切是假想的，一个视图采用剖面后，其他视图还必须按完整的形体画出，图 2-27 和图 2-29 中主视图均采用了全剖面，但俯视图仍然画出整个基础的投影，而不能只画后半个基础的投影。

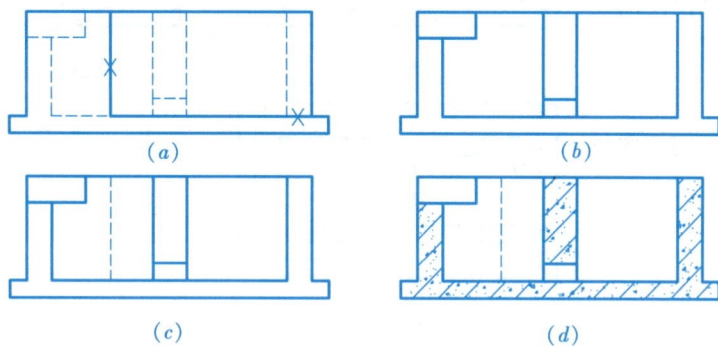

不影响看图此线可以不画

1—1

(a)

(b)

(c)

图 2-29　剖面的画法

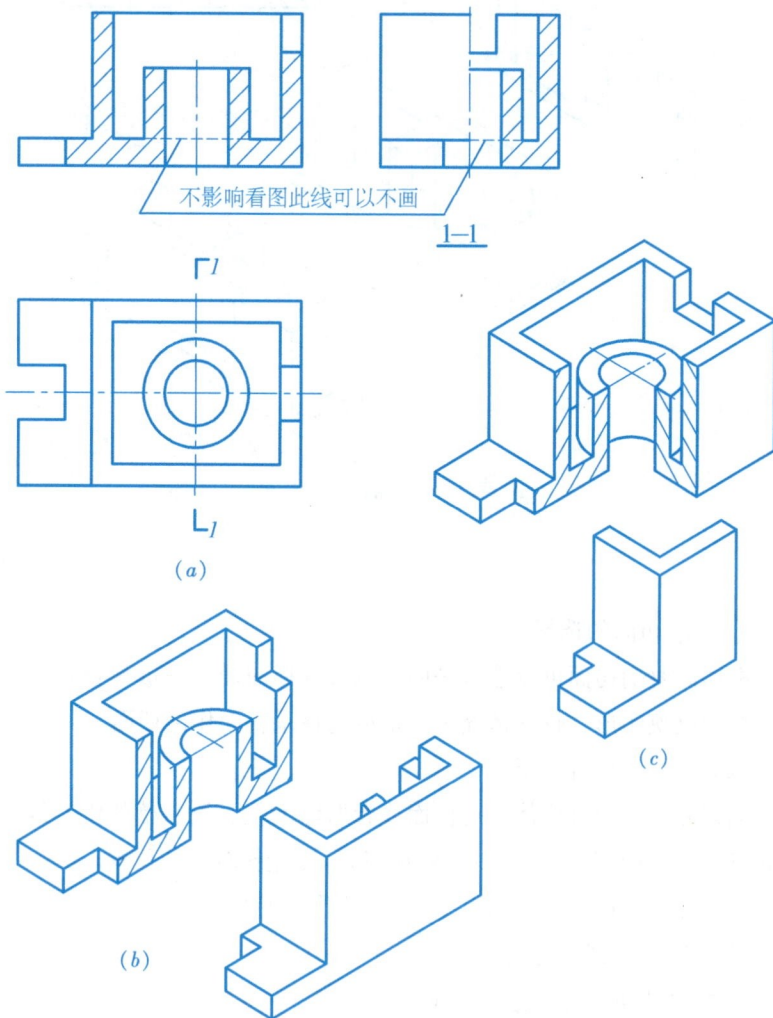

(a)

(b)

(c)

(d)

图 2-28　剖面的画法

3. 剖面的标注

为帮助读者辨别剖面图的剖切位置和剖切后的投影方向，"国标"规定必须标注剖切符号及剖面的名称。

剖面名称：在剖面图的下方用阿拉伯数字标出剖面的名称，如图 2-29 所示 1-1 剖面图。

剖切符号：表示剖切面的剖切位置及投射方向，均用粗实线（线宽约 1～1.5b）绘制，如图 2-29 所示。剖切位置线实质是剖切平面迹线的两端，投射方向垂直剖切位置，并画在剖切位置的端部。应对剖切位置对应剖面的名称予以编号，注写在剖切符号的端部和转折处。剖切符号不能与视图上的轮廓线相交。若一张图线上有若干个剖面图，剖切符号的排列顺序应是自下而上，从左向右，其编号不能重复，如图 2-30 所示。

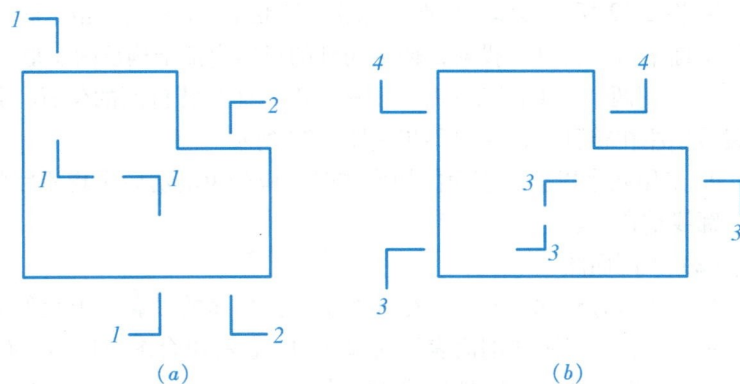

图 2-30　剖切符号及编号

当剖切面通过形体的对称面，且剖面图处在基本视图位置上时，可省略其标注，图 2-29 中主视图位置上的剖面图即省略标注。

4. 剖面的种类

"国标"规定按形体被剖切的范围与方式不同，剖面可分为全剖面、半剖面、局部剖面三种形式。作图时应根据形体内外形状特征选择适当的剖面。

（1）全剖面图

用剖切面完全地剖开形体所得剖面图称全剖面图，如图 2-27、图 2-29 中主视图所示。

全剖面图主要用于表达内部形状复杂且不对称的形体，或外形简单且内外形状对称的形体。

当形体内部结构比较复杂，层次较多，用单一剖切面不能同时表现形体内部的所有结构时，全剖面图还可以采用两个以上互相平行的剖切面或两个以上相交的剖切面完全剖开形体。图 2-31 为采用两个互相平行的剖切面剖切形体获得的全剖面图，图 2-32 为采用两个相交的剖切面剖切形体获得的全剖面图。

采用不同的剖切面应注意以下几点问题：

a. 图 2-31(b) 所示形体，采用两个互相平行的剖切面剖切形体，画剖面图时仍假想按单一剖切面完全剖开形体来对待，即不画转折平面的投影。

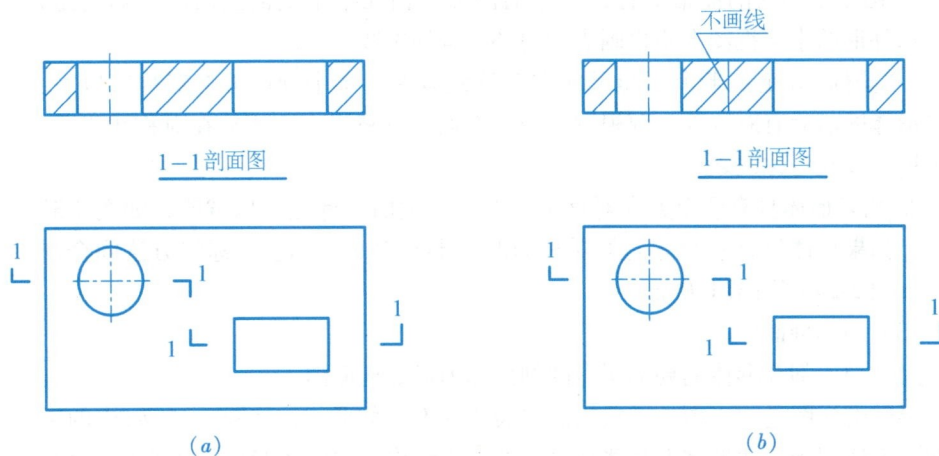

图 2-31　全剖面

b. 图 2-32 所示形体，用两个相交的剖切面(正平面、铅垂面)剖开形体，要将倾斜的右半部分旋转到与 V 面平行，再进行投射，使剖切到的形体内部结构反映实形。

c. 采用两个以上剖切面时，要标注剖切面与转折面的位置，并标注与图名对应的编号，转折位置的编号标注在转脚处，如图 2-30 ~ 图 2-32 所示。

d. 采用两个以上剖切面剖切形体时，应避免剖切后出现不完整形体，剖切面的转折位置也应避免与轮廓线重合。

（2）半剖面图

当形体具有对称平面时，在垂直于对称平面的投影面上投射的图形，以对称线为界，一半画成视图表示外形，一半画成剖面表示内部结构，这种组合图形称半剖面图。

半剖面图主要用于内外形状均需表达的对称形体。

图 2-33 所示的正锥壳基础，左右对称，前后对称，内部结构也对称，并且其对称面垂直 V 和 W 面，因此在主视图和左视图上均可采用半剖面图，用半个视图来表示基础外形轮廓和相贯线，用半个剖面来表达基础内部结构。

画半剖面要注意以下几点：

a. 半个剖面与半个视图的分界以点划线为界，如果作为分界线的点划线刚好与投形轮廓重合，则应避免采用半剖面，而采用局部剖面，如图 2-35 所示。

b. 由于半剖面的图形对称，形体的内部结构在半个剖面上已经表达清楚，则表示外形的半个视图上不再画表示内部结构的虚线。

c. "国标"规定：半个视图可放在对称线以左，半个剖面放在对称线以右，如果形体的前后有对称面，俯视图采用半剖面，可将半个剖面放在对称线之前，半个视图放在对称线之后。

d. 如果形体具有两个方向对称平面时，半剖面的标注可以省略，如图 2-33 所示；如果形体具有一个方向的对称面时，半剖面必须标注，标注方法同全剖面，如图 2-29 剖面图 1-1 所示。

（3）局部剖面图

用剖切面剖开形体的局部所得的剖面称为局部剖面图。

局部剖面图适用于内外形状均需要表达的不对称形体，如图 2-34(b) 中的主视图；也适用于表达形体上某些小局部的内部结构，如图 2-32(a) 俯视图中表示圆柱孔的剖面。

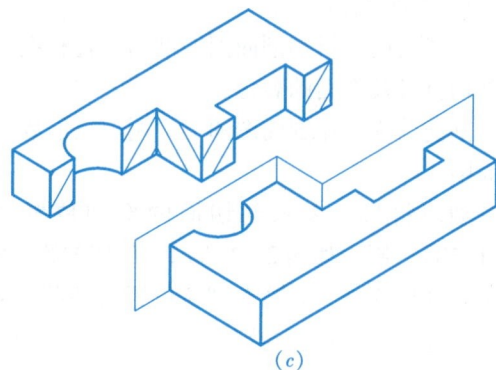

(c)

图 2-31　全剖面

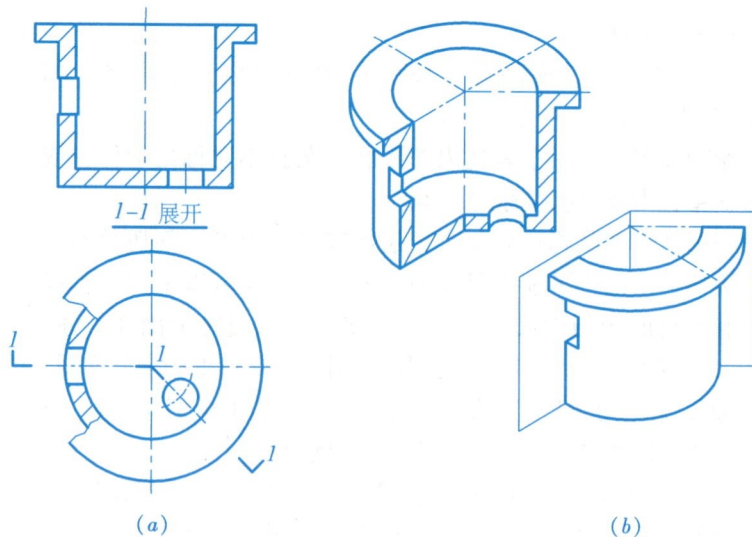

1—1 展开

(a)

(b)

图 2-32　全剖面

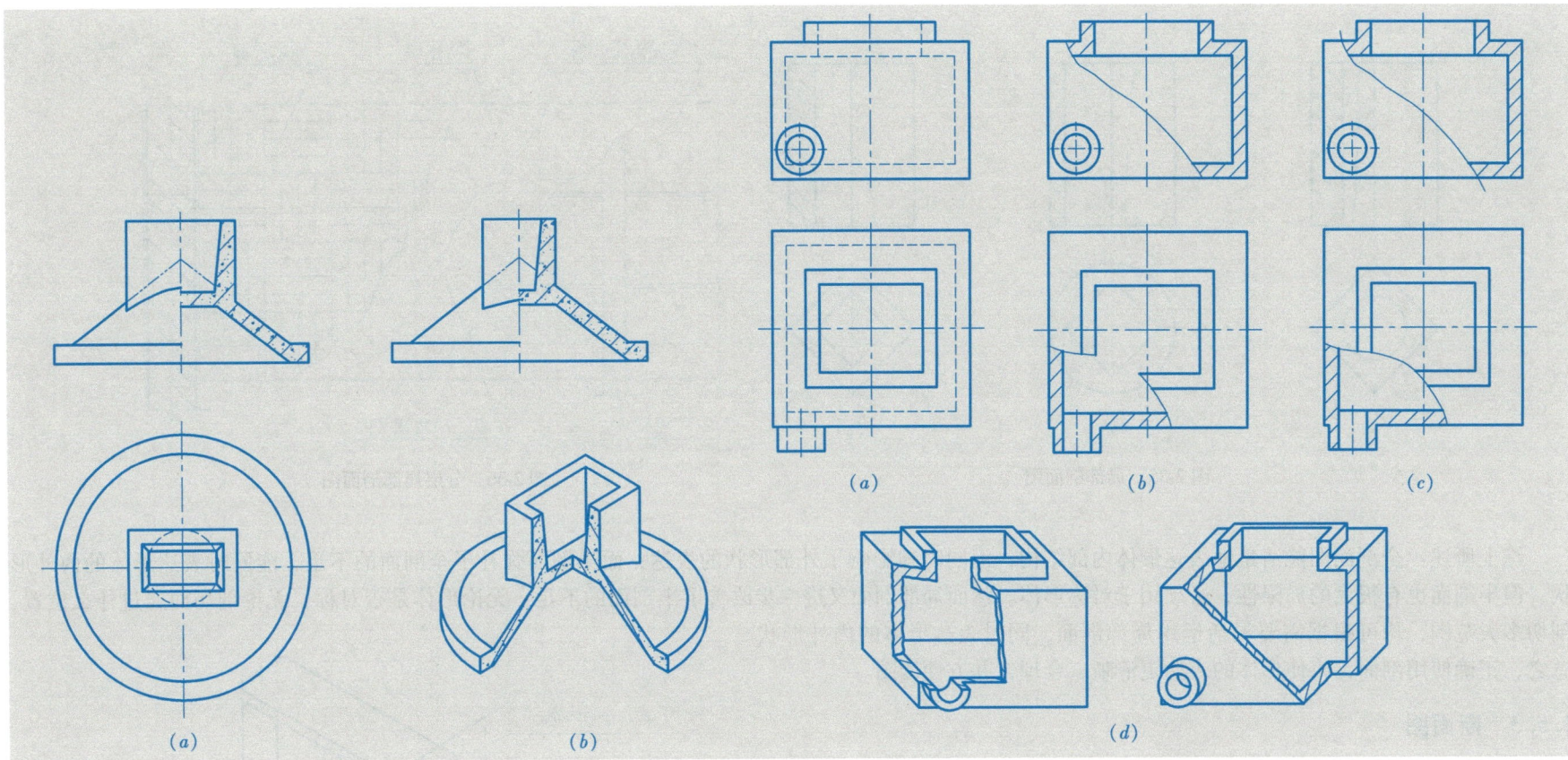

图 2-33　半剖面

图 2-34　局部剖面图

　　画局部剖面除了假想一个剖切面之外，还假想一个断裂面，使切掉的局部与主体分开，所以局部剖面与表示外形的视图之间用波浪线（断裂面的积聚投影）为界，且波浪线不应与轮廓线重合，也不应超出图形的轮廓线之外。波浪线只画在形体的实体部分，如果遇孔、槽，波浪线应终止在孔、槽的轮廓线处，不能穿孔而过。局部剖面的错误画法如图 2-34(c)所示。

　　由于局部剖面的大部分仍为表示外形的视图，且又放在基本视图的位置上，一般不需另行标注。

　　图 2-35 所示穿孔体虽均为对称形体，但视图中都有棱线与对称线重合，不适于作半剖面，只能采用局部剖面。

　　局部剖面在建筑专业图中常用来表示多层结构所用材料和构造的做法，按结构层次逐层用波浪线分开，这种剖面称为分层局部剖面，如图 2-36 所示。

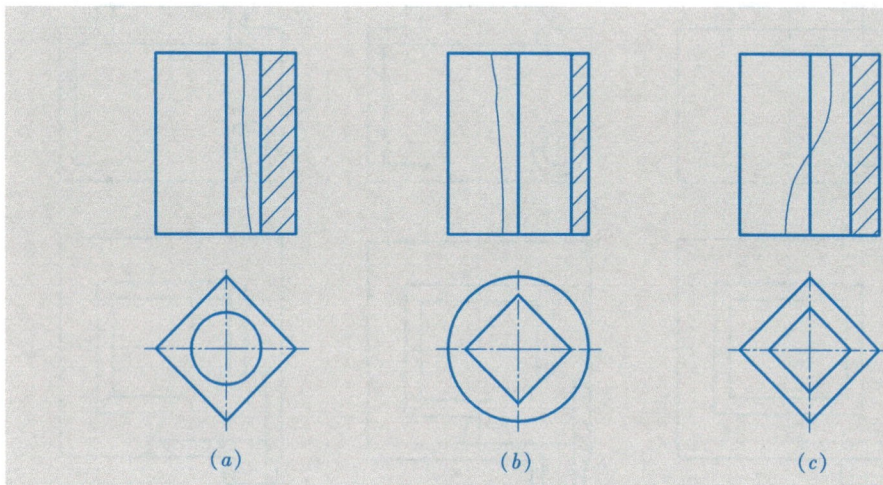

图 2-35　局部剖面图

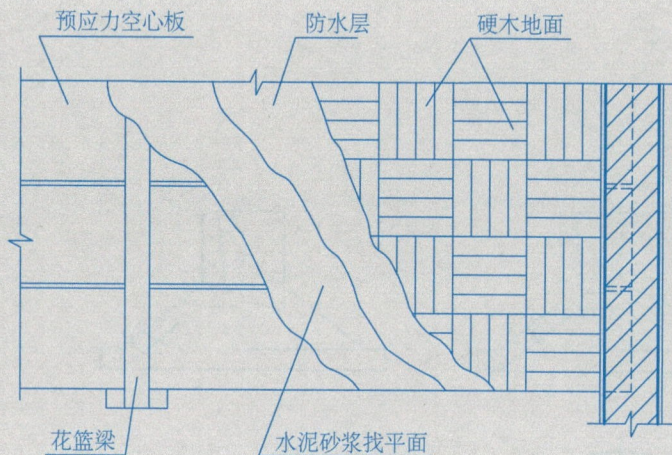

图 2-36　分层局部剖面图

综上所述：全剖面图能清楚地表达形体内部结构，但同时却影响了外部形状的表达；而半剖面弥补了全剖面的不足，能同时表达形体的内外形状。但半剖面也有很大的局限性，必须用于对称形体。然而局部剖面又进一步改善了半剖面的不足，无论形体是否对称，无论剖切面通过什么位置、剖切多大范围，均可根据需要灵活运用局部剖面，同时表达形体的内外形状。

总之，正确使用剖面，将使形体的表达更清晰、合理，并方便读图。

2.5.3　断面图

1. 断面的基本概念

假想用剖切面将形体的某处切断，仅画出该剖切面与形体接触部分的图形（剖面区域），并在其内画上材料符号，这种图形称断面图，简称断面，如图 2-37 所示。

与剖面一样，断面图也是表示形体内部形状及材质的图样。但断面图与剖面图有哪些区别？比较图 2-37 所示钢筋混凝土梁的剖面图与断面图，不难看出它们的区别：

（1）断面图只画出了剖面区域的形状，而剖面图除了画出剖面区域的形状之外，还画出剖面区域后形体的投影轮廓，因此，可以说断面图包含在剖面图

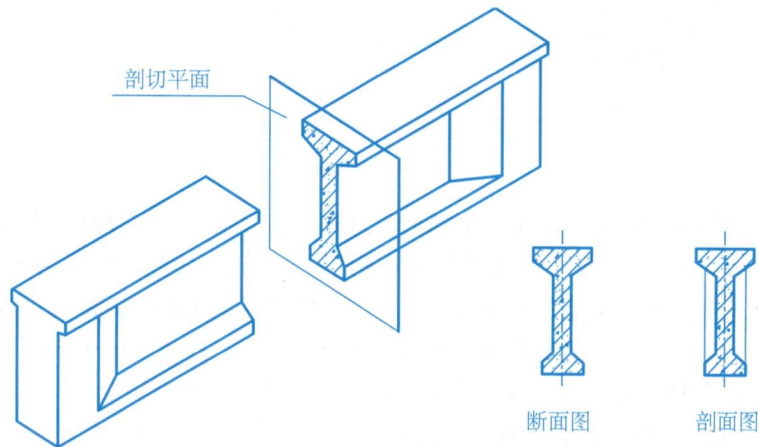

图 2-37　断面的形成

之中；

（2）剖切符号不同，断面图的投影方向由编号注写位置决定，剖面图的投影方向是用剖视方向线表示。

2. 断面的分类及表示方法

断面根据其布置位置的不同，可分为移出断面、重合断面、中断断面三种形式。

（1）移出断面：位于基本视图之外的断面图，称为移出断面。

梁、柱等构件比较长，断面形状比较复杂，常采用移出断面。一个形体需要画几个断面图表达时，可将断面图整齐地排列在视图的周围，并可用较大比例画出。

如图 2-38 所示 T 形断面梁，用移出断面 1-1 和 2-2 清楚地表明了梁的跨中处与梁端部断面形状。

移出断面需要标注，剖切位置用粗短线表示，剖切后的投射方向由编号注写的位置决定，如图 2-38 断面图所示。

（2）重合断面：重叠在基本视图轮廓之内的断面图，称为重合断面图，如图 2-39、2-40、2-41 所示。

图 2-39 的重合断面表达了屋顶的横截面形状，图 2-40 的重合断面表达了角钢的断面形状，图 2-41 的重合断面，表达了墙面装修的效果。

断面形状比较简单，可采用重合断面。重合断面比例要与基本视图一致，土建图中断面轮廓线应画粗一些，如图 2-41 所示；机械图中表示断面的轮廓线应画细一些，以区别于基本视图的轮廓线，如图 2-40 所示。

重合断面的断面轮廓有闭合的，如图 2-39 所示，也有不闭合的，如图 2-41 所示，但均应在断面轮廓内侧加画通用剖面线（45°方向的斜线）如图 2-41 所示。也有些重合断面的尺寸比较小，其轮廓内可以涂黑，如图 2-39 所示，重合断面不需要标注。

（3）中断断面

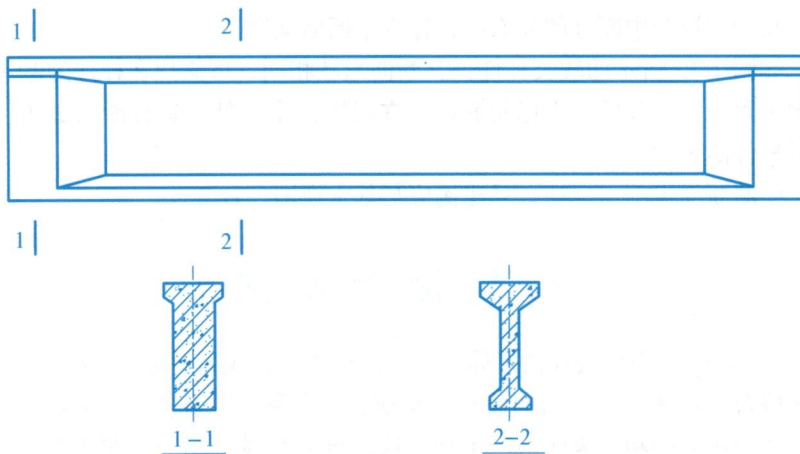

图 2-38 移出断面图

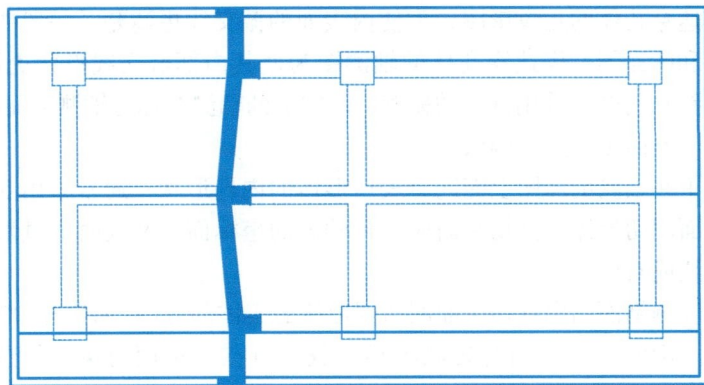

图 2-39 重合断面图

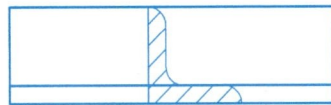

图 2-40 重合断面

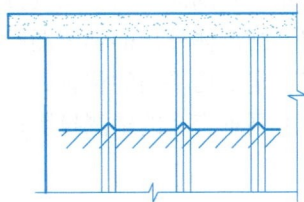

图 2-41 重合断面图

布置在视图中断处的断面图，称为中断断面图。

如图 2-42 所示的较长杆件，其断面形状相同，可假想在杆件的基本视图中间截去一段后，再把断面布置在视图的中断处，这种断面适用于较长杆件的表达。

中断断面也不需标注，且比例应与基本视图一致。

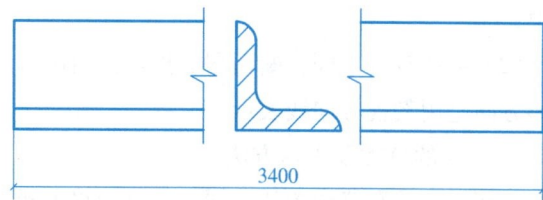

3400

图 2-42　中断断面图

2.6　轴测剖面图

图 2-43（a）中所表现的形体，是由圆柱体以轴线为对称中间挖切长三棱台，水平方向挖切四棱柱面构成，因此称为穿孔体（或双穿孔）。穿孔体的内表面和外表面均产生截交线，该截交线又相当于图 2-43（b）所示的三棱台与四棱柱表面相交的相贯线。

表达穿孔体的正投影图，为使内表面的截交线更清楚，一般要采用剖面图和断面图。表达穿孔体的轴测图为使其内部截交线形状更清晰，也需要在轴测图上采用剖面的概念，故完成的轴测图称为轴测剖面图。

轴测剖面图的规定画法：

为了在轴测剖面图上能同时表达形体的内外形状，通常采用互相垂直的平面剖切形体，剖切平面应平行轴测的坐标面，又同时通过形体的主要轴线或对称面。

在轴测剖面图中剖切平面剖切到形体的实体部分（截面部分）应画上剖面线。剖面线的方向与轴测类型、截面所在坐标面有关，如图2-44所示。

绘制轴测剖面图的步骤及方法。

（1）画形体外形的轴测图；

（2）定剖切平面的位置；

（3）画垂直孔的轴测投影；

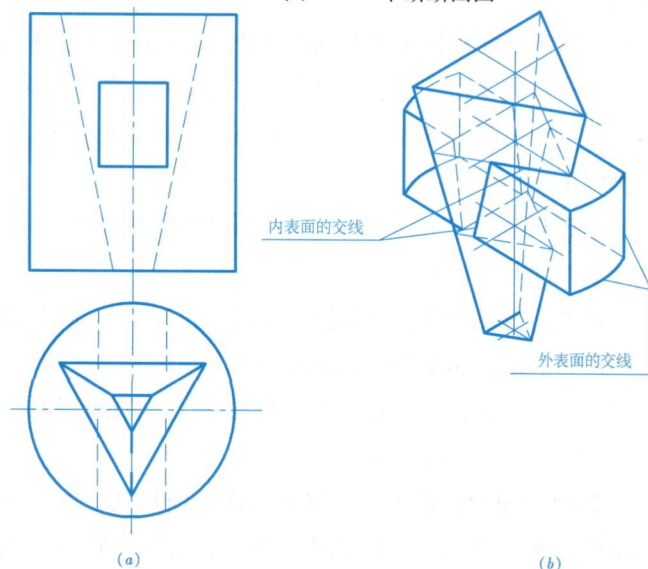

内表面的交线

外表面的交线

（a）　　　　　　　　　　　　　　　（b）

图 2-43　穿孔体

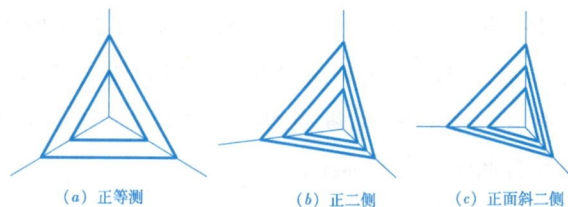

（a）正等测　　　（b）正二侧　　　（c）正面斜二侧

图 2-44　剖面线方向

（4）画水平孔的轴测投影；

（5）画水平孔与穿孔体外表面的截交线；

（6）画水平孔与穿孔体内表面的截交线；

（7）画剖面线。

例 2-6　完成 2-45 所示穿孔体的剖面图、指定位置的断面图和轴测剖面图

1. 作穿孔体三视图的截交线并作适当的剖面，见图 2-45（*a*）。

（1）穿孔体外表面的交线是由四棱柱与圆柱相交而形成，其交线为水平圆弧和圆柱素线，且素线交线的水平投影有积聚性。依水平投影中 7、8 点确定侧面投影的素线交线位置。

（2）穿孔体内表面的交线由四棱柱与三棱柱相交而形成，其交线为两组封闭的空间折线段。

a. 水平投影中内表面截交线是通过扩大四棱柱两水平面（P_1、P_2）与内表面三棱台相交而求得的。通过 P_1 求得截交线的关键点的水平投影 1、3、5 点，通过 P_2 求得截交线的关键点的水平投影 2、4、6 点。

b. 关键点的正面投影 1'3'（5）' 和 2'4'（6）'，均积聚在两水平面（P_1 和 P_2）的正面迹线上。

c. 三棱台不可见面为侧垂面，侧面投影有积聚性，四棱柱两水平面 P_1、P_2 的侧面投影均有积聚性，因此侧垂面与两水平面的积聚投影的相交之处即为截交线关键点 5″、6″。1″ 和 2″ 在前棱线上，因此 P_1、P_2 的侧面投影与前棱线侧面投影相交，即为截交线关键点 1″ 和 2″。3″ 和 4″ 由水平投影 3 和 4 宽相等确定。

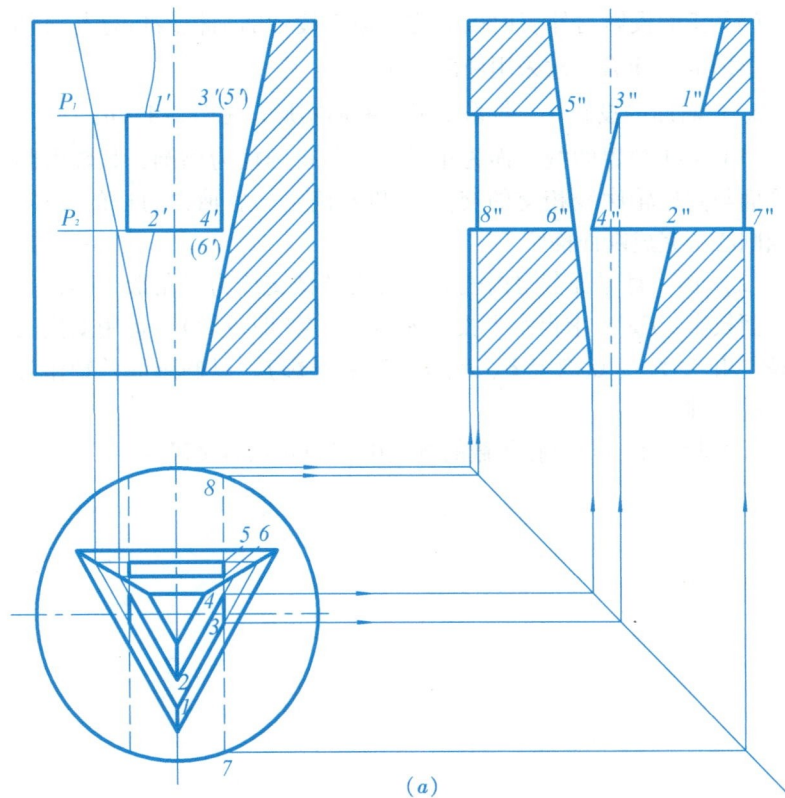

（*a*）

图 2-45　穿孔体的正投影图（1）

（3）将关键点的各投影分别按Ⅰ-Ⅲ-Ⅱ-Ⅳ…顺序连线，即完成穿孔体前右侧内表面交线，前左侧内表面交线与右侧对称。三棱台不可见内表面交线为一矩形（Ⅴ、Ⅵ点连线即完成矩形各投影）。

（4）穿孔体的内表面为三棱台，故宽度方向不对称，只能采用全剖面图。

（5）正面投影内外表面虽对称，但三棱台的前棱线恰好与对称线（圆柱轴线）重合，故采用局部剖面。

2. 作断面的投影——投影变换求断面实形，见图2-45（b）。

（1）Ⅰ-Ⅰ位置的截平面为正垂面，截得圆柱为椭圆，长轴由剖切平面与圆柱轮廓线相交的交点 a' 和 b' 确定，短轴为圆柱的直径。用四圆心法完成断面椭圆。

（2）Ⅰ-Ⅰ截平面截得内表面三棱台的截交线为三角形 EFG，由其正面投影 e'f'g' 点求得水平投影 e、f、g 点（旧投影），运用变换的原理再由 e、f、g 点确定 E、F、G 点（新投影），以椭圆的长轴作为变换的新轴。

（3）断面中被矩形孔所截的宽度由 g' 和 h' 点直接确定。

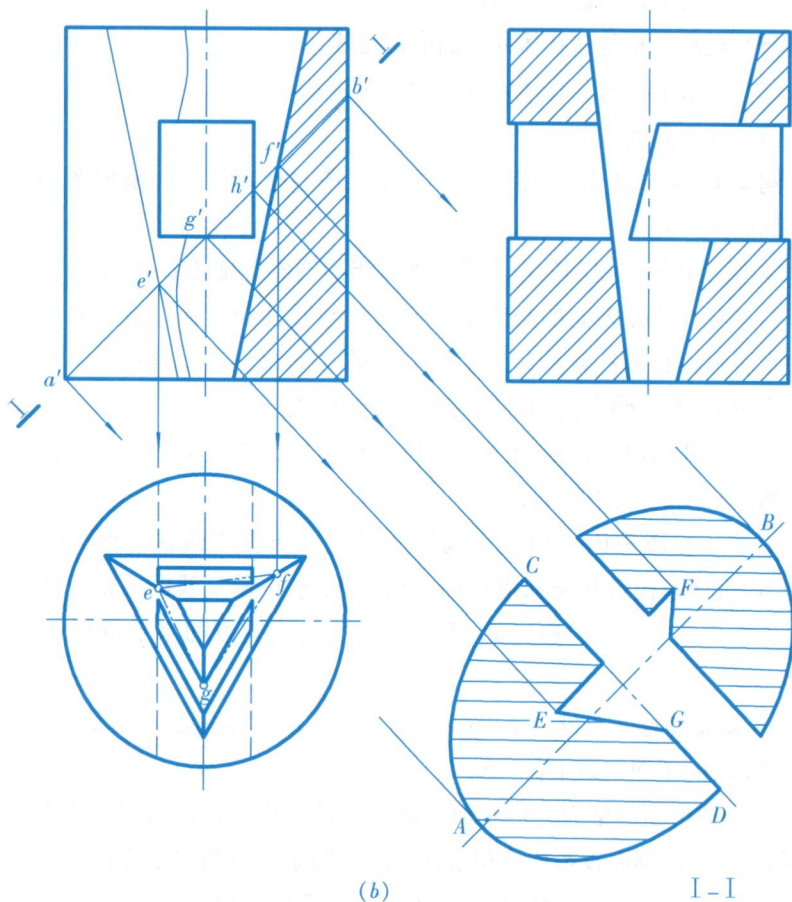

(b)　　　　Ⅰ-Ⅰ

图2-45　穿孔体的正投影图（2）

3. 画轴测剖面图，见图 2-46。

（1）作形体外形——圆柱的轴测投影，并确定轴测图上剖切平面的位置，见图 2-46（a）。

（2）在轴测轴 Z 上确定水平矩形孔的高度位置，并画轴测轴 x、y，见图 2-46（a）。

（3）作垂直孔——三棱柱的轴测投影，见图 2-46（b）。

（4）作水平孔——四棱柱的轴测投影以及与圆柱外表面的交线，见图 2-46（c）。

a. 在轴测轴上确定矩形孔断面的尺寸，并过矩形交点作轴测轴 y 方向直线（四棱柱的棱线）。

b. 作水平孔与圆柱外表面的交线，移心法确定水平面 P_1、P_2 与圆柱面交线——圆弧的圆心 O_1 和 O_2。

c. 交线圆弧与四棱柱棱线相交，即可确定水平孔与圆柱外表面的交线（素线）。

（5）作穿孔体内表面的交线见图 2-46（d）、（e）。

a. 水平面 P_1 截三棱台的截交线（大三角形）与矩形孔顶面相交于 Ⅰ、Ⅲ、Ⅳ点。

b. 水平面 P_2 截三棱台的截交线（小三角形）与矩形孔底面相交于 Ⅱ、Ⅳ、Ⅵ点。

c. 连线 Ⅲ、Ⅳ 和 Ⅴ、Ⅵ 即完成矩形孔与三棱台内表面的截交线。

（6）矩形孔穿过左端的剖切平面，将三棱台孔的中下部扩大，也产生交线，见图 2-46（d）左侧。

（7）剖切到的实体画剖面线见图 2-46（f）。

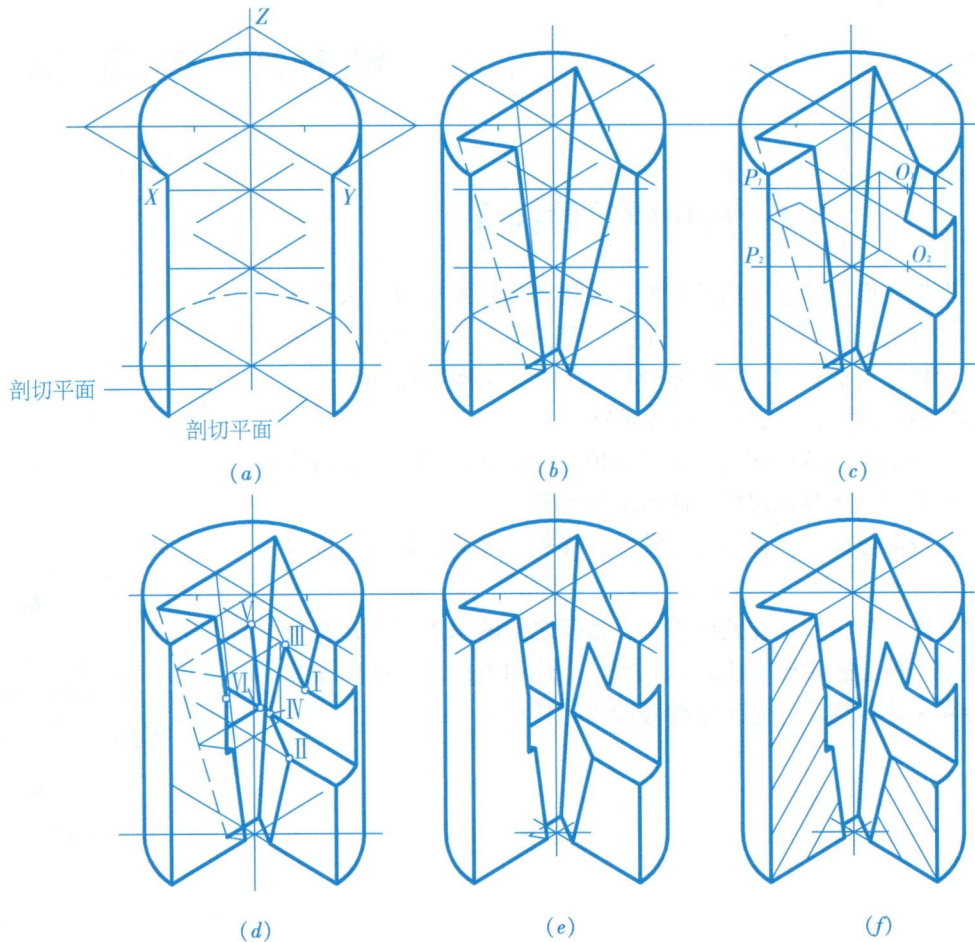

图 2-46 轴测剖面图

第3章 房屋建筑图

3.1 房屋建筑的构成

根据人们生产、生活的需要，运用各种建筑材料，采用各种建构方法，设计建造了各种不同类型的建筑，基本都可视为由三大部分组成：（1）基础部分；（2）墙身及楼地面部分，还包括楼梯、门、窗等；（3）屋顶部分。

屋顶部分，按形式可分为坡屋顶与平屋顶两类，按构造应包括结构层、隔热保温层、防水层三部分。

墙身部分应包括：门窗、楼梯、楼板、踢脚、勒脚、散水等构配件。

基础是将房屋埋在地面以下、地基之上的承重构件，有条式基础、独立式基础、筏式基础等。上述相关构造、结构详细内容参见建筑构造、建筑结构等课程与教材。

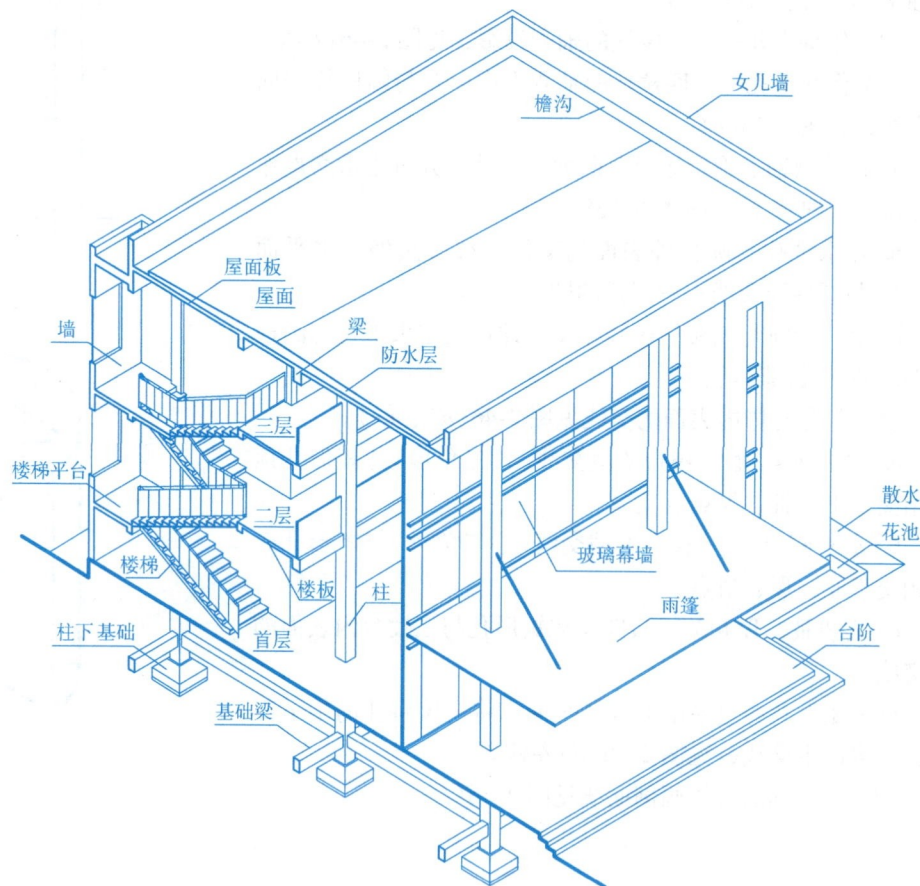

图 3-1 框架结构建筑的组成示意图

3.2　建筑设计程序

建筑的建造一般要经过立项、设计、施工、投入使用四个阶段，在不同阶段里绘制的图样，其内容要求不同。以下我们以表格的形式介绍设计过程的各个阶段。

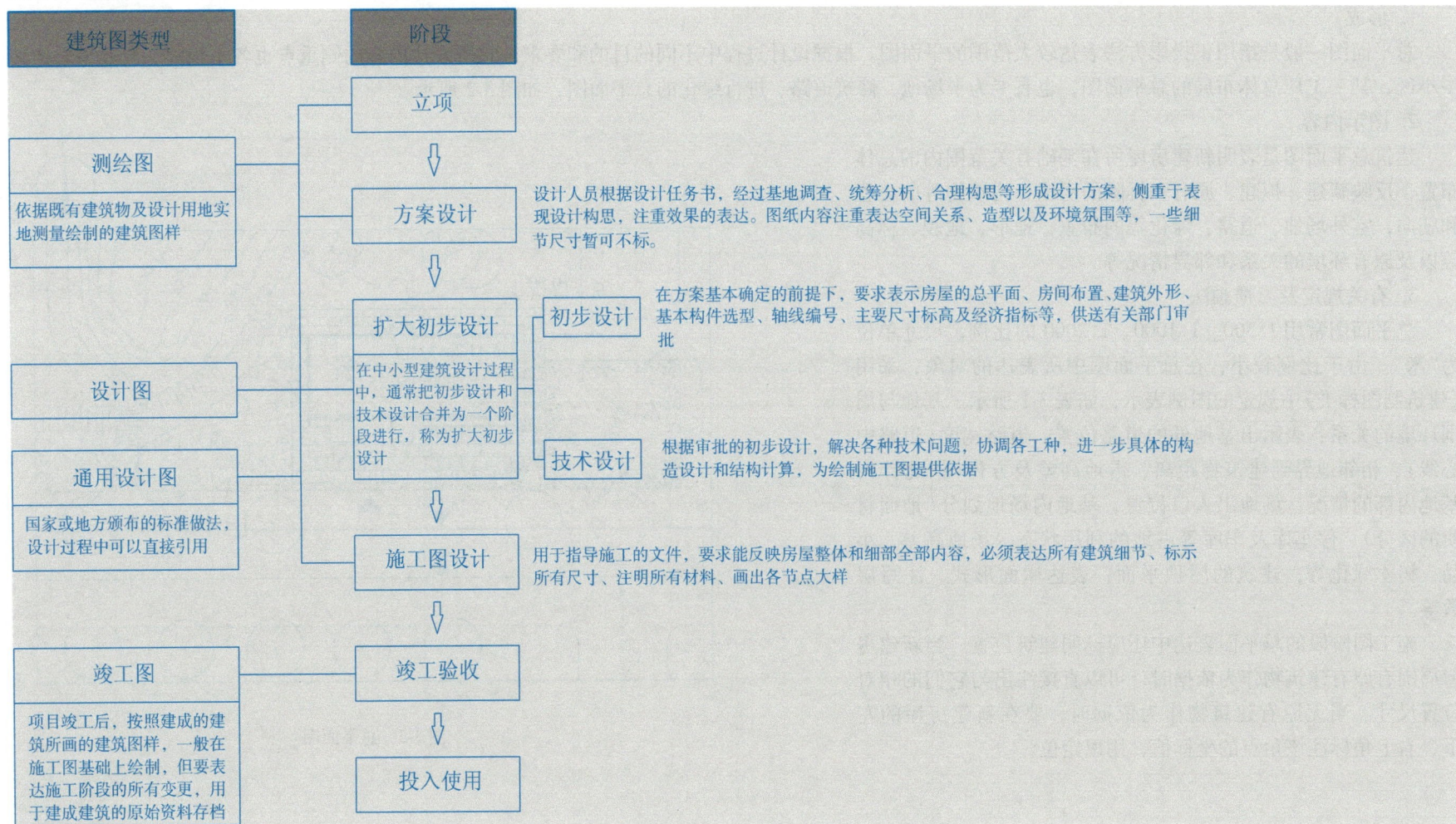

建筑图类型	阶段		
	立项		
测绘图 依据既有建筑物及设计用地实地测量绘制的建筑图样	**方案设计**		设计人员根据设计任务书，经过基地调查、统筹分析、合理构思等形成设计方案，侧重于表现设计构思，注重效果的表达。图纸内容注重表达空间关系、造型以及环境氛围等，一些细节尺寸暂可不标。
设计图	**扩大初步设计** 在中小型建筑设计过程中，通常把初步设计和技术设计合并为一个阶段进行，称为扩大初步设计	**初步设计**	在方案基本确定的前提下，要求表示房屋的总平面、房间布置、建筑外形、基本构件选型、轴线编号、主要尺寸标高及经济指标等，供送有关部门审批
通用设计图 国家或地方颁布的标准做法，设计过程中可以直接引用		**技术设计**	根据审批的初步设计，解决各种技术问题，协调各工种，进一步具体的构造设计和结构计算，为绘制施工图提供依据
	施工图设计		用于指导施工的文件，要求能反映房屋整体和细部全部内容，必须表达所有建筑细节、标示所有尺寸、注明所有材料、画出各节点大样
竣工图 项目竣工后，按照建成的建筑所画的建筑图样，一般在施工图基础上绘制，但要表达施工阶段的所有变更，用于建成建筑的原始资料存档	**竣工验收**		
	投入使用		

3.3　建筑图的画法

3.3.1　建筑总平面图

1. 形成

总平面图一般是指用正投影方法表达较大范围的平面图。根据设计过程中不同的目的和要求，它所表达内容的侧重点也各不相同。有专为表达某一小区、某一工厂总体布局的总平面图，也有专为平场地、修筑道路、进行绿化的总平面图，如图 3-2 所示。

2. 图示内容

建筑总平面图是表明新建房屋所在基础有关范围内的总体布置，反映新建、拟建、原有和拆除的房屋、构筑物等的位置和朝向，室外场地、道路、绿化等的布置，地形、地貌、标高等以及原有环境的关系和邻界情况等。

3. 有关规定及习惯画法

总平面图常用 1：500、1：1000、1：2000 的比例，尺寸单位为"米"。由于比例较小，在总平面图中所表达的对象，采用《建筑制图标准》中规定的图例表示，如表 3-1 所示。基地与周围环境的关系：表示出基地外的道路位置、道路宽度（道路中心线）、相邻地界到建筑物距离、占地高差及方位（指北针）；基地内部的情况：场地出入口位置、基地内场地划分（地面材质的区分）、停车库及车库等占地的利用状态，场地高差、小品、树木绿化等；建筑的屋顶平面：表达屋面形式、注写层数等。

施工图阶段的总平面表达中还应标明建筑位置。当新建房屋周围有原有建筑物作为依据时，可以直接注出与它们的相对位置尺寸。当无原有建筑物作为依据时，要在新建房屋的左下、右上角标注该角点的坐标值，用以定位。

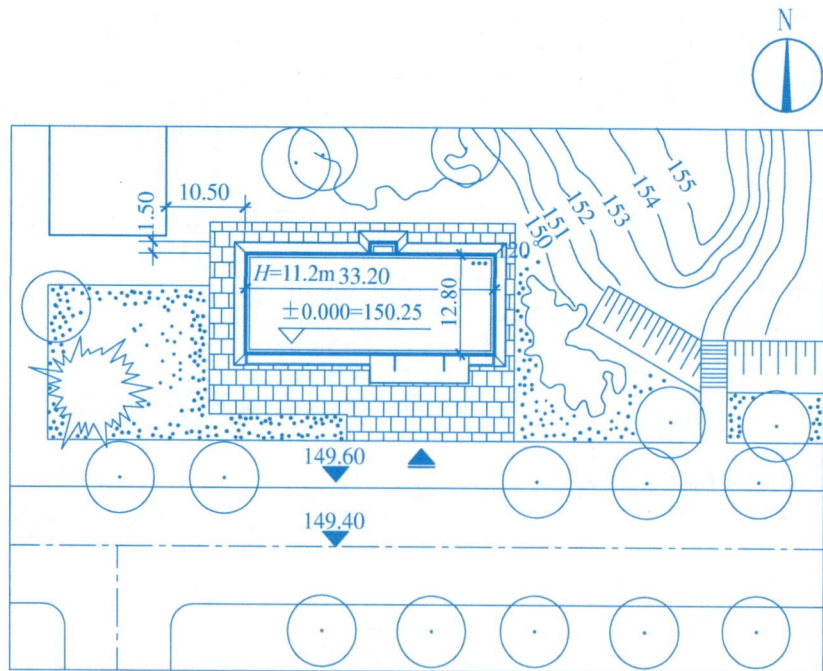

图 3-2　总平面图

总平面图图例　　表 3-1

图例	意义	图例	意义
	新建的建筑物 黑点表示层数		原有建筑物
	护坡		原有道路
	河流		绿化地带
	室外地坪标高		室内地坪标高

（1）比例

任何建筑图样都是按照一定比例绘制（建筑工程图常用比例见表 3-2）：

$\boxed{1:500}$　$\dfrac{\text{图上尺寸}}{\text{实际尺寸}}$　$\dfrac{\text{图上 1mm}}{\text{实际 500mm}}$

比例用 1：XX，与图名标注在一起，如"总平面图 1:500"。

建筑工程图样常用比例　　表 3-2

图名	常用比例
总平面图	1：500　1：1000　1：2000　1：5000
平面图、立面图、剖面图等	1：50　1：100　1：20
结构详图	1：1　1：2　1：5　1：10　1：20　1：25　1：50

（2）图线

图线的绘制除参考 GB/T 17450—1998《技术制图　图线》、GB 50104—2010《建筑制图标准》外，结合在建筑设计图的表达中，为使设计信息表达得更为清晰，对图样的线宽、线型要有一定要求，见表 3-3。

建筑设计图线要求　　表 3-3

线型	线宽	平面图	立面图	剖面图	详图	常用符号
实线	最粗/1.2b	—	地面线	地面线	—	—
	粗/b	被剖切的主要建筑构造（包括构配件)的轮廓线	外轮廓线	被剖切的主要建筑构造（包括构配件)的轮廓线	建筑构造详图中被剖切的主要部分的轮廓线；建筑构配件详图中的外轮廓线	平、立、剖面的剖切符号
	中粗/0.7b	被剖切的次要建筑构造（包括构配件)的轮廓线建筑构配件的轮廓线	建筑构配件的轮廓线	被剖切的次要建筑构造（包括构配件)的轮廓线；建筑构配件的轮廓线	建筑构造详图及建筑构配件详图中的一般轮廓线	—
	中/0.5b	小于 0.7b 的图形线、尺寸线、尺寸界限、索引符号、标高符号、详图材料做法引出线、粉刷线、保温层线、地面、墙面的高差分界线等				
	细/0.25b	图例填充线、家具线、纹样线等				

续表

线型	线宽	平面图	立面图	剖面图	详图	常用符号
虚线	中粗/0.7b	建筑构造详图及建筑构配件不可见的轮廓线，拟建、扩建建筑物轮廓线				
	中/0.5b	本层平面之上悬挑出的构件轮廓投影线；屋顶平面中有挑檐的部分，往往用虚线画出下部墙体的外轮廓线				
单点长划线	细/0.25b	中心线、对称线、定位轴线				
折断线	细/0.25b	部分省略表示时的断开界线				
波浪线	细/0.25b	部分省略表示时的断开界线，曲线形构间断开界限，构造层次的断开界限				

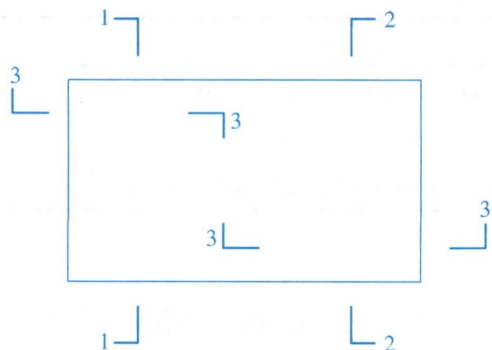

图3-3　剖视的剖切符号

（3）常用符号

a. 剖切符号

剖切符号用来标明剖面剖切的位置。剖切符号用粗实线表示，剖切位置线的边长度为 6~10mm；剖视方向线应垂直于剖切位置线，长度为 4~6mm。即长边的方向表示切的方向，短边的方向表示看的方向。绘制时，剖视剖切符号不应与其他图线相接触，如图 3-3 所示。

剖视剖切符号的编号宜采用粗阿拉伯数字，按剖切顺序由左至右、由下向上连续编排，并应注写在剖视方向线的端部。

需要转折的剖切位置线，应在转角的外侧加注与该符号相同的编号。

建（构）筑物剖面图的剖切符号应注在 ±0.000 标高的平面图或首层平面图上。

局部剖面图（不含首层）的剖切符号应注在包含剖切部位的最下面一层的平面图上。

b. 指北针

指北针的形状其圆的直径宜为 24mm，用细实线绘制；指针尾部的宽度宜为 3mm，指针头部应注"北"或"N"字。需用较大直径绘制指北针时，指针尾部的宽度宜为直径的 1/8，如图 3-4 所示。

（4）尺寸标注

a. 尺寸的组成

建筑图上的尺寸标注由尺寸界线、尺寸线、起止符号、尺寸数字组成，如图 3-5 所示。

图3-4　指北针

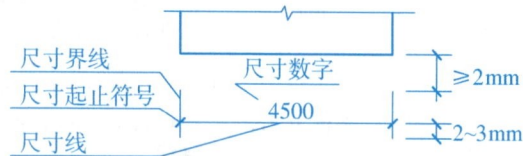

图3-5　尺寸的组成

b. 尺寸数字

图样上的尺寸单位，除标高及总平面以"米"为单位外，其他必须以"毫米"为单位。

尺寸数字一般应依据其方向注写在靠近尺寸线的上方中部。

如没有足够的注写位置，最外边的尺寸数字可注写在尺寸界线的外侧，中间相邻的尺寸数字可上下错开注写，引出线端部用圆点表示标注尺寸的位置，如图 3-6 所示。

c. 尺寸的排列

尺寸宜标注在图样轮廓以外，不宜与图线、文字及符号等相交。

平面图上通常标注三道尺寸线：总尺寸、定位尺寸、细部尺寸由外至内排列，尺寸线间距约 7~10mm，如图 3-7 所示。

总尺寸：建筑物的总尺寸，即各轴线储存的总和加外墙的墙厚；

定位尺寸：各定位轴线之间的尺寸；

细部尺寸：注写内容包括门窗等构件本身的宽度以及构件边缘与最临近的轴线之间的尺寸。

d. 坡度的尺寸标注，如图 3-8 所示。

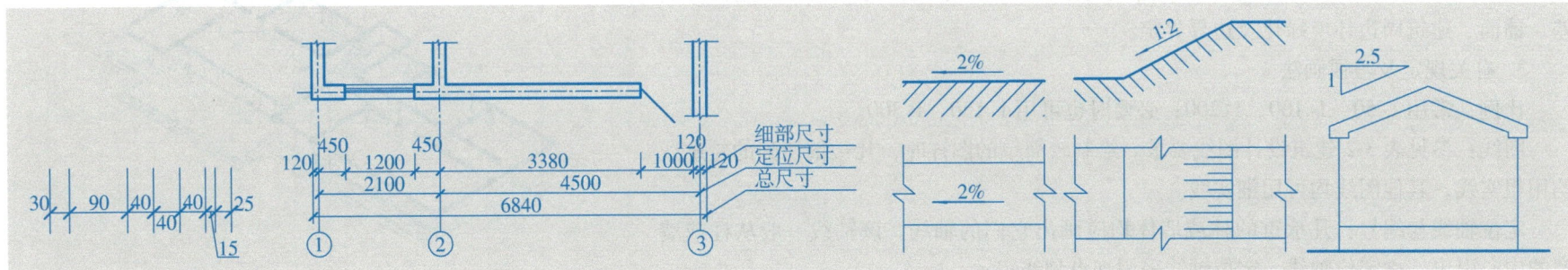

图 3-6　尺寸数字　　　　　　　　　　图 3-7　尺寸的排列　　　　　　　　　　图 3-8　坡度的尺寸标注

（5）标高

标高是指以某点为基准的相对高度。以建筑物室内底层地坪为零点的标高称相对标高。在全国范围内规定零点（我国以青岛附近黄海平均海平面为零点）的标高称绝对标高。标高数字应以"米"为单位，注写到小数点后第三位数。在总平面图中，可注到小数点后第二位。

零点标高注写成 ±0.000，正数标高不注" + "，负数标高应注" – "，例如 3.000、−0.600。如图 3-9 所示。

图 3-9　标高

3.3.2　建筑平面图

1. 形成

假想用一个水平剖切平面沿门窗洞口位置（一般是从地面向上1.2~1.5m左右）将房屋剖切开，移开剖切平面以上的部分，绘出剩留部分的水平剖面图，叫做建筑平面图。如果房屋是多层建筑则应绘出各层的平面图。当中间各层平面图相同时，可绘一张标准层平面图。如图3-10所示。

2. 图示内容

在平面图中应标明：承重墙、柱的形状、大小及定位轴线，房间布局及其名称，室内外不同地面的标高，门窗图例，图的名称和比例等。凡是剖到的构件应根据绘图比例表示其材料。最后还应详尽地标注出该建筑物各部分长和宽的尺寸。

首层平面图中，还需画出与建筑相连接的平台及门厅、走廊等，应标示室内外高差、铺面、建筑周边环境绿化及边界界定。

3. 有关规定及习惯画法

比例：常用1:50、1:100、1:200；必要时也可用1:150、1:300。

图线：参见表3-2建筑设计图线要求。绘制较简单的图样时，凡被剖切到的轮廓线均用粗实线，其他图线均可用细实线。

定位轴线与编号：凡承重的柱或墙体均应画出它们的轴线。该轴线一般从柱或墙宽的中心引出，称定位轴线。定位轴线采用细点划线表示。

文字与索引：图样中无法用图形详细表达的地方，可在该处用文字说明的方法表达，或在该处标注索引号表示该处详图的位置。

（1）比例

任何建筑图样都是按照一定比例绘制，图样比例越大，图样表达细节越深，如砖墙不同比例表达，如图3-11所示。

比例用1:XX，与图名标注在一起，如"一层平面图1:100"。

（2）图线

被剖切的主要建筑构造（包括构配件）的轮廓线用粗实线（b），被剖切到的次要建

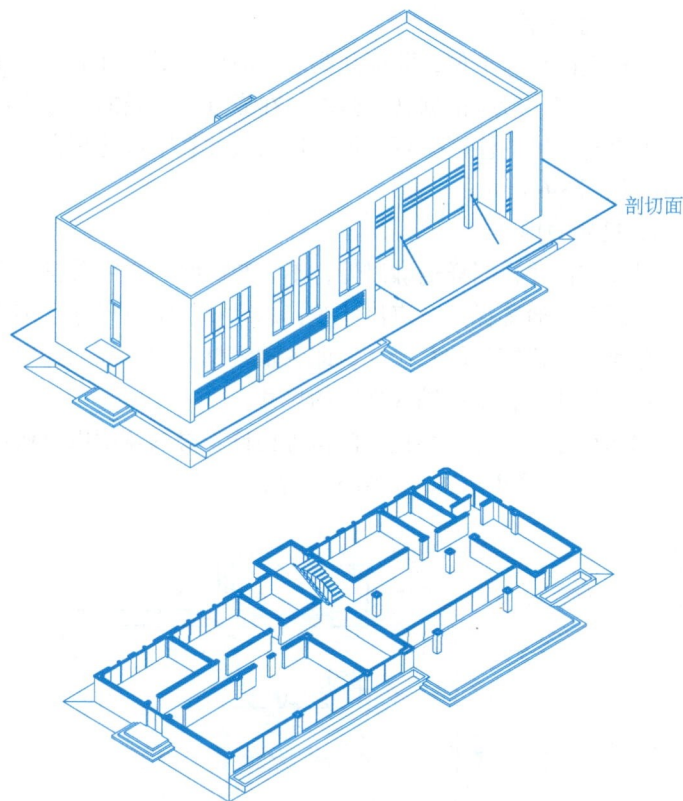

图 3-10　建筑平面图的形成

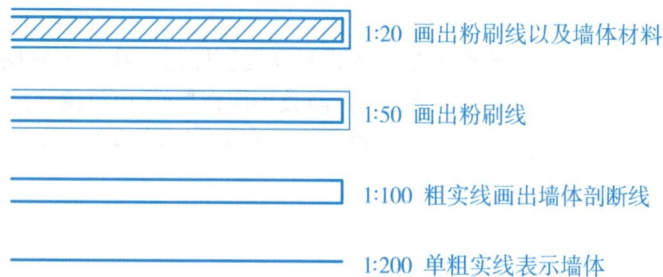

1:20 画出粉刷线以及墙体材料

1:50 画出粉刷线

1:100 粗实线画出墙体剖断线

1:200 单粗实线表示墙体

图 3-11　砌体墙不同比例表达

筑构造(包括构配件)和建筑构配件的轮廓线用中粗线(0.7b)，其他图形线、图例线、尺寸线、尺寸界线等用中实线(0.5b)。

（3）门窗图例与编号

建筑平面图中的门窗均用图例表示，在施工图阶段须注上相应的代号及编号：门"M"；窗"C"，同一类型的门或窗编号应相同，最后将所有的门窗列成"门窗表"，说明各类门窗的规格、代号、统计数量等。

门窗图例中，平面图则以下为外，上为内；实线为外开，虚线为内开。门平面图上的开启弧线，立面图上的开启方向线，以及窗的平(剖)面图中的虚线等仅表示开启方向，在一般设计图内不需表示，仅在制作图内表示。见表3-4。

常见的门窗图例，绘制比例1:100　　　　　　　表3-4

名称	单扇门	双扇门	墙外单扇推拉门	单扇双面弹簧门	双扇双面弹簧门
图例	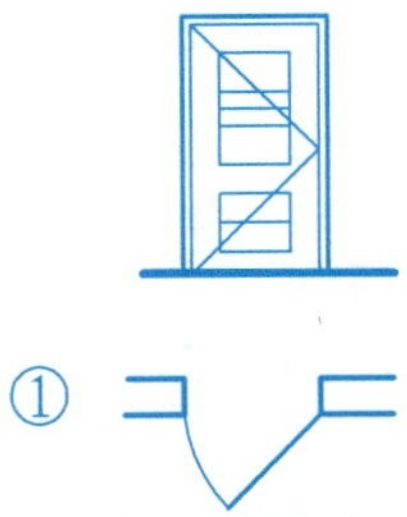 ①	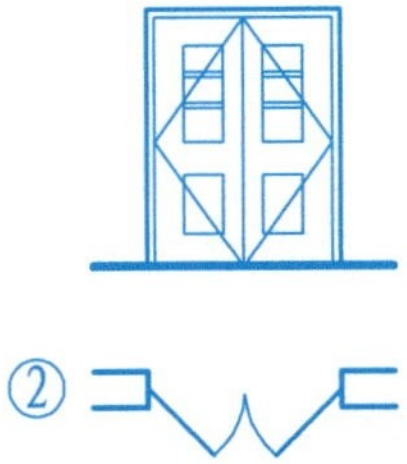 ②	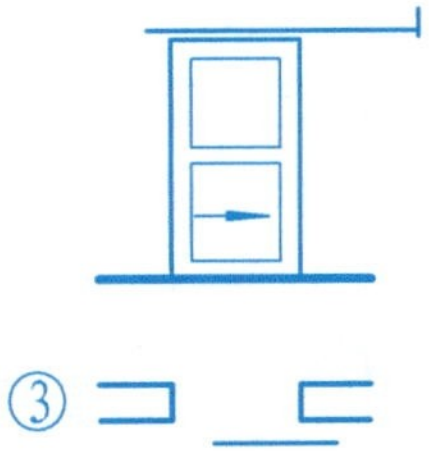 ③	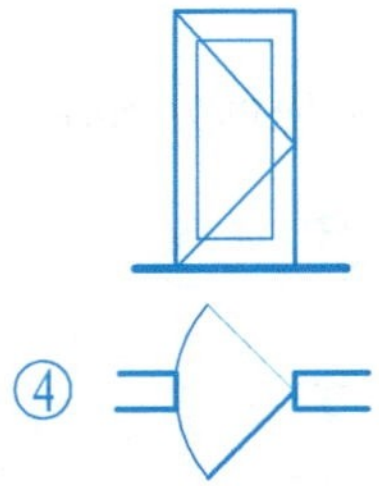 ④	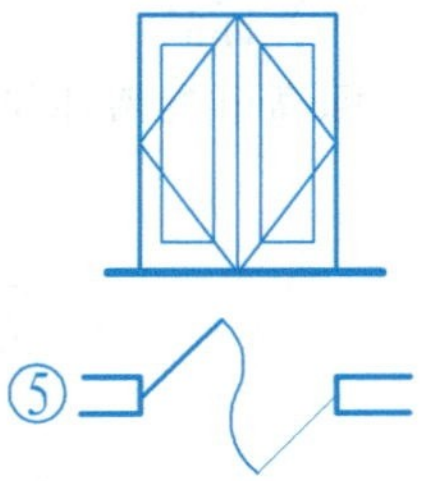 ⑤

名称	卷帘门	单层外开上悬窗	单层中悬窗	单层外开平开窗	双层内外开平开窗
图例	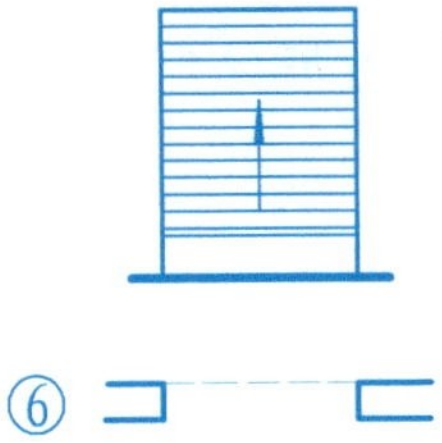 ⑥	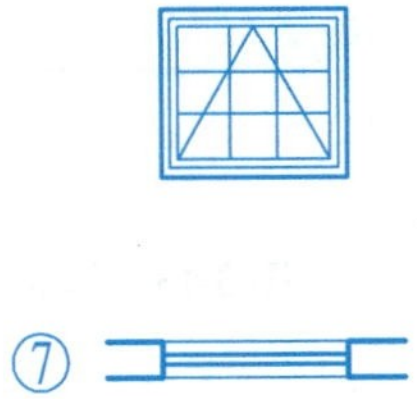 ⑦	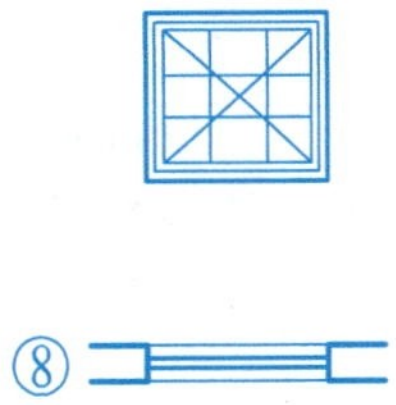 ⑧	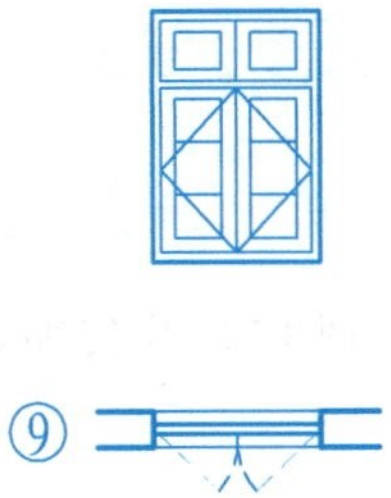 ⑨	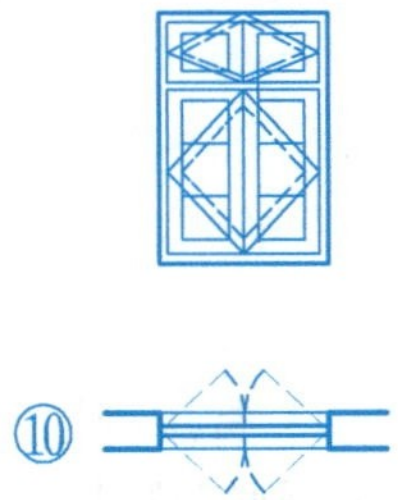 ⑩

（4）定位轴线

定位轴线用于确定墙柱在平面上的位置。通常墙或柱的中心线作为定位轴线，我们在描述墙柱等的距离往往指的是轴线之间的距离。定位轴线采用细点划线来绘制。绘制建筑方案时，一般在草图阶段判断建筑设计尺寸，在表达方案时不一定绘制；在初步设计与施工图阶段，轴线应予以表示并编号。

轴线编号写在轴线端部直径 8 ~ 10mm 圆内。横向从左至右采用阿拉伯数字编号，纵向自下而上采用大写英文字母编号，其中 I、O、Z 不能使用。

在两轴线间需要增加附加轴线时，附加轴线的编号在圆里用分数形式表示：分母采用前一条轴线的编号，分子采用阿拉伯数字进行编号；1 号或 A 号轴线之前的附加轴线，分母用 01 或 0A 表示。如图 3-12 所示。

（5）尺寸标注

建筑平面图中一般应在图形的下方和左方沿横向、竖向分别标注互相平行的三道尺寸。

第一道尺寸——与图形距离较近的一道尺寸，以定位轴线为基准标注出墙垛的分段尺寸，即门窗定位尺寸及门窗洞口尺寸；

第二道尺寸——轴线尺寸，标注轴线之间的距离（开间或进深尺寸）；

第三道尺寸——外包尺寸，即总长和总宽；

除三道尺寸外还须标注台阶、花池、散水等的尺寸，内部应标注房间的净长和净宽，地面标高、内墙上门窗洞口的大小及其定位尺寸等。

（6）标高

标高可参考建筑总平面图对应部分内容。见图 3-13 所示。

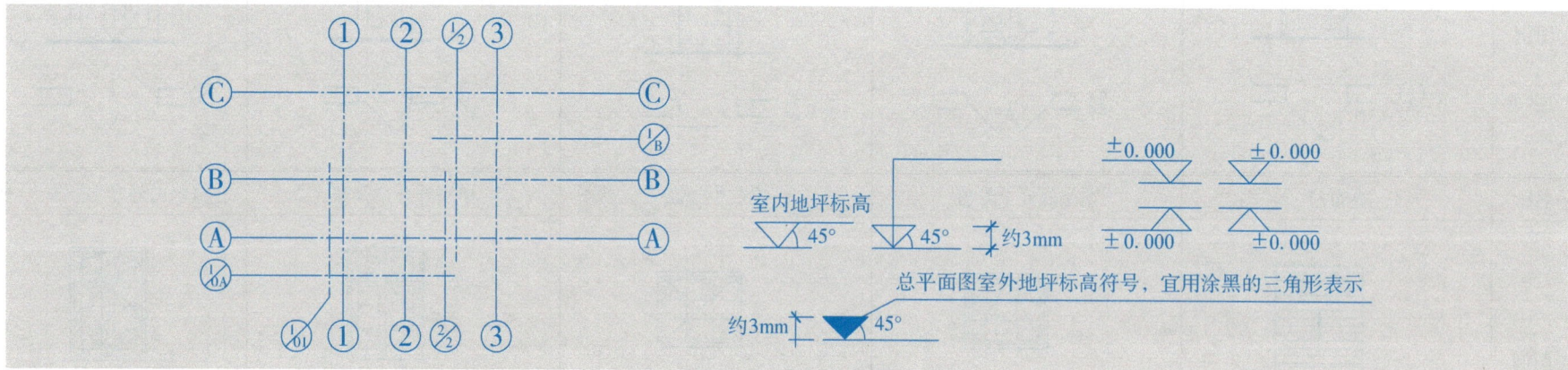

图 3-12 定位轴线画法

图 3-13 标高

（7）常用符号

a. 剖切符号

通常底层平面图中需要表明剖面图的剖切位置及其编号。

b. 指北针

可参考建筑总平面图对应部分内容。

4. 绘制步骤（图 3-14(a) ~ (g)）

图 3-14　(a)画轴线

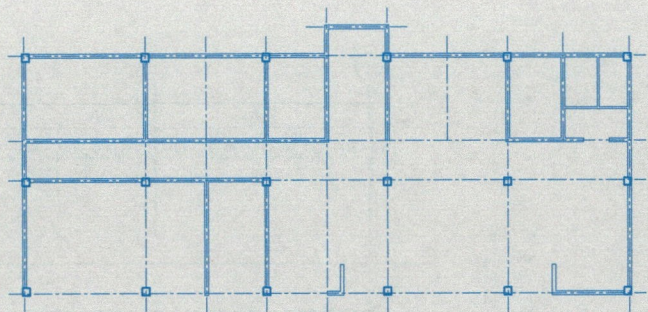

图 3-14　(b)画墙、柱

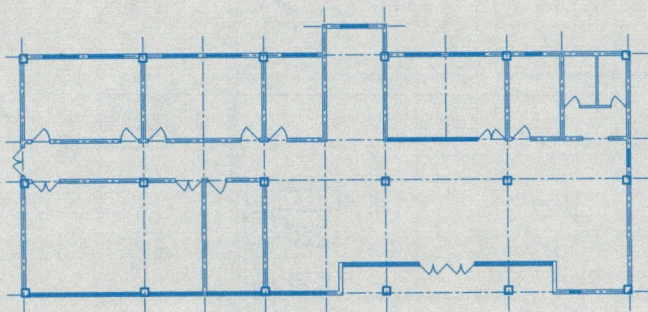

图 3-14　(c)画门、窗

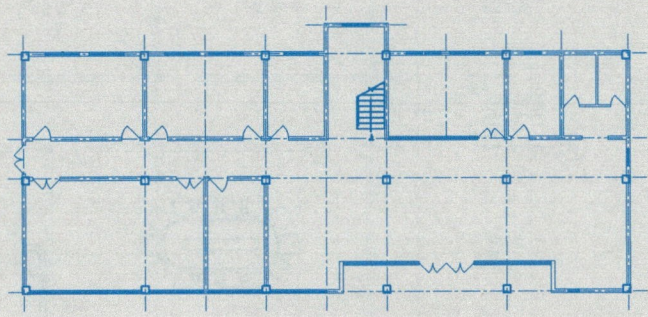

图 3-14　(d)画楼梯

（1）画轴线；

（2）画剖到的部分：墙、柱；

（3）画剖到的部分：门、窗（施工图中参照标准的门窗图例绘制）；

（4）画楼梯，在剖切处画出折断线，再画可见的踏步，最后画出上下行方向并标注文字；

（5）画可见部分，如踏步、散水、花池等，以及室内外高差、与上层的投影线等；

（6）画出家具或房间名、固定设备如卫生间，以及标注尺寸、标高、剖断号、指北针和图名等；

（7）在方案图中表达时，可减少尺寸线，增加建筑室外环境与配景。

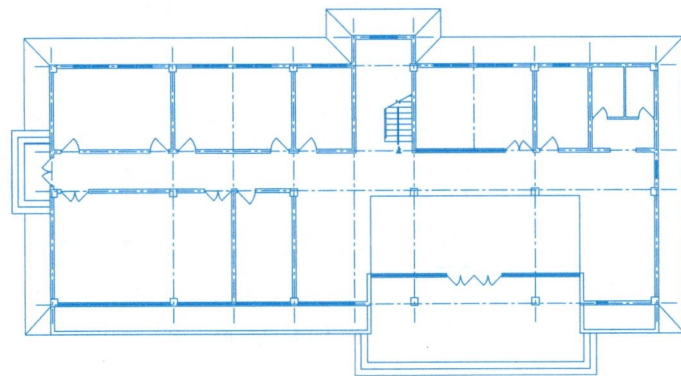

图 3-14　(e)画可见部分

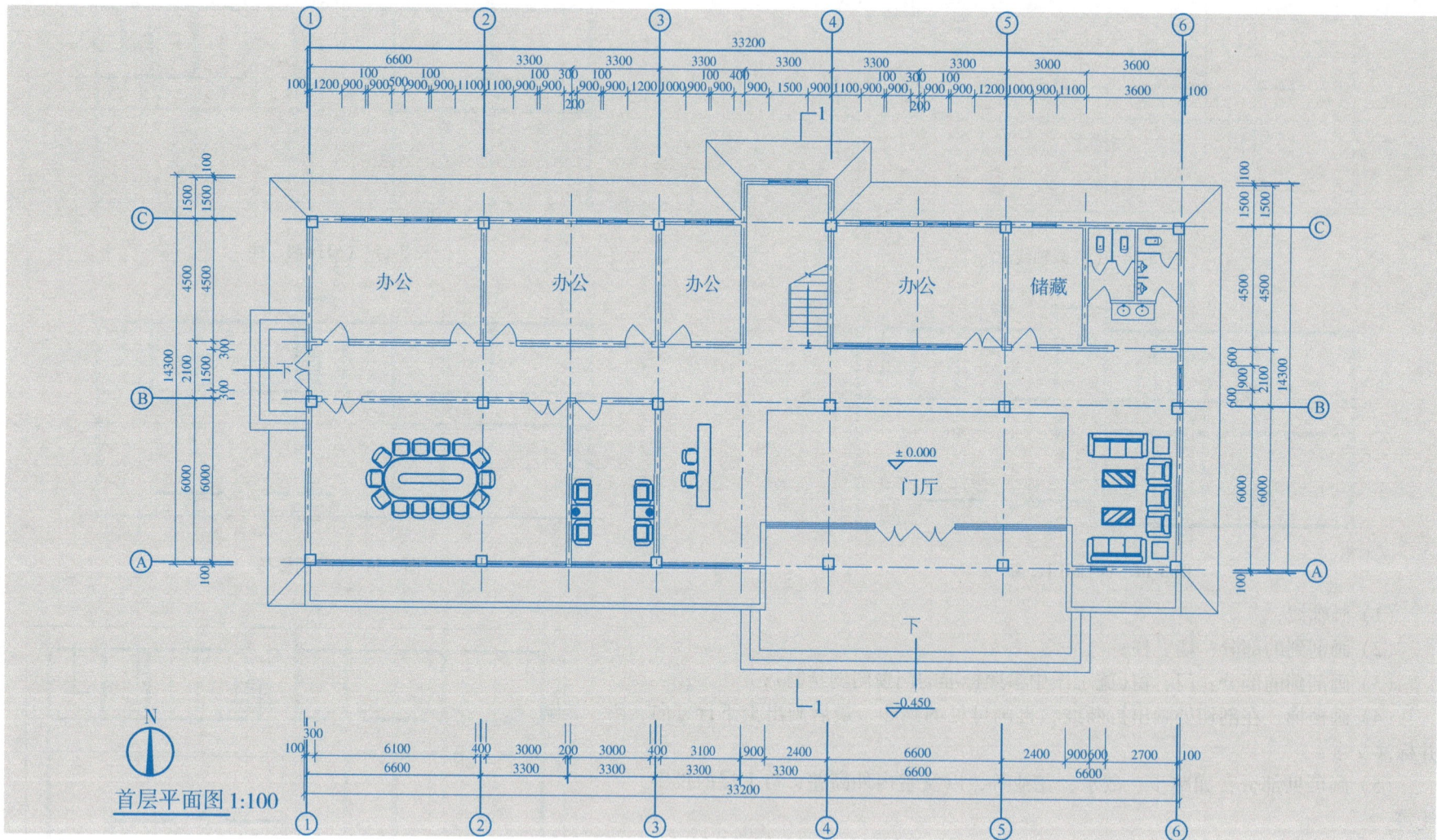

首层平面图 1:100

图 3-14　(*f*)画出家具或房间名、固定设备，如卫生间；以及标注尺寸、标高、剖断号、指北针和图名等

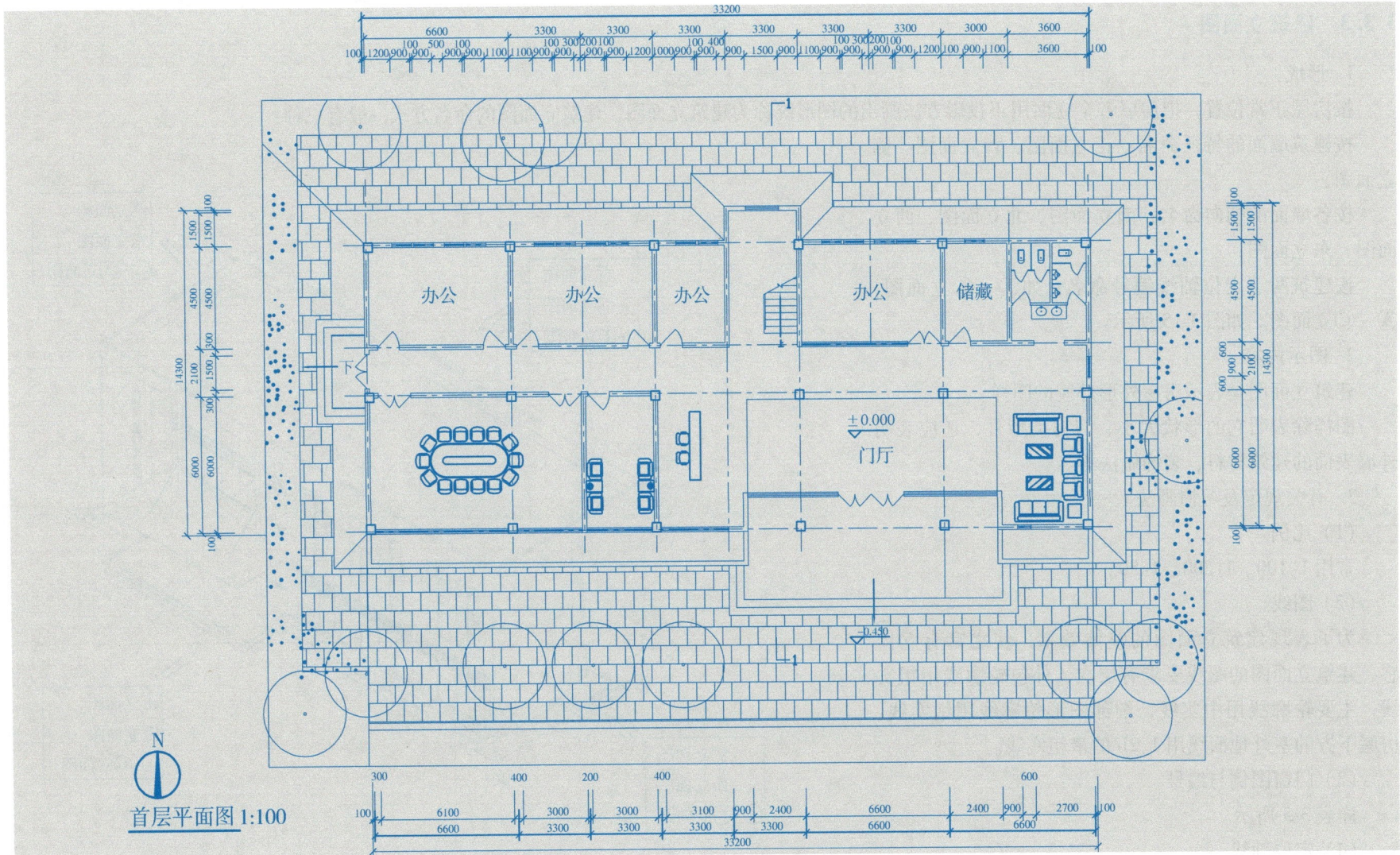

图 3-14 (g)画建筑室外环境与配景

3.3.3　建筑立面图

1. 形成

按房屋正常位置，把房屋各个立面用正投影方法画出的图形统称为建筑立面图。建筑立面图的命名方式一般有三种：

按建筑墙面的特征命名：正立面图、背立面图、侧立面图；

按各墙面的朝向命名：南立面图、北立面图、西立面图、东立面图；

按建筑两端定位轴线编号命名：如①～⑥立面图，Ⓐ～Ⓒ立面图。如图 3-15 所示。

2. 图示内容

建筑立面图是表示房屋外形外貌的图样。

图样除表明它的形状大小、门窗类型外，还应表明外墙表面的建筑材料、装饰做法等。

3. 有关规定及习惯画法

（1）比例

常用 1∶100、1∶200、1∶50。

（2）图线

为了表现建筑立面图的整体效果，使之富有立体感，建筑立面图的图线要求有层次，外包轮廓线用粗实线，主要轮廓线用中实线，细部图形轮廓线用细实线，房屋下方的室外地面线用 1.2b 的最粗实线。

（3）门窗图例与编号

详表 3-5 所示。

（4）定位轴线

可参考建筑平面图对应部分内容。

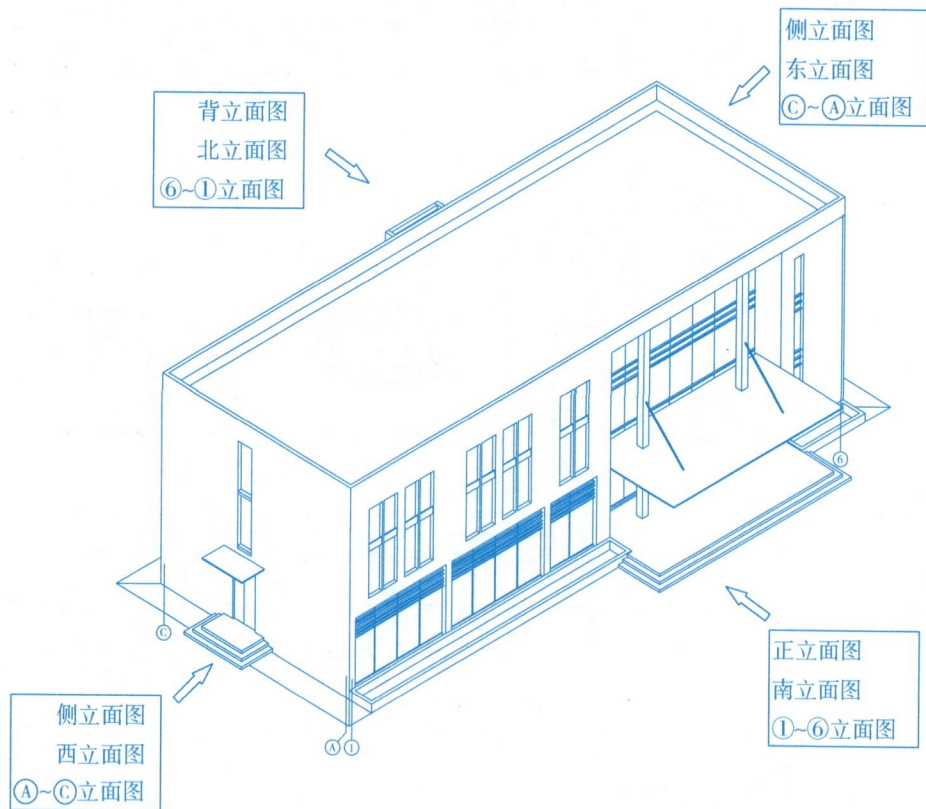

图 3-15　建筑立面图的命名

常见的门窗图例（绘制比例 1∶100）　　　　　表 3-5

名称	单扇门	双扇门	墙外单扇推拉门	单扇双面弹簧门	双扇双面弹簧门
图例	①	②	③	④	⑤

名称	卷帘门	单层外开上悬窗	单层中悬窗	单层外开平开窗	双层内外开平开窗
图例	⑥	⑦	⑧	⑨	⑩

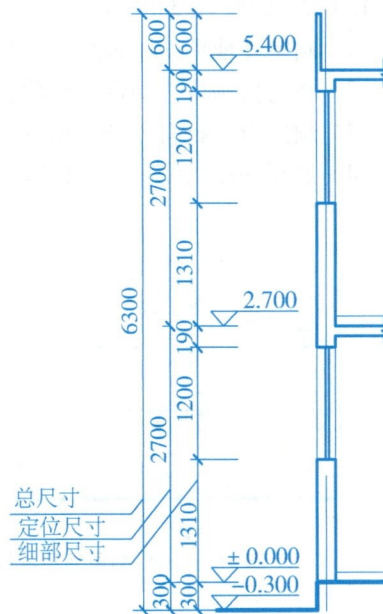

图 3-16　高度方向尺寸标注

（5）尺寸标注

立面图中高度方向可标注三道尺寸线（图 3-16）。

总尺寸：室外地坪到建筑物顶端的高度；

定位尺寸：各楼层地面之间的高度；

细部尺寸：注写内容包括门窗等构件的高度以及构件边缘与最临近的楼地面之间的尺寸。

（6）标高

建筑立面图应标注相对标高。一般应标注室外地面、入口处地面、勒脚、窗台、门窗洞顶、檐口等处的标高。标高符号应大小一致、排列整齐、数字清晰。

（7）文字说明

建筑立面的材料与做法可用材料图例表明，并还需用文字进行较详细的说明或指明采用的索引通用图编号。

4. 绘制步骤(图 3-17(a)～(e))

(1) 画室外地坪线、轴线、层高定位线;

(2) 画门窗洞口、阳台、台阶、雨篷、屋顶造型等细部外形轮廓线;

(3) 画门窗、材料等细部划分线,注意分体分面线的线宽区别;

(4) 加深外轮廓线,标注标高、轴线编号、索引符号及文字说明等。方案设计图中往往增加配景,营造环境氛围。

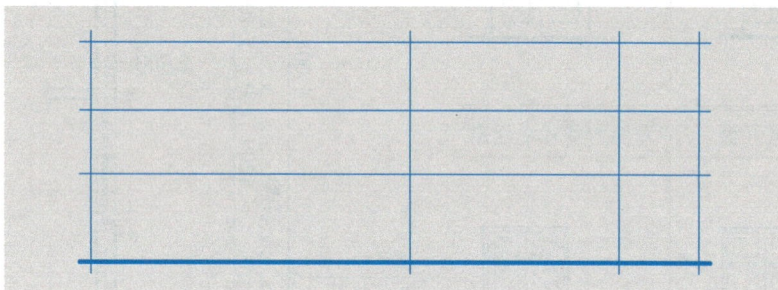

图 3-17 (a)画室外地坪线、轴线、层高定位线

图 3-17 (b)画门窗洞口、阳台、台阶、雨篷、屋顶造型等细部外形轮廓线

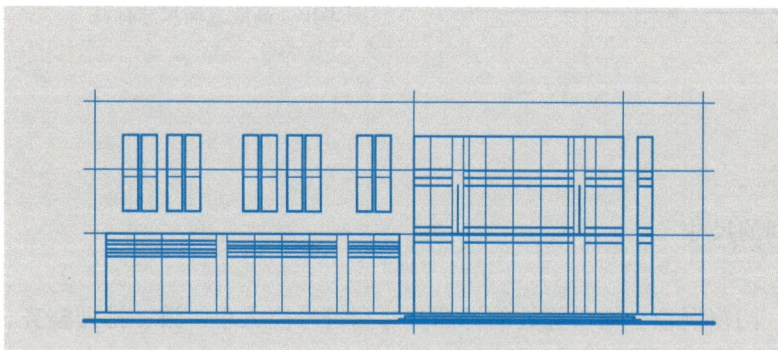

图 3-17 (c)画门窗、材料等细部划分线,注意分体、分面线的线宽区别

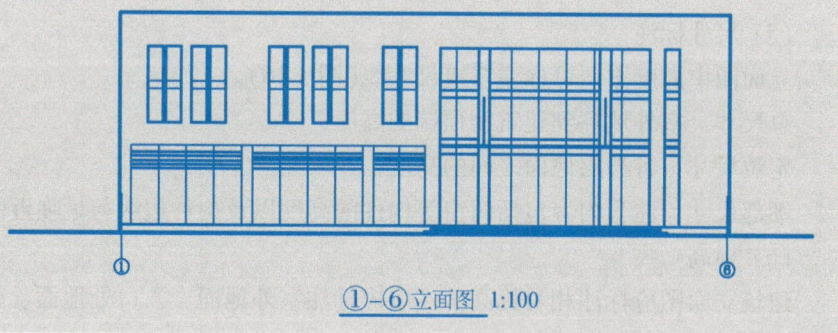

①-⑥立面图 1:100

图 3-17 (d)加深外轮廓线,标注标高、轴线编号、索引符号及文字说明等

①－⑥立面图 1:100

Ⓐ－Ⓒ立面图 1:100

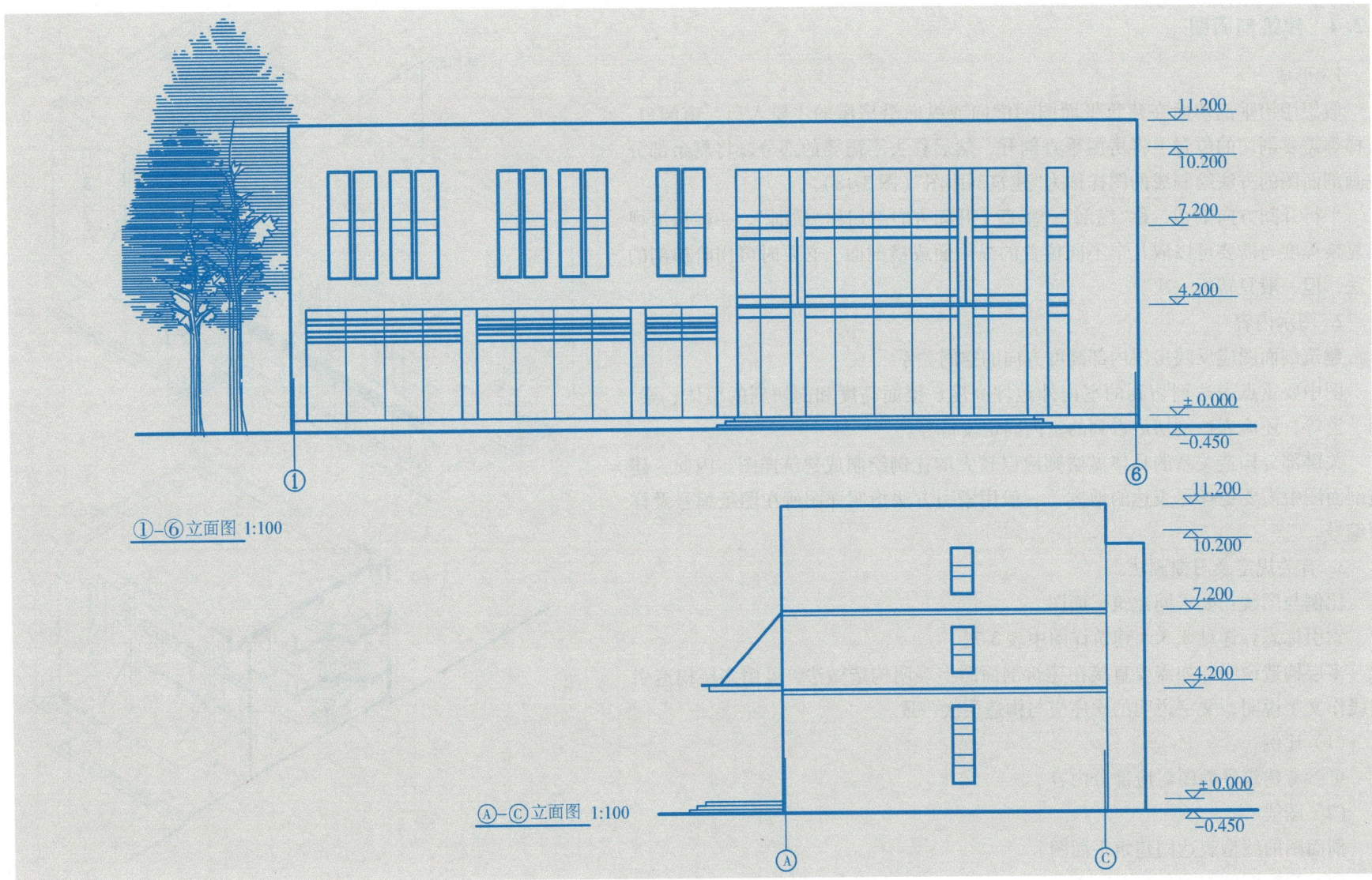

图 3-17 （e）建筑立面图

3.3.4　建筑剖面图

1. 形成

假想用铅垂剖切面在建筑平面图的横向或纵向沿房屋的主要入口、窗洞口、楼梯等需要剖切的位置上将房屋垂直剖开，然后移去不需要的部分，将剩余部分按画剖面图的方法绘制成的图样称为"建筑剖面图"（图 3-18）。

平行开间方向剖切，称"纵剖"；垂直于开间方向剖切称"横剖"。一幢房屋视其复杂程度与需要可以取几个不同位置的纵剖面或横剖面。必要时可用阶梯剖的方法，但一般只转折一次。

2. 图示内容

建筑剖面图应反映房屋内部高度方向的空间关系。

图中要重点表达剖切到的室内外地坪高度、楼面高度和剖切到的墙体、梁、门、窗等，还应表达剖切后看到的室内固定设备等。

关键部分构造关系的具体做法则应以较大的比例绘制成建筑详图。因此，建筑剖面图中需要更详尽表达的地方，一般用索引方法指明详图所在图纸编号及详图编号。

3. 有关规定及习惯画法

比例与图线：要求同建筑平面图。

索引标志：详见 3.3.5 建筑详图中表 3-7。

多层构造说明：如需要直接在建筑剖面图上表明构造做法，可用多层构造引出线作文字说明；文字说明的次序应与构造层次一致。

（1）比例

可参考建筑平面图对应部分内容。

（2）图线

剖面图的线型表达同建筑平面图。

（3）门窗图例与编号（表 3-6）

门窗编号同建筑平面图，详见表 3-6 所示。

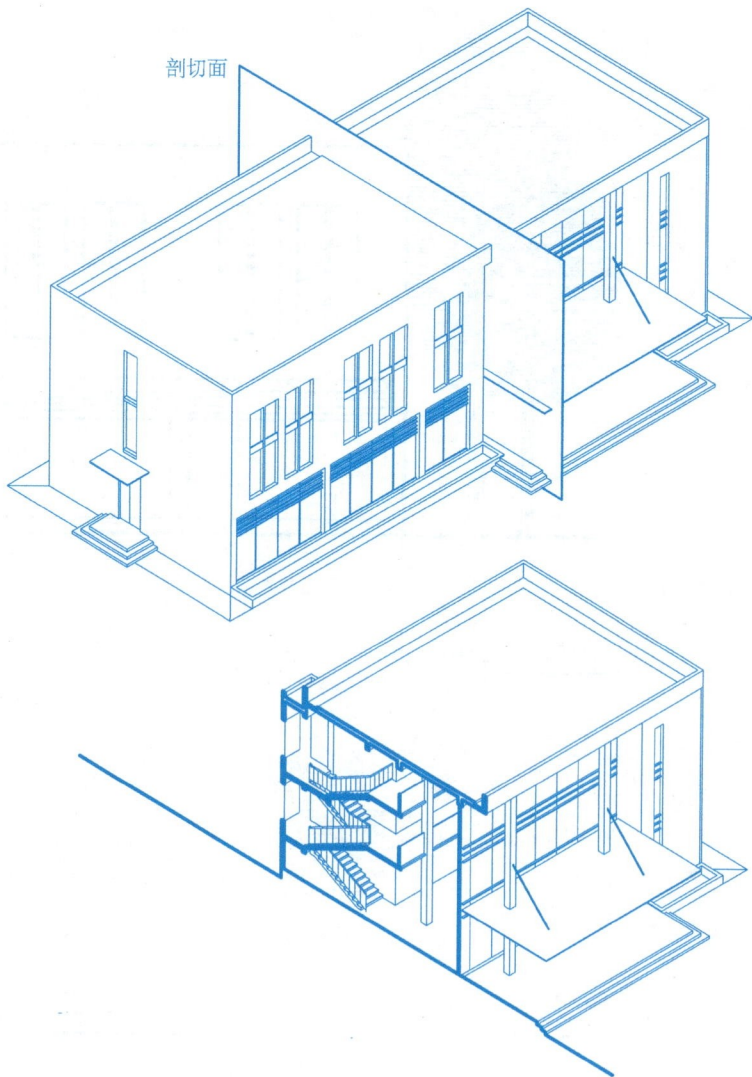

剖切面

图 3-18　建筑剖面图的形成

常见的门窗图例(绘制比例 1:100) 表 3-6

名称	单扇门	双扇门	墙外单扇推拉门	单扇双面弹簧门	双扇双面弹簧门
图例	① 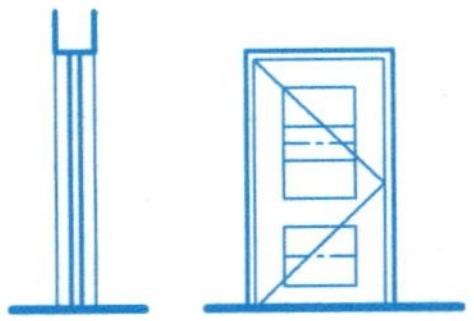	② 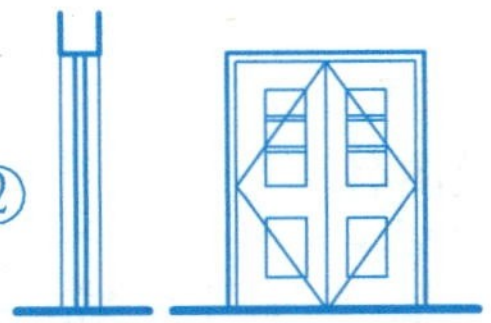	③ 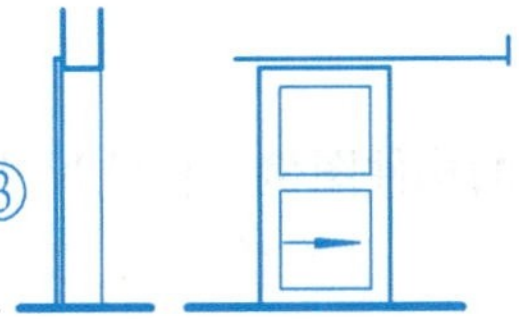	④ 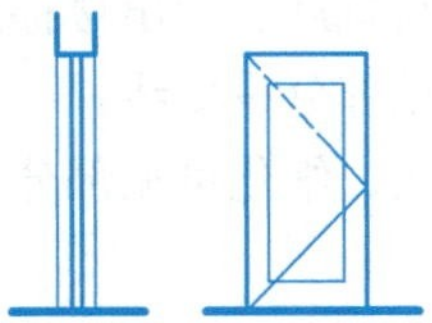	⑤ 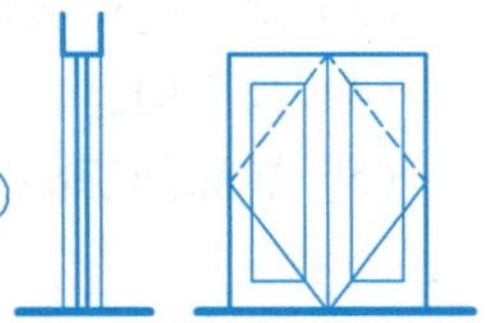

名称	卷帘门	单层外开上悬窗	单层中悬窗	单层外开平开窗	双层内外开平开窗
图例	⑥ 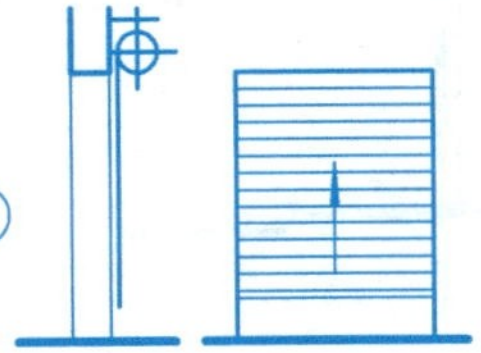	⑦ 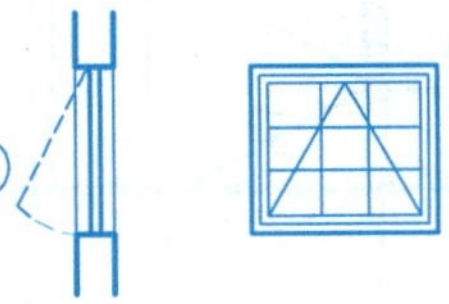	⑧ 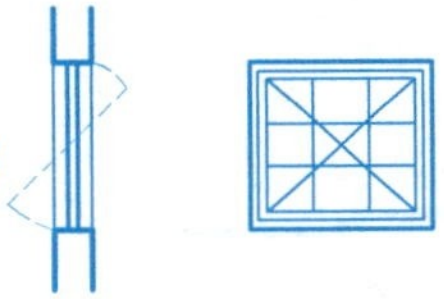	⑨ 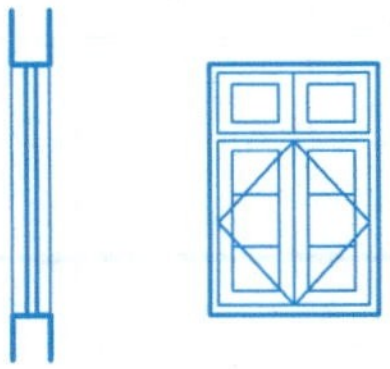	⑩ 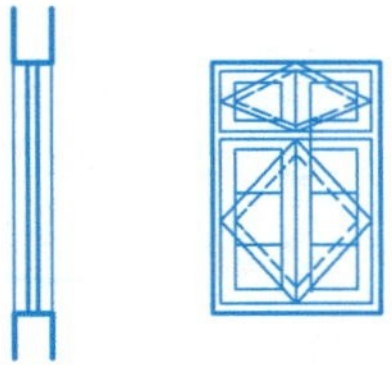

（4）定位轴线

轴线按建筑平面图给定的轴线编号确定。

（5）尺寸标注

主要标注高度尺寸，分内部尺寸与外部尺寸。

外部高度尺寸一般标注三道：

第一道尺寸——接近图形的一道尺寸，以层高为基准标注窗台、窗洞顶(或门洞顶)以及门窗洞口的高度尺寸；

第二道尺寸——标注两楼层间的高度尺寸(即层高)；

第三道尺寸——标注总高度尺寸。

内部尺寸主要标注内墙的门窗洞口尺寸及其定位尺寸、其他细部尺寸等。

（6）标高

凡是剖面图反映出不同高度的部位(除前述立面图的标高部位外，还有各层楼面、顶棚、地面、楼梯休息平台、地下室地面等)都应标注相对标高。在构造剖面图中，一些主要构件还必须标注其结构标高。

4. 绘制步骤（图 3-19（a）~（e））

（1）画室外地坪线、轴线、层高定位线；

（2）画墙体、柱、楼板、楼梯平台、屋面、女儿墙以及楼梯位置线；

（3）画出门窗洞口位置与宽度、画出楼梯踏步与扶手；

（4）画出雨篷，画出可见部分投影线；

（5）加深剖切部分轮廓线、细化可见部分、填充剖到的构件图例、标注尺寸标高以及图名。

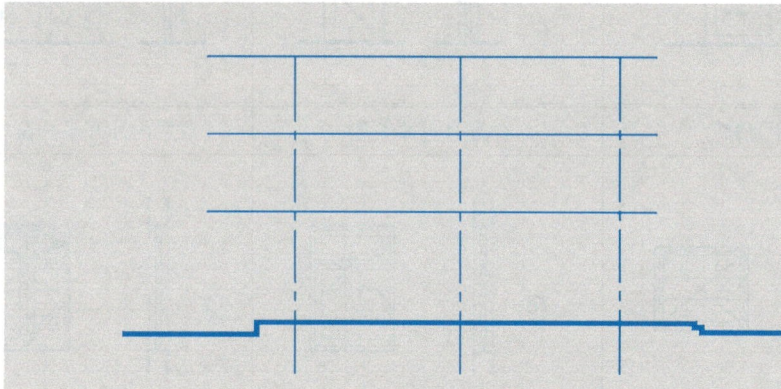

图 3-19　（a）画室外地坪线、轴线、层高定位线

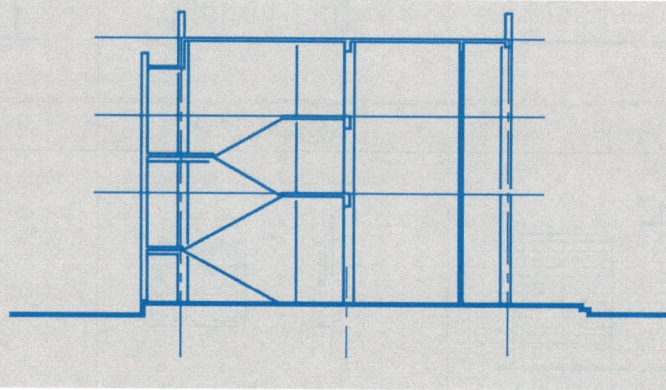

图 3-19　（b）画墙体、柱、楼板、楼梯平台、屋面、女儿墙以及楼梯位置线

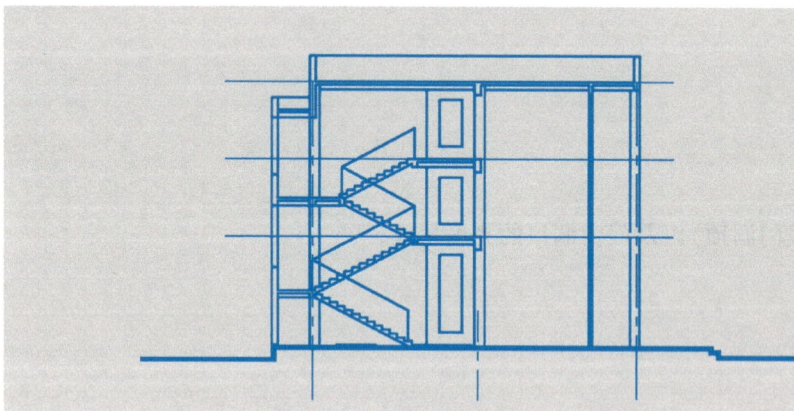

图 3-19　（c）画出门窗洞口位置与宽度、画出楼梯踏步与扶手

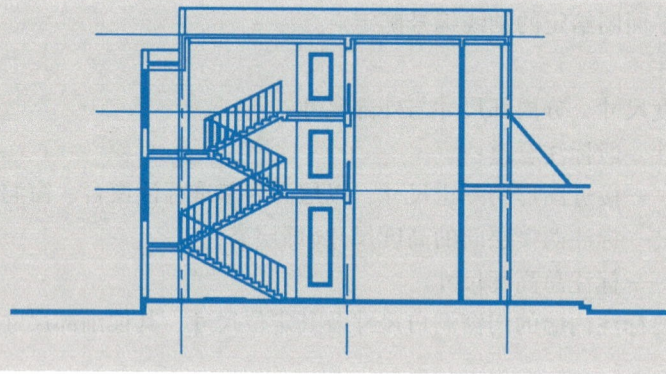

图 3-19　（d）画出雨篷、画出可见部分投影线

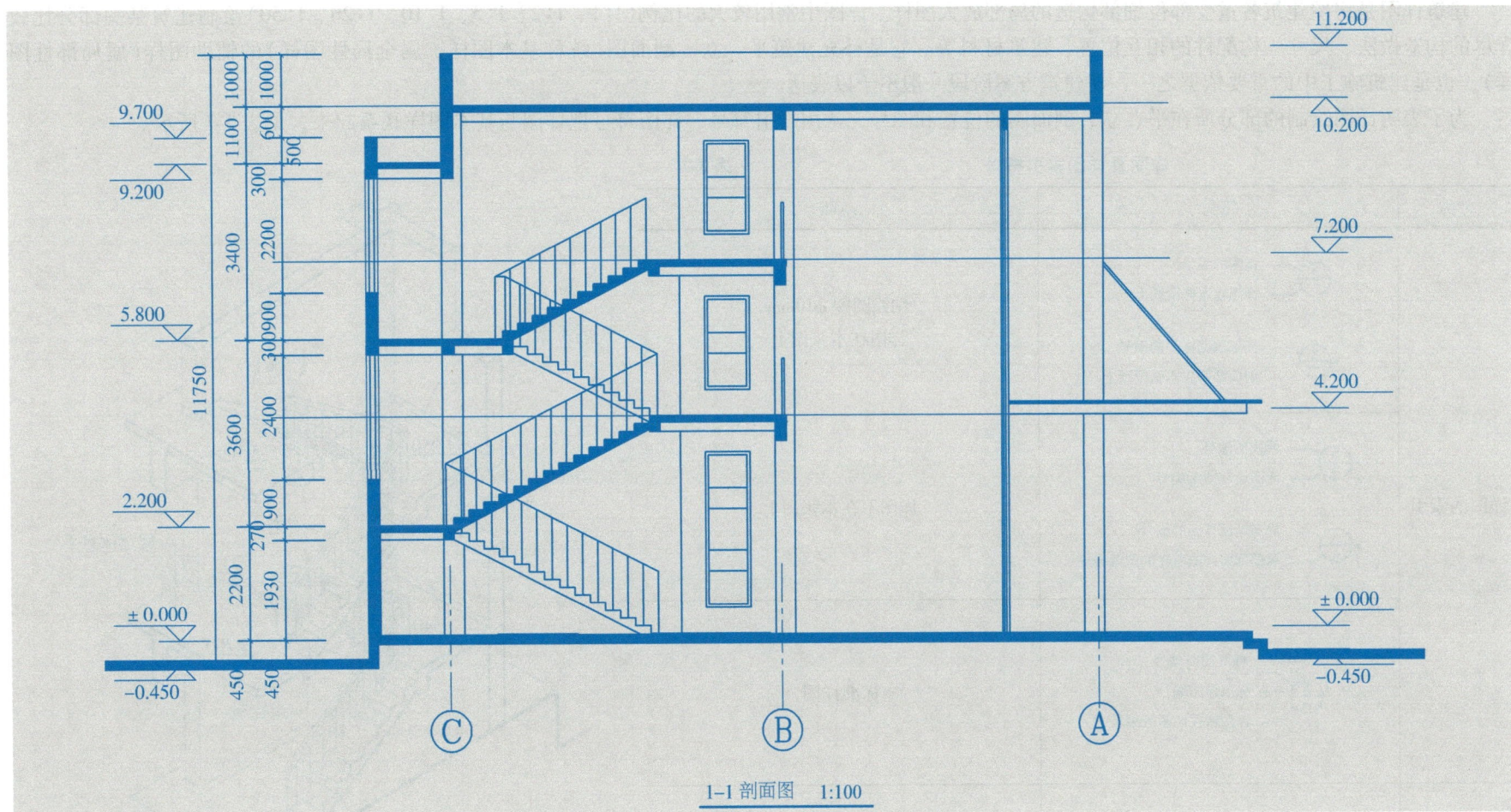

1-1 剖面图 1:100

图 3-19 (e)加深剖切部分轮廓线、细化可见部分、填充剖到的构件图例、标注尺寸标高以及图名

3.3.5　建筑详图

建筑详图是房屋建筑各重要部位细部构造的局部放大图样。详图中常用较大的比例(1:1、1:2、1:5、1:10、1:20、1:50)绘制建筑某一部分比较详尽的构造做法、尺寸、构配件的相互位置、建筑材料等。它是补充建筑平、立、剖面图(统称基本图样，属全局性图样)的辅助图样(属局部性图样)，也是建筑施工中的重要依据之一，在建筑方案阶段一般不予以表达。

为了表明详图绘制的部分所在平、立、剖面图的位置和图号，常用索引符号、详图符号把详图与基本图样联系起来，见表3-7所示。

详图及详图索引符号　　　　　表3-7

名称	符号	说明
详图的索引	详图的编号 详图在本张图纸上 局部剖面详图的编号 剖面详图在本张图纸上	细线圆圈 φ10mm 详图在本张图上
	详图的编号 详图所在图纸编号 局部剖面详图的编号 局部剖面详图所在的图纸编号	详图不在本张图上
	标准图册编号 标准详图编号 详图所在的图纸编号	标准详图
详图图名	5 详图的编号	粗线圆圈 φ14mm

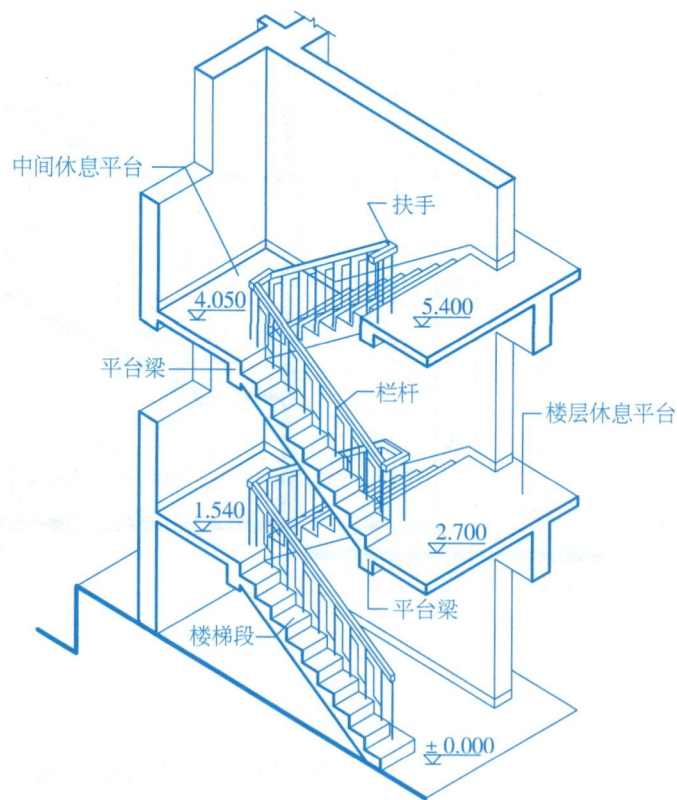

图 3-20　楼梯的组成

下面以楼梯详图为例，介绍建筑详图的画法。

首先介绍楼梯的组成（图 3-20）：

楼梯梯段：由踏步及梯段板组成的倾斜部分构成楼梯梯段，一个梯段又叫一跑。每一梯段的第一个踏步边沿（上行）至最末一个踏步边沿的水平长度称为"梯段长度"。

楼梯休息平台：由平台板和平台梁组成，连接两个梯段的水平部分（不包括楼层），起缓冲作用。平台梁在平台板下面，与梯段相连接，承受梯段和休息平台传递的荷载。

栏杆或栏板：梯段或平台临空一侧的安全设施，在栏杆顶部做有扶手供行人攀扶。

楼梯建筑详图包括楼梯平面图、楼梯剖面图，以及踏步、栏杆和扶手等的大样图。下面分别介绍：

1. 楼梯平面图

（1）形成

假想用一剖切面在每一层（楼）地面以上 1.2m 的位置将楼梯间切开，移去剖切平面以上部分，将剩下的部分按正投影的方法绘制成水平剖面图，即"楼梯平面图"。

2 层建筑一般应以各层（楼）地面为基准分别绘出首层楼梯平面图、顶层楼梯平面图。

3 层以上的建筑，中间层的楼梯理应分层画出各层楼梯平面图，但当中间层的楼梯位置、梯段数量（跑数）、踏步数、梯段长度都完全相同时，可只画出一个中间层楼梯平面图表示即可；这种相同的中间层的楼梯平面图称标准层楼梯平面图。还须指出，在标准层楼梯平面图的楼层地面和楼梯休息平台上应标注各层楼面及平台相应的标高，如图 3-21 所示。

（2）内容

表达的内容包括楼梯段的长度、宽度，上行或下行方向，踏步数和踏步宽，楼梯平台，栏杆位置，构件尺寸和标高，对应的轴线、编号，以及墙厚、门窗洞口、雨篷等。

（3）规定要求与习惯画法

梯段被剖切平面截断处规定画 45°折断符号；首层楼梯平面图中的 45°折断符号应以楼梯平台板与梯段的分界处为起始点画出，使第一梯段的长度保持完整。

梯段的上行或下行方向，必须以各层的楼地面为基准，向上者称上行，向下者称下行，并用长线箭头和文字在梯段及该楼层上注明上行、下行的方向。

初步设计图、施工图中的标高和尺寸需进一步细化标注：

尺寸——在楼梯平面图中，除要把"踏面宽度 × 踏面数（踏步数 − 1）= 梯段长度"的尺寸、楼梯平台宽的尺寸标注清楚外，还应标注楼梯间的开间、进深、墙厚等细部尺寸。

标高——室外地面、楼面、地面及楼梯平台地面都应标注出它们的相对建筑标高。

折线——表示断开的界线，用细实线绘制。在画楼梯时习惯上令折断线与梯跑倾斜。

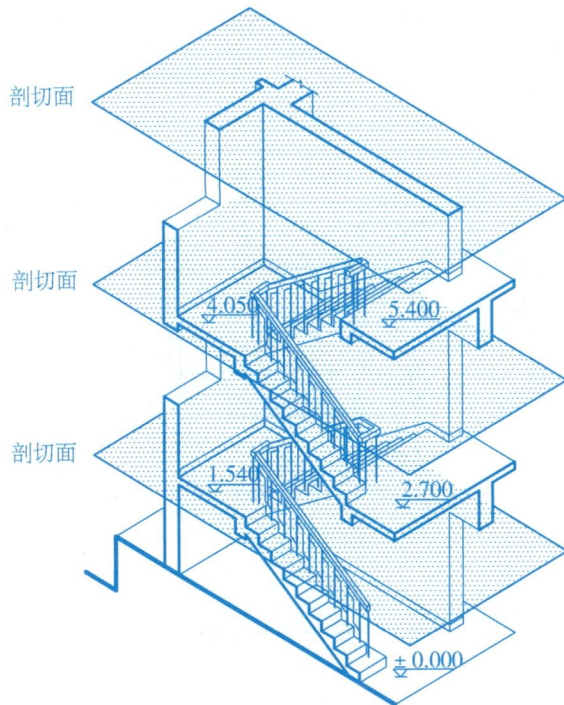

图 3-21　楼梯平面图的形成

楼梯各层平面图如图 3-22 所示。

（4）绘制步骤

在给定的楼梯间内完成楼梯的底层平面图、二层平面图、三层平面图。该楼梯为三跑，每跑梯段步级数为 8 级，踢面宽为 250mm。

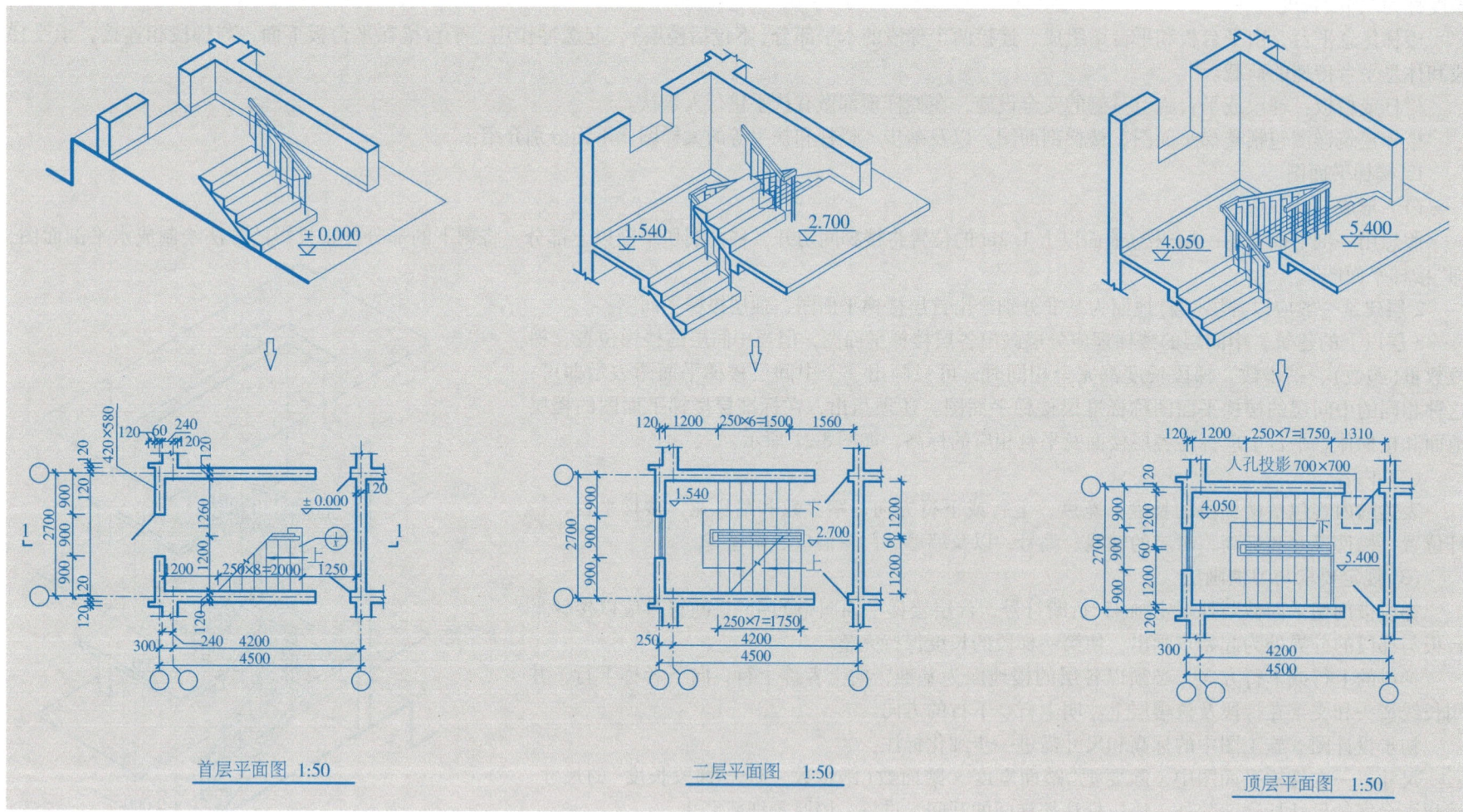

图 3-22　楼梯各层轴测示意与平面图

a. 底层平面图的画法步骤画出与房屋平面图相对应的轴线、轴线编号和墙厚；确定楼梯平台宽度、第一梯段的长度和宽度，如图 3-23(a)。

以楼梯平台板边缘与梯段的分界为起始点作 45°折线，表示被剖切到的第一梯段；按第一梯段的级数减一画出第一梯段踏步的投影和扶手的投影，如图 3-23(b)。

画其余细部，如大门、室内外台阶、散水等的投影，如图 3-23(c)。

当第一梯段下有贮藏室时，则应画出贮藏室的墙厚和门的位置。

标注尺寸：应以墙轴线为定位标注楼梯平台宽(1200mm)、梯段长度($250 \times 8 = 2000$mm)、梯段宽(1200mm)及地面标高，还应标注出开间、进深尺寸和轴线编号。并用长线箭头表示出上行方向，如图 3-23(c)。

标注其余细部尺寸，如图 3-23(c)。

b. 二层平面图的画法

在二层平面图中要表示三个梯段的投影，用 45°折断线作为第一、第三两个梯段的分界线，如图 3-23(d)二层平面图所示，在折断线的左边表示第三梯段、右边表示第一梯段的投影。第二梯段的投影是完整的。

画出窗洞和雨篷的投影。

在标注尺寸方面，除梯段和标高的尺寸数字不同外，应增加楼梯间、窗洞和雨篷的尺寸，其余尺寸均与底层相同。

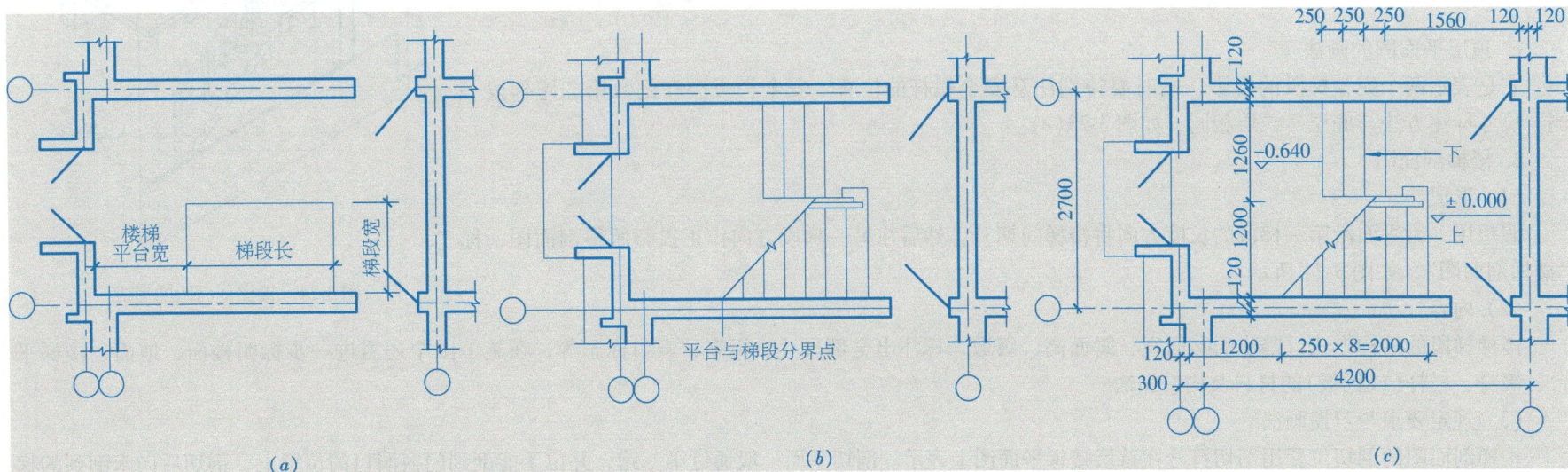

(a)(b)(c)底层平面图

图 3-23　绘制楼梯平面图步骤(1)

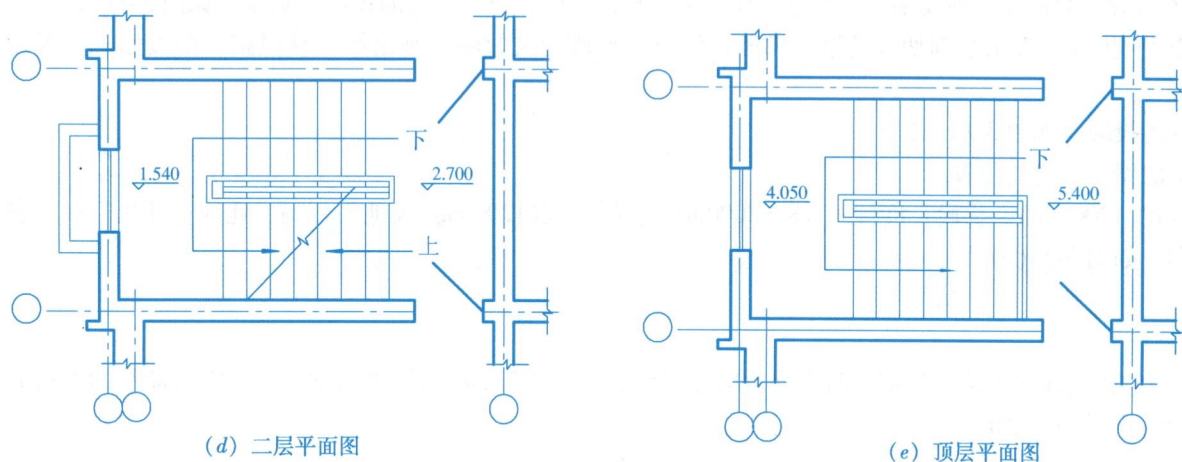

(d) 二层平面图　　　　　　　(e) 顶层平面图

图 3-23　绘制楼梯平面图步骤(2)

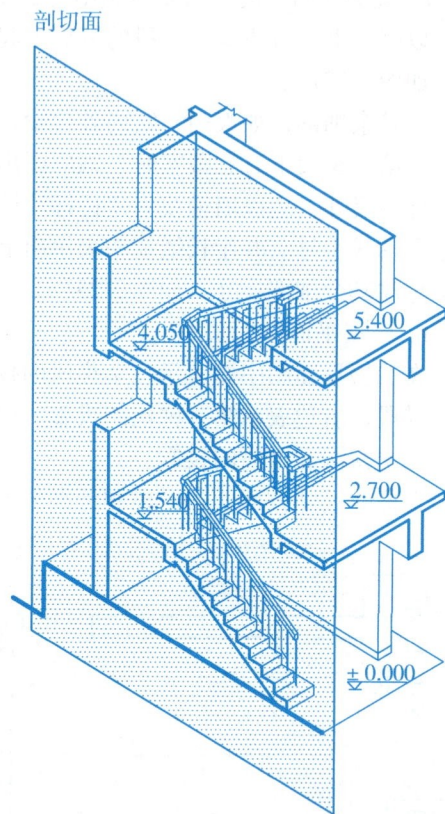

图 3-24　楼梯剖面图的形成

c. 顶层平面图的画法

它是表示两个完整梯段的投影，画时要特别注意安全栏杆的位置。安全栏板应在倒数第二跑梯段一侧，尺寸标注方法与底层、二层相同，如图 3-23(e)。

2. 楼梯剖面图

(1) 形成

假想用一铅垂面沿第一梯段的长度方向将楼梯间切开，然后往另一梯段方向作正投影所得剖面图，称"楼梯剖面图"，如图 3-24 所示。

(2) 内容

楼梯梯段的结构形式，踏步的踏面宽、踢面高、级数，标注出全部尺寸、标高、索引标志等，在施工图中还需进一步标明楼面、地面、楼梯平台、墙身、栏杆(或栏板)的材料及构造做法。

(3) 规定要求与习惯画法

楼梯剖面图的剖切位置用剖切符号在首层楼梯平面图上表示。剖切平面一般通过第一跑，并位于能剖到门窗洞口的位置上，剖切后向未剖到的梯段方向进行投影。剖面的编号注写在剖切符号旁边，并与投影方向一致。多层建筑中，若中间层楼梯完全相同时，楼梯剖面图可只画出首层、中间层、顶层的楼梯剖面，在中间层处用断裂线分开，并在中间层的楼层地面和楼梯平台地面上，注写适用于其他各中间层地面和楼梯平台地面的标高。

楼梯间的屋面构造做法若与该建筑其他层面做法相同，习惯上不再画出。

　　楼梯水平栏杆和与梯段坡度相同的倾斜栏杆的高度确定：倾斜栏杆的高度应从踏面的中部起垂直量到扶手顶面，水平栏杆则以栏杆所在的地面为起点量取。

　　楼梯剖面图中除应标注各梯段的高度尺寸、楼梯间的进深尺寸及墙身编号外，还应注出标高。

　　各梯段的高度尺寸可用算术式形式注写，即踏步的高度×级数＝梯段高度。

（4）绘制步骤

a. 确定楼梯间的尺寸及楼层高度，地坪线、轴线、层高定位线，如图 3-25（a）所示。

b. 画剖切到的墙体、柱、楼板、楼梯平台，剖切后看到的楼梯间门窗，确定楼梯平台板的宽度，确定楼梯梯段各跑位置线，如图 3-25（b）所示。

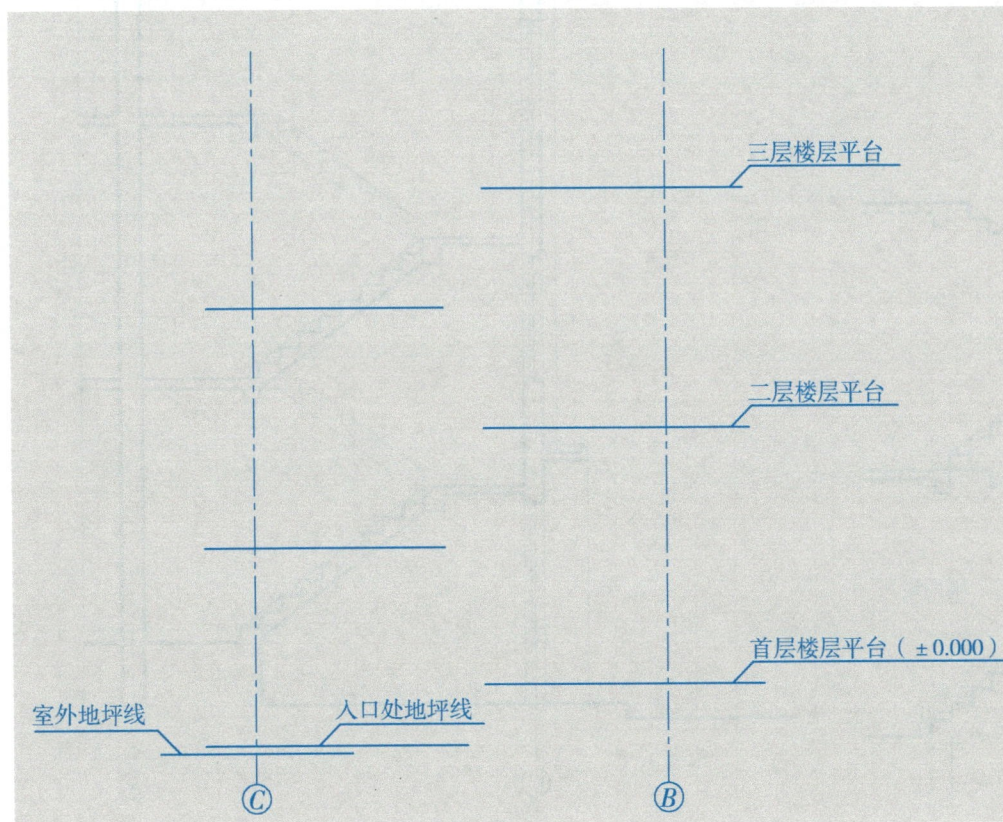

图 3-25　（a）确定楼梯间的尺寸及楼层高度，地坪线、轴线、层高定位线

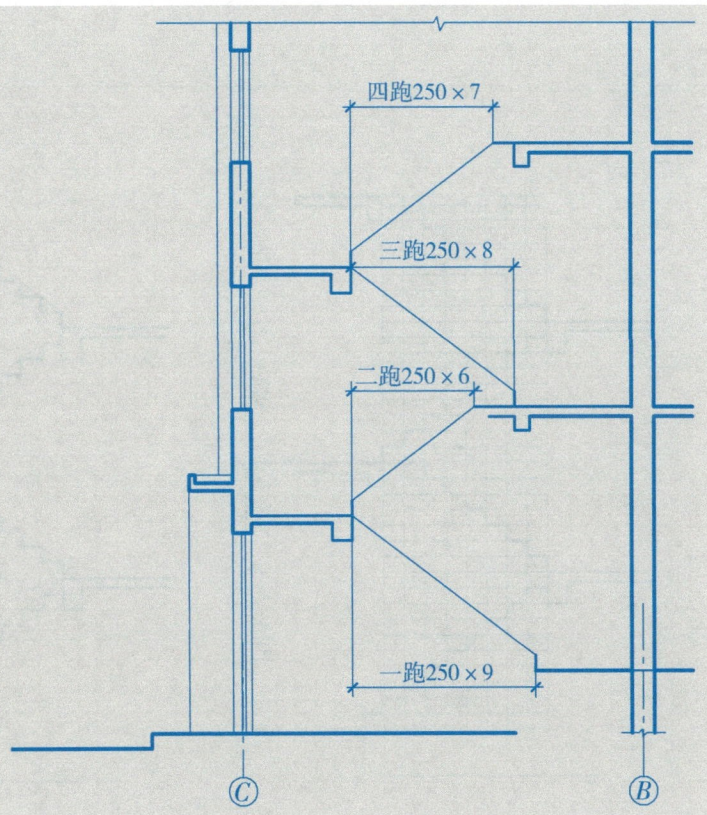

图 3-25　（b）画剖切到的墙体、柱、楼板、楼梯平台，剖切后看到的楼梯间门窗，确定楼梯平台板的宽度，确定楼梯梯段各跑位置线

c. 画梯段，有两种画法——网格法与辅助线法，如图 3-25(c) 所示。

网格法：将梯段长度和梯段高度分别按其踏面宽与踢面高分成各自等分的格子，用轻线画成网格。然后以平台与梯段的交点为起点向上、向下按方格依次作出踏步。

辅助线法：在每一个梯段向上行的起点上先画一个踢面高度，将高度线的端点与该梯段终点连线（即辅助线）；再按该梯段的踏面数将辅助线等分，过等分点向下作垂直线和水平线，即完成踏步轮廓线。

在这一步中最终用辅助线法完成了梯段的作图。

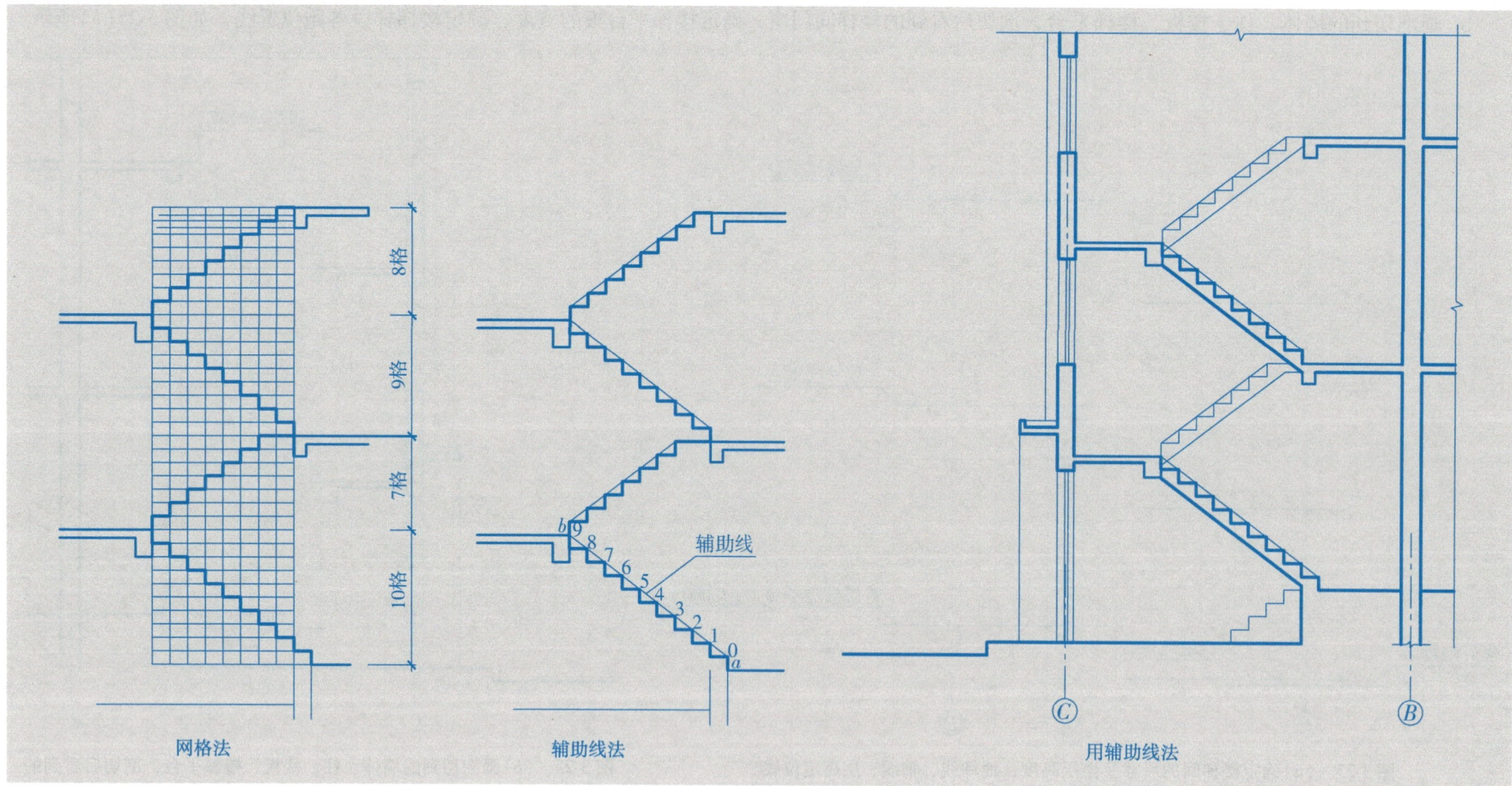

图 3-25　(c) 网格法与辅助线法

d. 完成其他细部的作图，按要求加深图线，标注全部尺寸，如图 3-25(d)所示。

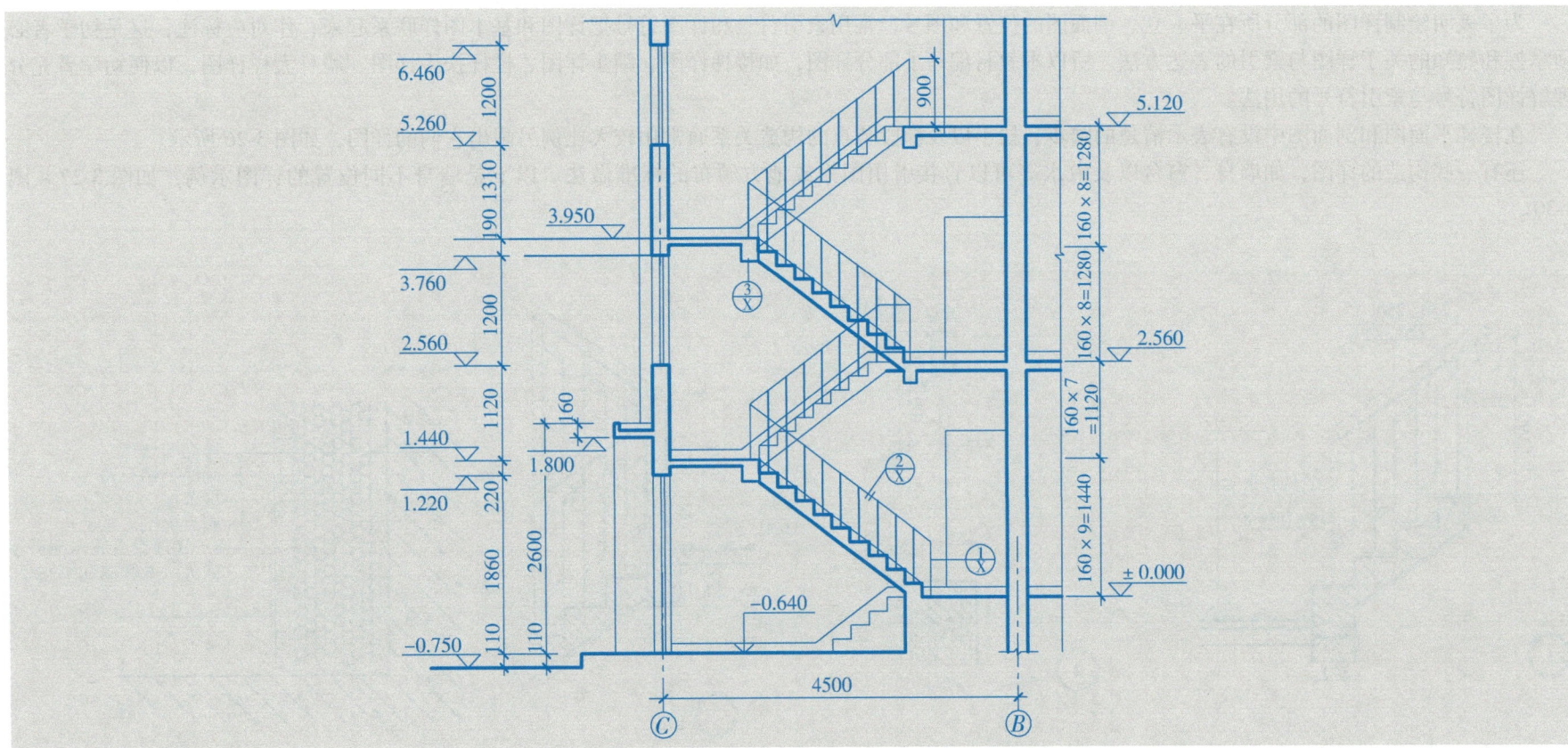

图 3-25　(d)完成其他细部的作图，按要求加深图线，标注全部尺寸

3. 楼梯其他详图

建筑平、立、剖面图是房屋全局的基本图样，建筑详图是房屋各重要组成部分细部构造的局部放大图样。通常采用较大比例(1∶1、1∶2、1∶5、1∶10、1∶20、1∶50)绘制，在详图中要充分反映所画建筑构件的具体构造做法、尺寸、构件的相互位置关系及建筑材料等。建筑详图是施工中的重要

依据，大多数构配件的详图在国家标准中都有标准图样可供设计和施工选用。初学者随着专业课的学习，才能逐渐理解和掌握各类详图的绘制与使用，在此不予更多的阐述。

为了表明绘制详图的部分所在平、立、剖面图的位置和图号，常用索引符号和详图符号把详图和基本图样联系起来，作对应标注，这是初学者必须掌握和熟知的关于详图与索引的表达方法。所以本教材编写了部分详图，如楼梯详图、踏步详图、栏杆扶手详图、墙身大样详图，以便初学者充分理解详图符号与索引符号的用法。

在楼梯平面图和剖面图中没有表示清楚的踏步、扶手以及梯段节点的构造关系通常用较大比例另画出它们的详图，如图 3-26 所示。

还有一些构造的详图，如墙身、窗台以及散水等可以直接引用国家或地方颁布的标准做法。以下是墙身不同位置的详图示例，如图 3-27 ～ 图 3-30。

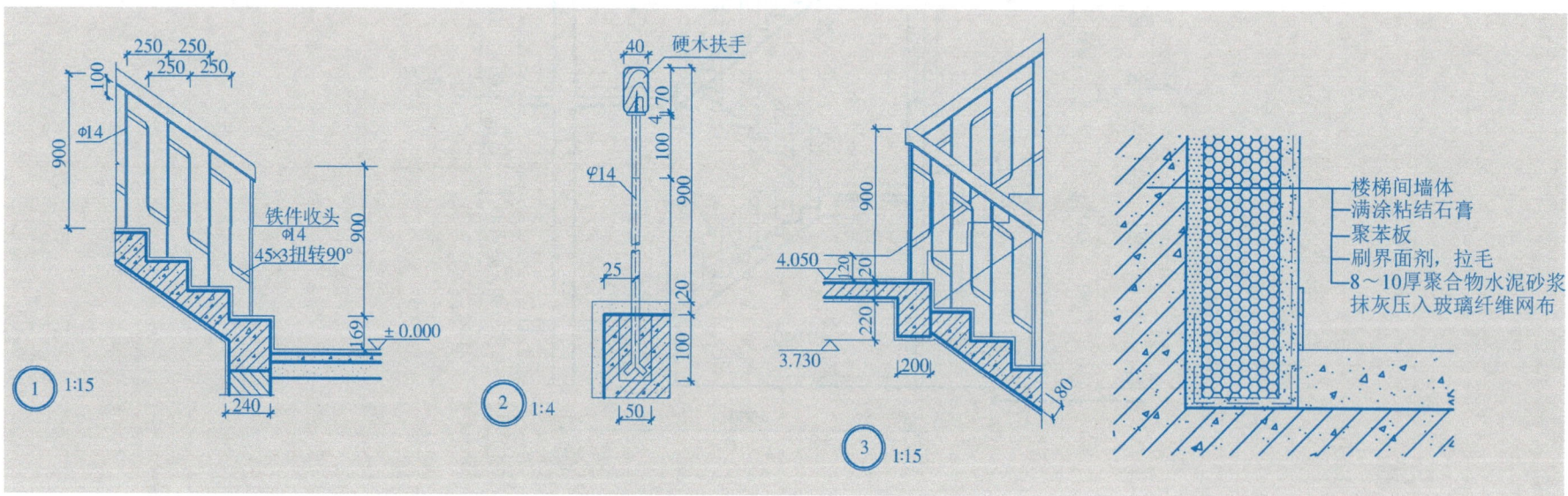

图 3-26　踏步、扶手以及梯段节点详图

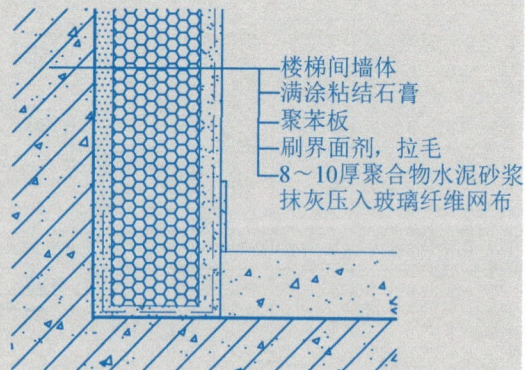

图 3-27　楼梯间内保温详图
（采暖建筑的不采暖楼梯间）

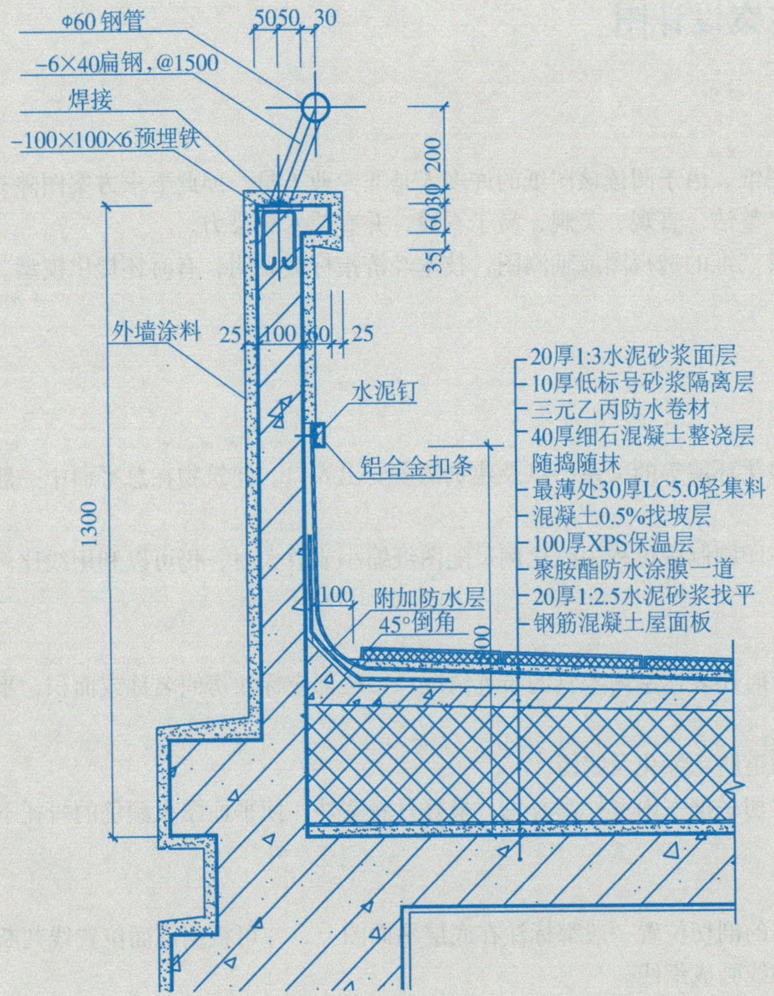

Φ60 钢管
－6×40扁钢，@1500
焊接
－100×100×6预埋铁

5 50 50 30

35 60 200

外墙涂料

25 100 60 25

1300

水泥钉

铝合金扣条

100 附加防水层
45°倒角

20厚1:3水泥砂浆面层
10厚低标号砂浆隔离层
三元乙丙防水卷材
40厚细石混凝土整浇层
随捣随抹
最薄处30厚LC5.0轻集料
混凝土0.5%找坡层
100厚XPS保温层
聚胺酯防水涂膜一道
20厚1:2.5水泥砂浆找平
钢筋混凝土屋面板

图 3-28　屋顶女儿墙节点详图

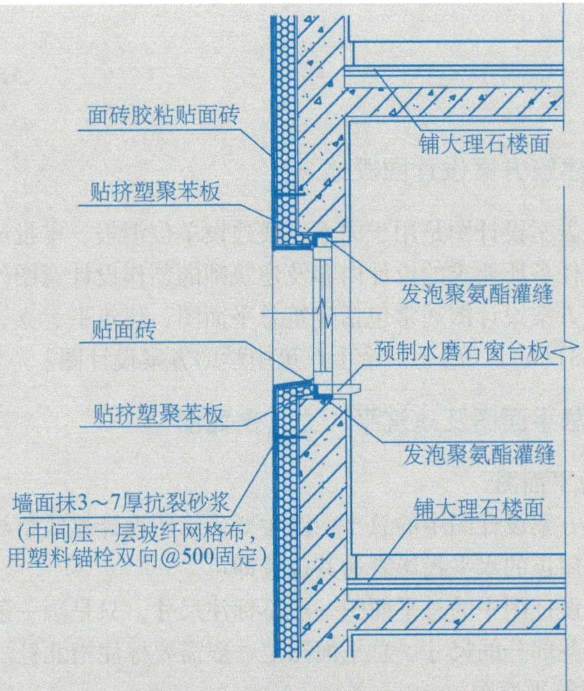

面砖胶粘贴面砖
贴挤塑聚苯板
贴面砖
贴挤塑聚苯板

墙面抹3～7厚抗裂砂浆
（中间压一层玻纤网格布，
用塑料锚栓双向@500固定）

铺大理石楼面
发泡聚氨酯灌缝
预制水磨石窗台板
发泡聚氨酯灌缝
铺大理石楼面

图 3-29　窗上口及窗台详图

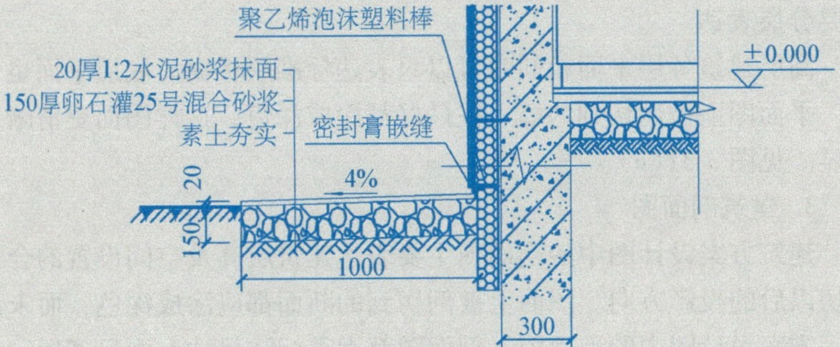

聚乙烯泡沫塑料棒
20厚1:2水泥砂浆抹面
150厚卵石灌25号混合砂浆
素土夯实
密封膏嵌缝

±0.000

20
150

4%

1000

300

图 3-30　散水详图

3.4　房屋建筑方案设计图

3.4.1　建筑方案设计图概述

建筑方案设计图是用于向业主或建设单位汇报、审批或用于参加招投标的图纸。由于阅读该图纸的许多人是非专业人员，因此要求方案除充分表达设计任务所要求的设计内容及建筑师的创作设计意图外，方案图必须清晰、整洁、直观、美观，易于看懂，并有艺术感染力。

建筑方案设计图通常包括建筑总平面图，建筑平、立、剖面图，建筑局部及三维的透视图或轴测图，技术经济指标或说明，有时还提供模型。

图 3-31(a)~(c)为一个十八班中学的方案设计图。

3.4.2　总平面图及建筑平、立、剖面图

1.总平面图

建筑方案设计图中的总平面图主要表示所设计建筑物与周边建筑、道路、绿化环境等的关系，以及建筑的主要出入口。建筑物在总平面中一般只需按建筑屋顶的水平投影表达其位置即可。

方案设计图中的总平面图一般不标注尺寸，只是画一条线比例尺。当图纸在印刷制版过程中线比例尺随图纸缩小或放大时，仍可以利用线比例尺度量图中各部分的尺寸。总平面图上一般需要标注指北针。见图 3-31(a)。

2.建筑平面图

建筑方案设计图中的平面图主要表达房间平面布置功能上的合理性，因此有时还表达室内家具的布置情况，一般都应标注房间名称或面积，平面图要分层表达。

高层建筑各层平面相同时可以只表达标准层平面。底层平面也可表达室外的道路、绿化及庭园。

平面图上被剖切到的墙、柱最好都涂成深色，这样图面更清晰。图面着色时切忌把室内室外都着色，最好只着室外，使平面图在颜色的衬托下更明显。见图 3-31(b)。

3.建筑剖面图

建筑方案设计图中的剖面图主要表达建筑层高及空间设置的合理性。剖面图的剖切位置一般都标注在底层平面图上，并可根据剖面位置线判断出剖切以后的投影方向。图面上被剖切到的断面都应涂成深色，而未剖到而看到的线画成细线。

方案设计图中的平面图、剖面图都无需标注尺寸，而只需标注比例尺。见图 3-31(c)。

4.建筑立面图

建筑方案图中的立面图主要表达建筑物的外貌及其建筑风格。立面图包含各个不同方向的立面图。为了使立面更为逼真，一般会使用不同粗细的线型来区分不同的建筑体部及细部。立面图上一定要加绘阴影。是否区分线型及是否加绘阴影，图面有着明显不同的效果。图 3-32(a)是用相同线型

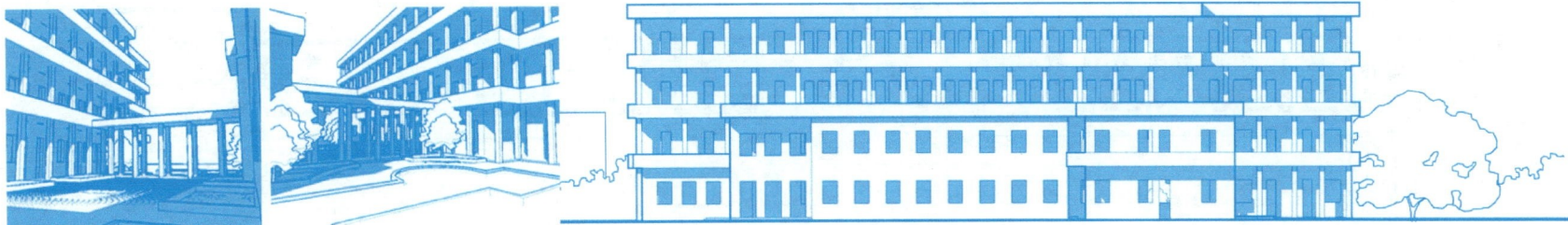

立面图1:100

A 教学楼
B 办公楼
C 实验楼
D 图书、阅览、科技活动
E 音乐教室
F 食堂、木工修理

F

A C

E

B

D

N

总平面图1:300

体育器械

实验室 准备室

教室 教室 教室 教室 教室

办 办 办 办 办 办

乐器存放 音乐教室

杂存

办 办 办 办 办

传达 办 办 办 宿 舍

书库 教师阅览

学生阅览

一层平面图1:100

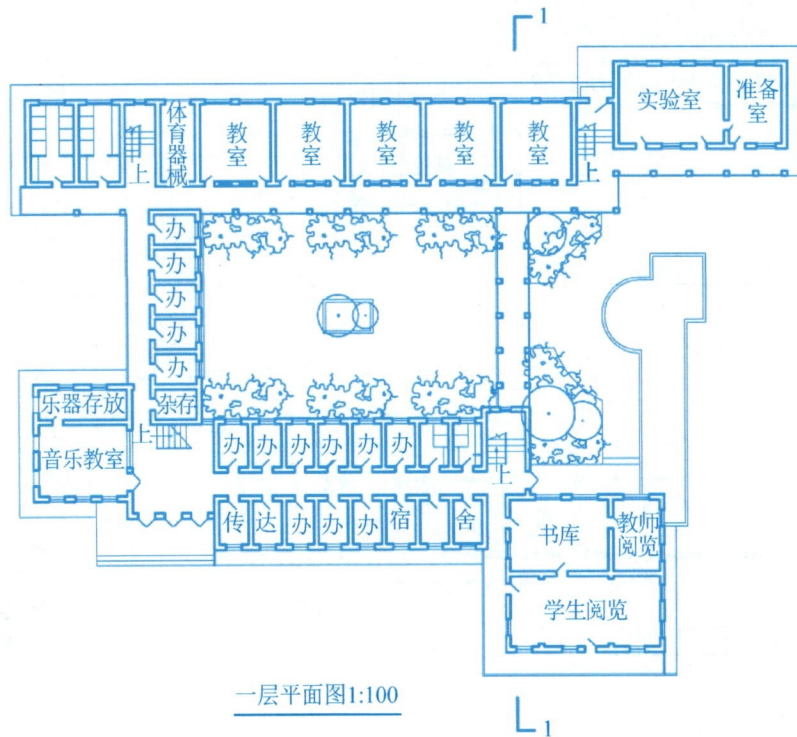

十八班中学设计

图 3-31 （a）十八班中学方案设计

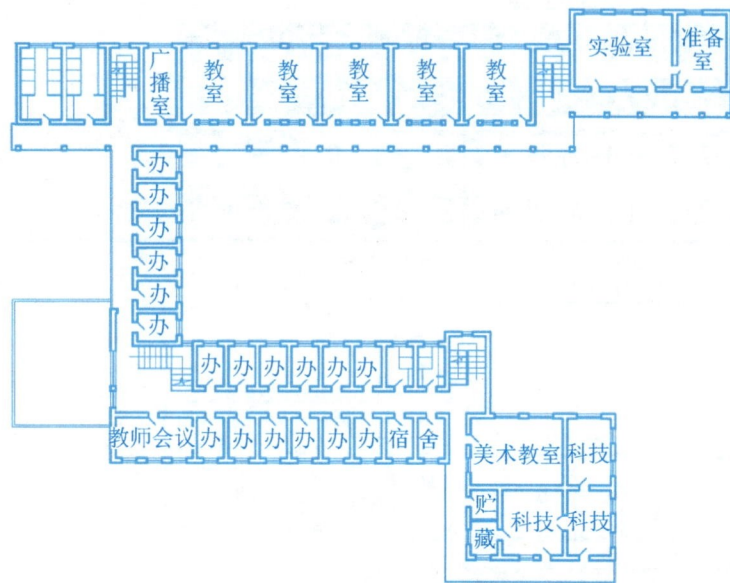

二层平面图1:100

三层平面图1:100

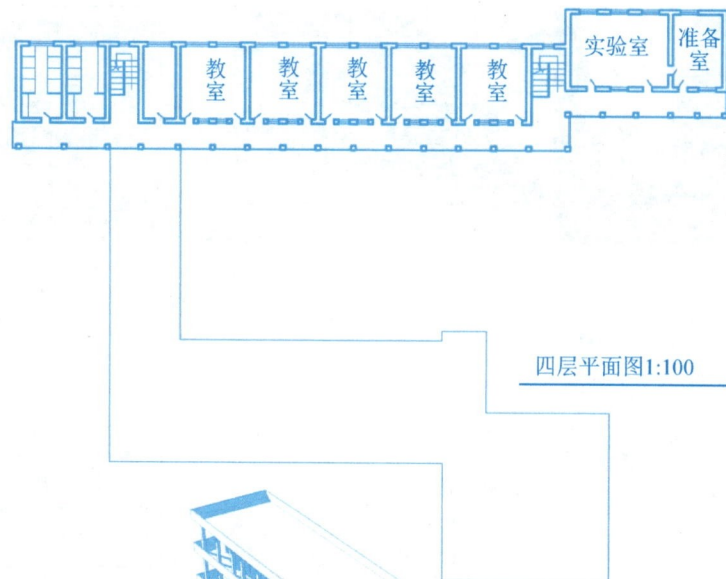

四层平面图1:100

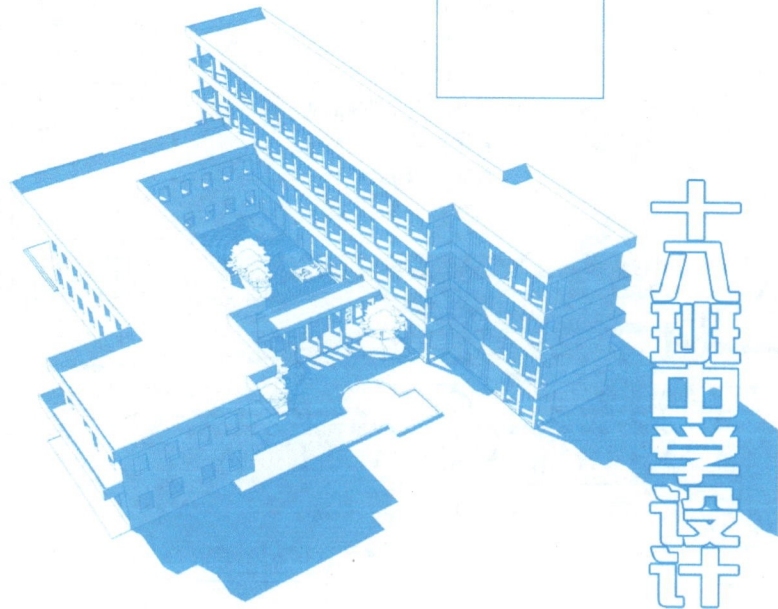

图3-31   (b)十八班中学方案设计

侧立面图1:100

1-1剖面图1:100

电教室平面图

透视图

正立面透视图

十八班中学设计

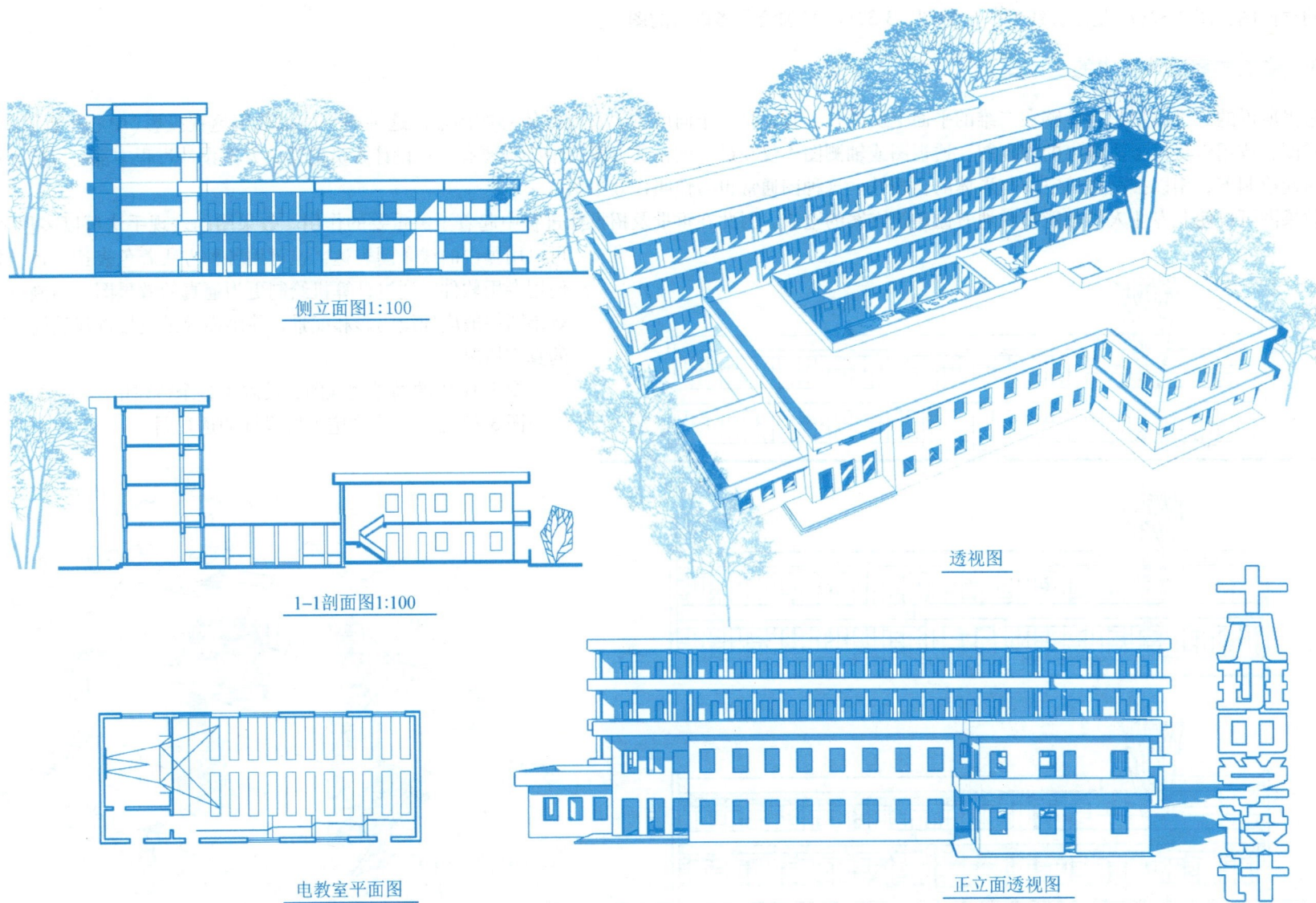

图 3-31　(c)十八班中学方案设计

表达的立面图，图 3-32(b) 是区分线型以后的图，3-32(c) 是加绘阴影以后的图。

3.4.3 建筑方案设计图中的三维图形

这里所说的三维图形是指能够在二维的平面上反映长、宽、高三个向度的，富有立体感的图形。这种图一般都采用透视投影（中心投影）法画出的透视图，或用轴测投影法画出的轴测图。透视图或轴测图不仅在最后的正式方案图中必须要有，在设计人员的整个方案设计过程中都会以徒手的方式不断地绘制着，用以推敲建筑空间与形体的合理性。这种图通常也习惯叫作效果图。

效果图可以使非专业人员都能直观地看懂建筑方案的全貌，因此在审批及招投标过程中起着至关重要的作用。效果图的表现手法可以多种多样，可以用黑白的线条图表达，也可用各种方法着色表达，目前较多使用专用软件，通过计算机绘制更为逼真的效果图。绘制三维的效果图一般应加绘阴影和配景，使画面效果更接近建筑周边环境的真实情况。

图 3-31 中的鸟瞰透视图，反映了整个待建中学校园的全貌。

图 3-33 是一个小住宅方案设计的透视图。

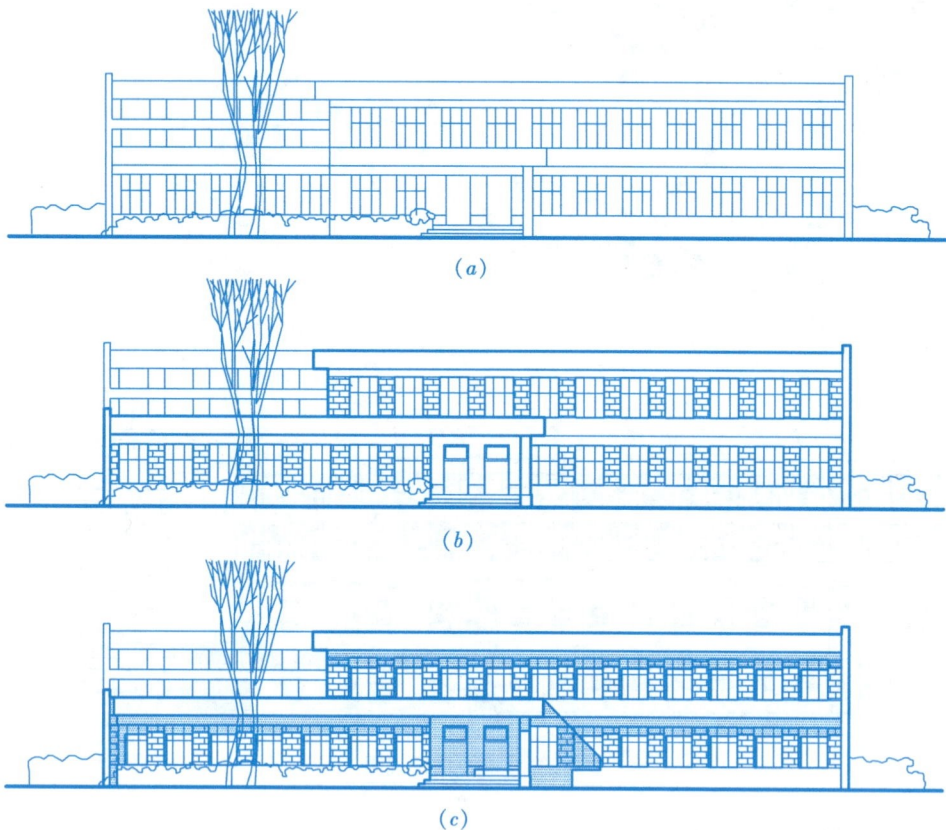

图 3-32 建筑立面的效果对比

图 3-33 小住宅方案透视

主 要 参 考 文 献

[1]　谢培青. 画法几何与阴影透视（上）. 北京：中国建筑工业出版社，1998.

[2]　许松照. 画法几何与阴影透视. 北京：中国建筑工业出版社，1998.

[3]　刘甦. 画法几何及建筑制图（上册）. 西安：陕西科学技术出版社，1991.

[4]　中国纺织大学工程图学教研室. 画法几何及工程制图（第四版）. 上海：上海科学技术出版社，1997.

[5]　孙根正，王永平. 工程制图基础. 西安：西北工业大学出版社，2001.

[6]　李国生，黄水生. 建筑透视与阴影. 广州：华南理工大学出版社，2001.

[7]　王成刚，张佑林，赵奇平. 工程图学简明教程. 武汉：武汉理工大学出版社，2002.

[8]　石光源，周积义，彭福荫. 机械制图（第三版）. 北京：高等教育出版社，1997.

[9]　聂桂平. 设计图学. 北京：机械工业出版社，2002.

[10]　徐建成. 工程制图. 北京：国防工业出版社，2003.

[11]　乐荷卿，陈美华. 建筑透视阴影（第三版）. 长沙：湖南大学出版社，2002.

[12]　李坚，梁东平，张鑫林. 房屋建筑制图标准应用手册. 北京：知识产权出版社，2005.

[13]　金方. 建筑制图（第二版）. 北京：中国建筑工业出版社，2010.

作者简介

史智平

1974 年生，西安建筑科技大学建筑学院讲师。长期从事画法几何、阴影透视课程的教学工作。

苏静

1982 年出生，西安建筑科技大学建筑学院讲师。主要研究方向为建筑设计及其理论、遗址保护与展示。

王青

1982 年生，西安建筑科技大学建筑学院讲师。博士研究生，研究方向为地域建筑设计。

高等学校教材

工程图与表现图投影基础 上册
习题集 （第二版）

西安建筑科技大学

史智平 主编

高 燕 主审

中国建筑工业出版社

前　言

本习题集（上册）与史智平主编的《工程图与表现图投影基础（上册）》教材配套使用，其编排顺序与该教材章节相互对应。

本习题集（上册）第 1、7、12 章由高燕编写，其余章节由史智平编写。史智平任主编，高燕任主审。

题目精选、难易适中、深入浅出、学以致用是本习题集选题的指导思想。本习题集上篇第 1 章至第 4 章的习题数量相对紧凑，一般要求每题必做，为学习后继内容打下基础；上篇第 5 章至第 12 章及下篇第 2 章的习题，其数量及深度、广度略有余裕，特别是综合提高题，可视实际情况选做，具体做法由教师指定。

本习题集在编写过程中，参考了国内众多画法几何、工程制图习题集及有关文献资料，得到许多同行的指导，提出了许多建设性修改意见，在此深表感谢！

由于编者水平有限，习题中难免存在不少缺点和错误，恳请广大同仁和读者批评指正。

编者

2019 年 3 月

目　录

上篇　投影原理

下篇　投影制图

1-1 将三视图表示的形体，按编号填入对应的立体图圆圈中。

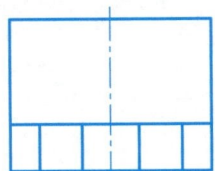 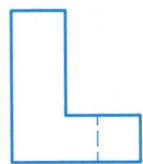 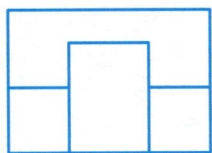  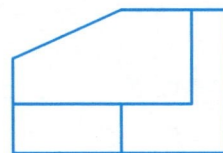 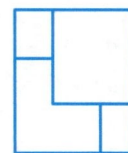

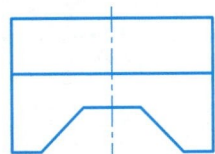 ① 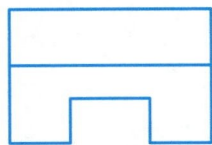 ②  ③

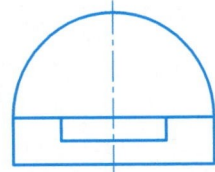 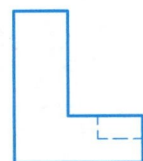 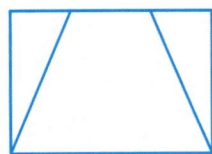 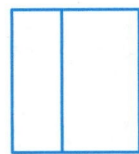 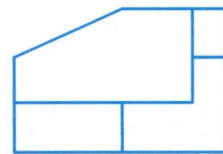 

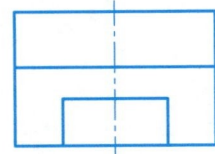 ④ 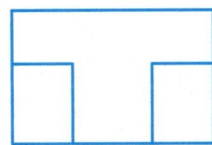 ⑤  ⑥

 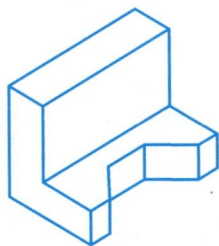 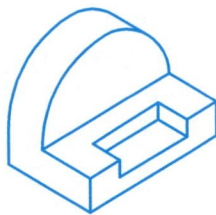 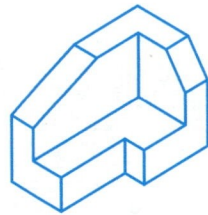  

○ ○ ○ ○ ○ ○

| 第1章 | 绪　　论 | 专业班级 | | 姓名 | | 学号 | | 评审 | | 日期 | |

1–2　根据立体图作出其三视图（大小量取图中尺寸）。

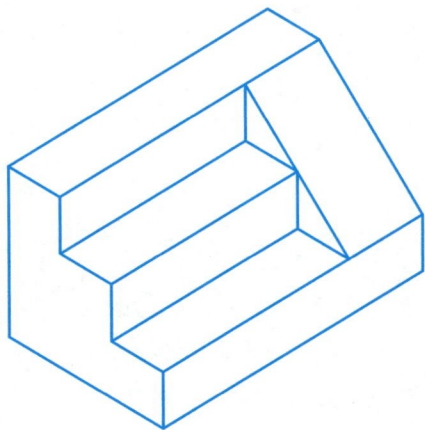

(1)

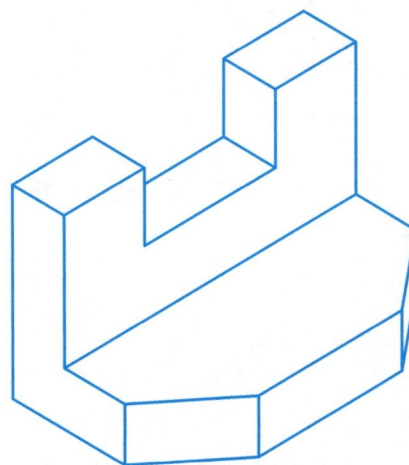

(2)

| 第1章 | 绪　　论 | 专业班级 | | 姓名 | | 学号 | | 评审 | | 日期 | |

2-1 根据所给立体图，求作各点的两面投影。

2-2 根据所给立体图，求作各点的三面投影。

| 第2章 | 点的投影 | 专业班级 | | 姓名 | | 学号 | | 评审 | | 日期 | |

2-3 画出点$A(25,10,20)$、$B(15,20,0)$、$C(0,0,25)$的三面投影图和立体图。

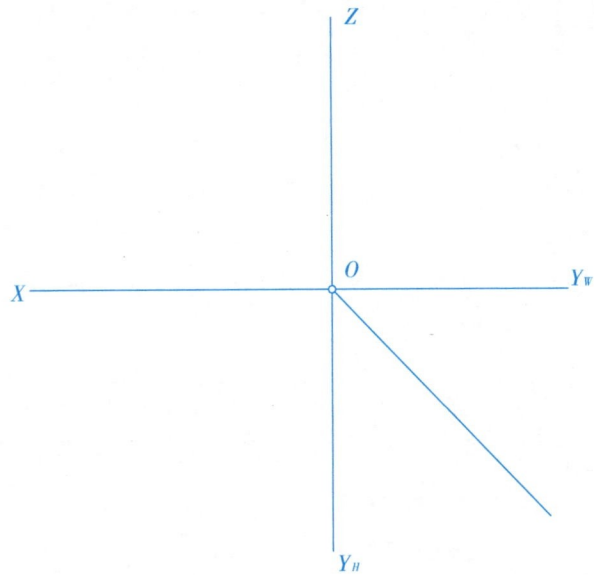

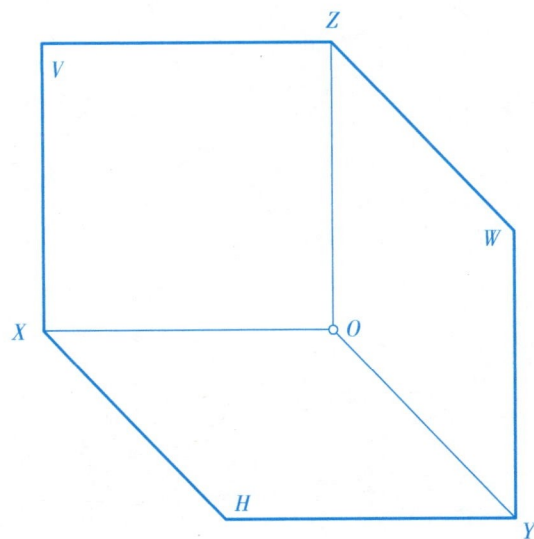

2-4 已知各点的两投影，作出它们的第三投影。

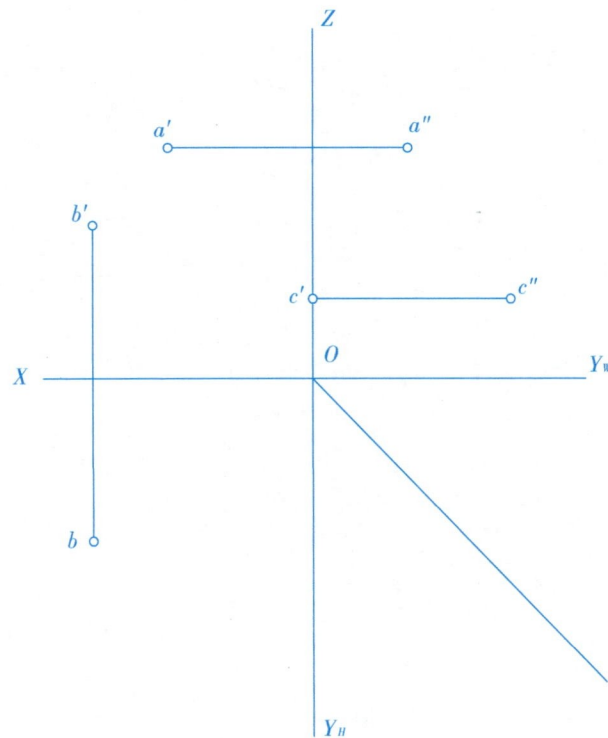

2-5 已知点 A（25，25，35）、B（35，25，23）、C（25，25，23）
三点的坐标，作出各点的三面投影，并判别可见性。

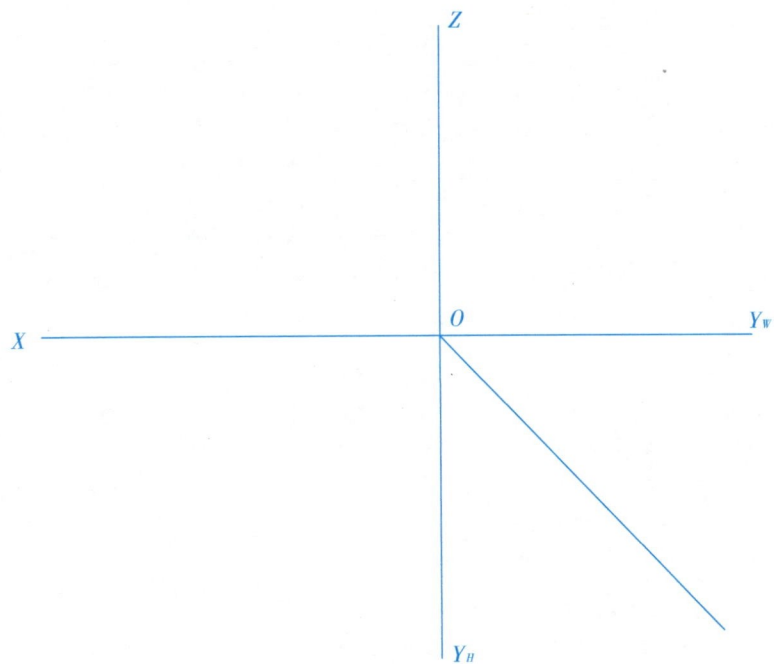

2-6 已知点 B 距点 A 为20mm；点 C 与点 A 是对 V 面投影的重影点；点 D 在点
A 的正下方25mm。补全各点的三面投影，并表明可见性。

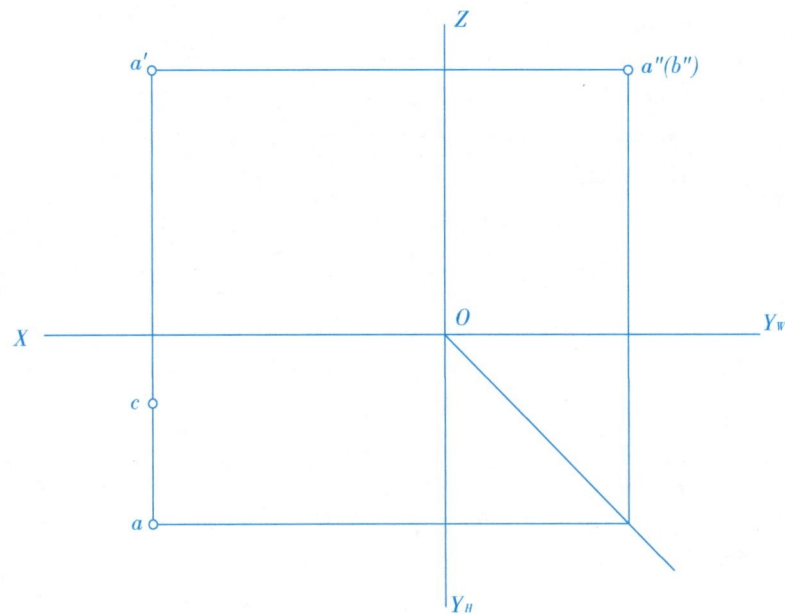

| 第2章 | 点的投影 | 专业班级 | | 姓名 | | 学号 | | 评审 | | 日期 | |

3-1 按下列各直线对投影面的相对位置，分别填出它们的名称。

(1)

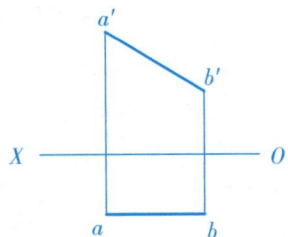

(2)

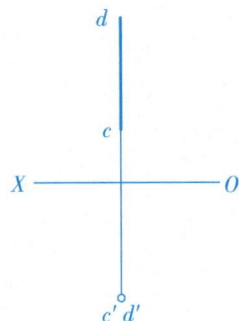

(3)

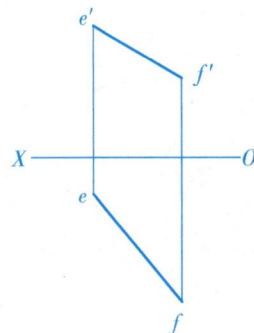

(4)

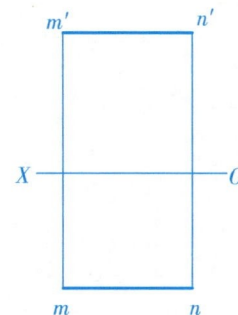

AB 是 _____ 线

CD是 _____ 线

EF是 _____ 线

MN是 _____ 线

3-2 作出下列各直线的第三投影，并分别填出它们的名称及对投影面的倾角(按0°、30°、45°、60°、90° 填写)。

(1)

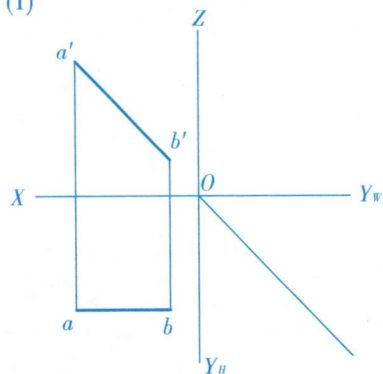

(2)

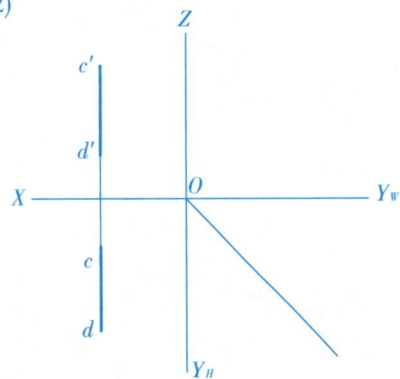

(3)

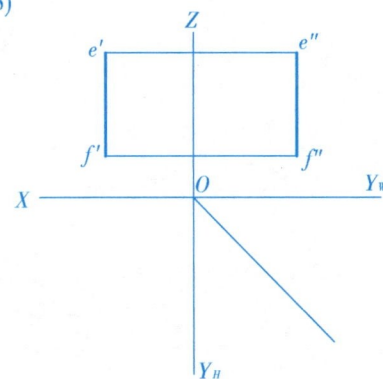

AB是 _____ 线

$\alpha=$ ___ $,\beta=$ ___ $,\gamma=$

CD是 _____ 线

$\alpha=$ ___ $,\beta=$ ___ $,\gamma=$

EF是 _____ 线

$\alpha=$ ___ $,\beta=$ ___ $,\gamma=$

| 第 3 章 | 直线的投影 | 专业班级 | | 姓名 | | 学号 | | 评审 | | 日期 | |

3–3　求直线 *AB* 的实长及对投影面的倾角 α，β，γ。

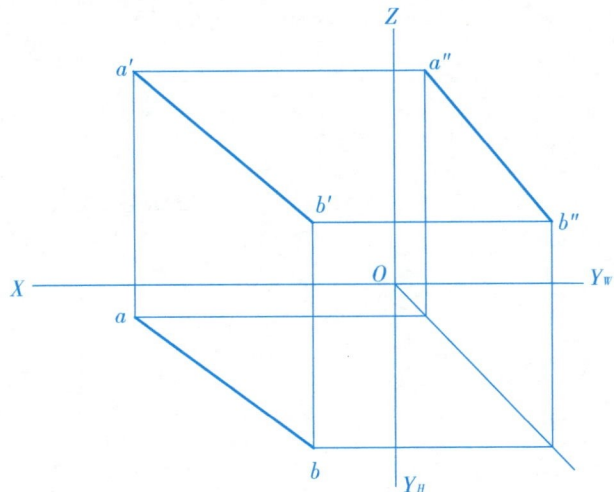

3–4　求直线 *CD* 的实长及对投影面的倾角 α，β。

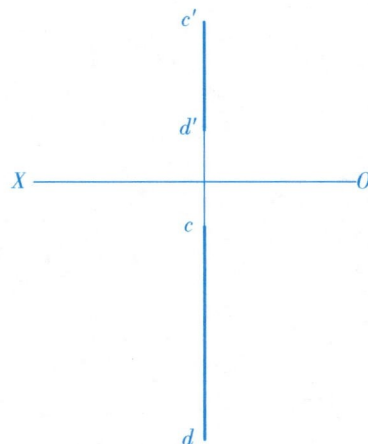

3–5　已知直线 *CD* 的投影 *c'd'* 及 *c*，且 *CD*=40mm，点 *D* 在点 *C* 之后，完成 *CD* 的水平投影。

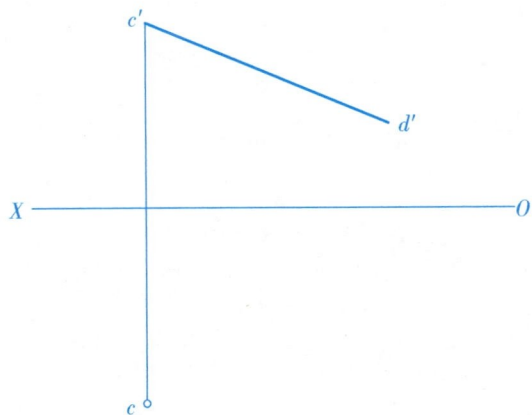

3–6　已知直线 *EF* 的投影 *ef* 及 *e'*，且 β=30°，点 *F* 在点 *E* 之上，完成 *EF* 的正面投影。

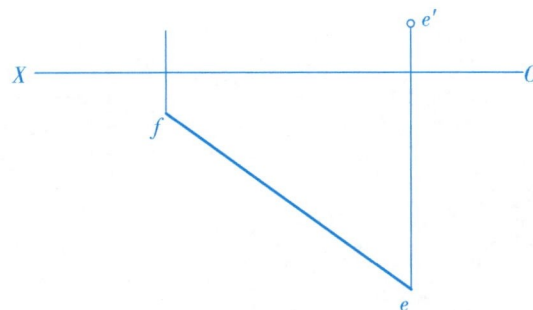

第 3 章	直线的投影	专业班级		姓名		学号		评审		日期	

3-7　在直线AB上确定一点C，使AC=30mm。

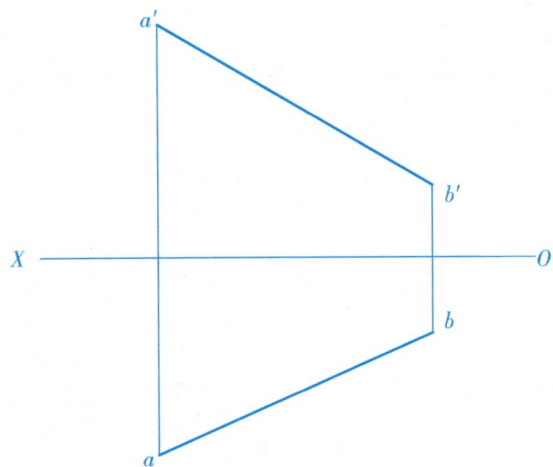

3-8　在直线CD上确定一点K，使CK:KD=2:3。

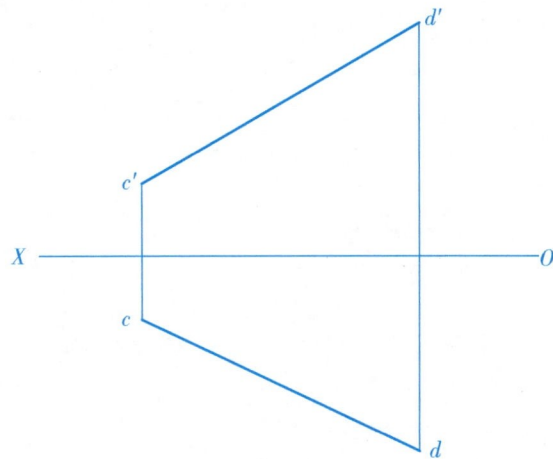

3-9　作图判断点K是否在直线EF上。

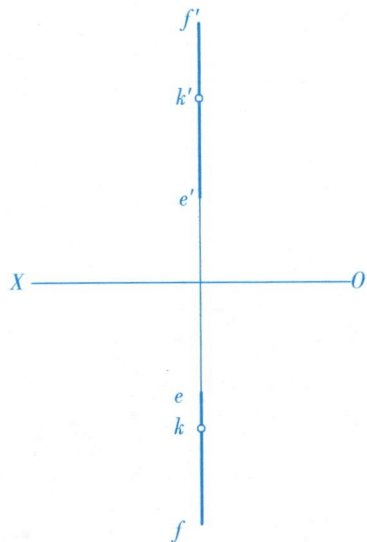

答：＿＿＿

3-10　求直线AB的水平迹点和正面迹点。

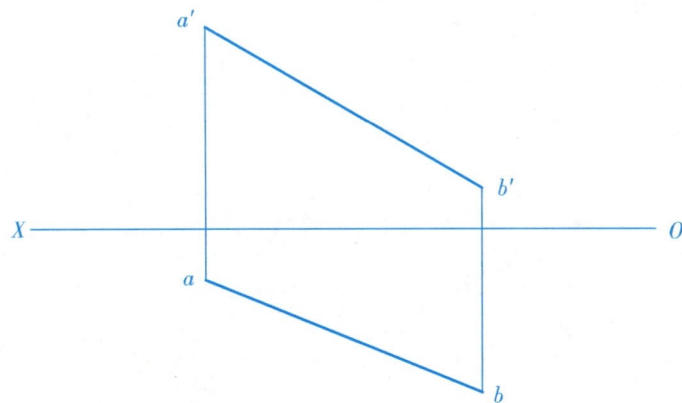

<table>
<tr><td>第 3 章</td><td>直线的投影</td><td>专业班级</td><td></td><td>姓名</td><td></td><td>学号</td><td></td><td>评审</td><td></td><td>日期</td><td></td></tr>
</table>

3-11　判断下列两直线的相对位置。

(1)

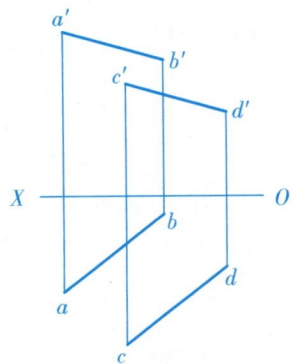

AB 与 CD _____

(2)

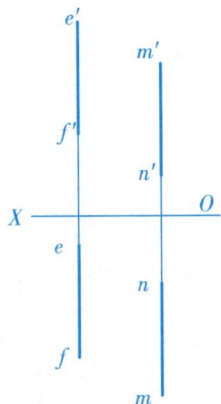

EF 与 MN _____

(3)

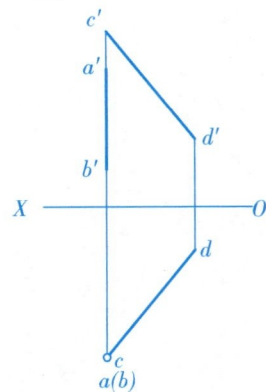

AB 与 CD _____

(4)

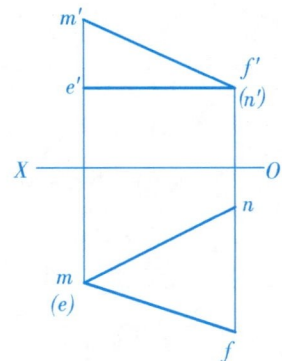

EF 与 MN _____

3-12　直线 CD 与 EF 相交，完成 CD 的正面投影。

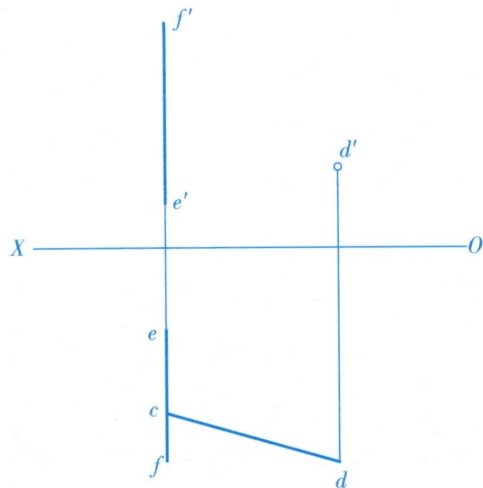

3-13　过点 K 作侧垂线 KL 与 AB 相交，完成 KL 的投影。

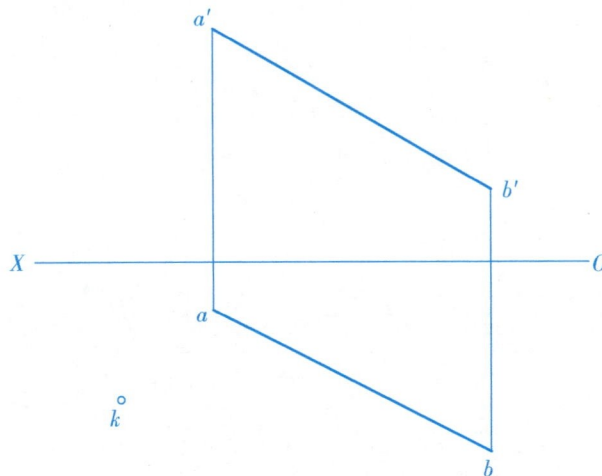

| 第 3 章 | 直线的投影 | 专业班级 | | 姓名 | | 学号 | | 评审 | | 日期 | |

3-14 过点E作EF∥AB，且使点F在H面上。

a'

e'

X ———————————————————— O
b'
b

e

a

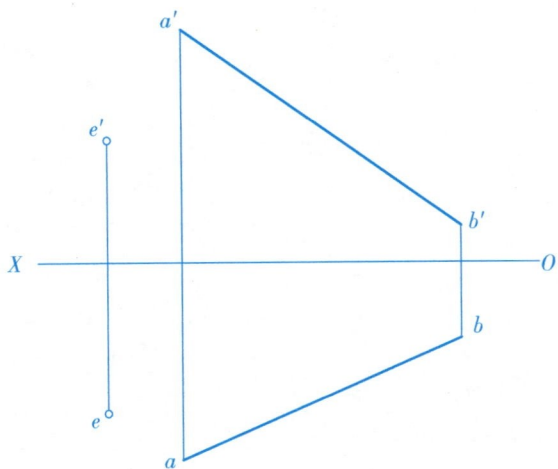

3-15 标注出重影点的正面投影和水平投影，并区别可见性。

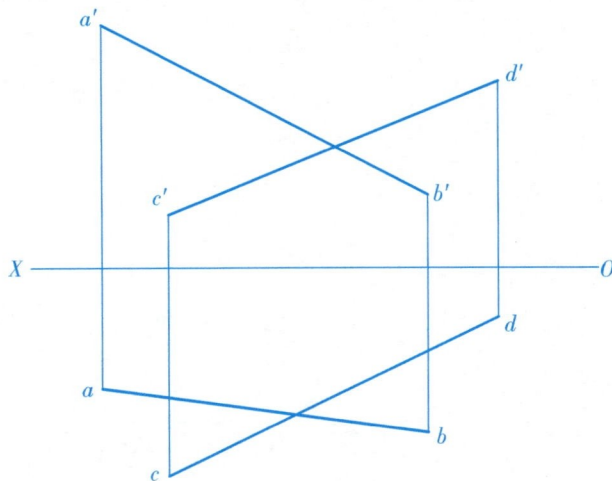

a'

d'

c'
b'

X ———————————————————— O

d

a

b

c

3-16 过点K作直线KL与AB、CD均相交。

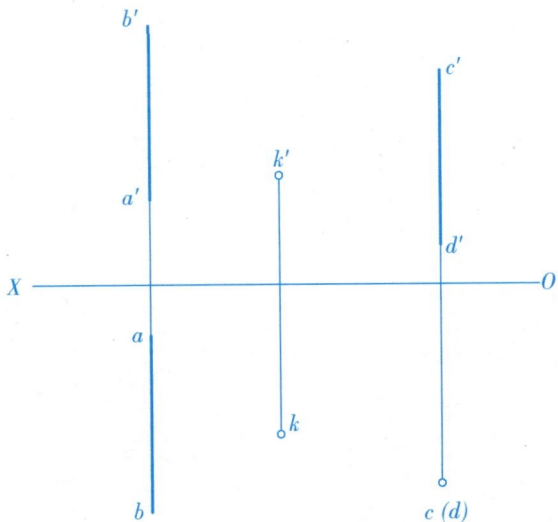

b'

c'

k'

a'

d'

X ———————————————————— O

a

k

b

c (d)

3-17 作直线MN与AB平行且与CD、EF相交。

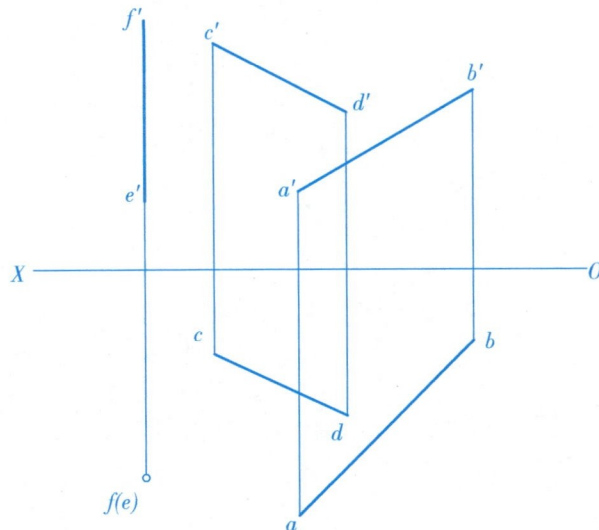

f'
c'

d'
b'

e'
a'

X ———————————————————— O

c
b

d

f(e)

a

| 第 3 章 | 直线的投影 | 专业班级 | | 姓名 | | 学号 | | 评审 | | 日期 | |

3-18 求点C到直线AB的距离。

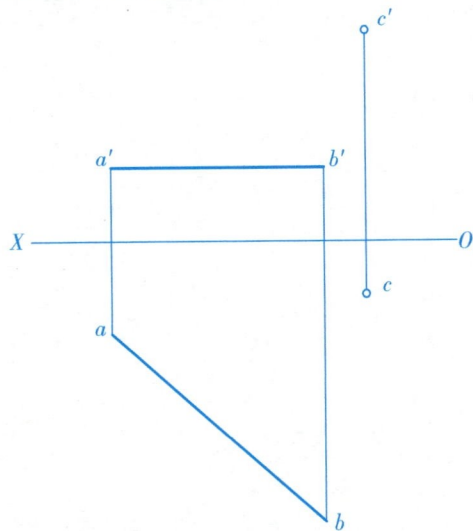

3-19 求AB、CD的公垂线KL的两面投影。

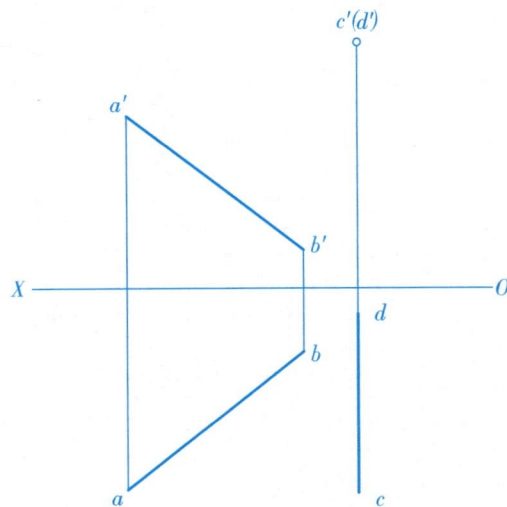

3-20 BC为等腰△ABC的底边，完成该三角形的正面投影。

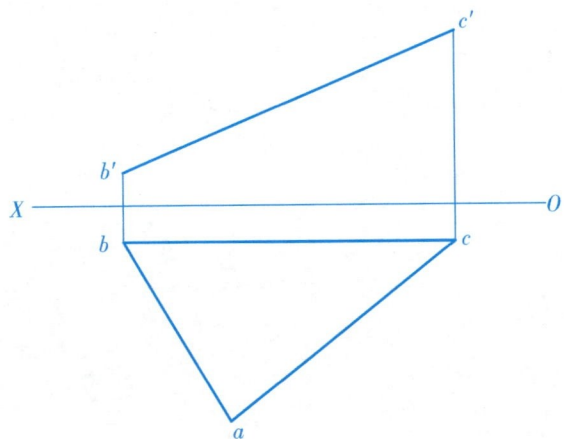

3-21 矩形ABCD的顶点C在直线MN上，完成该矩形的两面投影。

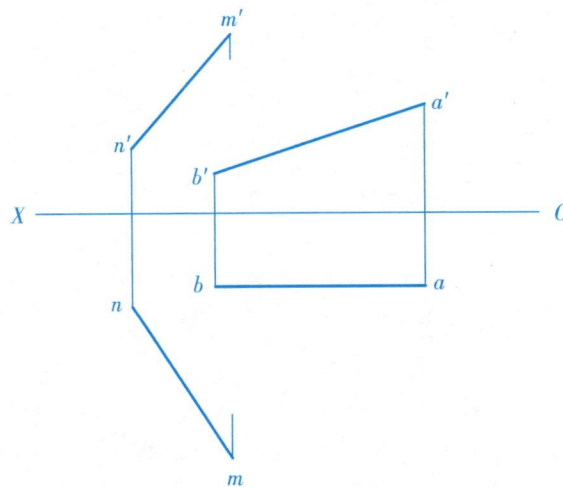

| 第 3 章 | 直线的投影 | 专业班级 | | 姓名 | | 学号 | | 评审 | | 日期 | |

3-22 正方形ABCD的顶点C在顶点B之上25mm, 完成该正方形的两面投影。

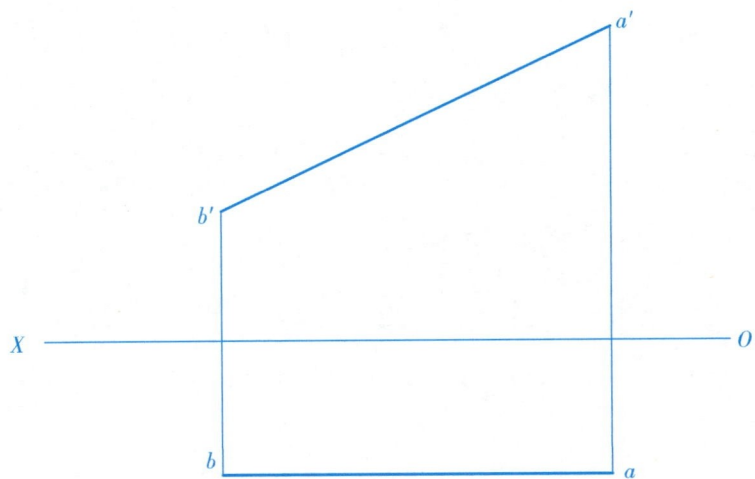

3-23 四边形平面ABCD的BC边为水平线, 完成该四边形的正面投影。

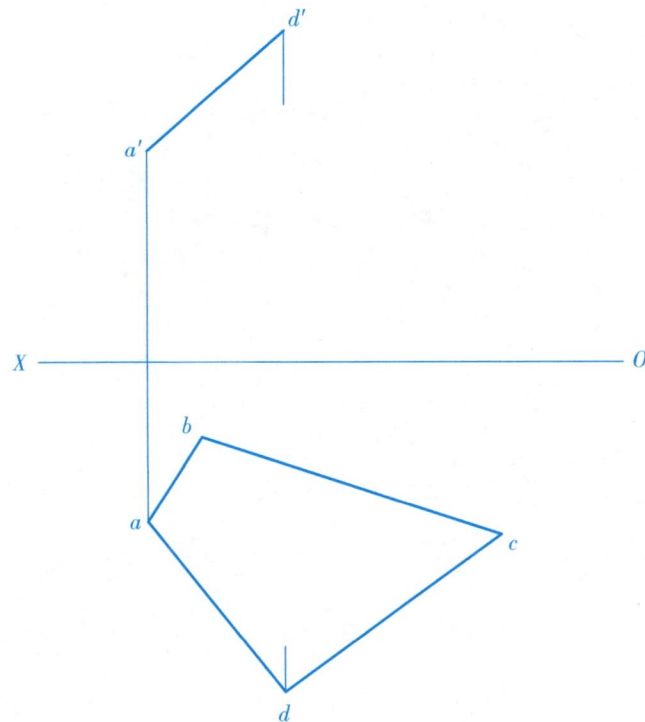

a'

b'

X ——————————————————— O

b

a

d'

a'

X ——————————————————— O

b

a

c

d

4-1 按下列各平面图形对投影面的相对位置，分别填出它们的名称及对投影面的倾角(按0°、30°、45°、60°、90°填写)。

(1)

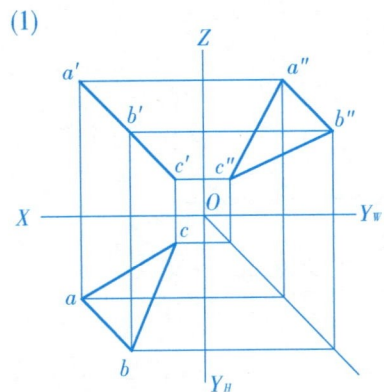

△ABC是_____面

α =   , β =   , γ =

(2)

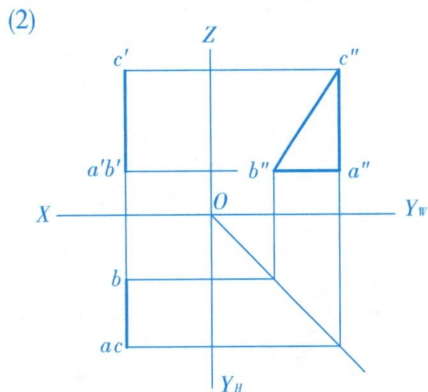

△ABC是_____面

α =   , β =   , γ =

(3)

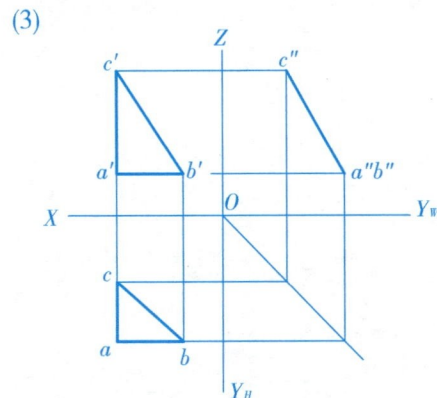

△ABC是_____面

α =   , β =   , γ =

4-2 用迹线表示下列平面。

(1) 通过直线AB的铅垂面P

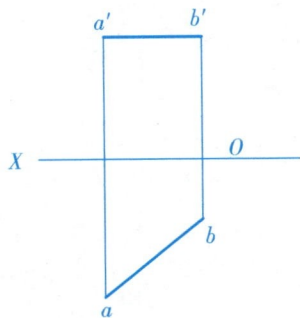

(2) 通过点M的水平面Q

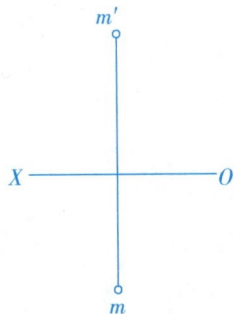

(3) 通过直线CD的正平面R

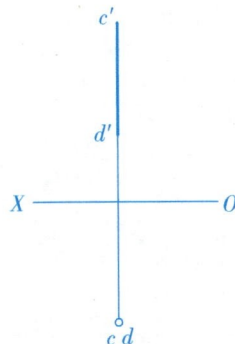

(4) 通过直线EF的正垂面S

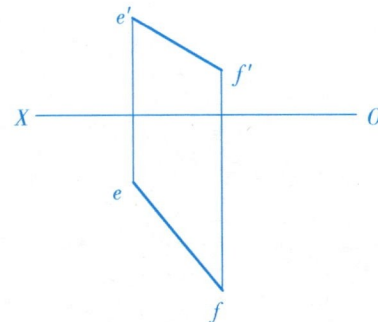

| 第 4 章 | 平面的投影 | 专业班级 | | 姓名 | | 学号 | | 评审 | | 日期 | |

4-3　完成下列平面的另一投影。

(1)铅垂面

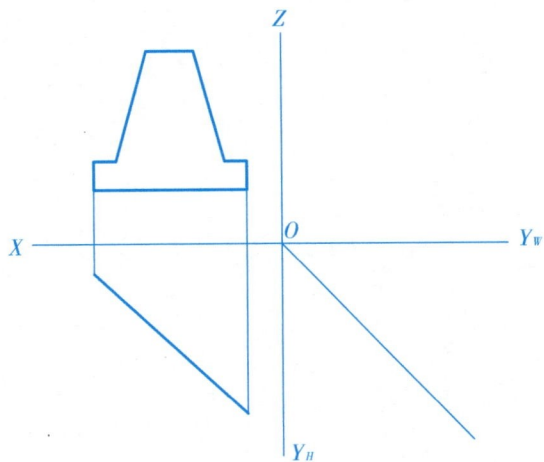

(2)侧垂面

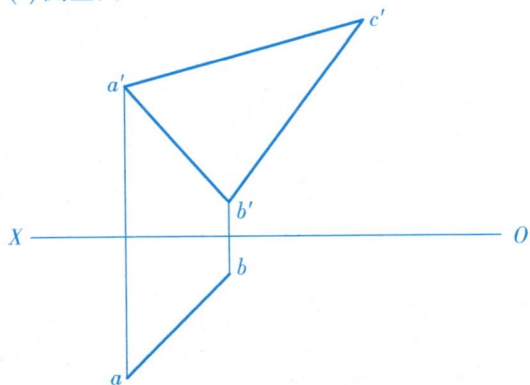

4-4　判断点M、N是否在△ABC上；又设直线EF在△ABC上，求作EF的水平投影。

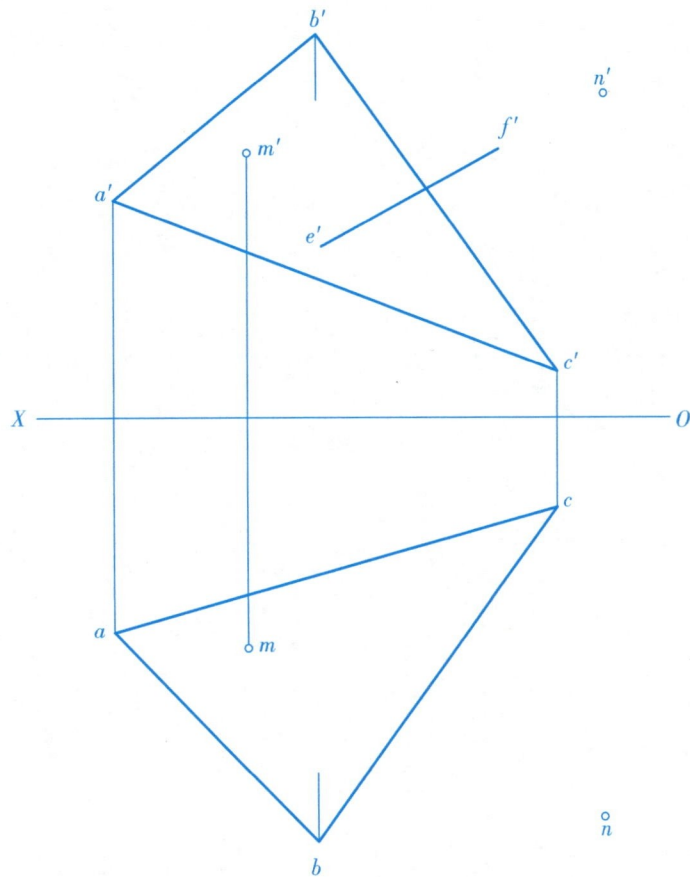

答：M ＿＿＿

　　　N ＿＿＿

4-5 在△ABC平面上找一点K，设点K比B低15mm，在B之前30mm。

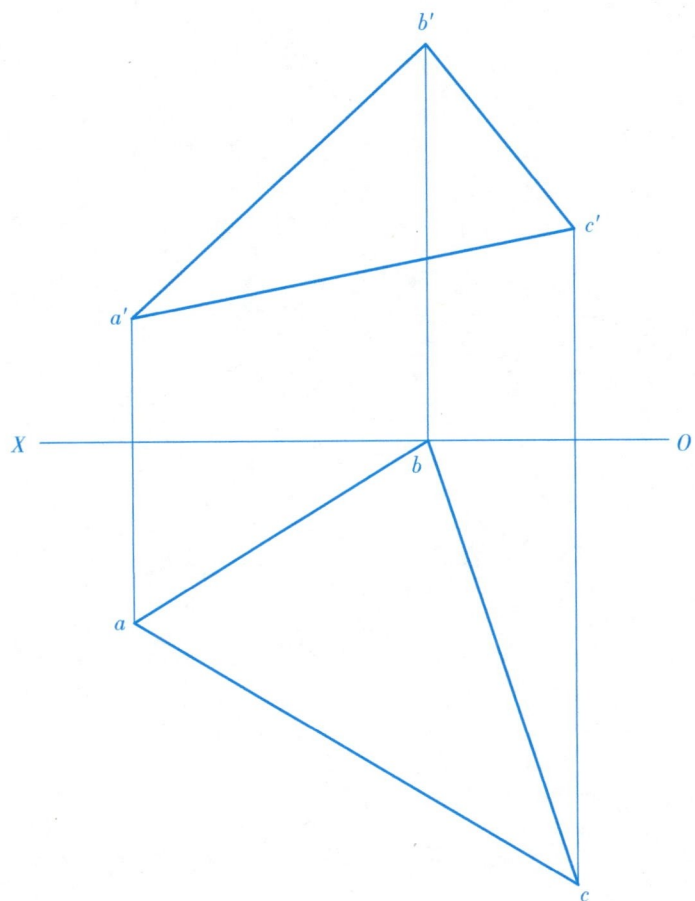

4-6 完成五边形ABCDE的V、H投影。

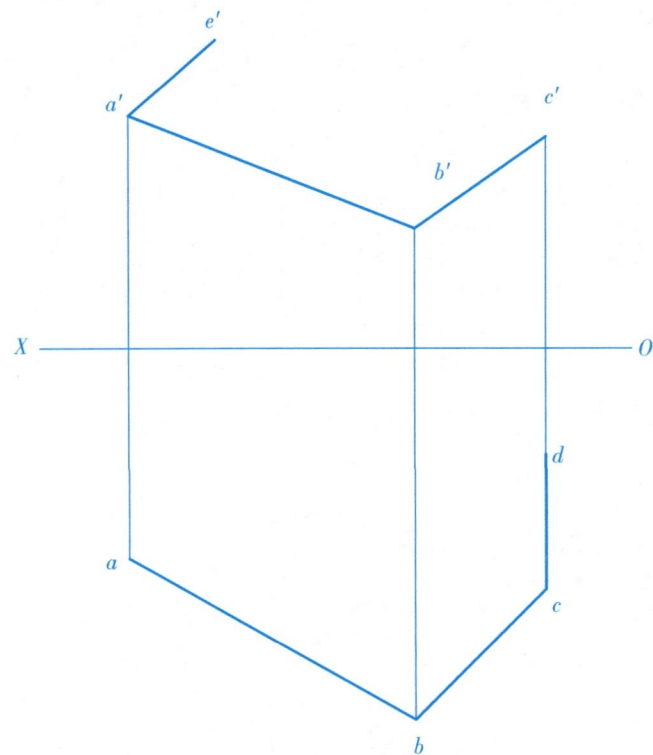

b'

c'

a'

X —————————— O
b

a

c

e'

a'

c'

b'

X —————————— O

d

a

c

b

5-1　过点K作水平线KL与△ABC平行。

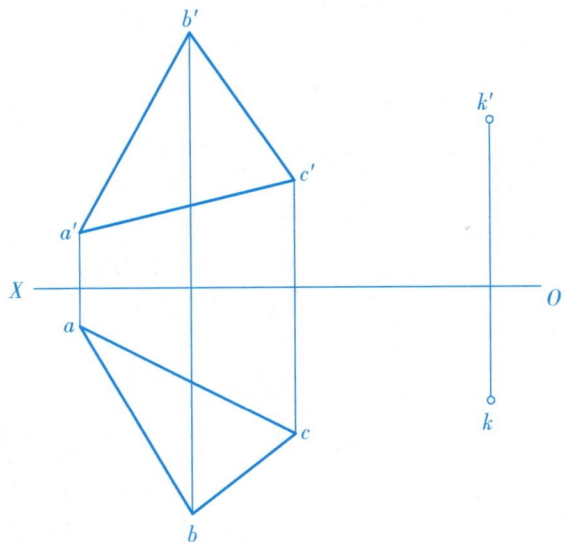

5-2　过点K作直线与△ABC平行。

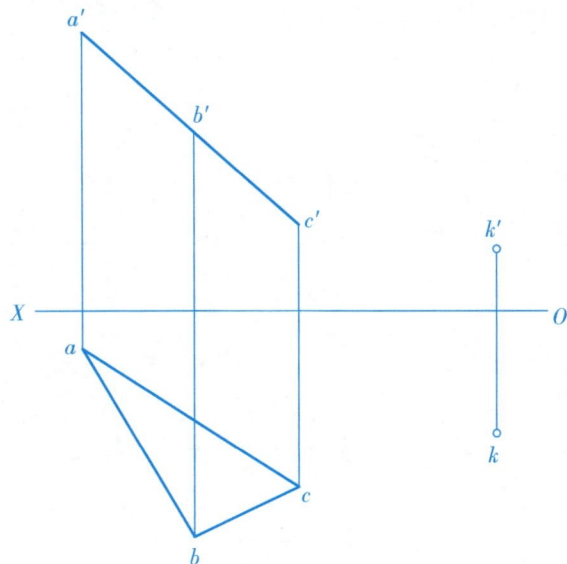

5-3　作图判别两平面是否平行。

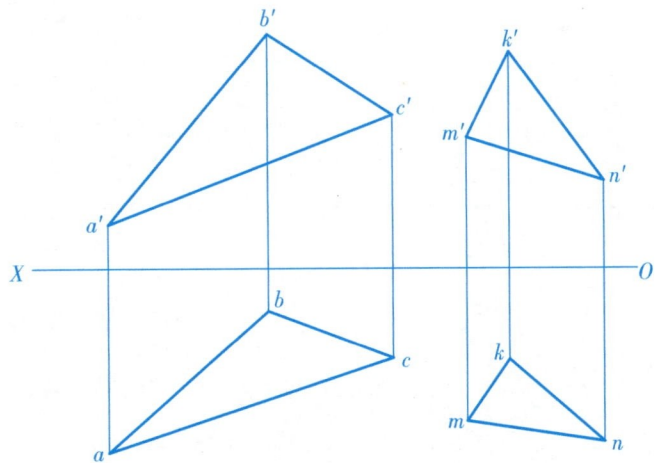

答：＿＿＿＿

5-4　作△ABC与平面P平行。

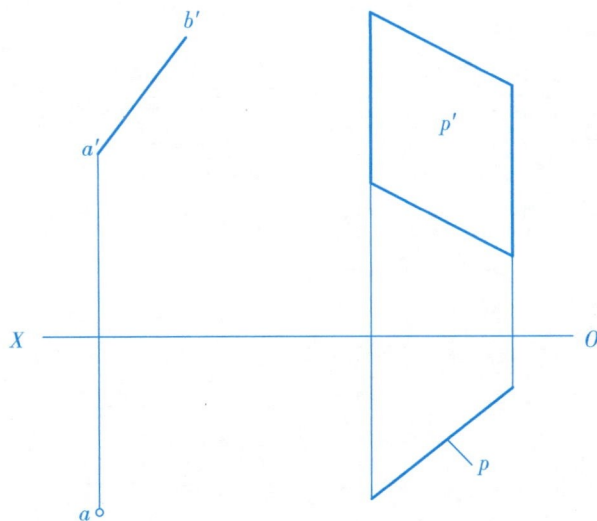

5-5 求正垂线与一般位置平面的交点,并区分可见性。

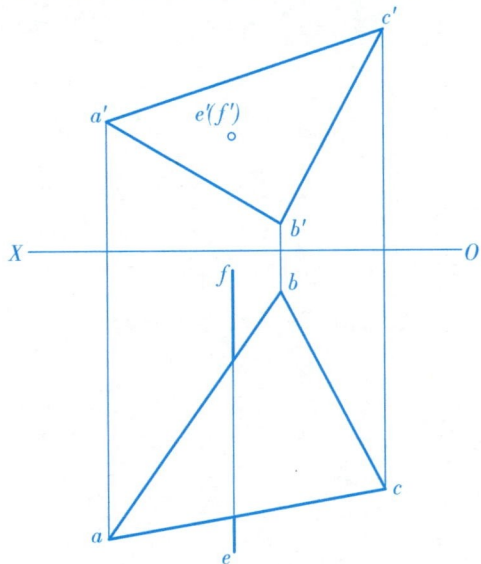

5-6 求倾斜线与铅垂面的交点,并区分可见性。

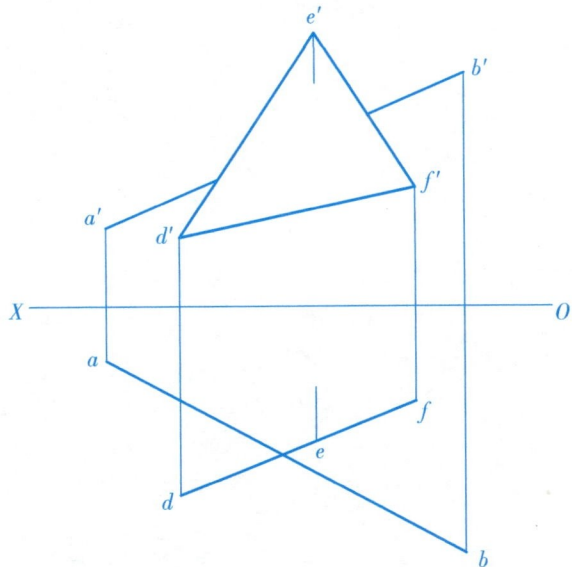

5-7 求正垂面与一般位置平面的交线,并区分可见性。

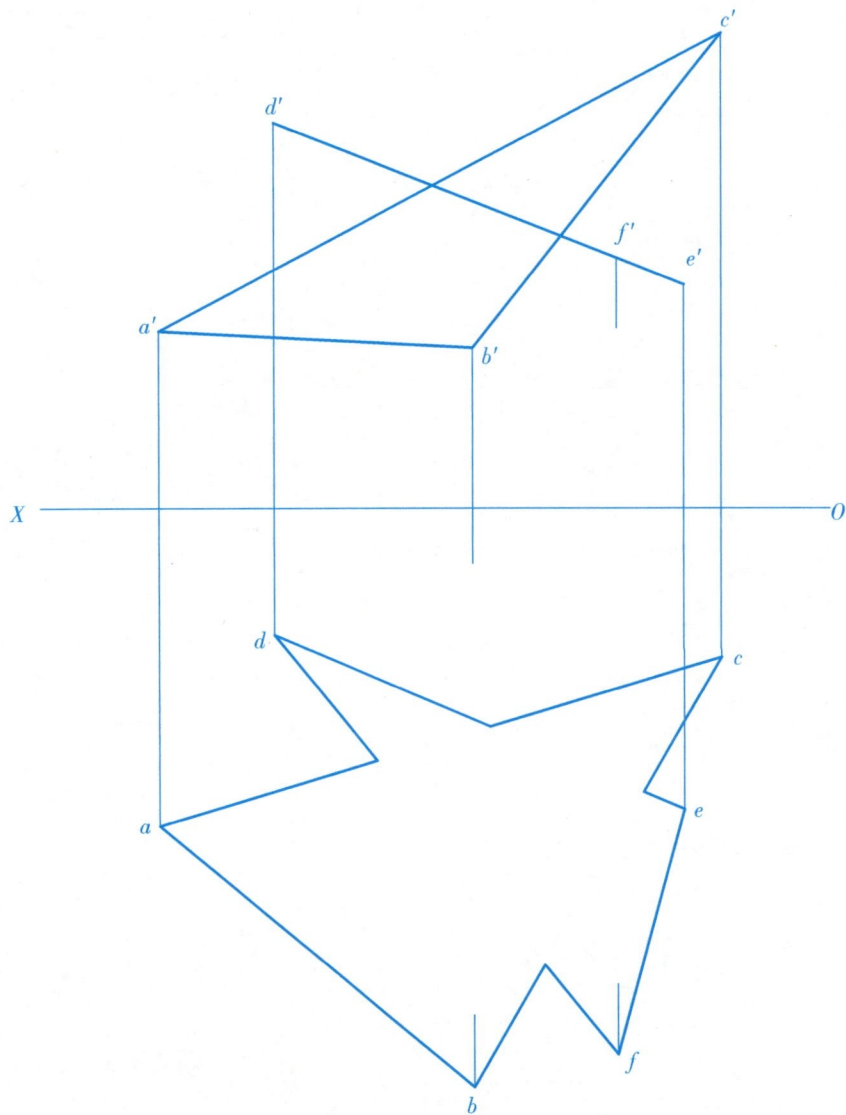

| 第 5 章 | 几何元素间的相对位置 | 专业班级 | | 姓名 | | 学号 | | 评审 | | 日期 | |

17

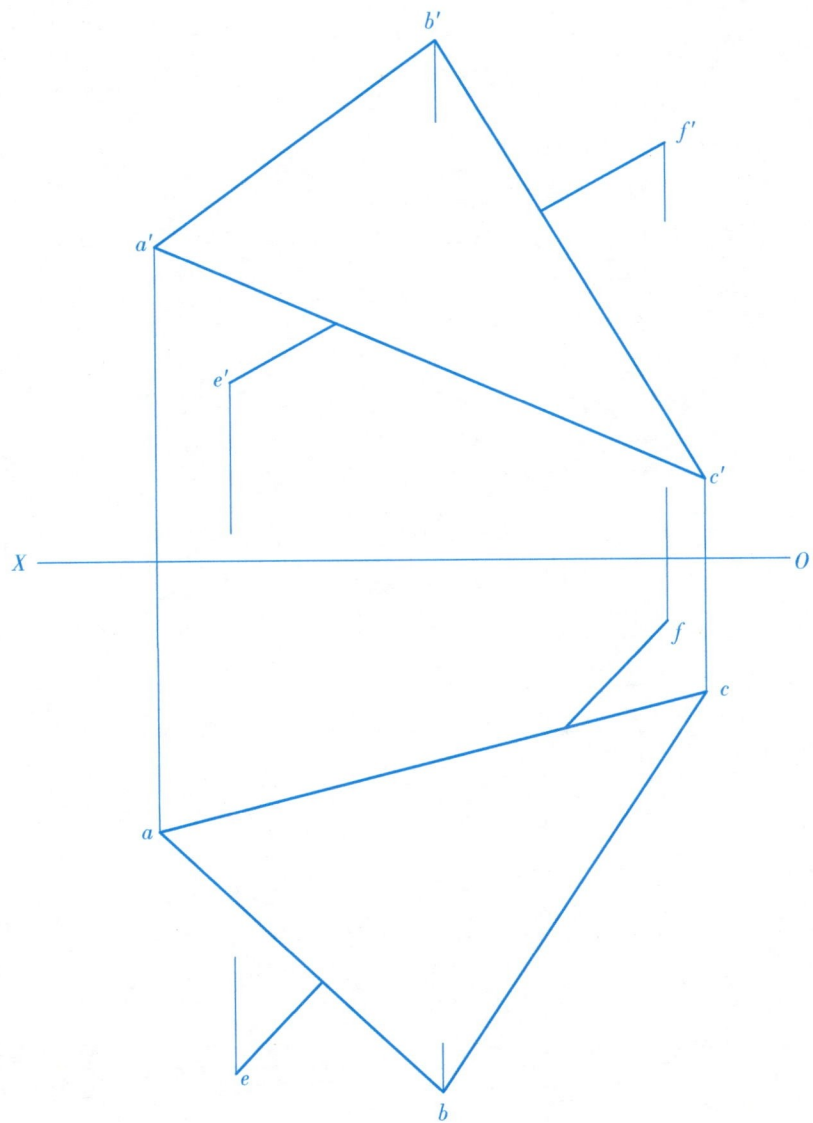

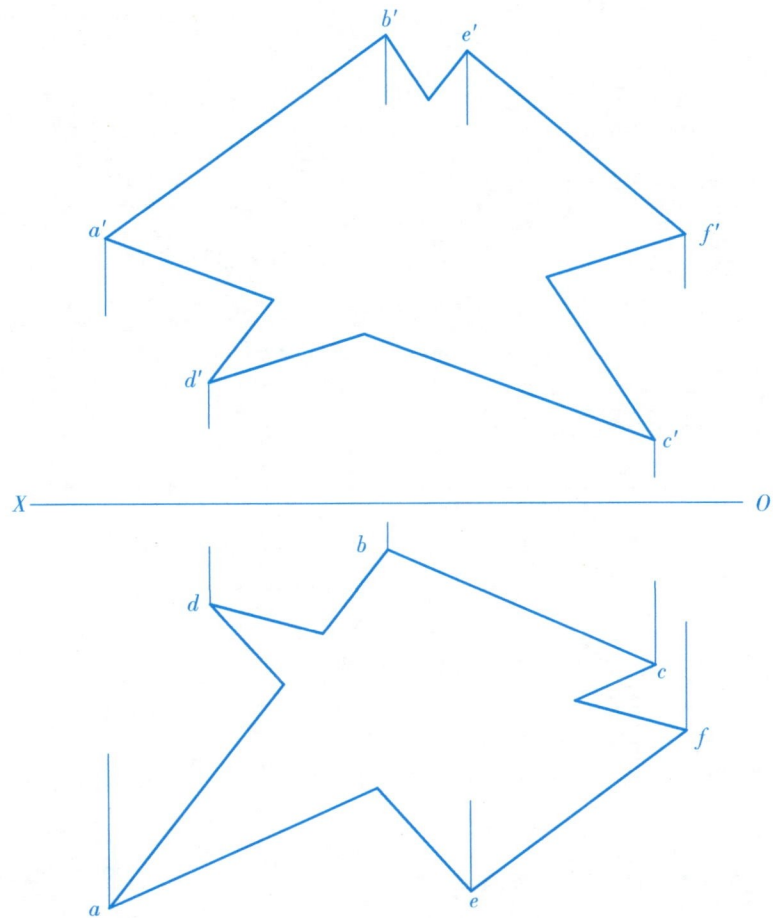

| 第 5 章 | 几何元素间的相对位置 | 专业班级 | | 姓名 | | 学号 | | 评审 | | 日期 | |

5-10 求两平面的交线,并区分可见性。

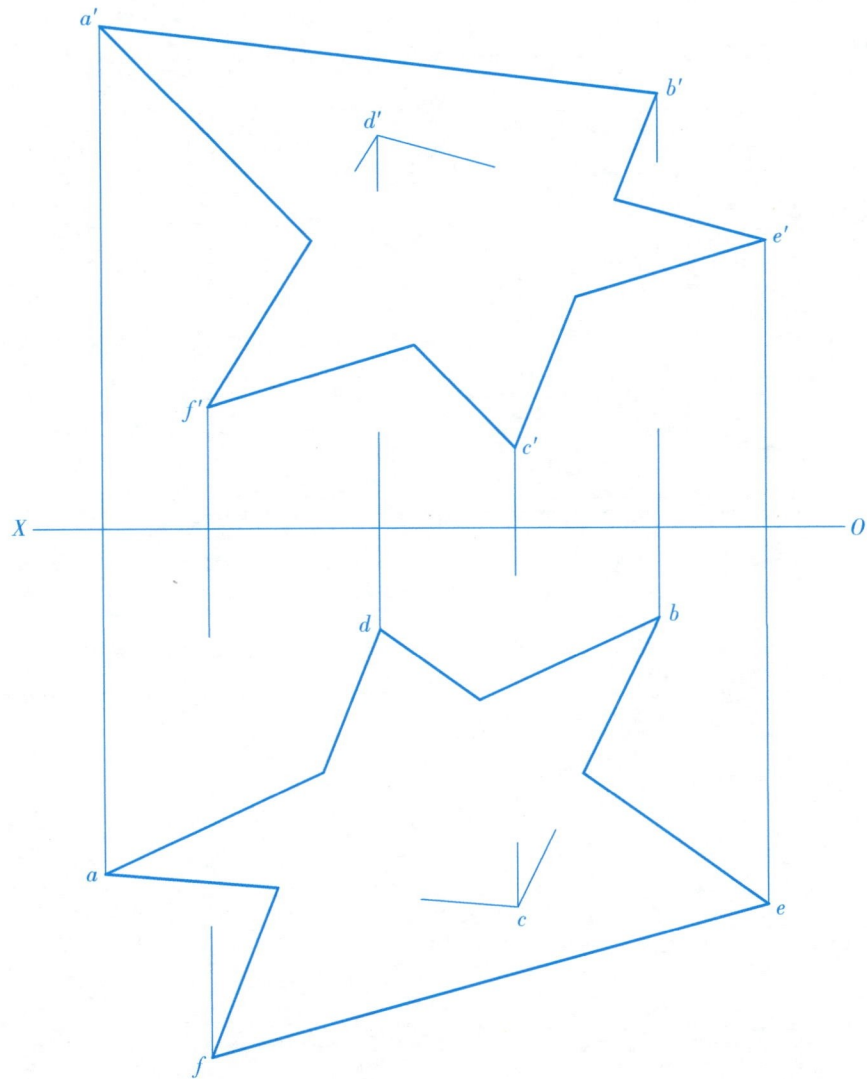

5-11 求两平面的交线。

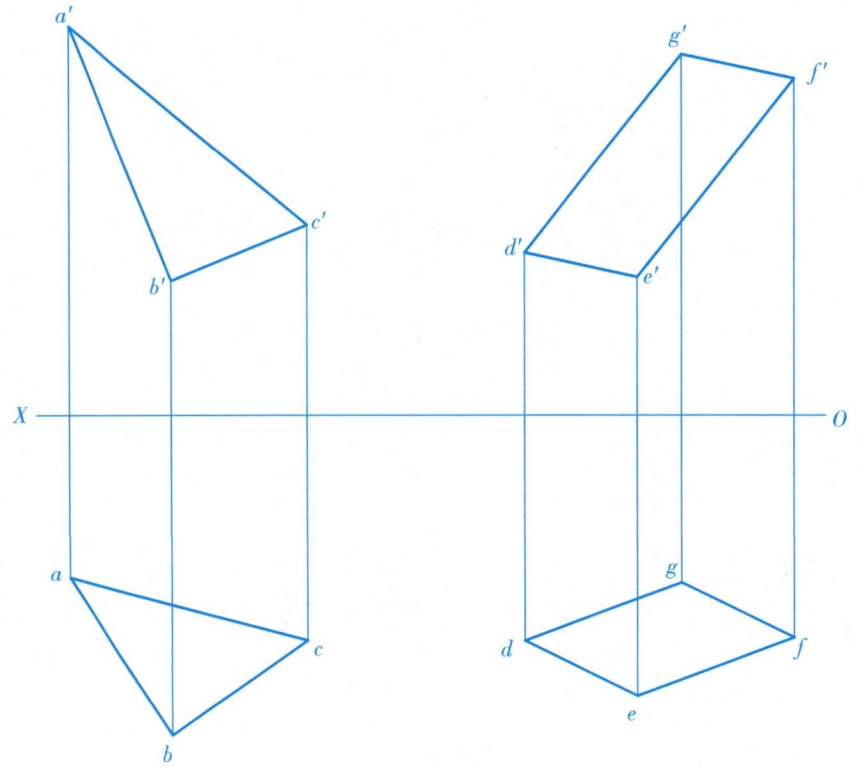

5-12 过点K作△ABC的垂线KL，点L为垂足。

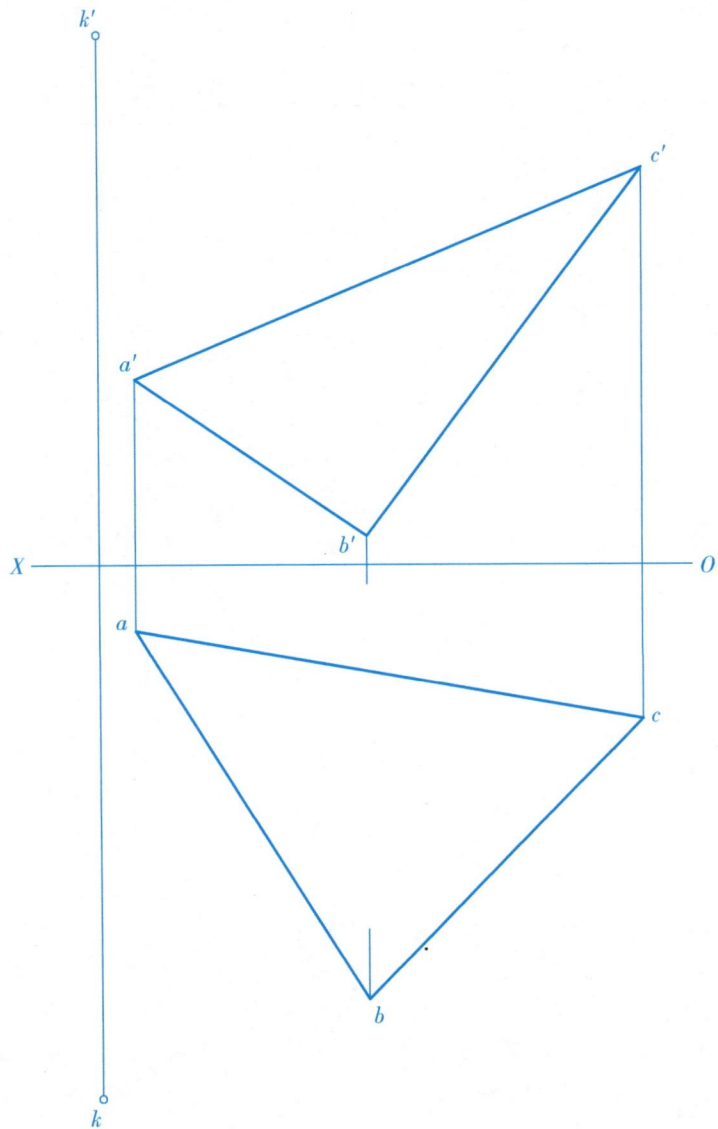

5-13 求点C到直线AB的距离。

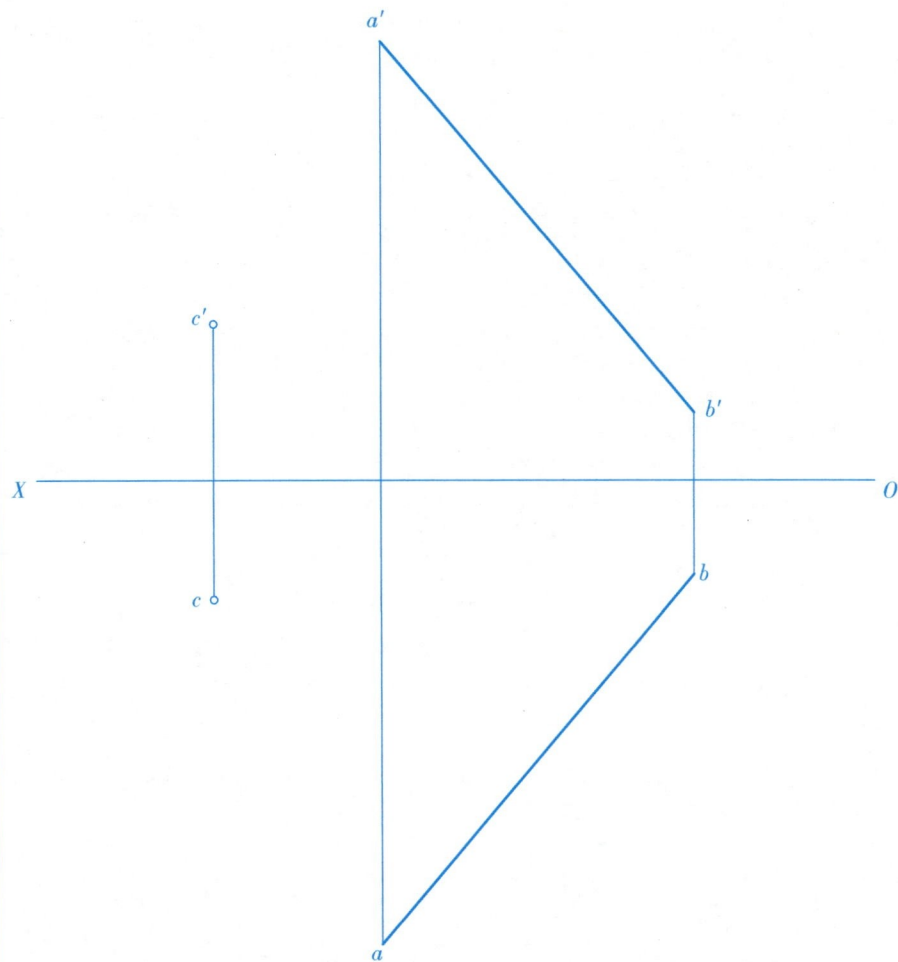

5-14 过点K作一平面分别与已知两平面垂直。

5-15 完成矩形ABCD的两面投影。

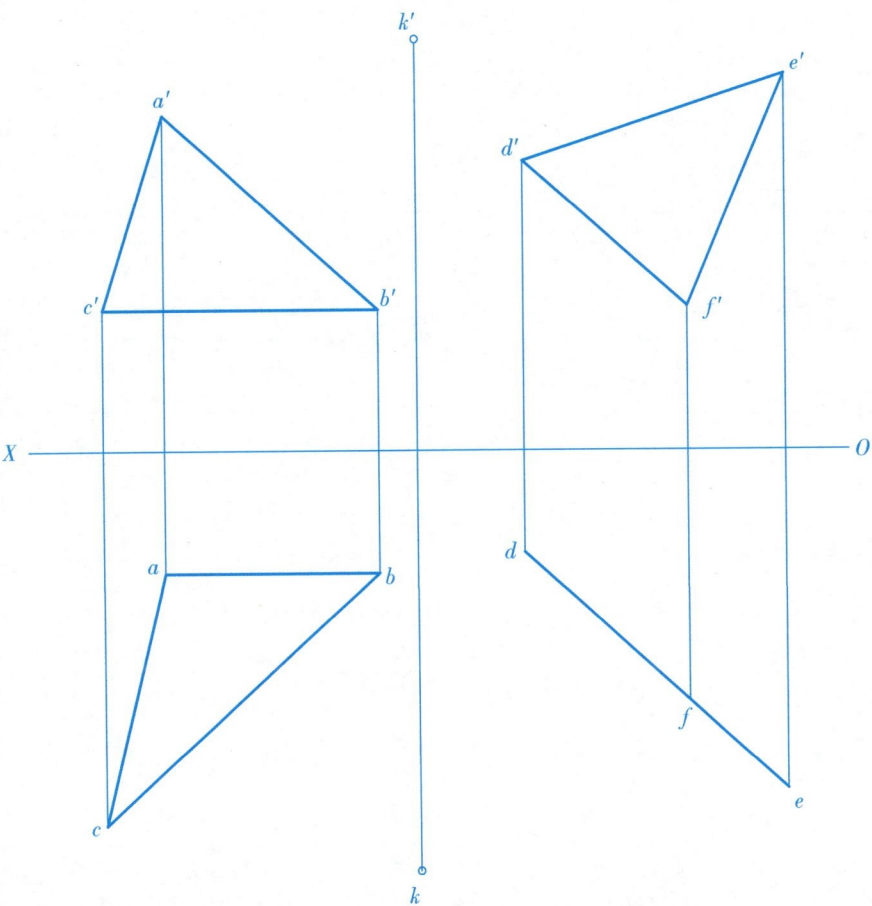

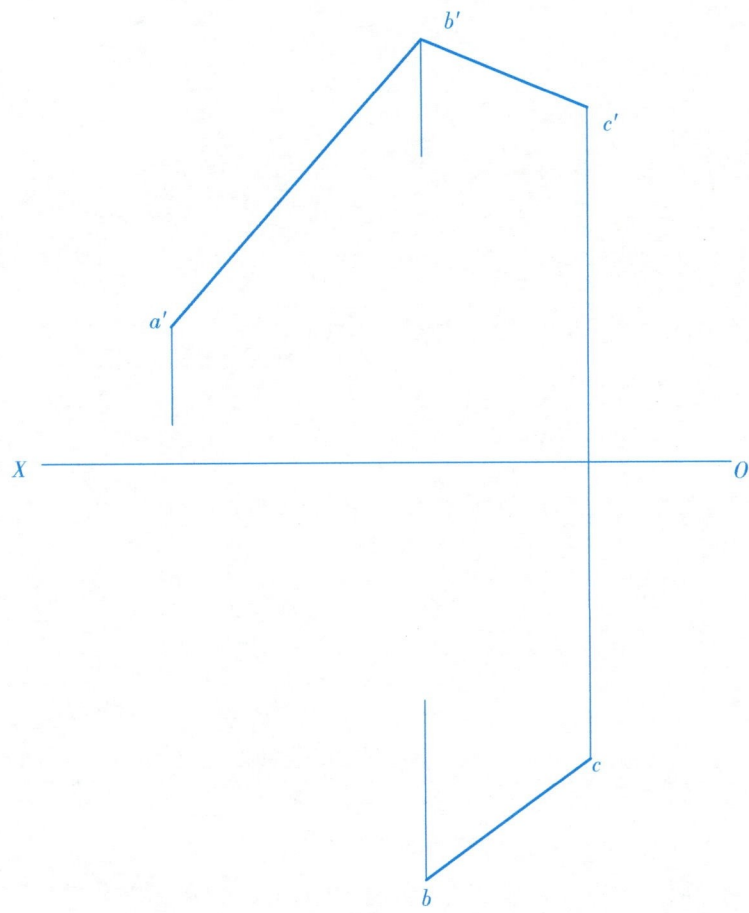

| 第 5 章 | 几何元素间的相对位置 | 专业班级 | | 姓名 | | 学号 | | 评审 | | 日期 | |

5–16 过点K作直线KL平行△ABC且与直线MN相交于L。

5–17 已知CD∥AB，点D到A、B两点等距，求CD。

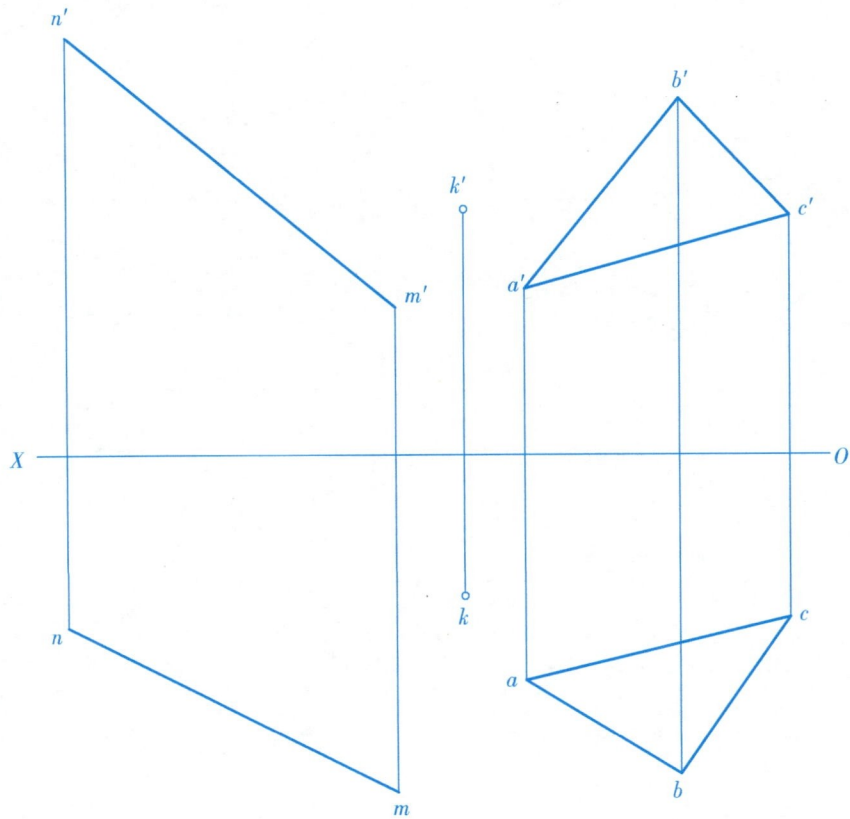

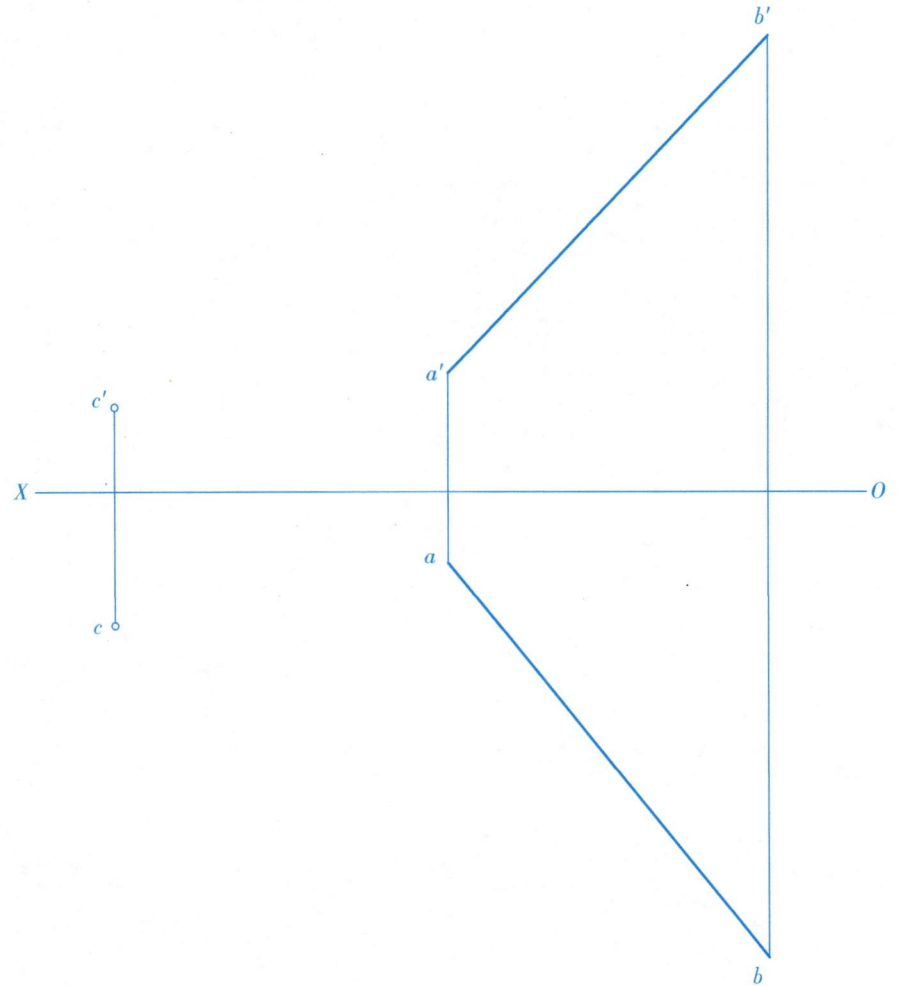

| 第 5 章 | 几何元素间的相对位置 | 专业班级 | | 姓名 | | 学号 | | 评审 | | 日期 | |

5-18 已知等腰直角△ABC中BC=AB，BC在MN上，完成该三角形的两面投影。

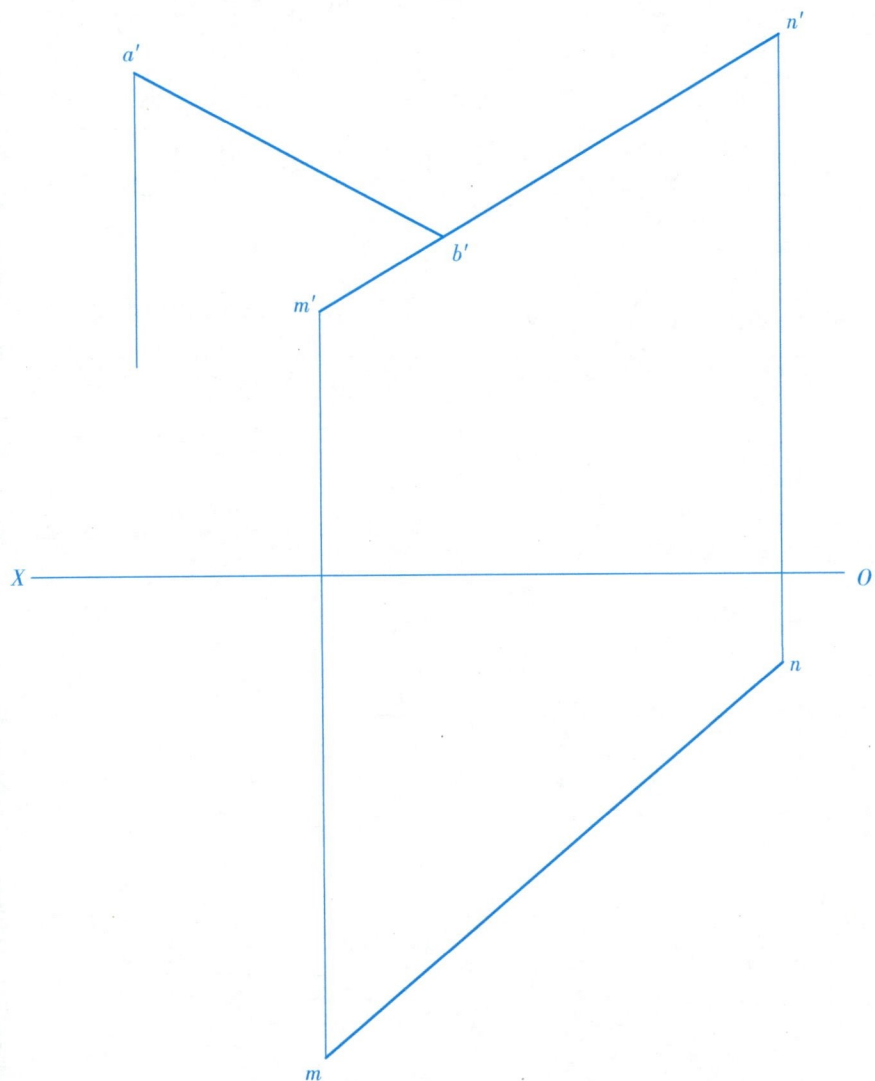

5-19 直线MN平行△ABC且相距25mm，求mn。

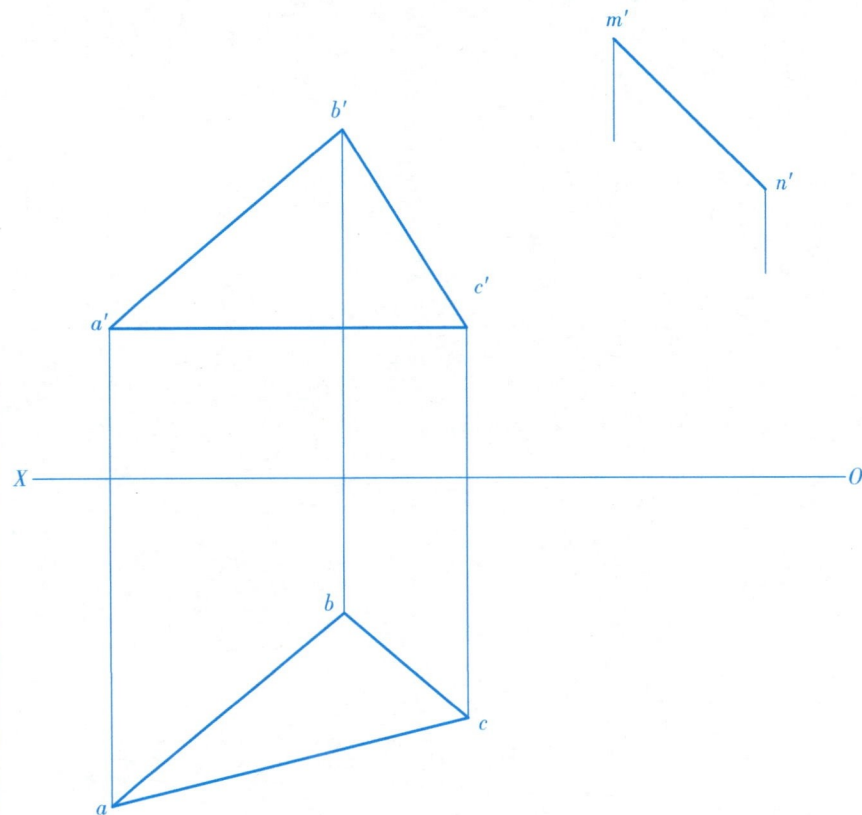

6-1 求直线AB的实长及其对H面和V面的倾角α和β。

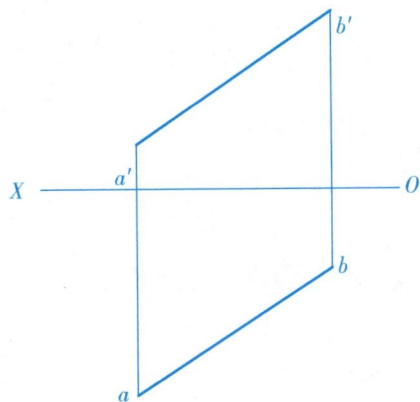

6-2 已知直线AB垂直BC，求BC的正面投影。

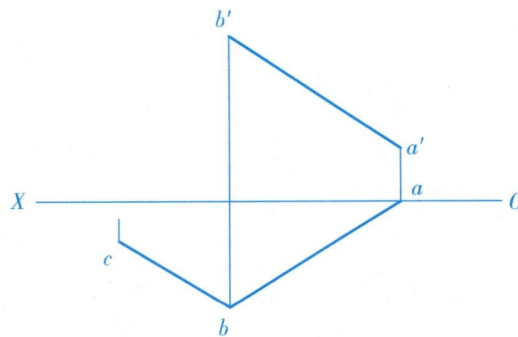

6-3 平行两直线AB、CD间的距离等于15mm，求c'd'。

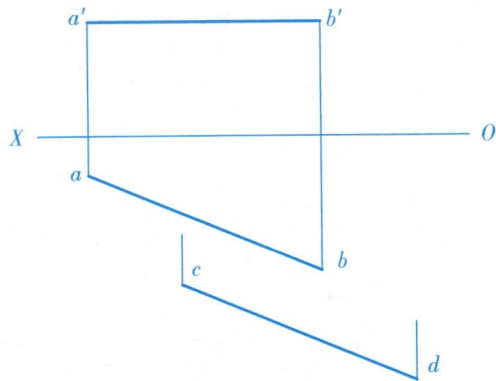

6-4 已知△ABC的α=30°，完成其V面投影。

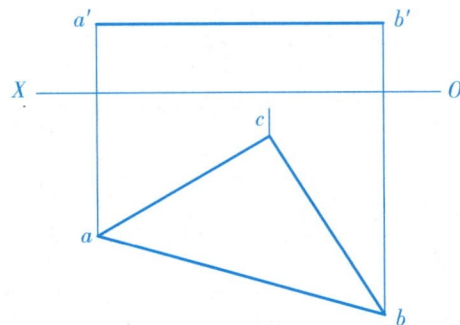

第6章	投影变换	专业班级		姓名		学号		评审		日期	

6-5 已知点D到△ABC的距离DE=30mm，求作DE的V、H投影。

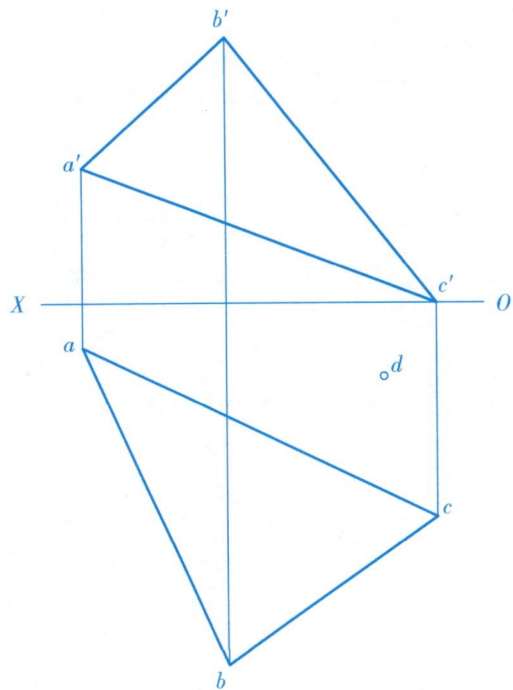

6-6 在直线MN上找一点K，使K与△ABC的距离为20mm。

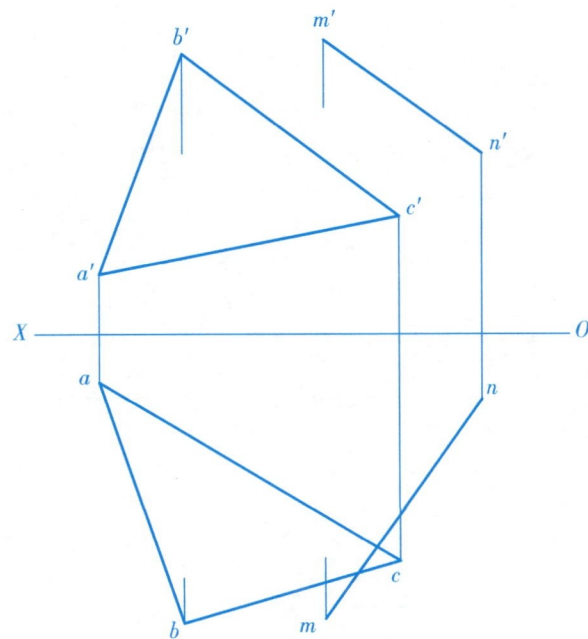

| 第 6 章 | 投影变换 | 专业班级 | | 姓名 | | 学号 | | 评审 | | 日期 | |

6-7 已知CD为△ABC平面上的正平线，△ABC对V面的倾角 β=30°，
完成△a'b'c'。

6-8 求△ABC与△ABD两平面的夹角 θ 。

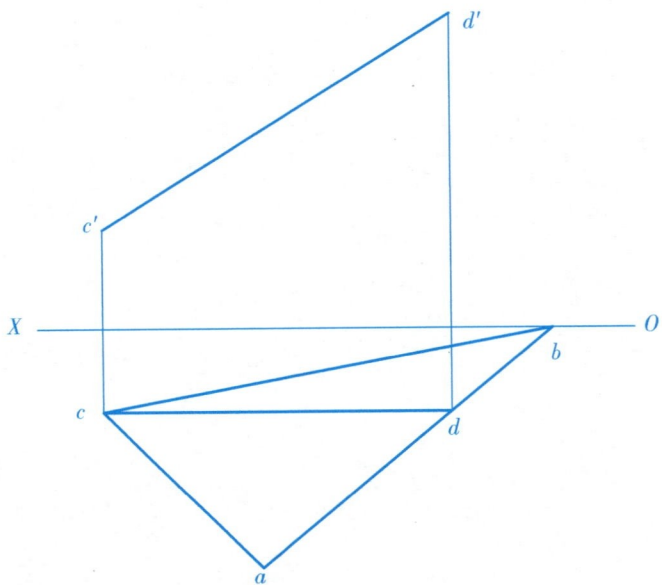

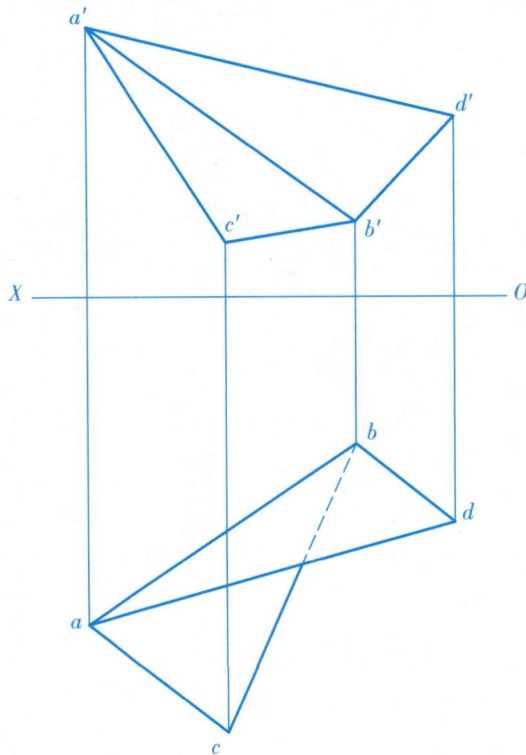

第6章	投影变换	专业班级		姓名		学号		评审		日期	

6-9 已知等边△ABC 的底边BC在MN上，完成△ABC 的V、H 投影。

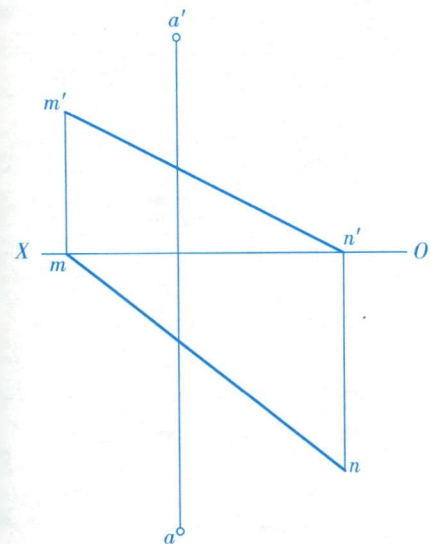

6-10 作出△ABC外接圆圆心K的V、H 投影。

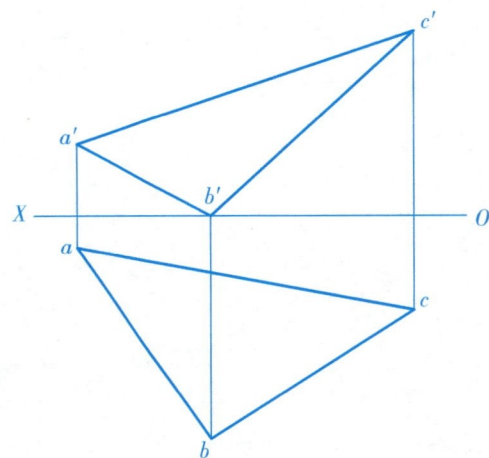

6-11 连接 AB 和 CD 两交叉管，作图说明第三管安装在何处最短，并求第三管的实长。

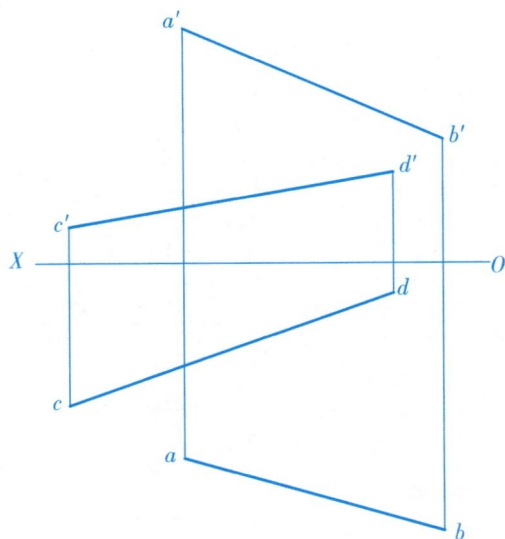

6-12 已知点 K 绕 MN 旋转经过 AB，求 k'。

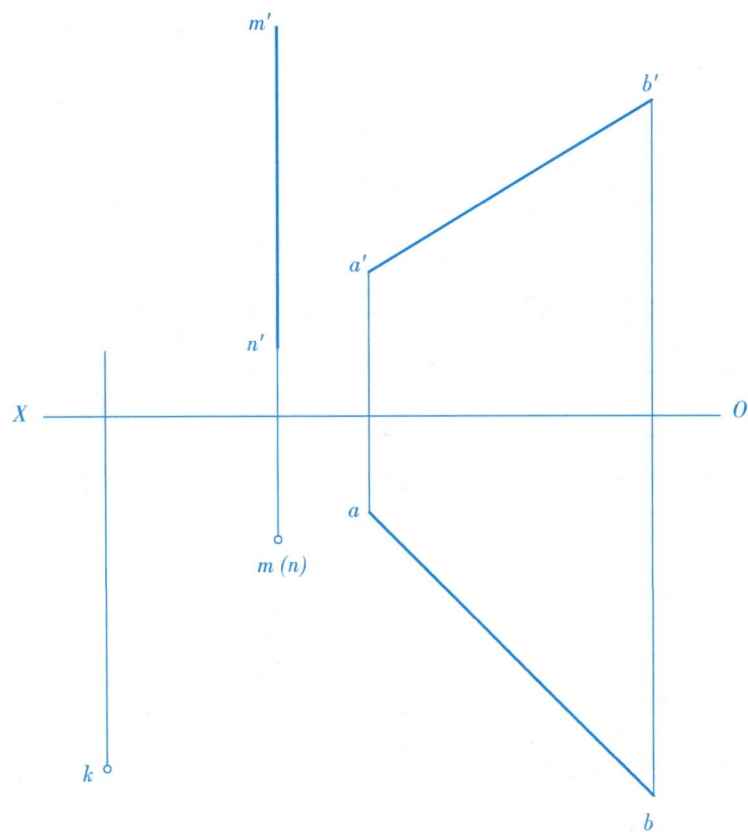

6-13 已知直线AB的一端点a'、a。$\alpha =30°$、$\beta =45°$，$AB =70mm$ 完成直线的投影。

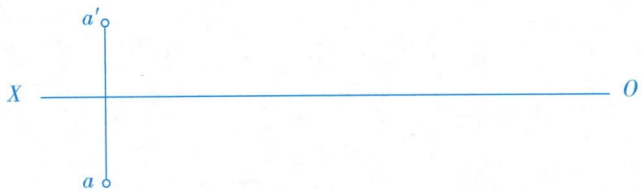

6-14 完成以BC为底边的等腰$\triangle ABC$的H面投影。

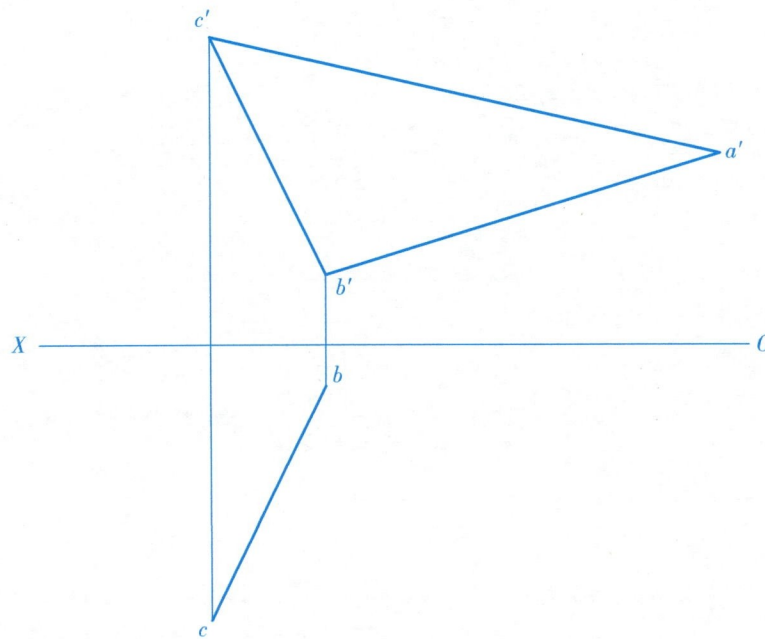

| 第6章 | 投影变换 | 专业班级 | | 姓名 | | 学号 | | 评审 | | 日期 | |

7-1　已知铅垂圆的H投影，求其V投影。

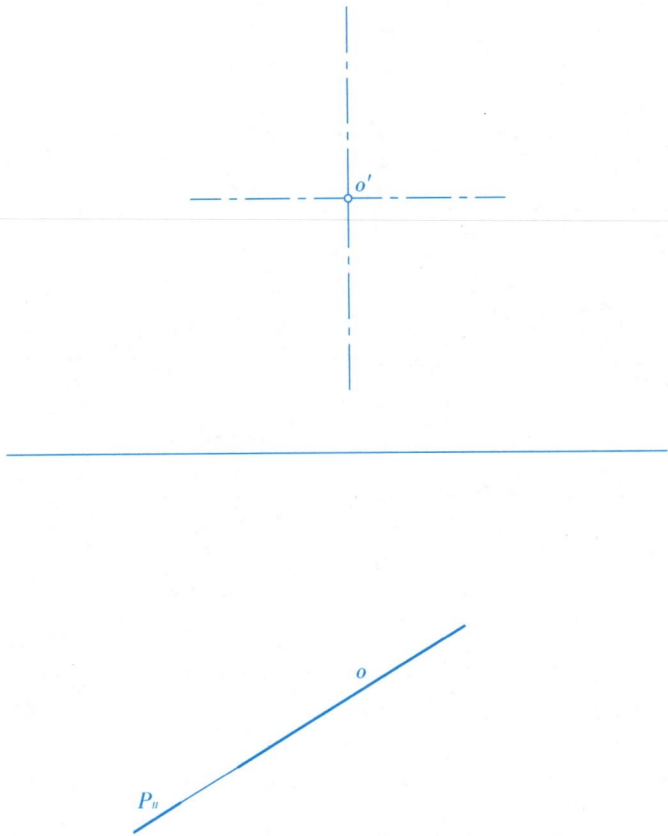

7-2　在圆柱面上作左螺旋线的投影，并判别可见性，点A为螺旋线起点。

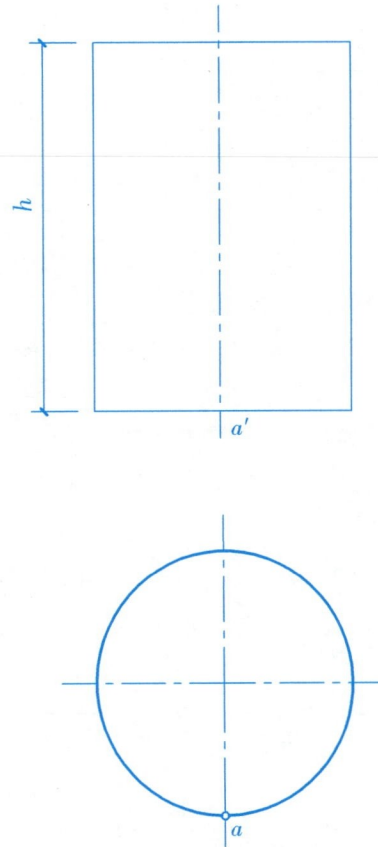

o'

o

P_u

h

a'

a

第7章	曲线、曲面	专业班级		姓名		学号		评审		日期	

7–3 完成曲面的水平投影，用字母标出曲面外形轮廓线在另外投影图中的位置，并完成K点的水平投影k。

（1）斜圆柱面　　　　　　　　　　　　　　　　　　　　　　　　　　　　　　　　　　（2）斜圆锥面

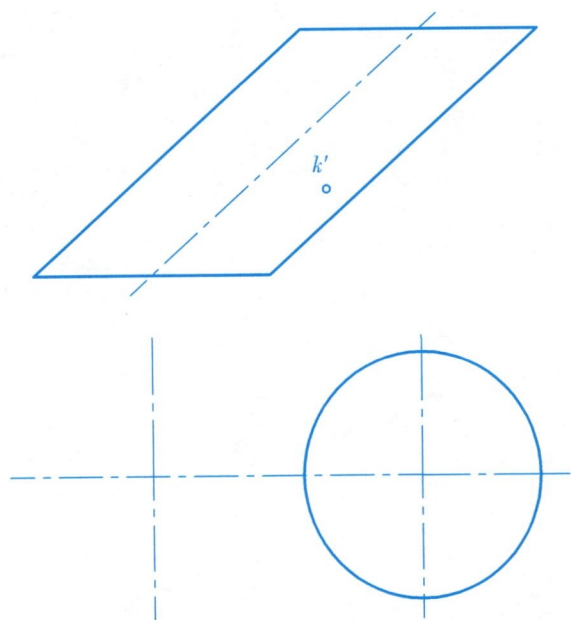

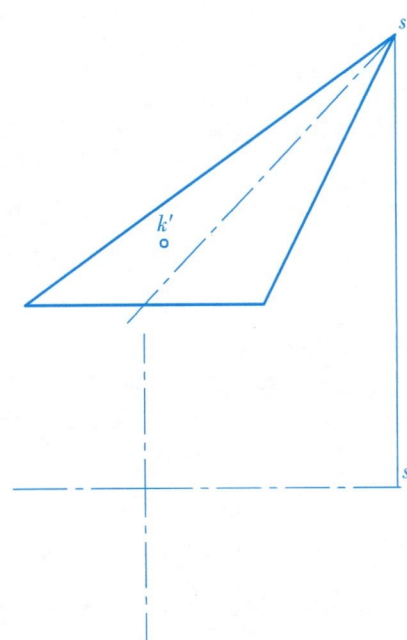

| 第7章 | 曲线、曲面 | 专业班级 | | 姓名 | | 学号 | | 评审 | | 日期 | |

7-4　已知单叶双曲回转面的轴线 oo' 及母线 AB，求作其投影图。

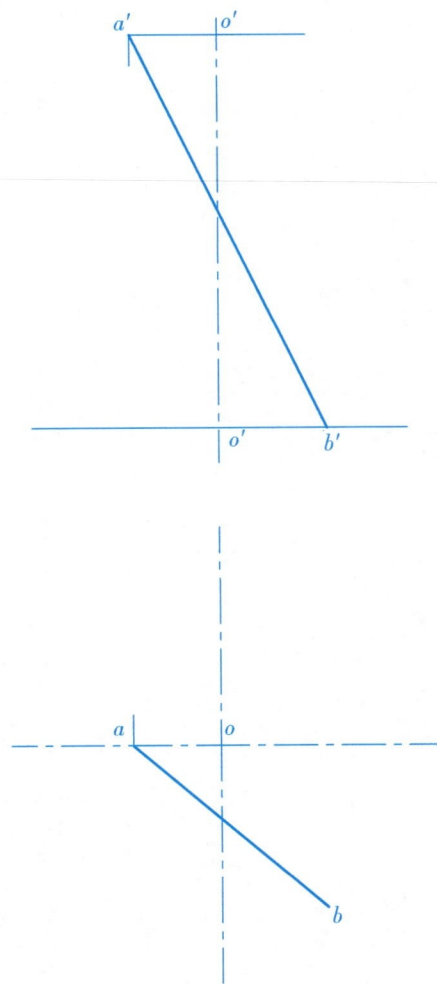

7-5　以直线 AB、CD 为导线，V 面为导平面，试绘双曲抛物面的投影。

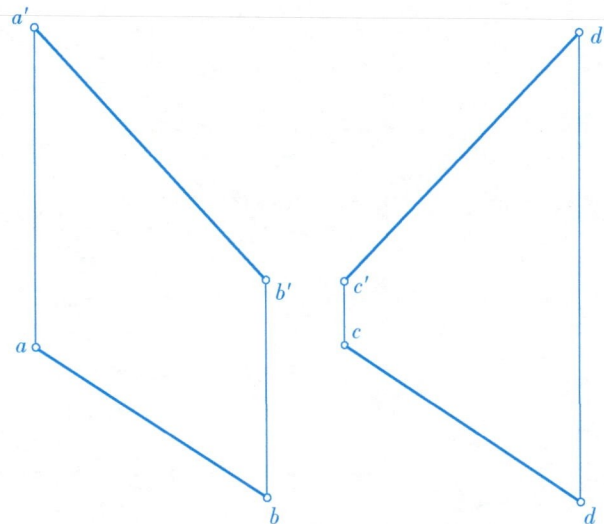

| 第7章 | 曲线、曲面 | 专业班级 | | 姓名 | | 学号 | | 评审 | | 日期 | |

7-6 作出柱状面管（管径是圆形）的水平投影，并指出其母线、导线和导面。

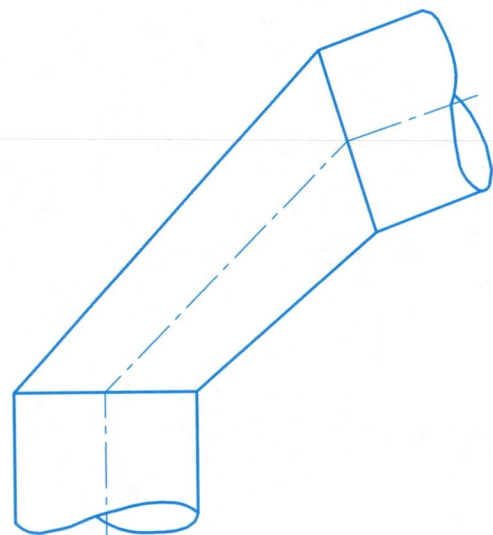

7-7 已知母线 AF、导线 ABCD 和 EF、导面 H，求作锥状面。

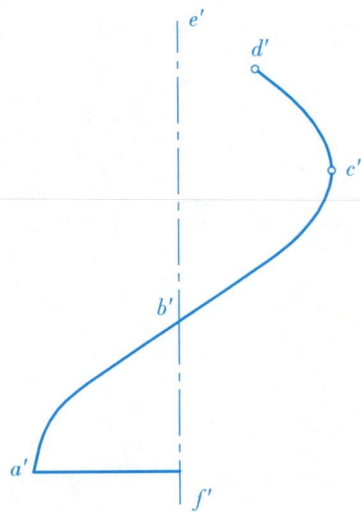

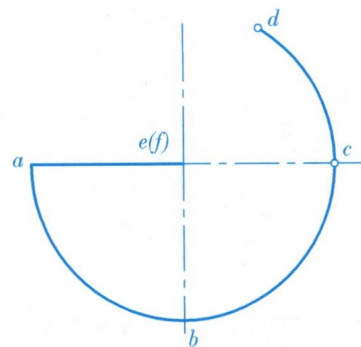

7-8 指出下列曲面的名称及其导线、导平面、母线。

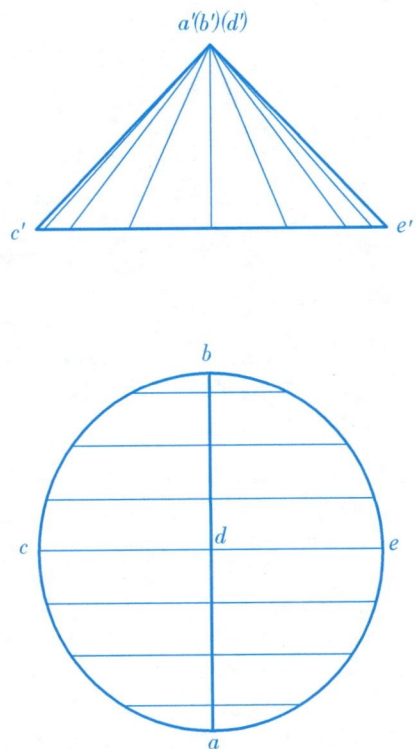

a'(b')(d')

c'   e'

b

c   d   e

a

7-9 指出石拱门的曲面名称及其导线、导平面、母线。

| 第7章 | 曲线、曲面 | 专业班级 | | 姓名 | | 学号 | | 评审 | | 日期 | |

7-10 完成平螺旋面形的楼梯扶手弯头的正面投影。

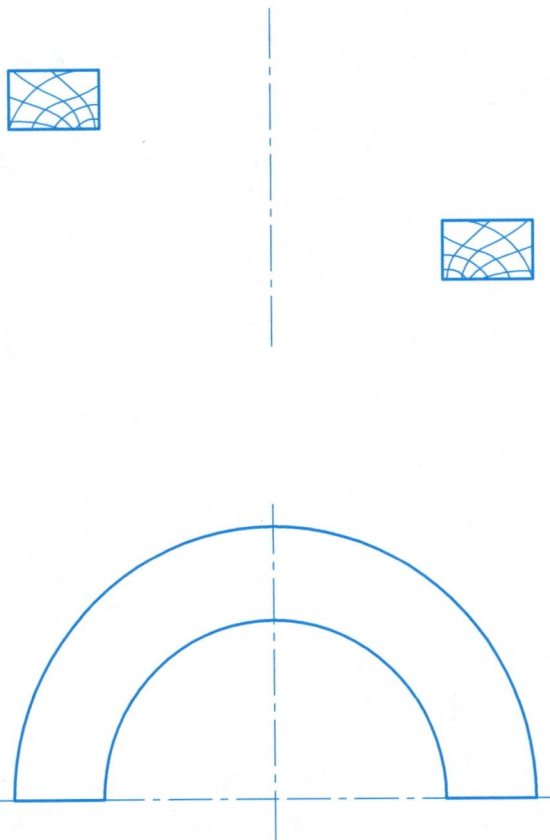

7-11 以直线 *AB* 和曲线 *CD* 为导线，*V* 面为导平面，试绘锥状面的投影图。

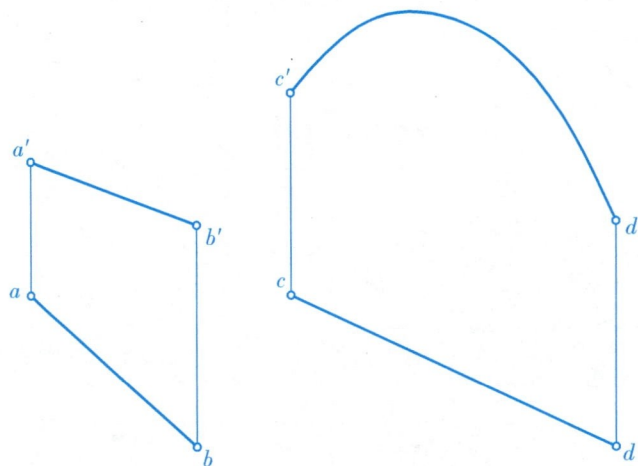

7-12 以曲线 *AB*、*CD* 为导线，*V* 面为导平面，试绘柱状面的投影图。

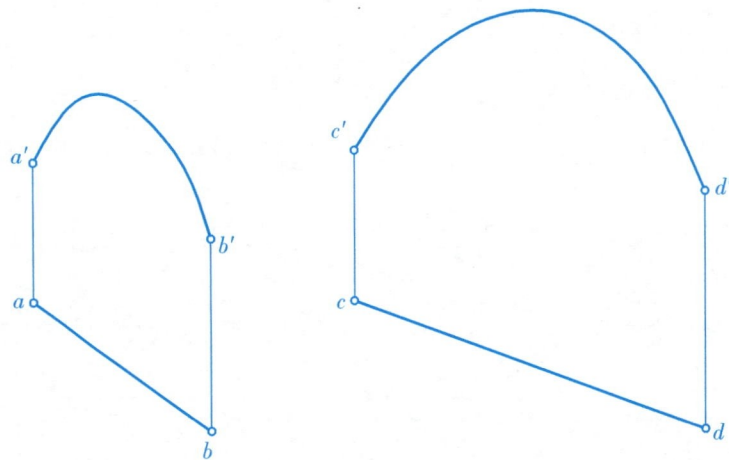

第7章		曲线、曲面		专业班级		姓名		学号		评审		日期	

35

7-13 求作螺旋楼梯的正面投影，设楼梯板厚与踏步高相同，踏步高=1/12h（右旋，起点为A）。

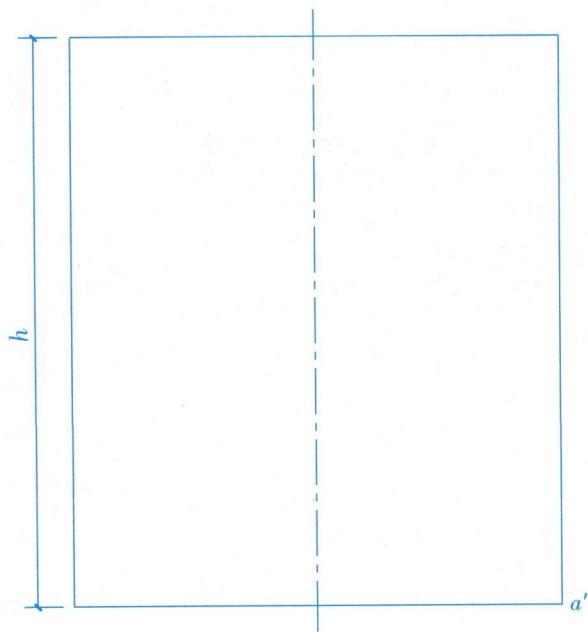

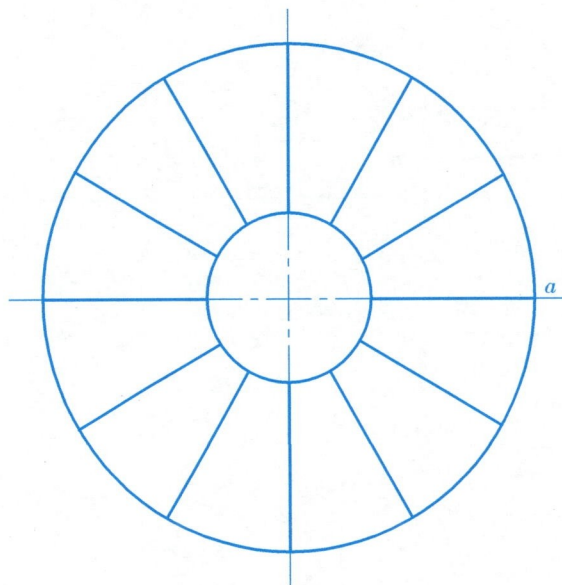

h

a'

a

8-1 作出三棱锥的侧面投影及其表面上点A、B的其余二投影。

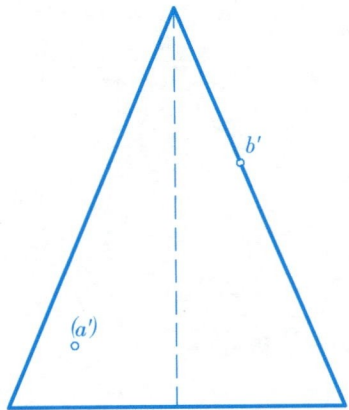

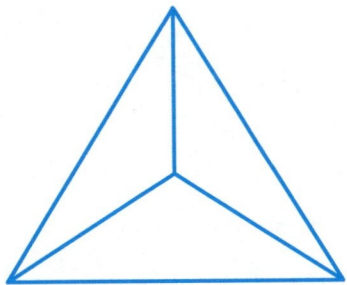

8-2 作出三棱柱的侧面投影及其表面上点A、B的其余二投影。

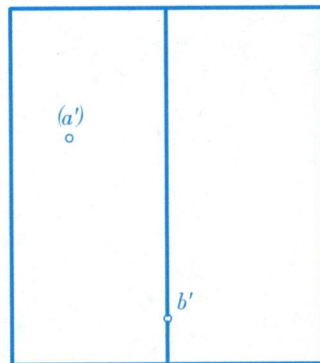

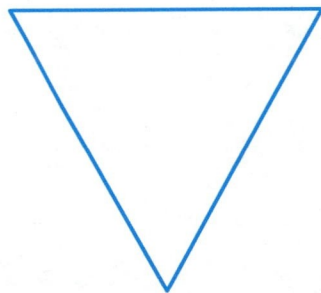

b′

(a′)

(a′)

b′

| 第8章 | 立体的投影 | 专业班级 | | 姓名 | | 学号 | | 评审 | | 日期 | |

8-3 作出五棱柱的侧面投影及其表面上点A、B的其余二投影。

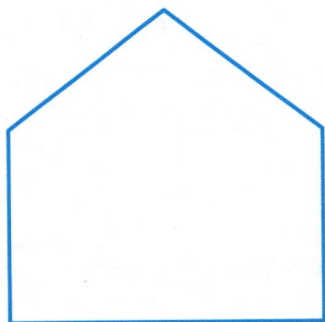

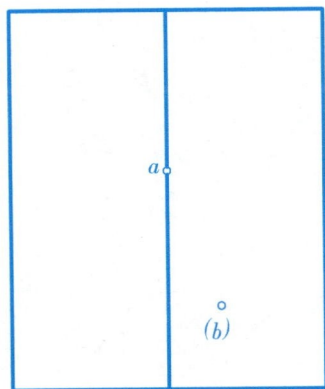

8-4 作出六棱台的侧面投影及其表面上点A、B、C的其余二投影。

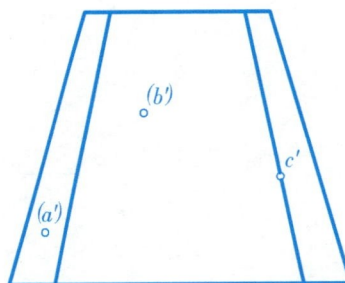

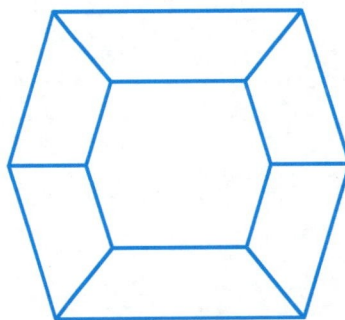

| 第8章 | 立体的投影 | 专业班级 | | 姓名 | | 学号 | | 评审 | | 日期 | |

8-5 作出圆柱体的侧面投影及其表面上 A、B 两点的其余投影。

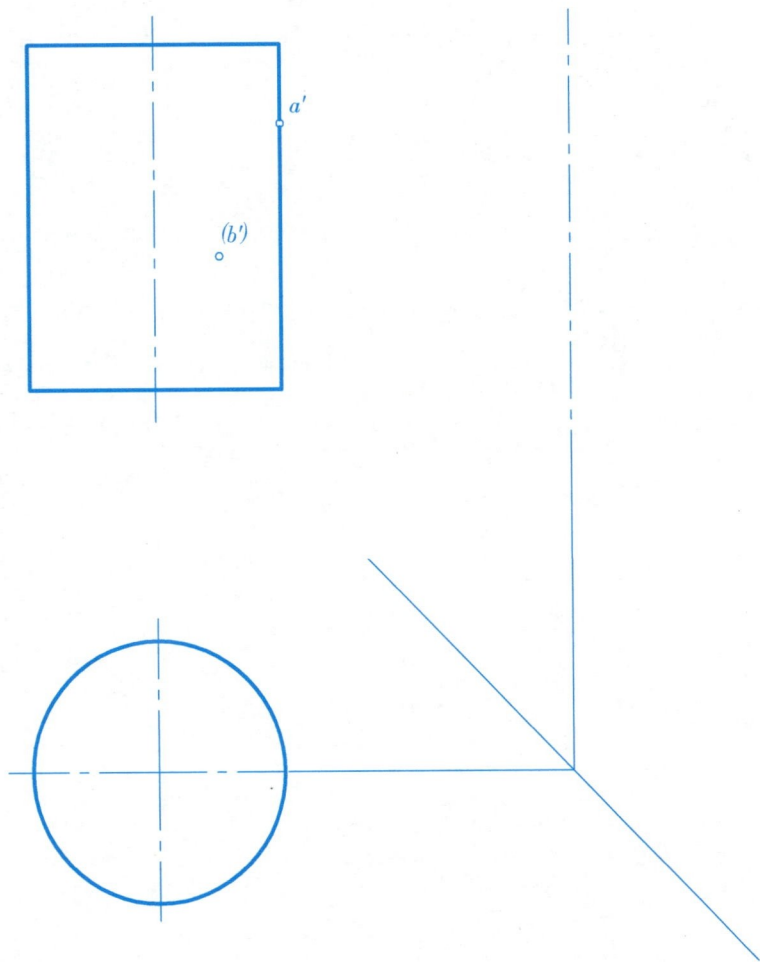

a'

(b')

8-6 作出圆锥体的侧面投影及其表面上 A、B 两点的其余投影。

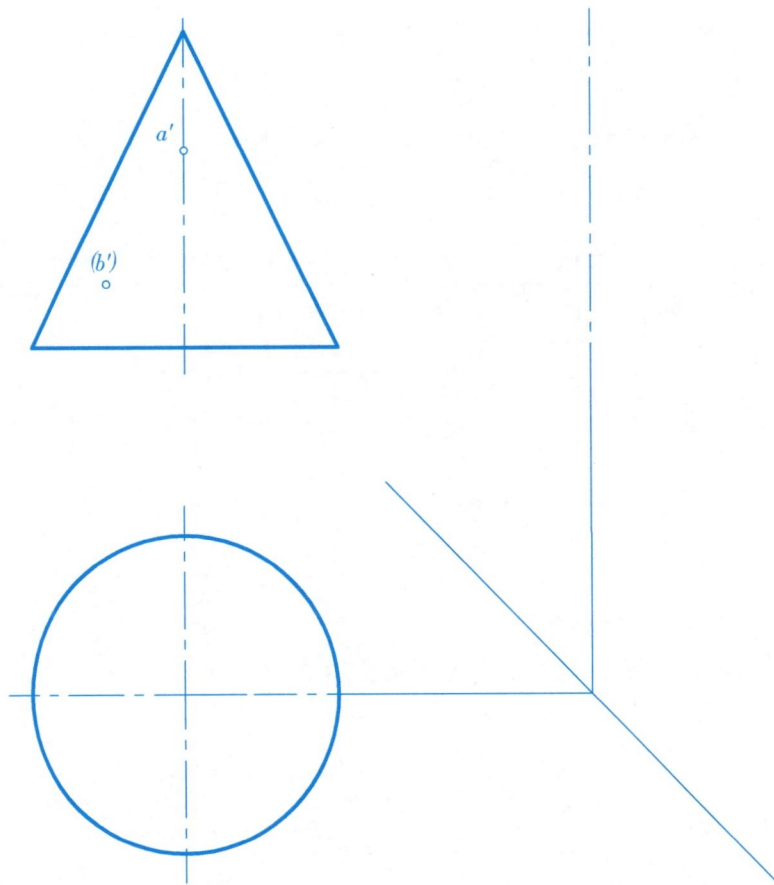

a'

(b')

| 第8章 | 立体的投影 | 专业班级 | | 姓名 | | 学号 | | 评审 | | 日期 | |

8-7 作出圆球体表面上 *A*、*B* 两点的其余投影。

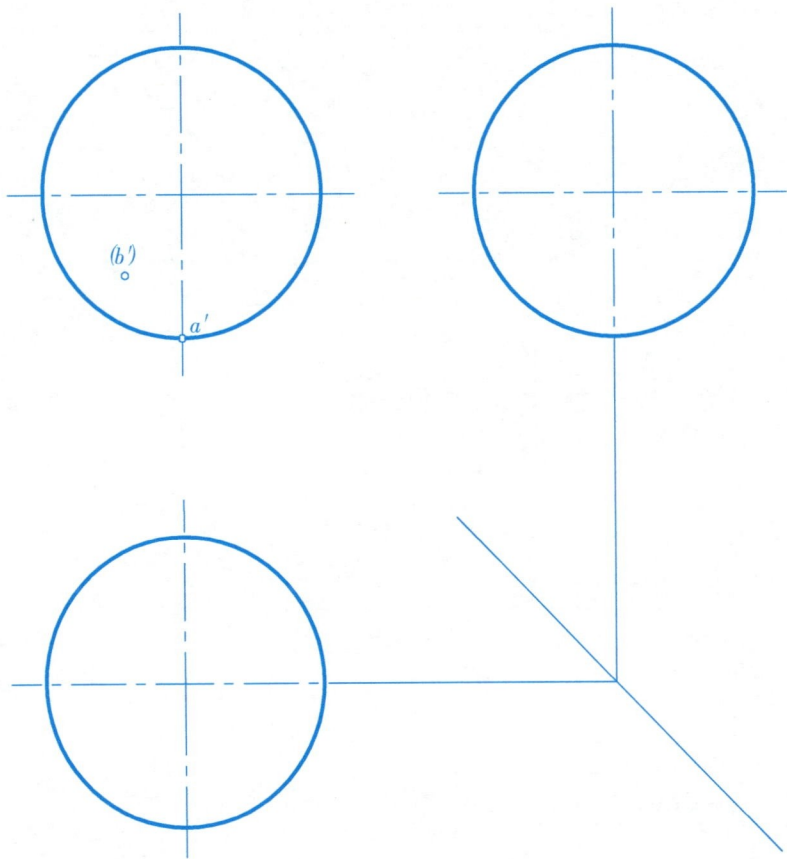

8-8 作出圆环体表面上 *A*、*B* 两点的其余投影。

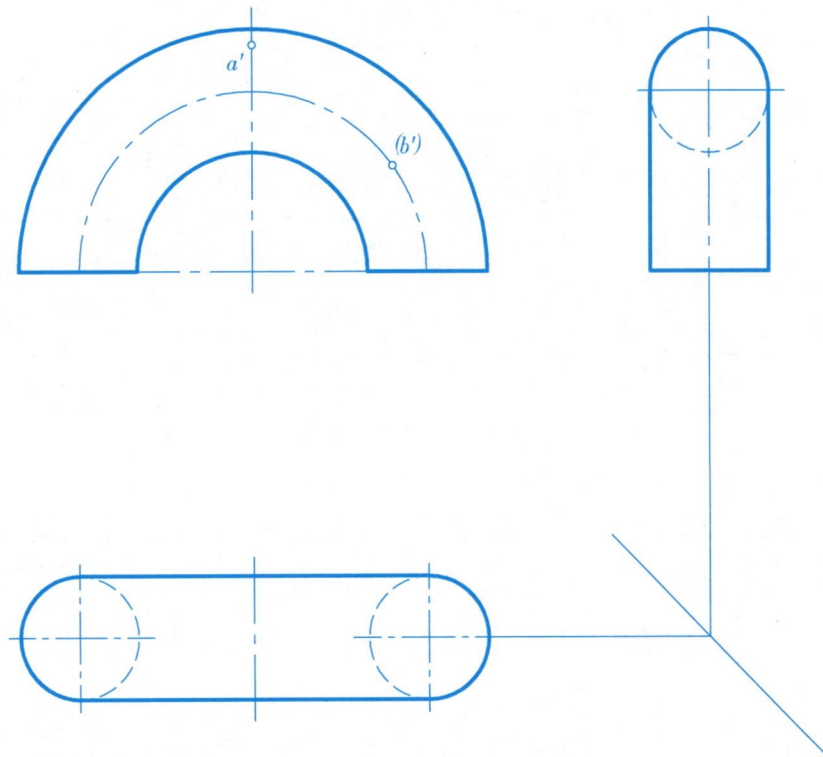

| 第8章 | 立体的投影 | 专业班级 | | 姓名 | | 学号 | | 评审 | | 日期 | |

8-9 已知三棱锥表面各点、线的投影，求作其余两面投影。

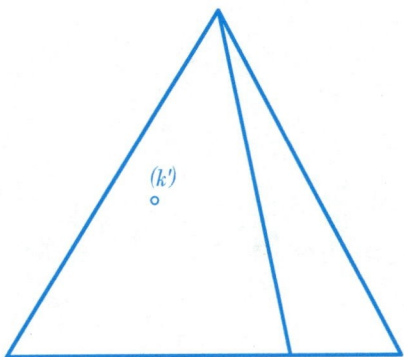

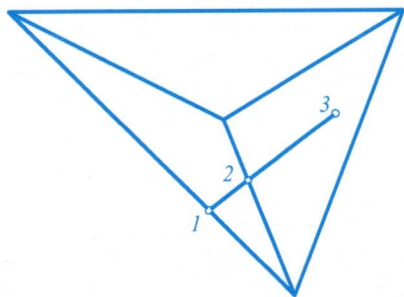

8-10 已知三棱柱表面各线的投影，求作其余两面投影。

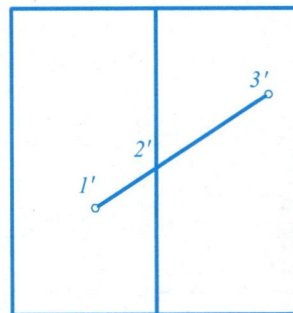

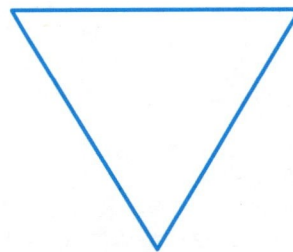

9-1 完成带缺口三棱柱的其余两面投影。

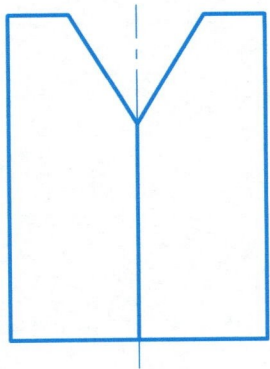

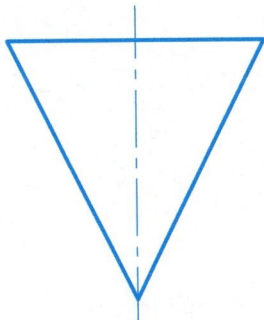

9-2 完成三棱柱被截切后的水平和侧面投影。

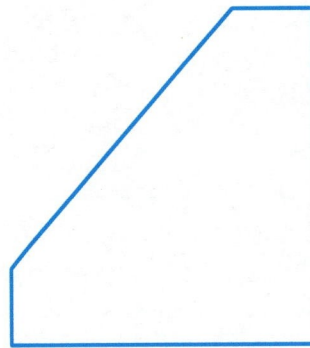

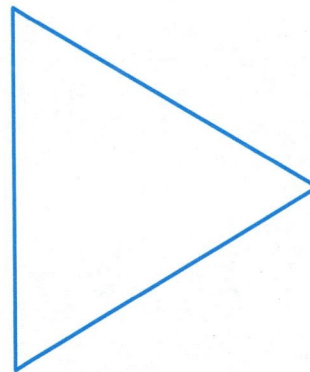

| 第9章 | 平面、直线与立体相交 | 专业班级 | | 姓名 | | 学号 | | 评审 | | 日期 | |

9-3 完成带缺口四棱柱的水平和侧面投影。

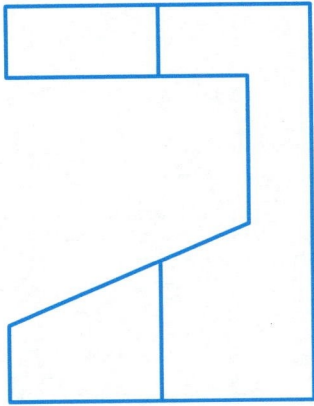

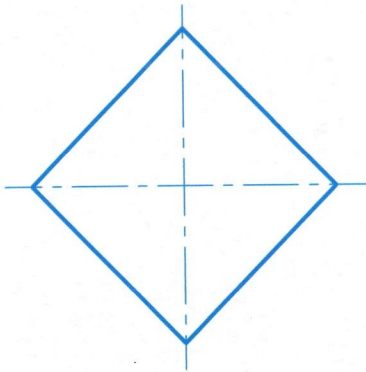

9-4 完成带缺口六棱柱的其余两面投影。

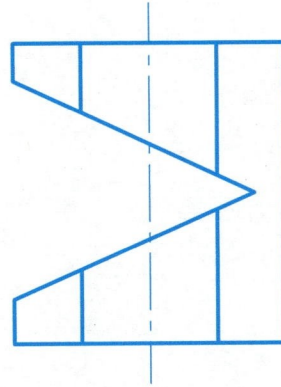

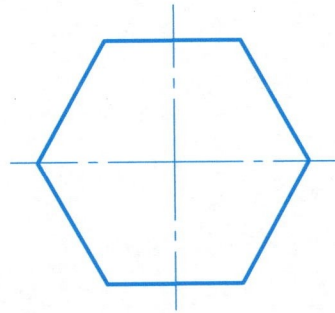

9-5 完成三棱锥被截切后的其余两面投影。

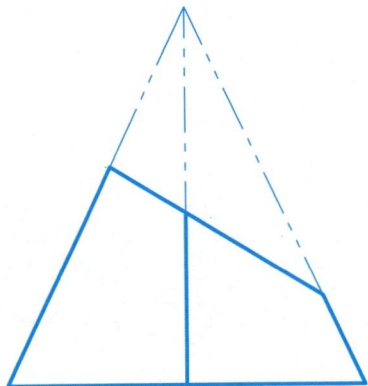

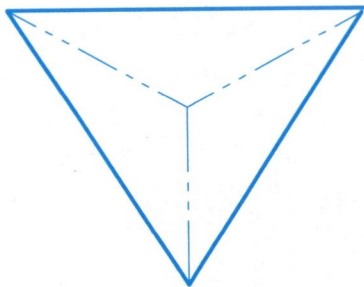

9-6 完成带缺口四棱锥的其余两面投影。

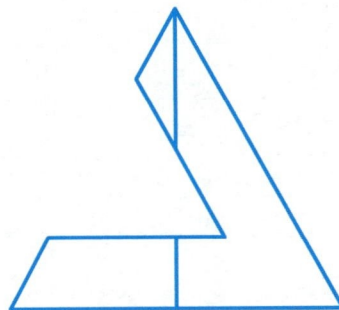

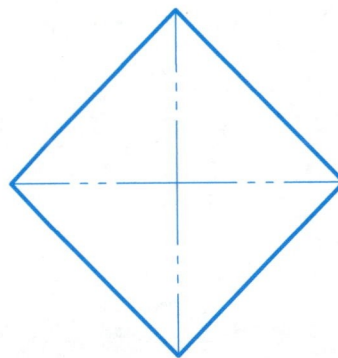

9-7 完成带缺口圆柱的水平和侧面投影。

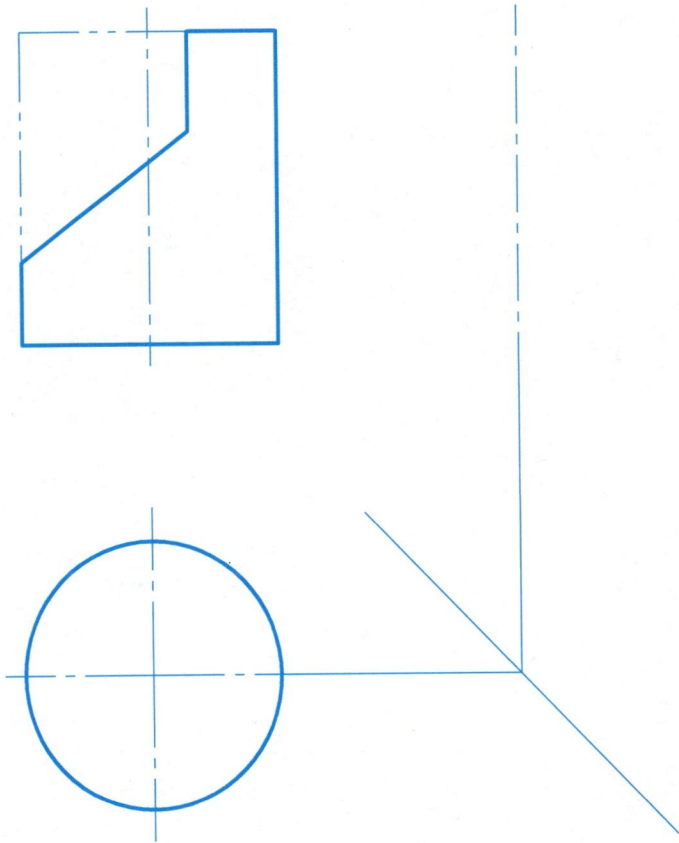

9-8 完成带缺口圆柱的水平和侧面投影。

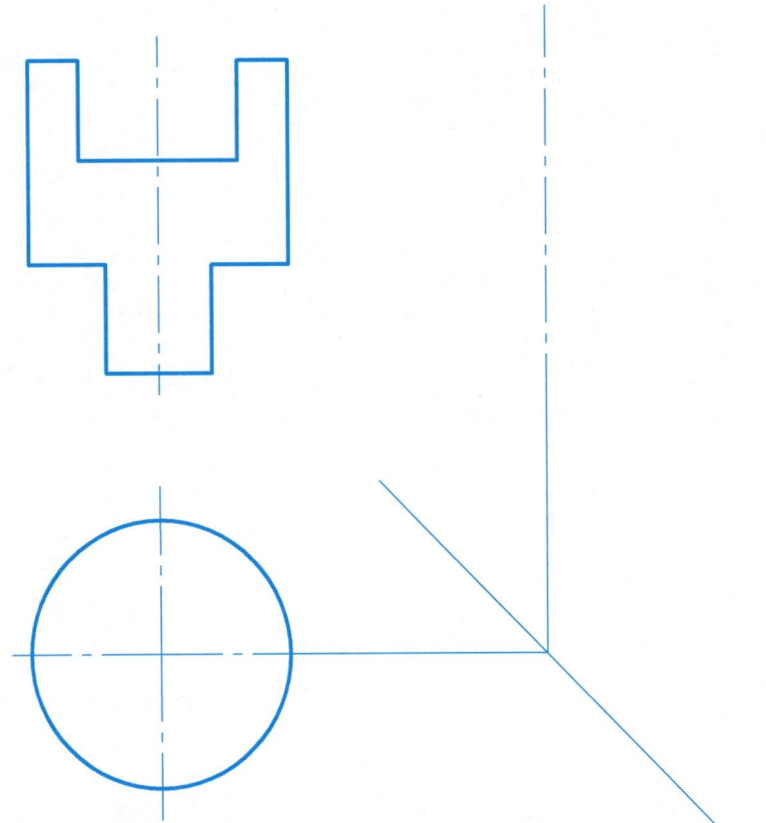

9-9 完成圆锥被截切后的水平和侧面投影。

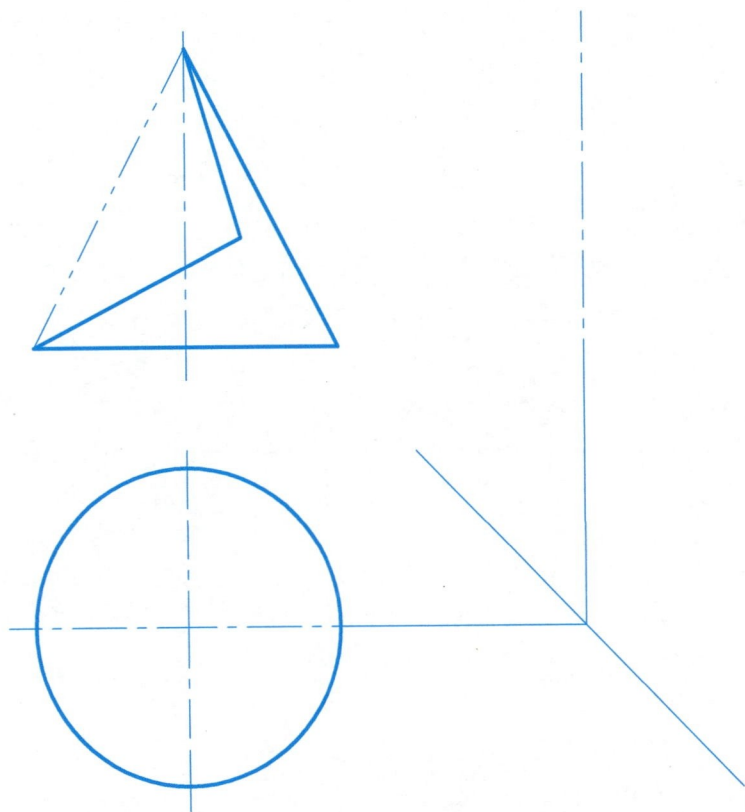

9-10 完成圆锥被截切后的水平和侧面投影。

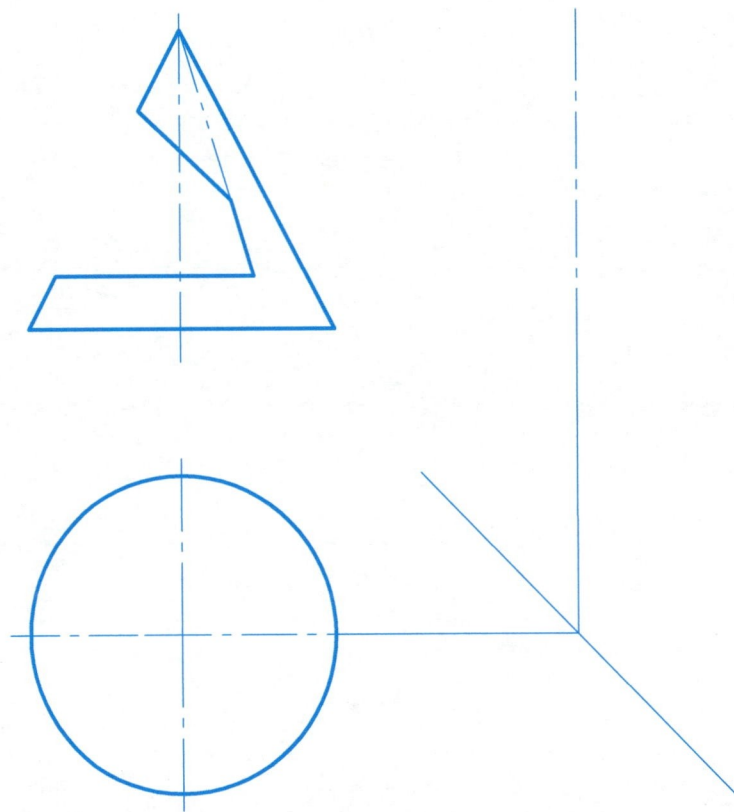

9-11 完成圆球被截切后的另两面投影。

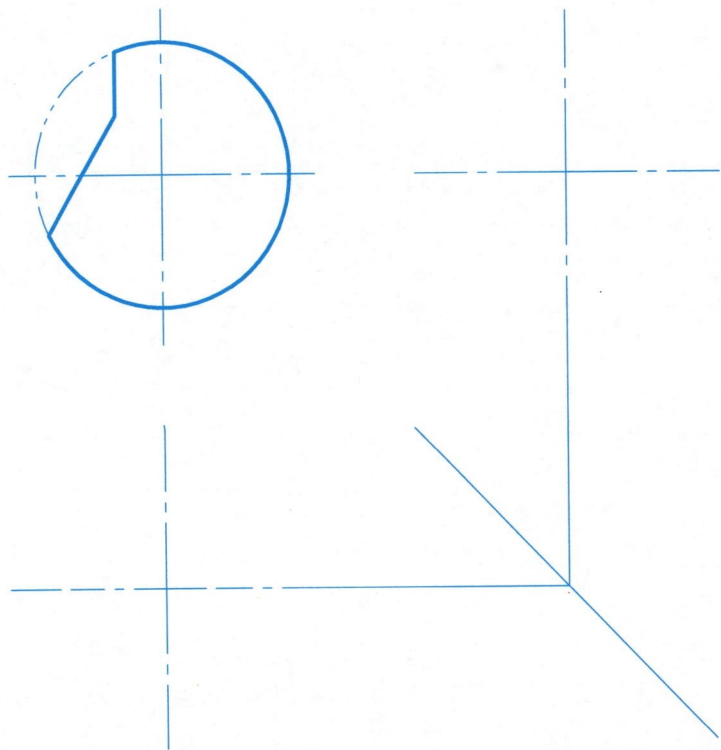

9-12 完成半球被截切后的另两面投影。

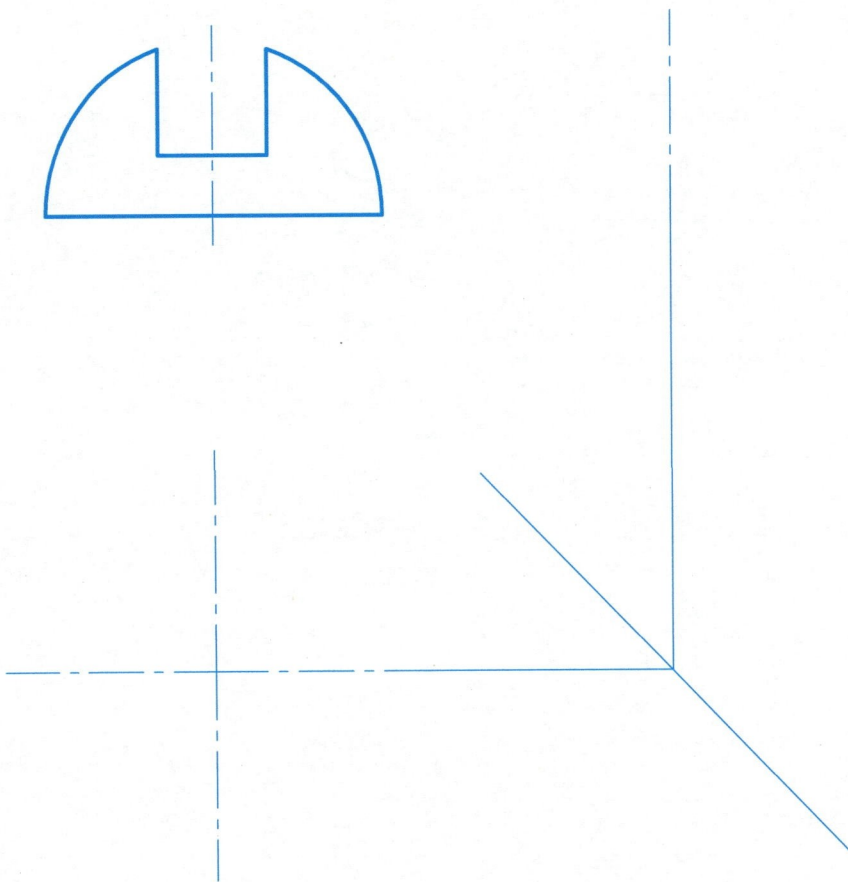

| 第9章 | 平面、直线与立体相交 | 专业班级 | | 姓名 | | 学号 | | 评审 | | 日期 | |

9-13 求直线与三棱柱相交的贯穿点，并区分可见性。

9-14 求直线 EF 与三棱锥相交的贯穿点，并区分可见性。

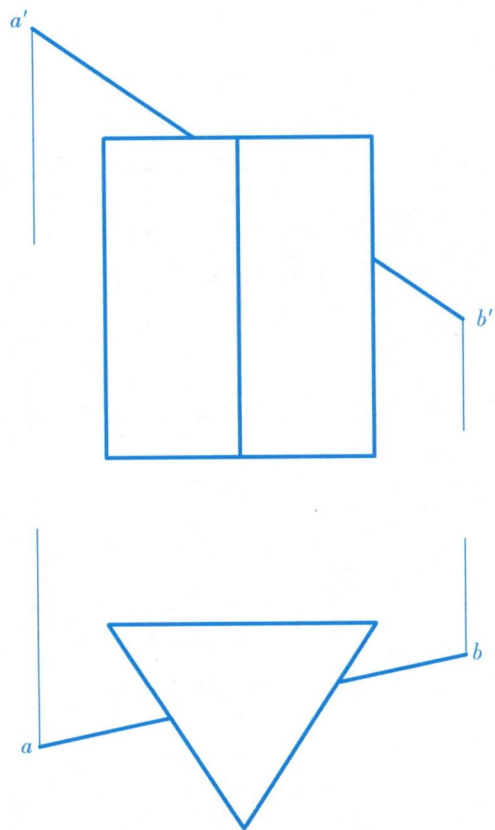

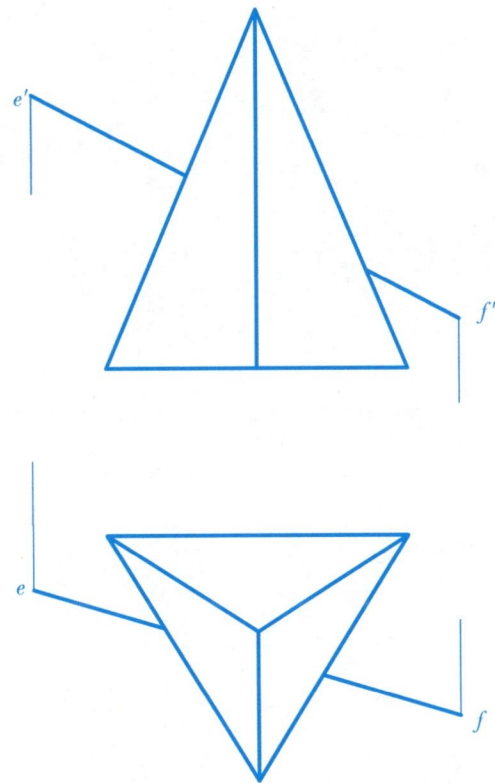

| 第9章 | 平面、直线与立体相交 | 专业班级 | | 姓名 | | 学号 | | 评审 | | 日期 | |

9–15 求作直线CD与圆柱相交的贯穿点，并区分可见性。

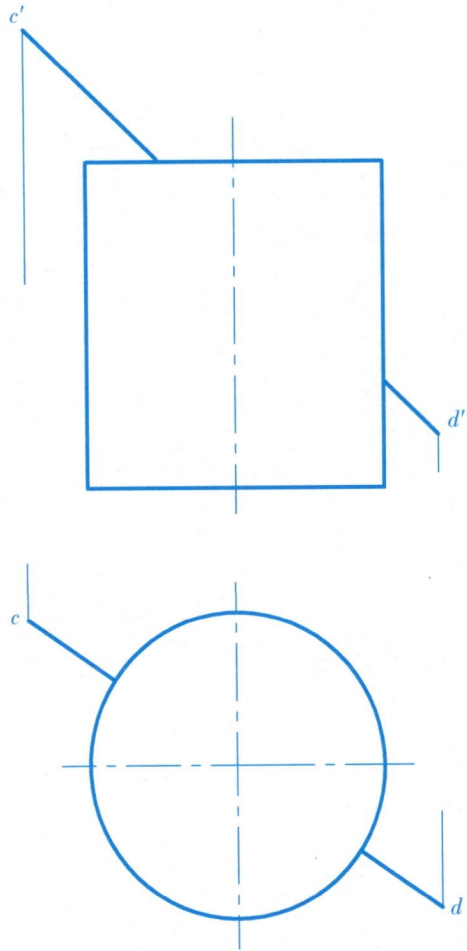

9–16 求作直线EF与圆锥相交的贯穿点，并区分可见性。

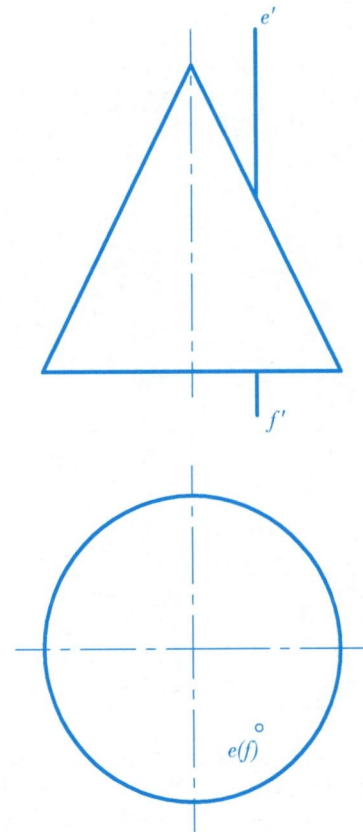

c'

d'

c

d

e'

f'

e(f)

| 第9章 | 平面、直线与立体相交 | 专业班级 | | 姓名 | | 学号 | | 评审 | | 日期 | |

9–17 求作直线*EF*与圆锥相交的贯穿点，并区分可见性。

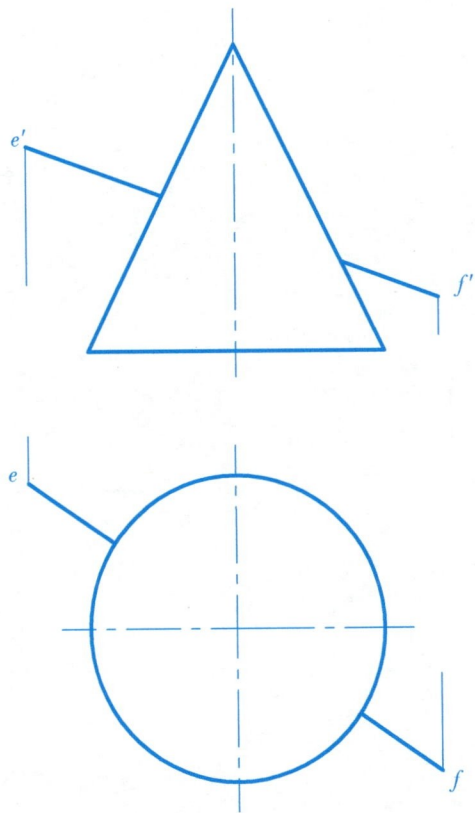

9–18 求作直线*EF*与球相交的贯穿点，并区分可见性。

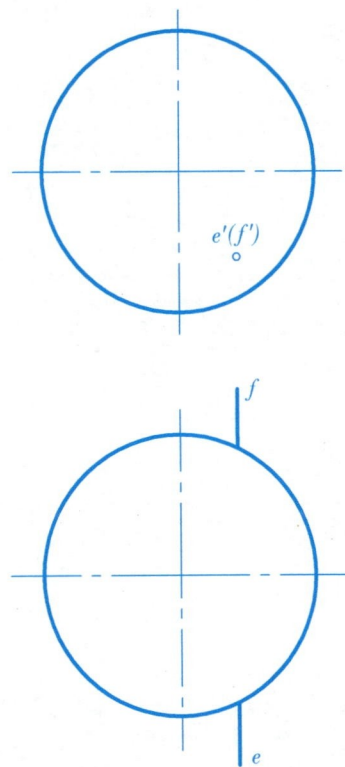

10-1 求作四棱柱与三棱锥的相贯线。

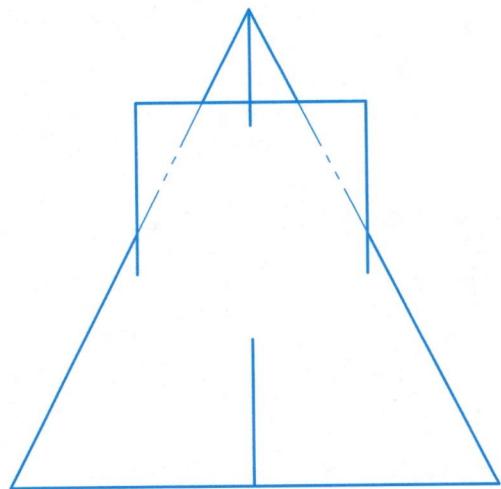

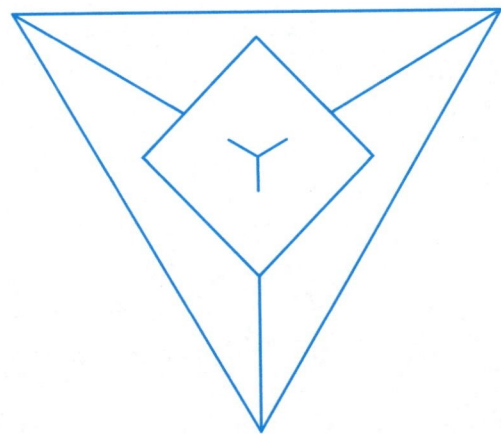

10-2 求作三棱柱与斜三棱锥的相贯线。

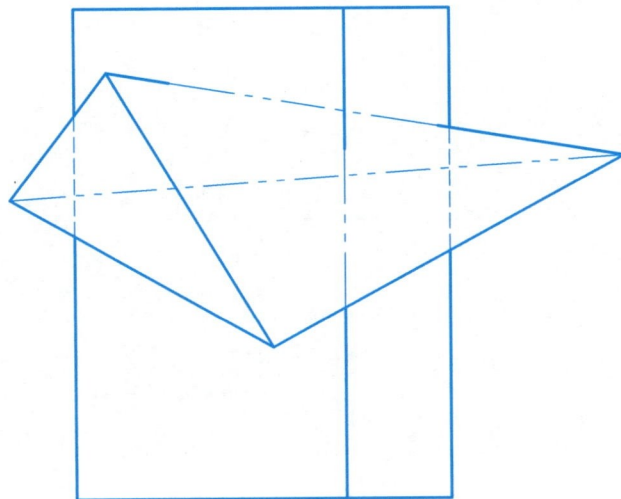

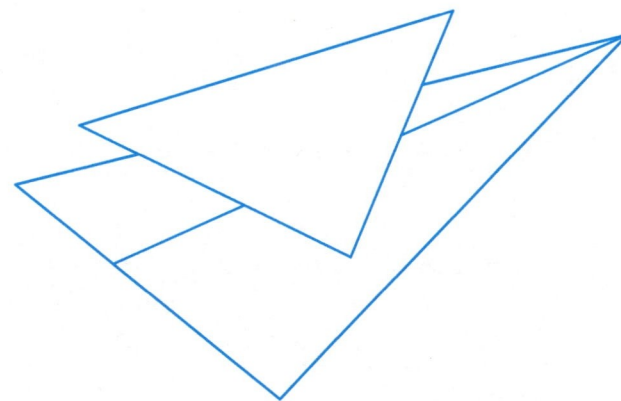

10–3 求直立六棱柱与斜三棱柱的相贯线。

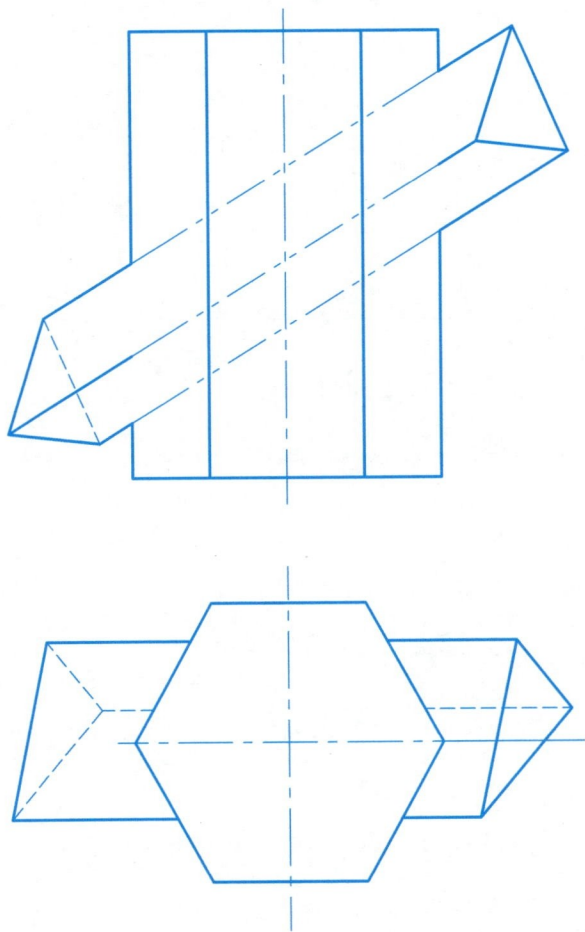

10–4 求作直立三棱柱与斜四棱柱的相贯线。

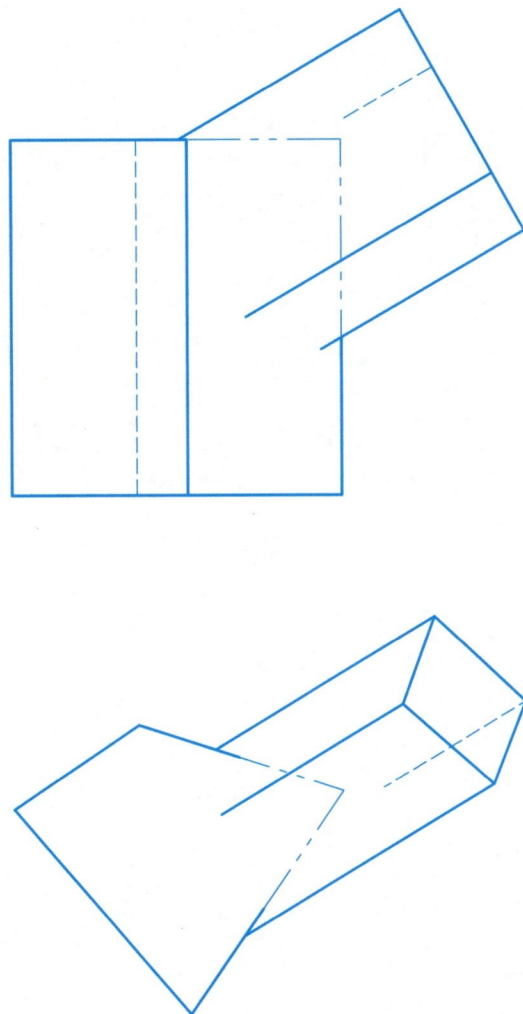

第10章	立体相贯	专业班级		姓名		学号		评审		日期	

10-5 求作六棱锥与三棱柱的相贯线。

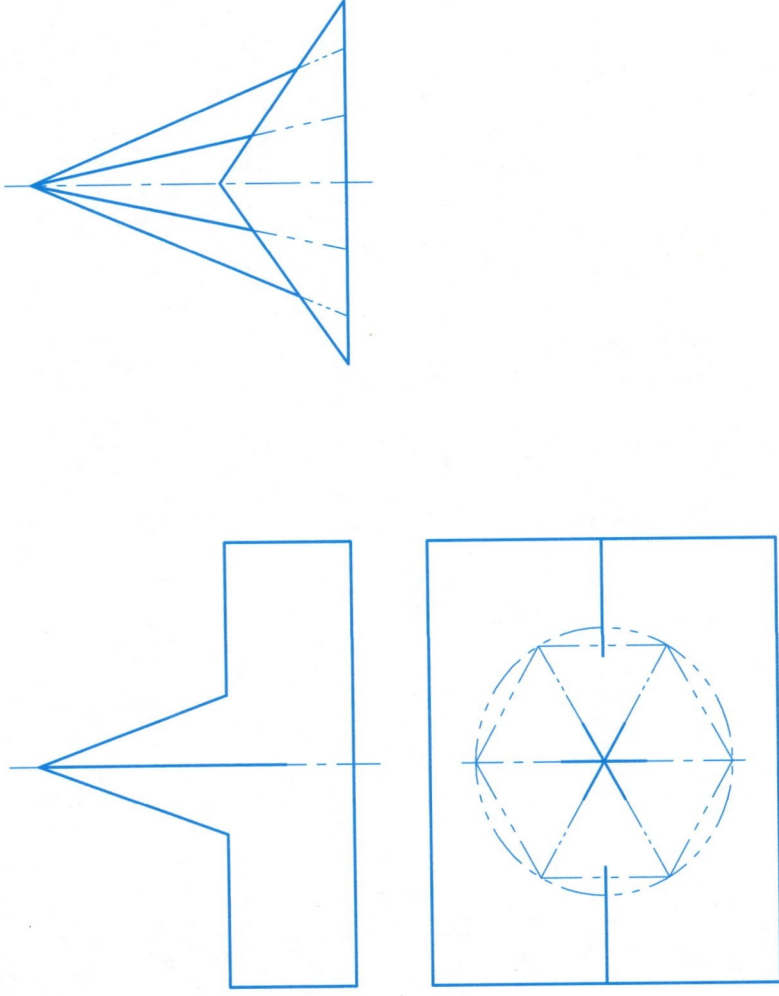

10-6 求作三棱柱和三棱锥的相贯体的H、W面投影。

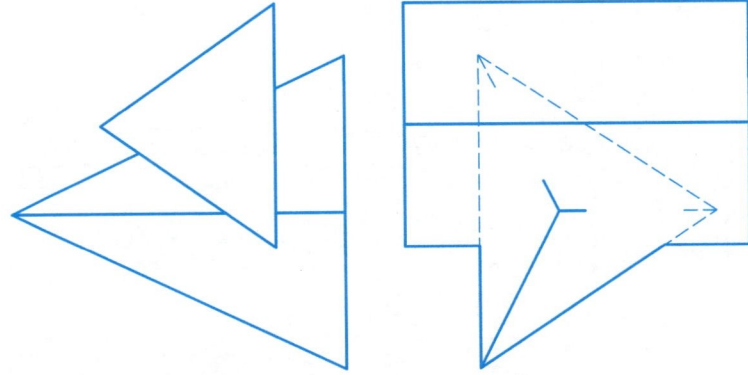

| 第10章 | 立体相贯 | 专业班级 | | 姓名 | | 学号 | | 评审 | | 日期 | |

10-7 求作五棱柱与三棱锥的相贯线。

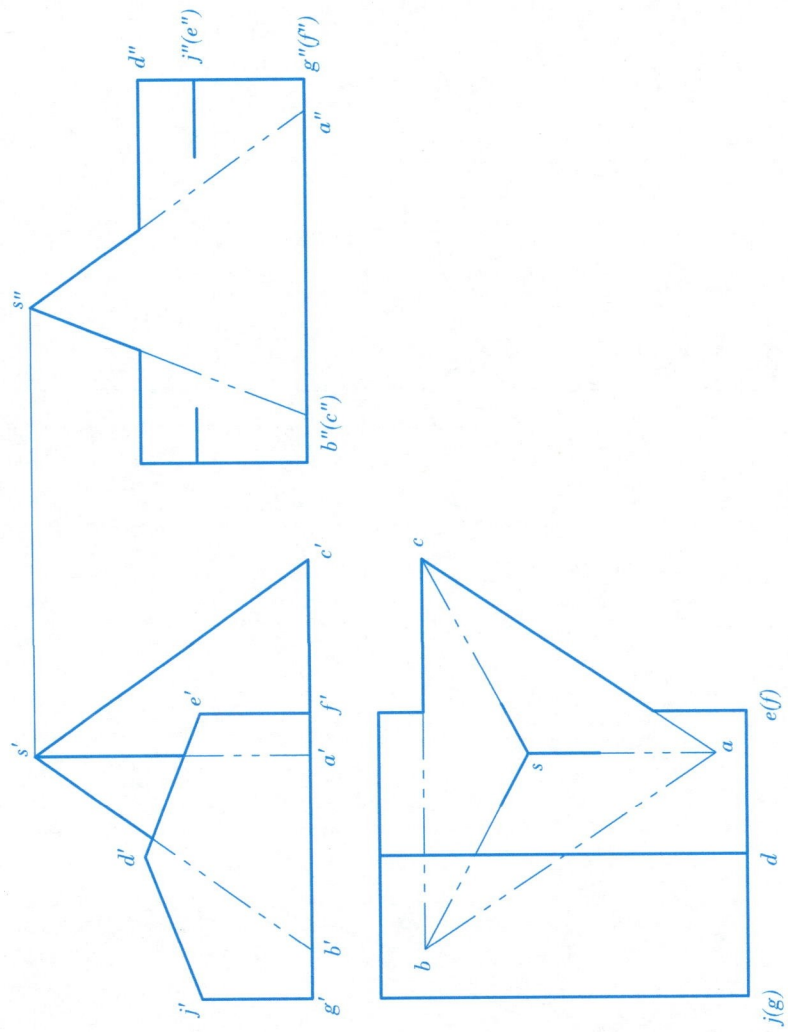

10-8 求作两四棱柱的相贯线。

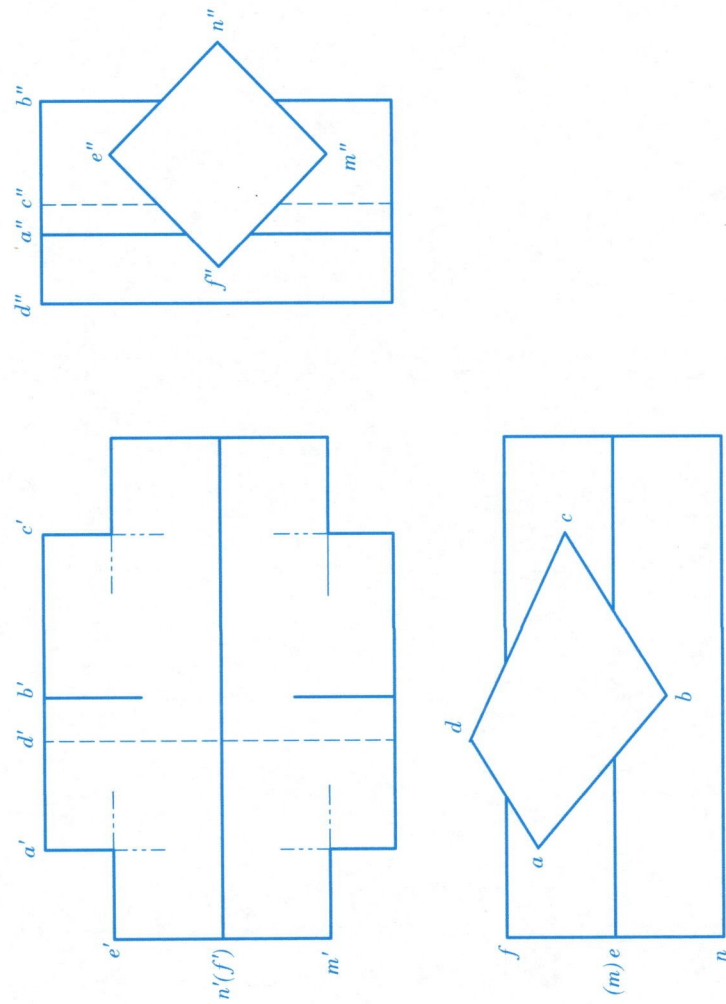

| 第10章 | 立体相贯 | 专业班级 | | 姓名 | | 学号 | | 评审 | | 日期 | |

10-9　完成同坡屋面的水平投影、正面投影及侧面投影（α=30°）。

(1)

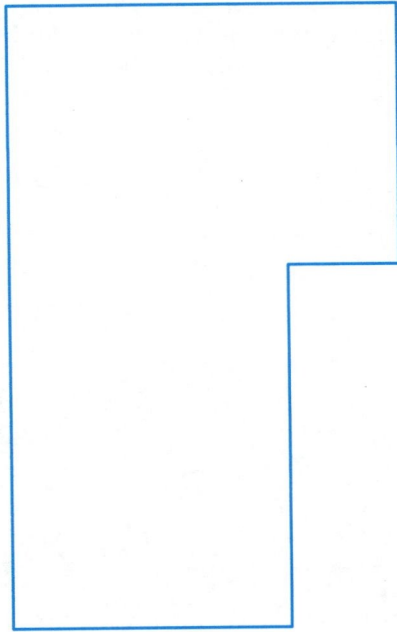

(2)

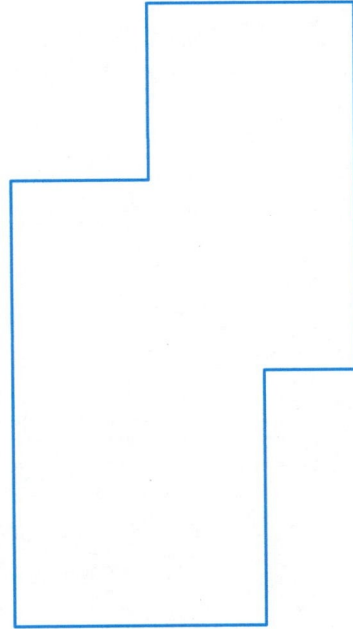

第10章	立体相贯	专业班级		姓名		学号		评审		日期	

10-10 完成同坡屋面的水平投影、正面投影及侧面投影（α=30°）。

(1)

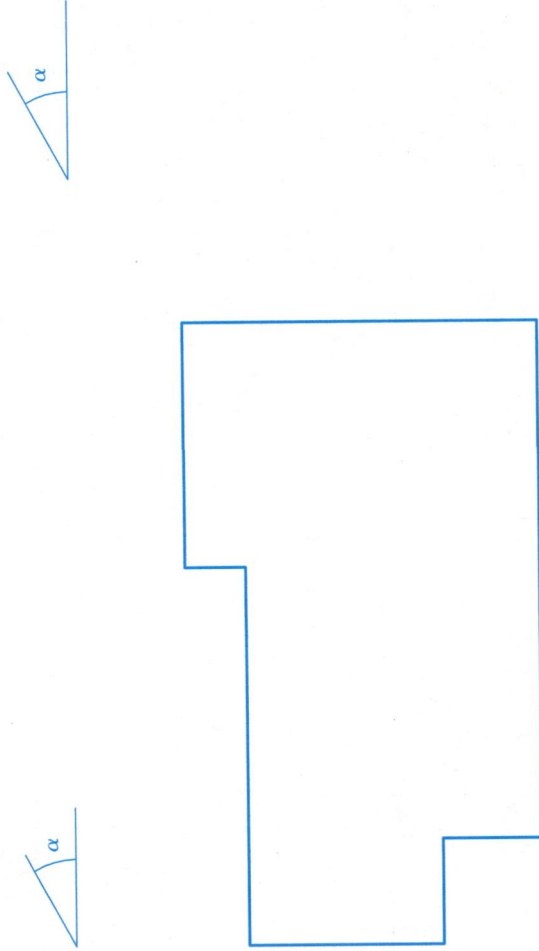

(2)

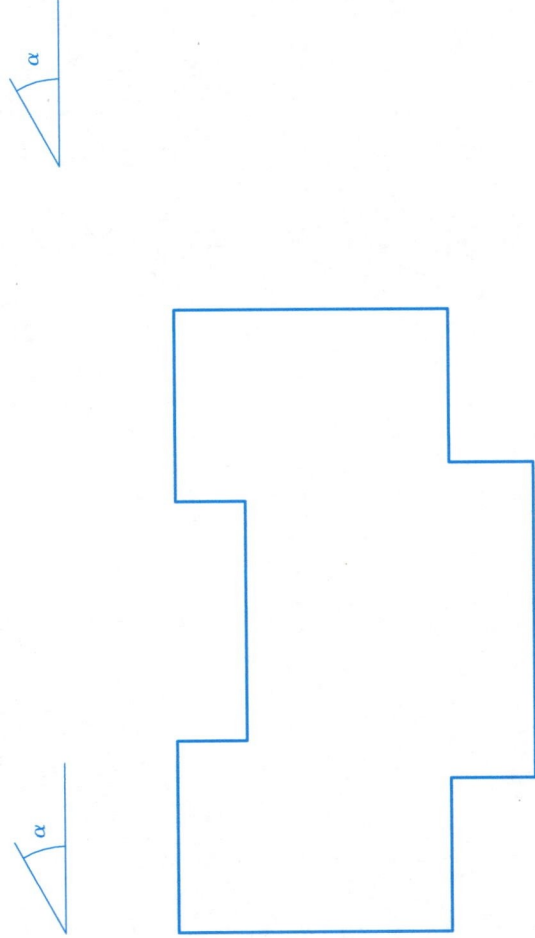

第10章	立体相贯	专业班级		姓名		学号		评审		日期	

10-11　求作建筑形体的相贯线。

(1)

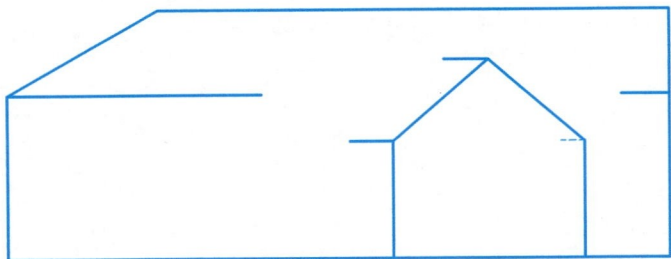

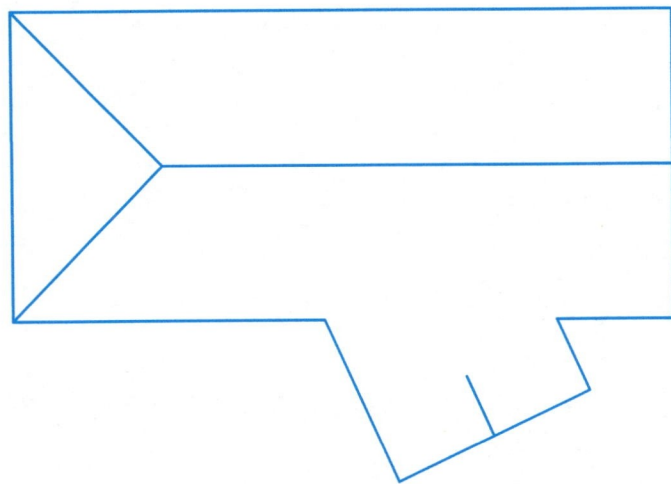

(2)

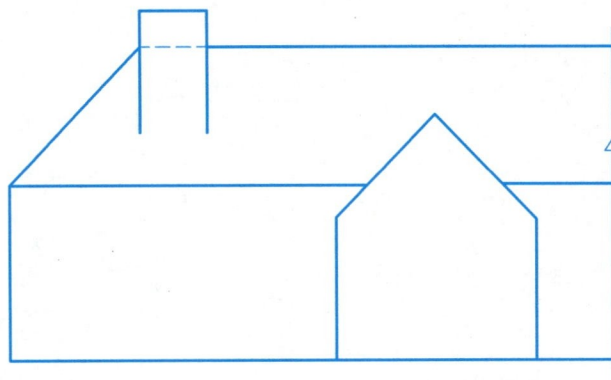

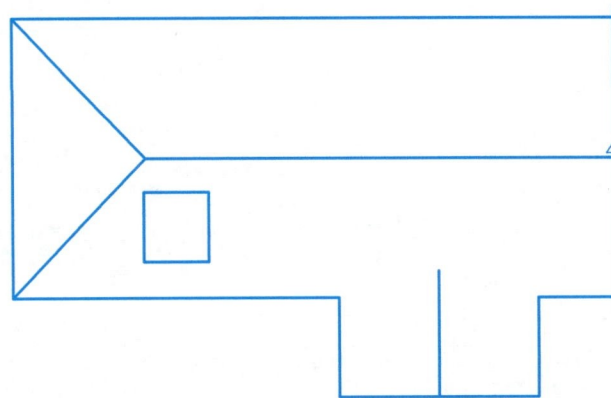

| 第10章 | 立体相贯 | 专业班级 | | 姓名 | | 学号 | | 评审 | | 日期 | |

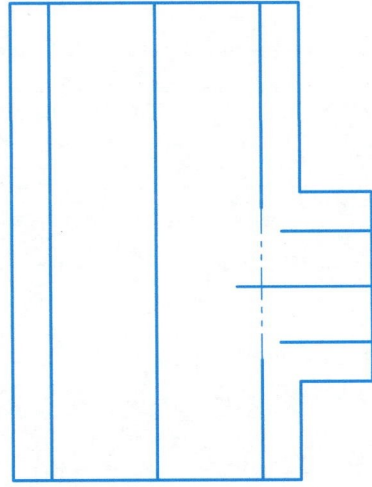

10-12　求作坡屋面的交线。

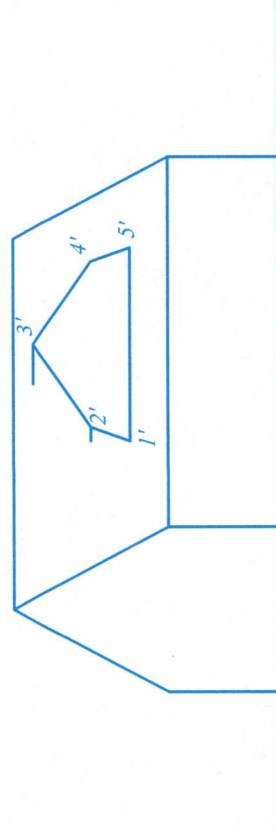

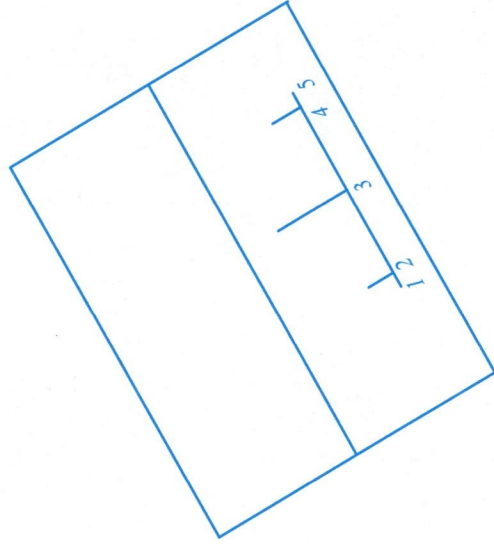

10-13　求作老虎窗的坡顶面及两侧面与呈顶坡面的交线，并区分可见性。

第10章	立体相贯	专业班级		姓名		学号		评审		日期	

10-14 求作圆柱与四棱锥的相贯线。

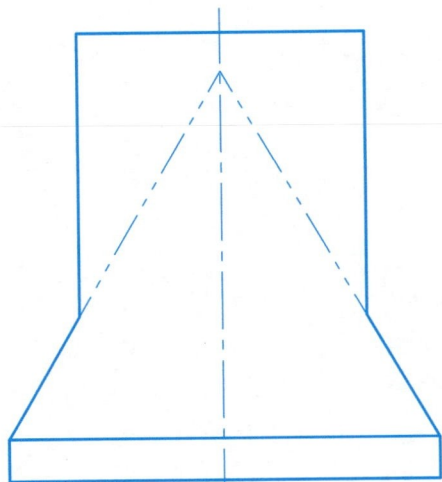

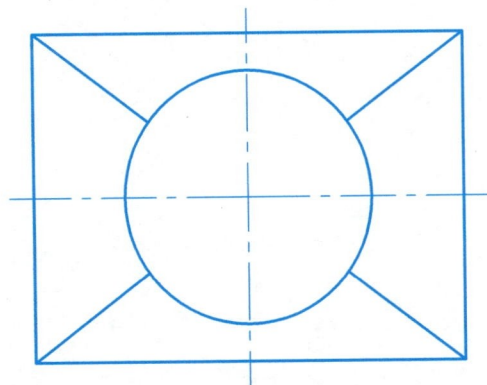

10-15 求作圆锥与四棱柱的相贯线。

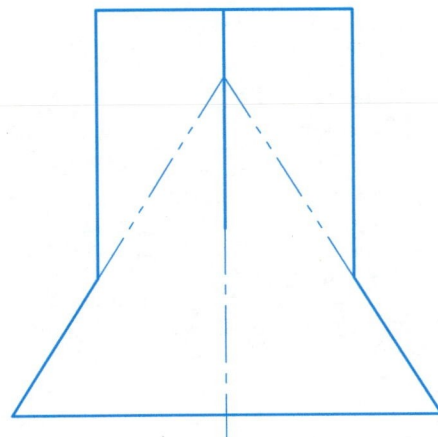

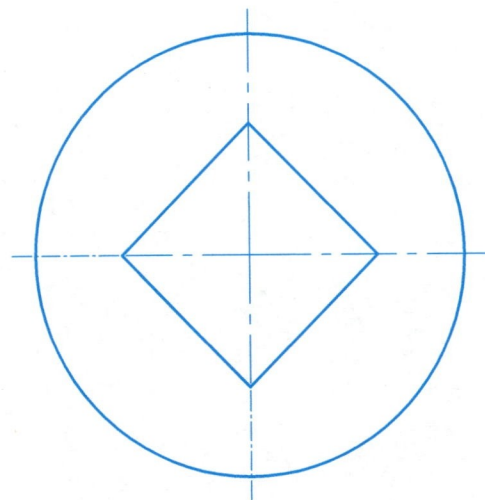

10-16　求作三棱柱与圆柱的相贯线。

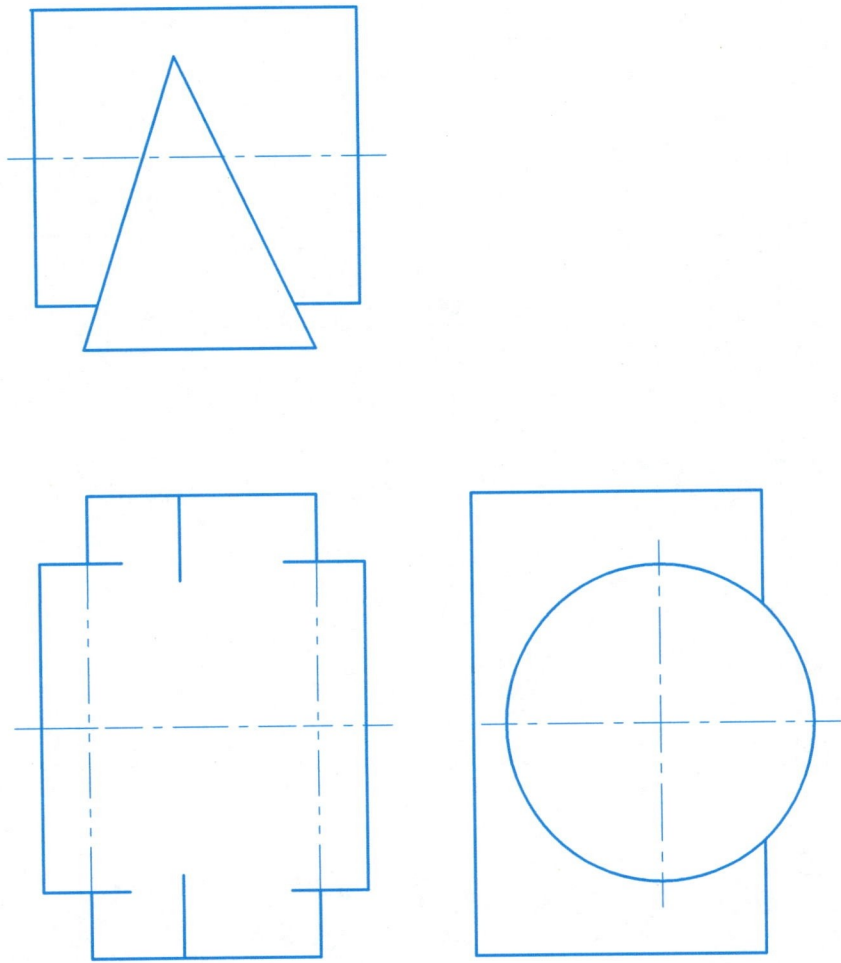

10-17　求作三棱柱与圆锥的相贯线。

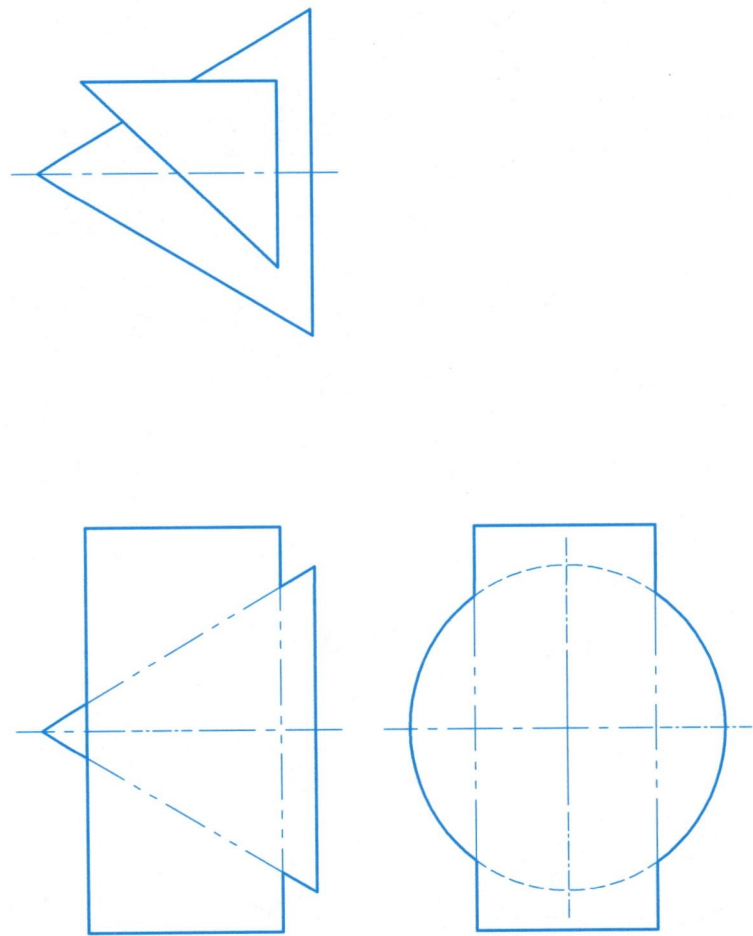

| 第10章 | 立体相贯 | 专业班级 | | 姓名 | | 学号 | | 评审 | | 日期 | |

10-18 求作坡屋面与圆锥的相贯线。

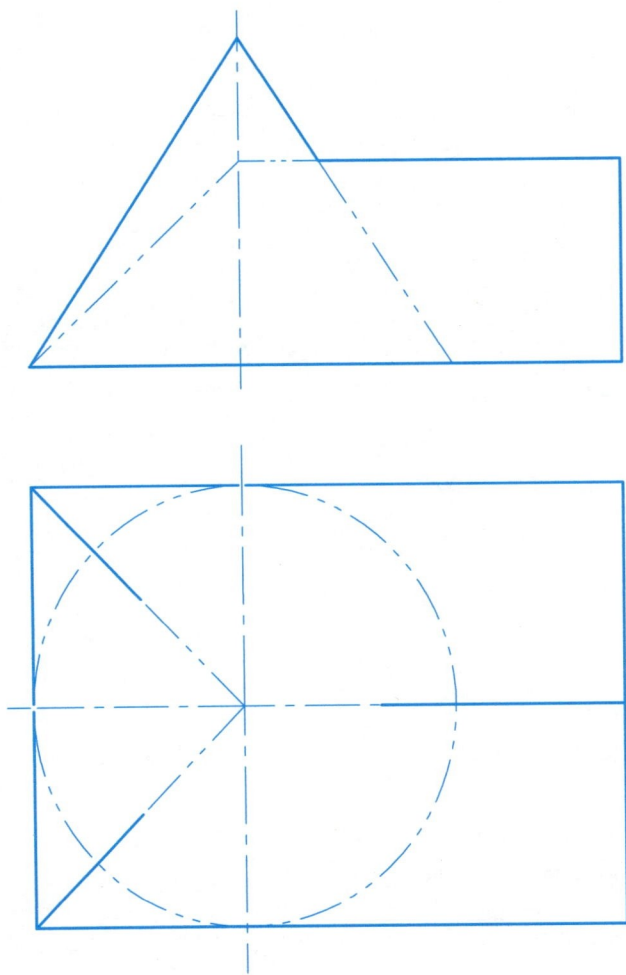

10-19 求作圆拱屋面与坡屋面，天窗与坡屋面的相贯线。

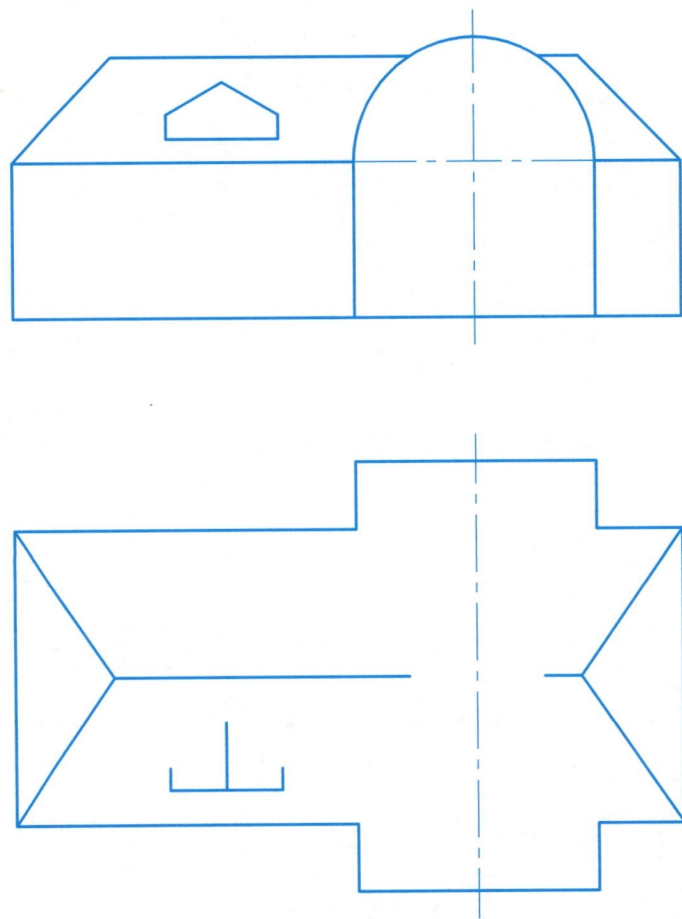

10-20 完成相贯体的正面投影。

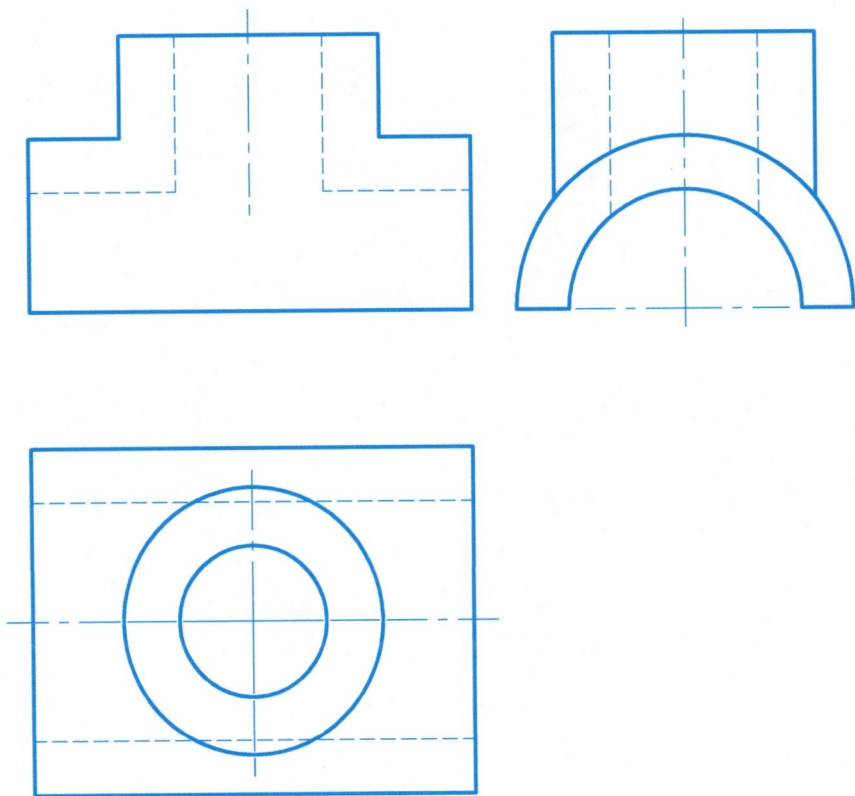

10-21 完成相贯体的正面投影。

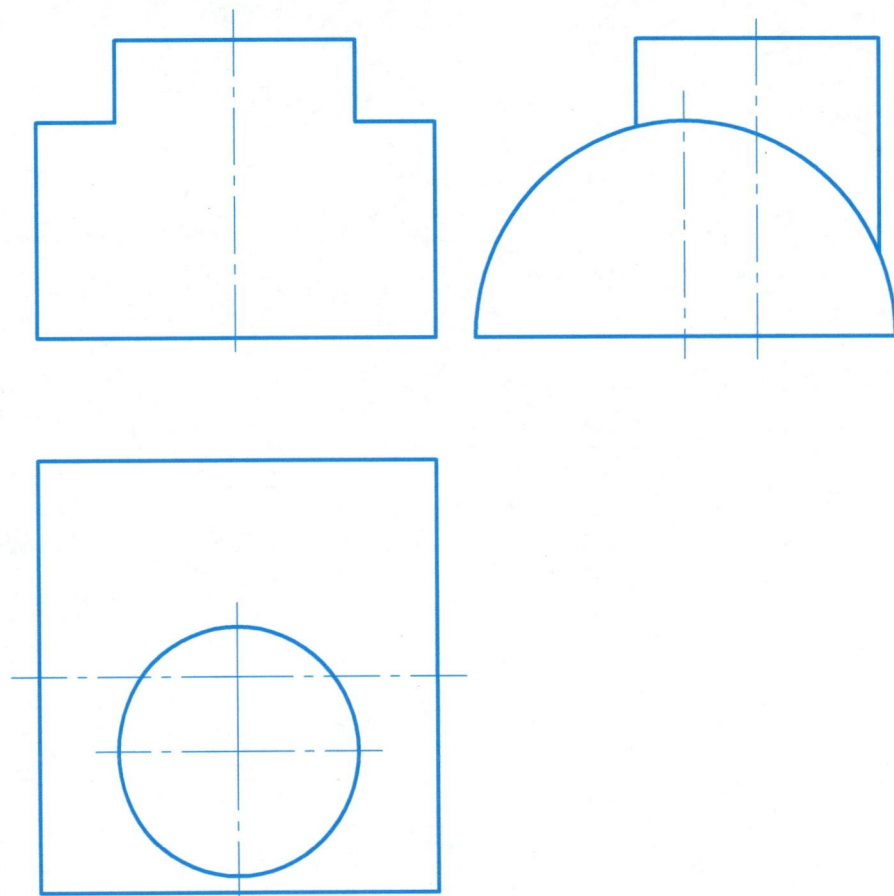

10-22 完成圆柱与圆锥相贯体的正面和水平投影。

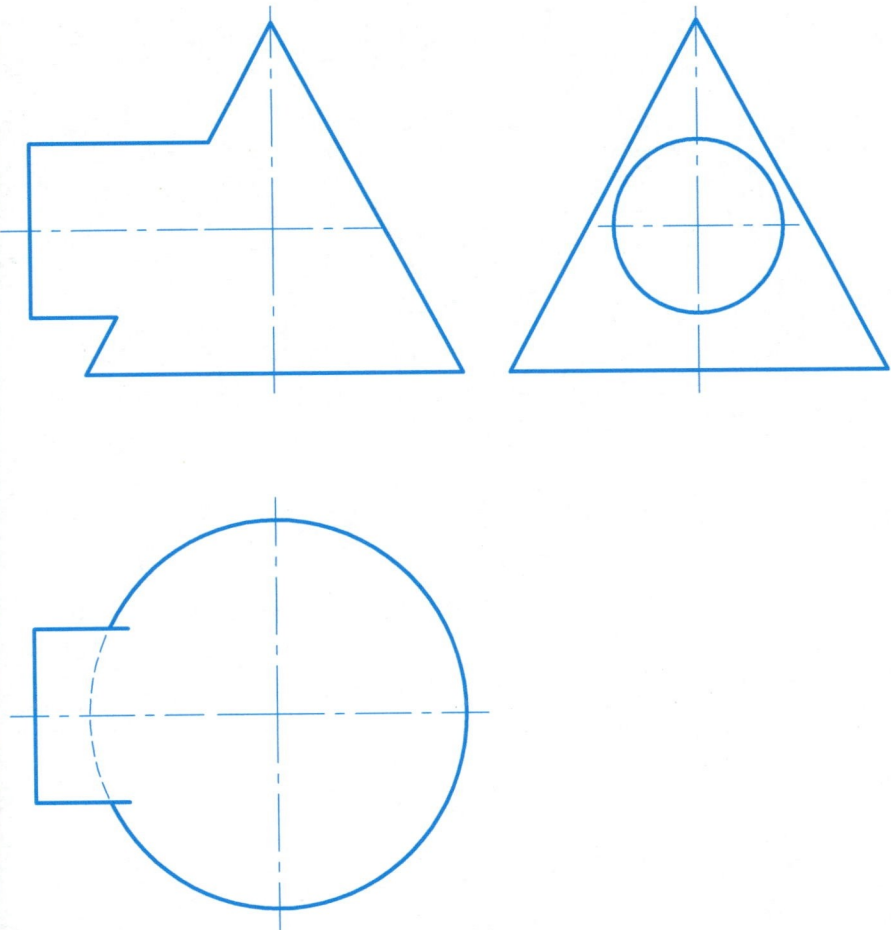

10-23 完成圆柱与圆锥相贯体的正面投影。

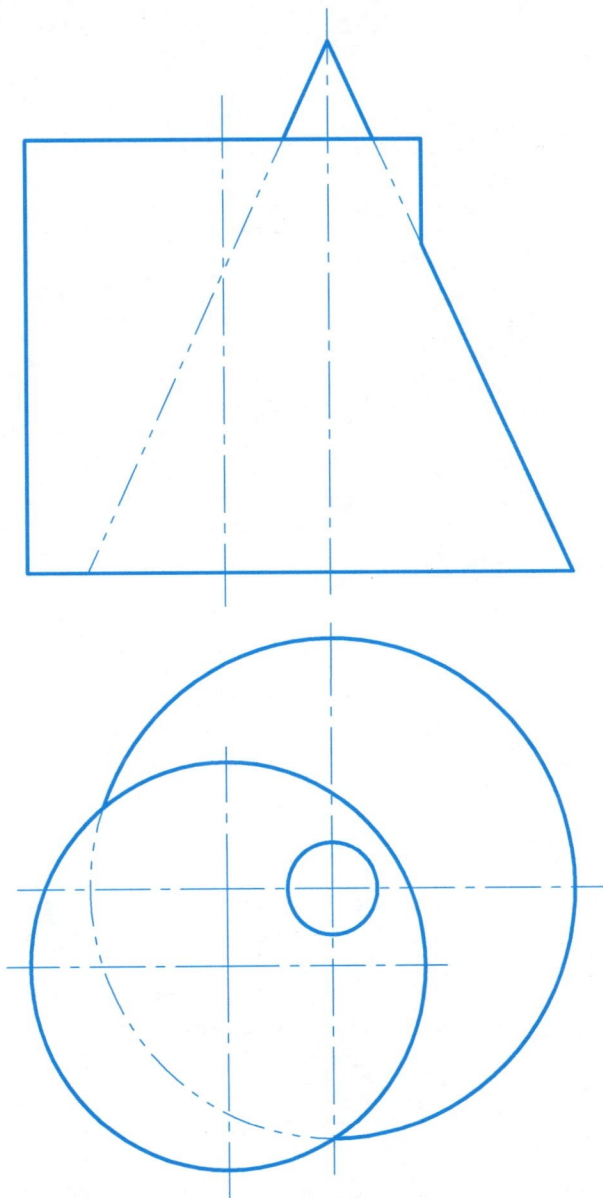

10-24 完成圆柱与圆锥相贯体的水平投影。

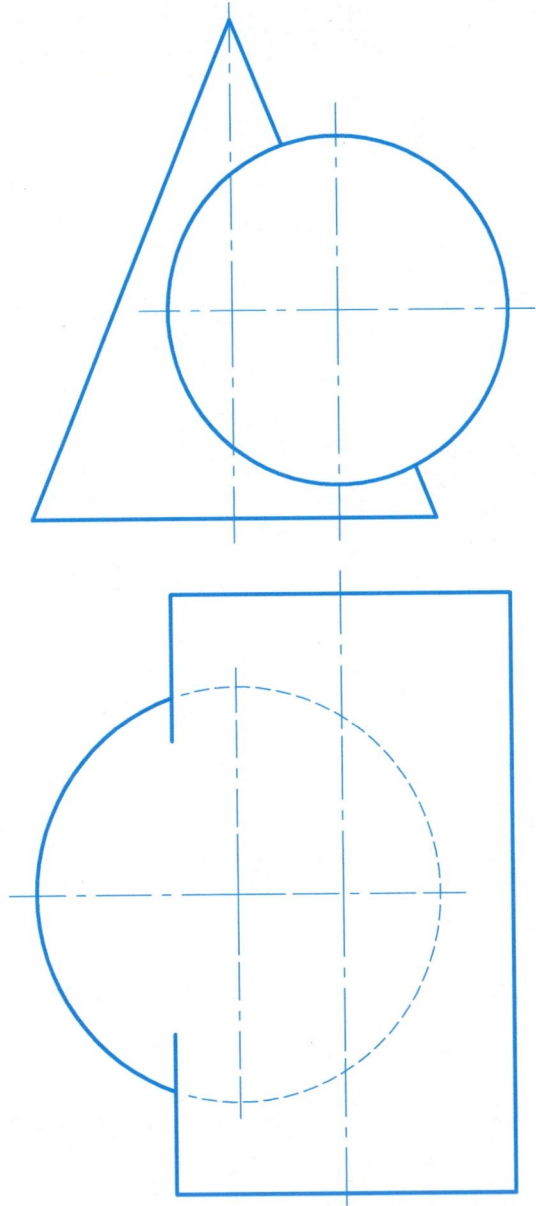

10-25 完成圆柱与半球相贯体的正面投影。

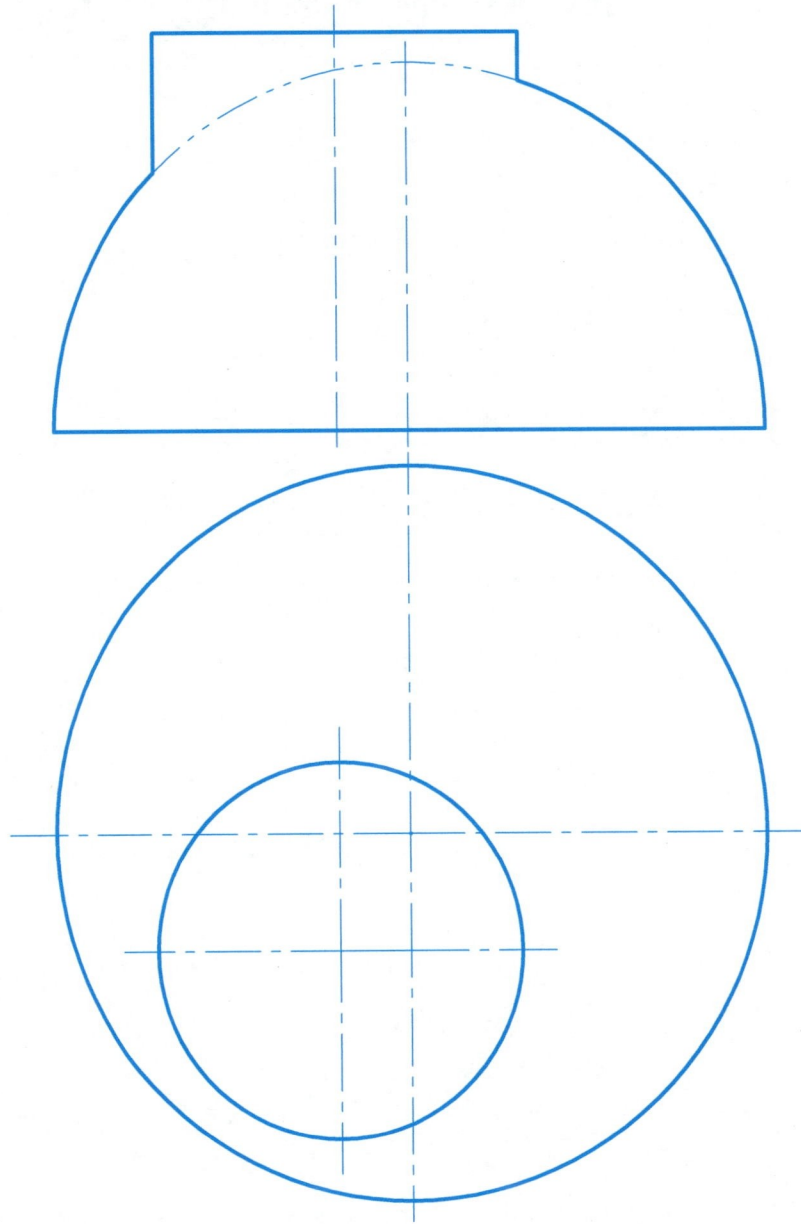

第10章	立体相贯	专业班级		姓名		学号		评审		日期	

10-26 完成圆柱等径正交相贯体的正面投影。

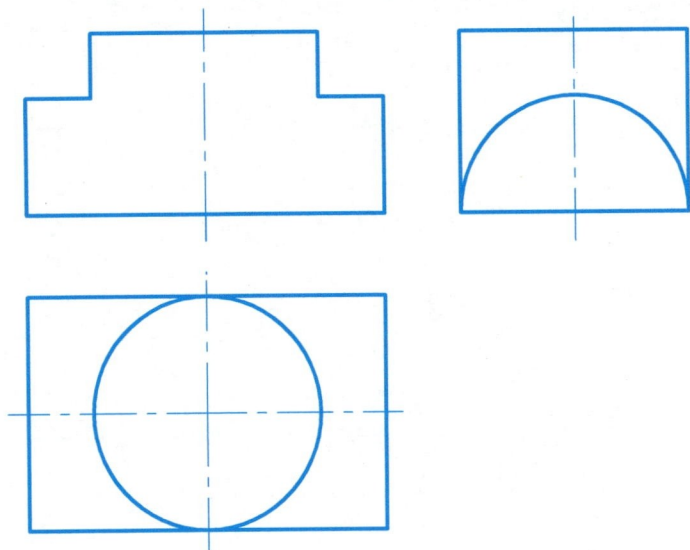

10-27 完成直角管接头的正面投影。

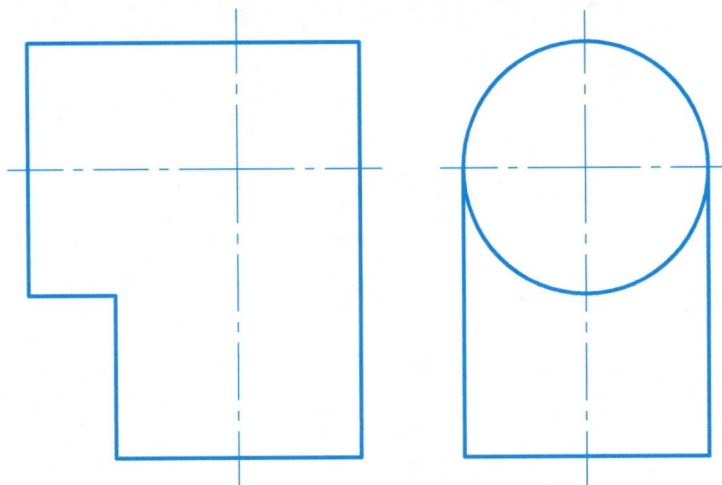

10-28 完成圆柱与球相贯体的正面、侧面投影。

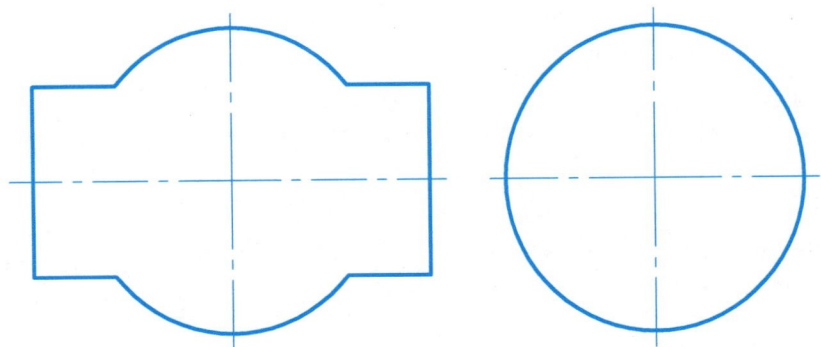

10-29 完成圆台与圆柱具有公切球相贯体的正面投影。

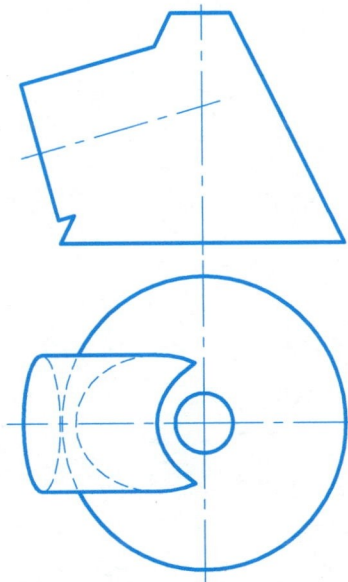

第10章	立体相贯	专业班级		姓名		学号		评审		日期	

11-1 画出形体的正等轴测图。

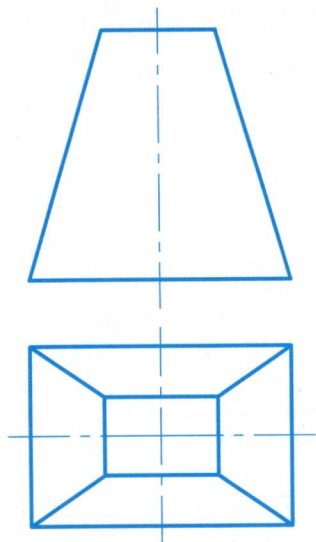

11-2 画出形体的正等轴测图。

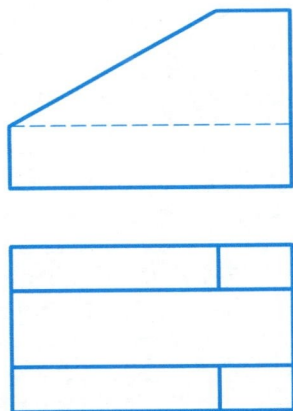

11-3 画出建筑形体的正等轴测图。

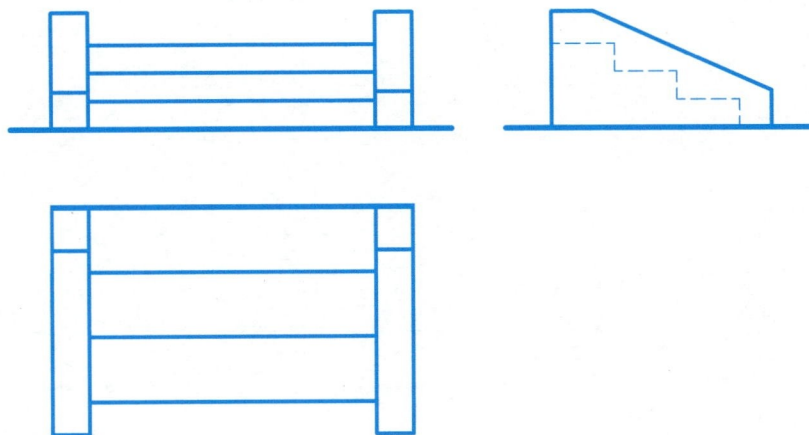

11-4 画出形体的正等轴测图。

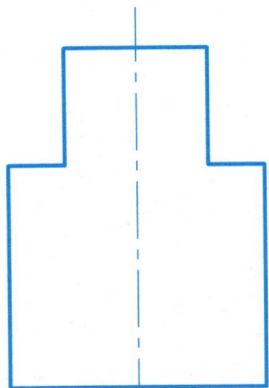

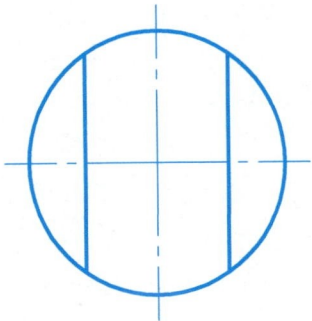

11-5 画出建筑形体的正等轴测图。

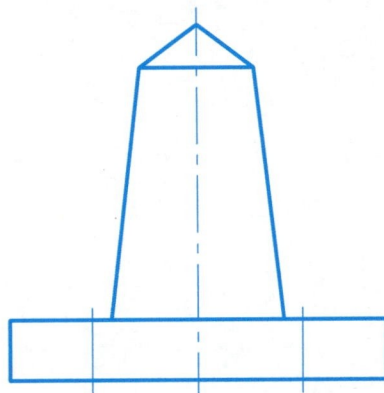

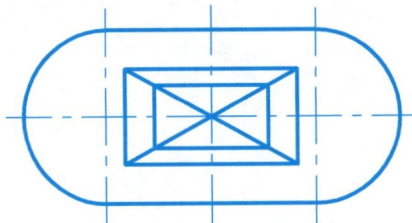

11–6 画出形体的正等轴测图。

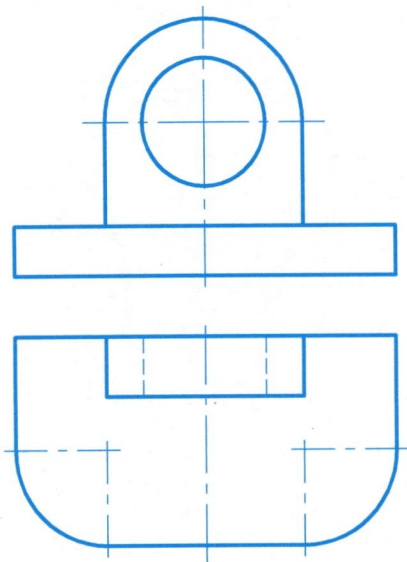

11–7 画出形体的正等轴测图。

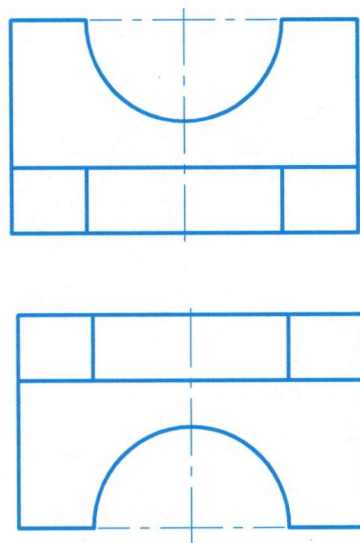

11-8 画出形体的斜二等轴测图。

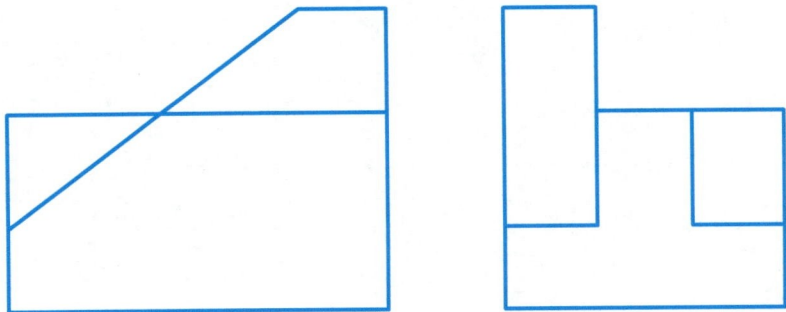

11-9 画出形体的斜二等轴测图。

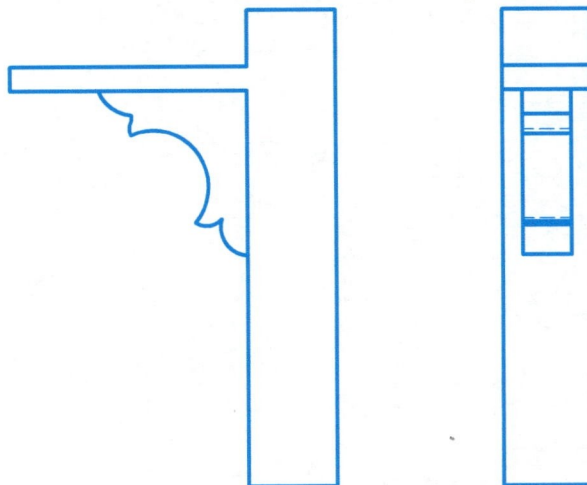

第11章	轴测投影	专业班级		姓名		学号		评审		日期	

69

11-10 画出形体的斜二等轴测图。

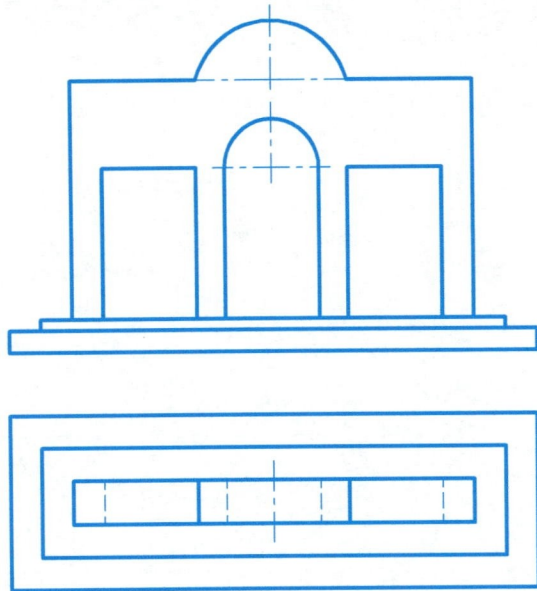

11-11 画出建筑形体的正等轴测图。

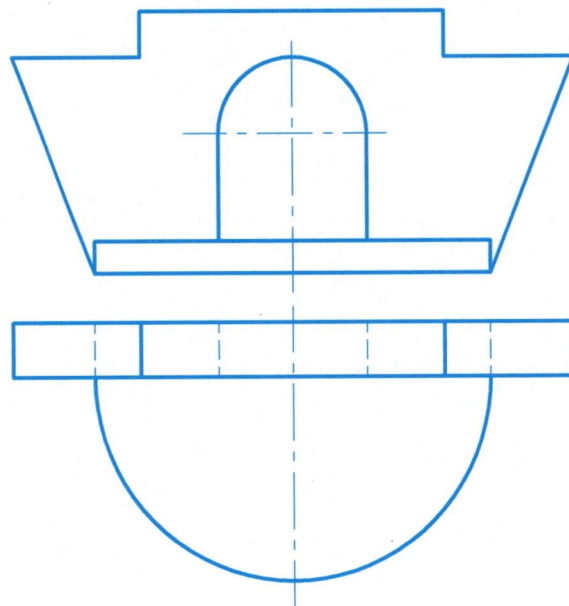

11-12 画出建筑群的水平斜轴测图。

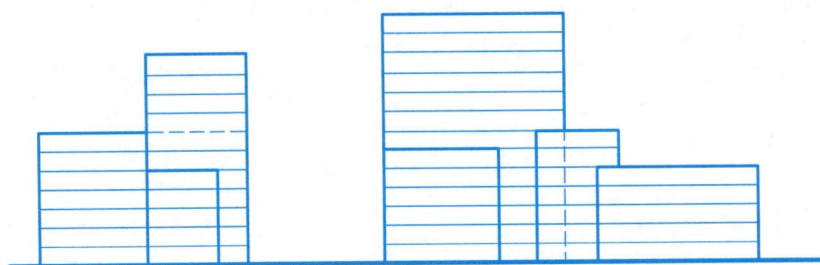

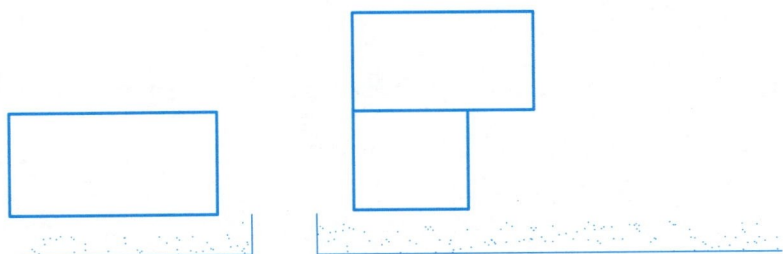

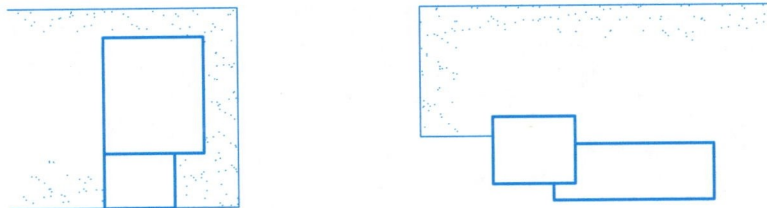

11-13 画出建筑形体的正等轴测图。

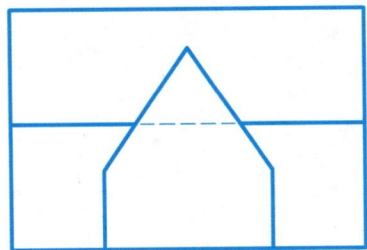

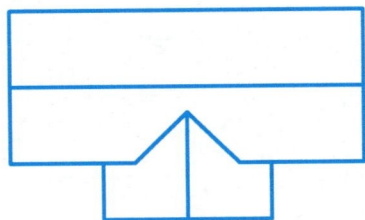

11-14 画出建筑形体的正等轴测图。

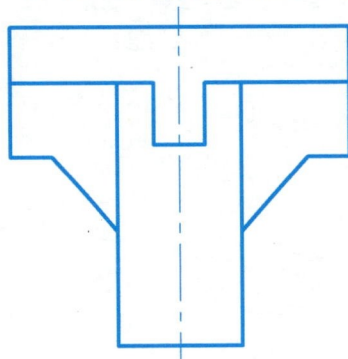

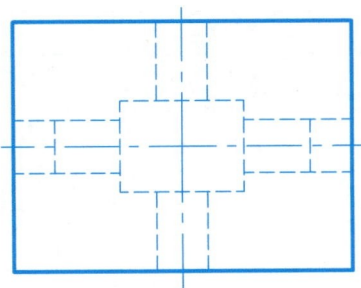

11-15 画出形体的正等轴测图。

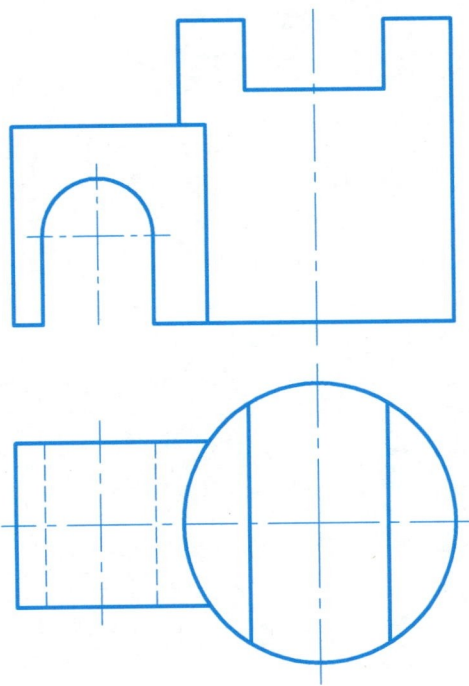

11-16 画出建筑形体的水平斜轴测图。

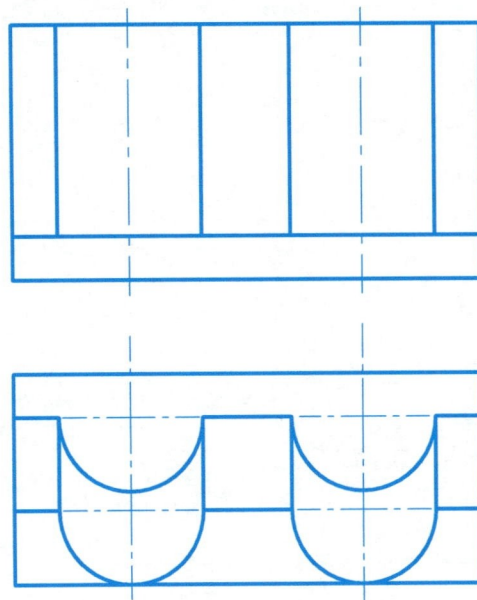

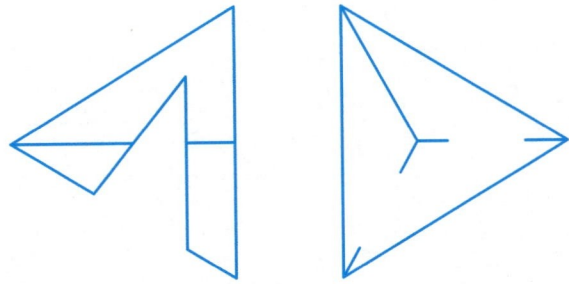

12-1　作出切口三棱锥的表面展开图。

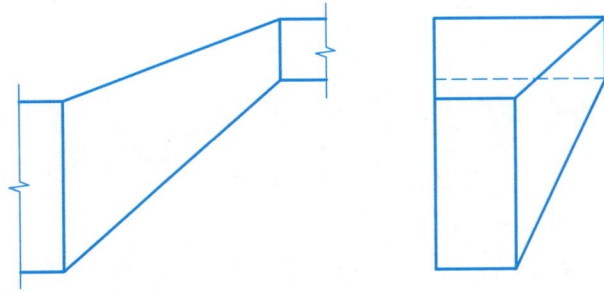

12-2　作出矩形接管的表面展开图。

第12章	立体表面的展开	专业班级		姓名		学号		评审		日期	

12–3　作出截头四棱锥的表面展开图。

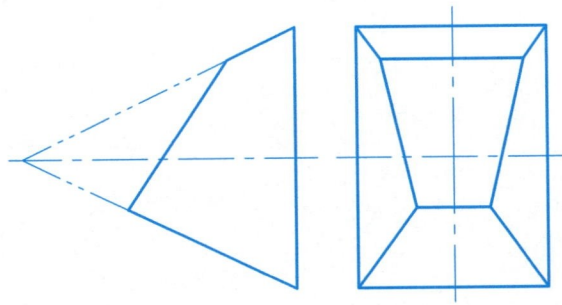

12—4　作出斜四棱柱的表面展开图。

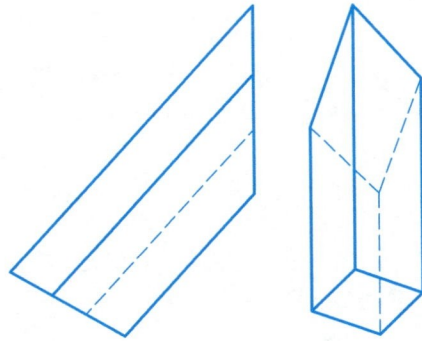

| 第12章 | 立体表面的展开 | | 专业班级 | | 姓名 | | 学号 | | 评审 | | 日期 | |

12–5 求作坡屋面与天窗的展开图。

12–6 求作变形接头的表面展开图。

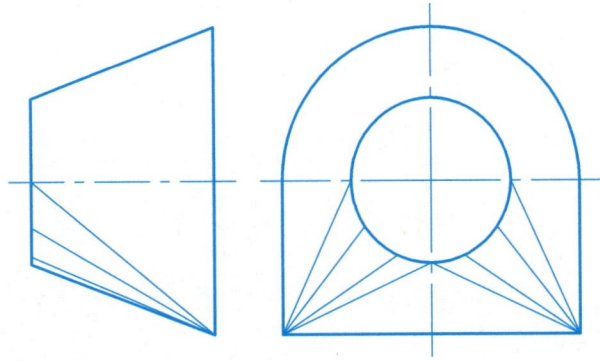

第12章	立体表面的展开	专业班级		姓名		学号		评审		日期	

12-7 作出斜圆锥的展开图。

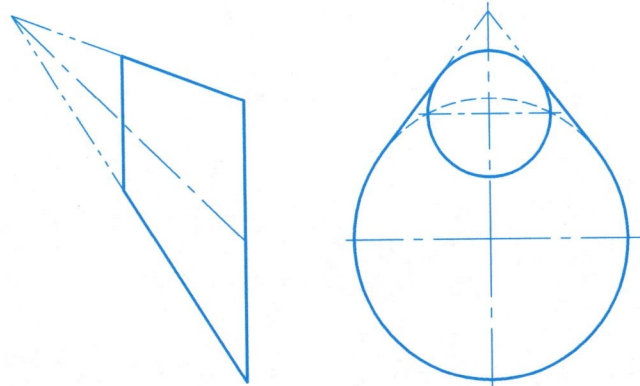

12-8 作出截头圆锥的展开图。

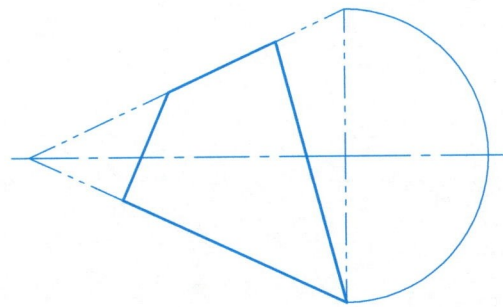

| 第12章 | 立体表面的展开 | 专业班级 | | 姓名 | | 学号 | | 评审 | | 日期 | |

12-9 作出变形接头（天圆地方）的展开图。

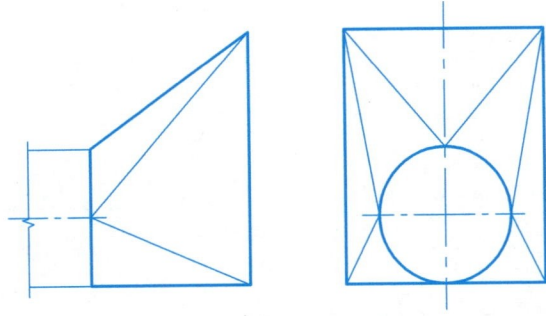

12-10 作出变形接头（天方地圆）的展开图。

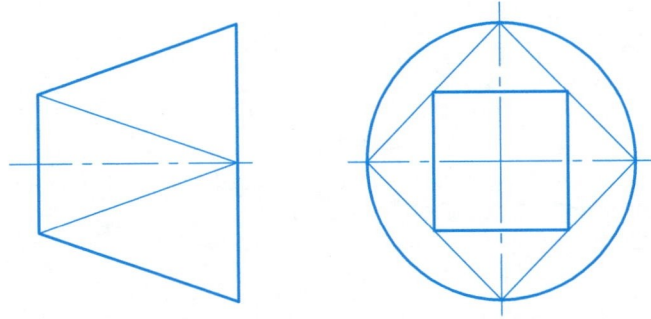

第12章	立体表面的展开	专业班级		姓名		学号		评审		日期	

12-11 作出虾米腰弯管的展开图。

| 第12章 | 立体表面的展开 | 专业班级 | | 姓名 | | 学号 | | 评审 | | 日期 | |

12-12 求作相贯体表面的展开图。

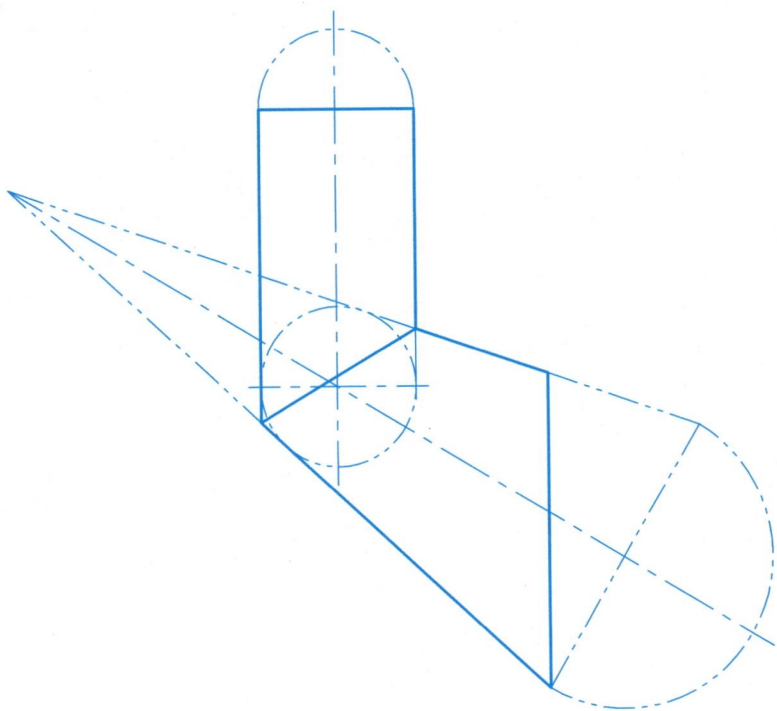

1-1 字体练习（一）。

建筑制图工程图与表现图投影之基础

制图的基本知识及房屋楼梯梁柱结构

西安建筑科技大学建筑施工平面图纸立面图纸平面图

透视阴影体形阴影图效果轴测投影与镜像计算机绘制工程图样阶表达方法

第1章	制图的基本知识	专业班级		姓名		学号		评审		日期	

1234567890012345678907890

ABCDEFGHIJKLMNOPRST

UVWXYZ%ICANSEEMY

bcdefghijklmnopqrst

第1章	制图的基本知识	专业班级		姓名		学号		评审		日期	

1-3 标注下列图形的尺寸(尺寸数字直接从图中量取)。

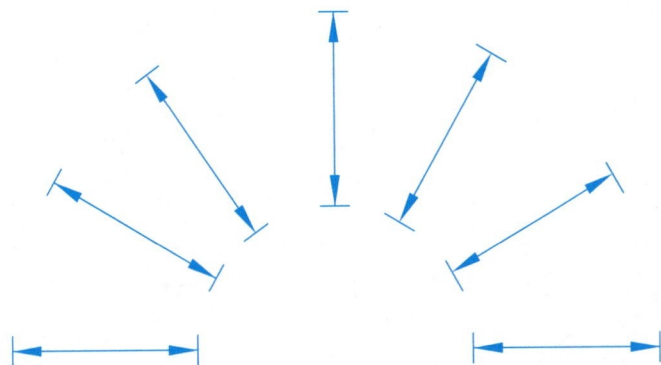

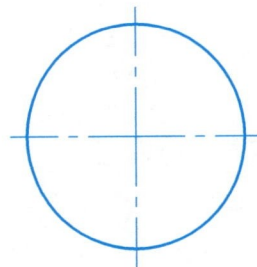

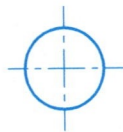

第1章	制图的基本知识	专业班级		姓名		学号		评审		日期	

1–4　标注下列图形的尺寸(尺寸数字直接从图中量取)。

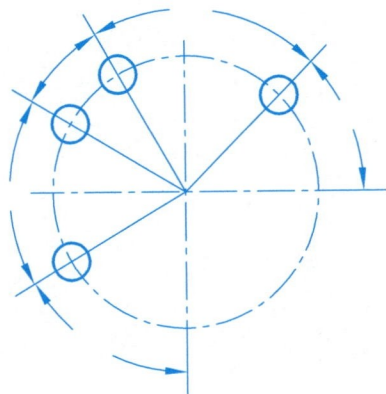

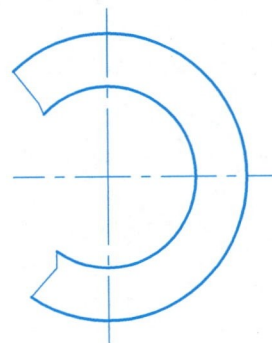

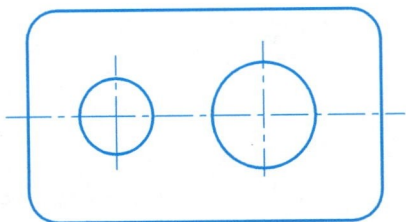

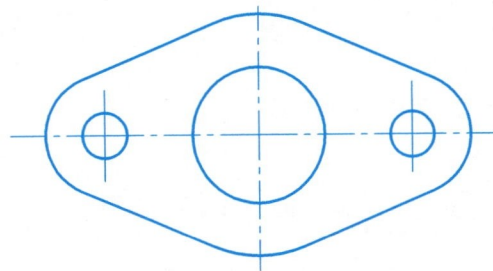

1–5 在图示位置分别作直径为40的圆内接正五边形和正六边形。

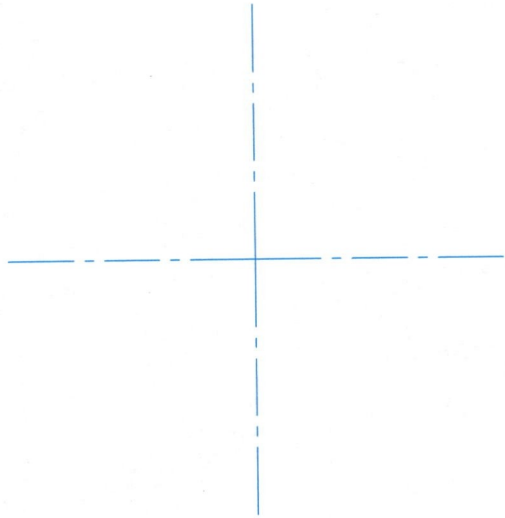

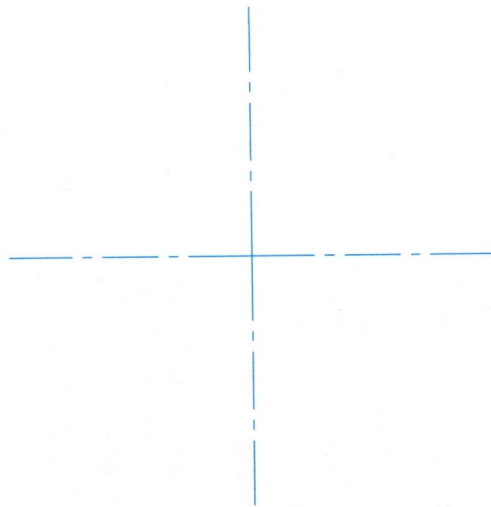

1–6 用近似四心圆法画出椭圆(长轴为AB，短轴为CD)

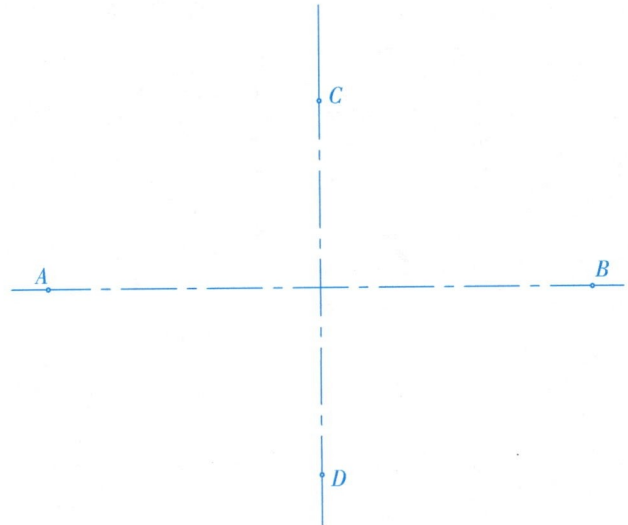

C

A   B

D

第1章	制图的基本知识	专业班级		姓名		学号		评审		日期	

1-7　根据所给的图样尺寸，按1:1绘制整个平面图形。

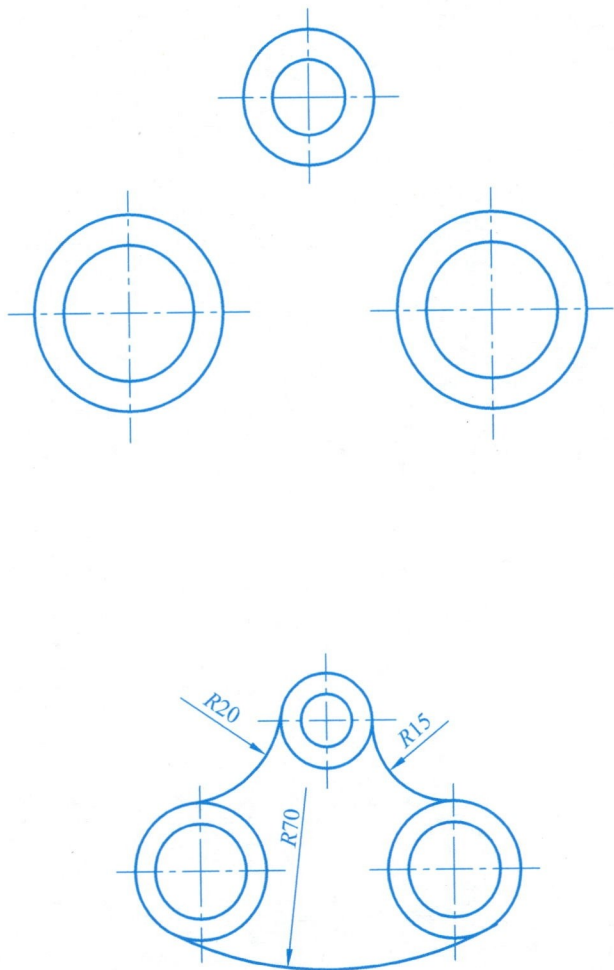

1-8　根据所给的图样尺寸，按1:1绘制整个平面图形。

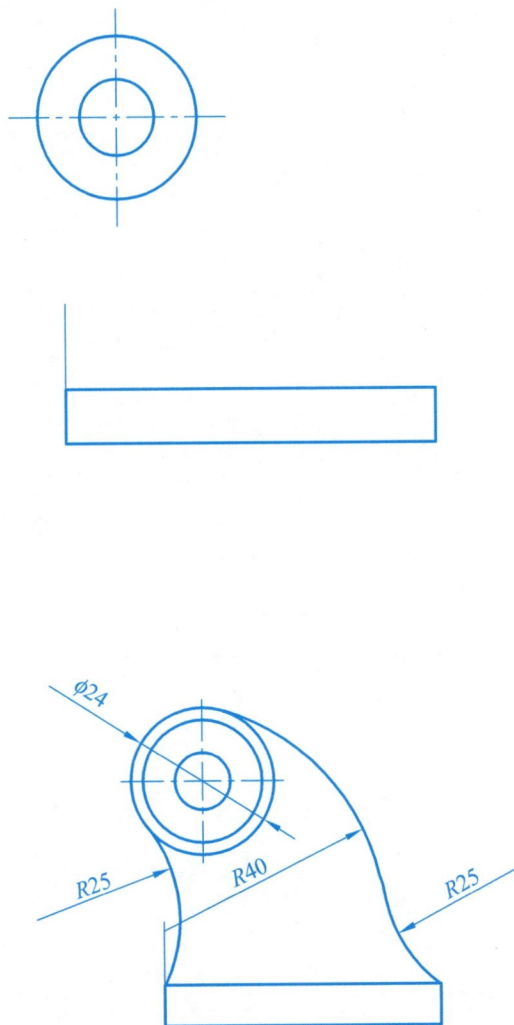

R20　R15　R70

ø24　R25　R40　R25

| 第1章 | 制图的基本知识 | 专业班级 | | 姓名 | | 学号 | | 评审 | | 日期 | |

2-1　根据轴测图上所注尺寸，用1:1画出物体的三视图。

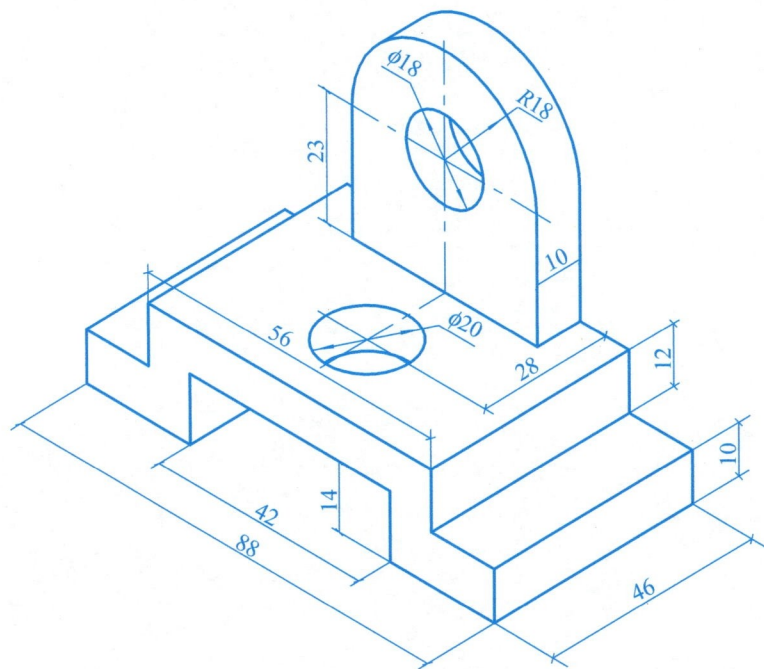

| 第2章 | 投影制图 | 专业班级 | | 姓名 | | 学号 | | 评审 | | 日期 | |

2-2　根据轴测图，画出物体的三视图(其数值按1:1在图上量取，以mm为单位取整数)。

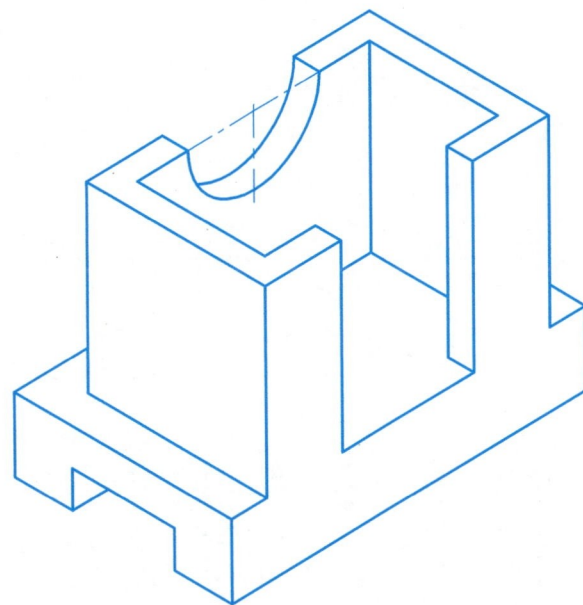

2-3 根据轴测图上所注尺寸，用1:1画出物体的三视图。

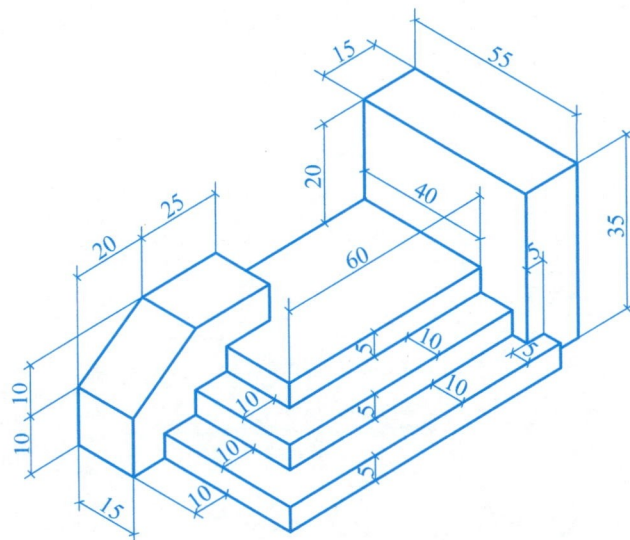

| 第2章 | 投影制图 | 专业班级 | | 姓名 | | 学号 | | 评审 | | 日期 | |

2-4　根据轴测图，画出物体的三视图(其数值按1:1在图上量取，以mm为单位取整数)。

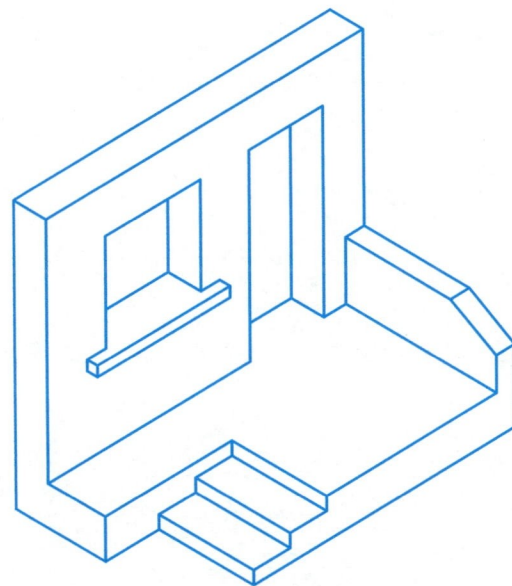

第2章	投影制图	专业班级		姓名		学号		评审		日期	

2-5 补画下列三视图中所缺图线。

(1)
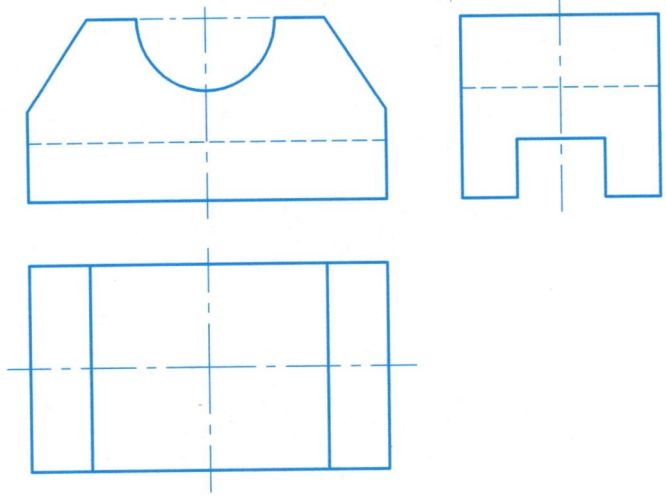

(2)
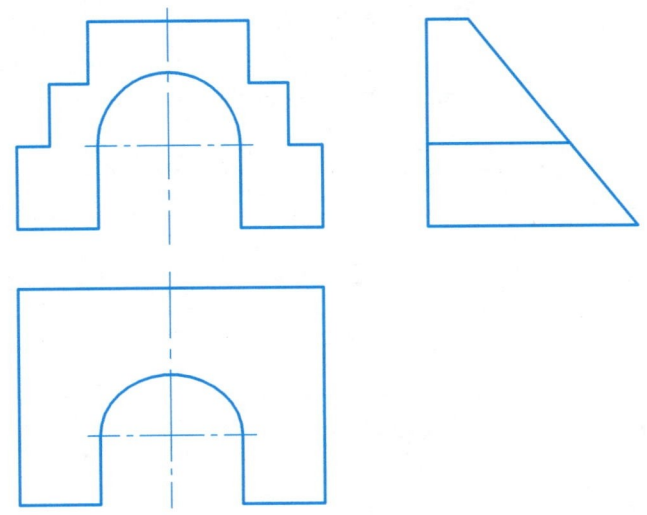

(3)
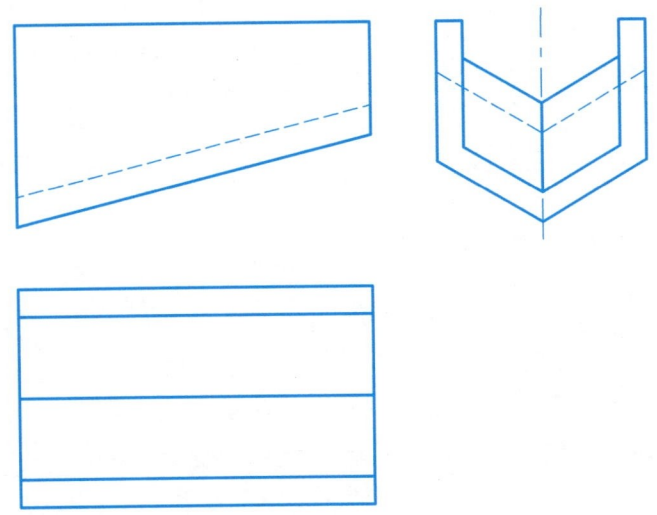

(4)
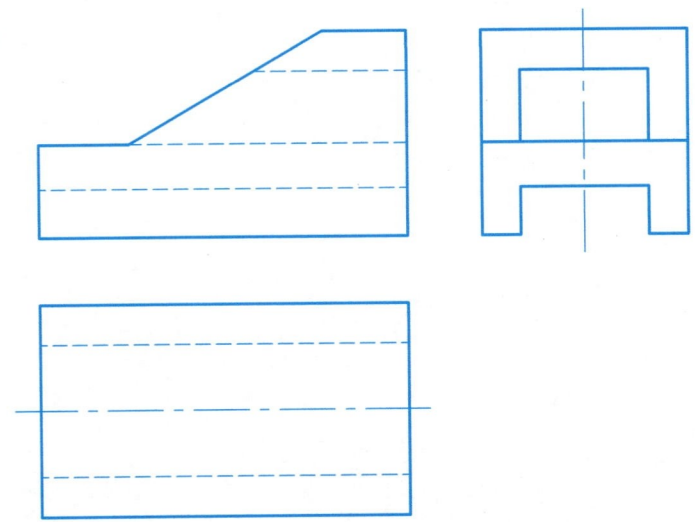

2-6 根据形体的两个视图，补画第三视图。

(1)

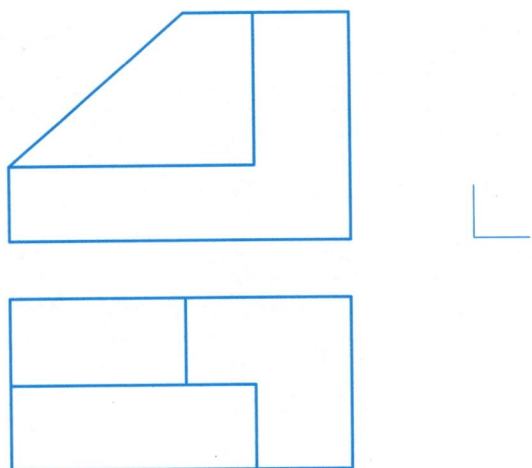

(2)

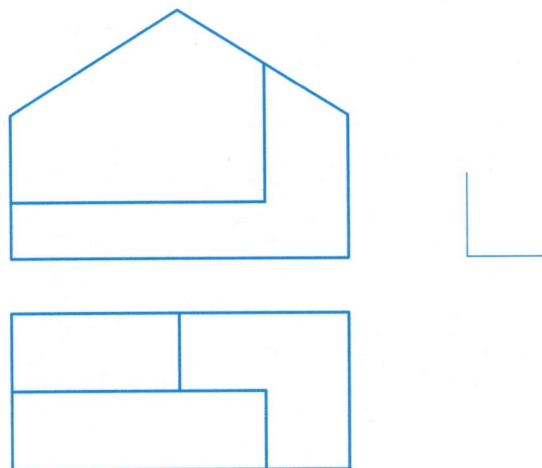

(3)

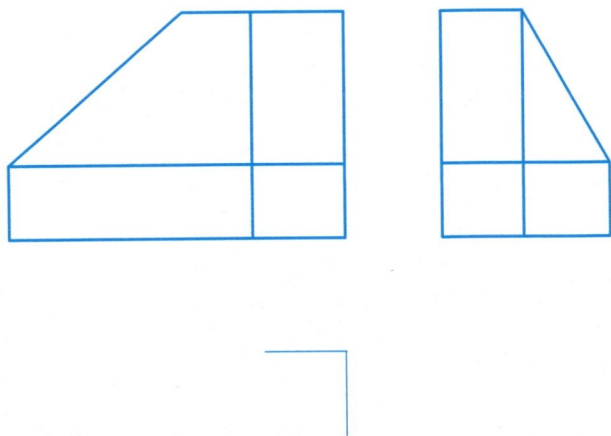

(4)

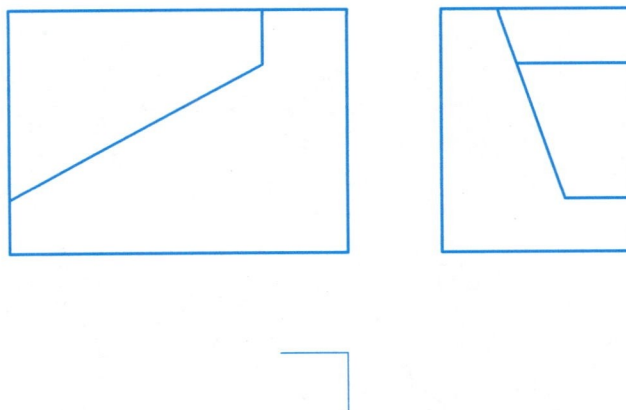

| 第2章 | 投影制图 | 专业班级 | | 姓名 | | 学号 | | 评审 | | 日期 | |

2-7 根据形体的两个视图，补画第三视图。

(1)

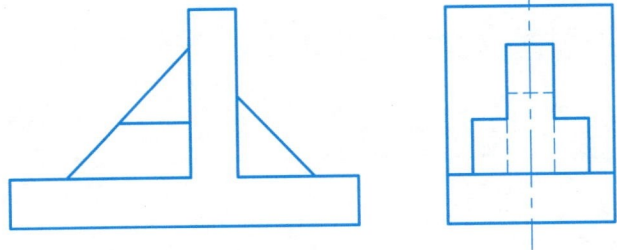

(2)

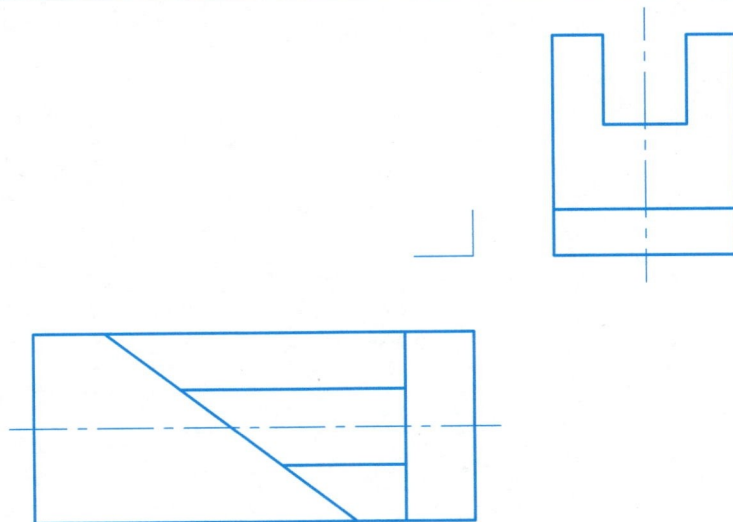

(3)

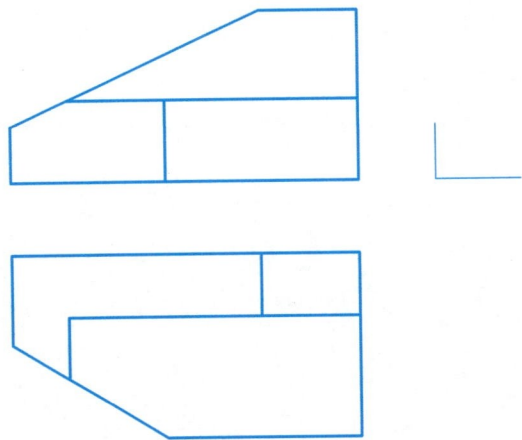

(4)

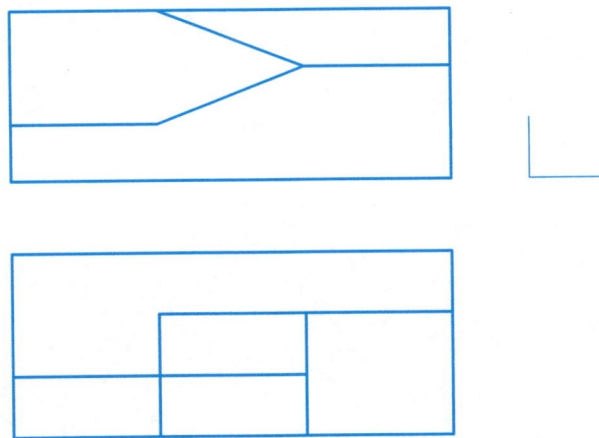

| 第2章 | 投影制图 | 专业班级 | | 姓名 | | 学号 | | 评审 | | 日期 | |

(1)

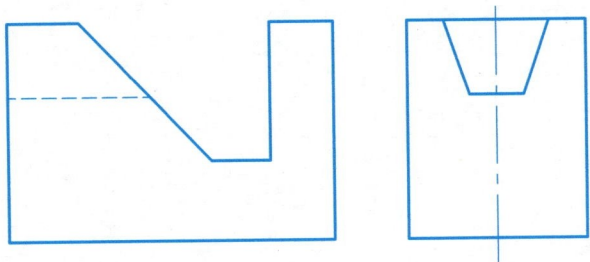

(2)

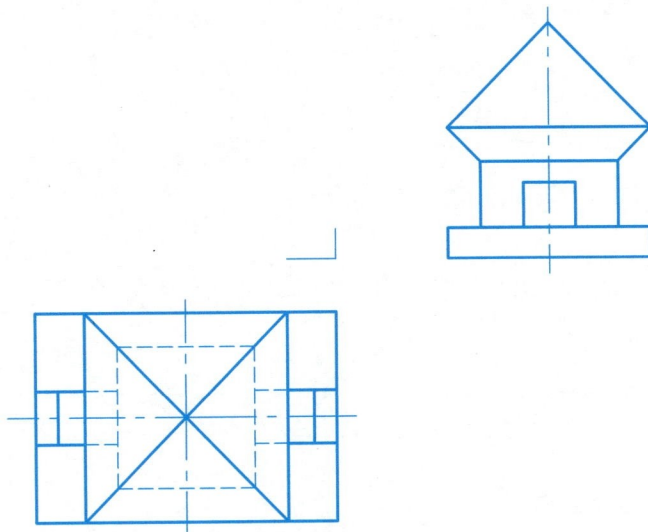

(3)

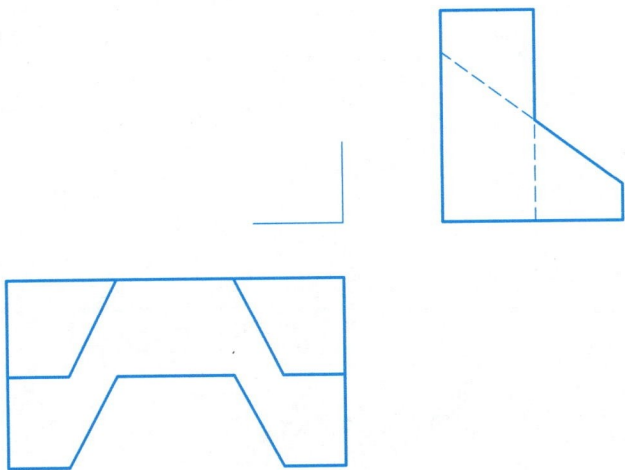

(4)

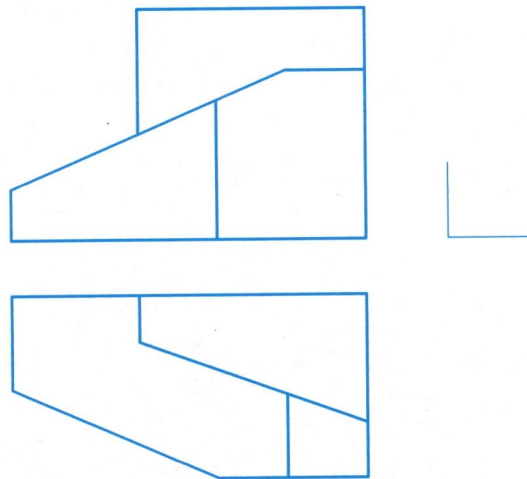

第2章	投影制图	专业班级		姓名		学号		评审		日期	

2-9 根据形体的两个视图，补画第三视图。

(1)
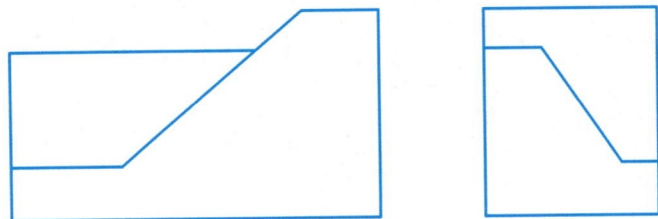

(2)

(3)
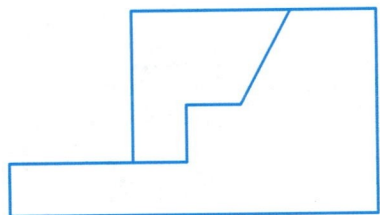
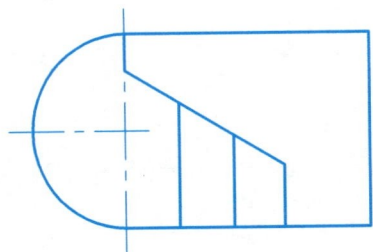

(4)
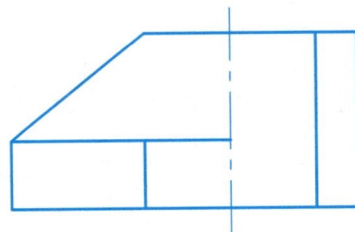
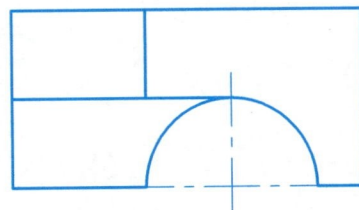

2-10 在形体的主视图、左视图改作适当的剖面图。

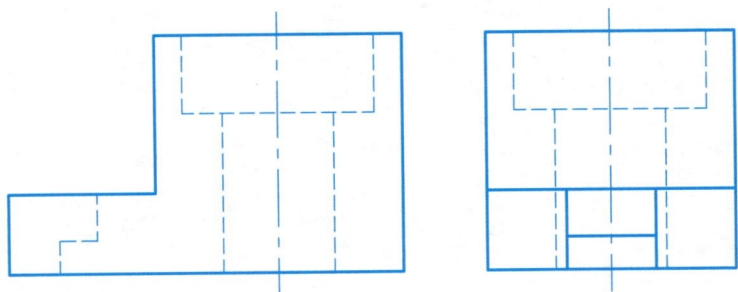

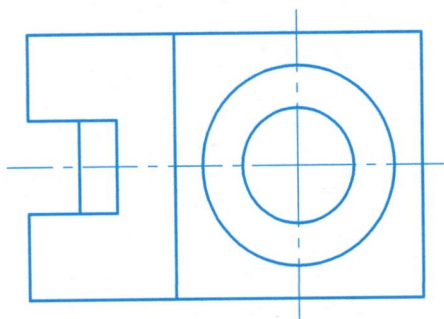

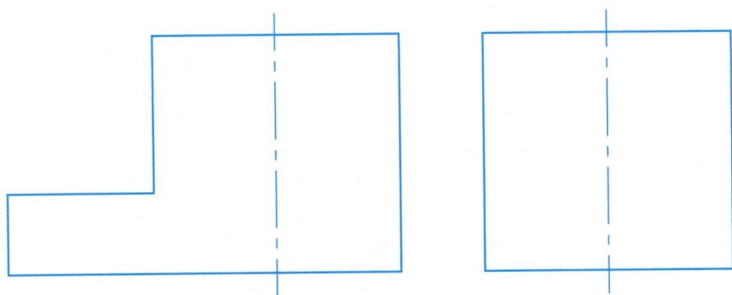

2-11 将形体的主视图、左视图改作适当的剖面图。

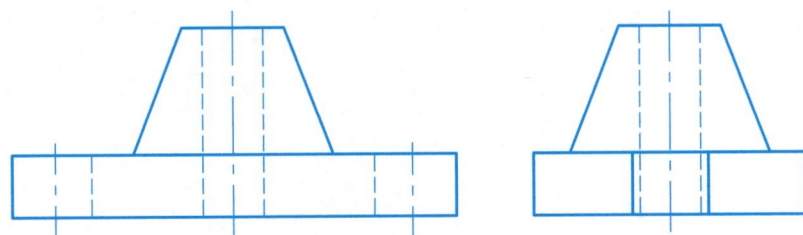

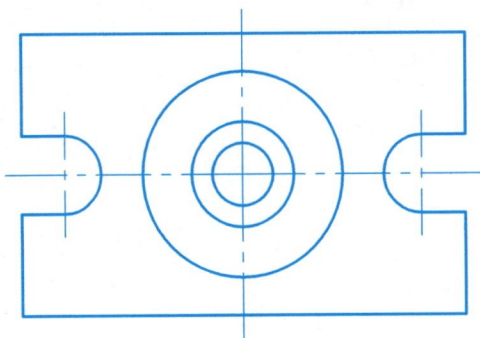

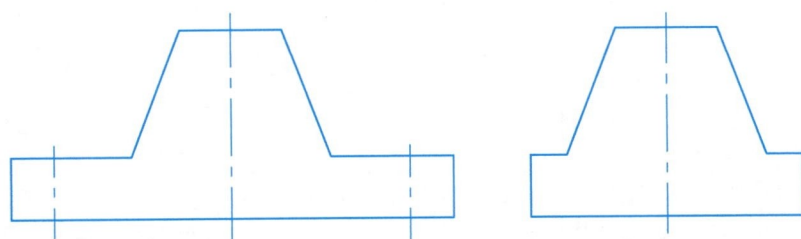

2-12 将主视图改为1-1剖面图。

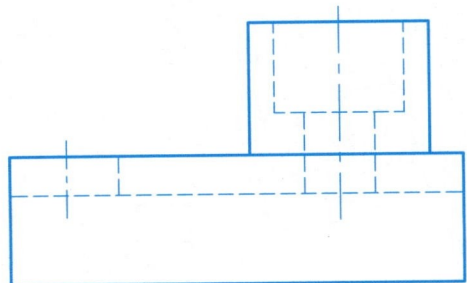

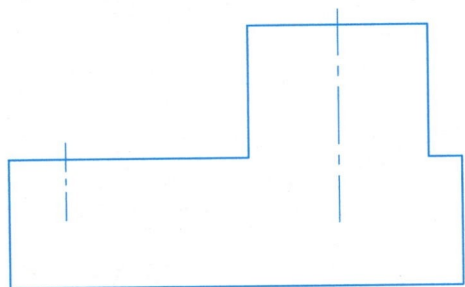

1-1

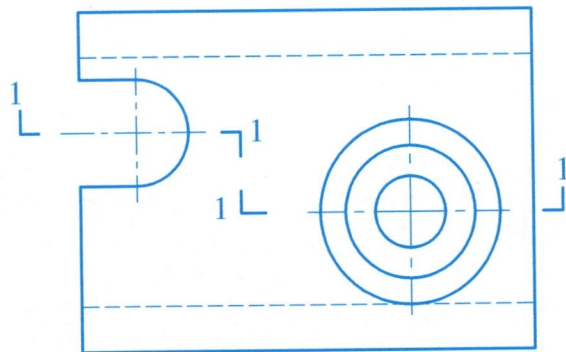

2-13 将主视图改画成全剖面图。

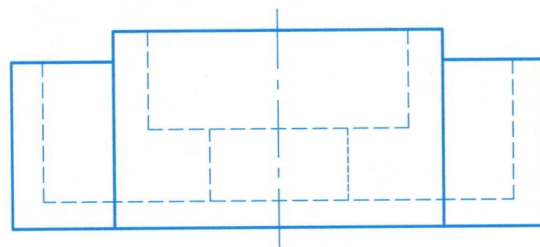

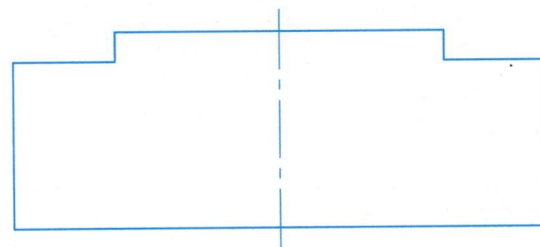

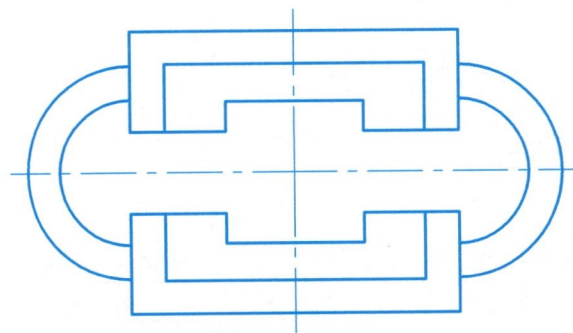

第2章	投影制图	专业班级		姓名		学号		评审		日期	

2-14　将主视图、俯视图改作适当的局部剖面图。

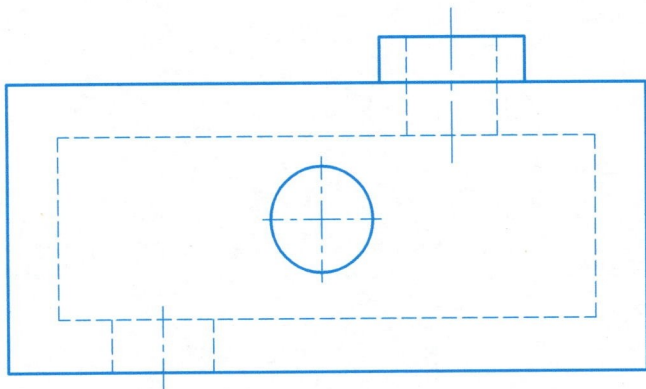

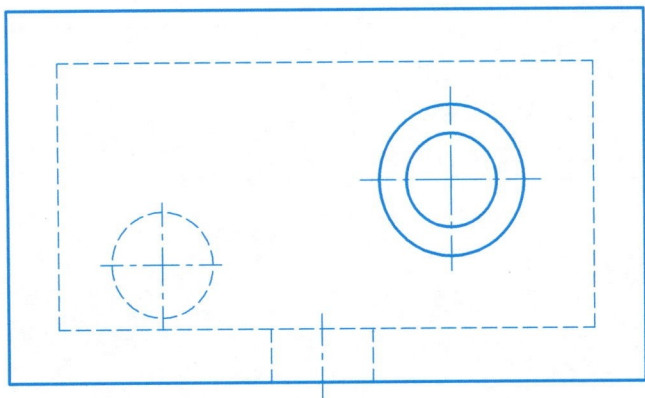

2-15 按指定位置作出建筑的 2-2、3-3 剖面图(窗高一致)。

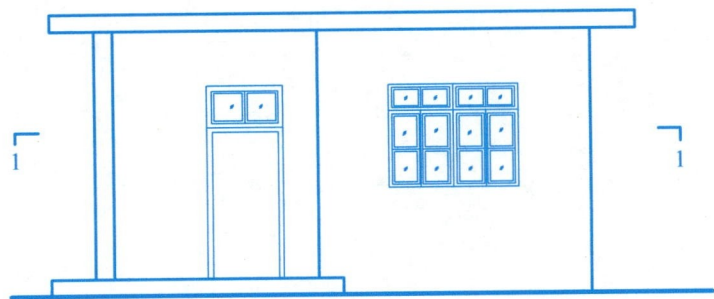

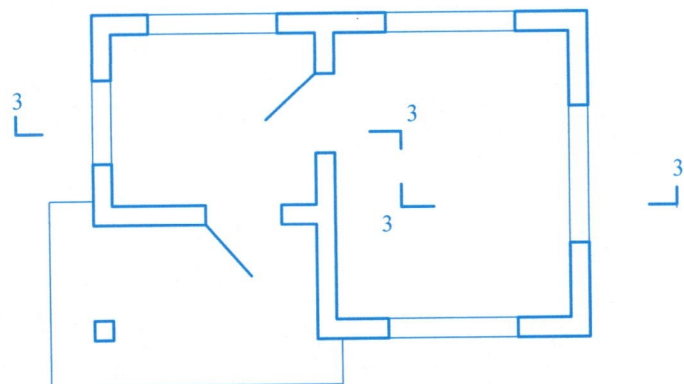

2-2

3-3

1-1

第2章	投影制图	专业班级		姓名		学号		评审		日期	

2-16　按指定位置作现浇板 2-2 剖面图。

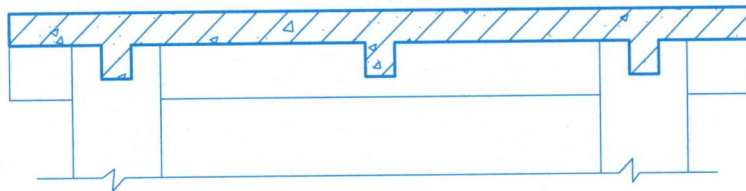

1-1

2-2

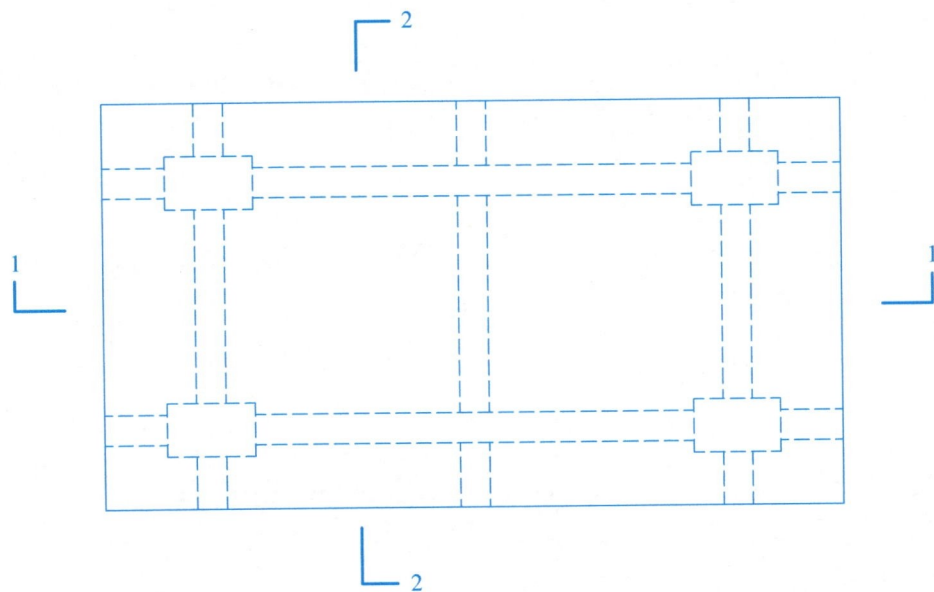

第2章	投影制图	专业班级		姓名		学号		评审		日期	

2-17 在指定位置作出柱子的断面图。

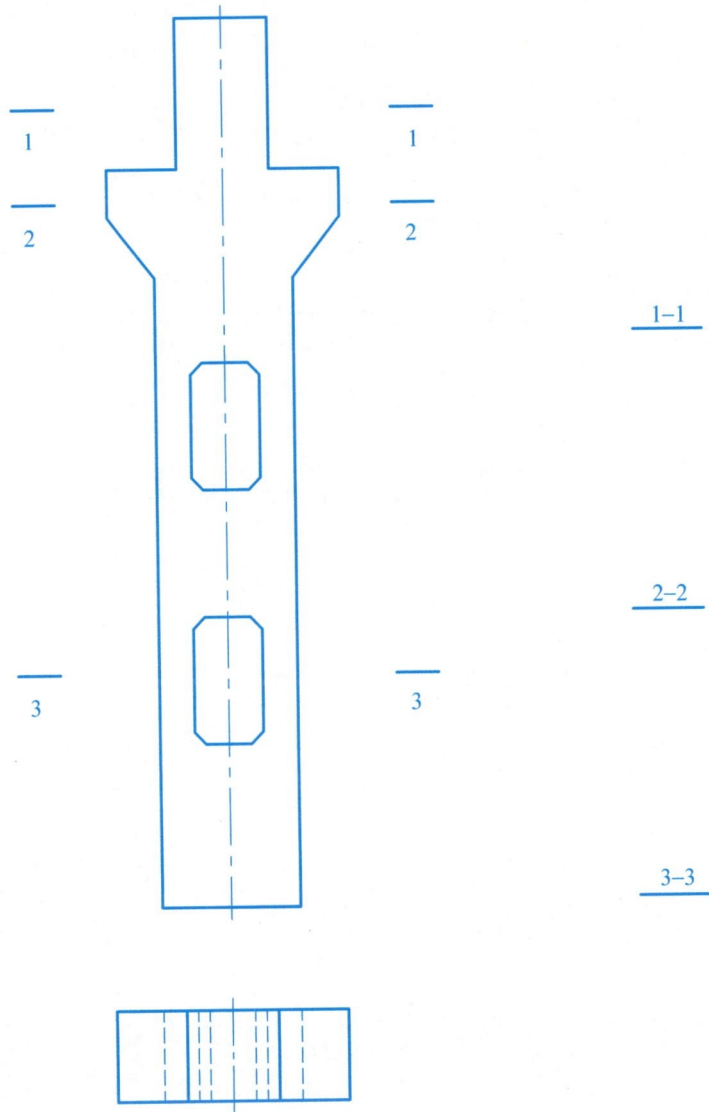

2-18 求屋面的重合断面图，坡面角30°。

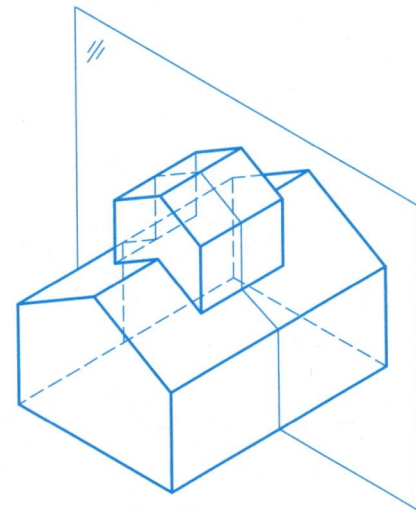

1-1

2-2

3-3

2-19 作出指定位置的断面图(相关尺寸从轴测图中量取)。

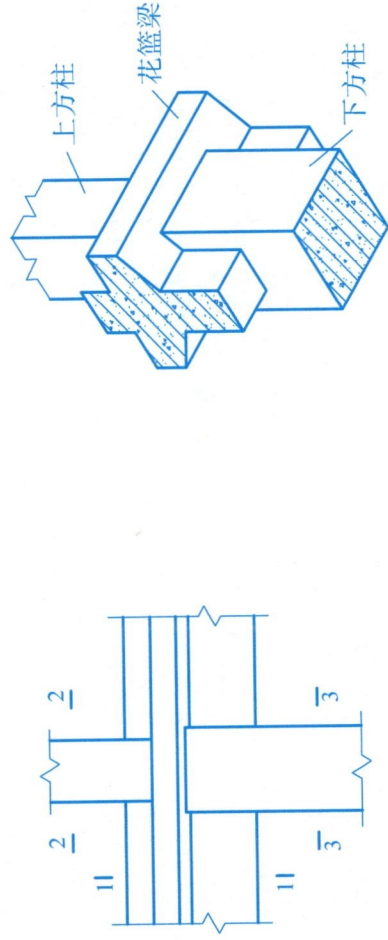

上方柱
花篮梁
下方柱

3-3

2-2

1-1

2-20 作出1-1、2-2断面图。

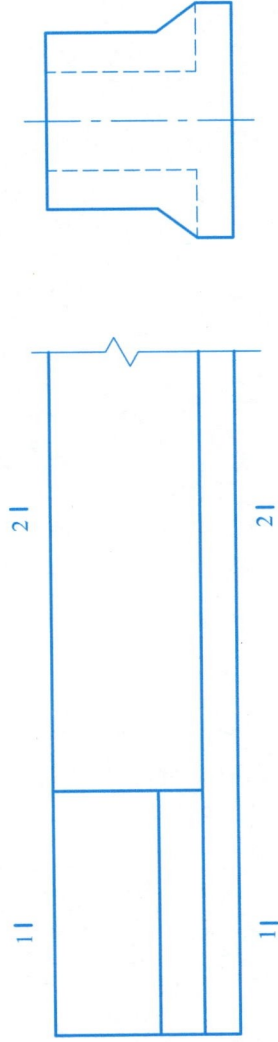

3-3

2-2

1-1

| 第2章 | 投影制图 | 专业班级 | | 姓名 | | 学号 | | 评审 | | 日期 | |

2-21 将穿孔体的三视图改作适当的剖面，作指定位置的断面，并完成轴测剖面图。

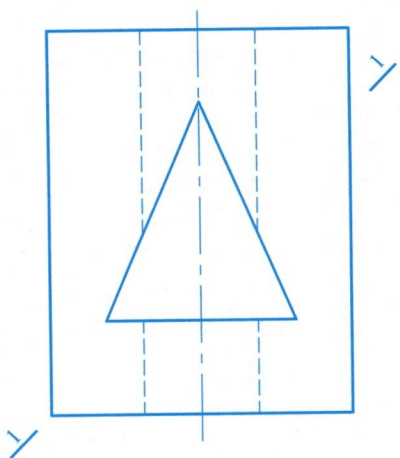

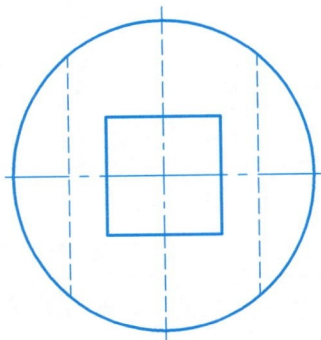